Vorlesungen
über höhere Mathematik

Von

Dr. phil. Adalbert Duschek
weiland o. Professor der Mathematik an der Technischen Hochschule Wien

Vierter Band

Integralgleichungen. Laplacetransformation.
Randwertprobleme bei gewöhnlichen Differentialgleichungen.
Grundzüge und Randwertaufgaben der Potentialtheorie

Mit 49 Textabbildungen

Wien

Springer-Verlag

1961

ISBN 978-3-7091-7690-0   ISBN 978-3-7091-7689-4 (eBook)
DOI 10.1007/978-3-7091-7689-4

Vorwort.

Mit diesem vierten Band ist das Gesamtwerk Duscheks „Vorlesungen über höhere Mathematik" abgeschlossen. Das Manuskript stammte aus dem Nachlaß des 1957 verstorbenen Verfassers. Es ist durchgesehen, aber (mit Ausnahme der Aufgaben zu den Abschnitten Integralgleichungen, §§ 5 und 6, und Potentialtheorie, §§ 14 bis 20) absichtlich nicht ergänzt worden. So zeichnet auch diesen Band der Originalstil des Verfassers aus, dessen Darstellungskunst den ersten Bänden einen raschen und durchschlagenden Erfolg im ganzen deutschen Sprachgebiet und darüber hinaus verschafft hat.

Wien, im Herbst 1961.

Der Verlag.

Inhaltsverzeichnis.

I. Ergänzungen aus der reellen Analysis.

II. Integralgleichungen und Laplacetransformation.

IV. Grundzüge der Potentialtheorie.

V. Die Randwertaufgaben der Potentialtheorie.

I. Ergänzungen aus der reellen Analysis.

§ 1. Funktionen von beschränkter Variation. Stieltjesintegrale.

1. Klassen reeller Funktionen. Man pflegt im Reellen von einem sehr allgemeinen Funktionsbegriff auszugehen und dann erst aus der Gesamtheit aller denkbaren Funktionen gewisse Klassen herauszugreifen, wobei jede Klasse durch eine bestimmte Eigenschaft definiert ist und somit aus allen Funktionen mit dieser Eigenschaft besteht. Nicht anders habe ich es in diesen Vorlesungen gemacht; ich erinnere in diesem Zusammenhang an die beschränkten Funktionen, an die stetigen, monotonen, integrierbaren (im Riemannschen Sinn) und differenzierbaren Funktionen, an die Funktionen, die durch konvergente Potenzreihen oder trigonometrische Reihen darstellbar sind, um nur die wichtigsten Funktionenklassen, die wir bisher betrachtet haben, zu erwähnen. Von ganz besonderer Bedeutung haben sich die durch konvergente Potenzreihen darstellbaren Funktionen erwiesen, die man auch als reguläre oder analytische Funktionen bezeichnet. Diese Funktionen lassen sich eindeutig ins Komplexe fortsetzen und stellen dort ebenfalls reguläre Funktionen dar. Dabei hat sich gezeigt, daß eine komplexe Funktion in einem Gebiet $\mathfrak{G}$ regulär ist, wenn sie in $\mathfrak{G}$ differenzierbar ist (III, § 22, 5 und § 25, 3), während im Reellen eine in einem Intervall differenzierbare Funktion keineswegs regulär sein muß. Die Forderung der Differenzierbarkeit ist also im Reellen ganz wesentlich schwächer als im Komplexen.

Eine andere besonders wichtige Klasse reeller Funktionen sind die (im Riemannschen Sinn) integrierbaren Funktionen. Die integrierbaren Funktionen umfassen die stückweise monotonen und ebenso die stückweise stetigen, beschränkten Funktionen[1], ohne mit diesen beiden Klassen zusammenzufallen, d. h. es gibt integrierbare Funktionen, die weder stückweise monoton noch stückweise stetig sind.

Im folgenden führe ich durch den Begriff der totalen Variation einer in einem abgeschlossenen Intervall definierten eindeutigen Funktion eine weitere Klasse reeller Funktionen ein, die recht interessante Eigenschaften hat und den Ausgangspunkt für eine Verallgemeinerung des Integralbegriffs gibt, die von STIELTJES[2] eingeführt wurde und nach ihm benannt wird.

Ich beschränke mich im folgenden durchaus auf Funktionen, die *in einem Intervall*, höchstens mit Ausnahme von abzählbar unendlich vielen isolierten Punkten *definiert und eindeutig* sind.

2. Funktionen von beschränkter Variation. Es sei $f(x)$ in $[a, b]$[3] definiert und $\mathfrak{Z}$ eine Zerlegung von $[a, b]$ mit den Teilungspunkten

---

[1] I, 2, § 10, 2—3; I, 1, § 12, 4.
Dabei wurde hier wie auch im folgenden mit I, 2 und I, 1 die zweite bzw. erste Auflage des I. Bandes bezeichnet. Dasselbe gilt analog für die Bezeichnungen II, 2 und II, 1. Der Hinweis III gilt für die erste und die zweite Auflage des III. Bandes.

[2] STIELTJES THOMAS JOHANNES; geb. 1856 in Zwolle, Holland, gest. 1894 in Toulouse. Wirkte an der Sternwarte in Leiden und Universität Toulouse. Arbeitsgebiet: Analysis.

[3] $[a, b]$ bedeutet das *abgeschlossene Intervall* $a \leqq x \leqq b$, (a, b) das *offene Intervall* $a < x < b$ und $[a, b)$ bzw. $(a, b]$ die *halboffenen Intervalle* $a \leqq x < b$ bzw. $a < x \leqq b$.

$$a = x_0 < x_1 < x_2 < \ldots < x_{n-1} < x_n = b, \tag{1}$$

dann heißt

$$V(\mathfrak{Z}) = \sum_{i=1}^{n} |f(x_i) - f(x_{i-1})| = \sum_{i=1}^{n} |\varDelta_i|, \tag{2}$$

wo

$$\varDelta_i = \varDelta_i f = f(x_i) - f(x_{i-1})$$

ist, die zur Zerlegung $\mathfrak{Z}$ gehörige *Variation* von $f(x)$. Ist die Menge $\mathfrak{V}$ aller zu beliebigen Zerlegungen von $[a, b]$ gehörigen Variationen von $f(x)$ beschränkt, so heißt $f(x)$ *von beschränkter Variation* in $[a, b]$ und die obere Grenze von $\mathfrak{V}$

$$V(a, b) = \operatorname{Sup} \mathfrak{V} \geqq 0 \tag{3}$$

die *Totalvariation* von $f(x)$ in $[a, b]$. Ist $\mathfrak{V}$ nicht beschränkt, so setzt man

$$V(a, b) = \infty;$$

ferner ist für $b = a$

$$V(a, a) = 0. \tag{4}$$

Die folgenden Sätze über Funktionen von beschränkter Variation zeigen die Bedeutung dieses Begriffs, der auf CAMILLE JORDAN zurückgeht.

Satz 1: *Ist die Funktion $f(x)$ in $[a, b]$ von beschränkter Variation, so ist sie auch beschränkt.*

Ist $a \leqq x \leqq b$, so ist

$$|f(x) - f(a)| + |f(b) - f(x)| \leqq V(a, b),$$

da die linke Seite eine Zahl aus $\mathfrak{V}$ ist; wegen

$$|f(x) - f(a)| \geqq |f(x)| - |f(a)|,$$
$$|f(b) - f(x)| \geqq |f(x)| - |f(b)|$$

gilt

$$2\,|f(x)| \leqq V(a, b) + |f(a)| + |f(b)|,$$

womit Satz 1 bewiesen ist.

Satz 2: *Für jede in $[a, b]$ definierte Funktion $f(x)$ gilt*

$$\boxed{V(a, b) = V(a, c) + V(c, b),} \tag{5}$$

wenn $a \leqq c \leqq b$ ist.

Es genügt, den Satz für Funktionen beschränkter Variation $V(a, b) < \infty$ und wegen (4) für den Fall $a < c < b$ zu beweisen. Es sei $\overline{\mathfrak{V}}$ die Menge aller Variationen, die zu allen Zerlegungen $\overline{\mathfrak{Z}}$ von $[a, b]$ gehören, die c als Teilungspunkt enthalten. Dann ist, wie man durch Zerlegung der Summe (2) in zwei Teilsummen sofort einsieht,

$$V(\overline{\mathfrak{Z}}) = V(\mathfrak{Z}_1) + V(\mathfrak{Z}_2), \tag{6}$$

wenn $\mathfrak{Z}_1$ aus allen Teilungspunkten von $\overline{\mathfrak{Z}}$ besteht, die in $[a, c]$ liegen, und $\mathfrak{Z}_2$ aus allen Teilungspunkten, die in $[c, b]$ liegen. Da $\overline{\mathfrak{V}}$ eine Teilmenge von $\mathfrak{V}$ ist, gilt

$$\overline{V}(a, b) = \operatorname{Sup} \overline{\mathfrak{V}} \leqq V(a, b), \tag{7}$$

während (6)

$$\overline{V}(a, b) = V(a, c) + V(c, b) \tag{8}$$

gibt. Anderseits bekommt man die Menge $\overline{\mathfrak{V}}$ auch, indem man zu allen Zerlegungen $\mathfrak{Z}$ von $\mathfrak{V}$, die c noch nicht als Teilungspunkt enthalten, den Teilungspunkt c hinzufügt. Dann ist aber, wie man unmittelbar überlegt[1],

$$V(\overline{\mathfrak{Z}}) \geqq V(\mathfrak{Z})$$

und daher ist

$$\overline{V}(a, b) \geqq V(a, b).$$

Wegen (7) folgt also

$$\overline{V}(a, b) = V(a, b)$$

und daraus wegen (8) schließlich (5).

S a t z 3 : *Ist $f(x)$ in $[a, b]$ von beschränkter Variation, so ist $f(x)$ auch in jedem Teilintervall $[a, \xi]$, $a \leqq \xi \leqq b$, von beschränkter Variation und die Totalvariation $V(a, \xi)$ ist eine nicht fallende Funktion von ξ.*

Die erste Behauptung dieses Satzes ist eine unmittelbare Folge aus Satz 2; ist weiter $a \leqq \xi < \xi' \leqq b$, so ist nach (5)

$$V(a, \xi') = V(a, \xi) + V(\xi, \xi')$$

und daher wegen (3)

$$V(a, \xi') - V(a, \xi) \geqq 0,$$

d. h. $V(a, \xi)$ ist nicht fallend[2].

S a t z 4 : *Die Funktion $f(x)$ ist dann und nur dann von beschränkter Variation, wenn sie als Differenz zweier beschränkter monotoner Funktionen darstellbar ist.*

Es sei zunächst $f(x)$ von beschränkter Variation. Ich setze $\varphi(x) = V(a, x)$ und

$$\psi(x) = V(a, x) - f(x) = \varphi(x) - f(x). \tag{9}$$

Dann ist für $x' > x$ wegen (5)

$$\psi(x') - \psi(x) = V(a, x') - V(a, x) - f(x') + f(x) =$$
$$= V(x, x') - f(x') + f(x) \geqq |f(x') - f(x)| - f(x') + f(x) \geqq 0,$$

d. h. $\psi(x)$ ist ebenso wie $\varphi(x)$ (Satz 3) nicht fallend und beschränkt.

Gilt umgekehrt (9), d. h.

$$f(x) = \varphi(x) - \psi(x) \tag{10}$$

mit beschränkten und monotonen Funktionen $\varphi(x)$ und $\psi(x)$, so haben wir für jedes Teilintervall der Zerlegung (1), falls $\varphi(x)$ und $\psi(x)$ nicht fallen,

$$|\Delta_i| = |f(x_i) - f(x_{i-1})| \leqq \varphi(x_i) - \varphi(x_{i-1}) + \psi(x_i) - \psi(x_{i-1})$$

(sind φ und ψ nicht steigend, so hat man rechts nur x_{i-1} und x_i zu vertauschen). Es folgt

$$V(\mathfrak{Z}) = \sum_{i=1}^{n} |\Delta_i| \leqq \varphi(b) - \varphi(a) + \psi(b) - \psi(a),$$

d. h. $f(x)$ ist von beschränkter Variation.

---

[1] Fällt c etwa zwischen die Teilungspunkte x_{k-1} und x_k von (1), so gibt dieses Teilintervall zu $\mathfrak{Z}$ den Beitrag $|\Delta_k|$, zu $\overline{\mathfrak{Z}}$ den Beitrag

$$|f(c) - f(x_{k-1})| + |f(x_k) - f(c)| \geqq |f(x_k) - f(x_{k-1})| = |\Delta_k|.$$

[2] Statt *nicht fallend* sagt man oft auch *monoton wachsend*, statt *steigend* auch *monoton wachsend im engeren Sinn* usw.

Da alle beschränkten monotonen Funktionen integrierbar sind, folgt aus Satz 4 unmittelbar

Satz 5: *Jede Funktion von beschränkter Variation ist integrierbar.*

Ferner gilt

Satz 6: *Sind $f(x)$ und $g(x)$ von beschränkter Variation, so gilt dasselbe für die Funktionen $|f(x)|$, $f(x) \pm g(x)$, $f(x) \cdot g(x)$ und, falls $|g(x)|$ eine positive untere Schranke hat, auch für $f(x)/g(x)$.*

Den sehr einfachen Nachweis dafür will ich Ihnen überlassen.

Überraschend ist, daß eine in $[a, b]$ *stetige Funktion nicht von beschränkter Variation zu sein braucht*, wie das folgende Beispiel zeigt:

Man verbinde für $n = 1, 2, 3, \ldots$ den Punkt $P_n = \left(\dfrac{3}{2^{n+1}}, \dfrac{1}{n} \right)$ geradlinig mit den Punkten $\dfrac{1}{2^n}$ und $\dfrac{1}{2^{n-1}}$ der x-Achse (Abb. 1) und setze $f(0) = 0$. Die so dargestellte Funktion

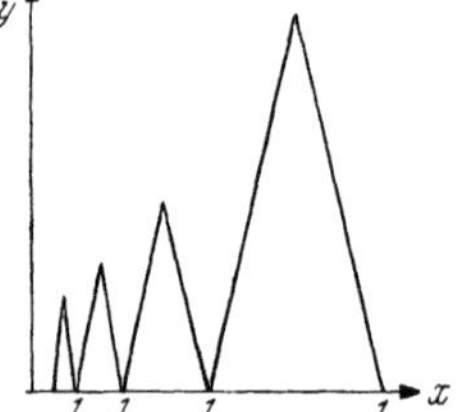

Abb. 1.

$f(x)$ ist in $[0, 1]$ stetig, aber nicht von beschränkter Variation. Denn zur Zerlegung $\mathfrak{Z}$ mit den Teilungspunkten

$$0, \; \frac{1}{2^n}, \; \frac{3}{2^{n+1}}, \; \frac{1}{2^{n-1}}, \; \frac{3}{2^n}, \; \frac{1}{2^{n-2}}, \; \ldots, \; \frac{1}{2}, \; \frac{3}{4}, \; 1$$

gehört die Variation

$$V(\mathfrak{Z}) = 2 \left(\frac{1}{n} + \frac{1}{n-1} + \ldots + \frac{1}{2} + 1 \right),$$

die für hinreichend großes n beliebig groß wird. Auch die stetige Funktion $f(x) = x \sin \dfrac{1}{x}$, $x \neq 0$, $f(0) = 0$, ist in $\left[0, \dfrac{2}{\pi} \right]$ nicht von beschränkter Variation. (Vgl. die Aufgabe 1 am Schluß des Paragraphen.)

Dagegen gilt

Satz 7: *Ist $f(x)$ in (a, b) differenzierbar und an den Stellen a und b stetig, ist ferner $f'(x)$ beschränkt in (a, b), so ist $f(x)$ in $[a, b]$ von beschränkter Variation.*

Ist $|f'(x)| \leqq M$ in (a, b), so ist nach dem Mittelwertsatz der Differentialrechnung

$$|\varDelta_i| = |f'(\xi_i)| \, (x_i - x_{i-1}) \leqq M \, (x_i - x_{i-1}), \quad x_{i-1} < \xi_i < x_i,$$

und daher

$$\sum_{i=1}^{n} |\varDelta_i| \leqq M \, (b - a),$$

was zu beweisen war.

Wir verschaffen uns noch Aufschluß über die Unstetigkeiten, die bei monotonen Funktionen und bei Funktionen von beschränkter Variation vorkommen können. Ich zeige zunächst, daß *eine in $[a, b]$ definierte monotone Funktion $\varphi(x)$ in $[a, b]$ keine anderen Unstetigkeiten als Sprungstellen hat und daß es höchstens abzählbar unendlich viele derartige Stellen geben kann.* Es sei $\varphi(x)$ nicht fallend und c eine Unstetigkeitsstelle von $\varphi(x)$. Ist dann $\{x_\nu\}$ eine nicht fallende Folge mit $x_\nu \to c$, so ist die Folge $\{\varphi(x_\nu)\}$ ebenfalls nicht fallend, beschränkt (mit der oberen Schranke $\varphi(c)$) und daher konvergent. Daher existiert $\varphi(c -)$. Ebenso zeigt man die Existenz von $\varphi(c +)$. Ist $\varphi(c +) > \varphi(c -)$, so hat $\varphi(x)$ an der Stelle c den Sprung $\varphi(c +) - \varphi(c -) > 0$. Ist $\varphi(c +) = \varphi(c -)$, so ist $\varphi(x)$ wegen $\varphi(c -) \leqq \varphi(c) \leqq \varphi(c +)$ an der Stelle c stetig, während $\varphi(c +) < \varphi(c -)$ ein Widerspruch dazu wäre, daß $\varphi(x)$ nicht fällt. Den zweiten Teil der Behauptung zeigt man so: Es gibt höchstens $n - 1$ Stellen, an denen der Sprung der nicht fallenden Funktion $\varphi(x)$ größer ist als $\dfrac{\varphi(b) - \varphi(a)}{n}$; man kann diese Stellen also abzählen, wenn man der Reihe nach $n = 2, 3, \ldots$ setzt. Entsprechend geht man vor, wenn $\varphi(x)$ nicht steigt.

Da sich nun weiter eine Funktion $f(x)$, die in $[a, b]$ von *beschränkter Variation* ist, als Differenz zweier nicht fallender Funktionen darstellen läßt, gilt dieselbe Aussage wie für monotone Funktionen auch für Funktionen von beschränkter Variation, nur mit dem Unterschied, daß hier auch hebbare Unstetigkeiten auftreten können, wie das Beispiel

$$f(x) = [x] - (-[-x])$$

zeigt. Diese Funktion ist für ganze x gleich Null, für alle nicht ganzen x aber gleich — 1. Also gilt:

Ist $f(x)$ in $[a, b]$ von beschränkter Variation, so hat $f(x)$ in $[a, b]$ keine anderen Unstetigkeiten als höchstens abzählbar unendlich viele Sprungstellen und hebbare Unstetigkeiten.

3. Rektifizierbare Kurven. Eine vor allem grundsätzlich wichtige Anwendung findet der Begriff der Funktion von beschränkter Variation bei dem Problem der Rektifizierbarkeit einer Kurve, die ich, um gleich einen allgemeineren Fall zu behandeln, als Raumkurve

$$x = \varphi(t), \quad y = \psi(t), \quad z = \chi(t) \tag{11}$$

annehme. Die Funktionen φ, ψ und χ seien dabei in einem Intervall $a \leq t \leq b$ definiert und beschränkt. Ich habe in I, 2, § 25, 2 (I, 1, § 33, 2) die Existenz und Stetigkeit der Ableitung $f'(x)$ einer in der Gestalt $y = f(x)$ gegebenen ebenen Kurve als hinreichende Bedingung für die Rektifizierbarkeit der Kurve festgestellt. Aber diese Bedingung ist keineswegs notwendig.

Ich gehe ähnlich wie dort bei der Kurve (11) von einem eingeschriebenen Polygon $\mathfrak{P}$ aus, dessen Ecken durch die Punkte mit den Parameterwerten

$$a = t_0 < t_1 < \ldots < t_n = b \tag{12}$$

gegeben sind; die Länge von $\mathfrak{P}$ ist dann

$$s(\mathfrak{P}) = \sum_{i=1}^{n} s_i = \sum_{i=1}^{n} \sqrt{(\Delta_i\varphi)^2 + (\Delta_i\psi)^2 + (\Delta_i\chi)^2},$$

wo

$$s_i = \sqrt{(\Delta_i\varphi)^2 + (\Delta_i\psi)^2 + (\Delta_i\chi)^2}$$

ist. $\Delta_i\varphi$, $\Delta_i\psi$ und $\Delta_i\chi$ sind analog (2) gebildet.

Ich denke mir nun wieder alle möglichen Zerlegungen (12) des Intervalls $[a, b]$ durchgeführt; ist die Menge $\mathfrak{S}$ aller sich so ergebenden Zahlen s beschränkt, so heißt ihre obere Grenze

$$s(a, b) = \operatorname{Sup} \mathfrak{S} \tag{13}$$

die *Länge* des Kurvenbogens (11) und die Kurve selbst *rektifizierbar* im Intervall $[a, b]$. Nun gilt

$$|\Delta_i\varphi| \leq s_i, \quad |\Delta_i\psi| \leq s_i, \quad |\Delta_i\chi| \leq s_i \tag{14}$$

und

$$s_i \leq |\Delta_i\varphi| + |\Delta_i\psi| + |\Delta_i\chi|. \tag{15}$$

Das gibt sofort den Satz:

Die Kurve (11) ist in $[a, b]$ dann und nur dann rektifizierbar, wenn die drei Funktionen φ, ψ und χ in $[a, b]$ von beschränkter Variation sind.

Denn existiert s, so folgt aus (14) sofort, daß φ, ψ und χ von beschränkter Variation sind, während die Umkehrung eine ebenso unmittelbare Folge aus (15) ist.

Der Satz 7 von Ziffer 2 vermittelt den Anschluß an unsere frühere Definition der Bogenlänge. Sind φ, ψ, χ stückweise glatt (d. h. stetig und stückweise stetig differenzierbar) in $[a, b]$ und sind die Ableitungen $\dot{\varphi}$, $\dot{\psi}$ und $\dot{\chi}$ beschränkt, so ist

$$s(a, b) = \int_a^b \sqrt{\dot{\varphi}^2 + \dot{\psi}^2 + \dot{\chi}^2}\, dt,$$

denn die Annahme, das Integral rechts würde nicht mit der oberen Grenze (13) der Menge $\mathfrak{S}$ übereinstimmen, führt sofort auf einen Widerspruch.

4. Der Integralbegriff von Stieltjes. Die beiden Funktionen $f(x)$ und $g(x)$ seien in $[a, b]$ definiert und beschränkt. Zur Zerlegung $\mathfrak{Z}$, (1), bilde ich die Summe

$$S_{\mathfrak{Z}} = \sum_{i=1}^{n} f(\xi_i)\, [g(x_i) - g(x_{i-1})] = \sum_{i=1}^{n} f(\xi_i)\, \Delta_i g \tag{16}$$

mit beliebigen in den Teilintervallen $[x_{i-1}, x_i]$ gewählten Werten ξ_i. Konvergiert diese Summe gegen einen eindeutig bestimmten Grenzwert J, wenn $\mathfrak{Z}$ eine ausgezeichnete Zerlegungsfolge durchläuft[1], so schreibt man

$$\boxed{\; J = \int_a^b f(x)\, dg(x) \;} \tag{17}$$

und nennt das Integral rechts ein *Stieltjesintegral*.

Es sei z. B. $f(x)$ beschränkt, $g(x) = [x]$. Dann ist $\Delta_i g = 1$ oder $\Delta_i g = 0$, je nachdem in $(x_{i-1}, x_i]$ eine ganze Zahl c enthalten ist oder nicht. Sind also $c_1, c_2, \ldots, c_k$ die in $[a, b]$ enthaltenen ganzen Zahlen, so folgt

$$\int_a^b f(x)\, d[x] = \sum_{i=1}^{k} f(c_i).$$

Es sei nun $f(x)$ stetig und $g(x)$ *stetig und steigend* in $[a, b]$. Dann ist die inverse Funktion $x = G(y)$ von $y = g(x)$ in $[\alpha, \beta]$, $\alpha = g(a)$, $\beta = g(b)$, eindeutig, stetig und steigend. Die Substitution $x = G(y)$ führt die Summe (16) über in

$$\sum_{i=1}^{n} F(\eta_i)\, (y_i - y_{i-1}), \tag{18}$$

wo $y_i = g(x_i)$, $F(y) = f(G(y))$ und $y_{i-1} \leqq \eta_i \leqq y_i$ ist. Durchläuft $\mathfrak{Z}$ eine ausgezeichnete Zerlegungsfolge, so gilt dasselbe für die Zerlegung $\overline{\mathfrak{Z}}$ von $[\alpha, \beta]$ mit den Teilungspunkten y_i und (18) konvergiert gegen das Riemannsche Integral

$$\int_\alpha^\beta F(y)\, dy = \int_a^b f(x)\, dg(x). \tag{19}$$

Unter diesen Voraussetzungen läßt sich also das Stieltjesintegral ohne weiteres auf ein Riemannsches zurückführen.

---

[1] Das ist eine Folge von Zerlegungen $\mathfrak{Z}$ des Intervalls $[a, b]$, bei der die Zahl n der Teilintervalle $\to \infty$ und zugleich die Länge des größten Teilintervalls Max $(x_i - x_{i-1}) \to 0$ geht.

Der damit bewiesene Existenzsatz für Stieltjesintegrale läßt sich etwas allgemeiner formulieren:

Satz 1: *Das Stieltjesintegral (17) existiert, wenn in $[a, b]$ $f(x)$ stetig und $g(x)$ stetig und monoton ist.*

Der Satz wurde oben bewiesen für den Fall, daß $g(x)$ stetig und steigend ist; er gilt selbstverständlich auch, wenn $g(x)$ stetig und fallend, also wenn $g(x)$ stetig und streng monoton ist. Ist aber $g(x)$ nur monoton, etwa nicht fallend, so ist

$$\bar{g}(x) = g(x) + x$$

stetig und steigend; setzen wir in (16) ein, so folgt

$$S_\delta = \sum_{i=1}^{n} f(\xi_i)\, \Delta_i \bar{g} - \sum_{i=1}^{n} f(\xi_i)\, \Delta_i x.$$

Die erste Summe konvergiert nach dem oben bewiesenen Satz gegen das Stieltjesintegral $\int_a^b f\, d\bar{g}$, die zweite gegen das Riemannsche Integral $\int_a^b f\, dx$, wenn $\mathfrak{Z}$ eine ausgezeichnete Zerlegungsfolge durchläuft.

Ich nehme nun an, daß $g(x)$ in $[a, b]$ steigend und bis auf eine Sprungstelle c mit dem Sprung $s = g(c+) - g(c-) > 0$ im Inneren von $[a, b]$ stetig sei (Abb. 2). Ferner sei

$$S(x) = 0 \text{ für } a \leqq x < c,$$
$$S(x) = s \text{ für } c < x \leqq b,$$
$$S(c) = g(c) - g(c-).$$

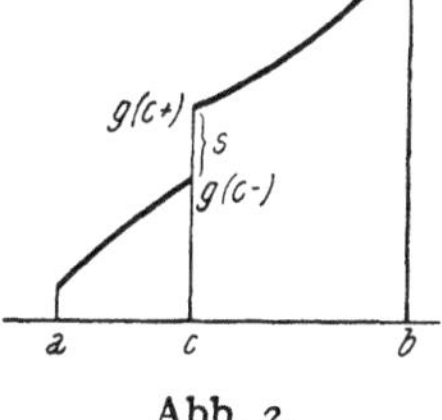

Abb. 2.

Diese Funktion $S(x)$ ist überall konstant, wo $g(x)$ stetig ist und hat an der Stelle c eine Sprungstelle genau derselben Art wie $g(x)$. Es ist ja $S(c-) = 0$, $S(c+) = s = g(c+) - g(c-)$. Liegt die Sprungstelle c von $g(x)$ am Rand von $[a, b]$, etwa $c = b$, so ist $s = g(b) - g(b-) > 0$

$$S(x) = 0 \text{ für } a \leqq x < b,$$
$$S(b) = g(b) - g(b-)$$

zu setzen und analog für $c = a$.

Die Funktion

$$h(x) = g(x) - S(x) \tag{20}$$

ist dann im ganzen Intervall $[a, b]$ stetig; das ist für alle Punkte $x \neq c$ selbstverständlich, für $x = c$ folgt im Fall $a < c < b$

$$h(c-) = g(c-) - S(c-) = g(c-),$$
$$h(c+) = g(c+) - S(c+) = g(c-),$$
$$h(c) = g(c) - S(c) = g(c-).$$

Entsprechendes gilt für $c = a$ oder $c = b$.

Ich setze nun $g(x) = h(x) + S(x)$ in (16) ein; das gibt

$$S_\delta = \sum_{i=1}^{n} f(\xi_i)\, \Delta_i h + \sum_{i=1}^{n} f(\xi_i)\, \Delta_i S.$$

Die erste Summe konvergiert gegen das Integral $\int_a^b f(x)\, dh(x)$ mit stetigem h, zur zweiten Summe gibt nur das den Punkt c enthaltende Teilintervall einen nicht verschwindenden Beitrag $f(\xi_i)\,s$, der wegen der Stetigkeit von $f(x)$ gegen $f(c)\,s$ geht, wenn $\mathfrak{Z}$ eine ausgezeichnete Zerlegungsfolge durchläuft. Also ist in diesem Fall

$$\int_a^b f(x)\,dg(x) = \int_a^b f(x)\,dh(x) + f(c)\,s.$$

Stoßen zwei Teilintervalle im Punkt c zusammen, so liefert das linke den Beitrag $f(\xi_i)\,S(c)$, das rechte den Beitrag $f(\xi_{i+1})\,(s - S(c))$ und die Summe geht dann wieder gegen $f(c)\,s$.

Hat $g(x)$ eine endliche Anzahl, etwa k Unstetigkeitsstellen in $[a, b]$, so können wir ähnlich vorgehen. Die Funktion $S(x)$ liefert die Summe der Sprünge s_ν von $g(x)$ im Intervall $[a, x]$; sie ist überall konstant, wo $g(x)$ stetig ist und hat an den Unstetigkeitsstellen c_ν von $g(x)$ Sprungstellen genau derselben Art. Die Funktion (20) ist dann wieder in $[a, b]$ stetig und es wird

$$\int_a^b f(x)\,dg(x) = \int_a^b f(x)\,dh(x) + \sum_{\nu=1}^k f(c_\nu)\,s_\nu. \tag{21}$$

Man kann nun noch einen Schritt weitergehen und bei sonst gleichbleibenden Voraussetzungen abzählbar unendlich viele Sprungstellen von $g(x)$ zulassen. Die Funktion $S(x)$ wird wie oben als Summe der Sprünge im Intervall $[a, x]$ definiert. Die Sprünge s_ν denken wir uns dabei so geordnet, daß sie eine nicht steigende Folge bilden, c_ν seien die zugehörigen Abszissen. Ist $h(x)$ wieder durch (20) definiert, so gilt jetzt an Stelle von (21)

$$\int_a^b f(x)\,dg(x) = \int_a^b f(x)\,dh(x) + \sum_{\nu=1}^\infty f(c_\nu)\,s_\nu$$

und ich habe nur noch zu zeigen, daß die rechts stehende Reihe konvergiert. Nun ist die Reihe $\sum_{\nu=1}^\infty s_\nu = S(b) \leqq g(b) - g(a)$ sicher konvergent, da alle $s_\nu > 0$ sind. Anderseits ist aber wegen der Stetigkeit von $f(x)$

$$|f(x)| \leqq M$$

in $[a, b]$ und daher

$$|f(c_\nu)\,s_\nu| \leqq M\,s_\nu,$$

d. h. $\sum M\,s_\nu = M \sum s_\nu$ ist eine konvergente Majorante und somit $\sum f(c_\nu)\,s_\nu$ sogar absolut konvergent. Damit haben wir

Satz 2: *Das Stieltjesintegral (17) existiert, wenn in $[a, b]$ $f(x)$ stetig und $g(x)$ monoton ist.*

Daß man hier monoton statt steigend sagen kann, zeigt man wie bei Satz 1. Etwas allgemeiner ist der

Satz 3: *Das Stieltjesintegral (17) existiert, wenn in $[a, b]$ $f(x)$ stetig und $g(x)$ von beschränkter Variation ist.*

Denn nach Satz 4 von Ziffer 2 ist dann $g(x)$ die Differenz

$$g(x) = \varphi(x) - \psi(x)$$

zweier nicht fallender Funktionen $\varphi(x)$ und $\psi(x)$. Die Summe (16) geht über in die Differenz zweier Summen

$$S_{\mathfrak{Z}} = \sum_{i=1}^n f(\xi_i)\,\Delta_i\varphi - \sum_{i=1}^n f(\xi_i)\,\Delta_i\psi,$$

die nach Satz 2, wenn $\mathfrak{Z}$ eine ausgezeichnete Zerlegungsfolge durchläuft, gegen die Integrale

$$\int f\, d\varphi \quad \text{bzw.} \quad \int f\, d\psi$$

konvergieren, so daß

$$\int\limits_a^b f(x)\, dg(x) = \int\limits_a^b f(x)\, d\varphi(x) - \int\limits_a^b f(x)\, d\psi(x)$$

wird.

5. Folgerungen und Anwendungen.

1. Die Existenzsätze von Ziffer 4 lassen sich weiter verallgemeinern, indem man $f(x)$ bloß als stückweise stetig in $[a, b]$ voraussetzt, wobei aber $f(x)$ und $g(x)$ nicht beide in demselben Punkt unstetig sein dürfen. Das zeigt schon das einfache Beispiel:

$$f(x) = 0 \ \text{für} \ x \leqq 0, \qquad g(x) = 1 \ \text{für} \ x < 0,$$
$$f(x) = 1 \ \text{für} \ x > 0, \qquad g(x) = 0 \ \text{für} \ x \geqq 0.$$

Man überlegt sofort, daß

$$\int\limits_{-1}^{0} f(x)\, dg(x) = \int\limits_{0}^{1} f(x)\, dg(x) = 0$$

gilt, während

$$\int\limits_{-1}^{1} f(x)\, dg(x) = \int\limits_{-1}^{-\varepsilon} f\, dg + \int\limits_{\varepsilon}^{1} f\, dg + \int\limits_{-\varepsilon}^{\varepsilon} f\, dg = \int\limits_{-\varepsilon}^{\varepsilon} f\, dg, \quad \varepsilon > 0$$

nicht existiert. Es ist

$$\lim\limits_{\varepsilon \to 0} \int\limits_{-\varepsilon}^{\varepsilon} f\, dg = \lim\limits_{\varepsilon \to 0} f(\xi)\, [g(\varepsilon) - g(-\varepsilon)] = \lim\limits_{\varepsilon \to 0} f(\xi)\, (0 - 1)$$

und $\lim\limits_{\varepsilon \to 0} f(\xi)$ existiert nicht.

2. Ist $f(x)$ stetig in $[a, b]$ und

$$J = \int\limits_a^b f(x)\, dx = \lim \sum\limits_{i=1}^{n} f(\xi_i)\, (x_i - x_{i-1}),$$

so führt die Substitution $x = \varphi(t)$, wo $\varphi(t)$ stetig und monoton ist, auf das Stieltjesintegral

$$\int\limits_\alpha^\beta f(\varphi(t))\, d\varphi(t),$$

vgl. (19).

3. Sind $f(x)$ und $g(x)$ in $[a, b]$ eindeutig definiert, so gibt die für jedes Zahlenpaar x_{i-1}, x_i aus $[a, b]$ gültige Identität

$$f(x_i)\, g(x_i) - f(x_{i-1})\, g(x_{i-1}) = f(x_i)\, [g(x_i) - g(x_{i-1})] + g(x_{i-1})\, [f(x_i) - f(x_{i-1})] =$$
$$= f(x_i)\, \Delta_i g + g(x_{i-1})\, \Delta_i f$$

durch Summation über alle Teilungspunkte (1) der Zerlegung $\mathfrak{Z}$

$$[f(x)\, g(x)]_a^b = \sum\limits_{i=1}^{n} f(x_i)\, \Delta_i g + \sum\limits_{i=1}^{n} g(x_{i-1})\, \Delta_i f. \tag{22}$$

Hier steht links ein von der Zerlegung $\mathfrak{Z}$ völlig unabhängiger Ausdruck; ist $f(x)$ stetig und $g(x)$ von beschränkter Variation in $[a, b]$, so konvergiert die erste

Summe rechts nach Satz 3 von Ziffer 4 gegen das Stieltjesintegral (17), somit konvergiert auch die zweite Summe rechts und ihr Grenzwert ist das Stieltjesintegral

$$\int_a^b g(x)\, df(x),$$

d. h. man kann in Satz 3 von Ziffer 4 $f(x)$ und $g(x)$ vertauschen und hat damit einen weiteren Existenzsatz für Stieltjesintegrale:

Satz 4: *Das Stieltjesintegral (17) existiert, wenn in $[a, b]$ $f(x)$ von beschränkter Variation und $g(x)$ stetig ist.*

Aus (22) folgt dann eine *Verallgemeinerung* der Formel für die *partielle Integration*

$$\int_a^b f(x)\, dg(x) = [f(x)\, g(x)]_a^b - \int_a^b g(x)\, df(x). \tag{23}$$

4. Ist $f(x)$ stetig und $\varphi(x)$ nicht fallend in $[a, b]$, so ist

$$\Delta_i\varphi = \varphi(x_i) - \varphi(x_{i-1}) \geqq 0$$

für die Teilungspunkte (1) einer Zerlegung $\mathfrak{Z}$. Sind also g und G untere und obere Grenze von $f(x)$ in $[a, b]$, so folgt aus

$$g \leqq f(\xi_i) \leqq G, \quad x_{i-1} \leqq \xi_i \leqq x_i$$

durch Multiplikation mit $\Delta_i\varphi$ und Summation über alle Teilintervalle von $\mathfrak{Z}$

$$g \sum \Delta_i\varphi = g\, [\varphi(b) - \varphi(a)] \leqq \sum f(\xi_i)\, \Delta_i\varphi \leqq G \sum \Delta_i\varphi = G\, [\varphi(b) - \varphi(a)]$$

und daher für eine ausgezeichnete Zerlegungsfolge nach Satz 2 von Ziffer 4

$$g\, [\varphi(b) - \varphi(a)] \leqq \int_a^b f(x)\, d\varphi(x) \leqq G\, [\varphi(b) - \varphi(a)].$$

Wegen der Stetigkeit von $f(x)$ in $[a, b]$ gibt es also eine Stelle ξ, so daß

$$\int_a^b f(x)\, d\varphi(x) = f(\xi)\, [\varphi(b) - \varphi(a)], \quad a \leqq \xi \leqq b. \tag{24}$$

(24) ist der *erste Mittelwertsatz für Stieltjesintegrale*[1]. Ersetzt man $\varphi(x)$ durch $-\varphi(x)$, so folgt, daß er gilt, wenn $f(x)$ *stetig und* $\varphi(x)$ *monoton* ist in $[a, b]$.

5. Ist $f(x)$ monoton und $g(x)$ stetig in $[a, b]$, so ist

$$G(x) = \int_a^x g(x)\, dx$$

---

[1] Daß man hier nicht $a < \xi < b$ behaupten kann, zeigt das Beispiel

$$\int_0^1 f(x)\, d[x] = f(1)$$

mit einer beliebigen (im engeren Sinn) monotonen Funktion $f(x)$; hier ist $\xi = 1$, da $f(x)$ den Wert $f(1)$ wegen der Monotonie an keiner anderen Stelle von $[0, 1]$ ein zweites Mal annimmt.

in $[a, b]$ stetig und von beschränkter Variation (Ziffer 2, Satz 7); aus (23) und (24) folgt wegen $G(a) = 0$

$$\int\limits_a^b f(x)\, g(x)\, dx = f(b)\, G(b) - \int\limits_a^b G(x)\, df(x) = f(b)\, G(b) - G(\xi)\, [f(b) - f(a)] =$$
$$= f(a)\, G(\xi) + f(b)\, [G(b) - G(\xi)]$$

oder

$$\int\limits_a^b f(x)\, g(x)\, dx = f(a) \int\limits_a^\xi g(x)\, dx + f(b) \int\limits_\xi^b g(x)\, dx, \quad a \leqq \xi \leqq b \tag{25}$$

der zweite Mittelwertsatz der Integralrechnung, der damit unter der Voraussetzung bewiesen ist, daß $f(x)$ in $[a, b]$ monoton ist (I, 2, § 14, 8; I, 1, § 17, 5).

Aufgaben.

1. Man beweise, daß die Funktion $f(x) = x \sin \dfrac{1}{x}$, $x \neq 0$, $f(0) = 0$, in $\left[0, \dfrac{2}{\pi}\right]$ nicht von beschränkter Variation ist.

$$\left[\text{Anleitung: Man betrachte die Werte } x = \frac{1}{n\pi} \text{ und } x = \frac{1}{n\pi + \dfrac{\pi}{2}}\right].$$

2. Eine in $[a, b]$ stetige Funktion, die nur *endlich* viele Maxima und Minima besitzt, ist von beschränkter Variation. Gilt auch die Umkehrung?

3. Man stelle die Funktion $y = \sin x$ in $[0, \pi]$ als Differenz von zwei monotonen Funktionen dar.

4. Ist $f(x)$ in $[a, b]$ eine a) glatte, b) stückweise glatte Funktion, so ist

$$V(a, b) = \int\limits_a^b |f'(x)|\, dx.$$

5. Man berechne $\int\limits_{-\pi}^{\pi} \sin x\, dg(x)$ und $\int\limits_{-\pi}^{\pi} \cos x\, dg(x)$ für a) $g(x) = [2\,x]$, b) $g(x) = |x|$.

6. Man berechne: $\int\limits_1^2 e^x\, dg(x)$, $g(x) = [x]\, x$.

7. Ist $f(x)$ stetig in $[a, b]$ und $g(x)$ von beschränkter Variation $V(a, b)$, so gilt

$$\left|\int\limits_a^b f(x)\, dg(x)\right| \leqq \max |f(x)| \cdot V(a, b), \quad a \leqq x \leqq b.$$

8. Ist $g(x)$ in $[a, b]$ stückweise glatt, so gilt für eine beliebige stetige Funktion $f(x)$

$$\int\limits_a^b f(x)\, dg(x) = \int\limits_a^b f(x)\, g'(x)\, dx.$$

§ 2. Fourierreihen und Fouriersches Integraltheorem.

1. Summation unendlicher Reihen durch arithmetische Mittel. Es seien

$$s_n = \sum_{\nu=1}^{n} u_\nu \tag{1}$$

die Teilsummen einer konvergenten unendlichen Reihe. Ich bilde die arithmetischen Mittel

$$S_n = \frac{1}{n} \sum_{\nu=1}^{n} s_\nu \tag{2}$$

der Teilsummen und setze

$$\lim_{n \to \infty} s_n = s, \quad \lim_{n \to \infty} S_n = S;$$

s existiert laut Voraussetzung; ich zeige, daß *dann auch S existiert und S = s* ist. Setze ich $s_n = s + \varepsilon_n$, so bedeutet die Existenz von s, daß es zu jedem $\varepsilon > 0$ eine Zahl $N(\varepsilon)$ gibt, so daß $|\varepsilon_n| < \varepsilon$ ist für $n > N(\varepsilon)$. Nun ist mit $p < n$

$$S_n = \frac{s_1 + \dots + s_p}{n} + \frac{s_{p+1} + \dots + s_n}{n} = \frac{s_1 + \dots + s_p}{n} + \frac{n - p}{n} s +$$
$$+ \frac{\varepsilon_{p+1} + \dots + \varepsilon_n}{n}$$

und daher für $p > N(\varepsilon)$

$$|S_n - s| < \left| \frac{s_1 + \dots + s_p}{n} \right| + \frac{p}{n} |s| + \frac{n - p}{n} \varepsilon.$$

Bei festem p geht der erste und zweite Ausdruck auf der rechten Seite gegen Null, während der dritte $< \varepsilon$ ist; für genügend große n ist also sicher

$$|S_n - s| < 3 \varepsilon,$$

womit die Behauptung bewiesen ist.

Ist die Folge (1) divergent, so kann doch die Folge (2) konvergent sein. Man sagt dann, die Reihe $\sum u_\nu$ *konvergiert im arithmetischen Mittel gegen die Summe S.*

So ist z. B. $\sum_{\nu=1}^{\infty} (-1)^{\nu-1} = 1 - 1 + 1 - 1 + - \dots$ divergent; die Teilsummen sind

$s_n = \frac{1}{2}[1 + (-1)^{n-1}]$, die arithmetischen Mittel $S_n = \frac{1}{2} + \frac{1}{4n}[1 + (-1)^{n-1}] \to \frac{1}{2}$,

was man als verallgemeinerte Summe der Reihe $\sum_{\nu=1}^{\infty} (-1)^{\nu-1}$ nimmt. Ich erwähne, daß

schon Euler $\sum_{\nu=1}^{\infty} (-1)^{\nu-1} = \frac{1}{2}$ gesetzt hat.

Die Konvergenz der arithmetischen Mittel S_n reicht also weiter als die Konvergenz der Folge $\{s_n\}$ oder die Konvergenz der Reihe $\sum u_\nu$. Einen gewissen Aufschluß darüber, wann man aus der Konvergenz der S_n auf die der s_n schließen kann, gibt der folgende Satz von Hardy[1].

Die Reihe $\sum_{\nu=1}^{\infty} u_\nu$ ist konvergent, wenn die Folge der arithmetischen Mittel konvergiert und die Glieder der Reihe einer Ungleichung

$$|u_\nu| < \frac{A}{\nu} \tag{3}$$

mit festem $A > 0$ genügen. Sind die u_ν Funktionen einer Veränderlichen x, $u_\nu = u_\nu(x)$, so konvergiert die Reihe $\sum u_\nu(x)$ gleichmäßig in $[a, b]$, wenn (3) für alle x aus $[a, b]$ gilt und die Folge $S_n(x)$ gleichmäßig in $[a, b]$ konvergiert.

Voraussetzungsgemäß gibt es zu jedem $\varepsilon > 0$ eine natürliche Zahl $N(\varepsilon)$, so daß

$$|S_n - S| < \varepsilon \tag{4}$$

für alle $n > N(\varepsilon)$ gilt, $\lim_{n \to \infty} S_n = S$ gesetzt. Ist $m > n$, so ist einerseits

$$s_{n+1} + \dots + s_m = m \, S_m - n \, S_n,$$

---

[1] Hardy Godfrey Harold; 1877—1947; wirkte in Oxford und Cambridge. Arbeitsgebiete: Analysis, Zahlentheorie.

anderseits ist aber wegen (1) auch

$$s_{n+1} + \cdots + s_m = (m-n)\,s_{n+1} + (m-n-1)\,u_{n+2} +$$
$$+ (m-n-2)\,u_{n+3} + \cdots + u_m$$

und wenn man rechts $(m-n)(s_m - s_{n+1})$ addiert und subtrahiert,

$$s_{n+1} + \cdots + s_m = (m-n)\,s_m + (m-n-1)\,u_{n+2} +$$
$$+ (m-n-2)\,u_{n+3} + \cdots + u_m -$$
$$- (m-n)\,u_{n+2} - (m-n)\,u_{n+3} - \cdots - (m-n)\,u_m =$$
$$= (m-n)\,s_m - (m-n-1)\,u_m - (m-n-2)\,u_{m-1} - \cdots - u_{n+2},$$

und daher

$$(m-n)\,s_m - (m-n)\,S = m\,(S_m - S) - n\,(S_n - S) + (m-n-1)\,u_m +$$
$$+ (m-n-2)\,u_{m-1} + \cdots + u_{n+2}.$$

Wegen (3) und (4) erhält man daraus nach Division durch $m-n$

$$|s_m - S| < \frac{m+n}{m-n}\,\varepsilon + \frac{m-n}{n}\,A = \varepsilon + \frac{2\,\varepsilon}{\dfrac{m}{n}-1} + \left(\frac{m}{n}-1\right)A. \qquad (5)$$

Ich nehme $\varepsilon < 1$,

$$m > \operatorname{Max}\left\{\frac{6}{\sqrt{\varepsilon}},\ \left(1 + 2\,\sqrt{\varepsilon}\right) N(\varepsilon)\right\},$$

während n gemäß der Bedingung

$$\sqrt{\varepsilon} < \frac{m}{n} - 1 < 2\,\sqrt{\varepsilon}$$

oder[1]

$$N(\varepsilon) < \frac{m}{1 + 2\,\sqrt{\varepsilon}} < n < \frac{m}{1 + \sqrt{\varepsilon}}$$

bestimmt wird. Damit gibt (5)

$$|s_m - S| < \varepsilon + 2\,\sqrt{\varepsilon} + 2\,A\,\sqrt{\varepsilon},$$

d. h. $s_m \to S$, was zu beweisen war.

2. Der Satz von Fejér. Zu einem wichtigen Ergebnis führt die Summation durch arithmetische Mittel bei den Fourierreihen (I, 2, § 39; II, 1, § 6). Es sei $f(x)$ mit $2\,\pi$ periodisch und integrierbar. Für die Teilsummen

$$s_n = \frac{a_0}{2} + \sum_{\nu=1}^{n} (a_\nu \cos \nu\,x + b_\nu \sin \nu\,x)$$

ergibt sich, wenn man die Eulerschen Formeln

$$a_\nu = \frac{1}{\pi} \int_{-\pi}^{\pi} f(t) \cos \nu\,t\,dt, \qquad b_\nu = \frac{1}{\pi} \int_{-\pi}^{\pi} f(t) \sin \nu\,t\,dt, \qquad \nu = 0, 1, 2, \ldots$$

für die Koeffizienten einsetzt,

$$s_n = \frac{1}{\pi} \int_{-\pi}^{\pi} f(t) \left(\frac{1}{2} + \cos(x-t) + \cdots + \cos n\,(x-t)\right) dt$$

---

[1] Die Differenz der Schranken ist

$$\frac{m\,\sqrt{\varepsilon}}{(1 + \sqrt{\varepsilon})(1 + 2\,\sqrt{\varepsilon})} > \frac{m\,\sqrt{\varepsilon}}{6} > 1.$$

oder nach einer einfachen Umformung[1]

$$s_n = \frac{1}{2\pi} \int_{-\pi}^{\pi} f(t) \, \frac{\sin\left(n + \frac{1}{2}\right)(x - t)}{\sin \frac{x - t}{2}} \, dt. \tag{6}$$

Zur Berechnung der arithmetischen Mittel (2) verwenden wir eine analoge Umformung und erhalten[2]

$$S_n = \frac{1}{n}(s_0 + s_1 + \cdots + s_{n-1}) = \frac{1}{2 n \pi} \int_{-\pi}^{\pi} f(t) \, \frac{\sin^2 n \frac{x - t}{2}}{\sin^2 \frac{x - t}{2}} \, dt. \tag{7}$$

Ich nehme nun weiter an, daß $f(x)$ in jedem Punkt einen rechtsseitigen und linksseitigen Grenzwert $f(x+)$ bzw. $f(x-)$ besitzt, so daß alle Unstetigkeiten von $f(x)$ entweder hebbar oder endliche Sprünge sind. Für $f(x) \equiv 1$ wird $a_0 = 2$ $a_\nu = b_\nu = 0$, $(\nu \geq 1)$, $s_n = S_n = 1$ und daher

$$1 = \frac{1}{2 n \pi} \int_{-\pi}^{\pi} \frac{\sin^2 n \frac{x - t}{2}}{\sin^2 \frac{x - t}{2}} \, dt. \tag{8}$$

Multiplikation von (8) mit

$$\frac{1}{2}[f(x+) + f(x-)]$$

und Subtraktion von (7) gibt

$$S_n - \frac{f(x+) + f(x-)}{2} = \frac{1}{2 n \pi} \int_{x-\pi}^{x+\pi} \left(f(t) - \frac{f(x+) + f(x-)}{2} \right) \frac{\sin^2 n \frac{x - t}{2}}{\sin^2 \frac{x - t}{2}} \, dt; \tag{9}$$

dabei ist noch das Integrationsintervall $[-\pi, \pi]$ durch $[x - \pi, x + \pi]$ ersetzt, was wegen der Periodizität des Integranden in (9) aber belanglos ist. Das Integral auf der rechten Seite von (9) zerlege ich nun in zwei Teilintegrale, das eine über das Intervall $[x - \pi, x]$, das andere über $[x, x + \pi]$ erstreckt. Im ersten Teil mache ich die Substitution $t = x - 2u$, im zweiten $t = x + 2u$. Das gibt nach ganz einfacher Rechnung

$$S_n - \frac{f(x+) + f(x-)}{2} = \frac{1}{n \pi} \int_{0}^{\frac{\pi}{2}} \varphi(u) \, \frac{\sin^2 n u}{\sin^2 u} \, du, \tag{10}$$

---

[1] Vgl. I, 2, § 28, Aufgabe 2 (I, 1, § 36). Es ist

$$\frac{1}{2} + \sum_{\nu=1}^{n} \cos \nu u = -\frac{1}{2} + \sum_{\nu=0}^{n} \cos \nu u = \frac{\cos \frac{n}{2} u \cdot \sin \frac{n+1}{2} u}{\sin \frac{u}{2}} - \frac{1}{2} = \frac{\sin\left(n + \frac{1}{2}\right) u}{2 \sin \frac{u}{2}}.$$

[2] Vgl. a. a. O. Aufgabe 3. Es ist

$$\sum_{\nu=0}^{n-1} \sin(2\nu + 1) u = \frac{\sin^2 n u}{\sin u}.$$

wo zur Abkürzung

$$\varphi(u) = f(x + 2\,u) + f(x - 2\,u) - f(x +) - f(x -), \quad \varphi(0) = 0, \qquad (11)$$

gesetzt ist. Die (gerade) Funktion $\varphi(u)$ ist an der Stelle $u = 0$ stetig, denn für $u \to 0 +$ wird $f(x + 2\,u) = f(x +)$ und $f(x - 2\,u) = f(x -)$, also ist

$$|\varphi(u)| < \varepsilon, \qquad (12)$$

$\varepsilon > 0$ beliebig, wenn nur

$$|u| < \eta < \frac{\pi}{2}$$

ist. Das Integral auf der rechten Seite von (10) zerlege ich nun wieder in zwei Teile, das eine über $[0, \eta]$, das andere über $\left[\eta, \dfrac{\pi}{2}\right]$ erstreckt. Im ersten ersetze ich $\varphi(u)$ durch ε, im zweiten gemäß (11) durch $4\,M$, wo M die obere Grenze von $|f(x)|$ ist. Das gibt

$$\left| S_n - \frac{f(x +) + f(x -)}{2} \right| < \frac{\varepsilon}{n\,\pi} \int_0^{\eta} \frac{\sin^2 n\,u}{\sin^2 u}\,du + \frac{4\,M}{n\,\pi} \int_{\eta}^{\frac{\pi}{2}} \frac{\sin^2 n\,u}{\sin^2 u}\,du.$$

Der erste Ausdruck rechts ist wegen (8) sicher $< \varepsilon$, im zweiten ist $\sin^2 n\,u \leqq 1$, $\sin u \geqq \sin \eta$, also haben wir

$$\left| S_n - \frac{f(x +) + f(x -)}{2} \right| < \varepsilon + \frac{4\,M}{n\,\pi}\,\frac{1}{\sin^2 \eta}\,\frac{\pi}{2} = \varepsilon + \frac{2\,M}{n\,\sin^2 \eta} < 2\,\varepsilon, \qquad (13)$$

wenn nur n hinreichend groß ist.

Damit haben wir den Satz von Fejér[1]:

Hat die mit $2\,\pi$ periodische und integrierbare Funktion $f(x)$ an jeder Stelle x einen links- und rechtsseitigen Grenzwert, so konvergieren die arithmetischen Mittel S_n für jedes x gegen

$$\frac{1}{2}\,[f(x +) + f(x -)].$$

Ist $f(x)$ in dem abgeschlossenen Intervall $[a, b]$ mit $-\pi < a \leqq x \leqq b < \pi$ stetig[2], so gilt nach dem Satz von der gleichmäßigen Stetigkeit (I, 2, § 8,8; I, 1, § 10, 8) die Ungleichung (13) gleichmäßig für alle x aus $[a, b]$, wenn nur $|u| < \eta$ ist. Nimmt man also n immer so groß, daß (13) gilt, so folgt weiter, daß S_n *für alle x aus $[a, b]$ gleichmäßig gegen $f(x)$ konvergiert.* Ist $f(-\pi) = f(\pi)$ so gilt dies auch noch für $a = -\pi$, $b = +\pi$.

Da S_n ein trigonometrisches Polynom ist, folgt aus dem Satz von Fejèr auch, *daß sich jede stetige Funktion $f(x)$ in $[-\pi, +\pi]$, $f(-\pi) = f(+\pi)$, mit beliebiger Genauigkeit durch trigonometrische Polynome approximieren läßt.*

3. Der Satz von Jordan. Mit Hilfe der Sätze der Ziffern 1 und 2 ergibt sich ein einfacher Beweis einer sehr weitreichenden Aussage über die Konvergenz der Fourierreihe einer periodischen Funktion $f(x)$, sofern diese nur *von beschränkter Variation* ist.

Nach § 1, 2, Satz 4, läßt sich dann $f(x)$ als Differenz zweier nicht fallender Funktionen

$$f(x) = \varphi(x) - \psi(x)$$

---

[1] Fejér Leopold, geb. 1880 in Fünfkirchen; wirkte an den Universitäten Klausenburg und Budapest. Arbeitsgebiet: Analysis.

[2] Also in a zumindest rechtsseitig, in b zumindest linksseitig stetig.

darstellen; wir können ohneweiters annehmen, daß $\varphi(x)$ und $\psi(x)$ *steigend und positiv* sind, weil man das stets dadurch erreichen kann, daß man zu $\varphi(x)$ und $\psi(x)$ eine lineare Funktion $\alpha x + \beta$ mit geeignet gewählten Konstanten α und β hinzufügt. Damit wird

$$\pi\, a_\nu = \int_{-\pi}^{\pi} \varphi(x) \cos \nu\, x\, dx - \int_{-\pi}^{\pi} \psi(x) \cos \nu\, x\, dx. \tag{14}$$

Wenden wir auf das erste Integral den zweiten Mittelwertsatz der Integralrechnung an, so folgt

$$\int_{-\pi}^{\pi} \varphi(x) \cos \nu\, x\, dx = \varphi(-\pi) \int_{-\pi}^{\xi} \cos \nu\, x\, dx + \varphi(\pi) \int_{\xi}^{\pi} \cos \nu\, x\, dx =$$

$$= -\frac{\sin \nu\, \xi}{\nu} \left[\varphi(\pi) - \varphi(-\pi)\right].$$

Entsprechendes gilt für das zweite Integral in (14). Verfahren wir ebenso mit dem Ausdruck für b_ν, so erhalten wir schließlich das Ergebnis

$$|a_\nu| < \frac{A}{2\,\nu}, \quad |b_\nu| < \frac{A}{2\,\nu},$$

mit

$$A = \frac{2}{\pi} \left[\varphi(\pi) - \varphi(-\pi) + \psi(\pi) - \psi(-\pi)\right]$$

und

$$|a_\nu \cos \nu\, x + b_\nu \sin \nu\, x| < \frac{A}{\nu}.$$

Da eine Funktion von beschränkter Variation beschränkt und integrierbar ist, also nur hebbare Unstetigkeiten oder endliche Sprünge hat, sind nach dem Satz von Fejér somit alle Voraussetzungen des Satzes von Hardy erfüllt. Damit haben wir den Satz von Jordan:

Ist $f(x)$ mit 2π periodisch und von beschränkter Variation, so konvergiert ihre Fourierreihe gegen die Summe

$$\frac{1}{2} \left[f(x+) + f(x-)\right];$$

die Konvergenz ist gleichmäßig in jedem abgeschlossenen Intervall, in dem $f(x)$ stetig ist.

Darin ist ein älterer Satz von Dirichlet enthalten:

Jede periodische, stückweise monotone und stetige Funktion läßt sich durch eine gleichmäßig konvergente Fourierreihe darstellen.

Auf die Tatsache, daß Stetigkeit von $f(x)$ allein nicht genügt, habe ich schon in I, 2, § 39, 3 (II, 1, § 6, 3) hingewiesen.

4. Der Approximationssatz von Weierstraß. Eine weitere fast unmittelbare Folgerung aus dem Fejérschen Satz ist der Weierstraßsche Approximationssatz:

Jede in einem abgeschlossenen Intervall $[a, b]$ stetige Funktion kann in $[a, b]$ gleichmäßig durch Polynome approximiert werden.

Zum Beweis nehme ich an, das Intervall $[a, b]$ sei ganz im Intervall $(-\pi, \pi)$ enthalten, also $-\pi < a < b < \pi$; das ist keine Einschränkung der Allgemeinheit, da man diese Lage durch eine lineare Transformation $\bar{x} = \alpha x + \beta$, die Polynome wieder in Polynome überführt, stets erreichen kann. Weiter sei $\varphi(x)$ eine Funktion, die in $[a, b]$ mit $f(x)$ übereinstimmt, in $[-\pi, a]$ und $[b, \pi]$ stetig ist mit $\varphi(-\pi) = \varphi(\pi)$ und schließlich für alle x durch periodische Fortsetzung $\varphi(x + 2 k \pi) = \varphi(x)$ definiert ist. Nach dem Fejérschen Satz gibt es dann zu jedem $\varepsilon > 0$ eine Zahl $N(\varepsilon)$, so daß für die arithmetischen Mittel $S_n(x)$ der Teilsummen der Fourierentwicklung von $\varphi(x)$ gleichmäßig für alle x

$$|\varphi(x) - S_n(x)| < \frac{\varepsilon}{2},$$

insbesondere in $[a, b]$

$$|f(x) - S_n(x)| < \frac{\varepsilon}{2} \tag{15}$$

gilt. $S_n(x)$ läßt sich als trigonometrisches Polynom in eine beständig und daher in $[a, b]$ gleichmäßig konvergente Potenzreihe $\sum a_\nu x^\nu$ entwickeln. Es gibt also eine Teilsumme $P_m(x) = \sum\limits_{\nu=0}^{m} a_\nu x^\nu$, so daß

$$|S_n(x) - P_m(x)| < \frac{\varepsilon}{2} \tag{16}$$

gleichmäßig in $[a, b]$ ist. Aus (15) und (16) folgt

$$|f(x) - P_m(x)| < \varepsilon,$$

was aber gerade der Inhalt des Weierstraßschen Approximationssatzes ist.

Es läßt sich zeigen[1], daß ein analoger Satz auch für Funktionen von mehreren Veränderlichen gilt: *Jede im Bereich $a_i \leqq x_i \leqq b_i$ mit $0 < a_i < b_i < l$, $i = 1, \ldots, n$, stetige Funktion $f(x_1, \ldots, x_n)$ läßt sich gleichmäßig durch Polynome approximieren.*

5. Das Fouriersche Integraltheorem. Ist $f(x)$ nicht mit 2π periodisch, sondern mit $2l$, $l > 0$ beliebig, so hat die Fourierentwicklung von $f(x)$ die Gestalt (Ziffer 3)

$$\frac{1}{2}[f(x+) + f(x-)] = \frac{a_0}{2} + \sum_{\nu=1}^{\infty} \left(a_\nu \cos \frac{\nu \pi x}{l} + b_\nu \sin \frac{\nu \pi x}{l} \right)$$

mit

$$a_\nu = \frac{1}{l} \int\limits_{-l}^{l} f(t) \cos \frac{\nu \pi t}{l} \, dt, \qquad b_\nu = \frac{1}{l} \int\limits_{-l}^{l} f(t) \sin \frac{\nu \pi t}{l} \, dt, \qquad \nu = 0, 1, 2 \ldots;$$

sie ergibt sich aus der früheren, für die Periode 2π gültigen Darstellung, wenn man x durch $\frac{\pi x}{l}$ ersetzt. Trägt man die Ausdrücke für die Koeffizienten in die Entwicklung ein, so folgt

$$\frac{1}{2}[f(x+) + f(x-)] = \frac{1}{2l} \int\limits_{-l}^{l} f(t) \, dt + \frac{1}{l} \sum_{\nu=1}^{\infty} \int\limits_{-l}^{l} f(t) \cos \frac{\nu \pi (t-x)}{l} \, dt. \tag{17}$$

Die Funktion $f(x)$ ist dabei zunächst nur in $[-l, l]$ definiert und von beschränkter Variation und wird dann außerhalb dieses Intervalls durch periodische Fortsetzung erklärt. Es ist nun recht naheliegend, zu versuchen, aus (17) durch den Grenzübergang $l \to +\infty$ eine Formel zu gewinnen, die uns zumindest unter gewissen Voraussetzungen *eine Darstellung einer beliebigen, für alle reellen x definierten und nicht notwendig periodischen Funktion $f(x)$ gibt.* Wir wollen ver-

---

[1] Vgl. COURANT-HILBERT, Bd. I, LV 1.

suchen, diesen Grenzübergang einmal völlig bedenkenlos durchzuführen; daß
damit kein Beweis der resultierenden Formel erbracht wird, brauche ich wohl
kaum hervorzuheben. Wir lassen im letzten Ausdruck von (17) zunächst alle
Summanden mit $v > \left[\dfrac{l^2}{\pi}\right]$ weg; dann können wir ihn als Riemannsche Summe
der Funktion

$$\varphi(u, x) = \frac{1}{\pi} \int\limits_{-l}^{l} f(t) \cos u(t - x)\, dt$$

auffassen, die zur Zerlegung des Integrationsintervalls $0 \le u \le l$ mit den Teilungspunkten $u_v = \dfrac{v\pi}{l}$ gehört; die Teilintervalle haben alle die gleiche Länge
$\Delta u_v = \dfrac{\pi}{l}$. Lassen wir jetzt $l \to \infty$ gehen, so geht die Länge aller Teilintervalle $\to 0$, die Grenzen aber $\to \infty$. Machen wir noch die zusätzliche Voraussetzung, daß

$$\int\limits_{-\infty}^{\infty} f(t)\, dt \tag{18}$$

existiert[1], so geht das erste Integral in (17) gegen Null und wir erhalten die Darstellung

$$\frac{1}{2}\left[f(x +) + f(x -)\right] = \frac{1}{\pi} \int\limits_{0}^{\infty} du \int\limits_{-\infty}^{\infty} f(t) \cos u\,(t - x)\, dt, \tag{19}$$

die man als *Fouriersches Integraltheorem* bezeichnet.

Daß diese Formel richtig ist, können wir auf Grund unserer Überlegungen
bestenfalls vermuten. Daß noch zusätzliche Voraussetzungen gemacht werden
müssen, um die Konvergenz der uneigentlichen Integrale in (19) sicherzustellen,
und daß auch die Bedingung (18) nicht genügt, zeigt schon das einfache Beispiel
der Funktion $f(t) = \dfrac{1}{t} \sin \alpha\, t$, für die (18) erfüllt ist; das innere Integral (19)
wird für $\alpha = u$ bestimmt divergent.

Ist aber $f(t)$ *in jedem endlichen Intervall von beschränkter Variation und
existiert*

$$\int\limits_{-\infty}^{\infty} |f(t)|\, dt, \tag{20}$$

so gilt (19). Unter dieser Voraussetzung ist zunächst das innere Integral in (19)
gleichmäßig konvergent[2].

---

[1] Dabei ist $\displaystyle\int\limits_{-\infty}^{\infty} f(t)\, dt = \lim_{b \to \infty} \int\limits_{0}^{b} f(t)\, dt + \lim_{a \to -\infty} \int\limits_{a}^{0} f(t)\, dt$ erklärt.

[2] Vgl. II, 2, § 11, 4, II, 1, § 16, 4. Es ist

$$\left|\int\limits_{A}^{\infty} f(t) \cos u(t - x)\, dt\right| \le \int\limits_{A}^{\infty} |\, f(t) \cos u(t - x)|\, dt \le \int\limits_{A}^{\infty} |f(t)|\, dt < \varepsilon,$$

wenn nur A hinreichend groß ist. Entsprechendes gilt für $\displaystyle\int\limits_{-\infty}^{-B}$, $B > 0$, vgl. die vorhergehende
Fußnote.

Somit wird

$$J_\xi = \int\limits_0^\xi du \int\limits_{-\infty}^\infty f(t)\cos u(t-x)\,dt = \int\limits_{-\infty}^\infty f(t)\,dt \int\limits_0^\xi \cos u(t-x)\,du =$$

$$= \int\limits_{-\infty}^\infty f(t)\,\frac{\sin \xi\,(t-x)}{t-x}\,dt = \int\limits_{-\infty}^x f(t)\,\frac{\sin \xi\,(t-x)}{t-x}\,dt + \int\limits_x^\infty f(t)\,\frac{\sin \xi\,(t-x)}{t-x}\,dt.$$

Setzt man im ersten Integral $t - x = -\tau$, im zweiten $t - x = \tau$, so folgt weiter

$$J_\xi = \int\limits_0^\infty f(x-\tau)\,\frac{\sin \xi\tau}{\tau}\,d\tau + \int\limits_0^\infty f(x+\tau)\,\frac{\sin \xi\tau}{\tau}\,d\tau =$$

$$= \int\limits_0^\infty [f(x+\tau) + f(x-\tau)]\,\frac{\sin \xi\tau}{\tau}\,d\tau = \int\limits_0^b [f(x+\tau) + f(x-\tau)]\,\frac{\sin \xi\tau}{\tau}\,d\tau +$$

$$+ \int\limits_b^\infty [f(x+\tau) + f(x-\tau)]\,\frac{\sin \xi\tau}{\tau}\,d\tau,$$

wo $b > 0$ beliebig ist. Kann ich nun zeigen, daß

$$\lim_{\xi\to\infty} \frac{1}{\pi} \int\limits_0^b [f(x+\tau) + f(x-\tau)]\,\frac{\sin \xi\tau}{\tau}\,d\tau = \frac{1}{2}\,[f(x+) + f(x-)] \qquad (21)$$

und

$$\lim_{\xi\to\infty} \int\limits_b^\infty [f(x+\tau) + f(x-\tau)]\,\frac{\sin \xi\tau}{\tau}\,d\tau = 0 \qquad (22)$$

ist, so ist das Fouriersche Integraltheorem bewiesen. Diese Beweise folgen in den beiden nächsten Ziffern.

6. Das Dirichletsche Integral. *Ist $\varphi(x)$ in $[a, b]$ von beschränkter Variation und*

$$\varphi(x) = 0 \ \textit{für} \ x < a \ \textit{und} \ x > b,$$

so ist

$$\boxed{\lim_{\xi\to\infty} \frac{1}{\pi} \int\limits_a^b \varphi(x)\,\frac{\sin \xi\,x}{x}\,dx = \frac{1}{2}\,[\varphi(0+) + \varphi(0-)].} \qquad (23)$$

Ich beweise (23) unter der Annahme $a = 0$, $b > 0$; dann ist $\varphi(0-) = 0$ und auf der rechten Seite steht $\frac{1}{2}\varphi(0+)$. Für $a < 0$, $b = 0$ folgt dann der Beweis, indem man x durch $-x$ ersetzt. Nach III, § 24, (48) ist

$$\int\limits_0^\infty \frac{\sin x}{x}\,dx = \frac{\pi}{2}, \qquad (24)$$

ferner gilt

$$\int\limits_0^b \frac{\sin \xi\,x}{x}\,dx = \int\limits_0^{b\xi} \frac{\sin y}{y}\,dy,$$

so daß

$$\lim_{\xi\to\infty} \int\limits_0^b \frac{\sin \xi\,x}{x}\,dx = \frac{\pi}{2}$$

wird. (23) läßt sich also für $a = 0$, $b > 0$ in der Gestalt

$$\lim_{\xi \to \infty} \int_0^b [\varphi(x) - \varphi(0+)] \frac{\sin \xi x}{x} \, dx = 0 \qquad (25)$$

schreiben. Nun ist

$$\lim_{x \to 0+} [\varphi(x) - \varphi(0+)] = 0,$$

also gibt es zu jedem $\varepsilon > 0$ ein $\delta > 0$, so daß

$$|\varphi(x) - \varphi(0+)| < \varepsilon$$

ist für alle x, für die $0 < x \leq \delta$ ist. Denkt man sich φ als Summe von zwei monotonen Funktionen dargestellt, so ergibt die zweimalige Anwendung des zweiten Mittelwertsatzes (§ 1, (25)) für jeden dieser Summanden und somit für φ

$$\int_0^b [\varphi(x) - \varphi(0+)] \frac{\sin \xi x}{x} \, dx = \int_0^\delta [\varphi(x) - \varphi(0+)] \frac{\sin \xi x}{x} \, dx +$$

$$+ \int_\delta^b [\varphi(x) - \varphi(0+)] \frac{\sin \xi x}{x} \, dx = [\varphi(\delta) - \varphi(0+)] \int_{\delta_1}^\delta \frac{\sin \xi x}{x} \, dx +$$

$$+ [\varphi(\delta) - \varphi(0+)] \int_\delta^{\delta_2} \frac{\sin \xi x}{x} \, dx + [\varphi(b) - \varphi(0+)] \int_{\delta_2}^b \frac{\sin \xi x}{x} \, dx \qquad (26)$$

mit $0 \leq \delta_1 \leq \delta \leq \delta_2 \leq b$. Für das zweite und dritte Integral kann man wie oben auch

$$\int_{\xi\delta}^{\xi\delta_2} \frac{\sin y}{y} \, dy \quad \text{bzw.} \quad \int_{\xi\delta_2}^{\xi b} \frac{\sin y}{y} \, dy$$

schreiben; wegen der Konvergenz von (24) sind diese Integrale bei genügend großem ξ beliebig klein, gehen also für $\xi \to \infty$ gegen Null. Beim ersten Integral kann man zwar wieder

$$\int_{\delta_1}^\delta \frac{\sin \xi x}{x} \, dx = \int_{\xi\delta_1}^{\xi\delta} \frac{\sin y}{y} \, dy$$

schreiben, aber da $\delta_1 = 0$ sein kann, kann man hier nur schließen, daß dieses Integral unter einer positiven Schranke A bleibt. Somit wird der erste Summand kleiner als εA, also auch beliebig klein. Damit ist (25) und daher auch (23) bewiesen. Haben a und b gleiches Vorzeichen, so ist

$$\lim_{\xi \to +\infty} \frac{1}{\pi} \int_a^b \varphi(x) \frac{\sin \xi x}{x} \, dx = 0, \text{ was mit } \varphi(x) = 0 \text{ außerhalb des Intervalls überein-}$$

stimmt. (21) folgt aus(23) für $\varphi(\tau) = f(x + \tau) + f(x - \tau)$.

     7. Das Riemannsche Lemma. *Ist $\varphi(x)$ nicht fallend in $[a, b]$ und beschränkt, so gilt*

$$\boxed{\lim_{\lambda \to \infty} \int_a^b \varphi(x) \cos \lambda x \, dx = 0, \qquad \lim_{\lambda \to \infty} \int_a^b \varphi(x) \sin \lambda x \, dx = 0.} \qquad (27)$$

Der Beweis ist einfach. Partielle Integration gibt

$$\int_a^b \varphi(x) \cos \lambda x \, dx = \frac{1}{\lambda} \left[\varphi(x) \sin \lambda x \right]_a^b - \frac{1}{\lambda} \int_a^b \sin \lambda x \, d\varphi(x),$$

wobei das letzte Integral im allgemeinen ein Stieltjesintegral sein wird. Da $|\varphi(x)| < M$ in $[a, b]$ ist, folgt wegen $|\sin \lambda x| \leqq 1$ und $\int_a^b d\varphi(x) = \varphi(b) - \varphi(a)$ schließlich

$$\left| \int_a^b \varphi(x) \cos \lambda x \, dx \right| < \frac{2 M}{\lambda} + \frac{2 M}{\lambda} = \frac{4 M}{\lambda} \to 0$$

und ebenso ist

$$\left| \int_a^b \varphi(x) \sin \lambda x \, dx \right| < \frac{4 M}{\lambda} \to 0,$$

womit das Riemannsche Lemma bewiesen ist. Der Satz gilt natürlich auch *für nicht steigende Funktionen und damit auch für Funktionen von beschränkter Variation.*

Nun ist $\frac{1}{\tau} [f(x + \tau) + f(x - \tau)]$ in jedem Intervall $0 < b \leqq \tau \leqq B$ von beschränkter Variation und daher gilt (22).

8. Folgerungen.

1. Da $\cos u(t - x)$ eine gerade Funktion von u ist, kann man (19) auch in der Gestalt[1]

$$f(x) = \frac{1}{2\pi} \int_{-\infty}^{\infty} du \int_{-\infty}^{\infty} f(t) \cos u(t - x) \, dt \qquad (28)$$

schreiben; da $\sin u(t - x)$ eine ungerade Funktion von u ist, gilt

$$0 = \frac{j}{2\pi} \int_{-\infty}^{\infty} du \int_{-\infty}^{\infty} f(t) \sin u(t - x) \, dt.$$

Subtraktion gibt

$$\boxed{f(x) = \frac{1}{2\pi} \int_{-\infty}^{\infty} du \int_{-\infty}^{\infty} f(t) \exp\left[-j\,u(t - x)\right] dt,} \qquad (29)$$

eine Gestalt des Fourierschen Integraltheorems, die der komplexen Darstellung

$$f(x) = \frac{1}{2l} \sum_{-\infty}^{\infty} \int_{-l}^{l} f(t) \exp\left[-j\,\frac{\nu \pi}{l}(t - x)\right] dt$$

der Fourierreihe (17) entspricht (I, 2, § 39, 2; II, 1, § 6, 2).

2. Setzt man

$$g(u) = \frac{1}{\sqrt{2\pi}} \int_{-\infty}^{\infty} f(t)\, e^{-j u t} \, dt, \qquad (30\,\text{A})$$

---

[1] Der Einfachheit wegen schreibe ich im folgenden (wie in I, 2 (II, 1)) wieder $f(x)$ mit dem Vorbehalt, daß an den Unstetigkeitsstellen $f(x)$ durch $\frac{1}{2}[f(x+) + f(x-)]$ zu ersetzen ist.

so folgt aus (29)

$$f(t) = \frac{1}{\sqrt{2\pi}} \int_{-\infty}^{\infty} g(u)\, e^{j\,u\,t}\, du. \tag{30 B}$$

Die beiden Gleichungen (30) sind, wenn man die linken Seiten als bekannt voraussetzt, ein Paar von Integralgleichungen, von denen jede die Lösung der anderen darstellt.

3. Die Integralformel (19) gibt, wenn $f(x)$ eine gerade Funktion ist,

$$f(x) = \frac{2}{\pi} \int_{0}^{\infty} \cos u\, x\, du \int_{0}^{\infty} f(t)\, \cos u\, t\, dt \tag{31}$$

und, wenn $f(x)$ eine ungerade Funktion ist,

$$f(x) = \frac{2}{\pi} \int_{0}^{\infty} \sin u\, x\, du \int_{0}^{\infty} f(t)\, \sin u\, t\, dt. \tag{32}$$

Die Gleichungen (30) werden für gerade Funktionen

$$g(u) = \sqrt{\frac{2}{\pi}} \int_{0}^{\infty} f(t)\, \cos u\, t\, dt, \quad f(t) = \sqrt{\frac{2}{\pi}} \int_{0}^{\infty} g(u)\, \cos u\, t\, du \tag{33}$$

und für ungerade Funktionen

$$h(u) = \sqrt{\frac{2}{\pi}} \int_{0}^{\infty} f(t)\, \sin u\, t\, dt, \quad f(t) = \sqrt{\frac{2}{\pi}} \int_{0}^{\infty} h(u)\, \sin u\, t\, du. \tag{34}$$

4. Ist $f(x)$ gerade und $f(x) = 1$ für $0 \leqq x < 1$, $f(1) = \frac{1}{2}$, $f(x) = 0$ für $x > 1$, so gibt (31)

$$f(x) = \frac{2}{\pi} \int_{0}^{\infty} \cos u\, x\, du \int_{0}^{1} \cos u\, t\, dt = \frac{2}{\pi} \int_{0}^{\infty} \frac{1}{u} \sin u\, \cos u\, x\, du. \tag{35}$$

Der Ausdruck rechts heißt der *Dirichletsche diskontinuierliche Faktor*.

5. Ist $f(x)$ gerade und $f(x) = e^{-\beta x}$ für $x \geqq 0$, $\beta > 0$, so gibt (31)

$$f(x) = \frac{2\beta}{\pi} \int_{0}^{\infty} \frac{\cos u\, x}{u^2 + \beta^2}\, du;$$

ist $f(x)$ ungerade und $f(x) = e^{-\beta x}$ für $x > 0$, $f(0) = 0$, $\beta > 0$, so gibt (32)

$$f(x) = \frac{2}{\pi} \int_{0}^{\infty} \frac{u \sin u\, x}{u^2 + \beta^2}\, du.$$

Das Integral

$$\boxed{\int_{0}^{\infty} \frac{\cos u\, x}{u^2 + \beta^2}\, du = \frac{\pi}{2\beta}\, e^{-\beta |x|},} \tag{36}$$

das wir für $x = 1$ bereits in III, § 24 (Aufgabe 5) auf andere Art gefunden haben, wird auch als *Laplacesches Integral* bezeichnet.

Aufgaben.

1. Man zeige, daß die Reihen

$$\text{a) } 1 + 1 - 2 + 1 + 1 - 2 + \dots$$
$$\text{b) } 1 + 0 - 1 + 1 + 1 + 0 - 1 \dots$$

im arithmetischen Mittel konvergieren und berechne ihre verallgemeinerte Summe.

2. Man berechne die verallgemeinerte Summe von

$$\text{a) } \sum_{\nu=1}^{\infty} \sin \nu\, x, \qquad \text{b) } \sum_{\nu=1}^{\infty} \sin (2\,\nu - 1)\, x.$$

3. Konvergiert die Reihe $\sum_{\nu=1}^{\infty} u_\nu$ im arithmetischen Mittel, so konvergiert sie dann und nur dann im gewöhnlichen Sinn, wenn

$$\lim_{n \to \infty} \frac{1}{n} \sum_{\nu=1}^{n} \nu\, u_\nu = 0.$$

4. Man beweise den Satz: Ist $\{a_n\}$ eine monotone Nullfolge von positiven Zahlen und $b_n = a_1 + a_2 + \dots + a_n$, so ist die Reihe $\sum_{\nu=1}^{\infty} (-1)^{\nu-1}\, b_\nu$ im arithmetischen Mittel konvergent und hat die verallgemeinerte Summe $S = \dfrac{1}{2} \sum_{\nu=1}^{\infty} (-1)^{\nu-1}\, a_\nu$.

Man bestimme die verallgemeinerte Summe der Reihe $\sum_{\nu=1}^{\infty} u_\nu$ für

$$\text{a) } u_\nu = (-1)^\nu \left(1 + \frac{1}{2} + \dots + \frac{1}{\nu} \right),$$
$$\text{b) } u_\nu = (-1)^\nu \left(1 + \frac{1}{3} + \dots + \frac{1}{2\,\nu - 1} \right),$$

5. a) Ist $f(x)$ mit $f(-\pi) = f(\pi)$ in $[-\pi, \pi]$ von beschränkter Variation V, so gilt für die Fourierkoeffizienten:

$$|a_\nu| \leqq \frac{V}{\nu\,\pi}, \qquad |b_\nu| \leqq \frac{V}{\nu\,\pi}, \qquad \nu \geqq 1.$$

b) Hat $f(x)$ mit $f(-\pi) = f(\pi)$ in $[-\pi, \pi]$ eine stetige Ableitung zweiter Ordnung, so gilt für die Fourierkoeffizienten

$$|a_\nu| \leqq \frac{A}{\nu^2}, \qquad |b_\nu| \leqq \frac{A}{\nu^2}, \qquad \nu \geqq 1,$$

mit $A = \dfrac{1}{\pi} \int\limits_{-\pi}^{\pi} |f''(x)|\, dx$.

§ 3. Asymptotische Entwicklungen. Die Eulersche Summenformel.

1. Eine Vorbemerkung. Gilt für $|z| \to \infty$[1]

$$\varphi(z) \to 0 \quad \text{oder} \quad \varphi(z) \to \infty,$$

und ist für genügend große $|z|$

$$\left| \frac{f(z)}{\varphi(z)} \right| < M,$$

$M > 0$, so schreibt man

$$f(z) = O(\varphi(z)).$$

---

[1] Die folgenden Entwicklungen gelten auch für komplexe Größen z.

$f(z)$ ist dann höchstens von derselben Größenordnung wie $\varphi(z)$. Z. B. ist

$$\frac{5\,z + 17}{z^3 + 1} = O(z^{-2})$$

und

$$f(z) = O(1)$$

heißt nichts anderes, als daß $f(z)$ für genügend große $|z|$ beschränkt ist.

Gilt

$$\frac{f(z)}{\varphi(z)} \to 0,$$

so schreibt man

$$f(z) = o(\varphi(z)),$$

$f(z)$ ist von kleinerer Größenordnung als $\varphi(z)$, z. B.

$$\ln z = o(z^\alpha),$$

$\alpha > 0$, reell.

Ich erwähne die ohneweiters zu bestätigenden Beziehungen

$$O(z^\alpha) \cdot O(z^\beta) = O(z^{\alpha + \beta})$$

und

$$o(z^\alpha) \cdot O(z^\beta) = o(z^{\alpha + \beta}).$$

Gelegentlich wird diese recht bequeme Schreibweise auch verwendet, wenn es sich um einen beliebigen Grenzübergang $z \to z_0$ handelt.

2. Asymptotische Darstellungen. Es seien die Funktionen $f(z)$ und $\varphi(z)$ definiert und stetig in dem Sektor

$$\alpha \leqq \operatorname{arc} z \leqq \beta \tag{1}$$

und für genügend große $|z|$. Gilt dann

$$\frac{f(z)}{\varphi(z)} \to 1 \tag{2}$$

für $|z| \to \infty$ längs eines festen Wertes von $\alpha \leqq \operatorname{arc} z \leqq \beta$, so schreibt man

$$\boxed{f(z) \sim \varphi(z),}$$

gesprochen: $f(z)$ *ist asymptotisch gleich* $\varphi(z)$ und man nennt $\varphi(z)$ eine *asymptotische Darstellung* von $f(z)$. Selbstverständlich ist auch umgekehrt $f(z)$ eine asymptotische Darstellung von $\varphi(z)$.

Existiert der eigentliche Grenzwert $\varphi(z) \to A$, so folgt aus (2) auch $f(z) \to A$ und daher

$$f(z) - \varphi(z) \to 0; \tag{3}$$

ist aber $A = +\infty$ ein uneigentlicher Grenzwert, so kann man aus (2) nicht auf (3) schließen, wie das einfache Beispiel $f(z) = z + 1$, $\varphi(z) = z$ zeigt, wohl aber umgekehrt, weil aus

$$f(z) - \varphi(z) = \varphi(z) \left(\frac{f(z)}{\varphi(z)} - 1 \right) \to 0$$

und $\varphi(z) \to \infty$ sofort (2) folgt. Eine Relation der Gestalt (3) kann man aber aus (2) immer bekommen, wenn man von den Funktionen auf die Hauptwerte ihrer Logarithmen übergeht. Denn wegen der Stetigkeit des Logarithmus folgt aus (2)

$$\ln \frac{f(z)}{\varphi(z)} = \ln f(z) - \ln \varphi(z) \to \ln 1 = 0.$$

Diese Bemerkung ist für das Verständnis einiger im folgenden herzuleitenden asymptotischen Formeln nicht unwichtig.

Der Sinn einer asymptotischen Formel liegt darin, daß sie für eine Funktion, die für große Werte von $|z|$ nur schwierig zu berechnen ist, eine einfachere Darstellung liefert, die für genügend große $|z|$ beliebig genau wird. Ein Beispiel einer asymptotischen Formel ist uns in I, 2, § 23, 2 (I, 1, § 30, 2) bereits begegnet, nämlich die Stirlingsche Formel

$$n! \sim n^n\, e^{-n} \sqrt{2\,\pi\,n};$$

daß die Funktion links zunächst nur für positive ganze Werte $z = n$ des Arguments definiert war, tut dabei nichts zur Sache.

Wir wollen den folgenden Überlegungen die Bedingung (3) zugrunde legen; gegebenenfalls, entsprechend der obigen Bemerkung, indem wir eine asymptotische Darstellung für $\ln f(z)$ statt für $f(z)$ selbst suchen. Jedenfalls wird die Approximation $f(z)$ durch $\varphi(z)$ für größere z um so besser sein, je höher die Ordnung des Verschwindens der Differenz $f(z) - \varphi(z)$ im Unendlichen ist. Verschwindet $f(z) - \varphi(z)$ von (mindestens) $n + 1$-ter Ordnung, so gilt nicht nur (3), sondern auch allgemeiner

$$[f(z) - \varphi(z)]\, z^\nu \to 0, \qquad \nu = 0, 1, 2, \ldots, n, \tag{4}$$

und man kann durch geeignete Wahl von $\varphi(z)$ offenbar jede beliebige Ordnung des Verschwindens erreichen.

Ich nehme als Beispiel den einfachen Fall $f(z) = \sqrt{z^2 + a^2}$. Dann ist mit $\varphi(z) = z$

$$f(z) - \varphi(z) = \sqrt{z^2 + a^2} - z \to 0,$$

aber

$$[f(z) - \varphi(z)]\, z = \left[\sqrt{z^2 + a^2} - z\right] z \to \frac{a^2}{2}.$$

Wähle ich aber $\varphi(z) = z + \dfrac{a^2}{2\,z}$, so wird offenbar

$$[f(z) - \varphi(z)]\, z = \left(\sqrt{z^2 + a^2} - z - \frac{a^2}{2\,z}\right) z \to 0.$$

Nun sind aber $z + \dfrac{a^2}{2\,z}$ die beiden ersten Glieder der binomischen Entwicklung

$$\sqrt{z^2 + a^2} = z\left(1 + \frac{a^2}{z^2}\right)^{\frac{1}{2}} = z\left[1 + \binom{\frac{1}{2}}{1}\frac{a^2}{z^2} + \binom{\frac{1}{2}}{2}\frac{a^4}{z^4} + \cdots\right] = z + \frac{a^2}{2\,z} - \frac{a^4}{8\,z^3} + - \cdots$$

und man kann, indem man für $\varphi(z)$ eine geeignete Teilsumme dieser Entwicklung nimmt, ein beliebig großes n in (4) und damit eine beliebig gute Approximation von $\sqrt{z^2 + a^2}$ erreichen.

Seit den grundlegenden Untersuchungen von H. Poincaré definiert man allgemein:

Eine Reihe

$$a_0 + \frac{a_1}{z} + \frac{a_2}{z^2} + \cdots = \sum_{\nu=0}^{\infty} \frac{a_\nu}{z^\nu} \tag{5}$$

heißt eine asymptotische Entwicklung der für alle genügend großen $|z|$ definierten Funktion $f(z)$, wenn für jedes feste $n = 0, 1, 2, \ldots$

$$\lim_{z \to \infty} [f(z) - s_n(z)]\, z^n = 0 \tag{6}$$

gilt mit

$$s_n(z) = \sum_{\nu=0}^{n} \frac{a_\nu}{z^\nu}.$$

Man schreibt dann wie oben[1]

$$f(z) \sim a_0 + \frac{a_1}{z} + \frac{a_2}{z^2} + \cdots$$

oder

$$f(z) = a_0 + \frac{a_1}{z} + \cdots + \frac{a_{n-1}}{z^{n-1}} + O(z^{-n}).$$

Das Überraschende ist dabei, daß die Reihe (5) *für keinen Wert von z zu konvergieren braucht*, und schon gar nicht

$$\lim_{n \to \infty} [f(z) - s_n(z)] = 0$$

sein muß; ich komme darauf in der nächsten Ziffer zurück.

Aus der Definition (6) folgt ($n = 0, 1, 2, \ldots$) der Reihe nach (immer für $|z| \to \infty$)

$$\left.\begin{aligned} f(z) &\to a_0 \\ [f(z) - a_0]\, z &\to a_1 \\ \left[f(z) - a_0 - \frac{a_1}{z}\right] z^2 &\to a_2 \end{aligned}\right\} \tag{7}$$

usw. Daraus folgt unmittelbar, daß eine gegebene Funktion $f(z)$ höchstens eine asymptotische Entwicklung haben kann. Die Umkehrung gilt nicht, d. h. es können sehr wohl *zwei verschiedene Funktionen dieselbe asymptotische Entwicklung* haben. Nimmt man in (7) $f(z) = e^{-z}$, so werden alle Grenzwerte gleich Null und es ist

$$e^{-z} \sim 0 + \frac{0}{z} + \frac{0}{z^2} + \cdots,$$

so daß die Funktion $f(z)$ und

$$f(z) + a\, e^{-bz}, \quad b > 0$$

dieselbe asymptotische Entwicklung besitzen.

Die Aufgabe, für eine gegebene Funktion $f(z)$ eine asymptotische Entwicklung zu finden, ist theoretisch durch die Formeln (7) erledigt. In der Praxis werden sich aber die Grenzwerte nur in seltenen Fällen wirklich bestimmen lassen. Im übrigen versagt das Verfahren auch dann, wenn $\lim\limits_{z \to \infty} f(z)$ nicht existiert oder unendlich ist. Manchmal kann man sich dann mit einer Darstellung

$$f(z) \sim g(z) + h(z) \left(a_0 + \frac{a_1}{z} + \frac{a_2}{z^2} + \cdots\right) \tag{8}$$

helfen, wo $g(z)$ und $h(z)$ zwei für hinreichend große z definierte Funktionen sind; (8) bedeutet dabei nichts anderes als

$$\frac{f(z) - g(z)}{h(z)} \sim a_0 + \frac{a_1}{z} + \frac{a_2}{z^2} + \cdots.$$

Das Beispiel $f(z) = \sqrt{a^2 + z^2}$ gehört wegen $f(z) \to \infty$ hierher. Aber mit $g(z) = z$, $h(z) = 1$ gilt (8); es ist dabei noch $a_0 = 0$, $a_1 = \dfrac{a^2}{2}$ usw.

3. Die Konvergenzfrage. Wir beschränken uns im folgenden auf reelle Argumentwerte x und beginnen mit einem Beispiel. Die Reihe

$$e^{-x} = \sum_{\nu=0}^{n} (-1)^\nu \frac{x^\nu}{\nu!} + R_n(x)$$

---

[1] Eine asymptotische Darstellung von $f(z)$ im Sinn der oben gegebenen Definition ist dann durch jede Teilsumme $s_n(z)$ der Reihe (5) gegeben.

ist beständig konvergent und gestattet daher, e^{-x} für jedes x mit beliebiger Genauigkeit zu rechnen. Diese Aussage hat unter Umständen nur theoretische Bedeutung. Versucht man nämlich, die Rechnung etwa für $x = 1000$ wirklich numerisch durchzuführen, so stößt man bald auf eine praktisch nicht zu bewältigende Schwierigkeit. Die Beträge der einzelnen Glieder werden zunächst sehr groß, d. h. die Reihe verhält sich zunächst einmal so, als ob sie überhaupt nicht konvergieren würde, und erst wenn $v > x$ ist, beginnen die Glieder abzunehmen. Das tausendste Glied wird z. B.

$$u_{1000}(1000) = \frac{10^{3000}}{1000!} > 10^{431},$$

wie eine einfache Abschätzung mittels der Stirlingschen Formel gibt und von etwa derselben Größenordnung ist das Restglied $R_{1000}(1000)$[1].

Es ist nicht weiter verwunderlich, daß es Reihen gibt, bei denen gerade die umgekehrte Erscheinung festzustellen ist, nämlich divergente Reihen, die sich zunächst wie konvergente Reihen verhalten. Nehmen wir etwa die für alle $x \neq 0$ divergente Reihe

$$\sum (-1)^v \, v! \, x^v.$$

Hier nehmen für sehr kleine $|x|$ die Glieder zunächst rasch ab, um erst für $v > \frac{1}{|x|}$ zu wachsen.

Es ist nun zweifellos recht überraschend, daß divergente Reihen mit einem derartigen Verhalten doch für das praktische Rechnen durchaus brauchbar sein können. Schon EULER waren Beispiele dafür bekannt. LEGENDRE gab ihnen den Namen *halbkonvergente* Reihen, aber seit H. POINCARÉ hat sich der Name *asymptotische Reihen* eingebürgert[2]. Ein Beispiel einer (divergenten) asymptotischen Reihe liefert die Entwicklung der Funktion

$$f(x) = \int\limits_{x}^{\infty} \frac{1}{t} \, e^{x-t} \, dt, \quad x > 0.$$

Wiederholte partielle Integration gibt

$$f(x) = \sum_{v=0}^{n} (-1)^v \, \frac{v!}{x^{v+1}} + (-1)^{n+1} \, (n+1)! \int\limits_{x}^{\infty} \frac{1}{t^{n+2}} \, e^{x-t} \, dt = s_n(x) + R_n(x).$$

Wegen

$$u_v = (-1)^v \, \frac{v!}{x^{v+1}}, \qquad \lim_{v \to \infty} \left| \frac{u_v}{u_{v-1}} \right| = \lim_{v \to \infty} \frac{v}{x} = +\infty$$

ist die Reihe $\sum u_v$ für jedes $x > 0$ divergent. Trotzdem ist sie bei größeren

---

[1] Bei einer alternierenden Reihe $\sum (-1)^v a_v \; (a_v > 0)$ mit monoton gegen Null abnehmenden Gliedern hat das Restglied stets dasselbe Vorzeichen wie das erste vernachlässigte Glied und es ist dem Betrag nach kleiner als dieses. Es ist ja

$$R_n = (-1)^{n+1} \, (a_{n+1} - a_{n+2} + - \ldots),$$

also

$$(-1)^{n+1} R_n = a_{n+1} - (a_{n+2} - a_{n+3}) - (a_{n+4} - a_{n+5}) - \ldots < a_{n+1}.$$

[2] Man soll dabei aber nicht übersehen, daß einerseits eine asymptotische Reihe auch konvergent sein kann, wie gerade das in Ziffer 2 betrachtete Beispiel der Entwicklung von $\sqrt{x^2 + a^2}$ zeigt und daß andererseits eine halbkonvergente Reihe keine asymptotische Entwicklung sein muß, wie das Beispiel der Reihe $\sum (-1)^v v! \, x^v$ zeigt. Der Begriff der asymptotischen Reihe gemäß den Definitionen (5) und (6) deckt sich also nicht völlig mit dem Begriff der halbkonvergenten Reihe, wohl aber in allen Anwendungen, die bisher Bedeutung erlangt haben.

Werten von x für die Berechnung von $f(x)$ durchaus brauchbar. Wegen $e^{x-t} \leq 1$ wird ja

$$|f(x) - s_n(x)| = |R_n(x)| = (n+1)! \int_x^\infty \frac{1}{t^{n+2}} e^{x-t}\, dt < (n+1)! \int_x^\infty \frac{dt}{t^{n+2}} = \frac{n!}{x^{n+1}}$$

und dieser Ausdruck kann, wie immer n gewählt ist, für hinreichend große x beliebig klein gemacht werden. Es ist also hier zwar für jedes $x > 0$

$$\lim_{n \to \infty} |R_n(x)| = +\infty,$$

aber für jedes feste n nicht nur

$$\lim_{x \to +\infty} R_n(x) = 0,$$

sondern auch

$$\lim_{x \to +\infty} x^n R_n(x) = 0.$$

4. Das Rechnen mit asymptotischen Reihen. Gelten für die beiden Funktionen $f(x)$ und $g(x)$ asymptotische Entwicklungen

$$f(x) \sim a_0 + \frac{a_1}{x} + \frac{a_2}{x^2} + \cdots \tag{9}$$

und

$$g(x) \sim b_0 + \frac{b_1}{x} + \frac{b_2}{x^2} + \cdots,$$

so ist mit beliebigen Konstanten α und β

$$\alpha f(x) + \beta g(x) \sim \alpha a_0 + \beta b_0 + \frac{\alpha a_1 + \beta b_1}{x} + \frac{\alpha a_2 + \beta b_2}{x^2} + \cdots,$$

wie wohl unmittelbar einzusehen ist. Damit sind die zu den entsprechenden Sätzen über konvergente Reihen analogen Sätze über Summe und Differenz zweier (allgemeiner: endlich vieler) asymptotischer Entwicklungen sowie über die Multiplikation einer solchen Entwicklung mit einer festen Zahl erledigt. Für das Produkt gilt

$$f(x)\, g(x) \sim c_0 + \frac{c_1}{x} + \frac{c_2}{x^2} + \cdots,$$

wobei wie bei den konvergenten Reihen

$$c_\nu = a_0 b_\nu + a_1 b_{\nu-1} + \cdots + a_\nu b_0$$

ist. Zum Beweis setze ich

$$f(x) = s_n(x) + \varepsilon(x)\, x^{-n}, \qquad g(x) = t_n(x) + \eta(x)\, x^{-n},$$

mit

$$s_n(x) = \sum_{\nu=0}^{n} a_\nu x^{-\nu}, \qquad t_n(x) = \sum_{\nu=0}^{n} b_\nu x^{-\nu},$$

$$\lim_{x \to +\infty} \varepsilon(x) = \lim_{x \to +\infty} \eta(x) = 0.$$

Dann ist

$$\left(f(x)\, g(x) - \sum_{\nu=0}^{n} c_\nu x^{-\nu} \right) x^n = a_0 \eta + b_0 \varepsilon +$$

$$+ \frac{1}{x} [a_1 (b_n + \eta) + a_2 b_{n-1} + \cdots + (a_n + \varepsilon) b_1] + \cdots + \frac{1}{x^n} (a_n + \varepsilon)(b_n + \eta) \to 0$$

für $x \to +\infty$. Entsprechendes gilt für Produkte mit mehr als zwei Faktoren.

Ich komme zur Entwicklung einer *zusammengesetzten Funktion*

$$F(x) = g(f(x));\tag{10}$$

dabei habe $f(x)$ die asymptotische Entwicklung (9), während $g(x)$ eine für $|x| < r$ konvergente Potenzreihe

$$g(x) = \sum_{\nu=0}^{\infty} \alpha_\nu x^\nu$$

sei. Ich setze zunächst

$$f(x) = a_0 + \varphi(x).$$

Ist

$$|a_0| < r,$$

so wird nach dem Taylorschen Satz

$$g(a_0 + \varphi) = \sum_{\nu=0}^{\infty} \beta_\nu \varphi^\nu\tag{11}$$

mit

$$\beta_\nu = \frac{1}{\nu!} g^{(\nu)}(a_0), \quad \nu = 0, 1, 2, \ldots.$$

wobei $g^{(\nu)}$ die ν-te Ableitung nach dem Argument $f(x)$ bedeutet. Die Reihe (11) konvergiert, wenn

$$|\varphi(x)| < r - |a_0|$$

ist, was wegen $\lim_{x \to +\infty} \varphi(x) = 0$ für alle hinreichend großen x sicher erfüllt ist. Nach dem oben bewiesenen Multiplikationssatz folgen aus

$$\varphi(x) \sim \frac{\overset{1}{a_1}}{x} + \frac{\overset{1}{a_2}}{x^2} + \cdots$$

die Entwicklungen

$$[\varphi(x)]^\nu = \frac{\overset{\nu}{a_\nu}}{x^\nu} + \frac{\overset{\nu}{a_{\nu+1}}}{x^{\nu+1}} + \cdots, \quad \nu = 1, 2, \ldots.\tag{12}$$

Setzt man diese Entwicklungen in (11) ein und ordnet nach Potenzen von x^{-1}, so ergibt sich zunächst formal eine Entwicklung

$$A_0 + \frac{A_1}{x} + \frac{A_2}{x^2} + \cdots\tag{13}$$

mit

$$A_0 = \beta_0, \quad A_1 = \beta_1 \overset{1}{a_1}, \quad A_2 = \beta_1 \overset{1}{a_2} + \beta_2 \overset{2}{a_2}, \ldots,$$

$$A_n = \beta_1 \overset{1}{a_n} + \beta_2 \overset{2}{a_n} + \cdots + \beta_n \overset{n}{a_n}, \ldots.$$

Zu zeigen ist noch, daß (13) tatsächlich die asymptotische Entwicklung der zusammengesetzten Funktion (10) ist, d. h. daß

$$\lim_{x \to +\infty} \left(F(x) - \sum_{\nu=0}^{n} \frac{A_\nu}{x^\nu} \right) x^n = 0\tag{14}$$

ist. Setze ich nun wie beim Beweis des Multiplikationssatzes

$$[\varphi(x)]^\nu = \frac{\overset{\nu}{a_\nu}}{x^\nu} + \cdots + \frac{\overset{\nu}{a_n} + \varepsilon_\nu(x)}{x^n}, \quad \nu = 1, 2, \ldots, n$$

und

$$[\varphi(x)]^{n+1} = \frac{\varepsilon_{n+1}(x)}{x^n},$$

wo

$$\lim_{x \to +\infty} \varepsilon_\nu(x) = 0, \quad \nu = 1, 2, \ldots n + 1\tag{15}$$

ist, so folgt aus (10) und (11)

$$F(x) = \beta_0 + \beta_1 \left(\frac{\overset{1}{a_1}}{x} + \cdots + \frac{\overset{1}{a_n} + \varepsilon_1}{x^n} \right) + \cdots + \beta_n \frac{\overset{n}{a_n} + \varepsilon_n}{x^n} +$$

$$+ \frac{\varepsilon_{n+1}}{x^n} [\beta_{n+1} + \beta_{n+2}\,\varphi + \cdots];$$

daher ist

$$F(x) - \sum_{\nu=0}^{n}{}' \frac{A_\nu}{x^\nu} = \frac{1}{x^n} [\beta_1\,\varepsilon_1 + \beta_2\,\varepsilon_2 + \cdots + \beta_n\,\varepsilon_n] + \frac{\varepsilon_{n+1}}{x^n} [\beta_{n+1} + \beta_{n+2}\,\varphi + \cdots]$$

und wegen (15) folgt sofort (14), was zu beweisen war.

Es sei nun noch $a_0 \neq 0$ und

$$g(x) = \frac{1}{a_0 + x} = \frac{1}{a_0} \sum_{\nu=0}^{\infty}{}' (-1)^\nu \left(\frac{x}{a_0} \right)^\nu;$$

die Reihe konvergiert für $|x| < |a_0|$. Die Anwendung des eben bewiesenen Satzes auf die Funktion $f(x) - a_0$ gibt sofort die asymptotische Entwicklung

$$\frac{1}{f(x)} \sim \frac{1}{a_0} - \frac{a_1}{a_0^2\,x} + \frac{a_1^2 - a_0\,a_2}{a_0^3\,x^2} + \cdots.$$

Ich fasse zusammen:

Asymptotische Reihen kann man addieren, subtrahieren, multiplizieren, dividieren und in konvergente Potenzreihen einsetzen; man erhält dabei wieder asymptotische Entwicklungen, wenn man nach Potenzen von x^{-1} ordnet. Dabei muß bei der Division $a_0 \neq 0$ und beim Einsetzen in eine konvergente Potenzreihe a_0 kleiner als der Konvergenzradius der Potenzreihe sein.

5. Differentiation und Integration asymptotischer Reihen. Ist $f(x)$ stetig für $x \geqq x_0$ und hat $f(x)$ die asymptotische Entwicklung (9), so konvergiert

$$F(x) = \int_{x}^{\infty} \left(f(t) - a_0 - \frac{a_1}{t} \right) dt,$$

weil

$$\lim_{t \to +\infty} \left(f(t) - a_0 - \frac{a_1}{t} \right) t^2 = a_2$$

ist. Ich setze

$$f(t) - \sum_{\nu=0}^{n+1}{}' \frac{a_\nu}{t^\nu} = \frac{\varepsilon(t)}{t^{n+1}}$$

mit

$$\lim_{t \to +\infty} \varepsilon(t) = 0$$

und erhalte durch Integration

$$\int_{x}^{\infty} \left(f(t) - \sum_{\nu=0}^{n+1}{}' \frac{a_\nu}{t^\nu} \right) dt = F(x) - \sum_{\nu=2}^{n+1}{}' \frac{a_\nu}{(\nu-1)\,x^{\nu-1}}$$

und weiter

$$\left| F(x) - \sum_{\nu=1}^{n}{}' \frac{a_{\nu+1}}{\nu\,x^\nu} \right| = \left| \int_{x}^{\infty} \frac{\varepsilon(t)}{t^{n+1}}\,dt \right| \leqq \frac{\varepsilon^*(x)}{n\,x^n}, \tag{16}$$

wobei ν durch $\nu + 1$ ersetzt wurde und $\varepsilon^*(x)$ das Maximum von $|\varepsilon(t)|$ im Bereich $t \geqq x$ ist. Da mit wachsendem x auch $\varepsilon^*(x) \to 0$ geht, geht die linke Seite von (16) nach Multiplikation mit x^n für $x \to \infty$ ebenfalls gegen Null.

Man darf also die asymptotische Entwicklung

$$f(x) \sim a_0 + \frac{a_1}{x} + \frac{a_2}{x^2} + \cdots$$

einer stetigen Funktion $f(x)$ gliedweise integrieren, wenn man die beiden ersten Glieder ausläßt; man erhält so die asymptotische Entwicklung

$$\int\limits_x^\infty \left(f(t) - a_0 - \frac{a_1}{t} \right) dt \sim \frac{a_2}{x} + \frac{a_3}{2\,x^2} + \frac{a_4}{3\,x^3} + \cdots.$$

Ist die Ableitung $f'(x)$ einer Funktion $f(x)$ stetig und besitzt sie eine asymptotische Entwicklung

$$f'(x) \sim b_0 + \frac{b_1}{x} + \frac{b_2}{x^2} + \cdots,$$

so ist

$$f(x) = \int\limits_{x_0}^x f'(t)\,dt + C_1 = \int\limits_{x_0}^x \left(b_0 + \frac{b_1}{t} \right) dt + \int\limits_{x_0}^x \left(f'(t) - b_0 - \frac{b_1}{t} \right) dt + C_1 \sim$$

$$\sim C_0 + b_0\,x + b_1 \ln x - \sum_{\nu=1}^\infty {}' \frac{b_{\nu+1}}{\nu\,x^\nu}$$

und daher besitzt auch $f(x)$ eine asymptotische Entwicklung. Da diese aber gemäß (7) durch die Funktion $f(x)$ eindeutig bestimmt ist, muß, wenn wir die Entwicklung (9) von $f(x)$ annehmen, $b_0 = b_1 = 0$, $C_0 = a_0$, und für $\nu \geqq 2$

$$b_\nu = -(\nu - 1)\,a_{\nu-1}$$

sein. Es gilt also:

Hat $f(x)$ eine stetige Ableitung, die eine asymptotische Entwicklung besitzt, so ergibt sich diese durch gliedweise Differentiation, d. h. es gilt

$$f'(x) \sim -\frac{a_1}{x^2} - \frac{2\,a_2}{x^3} - \frac{3\,a_3}{x^4} - \cdots.$$

Das Beispiel

$$f(x) = e^{-x} \sin e^x \sim 0 + \frac{0}{x} + \frac{0}{x^2} + \cdots,$$

$$f'(x) = -e^{-x} \sin e^x + \cos e^x$$

zeigt, daß $f'(x)$ keine asymptotische Entwicklung haben muß, selbst wenn $f(x)$ eine solche besitzt.

6. Bernoullische Polynome. Die Funktion

$$B_1(x) = x - [x] - \frac{1}{2} \tag{17}$$

(Abb. 3) ist mit 1 periodisch, ungerade und außer an den Sprungstellen 0, ± 1, ± 2, ... samt ihren Ableitungen stetig. Die Koeffizienten ihrer Fourierentwicklung

$$B_1(x) = \sum_{\nu=1}^\infty c_\nu \sin 2\,\nu\,\pi\,x$$

sind
$$c_\nu = 2 \int_0^1 B_1(x) \sin 2\,\nu\,\pi\,x\,dx = -\frac{1}{\nu\,\pi},$$

also ist für jedes nicht ganze x
$$B_1(x) = -\frac{1}{\pi} \sum_{\nu=1}^{\infty} \frac{1}{\nu} \sin 2\,\nu\,\pi\,x. \qquad (18)$$

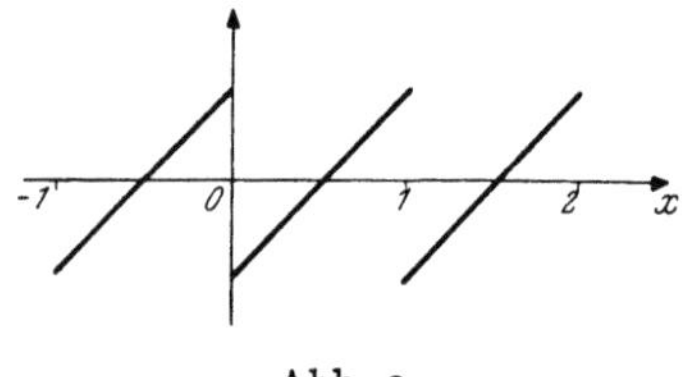

Abb. 3.

Durch gliedweise Integration ergeben sich lauter durchaus stetige Funktionen
$$B_2(x) = \frac{1}{2\,\pi^2} \sum_{\nu=1}^{\infty} \frac{1}{\nu^2} \cos 2\,\nu\,\pi\,x,$$
$$B_3(x) = \frac{1}{2^2\,\pi^3} \sum_{\nu=1}^{\infty} \frac{1}{\nu^3} \sin 2\,\nu\,\pi\,x$$

usw., allgemein

$$B_{2k}(x) = \frac{(-1)^{k-1}}{2^{2k-1}\,\pi^{2k}} \sum_{\nu=1}^{\infty} \frac{1}{\nu^{2k}} \cos 2\,\nu\,\pi\,x,$$

$$B_{2k+1}(x) = \frac{(-1)^{k-1}}{2^{2k}\,\pi^{2k+1}} \sum_{\nu=1}^{\infty} \frac{1}{\nu^{2k+1}} \sin 2\,\nu\,\pi\,x; \qquad (19)$$

die Integrationskonstante ist dabei immer so bestimmt, daß

$$\int_0^1 B_k(x)\,dx = 0; \qquad k = 1, 2, \ldots \qquad (20)$$

wird. Die Reihen für $B_k(x)$ konvergieren absolut und gleichmäßig in jedem noch so großen Intervall, wenn $k \geqq 2$ ist, da die absoluten Beträge der Glieder $\leqq \frac{1}{\nu^k}$ sind. Alle Funktionen $B_k(x)$ sind mit 1 periodisch und abwechselnd gerade oder ungerade, je nachdem k gerade oder ungerade ist.

Es genügt also, die Funktionen $B_k(x)$ für $k > 1$ im Intervall $[0, 1]$, für $k = 1$ in $(0,1)$ zu betrachten und außerhalb durch periodische Fortsetzung zu erklären. Dann können wir[1]
$$B_1(x) = x - \frac{1}{2} \qquad (21)$$

nehmen. Die Funktionen $B_k(x)$ mit $k > 1$ kann man für das Intervall $[0, 1]$ aus (21) wieder durch fortgesetzte Integration erhalten, wobei nur die Integrationskonstante stets so zu bestimmen ist, daß (20) gilt. Man erhält so (ergänzt durch die Funktion $B_0(x)$)

$$B_0(x) = 1,$$
$$B_1(x) = x - \frac{1}{2},$$
$$B_2(x) = \frac{1}{2}\,x^2 - \frac{1}{2}\,x + \frac{1}{12},$$
$$B_3(x) = \frac{1}{6}\,x^3 - \frac{1}{4}\,x^2 + \frac{1}{12}\,x$$

---

[1] Die Definitionen (17) und (18) von $B_1(x)$ weichen in den ganzzahligen Stellen voneinander ab; nach (17) ist $B_1(n-) = \frac{1}{2}$, $B_1(n+) = -\frac{1}{2}$, nach (18) ist $B_1(n) = 0$ (Mittelwert der Sprungstelle),

usw. Die $B_k(x)$ sind also in $[0, 1]$ *Polynome k-ten Grades in x* mit rationalen Koeffizienten; sie werden nach JACOB BERNOULLI als *Bernoullische Polynome* bezeichnet.

Die Substitution $x = u + \frac{1}{2}$ führt das Intervall $0 \leqq x \leqq 1$ über in das Intervall $-\frac{1}{2} \leqq u \leqq \frac{1}{2}$. Setzt man

$$B_k(x) = \Phi_k(u) + C_k \quad \text{mit} \quad \Phi_k(0) = 0,$$

so wird

$$\Phi_k'(u) = B_k'(x) = B_{k-1}(x)$$

und

$$C_k = -\int_{-\frac{1}{2}}^{\frac{1}{2}} \Phi_k(u)\, du.$$

Es ergibt sich

$$B_1(x) = u,$$

$$B_2(x) = \frac{1}{2} u^2 - \frac{1}{24},$$

$$B_3(x) = \frac{1}{6} u^3 - \frac{1}{24} u$$

usw. $B_k(x)$ *enthält somit nur gerade oder ungerade Potenzen von u, je nachdem k gerade oder ungerade ist.*

Aus (19) folgt für $k \geqq 1$

$$\left. \begin{aligned} & B_{2k+1}(0) = B_{2k+1}\left(\frac{1}{2}\right) = B_{2k+1}(1) = 0, \\[2mm] & B_{2k}(0) = B_{2k}(1) = \frac{(-1)^{k-1}}{2^{2k-1}\pi^{2k}} \sum_{v=1}^{\infty} \frac{1}{v^{2k}}, \end{aligned} \right\} \tag{22}$$

also

$$\sum_{v=1}^{\infty} \frac{1}{v^{2k}} = (-1)^{k-1} 2^{2k-1} \pi^{2k} B_{2k}(0).$$

Die (rationalen) Zahlen

$$\boxed{B_k = k!\, B_k(0)} \tag{23}$$

sind nichts anderes als die *Bernoullischen Zahlen* (I, 2, § 37, 5; II, 1, § 5, 4). Man erhält aus (23) sofort

$$B_0 = 1, \quad B_1 = -\frac{1}{2}, \quad B_{2k+1} = 0, \quad k = 1, 2, \ldots. \tag{24}$$

Mittels vollständiger Induktion kann man allgemein zeigen:

$$\boxed{B_k(x) = \frac{1}{k!}\, (x + B)^k,} \tag{25}$$

wobei (25) symbolisch zu verstehen ist: Man hat die rechte Seite nach dem binomischen Lehrsatz auszurechnen und dann B^k durch die Bernoullischen Zahlen B_k zu ersetzen. (25) stellt für die Bernoullischen Polynome eine ähnliche Rekursionsformel dar wie die a. a. O. angeführte Rekursionsformel

$$(B + 1)^k = B^k \tag{26}$$

für die Bernoullischen Zahlen.

Ich habe die Bernoullischen Zahlen a. a. O. bei der Potenzreihenentwicklung der Funktion

$$f(t) = \frac{t}{e^t - 1}$$

eingeführt, d. h. durch den Ansatz

$$\frac{t}{e^t - 1} = \sum_{\nu=0}^{\infty} \frac{B_\nu}{\nu!}\, t^\nu. \tag{27}$$

Ein ähnlicher Ansatz gilt auch für die Bernoullischen Polynome, nämlich

$$\boxed{\; \frac{t\, e^{t\,x}}{e^t - 1} = \sum_{\nu=0}^{\infty} B_\nu(x)\, t^\nu, \;} \tag{28}$$

aus dem (27) für $x = 0$ folgt. Die Funktion links hat die singulären Stellen $t = 2\,k\,\pi\,j,\ k = \pm\,1,\ \pm\,2,\ \ldots$ ($t = 0$ ist keine singuläre Stelle!), die Reihe konvergiert daher für $|t| \leqq t_0 < 2\,\pi$ (vgl. III, § 25, 3), und zwar gleichmäßig für alle x. Setzt man in (28) rechts für die $B_\nu(x)$ die Ausdrücke (25) ein, so wird (28) wegen (27) zu einer Identität.

Die symbolischen Formeln (25) und (26) sind zur Berechnung der Bernoullischen Polynome und Zahlen gut geeignet; für die letzteren ergibt sich neben (24)

$$B_2 = \frac{1}{6}, \quad B_4 = -\frac{1}{30}, \quad B_6 = \frac{1}{42}, \quad B_8 = -\frac{1}{30}, \quad B_{10} = \frac{5}{66}, \quad B_{12} = -\frac{691}{2730},$$

$$B_{14} = \frac{7}{6}, \quad B_{16} = -\frac{3617}{510}, \quad B_{18} = \frac{43867}{798}, \quad B_{20} = -\frac{174611}{330}.$$

Wegen

$$\frac{1}{2^{2k}} + \frac{1}{3^{2k}} + \cdots < \frac{1}{2^{2k}} + \int_2^{\infty} \frac{dx}{x^{2k}} = \frac{1}{2^{2k}} + \frac{2}{(2k-1)\,2^{2k}} \to 0 \ \text{ für } \ k \to \infty$$

wird

$$\lim_{k \to \infty} \left(1 + \frac{1}{2^{2k}} + \frac{1}{3^{2k}} + \cdots \right) = 1.$$

Also folgt aus (22)

$$\lim_{k \to \infty} B_{2k}(0) = 0 \tag{29}$$

und

$$\lim_{k \to \infty} |B_{2k}| = \lim_{k \to \infty} \frac{(2k)!}{2^{2k-1}\,\pi^{2k}} = +\infty \tag{30}$$

Aus (19) folgt noch

$$\left| B_{2k}\!\left(\frac{1}{2}\right) \right| < \left| B_{2k}(0) \right|. \tag{31}$$

Schließlich gilt: *Die Bernoullischen Polynome sind linear unabhängig.* In einer Identität

$$\sum_{\nu=0}^{n} c_\nu\, B_\nu(x) = 0$$

mit beliebigem n ist zunächst $c_n = 0$, weil $B_n(x)$ ein Polynom vom Grad n ist, dann ist aber analog auch $c_{n-1} = 0$ usw.

7. Nullstellen und Extrema der Bernoullischen Polynome. Die Bernoullischen Polynome mit ungeradem Index haben mit Ausnahme von $B_1(x)$ nach (22) die drei Nullstellen 0, $\frac{1}{2}$ und 1, während $\boldsymbol{B}_1(x)$ nur die eine Nullstelle $\frac{1}{2}$ hat. Ich zeige, daß sie auch *die einzigen Nullstellen sind*. Hätte nämlich $\boldsymbol{B}_{2k+1}(x)$, $k \geq 1$, in $(0, 1)$ zwei Nullstellen a und b, $0 < a < b < 1$, so hätte nach dem Satz von ROLLE die Ableitung $\boldsymbol{B}_{2k}$ mindestens drei Nullstellen α, β, γ mit $0 < \alpha < a < \beta < b < < \gamma < 1$. Die Ableitung $\boldsymbol{B}_{2k-1}(x)$ von $\boldsymbol{B}_{2k}(x)$ hätte dann, wieder nach dem Satz von ROLLE, mindestens eine Nullstelle zwischen α und β und zwischen β und γ, also ebenso wie $\boldsymbol{B}_{2k+1}(x)$ zwei Nullstellen in $(0, 1)$. Schließt man so weiter, so kommt man zu dem Widerspruch, daß auch $\boldsymbol{B}_1(x)$ zwei Nullstellen in $(0, 1)$ hätte.

Die Funktionen mit geradem Index mit Ausnahme von $B_0(x)$ haben mindestens je eine Nullstelle in $\left(0, \frac{1}{2}\right)$ und in $\left(\frac{1}{2}, 1\right)$, die dann nach Ziffer 6 symmetrisch zum Punkt $x = \frac{1}{2}$ liegen. *Außer diesen kann $\boldsymbol{B}_{2k}(x)$ keine weiteren Nullstellen haben*, denn hätte $\boldsymbol{B}_{2k}(x)$ etwa drei Nullstellen, so hätte, immer nach dem Satz von ROLLE, ihre Ableitung $\boldsymbol{B}_{2k-1}(x)$ in $(0, 1)$ mindestens zwei Nullstellen in Widerspruch zu dem eben bewiesenen Satz.

Alle Nullstellen der $\boldsymbol{B}_k(x)$ sind *einfach*, weil $\boldsymbol{B}_k(x)$ und $\boldsymbol{B}_{k+1}(x)$ niemals gleichzeitig verschwinden.

Die Aussagen über die Extrema der Funktionen $\boldsymbol{B}_k(x)$ sind nun sehr einfach. $\boldsymbol{B}_{2k}(x)$ hat Extrema an den Nullstellen von $\boldsymbol{B}_{2k-1}(x)$, also bei $x = 0, \frac{1}{2}, 1$, und ist in $\left(0, \frac{1}{2}\right)$ ebenso wie in $\left(\frac{1}{2}, 1\right)$ monoton. Somit verläuft $\boldsymbol{B}_{2k}(x)$ nach (19) für gerade

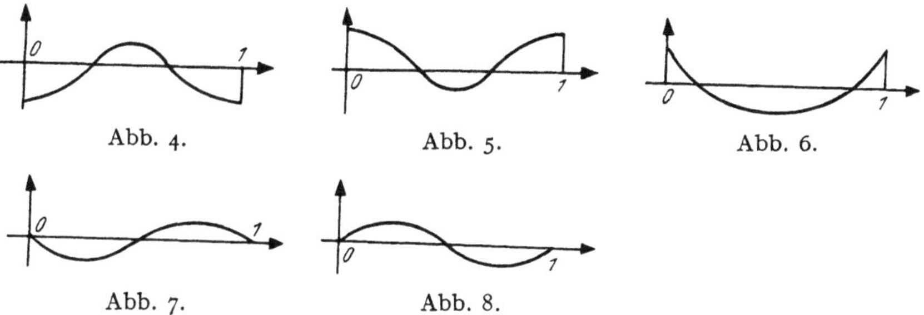

Abb. 4.   Abb. 5.   Abb. 6.

Abb. 7.   Abb. 8.

k ähnlich wie in Abb. 4 angedeutet, für ungerade wie in Abb. 5; ausgenommen ist nur $\boldsymbol{B}_2(x)$, deren Bildkurve in Abb. 6 angedeutet ist. Für $k > 1$ sind die Nullstellen von $\boldsymbol{B}_{2k-2}(x)$ *Wendepunkte* von $\boldsymbol{B}_{2k}(x)$. Wegen (31) gilt somit allgemeiner

$$|\boldsymbol{B}_{2k}(x)| \leq |\boldsymbol{B}_{2k}(0)| \tag{32}$$

Die Funktionen $\boldsymbol{B}_{2k+1}(x)$ haben Extrema an den Nullstellen von $\boldsymbol{B}_{2k}(x)$ und nehmen in der Umgebung von $x = 0$ ab oder wachsen dort, je nachdem $\boldsymbol{B}_{2k}(0) < 0$ oder > 0 ist. Ihr Verlauf ist im ersten Fall in Abb. 7, im zweiten in Abb. 8 angedeutet.

8. Die Eulersche Summenformel. Es sei n eine beliebige natürliche Zahl und die Funktion $f(x)$ samt allen im folgenden auftretenden Ableitungen in $[0, n]$ stetig. Partielle Integration gibt[1] mit Hilfe von (17)

$$\int_\nu^{\nu+1} f(x)\, dx = \int_\nu^{\nu+1} f(x)\, \boldsymbol{B}_1'(x)\, dx = \frac{1}{2}\, [f(\nu) + f(\nu + 1)] - \int_\nu^{\nu+1} \boldsymbol{B}_1(x)\, f'(x)\, dx$$

---

[1] Hier muß man natürlich an der Stelle $x = \nu$ den rechtsseitigen Grenzwert $B_1(\nu+) = -\frac{1}{2}$, an der Stelle $x = \nu + 1$ den linksseitigen Grenzwert $B_1(\nu + 1 -) = \frac{1}{2}$ nehmen.

und dann durch Summation für $v = 0, 1, \ldots, n-1$

$$\int_0^n f(x)\,dx = -\frac{1}{2}\,[f(0) + f(n)] + \sum_{v=0}^n f(v) - \int_0^n B_1(x)\,f'(x)\,dx. \tag{33}$$

Das ist bereits die Eulersche Summenformel in ihrer einfachsten Gestalt; man schreibt gewöhnlich

$$\sum_{v=0}^n f(v) = \int_0^n f(x)\,dx + \frac{1}{2}\,[f(0) + f(n)] + \int_0^n B_1(x)\,f'(x)\,dx. \tag{34}$$

Wiederholte partielle Integration gibt

$$\int_0^n B_1(x)\,f'(x)\,dx = [B_2(x)\,f'(x)]_0^n - \int_0^n B_2(x)\,f''(x)\,dx =$$

$$= B_2(0)\,[f'(n) - f'(0)] - [B_3(x)\,f''(x)]_0^n + \int_0^n B_3(x)\,f'''(x)\,dx =$$

$$= \sum_{v=1}^k B_{2v}(0)\,[f^{(2v-1)}(n) - f^{(2v-1)}(0)] + \int_0^n B_{2k+1}(x)\,f^{(2k+1)}(x)\,dx$$

und somit wegen (34) und (23) die allgemeine *Eulersche Summenformel*

$$\boxed{\begin{aligned} \sum_{v=0}^n f(v) &= \int_0^n f(x)\,dx + \frac{1}{2}\,[f(0) + f(n)] + \\ &+ \sum_{v=1}^k \frac{B_{2v}}{(2v)!}\,[f^{(2v-1)}(n) - f^{(2v-1)}(0)] + R_k, \\ R_k &= \int_0^n B_{2k+1}(x)\,f^{(2k+1)}(x)\,dx. \end{aligned}} \tag{35}$$

Das *Restglied* R_k läßt sich noch umformen. Partielle Integration gibt

$$R_k = B_{2k+2}(0)\,[f^{(2k+1)}(n) - f^{(2k+1)}(0)] - \int_0^n B_{2k+2}(x)\,f^{(2k+2)}(x)\,dx =$$

$$= -\int_0^n [B_{2k+2}(x) - B_{2k+2}(0)]\,f^{(2k+2)}(x)\,dx$$

und unter Anwendung des verallgemeinerten ersten Mittelwertsatzes

$$R_k = -f^{(2k+2)}(\vartheta\,n) \int_0^n [B_{2k+2}(x) - B_{2k+2}(0)]\,dx, \quad 0 < \vartheta < 1;$$

man beachte dabei, daß die Funktion $B_{2k+2}(x) - B_{2k+2}(0)$ wegen (32) ihr Vorzeichen nicht wechselt. Wegen (20) gibt das schließlich

$$\boxed{R_k = n\,B_{2k+2}(0)\,f^{(2k+2)}(\vartheta\,n), \quad 0 < \vartheta < 1.} \tag{36}$$

Es sei $\varphi(x)$ eine für $x \geqq 0$ positive, *nicht steigende* Funktion. Dann hat

$$\int_v^{v+1} B_{2k+1}(x)\,\varphi(x)\,dx$$

dasselbe Vorzeichen $(-1)^{k-1}$ wie $\boldsymbol{B}_{2k+1}(x)$ in $\left(0, \frac{1}{2}\right)$, denn es ist

$$\left| \int_{\nu}^{\nu+\frac{1}{2}} \boldsymbol{B}_{2k+1}(x)\, \varphi(x)\, dx \right| \geqq \left| \int_{\nu+\frac{1}{2}}^{\nu+1} \boldsymbol{B}_{2k+1}(x)\, \varphi(x)\, dx \right|,$$

da $\boldsymbol{B}_{2k+1}(x)$ bezüglich $x = \frac{1}{2}$ ungerade ist und $\varphi(x)$ nicht steigt. Somit ist auch

$$\operatorname{sign} \int_{0}^{n} \boldsymbol{B}_{2k+1}(x)\, \varphi(x)\, dx = (-1)^{k-1},$$

so daß für $k = 0, 1, 2, \ldots$ die Vorzeichen alternieren. Ist $\varphi(x) < 0$ und nicht fallend, so treten gerade die umgekehrten Vorzeichen auf.

Es habe nun weiter die Funktion $f(x)$ für alle $x > 0$ ein festes Vorzeichen, ferner strebe $f(x)$ und alle ihre Ableitungen für $x \to +\infty$ monoton gegen Null. Dann hat auch jede dieser Ableitungen ein festes Vorzeichen und insbesondere haben $f^{(2k+1)}(x)$ und $f^{(2k+3)}(x)$ dasselbe Vorzeichen. Die Restglieder der Eulerschen Formel

$$R_k = \int_{0}^{n} \boldsymbol{B}_{2k+1}(x)\, f^{(2k+1)}(x)\, dx, \quad k = 1, 2, \ldots$$

haben dann nach dem eben bewiesenen Satz alternierende Vorzeichen. Daraus folgt

$$\operatorname{sign} R_k = \operatorname{sign}(R_k - R_{k+1})$$

und

$$|R_k| \leqq |R_k - R_{k+1}|.$$

Nach (35) ist aber

$$R_k - R_{k+1} = \frac{B_{2k+2}}{(2k+2)!}\left[f^{(2k+1)}(n) - f^{(2k+1)}(0) \right]$$

und das ist gerade das erste in (35) vernachlässigte (d. h. in R_k aufgenommene) Glied. Damit haben wir den für viele Anwendungen wichtigen Satz:

Hat die Funktion $f(x)$ für $x > 0$ ein festes Vorzeichen und strebt sie ebenso wie alle ihre Ableitungen für $x \to +\infty$ monoton gegen Null, so läßt sich das Restglied der Eulerschen Formel (35) in der einfacheren Gestalt

$$R_k = \vartheta\, \frac{B_{2k+2}}{(2k+2)!}\left[f^{(2k+1)}(n) - f^{(2k+1)}(0) \right], \quad 0 \leqq \vartheta \leqq 1 \tag{37}$$

schreiben.

Die unendliche Reihe, deren erste Glieder auf der rechten Seite von (35) stehen, ist unter diesen Voraussetzungen also eine alternierende Reihe, deren Restglied dasselbe Vorzeichen hat wie das erste vernachlässigte Glied und dem Betrag nach kleiner ist als dieses. Das gilt nicht nur im Fall der Konvergenz, sondern auch in dem der Divergenz.

Diese Eigenschaft hat, um ein einfaches Beispiel zu geben, auch die geometrische Reihe

$$\frac{1}{a+x} = \frac{1}{a} - \frac{x}{a^2} + \frac{x^2}{a^3} - + \ldots, \quad a > 0, \quad x > 0.$$

Schreibt man die Entwicklung mit Restglied

$$\frac{1}{a+x} = \frac{1}{a} - \frac{x}{a^2} + \frac{x^2}{a^3} - + \ldots + (-1)^n \frac{x^n}{a^{n+1}} + (-1)^{n+1} \frac{x^{n+1}}{a^{n+1}(a+x)},$$

so gilt sie im Fall der Konvergenz ebenso wie in dem der Divergenz. Der Wert links wird also für beliebige positive a und x durch die n-te Teilsumme der Reihe dargestellt bis auf einen Fehler, der dasselbe Vorzeichen hat wie das erste vernachlässigte Glied und seinem Betrag nach kleiner ist als dieses.

9. Die Eulersche Konstante. Setzt man in (35)

$$f(x) = \frac{1}{x + 1}$$

und ersetzt man n durch $n - 1$, im Integral $x + 1$ durch x ($B_{2k+1}(x)$ ist mit 1 periodisch!), so folgt

$$\sum_{\nu=1}^{n} \frac{1}{\nu} = \ln n + \frac{1}{2} + \frac{1}{2n} + \sum_{\nu=1}^{k} \frac{B_{2\nu}}{2\nu}\left(1 - \frac{1}{n^{2\nu}}\right) - (2k+1)! \int_{1}^{n} \frac{B_{2k+1}(x)}{x^{2k+2}}\, dx. \quad (38)$$

Da $|B_{2k+1}(x)|$ sicher beschränkt ist, kann man hier $n \to \infty$ gehen lassen.

$$C = \lim_{n \to \infty}\left(\sum_{\nu=1}^{n} \frac{1}{\nu} - \ln n\right)$$

ist die Eulersche Konstante (III, § 32, 2); aus (38) folgt also

$$\boxed{\; C = \frac{1}{2} + \sum_{\nu=1}^{k} \frac{B_{2\nu}}{2\nu} - (2k+1)! \int_{1}^{\infty} \frac{B_{2k+1}(x)}{x^{2k+2}}\, dx, \;} \quad (39)$$

eine asymptotische Entwicklung[1] für C, die zur numerischen Berechnung hervorragend geeignet ist. Ich nehme in (39) etwa $k = 3$, dann ist

$$C = \frac{1}{2} + \frac{1}{12} - \frac{1}{120} + \frac{1}{252} - 7! \int_{1}^{\infty} \frac{B_7(x)}{x^8}\, dx,$$

und nehme von dem Integral nur den Teil mit den Grenzen 1 und 4; der Betrag des Fehlers ist dann

$$< 7!\, \frac{2}{2^6\, \pi^7} \int_{4}^{\infty} \frac{dx}{x^8} = \frac{7!}{2^5 . \pi^7 . 7 . 4^7} < 10^{-6},$$

da $|B_7(x)| < \dfrac{2}{2^6\, \pi^7}$ ist, vgl. (19). Somit ist

$$C = \frac{1459}{2520} - 7! \int_{1}^{4} \frac{B_7(x)}{x^8}\, dx + \frac{\delta}{10^6}, \quad |\delta| < 1.$$

Das letzte Integral können wir wieder aus (38) berechnen, wenn wir dort $n = 4$, $k = 3$ nehmen. Das gibt

$$-7! \int_{1}^{4} \frac{B_7(x)}{x^8}\, dx = 1 + \frac{1}{2} + \frac{1}{3} + \frac{1}{4} - \ln 4 - \frac{1459}{2520} -$$

$$- \frac{1}{2.4} + \frac{1}{12.4^2} - \frac{1}{120.4^4} + \frac{1}{252.4^6}$$

und daher

$$0{\cdot}5772146 < C < 0{\cdot}5772168.$$

---

[1] Hier handelt es sich also nicht um die asymptotische Entwicklung einer Funktion, sondern um die einer Konstanten. Die Reihe $\sum \dfrac{B_{2\nu}}{2\nu}$ divergiert sehr stark; wegen (30) ist die Potenzreihe $\sum \dfrac{B_{2\nu}}{2\nu}\, x^{2\nu}$ sogar beständig divergent.

10. Die asymptotische Entwicklung der Fakultät $z!$ Ich setze in (35)

$$f(x) = \ln(z + x),$$

der Einfachheit wegen sei zunächst $z > 0$, reell. Das gibt

$$\sum_{\nu=0}^{n} \ln(z+\nu) = \left(z + n + \frac{1}{2}\right)\ln(z+n) - \left(z - \frac{1}{2}\right)\ln z - n +$$

$$+ \sum_{\nu=1}^{k}{}' \frac{B_{2\nu}}{(2\nu-1)\,2\nu}\left(\frac{1}{(z+n)^{2\nu-1}} - \frac{1}{z^{2\nu-1}}\right) + (2\,k)!\int_0^n \frac{B_{2k+1}(x)}{(z+x)^{2k+1}}\,dx. \quad (40)$$

Nimmt man hier $z = 1$ und ersetzt man n durch $n-1$, so folgt

$$\ln n! = \left(n + \frac{1}{2}\right)\ln n - n + 1 + \sum_{\nu=1}^{k}{}' \frac{B_{2\nu}}{(2\nu-1)\,2\nu}\left(\frac{1}{n^{2\nu-1}} - 1\right) +$$

$$+ (2\,k)!\int_1^n \frac{B_{2k+1}(x)}{x^{2k+1}}\,dx, \quad (41)$$

wobei im Integral $x + 1$ wieder durch x ersetzt wurde. Ich setze zur Abkürzung

$$c_n = 1 - \sum_{\nu=1}^{k}{}' \frac{B_{2\nu}}{(2\nu-1)\,2\nu} + (2\,k)!\int_1^n \frac{B_{2k+1}(x)}{x^{2k+1}}\,dx;$$

da das Integral für $n \to \infty$ wegen der Beschränktheit von $B_{2k+1}(x)$ konvergiert, existiert auch der Grenzwert

$$\lim_{n\to\infty} c_n = c.$$

Damit wird (41)

$$\ln n! = \left(n + \frac{1}{2}\right)\ln n - n + \sum_{\nu=1}^{k}{}' \frac{B_{2\nu}}{(2\nu-1)\,2\nu}\cdot\frac{1}{n^{2\nu-1}} + c_n. \quad (42)$$

Um c zu bestimmen, forme ich zunächst den Ausdruck

$$A_n = 2\ln(2.4.\dots.2\,n) = 2\,n\ln 2 + 2\ln n!$$

mit Hilfe von (42) um und erhalte

$$A_n = 2\,n\ln 2 + (2\,n+1)\ln n - 2\,n + 2\sum_{\nu=1}^{k}{}' \frac{B_{2\nu}}{(2\nu-1)\,2\nu}\cdot\frac{1}{n^{2\nu-1}} + 2\,c_n =$$

$$= (2\,n+1)\ln 2\,n - 2\,n - \ln 2 + 2\sum_{\nu=1}^{k}{}' \frac{B_{2\nu}}{(2\nu-1)\,2\nu}\cdot\frac{1}{n^{2\nu-1}} + 2\,c_n.$$

Ich bilde weiter

$$A_n - \ln(2\,n+1)! = \ln\frac{2.4\dots2\,n}{3.5\dots(2\,n+1)} = (2\,n+1)\ln\left(1 - \frac{1}{2\,n+1}\right) -$$

$$- \frac{1}{2}\ln(2\,n+1) - \ln 2 + 1 + \sum_{\nu=1}^{k}{}' \frac{B_{2\nu}}{(2\nu-1)\,2\nu}\left(\frac{2}{n^{2\nu-1}} - \frac{1}{(2\,n+1)^{2\nu-1}}\right) +$$

$$+ 2\,c_n - c_{2n+1}.$$

Somit wird

$$\lim_{n \to \infty}\left[A_n - \ln(2n+1)! + \ln\sqrt{2n+1}\right] = \lim_{n \to \infty}\ln\frac{2.4\ldots 2n}{3.5\ldots(2n+1)}\sqrt{2n+1} =$$

$$= -1 - \ln 2 + 1 + 2c - c;$$

der Grenzwert ist nach der Formel von WALLIS (I, 2, § 23, 1; I, 1, § 30, 1) gleich $\ln\sqrt{\dfrac{\pi}{2}}$, also ist

$$c = \ln\sqrt{2\pi}$$

und damit wird (42)

$$\boxed{\begin{aligned}\ln n! = \left(n + \frac{1}{2}\right)\ln n - n + \ln\sqrt{2\pi} + \frac{B_2}{1.2}\frac{1}{n} + \frac{B_4}{3.4}\frac{1}{n^3} + \\ + \ldots + \frac{B_{2k}}{(2k-1)2k}\cdot\frac{1}{n^{2k-1}} - (2k)!\int_n^\infty\frac{B_{2k+1}(x)}{x^{2k+1}}\,dx,\end{aligned}}\tag{43}$$

eine asymptotische Entwicklung der für alle positiven ganzen Werte des Arguments n definierten Funktion $\ln n!$, die mit der in I, 2, § 23, 2 (I, 1, § 30, 2) hergeleiteten Stirlingschen Formel übereinstimmt, jedoch eine wesentlich schärfere Fehlerabschätzung als die dort angegebene gestattet[1].

Subtrahiert man nun (40) von (43) und addiert beiderseits $\ln z + z\ln n$, so folgt

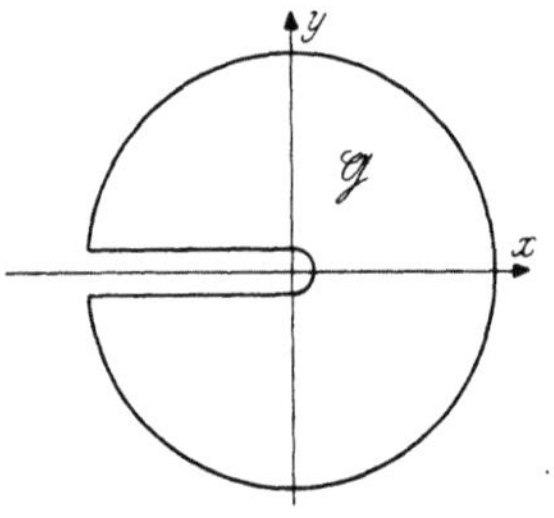

$$\ln\frac{n!\,n^z}{(z+1)(z+2)\ldots(z+n)} =$$

$$= \left(z+\frac{1}{2}\right)\ln z - \left(z+n+\frac{1}{2}\right)\ln\frac{z+n}{n} + \ln\sqrt{2\pi} +$$

$$+ \sum_{\nu=1}^{k}\frac{B_{2\nu}}{(2\nu-1)2\nu}\left(\frac{1}{n^{2\nu-1}} - \frac{1}{(z+n)^{2\nu-1}} + \frac{1}{z^{2\nu-1}}\right) -$$

$$- (2k)!\left(\int_n^\infty\frac{B_{2k+1}(x)}{x^{2k+1}}\,dx + \int_0^n\frac{B_{2k+1}(x)}{(z+x)^{2k+1}}\,dx\right)$$

Abb. 9.

und daraus weiter für $n \to \infty$ (III, § 32, 1)

$$\boxed{\begin{aligned}\ln z! = \left(z+\frac{1}{2}\right)\ln z - z + \ln\sqrt{2\pi} + \sum_{\nu=1}^{k}\frac{B_{2\nu}}{(2\nu-1)2\nu}\cdot\frac{1}{z^{2\nu-1}} - \\ - (2k)!\int_0^\infty\frac{B_{2k+1}(x)}{(z+x)^{2k+1}}\,dx,\end{aligned}}\tag{44}$$

die asymptotische Entwicklung der Fakultät, die auch als *verallgemeinerte Stirlingsche Formel* bezeichnet wird. Wir haben sie unter der Voraussetzung

---

[1] Wir hatten in Band I

$$1 < \frac{n!}{n^n\,e^{-n}\sqrt{2\pi n}} < e^{\frac{1}{4n}},$$

während schon das erste Glied der Reihe in (43) die obere Schranke $e^{\frac{1}{12n}}$ liefert. Rechnet man $10!$ aus (43) unter Berücksichtigung dieses Gliedes, so wird das Resultat bereits auf Einer genau $10! = 3628800$.

eines reellen $z > 0$ hergeleitet; sie gilt nach den Sätzen von III über die analytische Fortsetzung auch für komplexe z, wenn man z auf das in Abb. 9 angedeutete Gebiet $\mathfrak{G}$ beschränkt und für $\ln z$ den Hauptwert nimmt. Der Radius des kleinen Halbkreises und der Abstand der beiden Parallelen zur negativen x-Achse kann dabei beliebig klein, der Radius R des großen Kreises beliebig groß angenommen sein. Offen ist nur noch die Frage, wie sich das Integral in (44) für $z \to \infty$ verhält. Um sie zu beantworten, genügt es, den Fall $k = 1$ zu betrachten, also

$$\ln z! = \left(z + \frac{1}{2}\right) \ln z - z + \ln \sqrt{2\pi} + \frac{1}{12 z} - 2 \int_0^\infty \frac{B_3(t)}{(z + t)^3}\, dt.$$

Das obige Gebiet $\mathfrak{G}$ erweitern wir durch die Annahme $R \to \infty$ auf ein Gebiet $\mathfrak{G}'$, das aus der vollen Ebene mit Ausschluß eines die negative reelle Achse umgebenden schmalen Streifens besteht. Partielle Integration gibt

$$2 \int_0^\infty \frac{B_3(t)}{(z + t)^3}\, dt = \int_0^\infty \frac{B_2(t)}{(z + t)^2}\, dt \tag{45}$$

und daher wegen (32)

$$\left| \int_0^\infty \frac{B_2(t)}{(z + t)^2}\, dt \right| < \frac{1}{12} \int_0^\infty \frac{dt}{|z + t|^2} = \frac{1}{12} \int_0^\infty \frac{dt}{(x + t)^2 + y^2} = \frac{1}{12\, |y|} \operatorname{arccot} \frac{x}{|y|}, \tag{46}$$

$z = x + jy$ gesetzt. Dabei ist $0 \leqq \operatorname{arccot} \dfrac{x}{|y|} \leqq \pi$. Wegen (45) und (46) ist

$$\lim_{|y| \to \infty} \int_0^\infty \frac{B_3(t)}{(z + t)^3}\, dt = 0$$

für alle x und

$$\lim_{x \to +\infty} \int_0^\infty \frac{B_3(t)}{(z + t)^3}\, dt = 0$$

für alle y des Gebietes $\mathfrak{G}'$. Zusammengefaßt gibt das

$$\lim_{z \to \infty} \int_0^\infty \frac{B_3(t)}{(z + t)^3}\, dt = 0,$$

wenn nur der Punkt z so ins Unendliche geht, daß sein Abstand von der negativen x-Achse schließlich gegen ∞ geht. Unter dieser Voraussetzung gilt also

$$\lim_{z \to \infty} \frac{z!}{z^z e^{-z} \sqrt{2\pi z}} = 1.$$

Aufgaben.

1. Mit Hilfe der Eulerschen Summenformel ist ein symbolischer Ausdruck für $1^p + 2^p + \ldots + (n - 1)^p$, p positiv ganz, herzuleiten.

2. Mit Hilfe von (35) ist eine asymptotische Entwicklung der Riemannschen ζ-Funktion

$$\zeta(s) = \sum_{\nu = 1}^\infty \frac{1}{\nu^s}$$

anzugeben.

3. Man setze in (35) $n = 1$, $f(x) = e^{tx}$ und suche daraus eine Potenzreihe für $\dfrac{t}{e^t - 1}$ zu gewinnen (I, 2, § 37, 5; II, 1, § 5, 4).

4. Man leite in analoger Weise die Potenzreihe für $t \cot t$ her (I, 2, § 37, Aufgabe 4, II, 1, § 5, Aufgabe 4).

5. Man berechne $1 + \dfrac{1}{\sqrt{2}} + \dfrac{1}{\sqrt{3}} + \dots + \dfrac{1}{100}$.

6. Man berechne (ohne die Kenntnis von π^2 vorauszusetzen) die Summen (auf 5 Dezimalen)

$$\text{a) } \sum_{\nu=1}^{\infty}{}' \frac{1}{\nu^2}, \qquad \text{b) } \sum_{\nu=1}^{\infty}{}' \frac{1}{\nu^3}, \qquad \text{c) } \sum_{\nu=1}^{\infty}{}' \frac{1}{\sqrt{\nu^3}}.$$

7. Man zeige, daß (für $x > 0$)

$$\int_{x}^{\infty} e^{-\frac{t^2}{2}}\, dt = \frac{e^{-\frac{x^2}{2}}}{x}\left(1 - \frac{1}{x^2} + \frac{1\cdot 3}{x^4} - \dots + (-1)^n \frac{1\cdot 3\cdot 5 \dots (2n-1)}{x^{2n}} + R_n\right),$$

wo $|R_n|$ kleiner als der absolute Betrag des letzten Gliedes a_n ist.

8. Es sei $\varphi(u)$ eine in $[0, \infty]$ beschränkte Funktion, die Ableitungen aller Ordnungen besitzt, von denen jede ebenfalls in $[0, \infty]$ beschränkt ist. Man zeige, daß die für $x > 0$ definierte Funktion $f(x) = \displaystyle\int_{0}^{\infty} \varphi(u)\, e^{-ux}\, du$ durch die asymptotische Reihe $\displaystyle\sum_{\nu=0}^{\infty}{}' \frac{\varphi^{(\nu)}(0)}{x^{\nu+1}}$, $(\varphi^{(0)} = \varphi)$, dargestellt wird.

9. Man stelle in Aufgabe 8 die asymptotischen Entwicklungen auf, wenn

a) $\varphi(u) = \dfrac{1}{1+u}$; man zeige, daß daraus das Beispiel am Beginn von Ziffer 3 erhalten werden kann.

b) $\varphi(u) = \dfrac{1}{\sqrt{1+u}}$; man zeige, daß daraus Aufgabe 7 erhalten werden kann.

c) $\varphi(u) = \dfrac{1}{1+u^2}$.

10. Man leite aus Aufgabe 9 c durch Differentiation die asymptotische Entwicklung von $\displaystyle\int_{0}^{\infty} \frac{u}{1+u^2}\, e^{-ux}\, du$ ab.

§ 4. Orthogonale Funktionensysteme.

1. **Begriff und Bedeutung.** Der entscheidende Schritt bei den Überlegungen, die uns zur Fourierentwicklung einer Funktion $f(x)$ geführt haben, war — von Fragen der Konvergenz und Darstellung abgesehen — die Aufstellung der Eulerschen Formeln für die Fourierkoeffizienten (vgl. § 2,2), die selbst aber wieder auf einigen einfachen Integralformeln beruhen, nämlich

$$\int_{-\pi}^{\pi} \cos\mu x \cos\nu x\, dx = \int_{-\pi}^{\pi} \sin\mu x \sin\nu x\, dx = \pi\, \delta_{\mu\nu} \qquad (1\,\text{a})$$

$(\delta_{\mu\nu} = 0$, wenn $\mu \neq \nu$, $\delta_{\mu\nu} = 1$, wenn $\mu = \nu)$ und

$$\int_{-\pi}^{\pi} \cos\mu x \sin\nu x\, dx = 0. \qquad (1\,\text{b})$$

Die Formeln gelten für alle positiv ganzen μ und ν, ferner für $\mu = 0$ oder $\nu = 0$, aber nicht für $\mu = \nu = 0$, wie man sofort überlegt. Sie drücken gewisse einfache Eigenschaften der Funktionenfolge

$$1,\ \cos x,\ \sin x,\ \cos 2x,\ \sin 2x,\ \dots \qquad (2)$$

aus: Multipliziert man zwei Funktionen der Folge und integriert man das Produkt über das Intervall $[-\pi, \pi]$, so ergibt sich immer Null, wenn die beiden Funktionen verschieden sind, oder eine positive Zahl, wenn die beiden Funktionen gleich sind, der Integrand also ein Quadrat ist. Die Formeln (1) habe ich schon seinerzeit als *Orthogonalitätsrelationen* der Kreisfunktionen bezeichnet.

Alle folgenden Überlegungen beziehen sich auf ein bestimmtes Intervall $\mathfrak{J}$, das man als *Grundintervall* bezeichnet. In diesem Grundintervall sollen alle Funktionen, die wir im folgenden betrachten, *eindeutig definiert* und *stückweise stetig* sein. Dabei sollen aber sowohl nichtbeschränkte Intervalle, also z. B. $\mathfrak{J} = [a, +\infty)$ und $\mathfrak{J} = (-\infty, +\infty)$ sowie nicht beschränkte Funktionen zugelassen sein. Von den Funktionen müssen wir daher mit Rücksicht auf den Bau der im folgenden auftretenden Integrale weiter voraussetzen, daß sie im Grundintervall samt ihren Quadraten integrierbar oder, wie man kurz sagt, *quadratisch integrierbar* sind. Bei nicht beschränkten Funktionen kommt man dabei für alle in den Anwendungen wichtigen Fälle mit der Voraussetzung aus, daß die Funktionen höchstens von einer Ordnung $\alpha < \frac{1}{2}$ unendlich werden. Die Grenzen des Grundintervalls und ebenso die Integrationsgrenzen bezeichne ich im folgenden mit a und b, wobei eben die Fälle $b = +\infty$ und $a = -\infty$, $b = +\infty$ (eventuell natürlich auch $a = -\infty$ allein) ausdrücklich zugelassen sein mögen.

Eine Folge von Funktionen[1]

$$\psi_0(x), \ \psi_1(x), \ \ldots, \ \psi_\nu(x), \ \ldots$$

von denen keine in $\mathfrak{J}$ identisch verschwindet, bildet in $\mathfrak{J}$ ein *orthogonales Funktionensystem*, wenn für alle $\mu \neq \nu$

$$\int_a^b \psi_\mu(x)\, \psi_\nu(x)\, dx = 0 \tag{3}$$

ist. Da $\psi_\nu(x)$ nicht identisch verschwindet, gilt

$$\int_a^b (\psi_\nu(x))^2\, dx = c_\nu > 0;$$

die Funktionen

$$\varphi_\nu(x) = \frac{1}{\sqrt{c_\nu}}\, \psi_\nu(x)$$

bilden dann nicht nur wie die $\psi_\nu(x)$ ein in $\mathfrak{J}$ orthogonales Funktionensystem, sondern haben auch noch die Eigenschaft

$$\int_a^b (\varphi_\nu(x))^2\, dx = 1, \qquad \nu = 0, 1, 2, \ldots,$$

was zusammen mit (3) in der Gestalt

$$\boxed{\int_a^b \varphi_\mu(x)\, \varphi_\nu(x)\, dx = \delta_{\mu\nu}} \tag{4}$$

geschrieben werden kann. Man nennt die Funktionen $\varphi_\nu(x)$ normiert und die Folge

$$\varphi_0(x), \ \varphi_1(x), \ \ldots, \ \varphi_\nu(x), \ \ldots \tag{5}$$

ein *normiertes Orthogonalsystem*. Für die erste Funktion (2) ist der Normierungsfaktor $\frac{1}{\sqrt{2\pi}}$, für alle übrigen $\frac{1}{\sqrt{\pi}}$.

---

[1] Manchmal wird es sich auch als zweckmäßig erweisen, die Numerierung nicht mit 0, sondern mit 1 zu beginnen, was natürlich völlig belanglos ist.

Ich betrachte nun die unendliche Reihe $\Sigma\, a_\nu\, \varphi_\nu(x)$ und nehme an, daß sie in $\mathfrak{J}$ gleichmäßig konvergiert. Sie stellt dann eine in $\mathfrak{J}$ integrierbare Funktion

$$f(x) = \sum_{\nu=0}^{\infty} a_\nu\, \varphi_\nu(x) \tag{6}$$

dar. Multipliziert man (6) mit $\varphi_\mu(x)$ und integriert über $\mathfrak{J}$, so folgt

$$\int_a^b f(x)\, \varphi_\mu(x)\, dx = \sum_{\nu=0}^{\infty} a_\nu \int_a^b \varphi_\mu(x)\, \varphi_\nu(x)\, dx = \sum_{\nu=0}^{\infty} a_\nu\, \delta_{\mu\nu} = a_\mu$$

oder

$$\boxed{a_\nu = \int_a^b f(x)\, \varphi_\nu(x)\, dx.} \tag{7}$$

Diese Formeln nennt man wie bei den Fourierreihen die *Eulerschen Formeln* für die Koeffizienten a_ν und diese selbst die *Fourierkoeffizienten* von $f(x)$ bezüglich des Systems $\varphi_\nu(x)$.

Ist umgekehrt in $\mathfrak{J}$ eine Funktion $f(x)$ und das normierte Orthogonalsystem (5) gegeben, so kann man aus (7) die Fourierkoeffizienten a_ν berechnen. Man schreibt die Beziehung zwischen $f(x)$ und den a_ν als *Äquivalenz*

$$f(x) \sim \sum_{\nu=0}^{\infty} a_\nu\, \varphi_\nu(x), \tag{8}$$

womit aber weder über die Konvergenz der Reihe rechts noch über die Darstellung von $f(x)$ durch diese Reihe etwas ausgesagt ist.

2. Ergänzungen. Die Schwarzsche Ungleichung. Man nennt

$$\boxed{(f,\, g) = \int_a^b f(x)\, g(x)\, dx} \tag{9}$$

das *innere Produkt* der beiden Funktionen $f(x)$ und $g(x)$ und

$$\boxed{(f,\, f) = N\, f = \int_a^b (f(x))^2\, dx} \tag{10}$$

das *innere Quadrat* oder die *Norm* von $f(x)$. Ist insbesondere

$$(f,\, g) = 0,$$

so heißen $f(x)$ und $g(x)$ *orthogonal*, in Übereinstimmung mit Ziffer 1. Alle diese Namen weisen auf eine Analogie mit den Vektoren eines R_n hin, bei der die Funktionen die Rolle von Vektoren übernehmen. Man kann ja die Koordinaten A_i eines Vektors des R_n als Werte einer Funktion $A(x)$ auffassen, die für $x = 1, 2, \ldots, n$ definiert ist. Ersetzt man diese endliche Definitionsmenge $\{1, 2, \ldots, n\}$ durch die Zahlen des Intervalls $\mathfrak{J}$, so kommt man vom n-dimensionalen Vektorraum R_n zum sogenannten *Funktionenraum*, dessen Dimensionszahl unendlich, und zwar sogar nicht abzählbar unendlich ist, weil sie mit der „Anzahl" der reellen Punkte eines Intervalls übereinstimmt. Ich werde in Ziffer 5 zeigen, wie man zu einem Raum R_H von abzählbar unendlich vielen Dimensionen, dem *Hilbertschen Raum,* kommen kann, wenn man die Fourierkoeffizienten

$a_\nu = (f, \varphi_\nu)$ der Funktion $f(x)$ in einem normierten Orthogonalsystem $\varphi_\nu(x)$ als Koordinaten eines der Funktion $f(x)$ zugeordneten Vektors ansieht.

Vorläufig lassen wir uns noch ein wenig von der Analogie zwischen Vektor- und Funktionenraum leiten. Im R_n sind je $r \leq n$ Vektoren eines orthogonalen n-Beins linear unabhängig. Dementsprechend gilt im Funktionenraum der Satz:

Die Funktionen eines Orthogonalsystems sind linear unabhängig.

Wären nämlich die $r + 1$ Funktionen $\varphi_0(x)$, $\varphi_1(x)$, $\ldots$, $\varphi_r(x)$ linear abhängig, so bestünde im Grundintervall $\mathfrak{J}$ eine Identität

$$\sum_{\nu=0}^{r} c_\nu\, \varphi_\nu(x) = 0$$

mit nicht lauter verschwindenden Koeffizienten c_ν. Multiplikation mit $\varphi_\mu(x)$ und Integration über $\mathfrak{J}$ gibt wegen (3)

$$c_\mu\, N\, \varphi_\mu = 0, \quad \mu = 0,\ 1,\ \ldots,\ r$$

und wegen $N\varphi > 0$ ($N\varphi = 1$ im Fall eines normierten Orthogonalsystems), $c_\mu = 0$, $\mu = 0,\ 1,\ \ldots,\ r$ in Widerspruch zur Annahme, daß nicht alle c_μ verschwinden.

Im R_n gibt es mit Ausnahme des Nullvektors keinen Vektor, der auf allen Vektoren eines normierten n-Beins senkrecht steht. Es ist höchst überraschend, daß man im Funktionenraum unter Umständen bereits mit den abzählbar unendlich vielen Funktionen (Vektoren) eines Orthogonalsystems dasselbe erreichen kann. Man nennt ein solches System *abgeschlossen*, wenn es keine nicht identisch verschwindende Funktion $f(x)$ gibt, die zu allen Funktionen $\varphi_\nu(x)$ des Systems orthogonal ist. Auf den Nachweis der Existenz abgeschlossener Systeme — (2) ist z. B. ein solches — muß ich hier verzichten.

Sind A_i und B_i zwei Vektoren des R_n, so gilt die *Schwarzsche Ungleichung* (II, 2, § 17, 4; II, 1 § 27, 4)

$$\boxed{\left(\sum A_i\, B_i\right)^2 \leqq \sum A_i^2 \cdot \sum B_i^2,} \tag{11}$$

wobei ich ausdrücklich darauf hinweisen möchte, daß diese Beziehung ganz allgemein für je zwei beliebige Systeme von je n Zahlen gilt, die man in einem bestimmten Koordinatensystem immer als Vektorkoordinaten in einem R_n deuten kann. Das Gleichheitszeichen gilt in (11) nur, wenn A_i und B_i linear abhängig sind. Im Funktionenraum entspricht ihr die Beziehung

$$\boxed{(f, g)^2 \leqq N f \cdot N g.} \tag{12}$$

Zum Beweis betrachte ich das Integral

$$J = \int\limits_a^b [\lambda\, f(x) + \mu\, g(x)]^2\, dx \geqq 0.$$

Dabei ist $J = 0$ nur, wenn $\lambda\, f(x) + \mu\, g(x) \equiv 0$, d. h. aber, wenn λ und μ nicht beide verschwinden, daß $f(x)$ und $g(x)$ linear abhängig sind. Es folgt

$$J = \lambda^2\, N f + 2\, \lambda\mu(f, g) + \mu^2\, N g \geqq 0;$$

diese quadratische Form in λ und μ ist also positiv definit oder semidefinit, daher gilt (12) und insbesondere das Gleichheitszeichen nur, wenn $f(x)$ und $g(x)$ linear abhängig sind.

3. Orthogonalisierung gegebener Funktionenfolgen. So wie man ein beliebiges n-Bein des R_n stets durch ein orthogonales n-Bein ersetzen kann, so kann man eine gegebene Folge linear unabhängiger Funktionen

$$f_0(x), \ f_1(x), \ \ldots, \ f_\nu(x), \ \ldots$$

in recht einfacher Weise orthogonalisieren, d. h. durch ein orthogonales System $\psi_\nu(x)$ ersetzen, wobei die $\psi_\nu(x)$ für jedes ν eine Linearkombination der ersten ν gegebenen Funktionen $f_0, f_1, \ldots, f_\nu$ sind. Ich setze

$$\psi_0(x) = f_0(x),$$

dann bestimme ich eine Zahl $\lambda_{1,0}$ so, daß

$$\psi_1(x) = \lambda_{1,0} \, \psi_0(x) + f_1(x)$$

zu ψ_0 orthogonal, d. h.

$$(\psi_0, \psi_1) = \lambda_{1,0} N \psi_0 + (\psi_0, f_1) = 0$$

ist. Es folgt $(N \psi_0 > 0)$,

$$\lambda_{1,0} = - \frac{(\psi_0, f_1)}{N \psi_0}.$$

Ich bestimme weiter zwei Zahlen $\lambda_{2,0}$ und $\lambda_{2,1}$ so, daß

$$\psi_2(x) = \lambda_{2,0} \, \psi_0(x) + \lambda_{2,1} \, \psi_1(x) + f_2(x)$$

sowohl zu ψ_0 wie zu ψ_1 orthogonal ist. Das gibt wegen $(\psi_0, \psi_1) = 0$ die Bedingungen

$$(\psi_0, \psi_2) = \lambda_{2,0} N \psi_0 + (\psi_0, f_2) = 0,$$
$$(\psi_1, \psi_2) = \lambda_{2,1} N \psi_1 + (\psi_1, f_2) = 0$$

und somit

$$\lambda_{2,0} = - \frac{(\psi_0, f_2)}{N \psi_0}, \qquad \lambda_{2,1} = - \frac{(\psi_1, f_2)}{N \psi_1}.$$

Allgemein ist, wenn $\psi_0, \ldots, \psi_{n-1}$ ermittelt sind,

$$\psi_n = \lambda_{n,0} \psi_0 + \lambda_{n,1} \psi_1 + \cdots + \lambda_{n,n-1} \psi_{n-1} + f_n$$

und daraus

$$(\psi_i, \psi_n) = \lambda_{n,i} N \psi_i + (\psi_i, f_n), \quad i = 0, 1, \ldots, n-1,$$

also

$$\lambda_{n,i} = - \frac{(\psi_i, f_n)}{N \psi_i}, \quad i = 0, 1, \ldots, n-1.$$

Man erkennt, daß dieses Orthogonalisierungsverfahren bis auf konstante Faktoren bei den Funktionen $\psi_i(x)$ *eindeutig* ist. Diese Willkürlichkeit der Faktoren kann man noch benützen, um die ψ_i zu normieren, indem man an Stelle der ψ_i die Funktionen

$$\varphi_i = \frac{\psi_i}{\sqrt{N \psi_i}}, \quad i = 0, 1, 2, \ldots$$

einführt. Die Funktionen $\varphi_0, \varphi_1, \ldots$ bilden dann ein *normiertes Orthogonalsystem*, auch kurz als *orthonormales System* bezeichnet.

Ich will ein wichtiges Beispiel behandeln. Die Potenzen $f_\nu(x) = x^\nu$, also

$$1, \ x, \ x^2, \ \ldots, \ x^\nu, \ \ldots$$

sind sicher linear unabhängig. Ich suche sie nach dem obigen Verfahren zu orthogonalisieren, wobei das Grundintervall $\mathfrak{J} = [-1, 1]$ sei. Das gibt, wie man leicht nachrechnet,

$$\psi_0(x) = 1, \quad \psi_1(x) = x, \quad \psi_2(x) = x^2 - \frac{1}{3}, \quad \psi_3(x) = x^3 - \frac{3}{5}\,x,$$

$$\psi_4(x) = x^4 - \frac{6}{7}\,x^2 + \frac{3}{35} \quad \text{usw.}$$

Man erhält Polynome in x (was selbstverständlich ist), die abwechselnd gerade und ungerade sind. Sie unterscheiden sich nur durch konstante Faktoren (die aber nicht die Normierungsfaktoren $1 : \sqrt{c_\nu}$ von Ziffer 1 sind) von den *Legendreschen Polynomen*, die wegen der Eindeutigkeit des Orthogonalisierungsverfahrens die einzigen *orthogonalen* Polynome sind und mit denen wir uns noch ausführlich zu beschäftigen haben werden (vgl. auch die folgende Aufgabe 1).

Neben den Potenzen und den aus ihnen entstehenden Legendreschen Polynomen spielen in den Anwendungen eine Reihe anderer Funktionensysteme eine große Rolle, die man nach Wahl einer im Grundintervall $\mathfrak{J}$ definierten und nicht negativen Funktion $p(x) \geq 0$, die man als *Belegungsfunktion* bezeichnet, durch Orthogonalisierung der Funktionen

$$\psi_\nu(x) = \sqrt{p(x)}\; x^\nu$$

in der Gestalt

$$\varphi_\nu(x) = \sqrt{p(x)}\; Q_\nu(x)$$

gewinnt, wobei die $Q_\nu(x)$ *Polynome vom Grad ν* sind, die den Relationen

$$\int\limits_a^b p(x)\, Q_\mu(x)\, Q_\nu(x)\, dx = \delta_{\mu\nu}$$

genügen. So ergeben sich für

$$p(x) = e^{-x^2}, \quad \mathfrak{J} = (-\infty, +\infty)$$

die *Hermiteschen Polynome*, für

$$p(x) = e^{-x}, \quad \mathfrak{J} = [0, +\infty)$$

die *Laguerreschen Polynome*, für

$$p(x) = \frac{1}{\sqrt{1-x^2}}, \quad \mathfrak{J} = (-1, 1)$$

die *Tschebyscheffschen Polynome* und schließlich für

$$p(x) = (1-x)^p\,(1+x)^q, \quad p > -1, \quad q > -1, \quad \mathfrak{J} = (-1, 1)$$

die *Jacobischen* oder *hypergeometrischen Polynome*.

4. Die Besselsche Ungleichung. Vollständige Funktionensysteme. Wir versuchen, eine im Grundintervall $\mathfrak{J}$ gegebene Funktion $f(x)$ durch eine Linearkombination

$$\sum_{\nu=0}^{n} c_\nu\, \varphi_\nu(x) \tag{13}$$

der ersten $n + 1$ Funktionen eines normierten Orthogonalsystems *im Mittel*, d. h. im Sinn der Methode der kleinsten Fehlerquadrate (II, 2, § 13, 13; II, 1, § 24, 1), möglichst gut zu approximieren. Es ist also das mittlere Fehlerquadrat und damit auch

$$J_n = \int\limits_a^b \left(f(x) - \sum_{\nu=0}^{n} c_\nu\, \varphi_\nu(x) \right)^2 dx \geq 0 \tag{14}$$

durch geeignete Wahl der c_ν zu einem Minimum zu machen; $J_n \geqq 0$ folgt dabei unmittelbar aus der Gestalt des Integranden als Quadrat einer reellen Funktion. Die notwendigen Bedingungen für ein Minimum sind

$$\frac{\partial J_n}{\partial c_\mu} = -2 \int_a^b \left(f(x) - \sum_{\nu=0}^{n} c_\nu \, \varphi_\nu(x) \right) \varphi_\mu(x) \, dx = 0$$

oder

$$(f, \varphi_\mu) - \sum_{\nu=0}^{n} c_\nu \, (\varphi_\mu, \varphi_\nu) = (f, \varphi_\mu) - c_\mu = 0,$$

d. h. *es ergeben sich für die Koeffizienten c_ν gerade die Fourierkoeffizienten* (7) von $f(x)$ in Bezug auf das System $\varphi_\nu(x)$; mit $c_\nu = a_\nu$ wird also (13) die beste Approximation von $f(x)$[1]. Aus (14) folgt

$$J_n = N f - 2 \sum_{\nu=0}^{n} c_\nu \, (f, \varphi_\nu) + \sum_{\nu=0}^{n} c_\nu^2$$

und für $c_\nu = a_\nu = (f, \varphi_\nu)$

$$J_n = N f - 2 \sum_{\nu=0}^{n} a_\nu^2 + \sum_{\nu=0}^{n} a_\nu^2 = N f - \sum_{\nu=0}^{n} a_\nu^2 \geqq 0$$

oder

$$\sum_{\nu=0}^{n} a_\nu^2 \leqq N f;$$

da diese Ungleichung für jede natürliche Zahl n richtig ist, gilt auch

$$\boxed{\sum_{\nu=0}^{\infty} a_\nu^2 \leqq N f,} \tag{15}$$

die sogenannte *Besselsche Ungleichung*, die zeigt, daß die Reihe mit lauter positiven Gliedern

$$\sum_{\nu=0}^{\infty} a_\nu^2$$

konvergent ist.

Das Funktionensystem $\varphi_\nu(x)$ heißt *vollständig*, wenn es für jede beliebige Funktion $f(x)$ möglich ist, durch geeignete Wahl von $n > N(\varepsilon)$ die Approximation im Mittel *beliebig genau* zu machen, d. h.

$$J_n < \varepsilon$$

zu erreichen mit beliebig kleinem $\varepsilon > 0$. Das ist aber gleichbedeutend mit

$$\lim_{n \to \infty} J_n = 0 \tag{16}$$

oder wegen (15)

$$\boxed{\sum_{\nu=0}^{\infty} a_\nu^2 = N f.} \tag{17}$$

(17) ist eine notwendige und hinreichende Bedingung für die Vollständigkeit eines Funktionensystems $\varphi_\nu(x)$, die als *Vollständigkeitsrelation* oder *Parsevalsche Gleichung* bezeichnet wird.

---

[1] Daß (14) mit $c_\nu = a_\nu$ tatsächlich ein Minimum und nicht bloß einen stationären Wert gibt, kann man unmittelbar aus $J_n \geqq 0$ und der eindeutigen Bestimmung der c_ν schließen; die nach unten beschränkte, für alle c_ν definierte und stetige Funktion $J_n(c_\nu)$ muß nach dem Satz von WEIERSTRASS ein Minimum haben.

Es gilt: *Jedes vollständige System ist abgeschlossen* (Ziffer 2). Gäbe es nämlich eine nicht identisch verschwindende Funktion $\varphi(x)$, die zu allen Funktionen $\varphi_\nu(x)$ des vollständigen Orthogonalsystems orthogonal ist, so wären wegen

$$a_\nu = (\varphi, \varphi_\nu) = 0$$

alle Fourierkoeffizienten a_ν von φ in bezug auf das System φ_ν gleich Null, also auch

$$\sum_{\nu=0}^{\infty} a_\nu^2 = 0,$$

aber $N\varphi > 0$ in Widerspruch zur Vollständigkeitsrelation (17). Läßt man also aus einem vollständigen System auch nur eine Funktion weg, so ist das System nicht mehr abgeschlossen und daher auch nicht vollständig. Ich erwähne noch, daß man im allgemeinen aus der Abgeschlossenheit eines Systems nicht umgekehrt auch auf seine Vollständigkeit schließen kann.

Aus (16) und (14) folgt für jedes vollständige Funktionensystem

$$\lim_{n \to \infty} \int_a^b \left(f(x) - \sum_{\nu=0}^{n} a_\nu \varphi_\nu(x) \right)^2 dx = 0,$$

d. h. $\sum a_\nu \varphi_\nu(x)$ konvergiert im Mittel gegen $f(x)$. Auf die Darstellung

$$f(x) = \sum_{\nu=0}^{\infty} a_\nu \varphi_\nu(x)$$

kann man daraus nur dann schließen, wenn die gleichmäßige Konvergenz der Reihe rechts sichergestellt ist.

Schließlich erwähne ich, daß sich alle Überlegungen und Resultate dieses Paragraphen ohneweiters auf Funktionen von n Veränderlichen übertragen lassen, wobei an Stelle des Intervalls $\mathfrak{J}$ ein Bereich $\mathfrak{B}$ eines n-dimensionalen Raums tritt. Das innere Produkt zweier Funktionen $f(x_1, \ldots, x_n)$ und $g(x_1, \ldots, x_n)$ ist dann durch das n-fache Integral

$$(f, g) = \int_{\mathfrak{B}} f(x_1, \ldots, x_n)\, g(x_1, \ldots, x_n)\, dx_1 \ldots dx_n$$

zu erklären.

5. Der Hilbertsche Raum und der Satz von Fischer-Riesz. Der Hilbertsche Raum R_H ist ein Vektorraum (II, 2, § 17, 5; II, 1, § 27, 4) von abzählbar unendlich vielen Dimensionen, in dem jedem Vektor eine bestimmte *Länge* zugeschrieben werden kann. Ein Vektor $\mathfrak{a}$ ist also eine Zahlenfolge $\{a_\nu\}$ — die a_ν nennt man wieder die Koordinaten von $\mathfrak{a}$ — mit der Eigenschaft, daß $\sum_{\nu=0}^{\infty} a_\nu^2$ konvergiert. Dann definiert man als *Norm* von $\mathfrak{a}$

$$\mathfrak{a}^2 = \sum_{\nu=0}^{\infty} a_\nu^2$$

und als Länge

$$|\mathfrak{a}| = \sqrt{\mathfrak{a}^2} \geqq 0.$$

Ist $\mathfrak{b}$ ein zweiter Vektor des R_H, so folgt aus der Schwarzschen Ungleichung (11)

$$\left(\sum_{\nu=m}^{n} a_\nu b_\nu \right)^2 \leqq \sum_{\nu=m}^{n} a_\nu^2 \cdot \sum_{\nu=m}^{n} b_\nu^2.$$

Nach dem Cauchyschen Konvergenzprinzip existiert auch das „innere Produkt"
von $\mathfrak{a}$ und $\mathfrak{b}$

$$\mathfrak{a}\,\mathfrak{b} = \sum_{\nu=0}^{\infty} a_\nu\, b_\nu;$$

die Reihe rechts konvergiert, weil $\sum a_\nu^2$ und $\sum b_\nu^2$ konvergieren. Ferner ist,
wieder wegen (11),

$$(\mathfrak{a}\,\mathfrak{b})^2 \leqq \mathfrak{a}^2\, \mathfrak{b}^2$$

und daher ein Winkel α der beiden Vektoren $\mathfrak{a}$ und $\mathfrak{b}$ durch

$$\cos \alpha = \frac{\mathfrak{a}\,\mathfrak{b}}{|\mathfrak{a}|\,|\mathfrak{b}|}$$

definiert. Für $\alpha = \dfrac{\pi}{2}$ ist $\mathfrak{a}\,\mathfrak{b} = 0$ und die beiden Vektoren heißen *orthogonal*.

Es sei nun ein vollständiges normiertes Orthogonalsystem $\varphi_\nu(x)$ gegeben.
Dann kann man jeder quadratisch integrierbaren Funktion $f(x)$ einen Vektor
des Hilbertschen Raums zuordnen, dessen Koordinaten die Fourierkoeffizienten
von $f(x)$ im System $\varphi_\nu(x)$ sind, also

$$a_\nu = (f, \varphi_\nu) = \int_b^a f(x)\, \varphi_\nu(x)\, dx.$$

Die Norm des Vektors $\mathfrak{a}$ stimmt dann wegen der Parsevalschen Gleichung (17)
mit der Norm der Funktion $f(x)$ überein, d. h. es ist

$$\mathfrak{a}^2 = N\, f.$$

Ebenso ist, wenn b_ν die Fourierkoeffizienten von $g(x)$ sind,

$$\mathfrak{a}\,\mathfrak{b} = (f, g),$$

denn wenn $\displaystyle\sum_{\nu=0}^{n} a_\nu\, \varphi_\nu(x)$ die Funktion $f(x)$ und $\displaystyle\sum_{\nu=0}^{n} b_\nu\, \varphi_\nu(x)$ die Funktion $g(x)$ im
Mittel beliebig genau approximiert, so wird (f, g) durch

$$\int_a^b \sum_{\mu=0}^{n} a_\mu \varphi_\mu(x) \sum_{\nu=0}^{n} b_\nu \varphi_\nu(x)\, dx = \sum_{\mu,\,\nu=0}^{n} a_\mu b_\nu \int_a^b \varphi_\mu(x)\, \varphi_\nu(x)\, dx = \sum_{\mu,\,\nu=0}^{n} a_\mu b_\nu\, \delta_{\mu\nu} = \sum_{\nu=0}^{n} a_\nu b_\nu$$

beliebig genau approximiert und aus der Konvergenz von $\displaystyle\sum_{\nu=0}^{\infty} a_\nu\, b_\nu$ folgt für
$n \to \infty$ die obige Beziehung für die inneren Produkte. Insbesondere folgt aus
$(f, g) = 0$ auch $\mathfrak{a}\,\mathfrak{b} = 0$ und umgekehrt.

Wir können also jeder quadratisch integrierbaren Funktion $f(x)$ einen Vektor
des R_H eindeutig zuordnen. Damit aber dieser Übergang vom Funktionenraum
zum Hilbertschen Raum erst wirklich sinnvoll wird, muß auch die Umkehrung
gelten, d. h. es muß möglich sein, jedem Vektor des R_H auch umgekehrt eine
Funktion zuzuordnen. Das ist aber nur dann möglich, wenn man nicht den
Riemannschen Integralbegriff zu Grunde legt, sondern den wesentlich allgemeineren Integralbegriff von LEBESGUE[1]. Dann gilt der Satz von FISCHER-RIESZ, demzufolge durch die Zahlen a_ν, für die $\sum a_\nu^2$ konvergiert, im wesentlichen[2] eine

---

[1] LEBESGUE HENRI LÉON, geb. 1875 in Beauvais, Oise, gest. 1941 in Paris. Wirkte am
Collège de France in Paris auf dem Gebiet der Integrations- und Maßtheorie.

[2] Im wesentlichen heißt, daß man die Werte von $f(x)$ in den Punkten einer Menge vom
Maß Null willkürlich wählen kann. Eine Punktmenge $\mathfrak{M}$ hat dabei sicher dann das Maß
Null, wenn es eine höchstens abzählbar unendliche Menge von Intervallen gibt, so daß jeder
Punkt von $\mathfrak{M}$ in mindestens einem dieser Intervalle enthalten ist und wenn die Gesamtlänge

und nur eine Funktion $f(x)$ bestimmt ist, die die a_ν zu Fourierkoeffizienten hat. Genauer sagt der Satz folgendes:

Ist $\varphi_\nu(x)$ ein vollständiges Orthogonalsystem und $\{a_\nu\}$ eine Zahlenfolge, für die $\sum a_\nu^2$ konvergiert, so existiert eine quadratisch integrierbare Funktion $f(x)$, für die

$$\lim_{n \to \infty} \int_a^b [f(x) - f_n(x)]^2 \, dx = 0 \tag{18}$$

ist, wo

$$f_n(x) = \sum_{\nu=0}^{n} a_\nu \, \varphi_\nu(x)$$

ist, d. h. die Teilsummen der Reihe $\sum a_\nu \, \varphi_\nu(x)$ konvergieren im Mittel gegen $f(x)$.

Über die Konvergenz der Reihe $\sum a_\nu \, \varphi_\nu(x)$ selbst ist damit noch immer nichts gesagt. Da $f(x)$ hier nur im Lebesgueschen Sinn quadratisch integrierbar ist, muß keineswegs eine im Riemannschen Sinn quadratisch integrierbare Funktion existieren, für die (18) gilt.

Auf die Theorie des Lebesgueschen Integrals will ich hier nicht eingehen, obwohl sich insbesondere die Theorie der Integralgleichungen, die den Gegenstand des nächsten Kapitels bilden wird, in mancher Hinsicht einfacher und geschlossener darstellen läßt, wenn man den Lebesgueschen Integralbegriff zugrunde legt. Ich erwähne in diesem Zusammenhang noch, daß die Begriffe vollständiges und abgeschlossenes Funktionensystem zusammenfallen, wenn man mit Lebesgueschen Integralen operiert.

Aufgaben.

1. Man zeige, daß die durch

$$P_0(x) = 1, \qquad P_n(x) = \frac{1}{2^n \, n!} \frac{d^n}{dx^n} (x^2 - 1)^n$$

definierten Polynome n-ten Grades ein Orthogonalsystem bilden und daher bis auf konstante Faktoren (die aber, wie ich in § 11 zeigen werde, alle gleich 1 sind) mit den *Legendreschen Polynomen* übereinstimmen. Man berechne noch die Normierungsfaktoren der $P_n(x)$. (Anleitung: Man setze zur Abkürzung $u_n(x) = (x^2 - 1)^n$, so daß

$$P_n(x) = \frac{1}{2^n \, n!} u_n^{(n)}(x)$$

wird, zeige zunächst durch wiederholte partielle Integration, daß $(u_n^{(n)}, x^m) = 0$ ist für $m < n$ und ermittle dann die Normierungsfaktoren.)

2. Man zeige in ähnlicher Weise, daß die *Laguerreschen Polynome*, abgesehen von konstanten Faktoren, durch

$$L_n(x) = e^x \frac{d^n}{dx^n} (x^n \, e^{-x}), \qquad n = 0, 1, \ldots$$

definiert werden können.

---

dieser Intervalle beliebig klein gemacht werden kann. Demgemäß hat jede höchstens abzählbare Menge das Maß Null, denn wenn ich den ersten Punkt in ein Intervall der Länge $\dfrac{\varepsilon}{2}$, den zweiten in ein solches der Länge $\dfrac{\varepsilon}{4}$, allgemein den ν-ten in ein Intervall der Länge $\dfrac{\varepsilon}{2^\nu}$ lege, so ist die Gesamtlänge dieser Intervalle gleich ε. Während sich das Riemannsche Integral einer Funktion nicht ändert, wenn man die Funktion in endlich vielen Punkten willkürlich verändert, bleibt das Lebesguesche Integral ungeändert, wenn man den Integranden in allen Punkten einer Menge vom Maß Null verändert. Das Lebesguesche Integral ist eine echte Verallgemeinerung des Riemannschen, denn wenn der Integrand im Riemannschen Sinn integrierbar ist, stimmt das Lebesguesche Integral mit dem Riemannschen überein.

3. Dasselbe für die *Hermiteschen Polynome*

$$H_n(x) = (-1)^n e^{x^2} \frac{d^n}{dx^n} e^{-x^2}, \quad n = 0, 1, \ldots$$

4. Dasselbe für die *Tschebyscheffschen Polynome*

$$T_0(x) = 1, \quad T_n(x) = \frac{1}{2^{n-1}} \cos(n \arccos x), \quad n = 1, 2, \ldots .$$

II. Integralgleichungen und Laplacetransformation.

§ 5. Grundzüge der allgemeinen Theorie der linearen Integralgleichungen zweiter Art.

1. **Vorbemerkungen.** Die Theorie der Integralgleichungen — das sind, kurz gesagt, Funktionalgleichungen, bei denen die unbekannte und gesuchte Funktion unter einem Integralzeichen auftritt — hat seit den grundlegenden Arbeiten von D. HILBERT, FREDHOLM und E. SCHMIDT[1] aus den ersten Jahren unseres Jahrhunderts eine ständig steigende Bedeutung gerade in den Gebieten der Analysis gewonnen, die für die Anwendungen wichtig sind. Dazu gehören vor allem die Randwertprobleme bei gewöhnlichen und partiellen Differentialgleichungen, ferner das ebenfalls höchst bedeutungsvolle Problem der Entwicklung einer gegebenen Funktion nach einem Orthogonalsystem, das ich in § 4 gestreift habe und im folgenden ausführlicher diskutieren werde. Schließlich gibt es eine Reihe von physikalischen Problemen, die in ihrer mathematischen Formulierung unmittelbar auf Integralgleichungen führen. Ich erinnere an zwei Beispiele, auf die wir im Verlauf dieser Vorlesungen bereits gestoßen sind.

Das Verfahren der sukzessiven Approximationen für eine Differentialgleichung

$$y' = F(x, y) \tag{1}$$

mit der Anfangsbedingung $y(x_0) = y_0$ hat uns in III, § 3, 2 auf eine Integralgleichung

$$\varphi(x) = y_0 + \int_{x_0}^{x} F(t, \varphi(t))\, dt \tag{2}$$

geführt, die sich formal unmittelbar aus (1) ergibt, wenn man $y = \varphi(t)$ setzt und dann auf beiden Seiten zwischen x_0 und x integriert. Man spricht hier gelegentlich auch von einer *Scheinintegration*, weil man ja dadurch noch keineswegs das Integral $\varphi(x)$ von (1) ermittelt, sondern nur das Problem in anderer Form dargestellt hat.

Das zweite Beispiel ist das Fouriersche Integraltheorem von § 2, (19)

$$f(x) = \frac{1}{\pi} \int_0^{\infty} du \int_{-\infty}^{\infty} f(t) \cos u(t - x)\, dt, \tag{3}$$

das man als Integralgleichung für die Funktion $f(x)$ auffassen kann.

Man nennt eine Integralgleichung *linear*, wenn die unbekannte Funktion unter dem Integralzeichen linear auftritt; demgemäß ist (3), aber im allgemeinen

---

[1] ERIK I. FREDHOLM, geb. 1866 in Stockholm, gest. 1927 in Mörby, wirkte an der Universität Stockholm. Arbeitsgebiete: Analysis, Integralgleichungen.

ERHARD SCHMIDT, geb. 1876 in Dorpat, wirkte an den Universitäten in Bonn, Zürich, Erlangen, Breslau und Berlin. Arbeitsgebiete: Analysis, Integralgleichungen.

nicht (2), eine lineare Integralgleichung. Man überzeugt sich aber leicht, daß (2) linear wird, wenn (1) es ist, und zwar ergibt sich

$$\varphi(x) = f(x) + \int_{x_0}^{x} K(t)\,\varphi(t)\,dt,$$

wo $f(x)$ eine bekannte Funktion mit $f(x_0) = y_0$ ist.

Wir werden uns im folgenden ausschließlich mit linearen Integralgleichungen beschäftigen. Man unterscheidet vor allem vier verschiedene Typen, die man als Fredholmsche und Volterrasche Integralgleichungen erster und zweiter Art bezeichnet; $\varphi(x)$ ist dabei überall die unbekannte Funktion:

1. *Fredholmsche Integralgleichungen erster Art*

$$f(x) = \int_{a}^{b} K(x, y)\,\varphi(y)\,dy. \tag{4}$$

2. *Fredholmsche Integralgleichungen zweiter Art*

$$\varphi(x) = f(x) + \lambda \int_{a}^{b} K(x, y)\,\varphi(y)\,dy. \tag{5}$$

3. *Volterrasche Integralgleichungen erster Art*

$$f(x) = \int_{a}^{x} K(x, y)\,\varphi(y)\,dy. \tag{6}$$

4. *Volterrasche Integralgleichungen zweiter Art*

$$\varphi(x) = f(x) + \lambda \int_{a}^{x} K(x, y)\,\varphi(y)\,dy. \tag{7}$$

Man sieht: Die Gleichungen erster Art enthalten die unbekannte Funktion $\varphi(x)$ nur unter dem Integralzeichen, bei den Gleichungen zweiter Art kommt sie außerdem außerhalb vor; bei den Fredholmschen Gleichungen sind die Integrationsgrenzen konstant, während bei den Volterraschen Gleichungen die obere Grenze der Integrale x ist. Ich werde in Ziffer 7 zeigen, daß sich die Volterraschen Gleichungen in einfacher Weise auf Fredholmsche zurückführen lassen.

Die Funktion $K(x, y)$ heißt in allen Fällen der *Kern* der Integralgleichung. Der Faktor λ bei den Integralgleichungen zweiter Art hat zunächst nur formale Bedeutung und könnte ohneweiters zum Kern $K(x, y)$ geschlagen werden; wir werden aber bald sehen, welche entscheidende Bedeutung bei der Diskussion der Lösungen dieser Integralgleichungen gerade der Faktor λ hat. Die wichtigste Klasse unter diesen vier Gleichungstypen sind die Fredholmschen Gleichungen zweiter Art, die man daher oft kurz als Integralgleichungen schlechthin bezeichnet; sie werden auch im folgenden durchaus im Vordergrund stehen.

Ist $f(x) \equiv 0$, so sind die Fredholmschen und Volterraschen Gleichungen zweiter Art *homogen*:

$$\varphi(x) = \lambda \int_{a}^{b} K(x, y)\,\varphi(y)\,dy, \tag{8}$$

bzw.

$$\varphi(x) = \lambda \int_{a}^{x} K(x, y)\,\varphi(y)\,dy. \tag{9}$$

Das Integrationsintervall $\mathfrak{J} = [a, b]$, $a < b$, ist im folgenden zunächst als *endlich* vorausgesetzt; wie in § 4 nennen wir es ebenso wie den abgeschlossenen quadratischen Bereich $x \in \mathfrak{J}$, $y \in \mathfrak{J}$ kurz den *Grundbereich*. Alle Funktionen seien ferner zunächst im Grundbereich *beschränkt* und *stückweise stetig*.

Es wird jedoch gerade mit Rücksicht auf einige wichtige Anwendungen der Theorie nötig sein, zu untersuchen, inwieweit die Ergebnisse auch unter allgemeineren Voraussetzungen richtig bleiben, also für nichtbeschränkte Funktionen und für unendliche Grundbereiche. Die obigen engeren Voraussetzungen sind also lediglich ein vorläufiger Behelf, den ich benütze, um die Grundgedanken der Theorie einmal möglichst unbehindert darlegen zu können. Ein paar Worte über die Verallgemeinerung sind aber doch schon hier am Platz. Es wird sich zeigen, daß im Fall eines nicht beschränkten Kernes die Voraussetzung der quadratischen Integrierbarkeit, also die Existenz und Beschränktheit der Integrale

$$\int_a^b \int_a^b [K(x, y)]^n \, dx \, dy, \qquad \int_a^b [K(x, y)]^n \, dy, \qquad \int_a^b [K(x, y)]^n \, dx$$

für $n = 1$ und $n = 2$ nicht genügt, sondern daß K noch eine zusätzliche Bedingung erfüllen muß. Betrachten wir etwa die Gleichung (4), die bei gegebenem $f(x)$ eine Integralgleichung erster Art für die unbekannte Funktion $\varphi(x)$ ist; umgekehrt heißt jede Funktion $f(x)$, die sich in der Gestalt (4) darstellen läßt, *quellenmäßig darstellbar durch die Funktion $\varphi(x)$ mit Hilfe des Kernes $K(x, y)$*. Wir fragen uns, unter welchen Voraussetzungen über K die Funktion f stetig ist. $\varphi(x)$ sei jetzt quadratisch integrierbar. Aus der Schwarzschen Ungleichung § 4, (12) folgt

$$|f(x_1) - f(x_2)|^2 = \left| \int_a^b [K(x_1, y) - K(x_2, y)] \varphi(y) \, dy \right|^2 \leqq$$

$$\leqq \int_a^b [K(x_1, y) - K(x_2, y)]^2 \, dy \cdot \int_a^b [\varphi(y)]^2 \, dy = \Delta(x_1, x_2) \, N \varphi,$$

wo $N \varphi$ die Norm von φ und

$$\Delta(x_1, x_2) = \int_a^b [K(x_1, y) - K(x_2, y)]^2 \, dy \tag{10}$$

gesetzt ist. Ist K stetig in $[a, b]$, so ist jedenfalls $\Delta(x_1, x_2) < \varepsilon$, $\varepsilon > 0$, beliebig, wenn nur $|x_1 - x_2| < \delta$ hinreichend klein ist, und dann ist auch $f(x)$ stetig in $[a, b]$. Eine allgemeinere Bedingung ergibt sich unmittelbar aus (10): wir verlangen $\Delta(x_1, x_2) < \varepsilon$ für $|x_1 - x_2| < \delta$ als Eigenschaft der Funktion $K(x, y)$. Gleichbedeutend damit ist natürlich

$$\lim_{x_2 \to x_1} \Delta(x_1, x_2) = 0;$$

gilt auch

$$\lim_{y_2 \to y_1} \Delta(y_1, y_2) = 0,$$

wo

$$\Delta(y_1, y_2) = \int_a^b [K(x, y_1) - K(x, y_2)]^2 \, dx, \tag{11}$$

so heißt $K(x, y)$ *von mittlerer Stetigkeit* oder *im Mittel stetig* im Grundbereich. Wir können also den Satz formulieren:

Sind die Funktionen $K(x, y)$ und $\varphi(x)$ im Grundbereich quadratisch integrierbar und ist K außerdem von mittlerer Stetigkeit, so ist die durch φ quellenmäßig dargestellte Funktion

$$f(x) = \int_a^b K(x, y)\, \varphi(y)\, dy$$

stetig in $\mathfrak{J}$.

2. Produktkerne. Die Fredholmschen Sätze. Hat der Kern $K(x, y)$ der Integralgleichung

$$\varphi(x) = f(x) + \lambda \int_a^b K(x, y)\, \varphi(y)\, dy \tag{12}$$

die Gestalt

$$K(x, y) = \sum_{j=1}^n \alpha_j(x)\, \beta_j(y), \tag{13}$$

so spricht man von einem *ausgearteten Kern* oder *Produktkern*; K ist also eine endliche Summe von Produkten je einer Funktion von x und y. Damit wird (12)

$$\varphi(x) = f(x) + \lambda \sum_{j=1}^n \alpha_j(x) \int_a^b \beta_j(y)\, \varphi(y)\, dy$$

oder

$$\varphi(x) = f(x) + \lambda \sum_{j=1}^n \alpha_j(x)\, X_j, \tag{14}$$

wo

$$X_j = \int_a^b \beta_j(x)\, \varphi(x)\, dx, \quad j = 1, 2, \ldots, n, \tag{15}$$

unbekannte Konstante sind, weil sie von der unbekannten Funktion $\varphi(x)$ abhängen. Multipliziert man (14) mit $\beta_i(x)$ und integriert über das Grundintervall, so folgt wegen (15)

$$X_i = \int_a^b f(x)\, \beta_i(x)\, dx + \lambda \sum_{j=1}^n \left(\int_a^b \beta_i(x)\, \alpha_j(x)\, dx \right) X_j$$

oder

$$X_i = b_i + \lambda \sum_{j=1}^n a_{ij}\, X_j, \quad i = 1, 2, \ldots, n, \tag{16}$$

wo

$$b_i = \int_a^b f(x)\, \beta_i(x)\, dx, \quad a_{ij} = \int_a^b \beta_i(x)\, \alpha_j(x)\, dx \tag{17}$$

$n(n + 1)$ *bekannte* Konstante sind. (16) ist ein System von n linearen Gleichungen für die Unbekannten X_j, das wir in der Gestalt

$$\boxed{\sum_{j=1}^n (\delta_{ij} - \lambda\, a_{ij})\, X_j = b_i, \quad i = 1, 2, \ldots, n,} \tag{18}$$

schreiben können; δ_{ij} ist dabei wie immer das Kroneckersche Symbol

$$\delta_{ij} = \begin{cases} 0 & \text{für } i \neq j, \\ 1 & \text{für } i = j. \end{cases}$$

Entscheidend für die Diskussion dieses Systems ist die Determinante

$$D(\lambda) = \text{Det}\,(\delta_{ij} - \lambda\, a_{ij}). \tag{19}$$

$D(\lambda)$ ist ein Polynom höchstens n-ten Grades in λ, die *charakteristische Gleichung* $D(\lambda) = 0$ also eine algebraische Gleichung mit $p \leq n$ *verschiedenen* Wurzeln $\lambda_1, \lambda_2, \ldots, \lambda_p$, die man die *Eigenwerte* des Produktkerns (13) nennt. Die Diskussion ist offenbar weitgehend ähnlich der Diskussion der Eigenrichtungen und Eigenwerte eines Tensors zweiter Stufe (II, 2, § 18, 3; II, 1, § 28, 3); die Gleichungen, von denen wir dort ausgegangen sind, waren allerdings für den homogenen Fall spezialisiert, der sich hier für die homogenen Integralgleichungen ergibt, da alle $b_i = 0$ sind, wenn $f(x) \equiv 0$ ist. Außerdem haben wir dort nicht mit den Eigenwerten selbst, sondern mit den charakteristischen Zahlen $\mu_i = 1/\lambda_i$ gerechnet, was aber völlig unwesentlich ist; man braucht nur alle Gleichungen (18) durch λ zu dividieren und $\mu = 1/\lambda$ zu setzen. Wegen

$$D(0) = \mathrm{Det}\,(\delta_{ij}) = 1$$

ist $\lambda = 0$ sicher keine Wurzel von $D(\lambda) = 0$.

Für die Diskussion des allgemeineren Systems (18) sind die Sätze für die Lösungen linearer Gleichungen maßgebend, die ich in II, 2, § 16 (II, 1, § 26) zusammengestellt habe. Ich fasse sie gleich in der Form zusammen, die der besonderen Gestalt der Gleichungen (18) angepaßt ist.

1. Ist λ kein Eigenwert, also $D(\lambda) \neq 0$, so hat das System (18) genau eine Lösung, während das zugehörige homogene System

$$\sum_{j=1}^{n} (\delta_{ij} - \lambda\,a_{ij})\,X_j = 0, \quad i = 1, 2, \ldots, n \tag{20}$$

nur die triviale Lösung $X_j = 0$ hat.

2. Ist λ ein Eigenwert, also $D(\lambda) = 0$, so hat das homogene System (20) $h\,(1 \leq h \leq n)$ linear unabhängige nicht triviale Lösungen $\overset{1}{X_i}, \overset{2}{X_i}, \ldots \overset{h}{X_i}$. Das inhomogene System (18) hat im allgemeinen keine Lösungen. Ist aber

$$\sum_{i=1}^{n} b_i\,\overset{\alpha}{Y_i} = 0, \quad \alpha = 1, 2, \ldots, h, \tag{21}$$

wo die $\overset{\alpha}{Y_i}$ die linear unabhängigen Lösungen des transponierten homogenen Systems

$$\sum_{j=1}^{n} (\delta_{ji} - \lambda\,a_{ji})\,Y_j = 0, \quad i = 1, 2, \ldots, n \tag{22}$$

sind, so hat auch das inhomogene System (18) Lösungen. Die Gleichungen (21) besagen, daß die rechten Seiten b_i von (18) zu den Lösungen von (22) orthogonal sind[1].

Ein Eigenwert heißt *einfach* oder *mehrfach*, je nachdem es eine oder mehrere linear unabhängige Eigenlösungen zu ihm gibt. Der Grad der Gleichung $D(\lambda) = 0$ ist nur dann gleich n, wenn

$$A = \mathrm{Det}\,a_{ij} \neq 0$$

ist und er ist allgemein[2] nicht größer als der Rang der Matrix a_{ij}. Sind alle $a_{ij} = 0$, so hängt $D(\lambda)$ nicht mehr von λ ab und es gibt überhaupt *keine Eigenwerte*. Das ist nach (17) z. B. der Fall, wenn die Funktionen $\alpha_i(x)$ und $\beta_i(x)$ demselben Orthogonalsystem angehören.

---

[1] Aus den Bedingungen (21) folgt auch, daß die Matrix und die erweiterte Matrix von (18) denselben Rang $r = n - h$ haben und umgekehrt.

[2] Vgl. hierzu die Gleichung (8) von II, 2, § 18, 3 (II, 1, § 28, 3), die nach Multiplikation mit $(-\lambda)^n$, $\lambda = \dfrac{1}{\mu}$, mit $D(\lambda) = 0$ übereinstimmt.

Man zeigt nun leicht, daß man zu jeder Lösung X_i von (18) aus (14) eine Lösung von (12) bzw. zu jeder Lösung X_i von (20) aus

$$\varphi(x) = \lambda \sum_{j=1}^{n} \alpha_j(x)\, X_j \tag{23}$$

eine Lösung der homogenen Integralgleichung

$$\varphi(x) = \lambda \int_a^b K(x, y)\, \varphi(y)\, dy \tag{24}$$

erhält. Man hat dazu nur (14) in (12) einzusetzen und (15), (16) und (17) zu berücksichtigen; die Durchführung der einfachen Rechnung überlasse ich Ihnen.

Für die Integralgleichungen (12) bzw. (24) ergeben sich daraus die folgenden *Sätze von* FREDHOLM:

Satz 1: *Ist λ kein Eigenwert, so hat die inhomogene Integralgleichung (12) genau eine Lösung, die homogene Integralgleichung (24) nur die triviale Lösung.*

Satz 2: *Ist λ ein Eigenwert, so hat die homogene Integralgleichung (24) eine endliche Zahl h von linear unabhängigen Lösungen $\varphi_1, \varphi_2, \ldots, \varphi_h$, während die inhomogene Integralgleichung (12) im allgemeinen keine Lösung hat.*

Satz 3: *Ist λ derselbe Eigenwert wie oben, so hat auch die transponierte homogene Integralgleichung*

$$\psi(x) = \lambda \int_a^b K(y, x)\, \psi(y)\, dy \tag{25}$$

genau h linear unabhängige Lösungen $\psi_1, \psi_2, \ldots, \psi_h$; genügt die Funktion $f(x)$ den h Bedingungen

$$(f, \psi_\alpha) = \int_a^b f(x)\, \psi_\alpha(x)\, dx = 0, \quad \alpha = 1, 2, \ldots, h \tag{26}$$

d. h. ist $f(x)$ zu allen Lösungen ψ_α von (25) orthogonal, so hat auch die inhomogene Integralgleichung (12) Lösungen.

Die Sätze 1 und 2 enthalten die sogenannte *Fredholmsche Alternative*:

Satz 4: *Für eine beliebige Integralgleichung zweiter Art gilt entweder Satz 1 oder Satz 2.*

Zum dritten Satz noch einige Ergänzungen! Aus (25) folgt für den Produktkern (13)

$$\psi(x) = \lambda \sum_{j=1}^{n} \beta_j(x) \int_a^b \alpha_j(y)\, \psi(y)\, dy; \tag{27}$$

setzt man

$$\int_a^b \alpha_j(y)\, \psi(y)\, dy = Y_j,$$

so folgt

$$\psi(x) = \lambda \sum_{j=1}^{n} \beta_j(x)\, Y_j \tag{28}$$

und aus (28) durch Multiplikation mit $\alpha_i(x)$ und Integration wegen (17)

$$Y_i = \lambda \sum_{j=1}^{n} a_{ji}\, Y_j,$$

also gerade die transponierten homogenen Gleichungen (22). Ist nun λ der Eigenwert von Satz 2 und 3, so ergibt sich zu jeder der h Lösungen $\overset{\alpha}{Y}_i$, ($\alpha =$ $= 1, 2, \ldots, h$), von (22) aus (28) genau eine Lösung $\psi_\alpha(x)$ von (25) und zu jeder der dann existierenden Lösungen X_i von (18) aus (14) eine Lösung $\varphi(x)$ von (12). Anderseits folgt aus (26) wegen (28) und (17)

$$(f, \psi_\alpha) = \lambda \sum_{j=1}^{n} \int_a^b f(x)\, \beta_j(x)\, dx\, \overset{\alpha}{Y}_j = \lambda \sum_{j=1}^{n} b_j\, \overset{\alpha}{Y}_j = 0,$$

also wegen $\lambda \neq 0$ gerade (21). Somit ist (26) notwendig und hinreichend für die Existenz von Lösungen $\varphi(x)$ von (12) zu einem Eigenwert λ.

3. Der lösende Kern. Folgerungen für beliebige Kerne. Ich schreibe die Gleichungen (18) zur Abkürzung in der Gestalt

$$\sum_{j=1}^{n} c_{ij}(\lambda)\, X_j = b_i, \qquad c_{ij}(\lambda) = \delta_{ij} - \lambda\, a_{ij}. \tag{29}$$

Ist $D_{ij}(\lambda)$ das algebraische Komplement von $c_{ij}(\lambda)$ in der Determinante $D(\lambda) =$ $= \mathrm{Det}\, c_{ij}(\lambda) \neq 0$ (λ ist also kein Eigenwert), so ist die Lösung von (29)

$$X_j = \frac{1}{D(\lambda)} \sum_{i=1}^{n} D_{ij}(\lambda)\, b_i \tag{30}$$

oder wegen (17)

$$X_j = \frac{1}{D(\lambda)} \sum_{i=1}^{n} D_{ij}(\lambda) \int_a^b f(y)\, \beta_i(y)\, dy;$$

damit folgt aus (14)

$$\varphi(x) = f(x) + \lambda \sum_{j=1}^{n} \alpha_j(x) \sum_{i=1}^{n} \frac{D_{ij}(\lambda)}{D(\lambda)} \int_a^b f(y)\, \beta_i(y)\, dy$$

oder

$$\boxed{\varphi(x) = f(x) + \lambda \int_a^b \Gamma(x, y, \lambda)\, f(y)\, dy,} \tag{31}$$

wo

$$\Gamma(x, y, \lambda) = \sum_{i,j=1}^{n} \frac{D_{ij}(\lambda)}{D(\lambda)} \alpha_j(x)\, \beta_i(y) \tag{32}$$

der *lösende Kern* oder die *Resolvente* der Integralgleichung (14) ist. $\Gamma(x, y, \lambda)$ ist eine *rationale Funktion von λ, deren Pole die Eigenwerte* des Kerns (13) sind; sie ist mit Ausnahme dieser Stellen in der ganzen komplexen λ-Ebene regulär. Die Pole selbst sind, wie man aus (32) unmittelbar entnimmt, von x und y unabhängig.

Die Darstellung (31) der Lösung ist insofern bemerkenswert, als sie eine starke Ähnlichkeit mit der ursprünglichen Integralgleichung (12) hat: An Stelle des Kerns $K(x, y)$ tritt der lösende Kern $\Gamma(x, y, \lambda)$, während unter dem Integralzeichen die unbekannte Funktion $\varphi(x)$ durch die bekannte Funktion $f(x)$ ersetzt ist.

Unsere Ergebnisse lassen nun auch einige wichtige Schlüsse auf Integralgleichungen mit beliebigen, aber *stetigen* Kernen zu. Nach dem Approximationssatz von WEIERSTRASS (§ 2, 4) läßt sich jede in einem abgeschlossenen und beschränkten Bereich $\mathfrak{B}$ stetige Funktion $K(x, y)$ gleichmäßig und mit beliebiger Genauigkeit durch ein Polynom $P(x, y)$ approximieren, d. h. es ist

$$|K(x, y) - P(x, y)| < \varepsilon$$

in allen Punkten des Bereiches $\mathfrak{B}$. Man kann also insbesondere den Kern der Integralgleichung (12) durch ein Polynom $P(x, y)$ ersetzen, wobei der Fehler beliebig klein gehalten werden kann. Ein Polynom $P(x, y)$ ist aber stets ein Produktkern, für den unsere Überlegungen gelten. Die Approximation wird im allgemeinen um so besser sein, je größer man den Grad von $P(x, y)$ wählt, so daß unter Umständen die Zahl der Eigenwerte gegen unendlich geht. Aus Stetigkeitsgründen kann man schließen, daß die Eigenwerte des Produktkerns $P(x, y)$, zumindest die mit nicht zu großem Betrag, in der Nähe von Eigenwerten des Kerns $K(x, y)$ liegen werden, d. h. von Zahlen λ_ν, für die die homogene Gleichung (24) nichttriviale Lösungen besitzt, während (12) im allgemeinen nicht lösbar ist. Wir können auf Grund dieser Überlegungen vermuten, daß die Fredholmschen Sätze unverändert auch für beliebige Kerne gelten.

Ich zeige noch, daß auch bei einem *beliebigen Kern $K(x, y)$ zu jedem Eigenwert höchstens eine endliche Zahl von Eigenfunktionen gehört*. Es seien $\varphi_\alpha(x)$, $\alpha = = 1, 2, \ldots, h$ die Eigenfunktionen zum Eigenwert λ. Wir können die $\varphi_\alpha(x)$ dabei als orthonormiert annehmen. Die Fourierkoeffizienten der Funktion $\lambda K(x, y)$, wo x jetzt ein Parameter ist, sind

$$a_\alpha = \lambda \int\limits_a^b K(x, y)\, \varphi_\alpha(y)\, dy = \varphi_\alpha(x).$$

Aus der Besselschen Ungleichung § 4, (15) folgt

$$\lambda^2 \int\limits_a^b [K(x, y)]^2\, dy \geqq \sum_{\alpha=1}^h [\varphi_\alpha(x)]^2$$

und daraus durch Integration

$$\lambda^2 \int\limits_a^b \int\limits_a^b [K(x, y)]^2\, dx\, dy \geqq \sum_{\alpha=1}^h \int\limits_a^b [\varphi_\alpha(x)]^2\, dx = h,$$

also eine obere Schranke für die Zahl h der zum Eigenwert λ gehörigen Eigenfunktionen $\varphi_\alpha(x)$.

4. Die Neumannsche Reihe. Die Gestalt der Integralgleichung (5) legt es nahe, zu versuchen, sie mittels eines Iterationsverfahrens zu lösen. Sei $\varphi_\nu(x)$, $\nu = 0, 1, 2, \ldots$ eine Folge von Näherungsfunktionen, also

$$\varphi_\nu(x) = f(x) + \lambda \int\limits_a^b K(x, y)\, \varphi_{\nu-1}(y)\, dy. \tag{33}$$

Nimmt man als erste Näherungsfunktion

$$\varphi_0(x) = f(x), \tag{34}$$

so folgt

$$\varphi_1(x) = f(x) + \lambda \int\limits_a^b K(x, y)\, f(y)\, dy$$

und

$$\varphi_2(x) = f(x) + \lambda \int\limits_a^b K(x, t) \left[f(t) + \lambda \int\limits_a^b K(t, y)\, f(y)\, dy \right] dt.$$

Setzt man

$$K_2(x, y) = \int_a^b K(x, t)\, K(t, y)\, dt, \tag{35}$$

so wird, wieder mit zum Teil geänderter Bezeichnung der Integrationsvariablen,

$$\varphi_2(x) = f(x) + \lambda \int_a^b K(x, y)\, f(y)\, dy + \lambda^2 \int_a^b K_2(x, y)\, f(y)\, dy.$$

Analog ergibt sich

$$\varphi_3(x) = f(x) + \lambda \int_a^b K(x, y)\, f(y)\, dy + \lambda^2 \int_a^b K_2(x, y)\, f(y)\, dy + \lambda^3 \int_a^b K_3(x, y)\, f(y)\, dy,$$

wo

$$K_3(x, y) = \int_a^b K(x, t)\, K_2(t, y)\, dt$$

gesetzt ist und allgemein

$$\varphi_n(x) = f(x) + \lambda \sum_{\nu=1}^{n} \lambda^{\nu-1} \int_a^b K_\nu(x, y)\, f(y)\, dy$$

oder

$$\varphi_n(x) = f(x) + \lambda \int_a^b \sum_{\nu=1}^{n} \lambda^{\nu-1} K_\nu(x, y)\, f(y)\, dy \tag{36}$$

mit

$$K_\nu(x, y) = \int_a^b K(x, t)\, K_{\nu-1}(t, y)\, dt. \tag{37}$$

Die Funktionen

$$K_1(x, y) = K(x, y), \quad K_2(x, y), \quad K_3(x, y), \ldots$$

heißen die *iterierten Kerne*. Wiederholte Anwendung der Rekursionsformel (37) gibt

$$K_\nu(x, y) = \int_a^b \ldots \int_a^b K(x, t_1)\, K(t_1, t_2) \ldots K(t_{\nu-2}, t_{\nu-1})\, K(t_{\nu-1}, y)\, dt_1\, dt_2 \ldots dt_{\nu-1}$$

so daß auch

$$K_\nu(x, y) = \int_a^b K_\mu(x, t)\, K_{\nu-\mu}(t, y)\, dt, \quad 1 \leqq \mu \leqq \nu - 1 \tag{38}$$

gilt.

Geht man in (36) mit $n \to \infty$, so ergibt sich rechts die unendliche Reihe $\sum_{\nu=1}^{\infty} \lambda^{\nu-1} K_\nu(x, y)$, die als *Neumannsche Reihe*[1] bezeichnet wird und die eine Potenzreihe in λ ist. Ich nehme zunächst an, daß sowohl der Grundbereich als auch der Kern $K(x, y)$ *beschränkt* ist, also

$$|K(x, y)| \leqq M. \tag{39}$$

Dann ist

$$|K_2(x, y)| \leqq M^2\, (b - a)$$

und allgemein

$$|K_\nu(x, y)| \leqq M^\nu\, (b - a)^{\nu-1}$$

---

[1] Neumann C. G., geb. 1832 in Königsberg, gest. 1925 in Leipzig. Auf Neumann geht der Begriff des logarithmischen Potentials zurück.

und die Reihe

$$\sum_{\nu=1}^{\infty}\!' \lambda^{\nu-1} K_\nu(x, y)$$

hat die Majorante

$$M\sum_{\nu=1}^{\infty}\!' |M\,\lambda(b-a)|^{\nu-1},$$

also eine geometrische Reihe, die konvergiert, wenn

$$|\lambda| < \frac{1}{M(b-a)} \tag{40}$$

ist. Gilt also (40), so ist $\sum \lambda^{\nu-1} K_\nu(x, y)$ *gleichmäßig konvergent.* Die Funktion

$$\boxed{\;\Gamma(x, y, \lambda) = \sum_{\nu=1}^{\infty}\!' \lambda^{\nu-1} K_\nu(x, y)\;} \tag{41}$$

ist somit für jeden Punkt (x, y) des Grundbereiches eine in einem gewissen Gebiet $\mathfrak{G}$ *reguläre Funktion der (komplexen) Variablen* λ (wir müssen natürlich für λ auch imaginäre Werte zulassen, da die Eigenwerte auch bei reellen Kernen imaginär sein können). Man nennt $\Gamma(x, y, \lambda)$ den *lösenden Kern* oder die *Resolvente* der Integralgleichung (5). (36) wird für $n \to \infty$

$$\varphi(x) = f(x) + \lambda \int_a^b \Gamma(x, y, \lambda)\, f(y)\, dy, \tag{42}$$

was formal mit (31) übereinstimmt; Γ war aber dort durch (32) und ist hier durch (41) definiert. Für den Konvergenzradius r der Neumannschen Reihe gilt wegen (40)

$$r \geq \frac{1}{M(b-a)};$$

das Innere des Kreises $|\lambda| = r$ gehört sicher ganz dem Regularitätsgebiet $\mathfrak{G}$ von Γ an und auf seiner Peripherie liegt mindestens ein singulärer Punkt von Γ, der dann zugleich Randpunkt von $\mathfrak{G}$ ist. Ich werde in Ziffer 9 zeigen, daß Γ *eine meromorphe Funktion von* λ ist, die in Sonderfällen, z. B. für einen Produktkern, auch eine rationale Funktion sein kann und daher höchstens in $\lambda = \infty$ eine wesentlich singuläre Stelle, sonst aber nur Pole besitzt. $\mathfrak{G}$ besteht also aus der vollen λ-Ebene mit Ausnahme einer endlichen oder unendlichen Zahl isolierter Punkte, die keinen Häufungspunkt im Endlichen haben.

Ist $K(x, y)$ in einem beliebigen beschränkten und abgeschlossenen Grundbereich nicht beschränkt, aber quadratisch integrierbar und von mittlerer Stetigkeit, so folgt nach Ziffer 1 aus (35) sofort, daß $K_2(x, y)$ in jeder der beiden Veränderlichen x und y für sich stetig ist, weil $K_2(x, y)$ quellenmäßig dargestellt ist. Ich zeige, daß K_2 auch in beiden Veränderlichen x und y schlechthin stetig ist[1] und setze dazu

$$D = |K_2(x_1, y_1) - K_2(x_2, y_2)| \geq 0.$$

Dann ist

$$D^2 \leq [|K_2(x_1, y_1) - K_2(x_2, y_1)| + |K_2(x_2, y_1) - K_2(x_2, y_2)|]^2 = (X + Y)^2.$$

---

[1] Das heißt entsprechend der Definition der Stetigkeit einer Funktion von zwei Veränderlichen in II, 2, § 3, 2 (II, 1, § 9, 2). Das dort gegebene Beispiel der Funktion $f(x, y) = \dfrac{2\,x\,y}{x^2 + y^2}$, $f(0, 0) = 0$ zeigt, daß aus der Stetigkeit in jeder einzelnen Veränderlichen (wobei die andere konstant gehalten ist) nicht die Stetigkeit schlechthin folgt.

Nach der Schwarzschen Ungleichung § 4, (12) ist

$$X^2 = \left\{ \int_a^b [K(x_1, t) - K(x_2, t)] \, K(t, y_1) \, dt \right\}^2 \leq$$

$$\leq \int_a^b [K(x_1, t) - K(x_2, t)]^2 \, dt \cdot \int_a^b [K(t, y_1)]^2 \, dt = \Delta(x_1, x_2) \, A^2$$

und

$$Y^2 = \left\{ \int_a^b K(x_2, t) \, [K(t, y_1) - K(t, y_2)] \, dt \right\}^2 \leq$$

$$\leq \int_a^b [K(x_2, t)]^2 \, dt \cdot \int_a^b [K(t, y_1) - K(t, y_2)]^2 \, dt = B^2 \, \Delta(y_1, y_2).$$

Somit ist

$$D^2 \leq \Delta(x_1, x_2) \, A^2 + 2 \sqrt{\Delta(x_1, x_2) \, \Delta(y_1, y_2)} \, A \, B + \Delta(y_1, y_2) \, B^2, \quad A > 0, \quad B > 0.$$

Wegen der mittleren Stetigkeit von $K(x, y)$ gibt es zu jedem $\varepsilon > 0$ zwei Zahlen δ_1 und δ_2, so daß

$$\Delta(x_1, x_2) < \varepsilon, \qquad \Delta(y_1, y_2) < \varepsilon$$

ist, wenn nur $|x_1 - x_2| < \delta_1$ und $|y_1 - y_2| < \delta_2$ ist. Damit wird

$$D < + \sqrt{\varepsilon} \, (A + B)$$

beliebig klein, was zu beweisen war.

Es ist also im ganzen Grundbereich

$$|K_2(x, y)| \leq \overline{A}, \quad \overline{A} > 0.$$

Voraussetzungsgemäß ist

$$\int_a^b K(x, t) \, dt = \chi(x)$$

beschränkt, etwa

$$|\chi(x)| \leq \overline{B}, \quad \overline{B} > 0.$$

Daher wird

$$|K_3(x, y)| = \left| \int_a^b K(x, t) \, K_2(t, y) \, dt \right| \leq \overline{A} \, \overline{B},$$

$$|K_4(x, y)| = \left| \int_a^b K(x, t) \, K_3(t, y) \, dt \right| \leq \overline{A} \, \overline{B}^2$$

und allgemein

$$|K_\nu(x, y)| \leq \overline{A} \, \overline{B}^{\nu-2}.$$

Somit hat die Reihe $\sum \lambda^{\nu-1} K_\nu(x, y)$ vom zweiten Glied an die Majorante

$$\frac{\overline{A}}{\overline{B}} \sum |\lambda \overline{B}|^{\nu-1},$$

die für

$$|\lambda| < \frac{1}{\overline{B}} \tag{43}$$

konvergiert.

Für einen Produktkern ist (41) die Entwicklung der rationalen Funktion (32) in eine Potenzreihe. Eine einfache Rechnung gibt mit den Bezeichnungen von Ziffer 2

$$K_\nu(x, y) = \sum_{i,j=1}^{n} a_{ij}^{(\nu-1)}\, \alpha_i(x)\, \beta_j(y),$$

wo $a_{ij}^{(2)} = \sum_{k=1}^{n} a_{ik}\, a_{kj}$, $a_{ij}^{(3)} = \sum_{k=1}^{n} a_{ik}\, a_{kj}^{(2)}$ usw. die „Potenzen" des Tensors $a_{ij} = a_{ij}^{(1)}$ sind[1]. Die Ähnlichkeit dieser Bildungen mit den iterierten Kernen liegt auf der Hand.

5. Zur Konvergenz der Neumannschen Reihe. Ein allgemeines Auflösungsverfahren. Die Abschätzung (40) läßt sich wesentlich verschärfen. Die Schwarzsche Ungleichung (§ 4, (12)), angewendet auf $K_{\nu-1}(x, t)$ und $K(t, y)$, gibt wegen (38), wo $\mu = \nu - 1$ zu setzen ist,

$$[K_\nu(x, y)]^2 \leq \int_a^b [K_{\nu-1}(x, t)]^2\, dt \cdot \int_a^b [K(t, y)]^2\, dt.$$

Integration über das Grundquadrat gibt weiter

$$\int_a^b \int_a^b [K_\nu(x, y)]^2\, dx\, dy \leq \int_a^b \int_a^b [K_{\nu-1}(x, t)]^2\, dx\, dt \cdot \int_a^b \int_a^b [K(t, y)]^2\, dt\, dy.$$

Wiederholte Anwendung dieser Rekursionsformel auf $K_{\nu-1}$, $K_{\nu-2}$ usw. gibt schließlich

$$\int_a^b \int_a^b [K_\nu(x, y)]^2\, dx\, dy \leq \left[\int_a^b \int_a^b [K(x, y)]^2\, dx\, dy \right]^\nu = c^{2\nu},$$

wo

$$c^2 = \int_a^b \int_a^b [K(x, y)]^2\, dx\, dy, \quad c > 0,$$

ist. Wegen (38) ist ferner

$$K_{\nu+2}(x, y) = \int_a^b \int_a^b K(x, t)\, K(u, y) \cdot K_\nu(t, u)\, dt\, du;$$

wendet man die Schwarzsche Ungleichung[2] auf die beiden Funktionen $K(x, t)\, K(u, y)$ und $K_\nu(t, u)$ von t und u an (in der ersten sind x und y wieder nur Parameter), so folgt

$$[K_{\nu+2}(x, y)]^2 \leq \int_a^b \int_a^b [K(x, t)\, K(u, y)]^2\, dt\, du \cdot \int_a^b \int_a^b [K_\nu(t, u)]^2\, dt\, du$$

oder wegen $\left| \int_a^b [K(x, t)]^2\, dt \right| \leq A$ und $\left| \int_a^b [K(u, y)]^2\, du \right| \leq B$

$$|K_{\nu+2}(x, y)| \leq \sqrt{A\, B}\; c^\nu,$$

d. h. die absoluten Beträge der iterierten Kerne können nicht stärker wachsen

---

[1] DUSCHEK-HOCHRAINER, LV 2, 1. Teil, § 13.

[2] Für mehrere Veränderliche beweist man die Schwarzsche Ungleichung in analoger Weise wie in § 4, 2.

als die Glieder einer geometrischen Reihe mit dem Quotienten c. Die *Neumann-sche Reihe konvergiert also für alle λ, für die*

$$|\lambda| < \frac{1}{\sqrt{\int\limits_a^b \int\limits_a^b [K(x, y)]^2 \, dx \, dy}} \tag{44}$$

ist. Die Konvergenzschranke (44) wurde von E. SCHMIDT angegeben; die Verbesserung gegenüber (40) wird um so bedeutungsvoller sein, je mehr sich $K(x, y)$ im Grundquadrat von einer Konstanten unterscheidet.

Die Neumannsche Reihe und die Abschätzung (44) geben uns die Möglichkeit, das in Ziffer 4 angedeutete Auflösungsverfahren streng zu untermauern und zu einem allgemeinen Verfahren auszugestalten. Ich denke mir den Kern $K(x, y)$ in einen Produktkern und in einen Rest $\overline{K}(x, y)$ zerlegt:

$$K(x, y) = \sum_{i=1}^{n} \alpha_i(x) \, \beta_i(y) + \overline{K}(x, y).$$

Damit läßt sich die Integralgleichung (5) in der Gestalt

$$\varphi(x) = g(x) + \lambda \int\limits_a^b \overline{K}(x, y) \, \varphi(y) \, dy \tag{45}$$

schreiben, wobei

$$g(x) = f(x) + \lambda \sum_{i=1}^{n} \alpha_i(x) \int\limits_a^b \beta_i(y) \, \varphi(y) \, dy \tag{46}$$

ist. Nehmen wir für einen Augenblick an, $g(x)$ wäre eine bekannte Funktion (tatsächlich hängt g immer von φ ab) und lösen wir (45) gemäß (42):

$$\varphi(x) = g(x) + \lambda \int\limits_a^b \overline{\Gamma}(x, y, \lambda) \, g(y) \, dy;$$

dabei ist $\overline{\Gamma}(x, y, \lambda)$ der zu $\overline{K}(x, y)$ gehörige lösende Kern. Setzt man hier (46) für $g(x)$ ein, so folgt nach einer einfachen Umformung

$$\varphi(x) = \overline{f}(x) + \lambda \int\limits_a^b \sum_{i=1}^{n} \overline{\alpha}_i(x) \, \beta_i(y) \, \varphi(y) \, dy \tag{47}$$

mit

$$\overline{f}(x) = f(x) + \lambda \int\limits_a^b \overline{\Gamma}(x, y, \lambda) \, f(y) \, dy \tag{48}$$

und

$$\overline{\alpha}_i(x) = \alpha_i(x) + \lambda \int\limits_a^b \overline{\Gamma}(x, z, \lambda) \, \alpha_i(z) \, dz. \tag{49}$$

(47) ist eine Integralgleichung mit Produktkern; $\overline{f}(x)$ und $\overline{\alpha}_i$ sind nach (48) und (49) bekannte Funktionen, weil $\overline{\Gamma}$ durch die Reihe

$$\overline{\Gamma}(x, y, \lambda) = \sum_{\nu=1}^{\infty} \overline{K}_\nu(x, y) \lambda^{\nu-1} \tag{50}$$

gegeben ist. Jetzt erkennt man aber auch die große Bedeutung der Schmidtschen Konvergenzgrenze (44): Man kann die Zerlegung des gegebenen Kerns K in

Produktkern und Restkern $\overline{K}$ stets so ausführen — z. B. dadurch, daß man für den Produktkern eine genügende Anzahl von Gliedern der Fourierentwicklung von K nimmt — daß das Integral

$$\int\limits_a^b \int\limits_a^b [\overline{K}(x, y)]^2 \, dx \, dy \tag{51}$$

beliebig klein wird; damit wird die Konvergenzgrenze (44) beliebig groß und man kann für *jeden* Wert von λ den lösenden Kern $\overline{\Gamma}$ nach (50) durch eine konvergente Reihe darstellen und berechnen. Das weitere Verfahren ist dann einfach: Man errechnet aus (48) und (49) die Funktionen $\overline{f}(x)$ und $\overline{\alpha}_i(x)$ und schließlich aus (47) nach dem in Ziffer 3 geschilderten Verfahren, das auf eine Auflösung von n linearen Gleichungen hinausläuft, die Lösung $\varphi(x)$.

Da weiter mit $\overline{K} \to 0$ auch $\overline{\Gamma} \to 0$, sowie $\overline{f}(x) \to f(x)$ und $\overline{\alpha}_i(x) \to \alpha_i(x)$ geht, folgt, daß (47) bei genügend kleinem $\overline{K}$ sich beliebig wenig von der ursprünglichen Integralgleichung (5) unterscheidet und daß die Lösungen der linearen Gleichungen, die sich aus (47) ergeben, in der Nähe der Lösungen jener Gleichungen liegen, die zum Kern $\Sigma\alpha_i(x)\,\beta_i(x)$ gehören, so daß man praktisch mit diesem Kern direkt rechnen kann. Nicht brauchbar ist dieses Verfahren nur, wenn der betrachtete Wert von λ in der Nähe einer Nullstelle der Nennerdeterminante $D(\lambda)$ liegt; dann wird man die Rechnung in der eben geschilderten Weise unter Berücksichtigung von $\overline{K}$ zu führen haben.

Ich komme nun noch zu einigen weiteren einfachen Folgerungen aus (42). Man sieht, daß die Gleichung (5) *mindestens* eine Lösung hat, nämlich die durch (42) gegebene, wenn Γ an der betrachteten Stelle regulär ist. Diese Lösung geht für die homogene Gleichung, also für $f(x) \to 0$, in die triviale Lösung über.

Sind $\varphi_1(x)$ und $\varphi_2(x)$ zwei verschiedene Lösungen von (5) mit demselben λ, so ist

$$\varphi_1(x) - \varphi_2(x) = \lambda \int\limits_a^b K(x, y)\, [\varphi_1(y) - \varphi_2(y)] \, dy$$

eine Lösung der homogenen Gleichung. Daraus folgt: *Hat die homogene Integralgleichung keine nichttrivialen Lösungen, so hat die inhomogene Gleichung höchstens eine Lösung, da dann* $\varphi_1(x) \equiv \varphi_2(x)$ *ist.*

Sei weiter $\varphi(x)$ eine Lösung von (5). Ich multipliziere (5) mit einer stetigen Funktion $\psi(x)$ und integriere; das gibt

$$\int\limits_a^b \varphi(x)\,\psi(x)\,dx = \int\limits_a^b f(x)\,\psi(x)\,dx + \lambda \int\limits_a^b \int\limits_a^b K(x, y)\,\psi(x)\,\varphi(y)\,dx\,dy$$

oder

$$\int\limits_a^b \varphi(x)\left[\psi(x) - \lambda \int\limits_a^b K(y, x)\,\psi(y)\,dy\right] dx = \int\limits_a^b f(x)\,\psi(x)\,dx. \tag{52}$$

Ist nun $\psi(x)$ eine nichttriviale Lösung der *transponierten* homogenen Gleichung

$$\psi(x) = \lambda \int\limits_a^b K(y, x)\,\psi(y)\,dy,$$

so kann es bei *beliebigem* $f(x)$ keine Lösung $\varphi(x)$ von (5) geben, in Widerspruch zu unserer Annahme, denn dann stünde ja in (52) links Null, während das Integral rechts sicher nicht für jede stetige Funktion $f(x)$ verschwindet, wenn $\psi(x) \not\equiv 0$ ist. Hat also die transponierte homogene Gleichung nichttriviale Lösungen, so hat die inhomogene Gleichung höchstens dann Lösungen, wenn

$$\int_a^b f(x)\,\psi(x)\,dx = 0$$

ist für jede Lösung $\psi(x)$ der transponierten homogenen Gleichung. Man erkennt darin einen Teil des dritten Fredholmschen Satzes von Ziffer 2.

6. Die Neumannsche Reihe für die Volterrasche Integralgleichung. Ich betrachte die Volterrasche Gleichung zweiter Art:

$$\varphi(x) = f(x) + \lambda \int_a^x K(x, y)\,\varphi(y)\,dy, \qquad (53)$$

$f(x)$ sei jetzt im (beschränkten) Intervall $a \leq x \leq b$, $K(x, y)$ im Dreieckbereich

$$a \leq y \leq x \leq b$$

beschränkt und stückweise stetig. Ich bilde die Funktion

$$\left.\begin{aligned} H(x, y) &\equiv K(x, y) \quad \text{für } a \leq y \leq x \leq b \\ H(x, y) &\equiv 0 \qquad\quad \text{für } a \leq x < y \leq b; \end{aligned}\right\} \qquad (54)$$

H ist somit im Grundquadrat definiert und wie K stückweise stetig. Wir können also (53) durch die Fredholmsche Gleichung

$$\varphi(x) = f(x) + \lambda \int_a^b H(x, y)\,\varphi(y)\,dy$$

ersetzen. Sei

$$|K(x, y)| \leq M \quad \text{für } a \leq y \leq x \leq b,$$

dann ist auch

$$|H(x, y)| \leq M$$

im Grundquadrat. Es folgt wegen (54)

$$|H_2(x, y)| = \left|\int_a^b H(x, t)\,H(t, y)\,dt\right| = \left|\int_y^x H(x, t)\,H(t, y)\,dt\right| \leq M^2\,|x - y|,$$

$$|H_3(x, y)| = \left|\int_y^x H(x, t)\,H_2(t, y)\,dt\right| \leq \frac{1}{2}\,M^3\,|x - y|^2$$

und allgemein

$$|H_\nu(x, y)| \leq \frac{1}{(\nu - 1)!}\,M^\nu\,|x - y|^{\nu-1}.$$

Man beachte übrigens, daß

$$H_\nu(x, y) \equiv 0$$

ist für $y > x$ und daß alle H_ν mit $\nu \geq 2$ im ganzen Grundquadrat stetig sind. Daher ist

$$|\lambda^{\nu-1} H_\nu(x, y)| \leq \frac{|\lambda|^{\nu-1}}{(\nu - 1)!}\,M^\nu\,|x - y|^{\nu-1}$$

und die *beständig konvergente* Reihe

$$M \sum_{\nu=1}^{\infty} \frac{|M\,\lambda(x - y)|^{\nu-1}}{(\nu - 1)!} = M \exp |M\,\lambda(x - y)|$$

eine Majorante der Neumannschen Reihe. Der lösende Kern

$$\Gamma(x, y, \lambda) = \sum \lambda^{\nu-1} H_\nu(x, y)$$

ist in der ganzen λ-Ebene regulär und es gibt für jedes λ genau eine Lösung von (53). Das ist auch der Grund, weshalb man die Volterrasche Gleichung in der Regel ohne den Faktor λ schreibt, der ja völlig uninteressant ist.

Aus den — allgemein noch nicht bewiesenen — Fredholmschen Sätzen folgt weiter, daß die inhomogene Volterrasche Gleichung immer *eindeutig* lösbar ist und daß daher die homogene Volterrasche Gleichung immer nur die triviale Lösung hat.

7. Zusammenfassung der bisherigen Ergebnisse. Ich beschränke mich im folgenden durchaus auf die Fredholmschen Gleichungen zweiter Art; auf die Gleichungen erster Art werde ich in den §§ 6 und 7 noch zurückkommen, während die Volterraschen Gleichungen durch die Ergebnisse von Ziffer 6 im wesentlichen erledigt sind.

Die Diskussion der Produktkerne in Ziffer 2, für die sich das Problem der Lösung der Integralgleichung auf die Lösung eines Systems linearer Gleichungen reduziert, hat uns zur Formulierung der Fredholmschen Sätze geführt, die für Produktkerne bewiesen sind, deren Giltigkeit für beliebige Kerne aber auf Grund der Tatsache, daß sich jeder (stetige) Kern beliebig genau durch Produktkerne approximieren läßt, sehr wohl vermutet werden kann.

In etwas andere Richtung weisen zunächst die Ergebnisse der Ziffern 4 und 5. Aus der Konvergenz der Neumannschen Reihe für hinreichend kleine $|\lambda|$ folgt, daß die inhomogene Gleichung für solche Werte von λ mindestens eine Lösung hat.

Der lösende Kern, der für Produktkerne eine rationale Funktion von λ ist, ist also bei beliebigen Kernen in der Umgebung von $\lambda = 0$ regulär. Es ist zu vermuten, daß er im allgemeinen Fall eine meromorphe Funktion ist, die aber, wie die Volterrasche Gleichung zeigt, in besonderen Fällen auch in eine ganze Funktion übergehen kann.

Der Begriff des Eigenwertes wurde bisher nur für Produktkerne definiert; wir wollen aber auch im folgenden darunter jene Werte von λ verstehen, für die die inhomogene Gleichung nicht oder nur bedingt (und dann nicht eindeutig) lösbar ist, während die zugehörige homogene Gleichung nichttriviale Lösungen hat. Für beliebige Kerne sind bis jetzt folgende Sätze bewiesen:

1. *Für ein bestimmtes λ kann die homogene Gleichung*

$$\varphi(x) = \lambda \int_a^b K(x, y)\, \varphi(y)\, dy \tag{55}$$

höchstens eine endliche Zahl linear unabhängiger Lösungen haben (Ziffer 3).

2. *Die inhomogene Gleichung*

$$\varphi(x) = f(x) + \lambda \int_a^b K(x, y)\, \varphi(y)\, dy \tag{56}$$

hat mindestens eine Lösung, wenn der lösende Kern an der Stelle λ regulär ist (Ziffer 5).

3. *Die inhomogene Gleichung (56) hat höchstens eine Lösung, wenn die homogene Gleichung (55) für das betreffende λ nur die triviale Lösung hat* (Ziffer 5).

5*

4. *Hat die transponierte homogene Gleichung*

$$\psi(x) = \lambda \int_a^b K(y, x)\, \psi(y)\, dy \tag{57}$$

nichttriviale Lösungen, so hat die inhomogene Gleichung (56) höchstens dann Lösungen, wenn für jede Lösung $\psi(x)$ von (57) die Bedingung

$$(f, \psi) = \int_a^b f(x)\, \psi(x)\, dx = 0 \tag{57'}$$

erfüllt ist, d. h. wenn $f(x)$ zu allen Lösungen von (57) orthogonal ist (Ziffer 5).

Man sieht, daß noch eine ganze Reihe Fragen offen sind. Sie alle werden durch ein sehr allgemeines Auflösungsverfahren beantwortet, das von Fredholm gegeben wurde und das ich in den folgenden Ziffern diskutieren werde.

8. Das Fredholmsche Verfahren. Der Grundgedanke des Fredholmschen Verfahrens besteht darin, der Integralgleichung (56) ein System linearer Gleichungen zuzuordnen und von der Lösung dieses Systems durch einen Grenzübergang die Lösung von (56) zu gewinnen. Eine derartige Zuordnung läßt sich ohneweiters herstellen, wenn man gemäß Ziffer 3 den Kern $K(x, y)$ im Grundquadrat durch einen Produktkern approximiert und tatsächlich lassen sich auf diese Art die Fredholmschen Formeln beweisen[1], doch erscheint der folgende von Fredholm selbst eingeschlagene Weg in mancher Hinsicht einfacher. Ich beschränke mich im folgenden auf einen *endlichen Grundbereich* und *beschränkte, stückweise stetige Kerne*. Ich zerlege das Intervall $[a, b]$ in n gleiche Teilintervalle von der Länge

$$\delta = \frac{b - a}{n}$$

und wähle im j-ten Teilintervall ($j = 1, 2, \ldots, n$) einen beliebigen Punkt x_j,

$$a + (j - 1)\,\delta \leqq x_j \leqq a + j\,\delta.$$

Dann läßt sich das Integral in (56) näherungsweise durch die Riemannsche Summe

$$\sum_{j=1}^{n} K(x, x_j)\, \varphi_j\, \delta, \qquad \varphi_j = \varphi(x_j)$$

darstellen, und zwar mit beliebiger Genauigkeit, wenn n hinreichend groß gewählt ist. Trägt man diesen Ausdruck in (56) ein, so muß die entsprechende Gleichung insbesondere auch für $x = x_i$ ($i = 1, 2, \ldots, n$) mit derselben Genauigkeit erfüllt sein; es ist also

$$\varphi_i = f_i + \lambda \sum_{j=1}^{n} K_{ij}\, \varphi_j\, \delta, \tag{58}$$

wo zur Abkürzung

$$\varphi_i = \varphi(x_i), \quad f_i = f(x_i), \quad K_{ij} = K(x_i, x_j), \quad i, j = 1, 2, \ldots, n$$

gesetzt ist. (58) ist ein System linearer Gleichungen für die unbekannten φ_i vom selben Typus wie (16); ich schreibe es in der Gestalt

$$\sum_{j=1}^{n} (\delta_{ij} - \lambda\, \delta K_{ij})\, \varphi_j = f_i, \tag{59}$$

---

[1] Vgl. Courant-Hilbert, Band i, III, § 7, LV. i, oder Hamel II, 3, LV. 5.

das sich von (18) nur durch die Bezeichnung unterscheidet. Die Determinante des Systems

$$D_n(\lambda) = \mathrm{Det}\,(\delta_{ij} - \lambda\,\delta\,K_{ij}) \tag{60}$$

ist ein Polynom n-ten Grades in λ; ist sie von Null verschieden, so hat (59) eine eindeutige Lösung. Nach Potenzen von λ geordnet ist[1]

$$D_n(\lambda) = 1 - \lambda \sum_i{}' K_{ii}\,\delta + \frac{\lambda^2}{2!}\sum_{i,j}{}' \begin{vmatrix} K_{ii} & K_{ij} \\ K_{ji} & K_{jj} \end{vmatrix} \delta^2 - $$

$$ - \frac{\lambda^3}{3!}\sum_{i,j,k}{}' \begin{vmatrix} K_{ii} & K_{ij} & K_{ik} \\ K_{ji} & K_{jj} & K_{jk} \\ K_{ki} & K_{kj} & K_{kk} \end{vmatrix} \delta^3 + \ldots \tag{61}$$

Ich brauche noch eine analoge Darstellung für die bei der Auflösung auftretende Zählerdeterminante. Ich schreibe (59) als System von Gleichungen für die Unbekannten $\varphi_i - f_i$

$$(\varphi_i - f_i) - \lambda\,\delta\sum_j{}' K_{ij}(\varphi_j - f_j) = \lambda\,\delta\sum_j{}' K_{ij}\,f_j. \tag{62}$$

Die Lösung von (62) schreibe ich in der Gestalt

$$\varphi_i - f_i = \frac{1}{D_n(\lambda)}\sum_k{}' D_{ki}\,\lambda\,\delta\sum_j{}' K_{kj}\,f_j = \lambda\sum_j{}' \Gamma_{ij}\,f_j\,\delta; \tag{63}$$

dabei ist D_{ij} das algebraische Komplement von $\delta_{ij} - \lambda\,\delta\,K_{ij}$ in der Determinante (60) und

$$\Gamma_{ij} = \frac{1}{D_n(\lambda)}\sum_k{}' D_{ki}\,K_{kj}. \tag{63'}$$

(63) in (62) eingesetzt, gibt nach Kürzung durch $\lambda\,\delta$

$$\sum_j{}'(\delta_{ij} - \lambda\,\delta\,K_{ij})\sum_h{}' \Gamma_{jh}\,f_h = \sum_j{}' K_{ij}\,f_j,$$

eine Beziehung, die für alle Werte der f_i gelten muß; ich kann daher insbesondere mit *festem q*

$$f_i = \delta_{iq}$$

setzen und erhalte

$$\sum_j{}'(\delta_{ij} - \lambda\,\delta\,K_{ij})\,\Gamma_{jq} - K_{iq} = 0. \tag{64}$$

Das sind n Systeme (für $q = 1, 2, \ldots, n$) von je n linearen Gleichungen für die Zahlen Γ_{iq} $(i = 1, 2, \ldots, n)$ vom selben Typus wie (59). Ich schreibe die p-te *(p fest)* nochmals an:

$$-\lambda\,\delta\sum_j{}' K_{pj}\,\Gamma_{jq} - (K_{pq} - \Gamma_{pq}) = 0. \tag{65}$$

Die $n + 1$ Gleichungen (64) und (65) fasse ich nun als ein System homogener linearer Gleichungen für die $n + 1$ „Unbekannten"

$$\Gamma_{1q}, \quad \Gamma_{2q}, \ldots, \quad \Gamma_{nq}, \quad -1$$

---

[1] Vgl. die Herleitung der Formel (10) in II, 2, § 18 (II, 1, § 28). Alle Summen laufen von 1 bis n.

auf; da jede Lösung dieses Systems sicher nicht trivial ist (wegen der -1 als letzter „Unbekannter"), muß die Determinante verschwinden:

$$\begin{vmatrix} 1-\lambda\,\delta K_{11} & -\lambda\,\delta K_{12} \ldots & -\lambda\,\delta K_{1n} & K_{1q} \\ -\lambda\,\delta K_{21} & 1-\lambda\,\delta K_{22} \ldots & -\lambda\,\delta K_{2n} & K_{2q} \\ \cdots\cdots\cdots\cdots\cdots\cdots\cdots\cdots\cdots\cdots\cdots\cdots\cdots\cdots\cdots \\ -\lambda\,\delta K_{n1} & -\lambda\,\delta K_{n2} \ldots & 1-\lambda\,\delta K_{nn} & K_{nq} \\ -\lambda\,\delta K_{p1} & -\lambda\,\delta K_{p2} \ldots & -\lambda\,\delta K_{pn} & K_{pq}-\Gamma_{pq} \end{vmatrix} = 0$$

oder (man beachte, daß das algebraische Komplement des letzten Elementes der letzten Zeile gerade $D_n(\lambda)$ ist!)

$$\begin{vmatrix} 1-\lambda\,\delta K_{11} & -\lambda\,\delta K_{12} \ldots & -\lambda\,\delta K_{1n} & K_{1q} \\ -\lambda\,\delta K_{21} & 1-\lambda\,\delta K_{22} \ldots & -\lambda\,\delta K_{2n} & K_{2q} \\ \cdots\cdots\cdots\cdots\cdots\cdots\cdots\cdots\cdots\cdots\cdots\cdots\cdots\cdots\cdots \\ -\lambda\,\delta K_{n1} & -\lambda\,\delta K_{n2} \ldots & 1-\lambda\,\delta K_{nn} & K_{nq} \\ -\lambda\,\delta K_{p1} & -\lambda\,\delta K_{p2} \ldots & -\lambda\,\delta K_{pn} & K_{pq} \end{vmatrix} -\Gamma_{pq}\,D_n(\lambda) = 0.$$

Bezeichnen wir die Determinante mit Δ_{pq}, so folgt aus (63')

$$\Delta_{pq} = \sum_k D_{kp}\,K_{kq}. \tag{66}$$

Δ_{pq} läßt sich nun ähnlich wie $D_n(\lambda)$ nach Potenzen von λ entwickeln; das gibt

$$\Delta_{pq} = K_{pq} - \lambda \sum_i \begin{vmatrix} K_{ii} & K_{iq} \\ K_{pi} & K_{pq} \end{vmatrix} \delta + \frac{\lambda^2}{2} \sum_{i,j} \begin{vmatrix} K_{ii} & K_{ij} & K_{iq} \\ K_{ji} & K_{jj} & K_{jq} \\ K_{pi} & K_{pj} & K_{pq} \end{vmatrix} \delta^2 - \ldots \tag{67}$$

Gehen wir jetzt mit $n \to \infty$, so gehen die Summen in Integrale, die Gleichungen (58) in die ursprüngliche Integralgleichung (56) und die Polynome (61) und (67) in Potenzreihen über. Es folgt

$$D(\lambda) = \lim_{n\to\infty} D_n(\lambda) = 1 - \lambda \int_a^b K(\xi,\xi)\,d\xi + \frac{\lambda^2}{2!} \int_a^b\int_a^b \begin{vmatrix} K(\xi,\xi) & K(\xi,\eta) \\ K(\eta,\xi) & K(\eta,\eta) \end{vmatrix} d\xi\,d\eta - $$

$$- \frac{\lambda^3}{3!} \int_a^b\int_a^b\int_a^b \begin{vmatrix} K(\xi,\xi) & K(\xi,\eta) & K(\xi,\zeta) \\ K(\eta,\xi) & K(\eta,\eta) & K(\eta,\zeta) \\ K(\zeta,\xi) & K(\zeta,\eta) & K(\zeta,\zeta) \end{vmatrix} d\xi\,d\eta\,d\zeta + \ldots \tag{68}$$

und

$$D(x,y,\lambda) = \lim_{n\to\infty} \Delta_{pq} = K(x,y) - \lambda \int_a^b \begin{vmatrix} K(\xi,\xi) & K(\xi,y) \\ K(x,\xi) & K(x,y) \end{vmatrix} d\xi + $$

$$+ \frac{\lambda^2}{2!} \int_a^b\int_a^b \begin{vmatrix} K(\xi,\xi) & K(\xi,\eta) & K(\xi,y) \\ K(\eta,\xi) & K(\eta,\eta) & K(\eta,y) \\ K(x,\xi) & K(x,\eta) & K(x,y) \end{vmatrix} d\xi\,d\eta - + \ldots \tag{69}$$

wo x und y statt x_p und x_q geschrieben ist. Ich werde in Ziffer 9 zeigen, daß diese Reihen beständig konvergent sind. Aus (63) folgt dann

$$\varphi(x) = f(x) + \lambda \int_a^b \Gamma(x, y, \lambda)\, f(y)\, dy = f(x) + \frac{\lambda}{D(\lambda)} \int_a^b D(x, y, \lambda)\, f(y)\, dy, \qquad (70)$$

der Beweis, daß damit wirklich eine Lösung von (56) gegeben ist, folgt in Ziffer 10.

Schreibt man die Entwicklungen (68) und (69) in der Gestalt

$$D(\lambda) = \sum_{\nu=0}^{\infty} a_\nu\, \lambda^\nu \qquad (68')$$

und

$$D(x, y, \lambda) = \sum_{\nu=0}^{\infty} u_\nu(x, y)\, \lambda^\nu, \qquad (69')$$

so ist

$$a_0 = 1, \quad a_\nu = \frac{(-1)^\nu}{\nu!} \int_a^b \cdots \int_a^b \begin{vmatrix} K(\xi_1, \xi_1) & \cdots & K(\xi_1, \xi_\nu) \\ \cdots\cdots\cdots\cdots\cdots\cdots \\ K(\xi_\nu, \xi_1) & \cdots & K(\xi_\nu, \xi_\nu) \end{vmatrix} d\xi_1 \ldots d\xi_\nu, \qquad (68'')$$

$$\nu = 1, 2, \ldots$$

und

$$u_0(x, y) = K(x, y),$$

$$u_\nu(x, y) = \frac{(-1)^\nu}{\nu!} \int_a^b \cdots \int_a^b \begin{vmatrix} K(\xi_1, \xi_1) & \cdots & K(\xi_1, \xi_\nu) & K(\xi_1, y) \\ \cdots\cdots\cdots\cdots\cdots\cdots\cdots\cdots\cdots \\ K(\xi_\nu, \xi_1) & \cdots & K(\xi_\nu, \xi_\nu) & K(\xi_\nu, y) \\ K(x, \xi_1) & \cdots & K(x, \xi_\nu) & K(x, y) \end{vmatrix} d\xi_1 \ldots d\xi_\nu. \qquad (69'')$$

$$\nu = 1, 2, \ldots$$

(68'') und (69'') werden als *Fredholmsche Formeln* bezeichnet.

Ich gebe gleich eine wichtige Folgerung. Setzt man in (69'') $y = x$, so folgt durch nochmalige Integration über x wegen (68'')

$$\int_a^b u_\nu(x, x)\, dx = -(\nu + 1)\, a_{\nu+1} \qquad (71)$$

und daraus wegen (68') und (69'), die Konvergenz zunächst vorausgesetzt,

$$\boxed{\int_a^b D(x, x, \lambda)\, dx = -\frac{d\, D(\lambda)}{d\lambda}.} \qquad (72)$$

9. Der Konvergenzbeweis. Zur Abschätzung der Determinanten (68'') und (69'') benötigen wir einen von HADAMARD stammenden Satz, der eine Verallgemeinerung der höchst einfachen Tatsache ist, daß unter allen Parallelogrammen gleicher Seitenlängen das Rechteck den größten Flächeninhalt hat.

Wir deuten die in einer Zeile stehenden Elemente der Determinante $A = \mathrm{Det}\, a_{ij}$ als Koordinaten eines Vektors der festen Norm $N_i = \sum_j a_{ij}\, a_{ij} \neq 0$ (so daß kein Vektor der Nullvektor ist). Differentiation von

$$A - \sum_{i=1}^{n} \varrho_i\, N_i$$

(Ansatz nach der Lagrangeschen Multiplikatorenmethode, II, 2, § 9, 4 (II, 1, § 14, 4)) nach a_{ij} gibt

$$A_{ij} - 2\,\varrho_i\,a_{ij} = 0,$$

wo A_{ij} das algebraische Komplement von a_{ij} in der Determinante A ist. Multiplikation mit a_{ij} und Summation über j gibt

$$A_0 = \operatorname{Max} A = \sum_{j=1}^{n} a_{ij}\,A_{ij} = 2\,\varrho_i\,N_i,$$

also

$$\varrho_i = \frac{A_0}{2\,N_i}.$$

Aus[1]

$$\operatorname{Det} A_{ij} = A^{n-1}$$

folgt weiter

$$A_0^{n-1} = \operatorname{Det}(2\,\varrho_i\,a_{ij}) = 2^n\,\varrho_1\,\varrho_2 \cdots \varrho_n\,A_0 = \frac{A_0^{n+1}}{N_1\,N_2 \ldots N_n},$$

d. h.

$$A_0 = \sqrt{N_1\,N_2 \ldots N_n}$$

oder

$$|A| \leqq + \sqrt{N_1\,N_2 \ldots N_n}, \tag{73}$$

wobei natürlich die N_i ebensogut die inneren Quadrate der Spalten sein können. Gilt für alle Elemente a_{ij} einer Determinante A

$$|a_{ij}| \leqq M,$$

so ist

$$N_i \leqq n\,M^2$$

und daher

$$|A| \leqq \sqrt{n^n}\,M^n.$$

Für die Koeffizienten der Potenzreihen (68) und (69) folgt daraus wegen $|K(x, y)| \leqq M$

$$|a_\nu| \leqq \frac{1}{\nu!}\,\sqrt{\nu^\nu}\,M^\nu(b - a)^\nu = c_\nu$$

und

$$|u_\nu(x, y)| \leqq \frac{1}{\nu!}\,\sqrt{(\nu + 1)^{\nu+1}}\,M^{\nu+1}(b - a)^\nu = \frac{\nu + 1}{(b - a)}\,c_{\nu+1}.$$

Wegen

$$\frac{c_{\nu+1}}{c_\nu} = \frac{1}{\sqrt{\nu + 1}}\,\sqrt{\left(1 + \frac{1}{\nu}\right)^\nu}\,M(b - a) \to 0$$

sind beide Reihen *beständig konvergent* (die letztere für alle Punkte x, y des Grundquadrates), $D(\lambda)$ und $D(x, y, \lambda)$ sind in der ganzen λ-Ebene regulär und daher *ganze Funktionen* und der lösende Kern

$$\Gamma(x, y, \lambda) = \frac{D(x, y, \lambda)}{D(\lambda)}$$

ist eine *meromorphe Funktion von* λ.

---

[1] Wegen $\sum\limits_{j=1}^{n} a_{ij}\,A_{kj} = A\,\delta_{ik}$ ist nach dem Multiplikationssatz

$$A \cdot \operatorname{Det} A_{ij} = \operatorname{Det} a_{ij}\,\operatorname{Det} A_{ij} = \operatorname{Det}\sum_{j=1}^{n} a_{ij}\,A_{kj} = \operatorname{Det}(A\,\delta_{ik}) = A^n\,\operatorname{Det}\delta_{ik} = A^n$$

und somit $\operatorname{Det} A_{ij} = A^{n-1}$ zunächst für $A \neq 0$, aber aus Stetigkeitsgründen auch für $A = 0$.

10. Folgerungen. Die Fredholmschen Sätze. Ich zeige zunächst, daß (70) eine Lösung von (56) ist, wenn $D(\lambda)$ und $D(x, y, \lambda)$ die Reihen (68) und (69) bedeuten. Entwickelt man die Determinante in (69'') nach den Elementen der letzten Zeile (von links nach rechts), so ergibt sich[1]

$$K(x, y) \operatorname{Det} K(\xi_i, \xi_j) - \sum_{\varrho=1}^{\nu} K(x, \xi_\varrho)\, P_\varrho (\xi_1, \ldots, \xi_\nu, y),$$

wo P_ϱ aus der Determinante $\operatorname{Det} K(\xi_i, \xi_j)$ dadurch entsteht, daß in der ϱ-ten Spalte ξ_ϱ durch y ersetzt wird. ν-malige Integration nach $\xi_1, \ldots, \xi_\nu$ gibt wegen (68'') und (69'') nach Multiplikation mit $\dfrac{(-1)^{\nu}}{\nu!}$

$$u_\nu(x, y) = K(x, y)\, a_\nu + \frac{(-1)^{\nu-1}}{\nu!} \int_a^b \ldots \int_a^b \sum_{\varrho=1}^{\nu} K(x, \xi_\varrho)\, P_\varrho\, d\xi_1 \ldots d\xi_\nu.$$

Ersetzt man nun im ϱ-ten Integral der Summe rechts die Integrationsvariablen $\xi_1, \xi_2, \ldots, \xi_{\varrho-1}, \xi_\varrho, \xi_{\varrho+1}, \ldots, \xi_\nu$ durch $\xi_1, \xi_2, \ldots, \xi_{\varrho-1}, \xi, \xi_\varrho, \ldots, \xi_{\nu-1}$, so erkennt man leicht (auf die Reihenfolge der Integration kommt es nicht an!), daß alle ν Integrale untereinander gleich werden und daß insbesondere P_ϱ mit der Determinante übereinstimmt, die sich gemäß (69'') als Integrand für $u_{\nu-1}(\xi, y)$ ergibt, so daß

$$u_\nu(x, y) = K(x, y)\, a_\nu + \int_a^b K(x, \xi)\, u_{\nu-1}(\xi, y)\, d\xi \tag{74}$$

wird. Daraus folgt wegen $u_0(x, y) = K(x, y)$, $a_0 = 1$, durch Multiplikation mit λ^ν und Summation

$$D(x, y, \lambda) = K(x, y)\, D(\lambda) + \lambda \int_a^b K(x, \xi)\, D(\xi, y, \lambda)\, d\xi \tag{75}$$

und

$$\Gamma(x, y, \lambda) = K(x, y) + \lambda \int_a^b K(x, \xi)\, \Gamma(\xi, y, \lambda)\, d\xi. \tag{76}$$

Γ ist also für jedes feste y die Lösung der Integralgleichung (56) mit $f(x) = K(x, y)$. Einsetzen von (70) in (56) gibt wegen (76) eine Identität, so daß (70) eine Lösung von (56) ist. Hätte man die obige Rechnung unter Vertauschung von Zeilen und Spalten durchgeführt, so hätte man an Stelle von (75)

$$D(x, y, \lambda) = K(x, y)\, D(\lambda) + \lambda \int_a^b K(\xi, y)\, D(x, \xi, \lambda)\, d\xi \tag{77}$$

und damit auch an Stelle von (76) eine entsprechend veränderte Formel erhalten.

Ist umgekehrt $\varphi(x)$ irgendeine Lösung von (56), so folgt aus

$$\varphi(\xi) = f(\xi) + \lambda \int_a^b K(\xi, y)\, \varphi(y)\, dy$$

durch Multiplikation mit $D(x, \xi, \lambda)$ und Integration über ξ

$$\int_a^b D(x, \xi, \lambda)\, \varphi(\xi)\, d\xi = \int_a^b D(x, \xi, \lambda)\, f(\xi)\, d\xi + \lambda \int_a^b \int_a^b K(\xi, y)\, D(x, \xi, \lambda)\, \varphi(y)\, d\xi\, dy$$

---

[1] Ich empfehle, sich diese Entwicklung wirklich anzuschreiben!

oder nach Multiplikation mit λ

$$\lambda \int_a^b D(x, \xi, \lambda)\, f(\xi)\, d\xi = \lambda \int_a^b \left[D(x, y, \lambda) - \lambda \int_a^b K(\xi, y)\, D(x, \xi, \lambda) d\xi \right] \varphi(y)\, dy$$

oder schließlich wegen (77)

$$\lambda \int_a^b D(x, \xi, \lambda)\, f(\xi)\, d\xi = \lambda D(\lambda) \int_a^b K(x, y)\, \varphi(y)\, dy = D(\lambda)\, [\varphi(x) - f(x)].$$

Solange also $D(\lambda) \neq 0$ ist, kann (56) keine andere Lösung haben als (70).

Damit ist der erste Fredholmsche Satz allgemein bewiesen: *Ist λ kein Pol von Γ, so hat die inhomogene Gleichung (56) eine eindeutige Lösung und die zugehörige homogene Gleichung (55) nur die triviale Lösung.* Letzteres folgt unmittelbar aus (70) für $f(x) \equiv 0$.

Daraus folgt weiter, daß die homogene Gleichung (55) höchstens dann eine nichttriviale Lösung haben kann, wenn $\lambda = \lambda_0$ eine Nullstelle von $D(\lambda)$, also ein Pol von $\Gamma(x, y, \lambda)$ und somit ein Eigenwert ist.

Ich nehme an, λ_0 sei eine α-fache Nullstelle (α natürliche Zahl) von $D(\lambda)$. Dann gibt es, da $D(\lambda)$ eine ganze Funktion ist, eine Entwicklung

$$D(\lambda) = b_\alpha(\lambda - \lambda_0)^\alpha + b_{\alpha+1}(\lambda - \lambda_0)^{\alpha+1} + \cdots,$$

sowie eine analoge Entwicklung für $D(x, y, \lambda)$

$$D(x, y, \lambda) = v_\beta(x, y)(\lambda - \lambda_0)^\beta + v_{\beta+1}(x, y)(\lambda - \lambda_0)^{\beta+1} + \cdots.$$

Aus (72) folgt, da λ_0 *mindestens* eine β-fache Nullstelle der linken Seite von (72) ist,

$$\alpha - 1 \geq \beta.$$

Setzt man die obigen Entwicklungen in (75) ein, so kann man daher durch $(\lambda - \lambda_0)^\beta$ kürzen; für $\lambda = \lambda_0$ folgt dann

$$v_\beta(x, y) = \lambda_0 \int_a^b K(x, \xi)\, v_\beta(\xi, y)\, d\xi.$$

Für jedes feste y ist also $v_\beta(x, y)$ *eine nichttriviale Lösung der homogenen Gleichung.* Zusammen mit dem Ergebnis von Ziffer 3, das ich in der Zusammenfassung von Ziffer 7 als Satz 1 formuliert habe, ist damit der zweite Fredholmsche Satz von Ziffer 2 bewiesen, wobei wie im Sonderfall des Produktkerns *die Eigenwerte der Integralgleichung mit den Polen des lösenden Kerns identisch sind.*

Der dritte Fredholmsche Satz über die Existenz von Lösungen der inhomogenen Gleichung für einen Eigenwert λ ergibt sich nun unmittelbar aus der Tatsache, daß die Bedingungen (57'), wenn wie in Ziffer 8 die Integrale durch Summen ersetzt werden, nicht nur notwendig, sondern auch *hinreichend* für die Lösbarkeit der Gleichungen (59) mit $D_n(\lambda) = 0$ sind.

Damit sind also die Fredholmschen Sätze von Ziffer 2 für beliebige Kerne bewiesen, allerdings unter etwas engeren Voraussetzungen.

Eine wichtige Tatsache ergibt sich noch aus den Gleichungen (71) und (74): Daß man nämlich die Entwicklungskoeffizienten a_ν und $u_\nu(x, y)$ der Reihen (68') und (69') aus den Anfangswerten $a_0 = 1$, $u_0(x, y) = K(x, y)$ *rekurrent mit Hilfe von Quadraturen berechnen kann,* ohne die Determinantendarstellungen der Fredholmschen Formeln zu verwenden.

Aufgaben.

1. Man löse die Integralgleichung

$$\varphi(x) = 2\,e^{-x} + 4\,e^{-2} \int_0^1 x(x+y)\,e^{x+y}\,\varphi(y)\,dy.$$

2. Man ermittle Eigenwerte und Eigenfunktionen des Kerns $ch(x+y)$ und löse die Integralgleichung

$$\varphi(x) = e^x + \lambda \int_{-1}^1 ch(x+y)\,\varphi(y)\,dy.$$

3. Man löse die Integralgleichung

$$\varphi(x) = \sqrt{x}\,J_0(x) + \frac{1}{a^2} \int_0^a \sqrt{x\,y}\,J_0(x)\,J_0(y)\,\varphi(y)\,dy,$$

wo $J_0(x)$ die Besselsche Funktion nullter Ordnung ist (x reell), $a > 0$,

a) mit Hilfe der Methode für Produktkerne und man ermittle die Eigenfunktionen des Kerns,

b) mittels der Neumannschen Reihe, deren Konvergenz zu untersuchen ist.

4. Es ist die Integralgleichung

$$\varphi(x) = x - \lambda \int_0^{2\pi} \frac{\varphi(y)}{1 - a^2 \cos^2 \dfrac{x+y}{2}}\,dy, \qquad 0 \leqq a < A < 1$$

zu lösen.

[Anleitung: Man entwickle den Kern in eine Fourier-Reihe nach $\frac{1}{2}(x+y)$.]

5. Man löse die Integralgleichung

$$\varphi(x) = e^x + \frac{1}{\pi} \int_0^{\frac{\pi}{2}} \left(e^{x-y} - 1 + \frac{4 - \pi^2\,(1 + \sin 2\,(x+y))}{4 - 2\,\pi\,(\cos\,(x+y) + \sin\,(x+y))} \right) \varphi(y)\,dy.$$

6. Es sei $K(x, y)$ der stetige und im Bereich $0 \leqq y \leqq x < a$ beschränkte Kern einer Volterraschen Integralgleichung zweiter Art. Man beweise die zwischen $K(x, y)$ und dem lösenden Kern $\Gamma(x, y)$ bestehende Reziprozitätsrelation

$$K(x, y) - \Gamma(x, y) = - \int_y^x \Gamma(x, \eta)\,K(\eta, y)\,d\eta = - \int_y^x K(x, \eta)\,\Gamma(\eta, y)\,d\eta.$$

7. Man löse die Volterrasche Integralgleichung

$$\varphi(x) = 1 + \int_0^x \frac{\varphi(y)}{y - x + 1}\,dy, \qquad 0 \leqq y \leqq x < a < 1.$$

8. Gegeben sei die Integralgleichung

$$\varphi(x) = f(x) + \int_a^b K(x, y)\,\varphi(y)\,dy.$$

Man zeige: Ist $\Gamma_n(x, y)$ der lösende Kern zur Integralgleichung

$$\psi(x) = f(x) + \int_a^b K_n(x, y)\,\psi(y)\,dy,$$

die mittels des n-ten iterierten Kerns von $K(x, y)$ gebildet wird, so ist der lösende Kern der ursprünglichen Integralgleichung gegeben durch

$$\Gamma(x, y) = \Gamma_n(x, y) + \sum_{\nu=1}^{n-1} K_\nu(x, y) + \int_a^b \sum_{\nu=1}^{n-1} K_\nu(x, \eta)\, \Gamma_n(\eta, y)\, d\eta.$$

[Anleitung: Man setze $\chi(x) = \int_a^b \sum_{\nu=1}^{n-1} K_\nu(x, y)\, \psi(y)\, dy$ und berechne $\chi(x) - \int_a^b K(x, y)\, \chi(y)\, dy$].

§ 6. Symmetrische Kerne.

1. Die Eigenwerte und Eigenfunktionen eines symmetrischen Kerns. Die weitgehende Analogie der Fredholmschen Theorie der Integralgleichungen zweiter Art mit den linearen Gleichungssystemen — die bei Produktkernen zu einer Identität wird — führt darüber hinaus zu einer Analogie der Eigenwertprobleme von Integralgleichungen und Tensoren zweiter Stufe. Es ist daher zu vermuten, daß bei Integralgleichungen mit *symmetrischen Kernen*

$$K(x, y) = K(y, x) \tag{1}$$

ähnliche Aussagen über Eigenwerte und Eigenfunktionen gelten werden wie über die Eigenwerte und Eigenrichtungen der symmetrischen Tensoren. Die Zahl $\lambda = \lambda_1$ heißt dabei ein Eigenwert des Kerns K, wenn die homogene Integralgleichung zweiter Art

$$\varphi(x) = \lambda \int_a^b K(x, y)\, \varphi(y)\, dy \tag{2}$$

für $\lambda = \lambda_1$ nichttriviale Lösungen hat oder, was damit nach § 5, 10 gleichbedeutend ist, wenn der lösende Kern $\Gamma(x, y, \lambda)$ an der Stelle $\lambda = \lambda_1$ einen Pol hat, so daß die Auflösungsformel § 5, (42) für $\lambda = \lambda_1$ unbrauchbar wird. Zu jedem Eigenwert λ_1 gehört nach § 5, 3 eine endliche Zahl h linear unabhängiger Eigenfunktionen $\varphi_1, \varphi_2, \ldots, \varphi_h$; λ_1 heißt dann ein *h-facher Eigenwert*. Ich lasse die Frage nach der Existenz von Eigenwerten vorläufig offen (sie wird in Ziffer 2 in bejahendem Sinn erledigt werden) und nehme an, es sei

$$\varphi_1, \varphi_2, \ldots, \varphi_\nu, \ldots \tag{3}$$

die endliche (d. h. bei einem bestimmten $\nu = n$ abbrechende) oder unendliche Folge der nach Ziffer 2 *stetigen* Eigenfunktionen, die zu den Eigenwerten

$$\lambda_1, \lambda_2, \ldots, \lambda_\nu, \ldots \tag{4}$$

gehören, wobei *ein h-facher Eigenwert h-mal angeschrieben ist*. Wir können dabei annehmen, daß die Funktionen φ_ν normiert sind (§ 4), d. h. daß

$$N\,\varphi_\nu = (\varphi_\nu, \varphi_\nu) = \int_a^b [\varphi_\nu(x)]^2\, dx = 1$$

ist. Es seien nun λ_1 und $\lambda_2 \neq \lambda_1$ zwei verschiedene Eigenwerte von (2), φ_1 und φ_2 zwei zugehörige Eigenfunktionen, so daß

$$\varphi_1(x) = \lambda_1 \int_a^b K(x, y)\, \varphi_1(y)\, dy, \qquad \varphi_2(x) = \lambda_2 \int_a^b K(x, y)\, \varphi_2(y)\, dy$$

ist. Ich multipliziere die erste Gleichung mit[1] $\frac{1}{\lambda_1}\varphi_2(x)$, die zweite mit $\frac{1}{\lambda_2}\varphi_1(x)$, bilde die Differenz und integriere über das Grundintervall; dann wird

$$\left(\frac{1}{\lambda_1} - \frac{1}{\lambda_2}\right)(\varphi_1, \varphi_2) = \int_a^b\int_a^b K(x, y)\,[\varphi_2(x)\,\varphi_1(y) - \varphi_1(x)\,\varphi_2(y)]\,dx\,dy =$$

$$= \int_a^b\int_a^b [K(y, x) - K(x, y)]\,\varphi_1(x)\,\varphi_2(y)\,dx\,dy = 0$$

wegen (1). Wegen $\lambda_1 \neq \lambda_2$ folgt also

$$(\varphi_1, \varphi_2) = \int_a^b \varphi_1(x)\,\varphi_2(x)\,dx = 0, \tag{5}$$

d. h. die beiden Funktionen φ_1 und φ_2 sind *orthogonal*.

Ich zeige weiter, daß *alle Eigenwerte eines symmetrischen Kerns reell sind.* Wäre $\lambda_1 = \xi + j\,\eta$, $\eta \neq 0$ ein imaginärer Eigenwert, so auch $\lambda_2 = \xi - j\,\eta \neq \lambda_1$, wie unmittelbar aus der Realität des Kerns folgt; gehört zu λ_1 die Eigenfunktion $\varphi_1 = u + j\,v$, so gehört zu λ_2 die konjugierte Eigenfunktion

$$\varphi_2 = \bar\varphi_1 = u - j\,v.$$

Daraus folgt aber, da φ_1 eine nichttriviale Lösung von (2) ist

$$(\varphi_1, \varphi_2) = (\varphi_1, \bar\varphi_1) = \int_a^b (u^2 + v^2)\,dx \neq 0$$

in Widerspruch zu (5).

Damit sind die zwei wichtigsten Eigenschaften der Eigenwerte und Eigenrichtungen symmetrischer Tensoren zweiter Stufe auch für die Eigenwerte und Eigenfunktionen symmetrischer Kerne von Integralgleichungen nachgewiesen.

Ist λ_1 ein h-facher Eigenwert mit den linear unabhängigen Eigenfunktionen $\varphi_1, \ldots, \varphi_h$, so ist auch $c_1\varphi_1 + \ldots + c_h\varphi_h$ eine Lösung von (2) zum Eigenwert λ_1; man kann daher die Eigenfunktionen $\varphi_1, \ldots, \varphi_h$ noch dem Orthogonalisierungsprozeß von § 4, 3 unterwerfen. Man kann also ohne jede Einschränkung der Allgemeinheit annehmen, daß das System (3) der sämtlichen Eigenfunktionen der Integralgleichung (2) *ein normiertes Orthogonalsystem* ist, so daß für zwei beliebige Indizes

$$(\varphi_\alpha, \varphi_\beta) = \int_a^b \varphi_\alpha(x)\,\varphi_\beta(x)\,dx = \delta_{\alpha\beta} \tag{6}$$

gilt.

Schreibt man (2) für den Eigenwert λ_ν und die zugehörige Eigenfunktion φ_ν in der Gestalt

$$\int_a^b K(x, y)\,\varphi_\nu(y)\,dy = \frac{1}{\lambda_\nu}\varphi_\nu(x),$$

so erkennt man, daß die rechte Seite der ν-te Fourierkoeffizient von $K(x, y)$ ist, wobei x als Parameter aufzufassen ist. Die Besselsche Ungleichung (§ 4, 4) gibt für jedes beliebige n

$$\sum_{\nu=1}^{n} \frac{1}{\lambda_\nu^2}\,[\varphi_\nu(x)]^2 \leq \int_a^b [K(x, y)]^2\,dy = K_2(x, x) \tag{7}$$

---

[1] Null kann nie Eigenwert von (2) sein! (§ 5, 2.)

und weiter durch Integration wegen (6), wenn wir noch $n \to \infty$ gehen lassen[1],

$$\sum_{\nu=1}^{\infty} \frac{1}{\lambda_\nu^2} \leqq \int_a^b K_2(x,\,x)\,dx;$$

die Summe links ist somit für jedes n beschränkt; gibt es unendlich viele Eigenwerte, so ist sie daher konvergent. Daraus folgt zunächst, daß *die Eigenwerte keinen eigentlichen Häufungspunkt haben* können; wäre das nämlich der Fall, so ließe sich eine Teilfolge so auswählen, daß von einem Index n_0 an sich alle λ_ν beliebig wenig unterscheiden; für eine solche Folge kann aber $\sum \frac{1}{\lambda_\nu^2}$ nicht konvergieren.

Weiter folgt, daß *die sämtlichen Eigenwerte abzählbar sind* und sich nach nicht fallenden absoluten Beträgen $|\lambda_\nu|$ ordnen lassen:

$$\lambda_1,\ \lambda_2,\ \ldots,\ \lambda_\nu,\ \ldots,$$

wobei jeder Eigenwert so oft angeschrieben werden soll, als er unabhängige Eigenfunktionen $\varphi_\nu(x)$ besitzt. Damit sind auch die Eigenfunktionen als Folge geordnet

$$\varphi_1(x),\ \varphi_2(x),\ \ldots,\ \varphi_\nu(x),\ \ldots.$$

Gibt es nur eine endliche Zahl von Eigenwerten, etwa n, so setzt man $\frac{1}{\lambda_\nu} = 0$ für $\nu > n$.

2. Die Existenz eines Eigenwertes. Nach § 5, 10 sind die Eigenwerte einer Fredholmschen Integralgleichung zweiter Art mit den Polen des lösenden Kerns

$$\Gamma(x,\,y,\,\lambda) = \sum_{\nu=1}^{\infty} \lambda^{\nu-1}\,K_\nu(x,\,y) \tag{8}$$

identisch. Ich zeige, daß die Neumannsche Reihe auf der rechten Seite von (8) im Fall eines symmetrischen Kerns nicht beständig konvergent sein kann; d. h. daß die Reihe nur im Innern eines Kreises von endlichem Radius konvergiert. Dann liegt aber auf dem Konvergenzkreis mindestens eine singuläre Stelle λ_0 von Γ (immer als Funktion von λ angesehen), und da Γ eine meromorphe Funktion ist, ist λ_0 ein Pol von Γ und somit ein Eigenwert des Kerns $K(x,\,y)$. Ich führe den Beweis indirekt und nehme an, (8) wäre beständig konvergent. Dann muß für alle λ und für alle $x,\,y$ des Grundbereiches

$$\lambda^{\nu-1}\,K_\nu(x,\,y) \to 0$$

gelten. Insbesondere muß auch

$$\lambda^{2\nu-2}\,K_{2\nu}(x,\,y) \to 0$$

und

$$\lambda^{2\nu-2}\,U_{2\nu} \to 0 \tag{9}$$

sein, wo

$$U_{2\nu} = \int_a^b K_{2\nu}(x,\,x)\,dx = \int_a^b\!\!\int_a^b K_\nu(x,\,t)\,K_\nu(t,\,x)\,dx\,dt = \int_a^b\!\!\int_a^b [K_\nu(x,\,t)]^2\,dx\,dt > 0 \tag{10}$$

ist; hier wurde von der Symmetrie des Kerns $K(x,\,y)$ Gebrauch gemacht. Aus (9) folgt, daß auch

$$\frac{U_{2\nu}}{U_{2\nu-2}} \to 0$$

---

[1] $K_\nu(x,\,y)$ ist der ν-te iterierte Kern nach § 5, 4. Man beachte, daß alle iterierten Kerne ebenfalls symmetrisch sind, wenn $K(x,\,y)$ es ist.

gelten muß, denn wäre für $v > n$ etwa

$$\frac{U_{2v}}{U_{2v-2}} > k^2, \quad k > 0,$$

so wäre für $|\lambda| > \dfrac{1}{k}$

$$\lambda^{2v-2}\, U_{2v} = \lambda^2\, \lambda^{2v-4}\, U_{2v-2} \cdot \frac{U_{2v}}{U_{2v-2}} > \lambda^{2v-4}\, U_{2v-2}$$

in Widerspruch zu (9). Anderseits kann aber die Folge $\dfrac{U_{2v}}{U_{2v-2}}$ nicht fallen, denn aus

$$U_{2v} = \int_a^b K_{2v}(x, x)\, dx = \int_a^b \int_a^b K_{v-1}(x, t)\, K_{v+1}(x, t)\, dx\, dt$$

folgt nach der Schwarzschen Ungleichung § 4, (12)

$$U_{2v}^2 \leq \int_a^b \int_a^b [K_{v-1}(x, t)]^2\, dx\, dt \cdot \int_a^b \int_a^b [K_{v+1}(x, t)]^2\, dx\, dt =$$

$$= \int_a^b K_{2v-2}(x, x)\, dx \cdot \int_a^b K_{2v+2}(x, x)\, dx = U_{2v-2}\, U_{2v+2},$$

daher ist

$$\frac{U_{2v+2}}{U_{2v}} \geq \frac{U_{2v}}{U_{2v-2}} \tag{11}$$

und das heißt, daß die Neumannsche Reihe (8) sicher nicht beständig konvergent ist. Demnach *besitzt jeder symmetrische Kern mindestens einen Eigenwert.*

3. Die Berechnung des kleinsten Eigenwertes. Versucht man, die homogene Integralgleichung

$$\varphi(x) = \lambda \int_a^b K(x, y)\, \varphi(y)\, dy, \quad K(x, y) = K(y, x) \tag{12}$$

ähnlich wie in § 5, 4 durch ein Iterationsverfahren zu lösen, also eine Folge von Funktionen $\chi_v(x)$ zu finden, für die

$$\varphi(x) = \lim_{v \to \infty} \chi_v(x) \tag{13}$$

eine nichttriviale Lösung von (12) ist, so zeigt sich eine charakteristische Schwierigkeit, wenn nicht schon von vornherein ein Eigenwert bekannt ist: Man muß Annahmen über λ machen, und wenn man $|\lambda|$ zu klein nimmt, so werden die $\chi_v(x) \to 0$ gehen, d. h. man bekommt nur eine triviale Lösung; ist aber $|\lambda|$ zu groß gewählt, so wird $\chi_v(x) \to \infty$ gehen. Man wird daher erstens zu verhindern trachten, daß entweder $\chi_v \to 0$ oder $\chi_v \to \infty$ geht, was man durch die Normierung

$$N \chi_v = \int_a^b [\chi_v(x)]^2\, dx = 1$$

erreichen kann, und zweitens wird man eine Folge von den $\chi_v(x)$ zugeordneten Zahlen μ_v so zu wählen suchen, daß die Folge $\{\mu_v\}$ einen eigentlichen Grenzwert λ hat, der ein Eigenwert sein wird, wenn (13) eine nicht verschwindende Eigenfunktion liefert. Ich setze also

$$\chi_{v+1}(x) = \mu_v \int_a^b K(x, y)\, \chi_v(y)\, dy, \tag{14}$$

dann wird

$$N \chi_{\nu+1} = 1 = \mu_\nu^2 \int\limits_a^b \left[\int\limits_a^b K(x, y)\, \chi_\nu(y)\, dy \cdot \int\limits_a^b K(x, z)\, \chi_\nu(z)\, dz \right] dx =$$

$$= \mu_\nu^2 \int\limits_a^b \int\limits_a^b K_2(y, z)\, \chi_\nu(y)\, \chi_\nu(z)\, dy\, dz. \tag{15}$$

Setzt man hier

$$\chi_\nu(x) = \mu_{\nu-1} \int\limits_a^b K(x, y)\, \chi_{\nu-1}(y)\, dy$$

ein, so folgt (alle Integrale sind über das Grundintervall zu erstrecken)

$$1 = \mu_\nu^2 \mu_{\nu-1}^2 \iiint\int K_2(y, z)\, K(y, \eta)\, \chi_{\nu-1}(\eta)\, K(z, \zeta)\, \chi_{\nu-1}(\zeta)\, dy\, dz\, d\eta\, d\zeta.$$

Die Ausführung der Integration über y gibt

$$1 = \mu_\nu^2 \mu_{\nu-1}^2 \iiint K_3(z, \eta)\, K(z, \zeta)\, \chi_{\nu-1}(\eta)\, \chi_{\nu-1}(\zeta)\, dz\, d\eta\, d\zeta,$$

die Integration über z weiter

$$1 = \mu_\nu^2 \mu_{\nu-1}^2 \iint K_4(\eta, \zeta)\, \chi_{\nu-1}(\eta)\, \chi_{\nu-1}(\zeta)\, d\eta\, d\zeta$$

analog (15). Die Fortsetzung des Verfahrens — zunächst $\chi_{\nu-1}$ nach (14) durch $\chi_{\nu-2}$ ausgedrückt usw. — gibt schließlich

$$1 = \mu_1^2 \mu_2^2 \cdots \mu_\nu^2 \iint K_{2\nu}(x, y)\, \chi_1(x)\, \chi_1(y)\, dx\, dy.$$

Dividiert man durch den analogen Ausdruck

$$1 = \mu_1^2 \mu_2^2 \cdots \mu_{\nu-1}^2 \iint K_{2\nu-2}(x, y)\, \chi_1(x)\, \chi_1(y)\, dx\, dy,$$

so folgt

$$\mu_\nu^2 = \frac{\iint K_{2\nu-2}(x, y)\, \chi_1(x)\, \chi_1(y)\, dx\, dy}{\iint K_{2\nu}(x, y)\, \chi_1(x)\, \chi_1(y)\, dx\, dy}. \tag{16}$$

Dieser Ausdruck hängt nicht mehr von der Folge $\{\chi_\nu(x)\}$, sondern nur mehr von der ersten Näherungsfunktion $\chi_1(x)$ ab. Diese nehme ich nicht normiert an, sondern setze

$$\chi_1(x) = K(x, t), \tag{17}$$

wo t ein Parameter ist. Wegen

$$\iint K_{2\nu}(x, y)\, K(x, t)\, K(y, t)\, dx\, dy = K_{2\nu+2}(t, t)$$

gibt (16)

$$\mu_\nu^2 = \frac{K_{2\nu}(t, t)}{K_{2\nu+2}(t, t)} = \frac{U_{2\nu}}{U_{2\nu+2}}.$$

Wegen (10) sind alle $\mu_\nu^2 > 0$, wegen (11) ist die Folge der μ_ν^2 fallend und daher konvergent. Den Nachweis, daß der Grenzwert von Null verschieden und tatsächlich das Quadrat eines Eigenwertes, und zwar desjenigen mit dem kleinsten absoluten Betrag ist, gebe ich am Schluß von Ziffer 5.

4. Das Problem der Reihenentwicklung einer gegebenen Funktion nach den Funktionen eines Orthogonalsystems. Ich knüpfe wieder an die in § 4, 1 aufgeworfene Frage nach der Möglichkeit der Entwicklung einer gegebenen Funktion $f(x)$ nach den Funktionen eines normierten Orthogonalsystems $\varphi_\nu(x)$ an, nehme aber für alle Funktionen $\varphi_\nu(x)$ jetzt die Eigenfunktionen des symmetrischen Kerns $K(x, y)$. Es seien

$$\lambda_1, \lambda_2, \ldots, \lambda_\nu, \ldots \tag{18}$$

eine endliche oder unendliche nach der Größe von $|\lambda_\nu|$ geordnete Folge von Eigenwerten von $K(x, y)$ und dabei jeder Eigenwert so oft angeschrieben, als die Zahl der zugehörigen Eigenfunktionen beträgt; daß diese Zahl endlich ist, habe ich schon in § 5, 3 bewiesen. Ob wir mit der höchstens abzählbaren Menge (18) alle Eigenwerte von $K(x, y)$ erfassen können, ist noch eine offene Frage. Aus

$$\int\limits_a^b K(x, y)\, \varphi_\nu(y)\, dy = \frac{1}{\lambda_\nu}\, \varphi_\nu(x)$$

folgt, daß $\frac{1}{\lambda_\nu}\varphi_\nu(x)$ der ν-te Fourierkoeffizient von $K(x, y)$ ist, so daß wir zu dem Ansatz

$$K(x, y) \sim \sum_{\nu=1}^{\infty} \frac{\varphi_\nu(x)\, \varphi_\nu(y)}{\lambda_\nu} \tag{19}$$

kommen; über die Bedeutung des Äquivalenzzeichens vgl. § 4, 1. Ich zeige:

Konvergiert die Reihe

$$\sum_{\nu=1}^{\infty} \frac{\varphi_\nu(x)\, \varphi_\nu(y)}{\lambda_\nu} \tag{20}$$

absolut und wenigstens in einer Variablen gleichmäßig, so gilt

$$K(x, y) = \sum_{\nu=1}^{\infty} \frac{\varphi_\nu(x)\, \varphi_\nu(y)}{\lambda_\nu}. \tag{21}$$

Wegen der Symmetrie zieht die gleichmäßige Konvergenz in einer Variablen stets auch die in der anderen Variablen nach sich. Ich setze zum Beweis

$$H(x, y) = K(x,y) - \sum_{\nu=1}^{\infty} \frac{\varphi_\nu(x)\, \varphi_\nu(y)}{\lambda_\nu}; \tag{22}$$

dann ist $H(x, y)$ symmetrisch, quadratisch integrierbar und auch, wie man sofort zeigen kann, von mittlerer Stetigkeit. Verschwindet also H nicht identisch, so besitzt H, als Kern einer homogenen Integralgleichung genommen, mindestens einen Eigenwert μ und mindestens eine zugehörige Eigenfunktion $\psi(x)$, für die

$$\psi(x) = \mu \int\limits_a^b H(x, y)\, \psi(y)\, dy = \mu \int\limits_a^b K(x, y)\, \psi(y)\, dy - \mu \sum_{\nu=1}^{\infty} \frac{\varphi_\nu(x)}{\lambda_\nu}\, (\psi, \varphi_\nu). \tag{23}$$

Multiplikation mit $\varphi_n(x)$ und Integration über x gibt

$$(\psi, \varphi_n) = \mu \int\limits_a^b\!\!\int\limits_a^b K(x, y)\, \varphi_n(x)\, \psi(y)\, dx\, dy - \frac{\mu}{\lambda_n}\, (\psi, \varphi_n),$$

und da φ_n Eigenfunktion von $K(x, y)$ zum Eigenwert λ_n ist,

$$(\psi, \varphi_n) = \frac{\mu}{\lambda_n}\,(\psi, \varphi_n) - \frac{\mu}{\lambda_n}\,(\psi, \varphi_n) = 0$$

für alle n. ψ ist also zu allen Eigenfunktionen von K orthogonal, anderseits folgt dann aber aus (23), daß ψ zugleich selbst Eigenfunktion von K ist. Also muß $\psi \equiv 0$ und damit auch $H \equiv 0$ sein. Damit ist (21) bewiesen. Eine unmittelbare Folge aus (21) ist:

Hat ein symmetrischer Kern nur endlich viele Eigenwerte, so ist er ein Produktkern.

5. Die Eigenwerte und Eigenfunktionen der iterierten Kerne. *Der n-te iterierte Kern $K_n(x, y)$ hat die n-ten Potenzen λ_ν^n der Eigenwerte von $K(x, y)$ als Eigenwerte und die $\varphi_\nu(x)$ als Eigenfunktionen.* Zum Beweis setze ich

$$\varphi_\nu(x) = \lambda_\nu \int\limits_a^b K(x, y)\,\varphi_\nu(y)\,dy$$

rechts ein:

$$\varphi_\nu(x) = \lambda_\nu^2 \int\limits_a^b \int\limits_a^b K(x, y)\,K(y, z)\,\varphi_\nu(z)\,dy\,dz = \lambda_\nu^2 \int\limits_a^b K_2(x, z)\,\varphi_\nu(z)\,dz. \tag{24}$$

Das heißt, λ_ν^2 ist ein Eigenwert und $\varphi_\nu(x)$ eine Eigenfunktion von K_2 usw. Die Umkehrung gilt aber nicht ohneweiters. Ist $\varphi(x)$ eine Eigenfunktion von K_2 zum Eigenwert λ^2, so folgt

$$\varphi(x) = \lambda^2 \int\limits_a^b K_2(x, y)\,\varphi(y)\,dy = \lambda^2 \int\limits_a^b \int\limits_a^b K(x, t)\,K(t, y)\,\varphi(y)\,dt\,dy. \tag{25}$$

Ist $\varphi(x)$ nicht Eigenfunktion von K, so setze ich

$$\varphi_1(x) = \lambda \int\limits_a^b K(x, y)\,\varphi(y)\,dy \tag{26}$$

und erhalte aus (25)

$$\varphi(x) = \lambda \int\limits_a^b K(x, t)\,\varphi_1(t)\,dt = \lambda \int\limits_a^b K(x, y)\,\varphi_1(y)\,dy. \tag{27}$$

Addition und Subtraktion der Gleichungen (26) und (27) gibt

$$\varphi(x) + \varphi_1(x) = \lambda \int\limits_a^b K(x, y)\,[\varphi(y) + \varphi_1(y)]\,dy,$$

bzw.

$$\varphi(x) - \varphi_1(x) = -\lambda \int\limits_a^b K(x, y)\,[\varphi(y) - \varphi_1(y)]\,dy.$$

Es ist also $\varphi + \varphi_1$ Eigenfunktion von K zum Eigenwert λ, $\varphi - \varphi_1$ Eigenfunktion von K zum Eigenwert $-\lambda$. Mindestens eine der beiden Funktionen ist sicher nicht identisch Null. φ_1 ist ebenfalls Eigenfunktion von K_2 zum Eigenwert λ^2, wie sich durch Einsetzen von (27) in (26) ergibt und daher sind auch $\varphi \pm \varphi_1$ Eigenfunktionen von K_2 zum Eigenwert λ^2. Man wird also im allgemeinen nur durch Bildung geeigneter Linearkombinationen erreichen, daß die Eigenfunktionen von K_2 zum Eigenwert λ^2 auch Eigenfunktionen von K zu den Eigenwerten $\pm\lambda$ sind. Entsprechendes gilt für die höheren Kerne K_n.

Entsprechend (19) gilt also für die höheren Kerne die Äquivalenz

$$K_n(x, y) \sim \sum_{\nu=1}^{\infty} \frac{\varphi_\nu(x)\,\varphi_\nu(y)}{\lambda_\nu^n}. \tag{28}$$

Nun folgt wegen der Stetigkeit von $K_2(x, x)$ aus (7), daß die Reihe

$$\sum_{\nu=1}^{\infty} \frac{[\varphi_\nu(x)]^2}{\lambda_\nu^2} \leqq K_2(x, x) \tag{29}$$

konvergiert. Nach der Schwarzschen Ungleichung § 4, (11) gilt für einen Abschnitt der Reihe (28) mit $n = 2$

$$\left| \sum_{\nu=m}^{p} \frac{\varphi_\nu(x)\,\varphi_\nu(y)}{\lambda_\nu^2} \right|^2 \leqq \sum_{\nu=m}^{p} \frac{[\varphi_\nu(x)]^2}{\lambda_\nu^2} \cdot \sum_{\nu=m}^{p} \frac{[\varphi_\nu(y)]^2}{\lambda_\nu^2} \leqq K_2(x, x) \cdot \sum_{\nu=m}^{p} \frac{[\varphi_\nu(y)]^2}{\lambda_\nu^2}.$$

Die letzte Summe kann wegen der Konvergenz der Reihe links in (29) beliebig klein gemacht werden; daher kann der Abschnitt der Reihe (28) unabhängig von x beliebig klein gemacht werden, so daß die Reihe (28) für $n = 2$ gleichmäßig in x und damit auch gleichmäßig in y konvergiert. Man kann zeigen — worauf ich aber nicht näher eingehen will —, daß aus der gleichmäßigen Konvergenz der Reihe (28), $n = 2$, in jeder der beiden Veränderlichen folgt, daß diese Reihe auch in beiden Veränderlichen gleichzeitig (absolut und) *gleichmäßig konvergiert*. Damit verwandelt sich die Äquivalenz (28) zunächst für $n = 2$, aber dann natürlich erst recht für alle $n > 2$ in eine Gleichheit

$$\boxed{K_n(x, y) = \sum_{\nu=1}^{\infty} \frac{\varphi_\nu(x)\,\varphi_\nu(y)}{\lambda_\nu^n}, \qquad n \geqq 2.} \tag{30}$$

Mit Hilfe dieses Ergebnisses kann ich noch den abschließenden Beweis für das in Ziffer 3 geschilderte Verfahren geben. Wir hatten dort (n statt ν)

$$\mu_n^2 = \frac{U_{2n}}{U_{2n+2}}$$

mit

$$U_{2n} = \int_a^b K_{2n}(t, t)\, dt.$$

Wegen (30) ist

$$U_{2n} = \int_a^b \sum_{\nu=1}^{\infty} \frac{1}{\lambda_\nu^{2n}} [\varphi_\nu(x)]^2\, dx = \sum_{\nu=1}^{\infty} \frac{1}{\lambda_\nu^{2n}}$$

und daher

$$\mu_n^2 = \frac{\displaystyle\sum_{\nu=1}^{\infty} \frac{1}{\lambda_\nu^{2n}}}{\displaystyle\sum_{\nu=1}^{\infty} \frac{1}{\lambda_\nu^{2n+2}}} = \lambda_1^2 \frac{\displaystyle\sum_{\nu=1}^{\infty} \left(\frac{\lambda_1}{\lambda_\nu}\right)^{2n}}{\displaystyle\sum_{\nu=1}^{\infty} \left(\frac{\lambda_1}{\lambda_\nu}\right)^{2n+2}}.$$

In der Folge $\{\lambda_\nu\}$ ist $|\lambda_\nu| \leqq |\lambda_{\nu+1}|$; $|\lambda_1|$ ist also der kleinste absolute Betrag eines Eigenwertes; er komme in der Folge $\{|\lambda_\nu|\}$ h-mal vor, so daß

$$|\lambda_1| = |\lambda_2| = \ldots = |\lambda_h| < |\lambda_{h+1}| \leqq \ldots$$

gilt. Nun ist

$$\lim_{n\to\infty} \mu_n^2 = \lambda_1^2 \frac{\displaystyle\sum_{\nu=1}^{\infty} \lim_{n\to\infty}\left(\frac{\lambda_1}{\lambda_\nu}\right)^{2n}}{\displaystyle\sum_{\nu=1}^{\infty} \lim_{n\to\infty}\left(\frac{\lambda_1}{\lambda_\nu}\right)^{2n+2}}$$

und da $\lim\limits_{n\to\infty}\left(\dfrac{\lambda_1}{\lambda_\nu}\right)^{2n} = 0$ ist für $\nu > h$, bleiben in Zähler und Nenner nur die ersten h Glieder der Summen stehen, die aber alle gleich 1 sind, so daß

$$\lim_{n\to\infty} \mu_n^2 = \lambda_1^2.$$

Das Verfahren von Ziffer 3 liefert also in der Tat den dem Betrag nach kleinsten Eigenwert.

6. Der Hilbertsche Entwicklungssatz. Man kann nun versuchen, dem allgemeinen Konvergenz- und Darstellungsproblem, das durch die Äquivalenz (19) ausgedrückt ist, dadurch näherzukommen, daß man einen symmetrischen Kern konstruiert, der die Funktionen $\varphi_\nu(x)$ des gegebenen Orthogonalsystems zu Eigenfunktionen hat. Es sei dazu $\{\lambda_\nu\}$ eine Folge von Zahlen, deren Beträge $|\lambda_\nu|$ monoton gegen $+\infty$ gehen und für die die Reihe

$$K(x, y) = K(y, x) = \sum_{\nu=1}^{\infty} \frac{\varphi_\nu(x)\,\varphi_\nu(y)}{\lambda_\nu} \tag{31}$$

gleichmäßig konvergiert. Ist

$$M_\nu = \text{Max}\,|\varphi_\nu(x)\,\varphi_\nu(y)|$$

im Grundbereich, so genügt es z. B.,

$$|\lambda_\nu| \geqq \nu^2\,M_\nu$$

zu nehmen, um die gleichmäßige Konvergenz der Reihe in (31) sicherzustellen. Multiplikation mit $\varphi_\mu(y)$ und Integration über y gibt

$$\int_a^b K(x, y)\,\varphi_\mu(y)\,dy = \sum_{\nu=1}^{\infty} \frac{\varphi_\nu(x)}{\lambda_\nu}\,(\varphi_\nu, \varphi_\mu) = \frac{\varphi_\mu(x)}{\lambda_\mu}; \tag{32}$$

d. h. $\varphi_\mu(x)$ ist eine zum Eigenwert λ_μ gehörige Eigenfunktion des durch (31) definierten (stetigen) Kerns $K(x, y)$. Es sei weiter $f(x)$ eine in $[a, b]$ quadratisch integrierbare Funktion. Dann folgt

$$g(x) = \int_a^b K(x, y)\,f(y)\,dy = \sum_{\nu=1}^{\infty} \frac{\varphi_\nu(x)}{\lambda_\nu}\,(\varphi_\nu, f) = \sum_{\nu=1}^{\infty} c_\nu\,\varphi_\nu(x), \tag{33}$$

wo

$$c_\nu = \frac{(\varphi_\nu, f)}{\lambda_\nu} = \int_a^b \frac{\varphi_\nu(y)\,f(y)}{\lambda_\nu}\,dy \tag{34}$$

ist oder, wenn man $\varphi_\nu(y)$ nach (32) ausdrückt und dann (33) verwendet,

$$c_\nu = \int_a^b\int_a^b K(y, z)\,\varphi_\nu(z)\,f(y)\,dy\,dz = \int_a^b g(z)\,\varphi_\nu(z)\,dz = (g, \varphi_\nu),$$

d. h. die c_ν sind die Fourierkoeffizienten der durch (33) definierten, nach dem Satz am Schluß von § 5, 1 stetigen Funktion $g(x)$, die somit durch die gleichmäßig konvergente Reihe

$$\sum_{\nu=1}^{\infty} c_\nu\, \varphi_\nu(x) = g(x)$$

dargestellt ist. Das heißt aber, *daß sich jede (stetige) Funktion $g(x)$, die durch den Kern (31) und eine quadratisch integrierbare Funktion $f(x)$ quellenmäßig darstellbar ist, in eine gleichmäßig konvergente Reihe der Funktionen $\varphi_\nu(x)$ entwickeln läßt.* Das ist der Inhalt des *Hilbertschen Entwicklungssatzes.* Der Satz ist zweifellos theoretisch von großer Bedeutung, hilft aber im konkreten praktischen Fall sehr wenig, weil das Problem der quellenmäßigen Darstellbarkeit einer gegebenen stetigen Funktion $g(x)$ mit der Lösung der Integralgleichung erster Art

$$g(x) = \int_a^b K(x,\, y)\, f(y)\, dy \tag{35}$$

identisch ist. Auf die recht schwierige Theorie dieser Integralgleichungen kann ich hier nicht eingehen, zumal die einzigen bedeutungsvollen Aussagen über ihre Lösbarkeit an Stelle des Riemannschen den Lebesgueschen Integralbegriff verwenden und nur für diesen gelten.

Geht man bei der Diskussion des Entwicklungsproblems nicht von einem gegebenen Orthogonalsystem, sondern von einem gegebenen symmetrischen Kern aus, so lautet der Entwicklungssatz:

Ist $g(x)$ gemäß (35) durch den Kern $K(x, y)$ und die quadratisch integrierbare Funktion $f(x)$ quellenmäßig darstellbar, so läßt sich $g(x)$ nach den Eigenfunktionen von K entwickeln:

$$g(x) = \sum_{\nu=1}^{\infty} c_\nu\, \varphi_\nu(x)$$

und die Reihe rechts konvergiert absolut und gleichmäßig.

Sind

$$b_\nu = (f,\, \varphi_\nu), \qquad c_\nu = (g,\, \varphi_\nu)$$

die Fourierkoeffizienten von f und g, so ist wegen (33)

$$c_\nu = \int_a^b \int_a^b K(x,\, y)\, \varphi_\nu(x)\, f(y)\, dx\, dy = \frac{1}{\lambda_\nu}\, (\varphi_\nu,\, f) = \frac{b_\nu}{\lambda_\nu}.$$

Somit gilt zunächst die Äquivalenz

$$g(x) \sim \sum_{\nu=1}^{\infty} \frac{b_\nu}{\lambda_\nu}\, \varphi_\nu(x) = \sum_{\nu=1}^{\infty} c_\nu\, \varphi_\nu(x). \tag{36}$$

Aus der Schwarzschen Ungleichung § 4, 11 folgt für einen Abschnitt der Reihe rechts $(n > m)$

$$\left(\sum_{\nu=m}^{n} |b_\nu| \left| \frac{\varphi_\nu}{\lambda_\nu} \right| \right)^2 \leqq \sum_{\nu=m}^{n} \frac{\varphi_\nu^2}{\lambda_\nu^2} \cdot \sum_{\nu=m}^{n} b_\nu^2 \leqq K_2(x,\, x) \cdot \sum_{\nu=m}^{n} b_\nu^2;$$

hier ist K_2 stetig und daher beschränkt, $\sum\limits_{\nu=1}^{\infty} b_\nu^2$ konvergent (Besselsche Ungleichung),

so daß $\sum\limits_{\nu=m}^{n} b_\nu^2$ und daher auch $\left| \sum\limits_{\nu=m}^{n} \frac{\varphi_\nu b_\nu}{\lambda_\nu} \right|$ beliebig klein wird, wenn m hinreichend groß ist. Somit konvergiert die Reihe in (36) gleichmäßig und absolut.

Setzt man

$$h(x) = \sum_{\nu=1}^{\infty} c_\nu\, \varphi_\nu(x),$$

so hat h dieselben Fourierkoeffizienten wie g und

$$p(x) = g(x) - h(x)$$

die Fourierkoeffizienten

$$(p, \varphi_\nu) = (g, \varphi_\nu) - (h, \varphi_\nu) = 0. \tag{37}$$

Ist das System der $\varphi_\nu(x)$ abgeschlossen, so folgt daraus sofort $p \equiv 0$, also $h(x) \equiv g(x)$ und aus der Äquivalenz (36) die Gleichung

$$g(x) = \sum c_\nu\, \varphi_\nu(x). \tag{38}$$

Ist aber das System der φ_ν nicht abgeschlossen, so multiplizieren wir (37) mit $\dfrac{\varphi_\nu(y)}{\lambda_\nu^2}$

$$\frac{1}{\lambda_\nu^2} \int_a^b p(x)\, \varphi_\nu(x)\, \varphi_\nu(y)\, dx = 0$$

und erhalten wegen der gleichmäßigen Konvergenz von (30) auch

$$\sum_{\nu=1}^{\infty} \int_a^b p(x)\, \frac{\varphi_\nu(x)\, \varphi_\nu(y)}{\lambda_\nu^2}\, dx = \int_a^b p(x)\, K_2(x, y)\, dx = 0.$$

Multiplikation mit $p(y)$ und Integration über y gibt

$$\int_a^b \int_a^b K_2(x,y)\, p(x)\, p(y)\, dx\, dy = \int_a^b \int_a^b \int_a^b K(x, t)\, p(x)\, dx \cdot K(y, t)\, p(y)\, dy\, dt =$$

$$= \int_a^b \left(\int_a^b K(x, t)\, p(x)\, dx \right)^2 dt = 0.$$

Nun ist $\int_a^b K(x, t)\, p(x)\, dx$ eine stetige Funktion (§ 5, 1), und da das Integral des Quadrates einer stetigen Funktion nur verschwinden kann, wenn die Funktion selbst identisch verschwindet, folgt

$$\int_a^b K(x, y)\, p(y)\, dy = 0. \tag{39}$$

Wegen $p = g - h$ ist

$$\int_a^b [p(x)]^2\, dx = \int_a^b p(g - h)\, dx = \int_a^b p\, g\, dx - \int_a^b p \sum_\nu c_\nu\, \varphi_\nu\, dx = \int_a^b p\, g\, dx -$$

$$- \sum_\nu c_\nu(p, \varphi_\nu) = \int_a^b p\, g\, dx = \int_a^b \int_a^b p(x)\, K(x, y)\, f(y)\, dx\, dy =$$

$$= \int_a^b \left(\int_a^b K(x, y)\, p(y)\, dy \right) f(x)\, dx = 0$$

wegen (39). Die Funktion g ist stetig, weil sie quellenmäßig dargestellt ist, h ist als Summe einer gleichmäßig konvergenten Reihe stetiger Funktionen ebenfalls stetig und daher ist auch $p = g - h$ stetig. Aus der eben bewiesenen Beziehung $\int_a^b p^2\, dx = 0$ folgt also $p \equiv 0$, daher $g \equiv h$ und somit wieder (38). Hiermit ist der Hilbertsche Entwicklungssatz vollständig bewiesen.

Die Gleichungen (37) und (39) beinhalten den Satz von E. Schmidt:

Ist eine Funktion zu allen Eigenfunktionen eines symmetrischen Kerns orthogonal, so ist sie auch zum Kern selbst orthogonal.

Bemerkenswert ist, daß aus *der Äquivalenz (19) sofort eine Gleichung wird, wenn man beiderseits mit einer beliebigen quadratisch integrierbaren Funktion $f(y)$ multipliziert und über das Grundintervall integriert.* Ich setze

$$g(x) = \int_a^b K(x, y)\, f(y)\, dy = \sum_\nu{}' \frac{b_\nu}{\lambda_\nu}\, \varphi_\nu(x),$$

wo wie in (36) die b_ν die Fourierkoeffizienten von $f(x)$ sind. Die Reihe rechts konvergiert gleichmäßig nach dem Entwicklungssatz, weil $g(x)$ quellenmäßig dargestellt ist. Wegen $b_\nu = (f, \varphi_\nu)$ ist daher weiter

$$\int_a^b K(x, y)\, f(y)\, dy = \sum_\nu{}' \int_a^b \frac{\varphi_\nu(x)\, \varphi_\nu(y)}{\lambda_\nu}\, f(y)\, dy = \int_a^b \sum_\nu \frac{\varphi_\nu(x)\, \varphi_\nu(y)}{\lambda_\nu}\, f(y)\, dy,$$

was zu beweisen war.

7. Anwendung auf die Lösung der inhomogenen Gleichung. Schreibt man die inhomogene Fredholmsche Gleichung (mit symmetrischem Kern) in der Gestalt

$$\varphi(x) - f(x) = \lambda \int_a^b K(x, y)\, \varphi(y)\, dy, \tag{40}$$

so sieht man, daß für jede Lösung $\varphi(x)$ die Differenz $\varphi - f$ durch K und φ quellenmäßig dargestellt ist. Nach dem Hilbertschen Entwicklungssatz läßt sich daher $\varphi - f$ in eine absolut und gleichmäßig konvergente Reihe

$$\varphi(x) - f(x) = \sum_{\nu=1}^\infty c_\nu\, \varphi_\nu(x)$$

nach den Eigenfunktionen $\varphi_\nu(x)$ des Kerns $K(x, y)$ entwickeln. Dabei ist

$$c_\nu = \int_a^b (\varphi(x) - f(x))\, \varphi_\nu(x)\, dx.$$

Einsetzen in (40) gibt

$$\sum_\nu c_\nu\, \varphi_\nu(x) = \lambda \int_a^b K(x, y)\, f(y)\, dy + \sum_\nu \lambda\, c_\nu \int_a^b K(x, y)\, \varphi_\nu(y)\, dy. \tag{41}$$

Aus der Bemerkung am Schluß der Ziffer 6 folgt

$$\int_a^b K(x, y)\, f(y)\, dy = \sum_\nu{}' \frac{b_\nu}{\lambda_\nu}\, \varphi_\nu(x), \qquad b_\nu = (f, \varphi_\nu).$$

Damit wird (41)

$$\sum_\nu c_\nu\, \varphi_\nu(x) = \lambda \sum_\nu{}' \frac{b_\nu}{\lambda_\nu}\, \varphi_\nu(x) + \lambda \sum_\nu \frac{c_\nu}{\lambda_\nu}\, \varphi_\nu(x);$$

durch Koeffizientenvergleich, der wegen der gleichmäßigen Konvergenz erlaubt ist, ergibt sich für jedes λ, das *kein* Eigenwert ist,

$$c_\nu = \frac{\lambda\, b_\nu}{\lambda_\nu - \lambda}.$$

Somit ist

$$\varphi(x) = f(x) + \sum_\nu{}' \frac{\lambda\, b_\nu}{\lambda_\nu - \lambda}\, \varphi_\nu(x) \tag{42}$$

die Lösung der inhomogenen Gleichung, die wir früher mit Hilfe des lösenden Kerns $\Gamma(x, y, \lambda)$ in der Gestalt

$$\varphi(x) = f(x) + \lambda \int_a^b \Gamma(x, y, \lambda)\, f(y)\, dy \tag{43}$$

dargestellt hatten. Der Vergleich mit (42) läßt, wenn man hier noch $b_\nu = (f, \varphi_\nu)$ einsetzt, wieder den Ansatz vermuten

$$\Gamma(x, y, \lambda) \sim \sum_\nu{}' \frac{\varphi_\nu(x)\, \varphi_\nu(y)}{\lambda_\nu - \lambda}. \tag{44}$$

Die Reihe rechts verhält sich hinsichtlich ihrer Konvergenz wie die Reihe auf der rechten Seite von (19) und wird daher im allgemeinen nicht konvergieren; bildet man aber

$$\Gamma(x, y, \lambda) - K(x, y) \sim \sum_\nu{}' \varphi_\nu(x)\, \varphi_\nu(y) \left(\frac{1}{\lambda_\nu - \lambda} - \frac{1}{\lambda_\nu}\right) = \lambda \sum_\nu{}' \frac{\varphi_\nu(x)\, \varphi_\nu(y)}{(\lambda_\nu - \lambda)\, \lambda_\nu},$$

so konvergiert diese Reihe ebenso wie die Reihe (30) für $n = 2$; man kann zeigen, daß sie tatsächlich die Funktion links darstellt, so daß

$$\Gamma(x, y, \lambda) = K(x, y) + \lambda \sum_{\nu=1}^\infty{}' \frac{\varphi_\nu(x)\, \varphi_\nu(y)}{(\lambda_\nu - \lambda)\, \lambda_\nu}, \qquad \lambda \neq \lambda_\nu, \tag{45}$$

gilt. (45) ist die Partialbruchzerlegung der meromorphen Funktion $\Gamma(x, y, \lambda)$.

8. Definite Kerne und der Mercersche Satz. Ein symmetrischer Kern $K(x, y)$ heißt *positiv definit*, wenn für alle quadratisch integrierbaren Funktionen $f(x)$

$$J = \int_a^b \int_a^b K(x, y)\, f(x)\, f(y)\, dx\, dy > 0,$$

und *positiv semidefinit*, wenn

$$J \geqq 0$$

ist. Entsprechend sind *negativ definite* und *negativ semidefinite* Kerne definiert.

Ein Kern ist dann und nur dann positiv definit oder semidefinit, wenn alle Eigenwerte positiv sind. Wäre nämlich $\lambda_n < 0$, so hätte man für $f(x) = \varphi_n(x)$

$$J = \frac{1}{\lambda_n} < 0.$$

Sind umgekehrt alle Eigenwerte positiv, so folgt aus der Bemerkung am Schluß von Ziffer 6

$$\int_a^b \int_a^b K(x, y)\, f(x)\, f(y)\, dx\, dy = \sum_{\nu=1}^\infty{}' \frac{b_\nu^2}{\lambda_\nu} \geqq 0.$$

Ich zeige weiter, daß für einen positiv definiten oder semidefiniten *stetigen* Kern stets

$$K(x, x) \geqq 0$$

ist. Wäre nämlich $K(x_0, x_0) < 0$, so gäbe es eine Umgebung $|x - x_0| \leqq \delta$, $|y - x_0| \leqq \delta$, in der überall $K(x, y) < 0$ wäre. Für $f(x) = 1$ in $|x - x_0| \leqq \delta$, $f(x) = 0$ in $|x - x_0| > \delta$ wäre dann wieder $J < 0$.

Unter denselben Voraussetzungen über $K(x, y)$ ist auch

$$K(x, y) - \sum_{\nu=1}^{n} \frac{\varphi_\nu(x)\, \varphi_\nu(y)}{\lambda_\nu}$$

positiv definit oder semidefinit und stetig. Daher ist

$$K(x, x) - \sum_{\nu=1}^{n} \frac{(\varphi_\nu(x))^2}{\lambda_\nu} \geqq 0$$

und somit konvergiert die Reihe

$$\sum_{\nu=1}^{\infty} \frac{(\varphi_\nu(x))^2}{\lambda_\nu} \tag{46}$$

für alle x aus $\mathfrak{J}$. Nach der Schwarzschen Ungleichung ist für einen Abschnitt der Reihe (19)

$$\left(\sum_{\nu=m}^{p} \frac{\varphi_\nu(x)\, \varphi_\nu(y)}{\lambda_\nu} \right)^2 \leqq \sum_{\nu=m}^{p} \frac{(\varphi_\nu(x))^2}{\lambda_\nu} \cdot \sum_{\nu=m}^{p} \frac{(\varphi_\nu(y))^2}{\lambda_\nu} \tag{47}$$

und daher konvergiert auch die Reihe (19) absolut und in jeder einzelnen der beiden Veränderlichen gleichmäßig; daß sie auch in beiden Veränderlichen zugleich gleichmäßig konvergiert, folgt aus (47) und dem Satz von DINI (II, 2, § 6, 3): Die Reihe (46) mit lauter positiven Gliedern konvergiert wegen (19) gegen die stetige Grenzfunktion $K(x, x)$ und ist daher gleichmäßig konvergent. Damit haben wir den Satz von MERCER:

Ist $K(x, y)$ ein definiter oder semidefiniter stetiger Kern, so konvergiert die Entwicklung

$$K(x, y) = \sum_{\nu=1}^{\infty} \frac{\varphi_\nu(x)\, \varphi_\nu(y)}{\lambda_\nu}$$

in $[a, b]$ absolut und gleichmäßig.

Der Satz läßt sich auch etwas verallgemeinern, und zwar für den Fall, daß nicht alle, sondern nur fast alle (d. h. alle bis auf endlich viele) Eigenwerte von gleichem Vorzeichen sind, weil ein solcher Kern nach Abtrennung von endlich vielen Gliedern $\dfrac{\varphi_\nu(x)\, \varphi_\nu(y)}{\lambda_\nu}$ definit oder semidefinit wird.

Aufgaben.

1. Gegeben sei die Integralgleichung $\varphi(x) = f(x) + \lambda \int_a^b K(x, y)\, \varphi(y)\, dy$, $K(x, y) \neq K(y, x)$ integrierbar.

a) Man führe diese Gleichung mittels $F(x) = f(x) - \lambda \int_a^b K(y, x)\, f(y)\, dy$ in eine Integralgleichung mit symmetrischem Kern über und zeige:

b) Jede Lösung der ursprünglichen Gleichung ist auch Lösung der Gleichung mit dem symmetrischen Kern,

c) ist λ Eigenwert der ursprünglichen, so auch Eigenwert der Integralgleichung mit symmetrischem Kern.

2. Man leite aus

$$U_{2n} = \sum_{\nu=1}^{\infty} \frac{1}{\lambda_\nu^{2n}}$$

die für hinreichend große n gültige Näherungsformel

$$|\lambda_1| \approx \sqrt[2n]{\frac{h}{U_{2n}}}$$

für den ersten, etwa h-mal auftretenden Eigenwert λ_1 her.

3. Man bestimme zum Kern

$$K(x, y) = \begin{cases} \dfrac{x\,(2-y)}{2} & \text{für } x \leq y, \\[2mm] \dfrac{y\,(2-x)}{2} & \text{für } x \geq y, \end{cases} \qquad 0 \leq x, y \leq 1,$$

a) die Eigenfunktionen durch Differenzieren der zugehörigen Integralgleichung (Intervall [0, 1]) und einen Näherungswert für den ersten Eigenwert,

b) einen Näherungswert für den kleinsten Eigenwert mittels der in Aufgabe 2 hergeleiteten Näherungsformel.

§ 7. Ergänzungen.

1. **Integralgleichungen mit unsymmetrischem Kern.** Die homogene Integralgleichung

$$\varphi(x) = \lambda \int K(x, y)\, \varphi(y)\, dy \tag{1}$$

muß keine Eigenwerte und damit auch keine Eigenfunktionen besitzen; das zeigt schon die Volterrasche Integralgleichung (§ 5, 6), die man durch den Übergang zum Kern $H(x, y)$ in eine Fredholmsche Integralgleichung verwandeln kann. Wie E. Schmidt gezeigt hat, kann man aber eine Theorie der Gleichungen (1) entwickeln, die weitgehend analog zu der Theorie der Gleichungen mit symmetrischem Kern ist, wenn man an Stelle von (1) ein System von zwei „gekoppelten" Integralgleichungen

$$\left. \begin{aligned} \varphi(x) &= \lambda \int K(x, y)\, \psi(y)\, dy \\ \psi(x) &= \lambda \int K(y, x)\, \varphi(y)\, dy \end{aligned} \right\} \tag{2}$$

betrachtet, wobei $K(x, y)$ von mittlerer Stetigkeit sei. Jedes Paar von Lösungen $\varphi(x)$, $\psi(x)$ der Gleichungen (2) bezeichnet man als ein Paar *zum Eigenwert λ gehöriger adjungierter Eigenfunktionen des Kerns $K(x, y)$*.

Eliminiert man aus (2) einmal $\psi(x)$, einmal $\varphi(x)$, so folgt

$$\varphi(x) = \lambda^2 \int \int K(x, u)\, K(y, u)\, \varphi(y)\, dy\, du \tag{3}$$

und

$$\psi(x) = \lambda^2 \int \int K(u, x)\, K(u, y)\, \psi(y)\, dy\, du; \tag{4}$$

setzt man noch

$$G(x, y) = \int K(x, u)\, K(y, u)\, du \tag{5}$$

und

$$H(x, y) = \int K(u, x)\, K(u, y)\, du, \tag{6}$$

so sind die Funktionen G und H *symmetrisch*, ferner *stetig*, weil sie durch K quellenmäßig dargestellt sind, und außerdem *positiv definit* oder *positiv semidefinit* (§ 6, 8); das letztere folgt etwa für $G(x, y)$ aus

$$\int \int G(x, y)\, f(x)\, f(y)\, dx\, dy = \int \left(\int K(x, u)\, f(x)\, dx \right) \left(\int K(y, u)\, f(y)\, dy \right) du =$$

$$= \int \left(\int K(x, u)\, f(x)\, dx \right)^2 du \geq 0$$

für jede quadratisch integrierbare Funktion $f(x)$. Die Gleichungen (3) und (4) gehen über in

$$\varphi(x) = \lambda^2 \int G(x, y) \, \varphi(y) \, dy \tag{7}$$

und

$$\psi(x) = \lambda^2 \int H(x, y) \, \psi(y) \, dy. \tag{8}$$

Ihre Eigenwerte λ_ν^2 sind positiv, die Eigenwerte λ_ν von (2) also *reell*, und man kann über das Vorzeichen von $\psi(x)$ noch so verfügen, daß alle λ_ν *positiv* werden.

Es sei nun $\{\varphi_\nu(x)\}$ ein normiertes Orthogonalsystem von Eigenfunktionen des Kerns G, wobei $\varphi_\nu(x)$ zum Eigenwert λ_ν^2 gehört. Geht man nun mit diesen $\varphi_\nu(x)$ und den Werten $\lambda_\nu = \sqrt{\lambda_\nu^2}$ in die zweite Gleichung (2), so erhält man adjungierte Eigenfunktionen des Kerns $K(x, y)$, die dann ebenfalls ein normiertes Orthogonalsystem sind. Zum Nachweis bilde ich unter Benützung von (2), (5) und (7)

$$\int \psi_\mu(u) \, \psi_\nu(u) \, du = \lambda_\mu \, \lambda_\nu \iiint K(x, u) \, K(y, u) \, \varphi_\mu(x) \, \varphi_\nu(y) \, dx \, dy \, du =$$

$$= \lambda_\mu \, \lambda_\nu \iint G(x, y) \, \varphi_\mu(x) \, \varphi_\nu(y) \, dx \, dy = \frac{\lambda_\mu}{\lambda_\nu} \int \varphi_\mu(x) \, \varphi_\nu(x) \, dx;$$

aus $(\varphi_\mu, \varphi_\nu) = \delta_{\mu\nu}$ folgt also $(\psi_\mu, \psi_\nu) = \delta_{\mu\nu}$ und umgekehrt.
Da

$$\int K(x, y) \, \varphi_\nu(x) \, dx = \frac{1}{\lambda_\nu} \psi_\nu(y)$$

der Fourierkoeffizient von K in bezug auf das System $\{\varphi_\nu\}$ ist, gilt analog zu § 6, (19) die Äquivalenz

$$K(x, y) \sim \sum_\nu{}' \frac{\varphi_\nu(x) \, \psi_\nu(y)}{\lambda_\nu}. \tag{9}$$

Man kann zeigen, daß die Reihe rechts, falls sie absolut und gleichmäßig in jeder der beiden Variablen konvergiert, tatsächlich den Kern $K(x, y)$ darstellt. Multipliziert man (9) beiderseits mit einer quadratisch integrierbaren Funktion $f(y)$, so folgt

$$g(x) = \int K(x, y) \, f(y) \, dy = \sum_\nu \frac{b_\nu}{\lambda_\nu} \, \varphi_\nu(x), \tag{10}$$

wobei die Reihe rechts absolut und gleichmäßig konvergiert; dabei ist

$$b_\nu = \int \psi_\nu(y) \, f(y) \, dy = \lambda_\nu \int \varphi_\nu(x) \, g(x) \, dx.$$

Daraus folgt der Entwicklungssatz von § 6, 6 in einer allgemeineren Form[1]:

Ist eine Funktion $g(x)$ durch den (nicht notwendig symmetrischen) Kern $K(x, y)$ und die quadratisch integrierbare Funktion $f(x)$ quellenmäßig darstellbar, so läßt sich $g(x)$ in eine absolut und gleichmäßig konvergente Reihe nach den Eigenfunktionen $\varphi_\nu(x)$ von K entwickeln.

Ausdrücklich sei bemerkt, daß die hier betrachteten Eigenwerte λ_ν und die adjungierten Eigenfunktionen φ_ν und ψ_ν des unsymmetrischen Kerns K nichts mit den Eigenfunktionen $\chi(x)$ und Eigenwerten λ' von K im Sinn der Fredholmschen Theorie zu tun haben, für die

$$\chi(x) = \lambda' \int K(x, y) \, \chi(y) \, dy \tag{11}$$

[1] Wegen der Beweise vgl. insbesondere HAMEL, LV. 5, oder die Originalarbeit von E. SCHMIDT (Mathematische Annalen **63**, 1907).

ist; diese Gleichung muß überhaupt keine Lösungen haben, wie schon in § 5, 6 am Beispiel der Volterraschen Gleichung gezeigt wurde.

Ein besonderer Fall eines nichtsymmetrischen Kerns ist der alternierende Kern

$$K(x, y) = - K(y, x);$$

für einen solchen geht (2) über in

$$\left.\begin{aligned} \varphi(x) &= \lambda \int K(x, y)\, \psi(y)\, dy = - \lambda \int K(y, x)\, \psi(y)\, dy, \\ \psi(x) &= \lambda \int K(y, x)\, \varphi(y)\, dy = - \lambda \int K(x, y)\, \varphi(y)\, dy. \end{aligned}\right\} \tag{12}$$

Setzen wir

$$\varphi(x) + j\, \psi(x) = \chi(x),$$

so folgt

$$\chi(x) = j\, \lambda \int K(y, x)\, \chi(y)\, dy = - j\, \lambda \int K(x, y)\, \chi(y)\, dy,$$

so daß $j\, \lambda$ und $- j\, \lambda$ Eigenwerte λ' von K (im Fredholmschen Sinn) sind. Daß der alternierende Kern überhaupt nur rein imaginäre Eigenwerte haben kann, sieht man so ein: Aus (11) folgt durch Iteration

$$\chi(x) = \lambda'^2 \iint K(x, u)\, K(u, y)\, \chi(y)\, dy\, du = - \lambda'^2 \iint K(x, u)\, K(y, u)\, \chi(y)\, dy\, du =$$
$$= - \lambda'^2 \int G(x, y)\, \chi(y)\, dy.$$

G ist stetig und positiv (definit oder semidefinit) und hat daher nur positive Eigenwerte, λ'^2 ist also negativ.

2. Enskogs Methode zur Auflösung der inhomogenen Integralgleichungen mit beliebigem Kern. Wir setzen

$$\left.\begin{aligned} \varPhi(\varphi) &= \varphi(x) - \lambda \int K(x, y)\, \varphi(y)\, dy, \\ \varPsi(\psi) &= \psi(x) - \lambda \int K(y, x)\, \psi(y)\, dy; \end{aligned}\right\} \tag{13}$$

$\varPhi(\varphi)$ und $\varPsi(\psi)$ sind dabei als lineare Funktionaltransformationen aufzufassen, die jeder Funktion $\varphi(x)$ eine andere durch die Ausdrücke rechts zuordnen. Sind $u(x)$ und $v(x)$ zwei beliebige quadratisch integrierbare Funktionen, so folgt

$$\int (u\, \varPhi(v) - v\, \varPsi(u))\, dx = 0, \tag{14}$$

denn die linke Seite wird

$$\int u(x) \left(v(x) - \lambda \int K(x, y)\, v(y)\, dy\right) dx - \int v(x) \left(u(x) - \lambda \int K(y, x)\, u(y)\, dy\right) dx =$$
$$= - \lambda \iint \left(K(x, y)\, u(x)\, v(y) - K(y, x)\, u(y)\, v(x)\right) dx\, dy = 0.$$

Die erste Gleichung (13) geht in die zu lösende Integralgleichung

$$\varphi(x) = f(x) + \lambda \int K(x, y)\, \varphi(y)\, dy \tag{15}$$

über, wenn

$$\varPhi(\varphi) = f(x)$$

ist; für $v(x) = \varphi(x)$ folgt dann aus (14), daß für alle u

$$\int \varphi(x)\, \varPsi(u)\, dx = \int u(x)\, f(x)\, dx \tag{16}$$

gilt. Wir nehmen nun für u die Funktionen $\psi_\nu(x)$ eines vollständigen Orthogonalsystems, setzen

$$\int \varphi(x)\, \varPsi(\psi_\nu)\, dx = \int \psi_\nu(x)\, f(x)\, dx = a_\nu \tag{17}$$

und versuchen, die Funktionen $\Psi(\psi_\nu)$ zu orthogonalisieren, was nur möglich ist, wenn die $\Psi(\psi_\nu)$ linear unabhängig sind. Aus

$$\sum_{\nu=1}^{n} k_\nu \, \Psi(\psi_\nu) = 0 \tag{18}$$

folgt durch Multiplikation mit $\varphi(x)$ und Integration wegen (17)

$$\sum_{\nu=1}^{n} k_\nu \int \Psi(\psi_\nu)\, \varphi(x)\, dx = \sum_{\nu=1}^{n} k_\nu \, a_\nu = 0.$$

Das gibt, wenn man noch

$$\chi(x) = \sum_{\nu=1}^{n} k_\nu \, \psi_\nu(x)$$

setzt, einerseits wegen der Linearität der Transformation $\Psi(\psi)$

$$\sum_{\nu=1}^{n} k_\nu \, \Psi(\psi_\nu) = \Psi\left(\sum_{\nu=1}^{n} k_\nu \, \psi_\nu\right) = \Psi(\chi) = 0 \tag{19}$$

und anderseits

$$\sum_{\nu=1}^{n} k_\nu \, a_\nu = \int f(x) \sum_{\nu=1}^{n} k_\nu \, \psi_\nu(x)\, dx = \int f(x)\, \chi(x)\, dx = 0. \tag{20}$$

(19) heißt wegen (13), daß χ Eigenlösung der transponierten homogenen Integralgleichung ist, und (20), daß $f(x)$ zu jeder solchen Lösung $\chi(x)$ orthogonal sein muß. Hier kommt also der dritte Fredholmsche Satz (§ 5, 2) wieder zum Vorschein.

Der Einfachheit wegen nehme ich an, daß (18) nur mit $k_\nu = 0, \nu = 1, 2, \ldots, n$, zu erfüllen ist, also λ kein Eigenwert ist. Ist dann

$$v_1 = \alpha_{11} \, \Psi(\psi_1),$$
$$v_2 = \alpha_{21} \, \Psi(\psi_1) + \alpha_{22} \, \Psi(\psi_2)$$
$$\cdots\cdots\cdots\cdots\cdots\cdots\cdots$$
$$v_\nu = \sum_{\varrho=1}^{\nu} \alpha_{\nu\varrho} \, \Psi(\psi_\varrho)$$
$$\cdots\cdots\cdots\cdots\cdots\cdots\cdots$$

die Orthogonalisierung der $\Psi(\psi_\nu)$, so sind

$$\int \varphi \, v_\nu \, dx = \sum_{\varrho=1}^{\nu} \alpha_{\nu\varrho} \int \Psi(\psi_\varrho)\, \varphi \, dx = \sum_{\varrho=1}^{\nu} \alpha_{\nu\varrho}\, a_\varrho = A_\nu$$

die Fourierkoeffizienten von $\varphi(x)$ im System $\{v_\nu\}$ und unter der üblichen Voraussetzung der gleichmäßigen Konvergenz ist

$$\varphi = \sum_{\nu=1}^{\infty} A_\nu \, v_\nu$$

die Entwicklung der gesuchten Lösung. Das System $\{v_\nu\}$ ist dann ebenfalls vollständig und $\varphi(x)$ eindeutig bestimmt. Ist aber λ ein Eigenwert und gibt es eine Funktion $\chi(x)$ mit $(\chi, f) = 0$, so ist das System $\{v_\nu\}$ nicht vollständig, kann aber zu einem solchen ergänzt werden, indem man die fehlenden Koeffizienten von A_ν willkürlich wählt. Es gibt dann, in Übereinstimmung mit dem dritten Fredholmschen Satz, unendlich viele Lösungen.

3. Hilberts Methode der unendlich vielen Veränderlichen. Diese Methode beruht auf der in § 4, 5 gegebenen geometrischen Deutung der Funktionen im Hilbertschen Raum R_H. Vorgelegt sei wieder die Integralgleichung

$$\varphi(x) = f(x) + \lambda \int K(x, y)\, \varphi(y)\, dy \tag{21}$$

mit symmetrischem Kern $K(x, y) = K(y, x)$, ferner sei ein vollständiges normiertes Orthogonalsystem $\psi_\nu(x)$ gegeben. Multiplikation von (21) mit $\psi_\mu(x)$ und Integration gibt

$$(\varphi, \psi_\mu) = (f, \psi_\mu) + \lambda \iint K(x, y)\, \psi_\mu(x)\, \varphi(y)\, dx\, dy. \tag{22}$$

Setzt man

$$(\varphi, \psi_\mu) = x_\mu, \qquad (f, \psi_\mu) = a_\mu$$

und

$$\int K(y, x)\, \psi_\mu(y)\, dy = \int K(x, y)\, \psi_\mu(y)\, dy = \chi_\mu(x),$$

so gilt die Äquivalenz

$$K(x, y) \sim \sum \chi_\nu(x)\, \psi_\nu(y) \tag{23}$$

und aus (22) wird[1]

$$x_\mu = a_\mu + \lambda \sum (\psi_\mu, \chi_\nu)\, x_\nu$$

oder,

$$(\psi_\mu, \chi_\nu) = a_{\mu\nu} \tag{24}$$

gesetzt,

$$\boxed{x_\mu = a_\mu + \lambda \sum_\nu a_{\mu\nu}\, x_\nu.} \tag{25}$$

Die $a_{\mu\nu}$ in (24) sind die Koordinaten eines Tensors zweiter Stufe im R_H, der mit $K(x, y)$ zugleich symmetrisch ist. In der homogenen Gleichung ist $f(x) \equiv 0$ und demgemäß in (25) $a_\mu = 0$ zu setzen, so daß aus (25)

$$\boxed{x_\mu = \lambda \sum_\nu a_{\mu\nu}\, x_\nu} \tag{26}$$

wird, also die Gleichung für die Eigenrichtungen des Tensors $a_{\mu\nu}$, dessen Eigenwerte sich aus

$$\mathrm{Det}\,(\lambda\, a_{\mu\nu} - \delta_{\mu\nu}) = 0 \tag{27}$$

bestimmen; hier steht links aber jetzt eine „unendliche" Determinante, d. h. eine Determinante mit unendlich vielen Zeilen und Spalten, so daß (27) im allgemeinen keine algebraische, sondern eine transzendente Gleichung für λ ist. Man kann zeigen, daß die Reihe

$$\sum_{\mu,\nu} a_{\mu\nu}^2$$

konvergiert, wenn $K(x, y)$ quadratisch integrierbar ist. Die mit $a_{\mu\nu}$ gebildete quadratische Form

$$\Phi(x, x) = \sum a_{\mu\nu}\, x_\mu\, x_\nu \tag{28}$$

ist dann *vollstetig*, d. h. es ist

$$|\Phi(y, y) - \Phi(x, x)| < \varepsilon,$$

sobald

$$|y_\nu - x_\nu| < \delta = \delta\,(\varepsilon) \tag{29}$$

---

[1] Multiplikation der Äquivalenz (23) mit $\psi_\mu(x)$ und Integration über x gibt eine Gleichung, vgl. die Bemerkung am Schluß von § 6, 6.

ist. Das ist eine sehr entscheidende Eigenschaft der Form $\Phi(x, x)$, die hier — bei unendlich vielen Variablen — mehr sagt als die bloße Stetigkeit, für die die Bedingungen (29) durch

$$\sum (y_\nu - x_\nu)^2 < \delta$$

zu ersetzen sind.

HILBERT hat seine Theorie auch auf unsymmetrische Kerne sowie auf den Fall ausgedehnt, daß die Form (28) nicht vollstetig, sondern nur beschränkt ist; dieser Fall führt auf die sogenannten singulären Integralgleichungen, die ich in der folgenden Ziffer noch kurz behandeln werde.

4. Singuläre Integralgleichungen. Als *singulär* bezeichnet man Integralgleichungen, deren Kerne nicht den in § 5, 1 angegebenen Voraussetzungen genügen, also insbesondere nicht quadratisch integrierbar sind. Unter diesen singulären Kernen gibt es solche, die sich durch den Übergang zu iterierten Kernen *glätten* lassen, so daß die iterierten Kerne genügend hoher Ordnung quadratisch integrierbar sind und nach den Ausführungen von § 5, 4 die Lösung der zugehörigen Integralgleichung keine zusätzlichen Schwierigkeiten mehr macht. Solche Kerne (oder Integralgleichungen) bezeichnet man als *quasiregulär*. Ein Beispiel dafür sind Kerne der Gestalt

$$K(x, y) = \frac{H(x, y)}{|x - y|^\alpha}, \qquad \frac{1}{2} \leqq \alpha < 1,$$

wo H stetig und symmetrisch ist. K ist dann ebenfalls symmetrisch und wird längs der Geraden $y = x$ unendlich von der Ordnung α, ist also nicht quadratisch integrierbar. Derartige Kerne spielen in vielen Anwendungen eine Rolle, weil sie häufig als Greensche Funktionen auftreten. Bildet man $K_2(x, y)$ und von diesem wieder den zweiten iterierten Kern, also $K_4(x, y)$ und so fort, so gelangt man nach n Schritten zu einem Kern

$$K_{2n}(x, y) = \frac{H_{2n}(x, y)}{|x - y|^{2^n \alpha - (2^n - 1)}},$$

wobei $H_{2n}(x, y)$ eine stetige Funktion in x und y ist. Wegen $2^n \alpha - (2^n - 1) = 1 - 2^n(1 - \alpha)$ wird der Exponent für genügend großes n sicher kleiner als $1/2$. Dann ist aber K_{2n} quadratisch integrierbar.

Ganz anders liegen die Dinge, wenn der Kern $K(x, y)$ von erster Ordnung unendlich wird. Bei solchen *eigentlich singulären* Kernen muß, auch wenn sie symmetrisch sind, kein Eigenwert existieren, vor allem aber müssen die Eigenwerte keineswegs isoliert sein, d. h. sie können ganze Intervalle ausfüllen. Nennt man die Menge aller Eigenwerte eines Kerns das *Spektrum* von K, so treten also bei singulären Kernen *kontinuierliche Spektra* auf.

Ähnliche Verhältnisse treten auch bei Gleichungen mit nicht beschränktem Grundgebiet auf. Die Substitution

$$x = - \ln u, \qquad y = - \ln v$$

führt z. B. die Gleichung

$$\varphi(x) = f(x) + \lambda \int_0^\infty K(x, y)\, \varphi(y)\, dy$$

über in

$$\Phi(u) = F(u) + \lambda \int_0^1 \frac{1}{v} K(- \ln u, - \ln v)\, \Phi(v)\, dv;$$

der Kern

$$\frac{1}{v} K(-\ln u, \ -\ln v)$$

wird aber für $v \to \infty$ im allgemeinen von der ersten Ordnung unendlich.

Ich begnüge mich damit, einige Beispiele singulärer Gleichungen anzuführen.

1. Ich schreibe die beiden Gleichungen § 2, (33) in der Gestalt

$$g(x) = \sqrt{\frac{2}{\pi}} \int_0^\infty \cos (x\,y)\, f(y)\, dy,$$

$$f(x) = \sqrt{\frac{2}{\pi}} \int_0^\infty \cos (x\,y)\, g(y)\, dy.$$

Addition gibt, $g(x) + f(x) = \varphi(x)$ gesetzt,

$$\varphi(x) = \sqrt{\frac{2}{\pi}} \int_0^\infty \cos (x\,y)\, \varphi(y)\, dy.$$

Diese homogene Integralgleichung hat den — nebenbei bemerkt, einzigen — Eigenwert $\sqrt{\frac{2}{\pi}}$, zu dem die unendlich vielen Eigenfunktionen $\varphi(x)$ gehören, d. h. alle Funktionen, die in jedem endlichen Intervall $[0, a]$ von beschränkter Variation sind und für die $\int_0^\infty |\varphi(x)|\, dx$ existiert. Hier gehören also zum Eigenwert $\sqrt{\frac{2}{\pi}}$ unendlich viele Eigenfunktionen.

2. Es sei die Integralgleichung

$$\varphi(x) = \lambda \int_0^\infty e^{-xy}\, \varphi(y)\, dy$$

vorgelegt. Nach III, § 32, 1 ist

$$\int_0^\infty e^{-xy}\, y^{-a}\, dy = x^{a-1} \int_0^\infty t^{-a}\, e^{-t}\, dt = x^{a-1}\, (-a)!$$

und

$$\int_0^\infty e^{-xy}\, y^{a-1}\, dy = x^{-a}\, (a-1)!$$

Setzt man

$$\sqrt{(a-1)!}\ x^{-a} + \sqrt{(-a)!}\ x^{a-1} = \varphi_1(a, x)$$

und

$$\sqrt{(a-1)!}\ x^{-a} - \sqrt{(-a)!}\ x^{a-1} = \varphi_2(a, x),$$

so folgt

$$\int_0^\infty e^{-xy}\, \varphi_1(a, y)\, dy = + \sqrt{(a-1)!\, (-a)!}\ \varphi_1(a, x)$$

und

$$\int_0^\infty e^{-xy}\, \varphi_2(a, y)\, dy = - \sqrt{(a-1)!\, (-a)!}\ \varphi_2(a, x).$$

Somit sind $\varphi_1(a, x)$ und $\varphi_2(a, x)$ für jede beliebige, auch komplexe Zahl $a \neq 0$ $\pm 1, \pm 2, \dots$ Eigenfunktionen zu den Eigenwerten

$$\lambda(a) = \pm \frac{1}{\sqrt{(a-1)!\, (-a)!}} = \pm \sqrt{\frac{\sin \pi a}{\pi}},$$

vgl. III, § 32, (10). Reelle Eigenwerte bekommt man für $0 < a < 1$, sie erfüllen das ganze Intervall $\left(-\dfrac{1}{\sqrt{\pi}},\ +\dfrac{1}{\sqrt{\pi}}\right)$ mit Ausschluß des Punktes $\lambda = 0$.

Das letzte Beispiel gehört in die Theorie der Laplacetransformation, mit der wir uns im nächsten Paragraphen ausführlicher beschäftigen werden.

§ 8. Die Laplacetransformation.

1. Funktionaltransformationen. Funktionaltransformationen sind Vorschriften, die einer gegebenen Funktion $f(x)$ eine andere Funktion $\varphi(y)$ zuordnen; man schreibt dafür symbolisch

$$\varphi(y) = \mathfrak{T}\,f(x). \tag{1}$$

Solche Funktionaltransformationen sind uns nichts Neues; Beispiele sind die Integration

$$\varphi(y) = \int\limits_a^y f(x)\,dx,$$

die Differentiation

$$\varphi(y) = \left[\frac{d}{dx}f(x)\right]_{x=y},$$

wo also nach Ausführung der Differentiation die Variable x durch y zu ersetzen ist, ferner die Substitution

$$\varphi(y) = [F(f(x))]_{x=y}$$

und schließlich die Integralgleichung erster Art

$$\varphi(y) = \int\limits_a^b K(y,\,x)\,f(x)\,dx, \tag{2}$$

die allerdings erst dann als Integralgleichung — nämlich mit gegebenem $\varphi(y)$ und unbekanntem $f(x)$ — anzusehen ist, wenn wir die Frage nach der inversen Transformation

$$f(x) = \mathfrak{T}^{-1}\,\varphi(y)$$

stellen.

Alle diese Transformationen mit Ausnahme der Substitution sind *linear*, d. h. sie genügen den beiden Funktionalgleichungen

$$\mathfrak{T}(f + g) = \mathfrak{T}\,f + \mathfrak{T}\,g \tag{3}$$

und

$$\mathfrak{T}(c\,f) = c\,\mathfrak{T}\,f \tag{4}$$

mit konstantem c.

Die *Laplacetransformation* ist eine spezielle Transformation der Art (2) mit dem Kern $K(y,\,x) = e^{yx}$. Meist schreibt man dabei p und t statt y und x und faßt p und t als komplexe Variable auf; das gibt

$$\varphi(p) = \int\limits_a^b e^{pt}\,f(t)\,dt.$$

Der Integrationsweg $\mathfrak{C}$ in der t-Ebene kann dabei eine beliebige, die Punkte $t = a$ und $t = b$ verbindende einfache Kurve sein. Der für die Anwendungen wichtigste Fall ist der, daß $\mathfrak{C}$ die positive reelle Achse, $a = 0$ und $b = +\infty$ ist. In der Regel ersetzt man dann noch p durch $-p$, so daß sich die Transformation

$$\boxed{\varphi(p) = \int\limits_0^\infty e^{-pt}\,f(t)\,dt} \tag{5}$$

ergibt; man schreibt abgekürzt

$$\boxed{\varphi(p) = \mathfrak{L}\, f(t).}$$ (6)

In der Transformation (6) nennt man $f(t)$ die *Objektfunktion, Originalfunktion* oder *Oberfunktion*, $\varphi(p)$ die *Resultatfunktion, Bildfunktion* oder *Unterfunktion*. Das Symbol $\mathfrak{L}$ ist ein *Operator* und daher wird die Theorie der Laplacetransformationen, besonders in den Englisch sprechenden Ländern, als Operatorenrechnung (operational methods) bezeichnet.

Sehr oft wird $\varphi(p)$ als *Laplacetransformierte* von $f(t)$ bezeichnet. Man schreibt auch $\overline{f}(p)$, d. h. man verwendet für die Bildfunktion dasselbe, nur mit einem Querstrich versehene Funktionszeichen wie für die Objektfunktion.

Neben (5) betrachtet man gelegentlich auch die *zweiseitige Laplacetransformation*

$$\psi(p) = \int_{-\infty}^{\infty} e^{-pt}\, f(t)\, dt.$$ (7)

Setzt man hier

$$e^{-t} = z, \qquad f(-\ln z) = g(z),$$

so geht (7) über in die *Mellin-Transformation*

$$\psi(p) = \int_{0}^{\infty} z^{p-1}\, g(z)\, dz.$$ (8)

Die große Bedeutung der Laplacetransformation beruht auf ihrer Anwendbarkeit für die Lösung von Anfangswertproblemen gewöhnlicher und partieller linearer Differentialgleichungen. Sie löst hier die Methode von HEAVISIDE ab, die ich in III, § 9, 5—6 erörtert habe, und reicht in ihrer Tragweite erheblich über die elementaren Methoden hinaus. Ihr wichtigstes praktisches Anwendungsgebiet liegt in der Elektrotechnik, und zwar insbesondere in der Untersuchung von Einschaltvorgängen in gekoppelten Schwingungskreisen, wo sie sich als ein besonders bequemes und wirksames Hilfsmittel erwiesen hat. Man kann sich allerdings nicht ganz des Eindrucks erwehren, daß die Laplacetransformation in einem gewissen Grad eine Modesache geworden ist und daß ihre Bedeutung und Tragweite mitunter überschätzt wird.

In allen Fällen, in denen die Laplacetransformation anwendbar ist, handelt es sich um folgende Methode: Es ist eine Funktionalgleichung (Differentialgleichung oder Integralgleichung) A vorgelegt. Die Anwendung der Laplacetransformation auf A gibt eine Gleichung $\overline{A} = \mathfrak{L}\, A$, die unter Umständen von wesentlich einfacherer Art ist. Ist $\overline{\Phi}$ eine Lösung von $\overline{A}$, so ist dann

$$\Phi = \mathfrak{L}^{-1}\,\overline{\Phi},$$

wo $\mathfrak{L}^{-1}$ die Umkehrung der Laplacetransformation bedeutet, die Lösung von A. Schematisch kann man den Vorgang also etwa so darstellen:

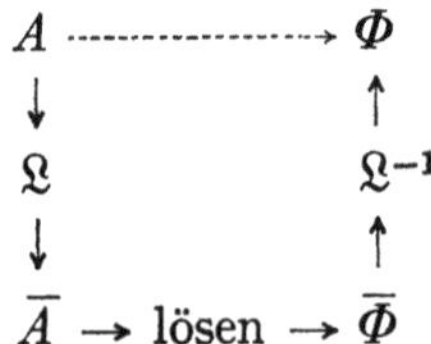

2. Konvergenzfragen. Die Laplacetransformation ist in sinnvoller Weise natürlich nur auf Funktionen $f(t)$ anwendbar, für die das uneigentliche Integral in (5) konvergiert; ich nenne jede solche Funktion $f(t)$ eine *zulässige Objekt-funktion*. Die Variable t, die in den Anwendungen meist die Zeit bedeutet, ist in (5) auf reelle Werte $t \geqq 0$ beschränkt (der Integrationsweg ist stets die reelle positive Achse). Die Objektfunktion nehme ich in der Regel als reell an, ist sie es nicht, so müssen Real- und Imaginärteil für sich zulässige Objektfunktionen sein. Die Variable p wollen wir stets als komplex annehmen.

Hinreichende Bedingungen, damit eine Funktion $f(t)$ eine zulässige Objekt-funktion ist, sind:

1. *$f(t)$ ist für alle reellen $t \geqq 0$ definiert, höchstens mit Ausnahme von isolierten Unendlichstellen, die keine eigentlichen Häufungspunkte haben.*

Ist aus bestimmten Gründen notwendig, die Definition von $f(t)$ für negative t zu ergänzen, so setzt man

$$\boxed{f(t) = 0 \quad \text{für} \quad t < 0.} \tag{9}$$

2. *$f(t)$ ist in jedem beschränkten Intervall $[t_1, t_2]$, $0 \leqq t_1 < t_2 < \infty$ absolut integrierbar* (im Riemannschen Sinn).

3. *Es existiert eine reelle Zahl c_0, so daß*

$$\int\limits_0^\infty e^{-c_0 t} |f(t)|\, dt = \lim_{\omega \to \infty} \int\limits_0^\omega e^{-c_0 t} |f(t)|\, dt \tag{10}$$

konvergiert. Gibt es mehrere solche Zahlen c_0, so heißt ihre untere Grenze α die *Konvergenzabszisse* des Integrals (5)[1].

Ich nehme zunächst einmal an, daß $f(t)$ von einer Stelle t_0 an beschränkt ist, also

$$|f(t)| \leqq M \quad \text{für } t \geqq t_0;$$

dann ist mit $t_0 \leqq \omega_1 < \omega_2$

$$R = \int\limits_{\omega_1}^{\omega_2} |e^{-p t} f(t)|\, dt \leqq M \int\limits_{\omega_1}^{\omega_2} e^{-\Re p t}\, dt;$$

ist der Realteil $\Re p$ von p

$$\Re p > 0,$$

so folgt weiter

$$R \leqq M \int\limits_{\omega_1}^\infty e^{-\Re p t}\, dt = \frac{M}{\Re p} e^{-\Re p \omega_1} < \varepsilon,$$

mit beliebigem $\varepsilon > 0$, wenn nur ω_1 hinreichend groß ist. *In diesem Fall ist also die Konvergenzabszisse $\alpha = 0$.*

---

[1] Wegen $e^{-c_0 t} \geqq 0$ ist das Integral

$$\int\limits_0^\infty e^{-c_0 t} f(t)\, dt$$

dann sogar *absolut konvergent*. Man kann die Forderung 3 durch die schwächere ersetzen, daß für eine reelle Zahl c_1 obiges Integral nur schlechthin konvergiert. Dann nennt man die untere Grenze β aller Zahlen c_1 die Konvergenzabszisse und die oben definierte Zahl α die *Abszisse der absoluten Konvergenz.* Es ist dann

$$-\infty \leqq \beta \leqq \alpha \leqq +\infty$$

und hier sind alle Kombinationen von Gleichheits- und Kleiner-Zeichen möglich (natürlich mit der einen Ausnahme, daß drei Gleichheitszeichen erscheinen). Vgl. hierzu DOETSCH, LV. 9.

Aus der Definition der zulässigen Objektfunktionen ergeben sich einige wichtige Folgerungen.

Satz 1: *Das Integral (5) konvergiert absolut und gleichmäßig in jeder Halbebene* $\Re p \geqq c_0 > \alpha$.

Ist nämlich p_0 ein Punkt mit $\Re p_0 = c_0 > \alpha$ und $\varepsilon > 0$ beliebig, so ist für $0 < \omega_1 < \omega_2$

$$\int\limits_{\omega_1}^{\omega_2} |e^{-pt} f(t)|\, dt = \int\limits_{\omega_1}^{\omega_2} |e^{-(p-p_0)t} \cdot e^{-p_0 t} f(t)|\, dt = \int\limits_{\omega_1}^{\omega_2} e^{-\Re (p-p_0)t}\, |e^{-p_0 t} f(t)|\, dt \leqq$$

$$\leqq \int\limits_{\omega_1}^{\omega_2} |e^{-p_0 t} f(t)|\, dt = \int\limits_{\omega_1}^{\omega_2} e^{-c_0 t} |f(t)|\, dt \leqq \int\limits_{\omega_1}^{\infty} e^{-c_0 t} |f(t)|\, dt < \varepsilon,$$

sobald nur ω_1 hinreichend groß ist, weil $\Re (p - p_0) = \Re p - c_0 \geqq 0$ ist und weil das Integral (10) konvergiert. Die gleichmäßige Konvergenz folgt wegen

$$\left| \int\limits_{\omega_1}^{\infty} e^{-pt} f(t)\, dt \right| \leqq \int\limits_{\omega_1}^{\infty} |e^{-pt} f(t)|\, dt \leqq \int\limits_{\omega_1}^{\infty} e^{-c_0 t} |f(t)|\, dt < \varepsilon,$$

unmittelbar aus der Definition von II, 2, § 11, 4 (II, 1, § 16, 4).

Satz 2: *Ist $f(t)$ eine zulässige Objektfunktion, so gilt dasselbe für ihr Integral*[1]

$$F(t) = \int\limits_0^t f(u)\, du.$$

Zum Beweis nehme ich an, (5) sei für ein reelles $p = c_0 > 0$ konvergent und setze ($x > 0$ reell)

$$G(x) = \int\limits_0^x e^{-c_0 t} F(t)\, dt,$$

$$\Phi(x) = e^{c_0 x} G(x)$$

und
$$\Psi(x) = e^{c_0 x};$$

wegen $c_0 > 0$ ist dann $\lim\limits_{x \to +\infty} \Psi(x) = +\infty$. Ist $\Phi(x)$ beschränkt, so ist auch $G(x)$ beschränkt; ist aber $\Phi(x)$ nicht beschränkt, so folgt nach der Regel von BERNOULLI

$$\lim\limits_{x \to +\infty} G(x) = \lim\limits_{x \to +\infty} \frac{\Phi(x)}{\Psi(x)} = \lim\limits_{x \to +\infty} \frac{\Phi'(x)}{\Psi'(x)} = \frac{1}{c_0} \lim\limits_{x \to +\infty} (c_0\, G(x) + G'(x)).$$

Partielle Integration gibt

$$c_0\, G(x) = -\,[e^{-c_0 t} F(t)]_0^x + \int\limits_0^x e^{-c_0 t} f(t)\, dt,$$

also
$$c_0\, G(x) + G'(x) = \int\limits_0^x e^{-c_0 t} f(t)\, dt$$

und daher existiert

$$\lim\limits_{x \to +\infty} G(x) = \int\limits_0^{\infty} e^{-c_0 t} F(t)\, dt = \frac{1}{c_0} \int\limits_0^{\infty} e^{-c_0 t} f(t)\, dt;$$

$F(t)$ ist eine zulässige Objektfunktion.

---

[1] Für die Ableitung $f'(t)$ muß ein entsprechender Satz nicht gelten: Ist $f(t) = t^{-1/2}$, so ist $f'(t) = -\dfrac{1}{2}\, t^{-3/2}$ im Punkt $t = 0$ nicht integrierbar.

Satz 3: *Die Bildfunktion $\varphi(p)$ einer beliebigen zulässigen Objektfunktion ist in der Halbebene $\Re(p) > \alpha$ eine reguläre Funktion von p, deren Ableitungen*

$$\varphi^{(k)}(p) = (-1)^k \int_0^\infty e^{-pt}\, t^k\, f(t)\, dt \tag{11}$$

sich aus (5) durch Differentiation unter dem Integralzeichen ergeben.

Ist $f(t)$ stetig, so folgt das unmittelbar aus III, § 24, 8. Für den Fall einer beliebigen zulässigen Objektfunktion zeige ich zunächst, daß

$$\psi(p) = \int_a^b e^{-pt}\, f(t)\, dt, \quad 0 \leqq a < b < \infty$$

eine *ganze* Funktion mit den Ableitungen

$$\psi^{(k)}(p) = (-1)^k \int_a^b e^{-pt}\, t^k\, f(t)\, dt$$

ist. Wegen der gleichmäßigen Konvergenz der Exponentialreihe ist

$$\psi(p) = \sum_{\nu=0}^\infty (-1)^\nu \frac{p^\nu}{\nu!} \int_a^b t^\nu\, f(t)\, dt$$

und diese Reihe ist ebenfalls in der ganzen p-Ebene gleichmäßig konvergent und dasselbe gilt auch für die durch gliedweise Differentiation entstehenden Reihen, so daß

$$\psi^{(k)}(p) = \sum_{\nu=0}^\infty (-1)^\nu \frac{p^{\nu-k}}{(\nu-k)!} \int_a^b t^\nu\, f(t)\, dt = (-1)^k \int_a^b e^{-pt}\, t^k\, f(t)\, dt$$

ist. Ich setze nun

$$\psi_\nu(p) = \int_\nu^{\nu+1} e^{-pt}\, f(t)\, dt.$$

Da das Integral (5) für $\Re\, p > \alpha$ gleichmäßig konvergiert, konvergiert auch die Reihe

$$\varphi(p) = \sum_{\nu=1}^\infty \psi_\nu(p)$$

für $\Re\, p > \alpha$ gleichmäßig und stellt also nach dem Weierstraßschen Doppelreihensatz (III, § 25, 6) eine in $\Re\, p > \alpha$ reguläre Funktion dar, womit der erste Teil meiner obigen Behauptung bewiesen ist. Den Beweis von (11), bei dem sich noch eine gewisse Schwierigkeit ergibt, übergehe ich[1].

Ich erwähne schließlich noch, daß aus (5) unmittelbar

$$\lim_{\Re\, p \to +\infty} \varphi(p) = 0$$

folgt. Man kann darüber hinaus zeigen, daß diese Konvergenz in jedem Winkelraum

$$|\text{arc}\, (p - p_0)| \leqq \vartheta < \frac{\pi}{2}, \quad \Re\, p_0 > \alpha$$

eine gleichmäßige ist.

---

[1] Vergleiche DOETSCH, LV. 9.

3. Die Bildfunktionen einiger einfacher Funktionen. Wer öfter mit der Laplacetransformation zu rechnen hat, wird gut tun, sich eine Korrespondenztabelle anzulegen, die die Bildfunktionen einiger häufig vorkommender Objektfunktionen enthält. Wir wollen einen ersten Anfang für eine solche Tabelle zusammenstellen. Die Rechnung ist dabei meist so einfach, daß kaum eine Erklärung notwendig sein wird. Jede der folgenden Formeln kann selbstverständlich noch durch die Umkehrformel

$$f(t) = \mathfrak{L}^{-1}\,\varphi(p)$$

ergänzt werden.

1. *Die Konstante:*

$$\boxed{\mathfrak{L}\,c = \frac{c}{p},}\tag{12}$$

insbesondere[1]

$$\mathfrak{L}\,1 = \frac{1}{p}.\tag{13}$$

2. *Die Exponentialfunktion:*

$$\boxed{\mathfrak{L}\,e^{at} = \frac{1}{p-a},\qquad \Re\,p > \Re\,a,}\tag{14}$$

für $a = 0$ folgt wieder (13).

3. *Die Potenz:*

$$\boxed{\mathfrak{L}\,t^a = \frac{a!}{p^{a+1}},\qquad \Re\,a > -1,\qquad \Re\,p > 0.}\tag{15}$$

Ich nehme zunächst p reell und > 0. Die Substitution $p\,t = u$ gibt nach III, § 32, 1

$$\mathfrak{L}\,t^a = \int_0^\infty e^{-pt}\,t^a\,dt = \frac{1}{p^{a+1}}\int_0^\infty e^{-u}\,u^a\,du = \frac{a!}{p^{a+1}}.$$

Nach dem Prinzip der analytischen Fortsetzung (III, § 26, 2) gilt das aber auch für alle komplexen p mit $\Re\,p > 0$.

4. *Die Winkelfunktionen:*

$$\boxed{\mathfrak{L}\cos\omega\,t = \frac{p}{p^2 + \omega^2},\qquad \mathfrak{L}\sin\omega\,t = \frac{\omega}{p^2 + \omega^2}.}\tag{16}$$

Beide Formeln folgen aus (14) für $a = j\,\omega$ und Trennung von Real- und Imaginärteil. (16) gilt durch analytische Fortsetzung für imaginäre p und ω, $\Re\,p > |\Im\,\omega|$.

5. *Die Hyperbelfunktionen:*

$$\boxed{\mathfrak{L}\operatorname{ch}\omega\,t = \frac{p}{p^2 - \omega^2},\qquad \mathfrak{L}\operatorname{sh}\omega\,t = \frac{\omega}{p^2 - \omega^2}.}\tag{17}$$

wie (16) aus (14) für $a = \pm\,\omega$ und analytisch fortsetzbar für imaginäre p und ω, $\Re\,p > |\Re\,\omega|$.

---

[1] Damit $\mathfrak{L}\,1 = 1$ wird, verwenden manche Autoren an Stelle unserer Bildfunktion $\varphi(p)$ die Bildfunktion $H(p) = p\,\varphi(p)$, z. B. K. WAGNER, LV. 10.

6 *Die Stoßfunktion*[1]:

$$S(t, a) = \left\{ \begin{array}{ll} 0 & \text{für } 0 \leqq t < a \\ 1 & \text{für } t \geqq a \end{array} \right\} \qquad (18)$$

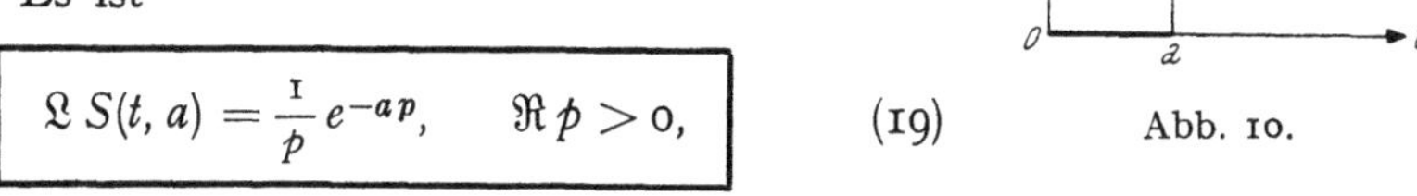
Abb. 10.

(Abb. 10). Es ist

$$\boxed{\mathfrak{L}\, S(t, a) = \frac{1}{p}\, e^{-ap}, \qquad \mathfrak{R}\, p > 0,} \qquad (19)$$

a ist dabei reell und > 0.

7. *Rechteckimpulse:* Man versteht darunter eine Funktion $R(t, a, h)$ mit dem in Abb. 11 angedeuteten Verlauf; es ist

$$R(t, a, h) = S(t, a) - S(t, a + h) \qquad (20)$$

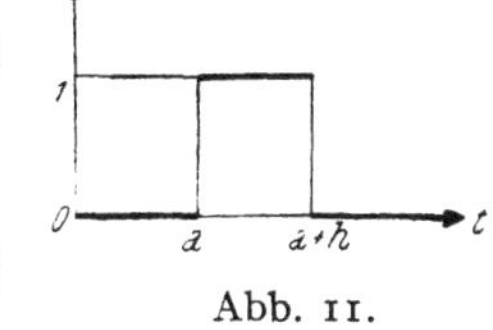
Abb. 11.

und daher

$$\boxed{\mathfrak{L}\, R(t, a, h) = \frac{1}{p}\, e^{-ap} \left(1 - e^{-hp}\right).} \qquad (21)$$

8. *Die Besselfunktion $J_0(\omega t)$ vom Index Null:* Nach III, § 5, 4 (Beispiel) ist

$$\mathfrak{L}\, J_0(\omega t) = \mathfrak{L} \sum_{\nu=0}^{\infty} \frac{(-1)^{\nu}}{(\nu!)^2} \left(\frac{\omega t}{2}\right)^{2\nu};$$

wegen der gleichmäßigen Konvergenz folgt weiter

$$\mathfrak{L}\, J_0(\omega t) = \sum_{\nu=0}^{\infty} \frac{(-1)^{\nu}}{(\nu!)^2} \left(\frac{\omega}{2}\right)^{2\nu} \mathfrak{L}\, t^{2\nu} = \sum_{\nu=0}^{\infty} \frac{(-1)^{\nu}}{(\nu!)^2} \left(\frac{\omega}{2}\right)^{2\nu} \frac{(2\nu)!}{p^{2\nu+1}} =$$

$$= \frac{1}{p} \sum_{\nu=0}^{\infty} \binom{-1/2}{\nu} \left(\frac{\omega}{p}\right)^{2\nu} = \frac{1}{p} \left(1 + \frac{\omega^2}{p^2}\right)^{-1/2},$$

also

$$\boxed{\mathfrak{L}\, J_0(\omega t) = \frac{1}{\sqrt{p^2 + \omega^2}}, \qquad \mathfrak{R}\, p > 0.} \qquad (22)$$

(22) gilt vorerst nur für $|p| > |\omega|$, dann aber, wegen der Regularität von $\mathfrak{L}(J_0)$ im ganzen Konvergenzgebiet.

9. *Periodische Funktionen:* Ist $f(t)$ mit $2\,l$ periodisch:

$$f(t + 2\,l) = f(t),$$

so wird

$$\mathfrak{L}\, f(t) = \int_0^{\infty} f(t)\, e^{-pt}\, dt = \sum_{\nu=0}^{\infty} \int_{2\nu l}^{2(\nu+1)l} f(t)\, e^{-pt}\, dt;$$

die Substitution $t = u + 2\,\nu\,l$ gibt

$$\mathfrak{L}\, f(t) = \sum_{\nu=0}^{\infty} e^{-2\nu lp} \int_0^{2l} f(u)\, e^{-pu}\, du = \int_0^{2l} f(u)\, e^{-pu}\, du \cdot \sum_{\nu=0}^{\infty} e^{-2\nu lp},$$

also

$$\boxed{\mathfrak{L}\, f(t) = \frac{1}{1 - e^{-2lp}} \int_0^{2l} f(u)\, e^{-pu}\, du.} \qquad (23)$$

---

[1] Vergleiche III, § 24, 9, Beispiel 3. Man kann natürlich $S(a, a) = \frac{1}{2}$ (oder $= 0$) definieren, doch ist das für die Integration belanglos.

10. Für *Rechteckimpulse, die sich periodisch wiederholen* (Abb. 12), folgt daraus, wenn wir in (20) $a = 0$ nehmen,

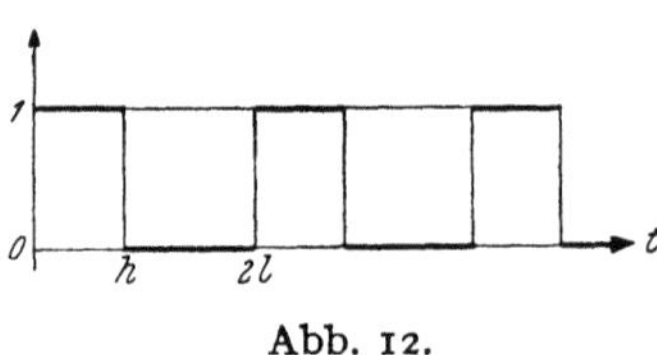

Abb. 12.

$$\mathfrak{L} f(t) = \frac{1}{p}\, \frac{1 - e^{-hp}}{1 - e^{-2lp}} \qquad (24)$$

und für $h = l$, wenn also die Impulsdauer gleich der halben Periode ist,

$$\mathfrak{L} f(t) = \frac{1}{p\,(1 + e^{-lp})}. \qquad (25)$$

11. *Differentiation unter dem Integralzeichen.* Ich erwähne schließlich, daß die Differentiation beider Seiten einer Formel nach einem Parameter ein wichtiges Hilfsmittel zur Gewinnung neuer Formeln ist; so folgt z. B. aus (16)

$$\mathfrak{L}\,(t \sin \omega t) = \frac{2\,\omega\,p}{(p^2 + \omega^2)^2} \qquad (26)$$

und

$$\mathfrak{L}\,(t \cos \omega t) = \frac{p^2 - \omega^2}{(p^2 + \omega^2)^2} \qquad (27)$$

usw.

4. Allgemeine Eigenschaften der Laplacetransformation. Die Formeln, die ich im folgenden entwickeln will, betreffen im Gegensatz zu den bisherigen, allgemeine Aussagen über die Laplacetransformation; sie beziehen sich also auf beliebige zulässige Objektfunktionen $f(t)$. Die meisten von ihnen sind vom mathematischen Standpunkt äußerst einfach, aber von entscheidender Bedeutung für die praktische Anwendung. $\varphi(p) = \mathfrak{L}\,f(t)$ ist im folgenden immer die Bildfunktion der Objektfunktion $f(t)$.

Satz 1: *Addition.* Aus der Linearität der Laplacetransformation folgt

$$\mathfrak{L}\left(\sum_{i=1}^{n} c_i\, f_i(t)\right) = \sum_{i=1}^{n} c_i\, \mathfrak{L}\, f_i(t), \qquad (28)$$

eine einfache Zusammenfassung und Verallgemeinerung von (3) und (4).

Satz 2: *Der Verschiebungssatz.* Wir suchen die Bildfunktion von $f(t - \alpha)$, wo $\alpha > 0$ reell ist. Mit Hilfe der Substitution $t - \alpha = \tau$ wird

$$\mathfrak{L}\, f(t - \alpha) = \int_0^\infty f(t - \alpha)\, e^{-pt}\, dt = \int_{-\alpha}^\infty f(\tau)\, e^{-p(\tau + \alpha)}\, d\tau =$$

$$= e^{-\alpha p}\left[\int_0^\infty f(\tau)\, e^{-p\tau}\, d\tau + \int_{-\alpha}^0 f(\tau)\, e^{-p\tau}\, d\tau\right],$$

also

$$\mathfrak{L}\, f(t - \alpha) = e^{-\alpha p}\left[\mathfrak{L}\, f(t) + \int_{-\alpha}^0 f(t)\, e^{-pt}\, dt\right]. \qquad (29)$$

Dabei muß $f(t)$ natürlich für $t \geqq -\alpha$ definiert sein. Setzt man gemäß Ziffer 2

$$f(t) = 0 \ \text{ für } \ t < 0,$$

so reduziert sich (29) auf

$$\mathfrak{L}\, f(t - \alpha) = e^{-\alpha p}\, \mathfrak{L}\, f(t). \qquad (30)$$

Satz 3: *Der Ähnlichkeitssatz.* Für die Bildfunktion von $f(\alpha t)$, $\alpha > 0$ reell, gibt die Substitution $\alpha t = \tau$

$$\mathfrak{L}\, f(\alpha t) = \int_0^\infty f(\alpha t)\, e^{-pt}\, dt = \frac{1}{\alpha} \int_0^\infty f(\tau)\, e^{-\frac{p}{\alpha}\tau}\, d\tau$$

oder

$$\mathfrak{L}\, f(\alpha t) = \frac{1}{\alpha}\, \varphi\left(\frac{p}{\alpha}\right). \tag{31}$$

Ersetzt man α durch $\frac{1}{\alpha}$, so folgt die gelegentlich auch als zweiter Ähnlichkeitssatz bezeichnete Formel

$$\mathfrak{L}\, f\left(\frac{t}{\alpha}\right) = \alpha\, \varphi(\alpha p). \tag{32}$$

Hier wird also im Bildraum die Variable mit der Konstanten α multipliziert.

Satz 4: *Dämpfungssatz.* Ist α beliebig komplex, so finden wir für die Bildfunktion des Produktes $e^{-\alpha t} f(t)$ sofort

$$\mathfrak{L}(e^{-\alpha t} f(t)) = \varphi(p + \alpha), \qquad \Re p > \beta - \Re \alpha, \tag{33}$$

wo β die Konvergenzabszisse für $\mathfrak{L}\, f(t)$ ist. Die Bezeichnung „Dämpfungssatz" kommt von dem Faktor $e^{-\alpha t}$, der aus einer reinen Schwingung $f(x)$ eine gedämpfte macht. (33) ist das Analogon zu (30) im Bildraum und wird daher oft auch als *zweiter Verschiebungssatz* bezeichnet.

Satz 5: *Differentiation im Objektraum.* Ist $f(t)$ differenzierbar und $f'(t)$ eine zulässige Objektfunktion, so ist nach Ziffer 2, Satz 2, auch $f(t)$ eine zulässige Objektfunktion und durch partielle Integration folgt

$$\mathfrak{L}\, f'(t) = \int_0^\infty f'(t)\, e^{-pt}\, dt = [e^{-pt} f(t)]_0^\infty + p \int_0^\infty f(t)\, e^{-pt}\, dt,$$

also

$$\mathfrak{L}\, f'(t) = p\, \mathfrak{L}\, f(t) - f(0). \tag{34}$$

Ist $f''(t)$ eine zulässige Objektfunktion (dann sind es nach Satz 2 von Ziffer 2 auch f' und f), so folgt durch zweimalige Anwendung von (34)

$$\mathfrak{L}\, f''(t) = p\, \mathfrak{L}\, f'(t) - f'(0) = p^2\, \mathfrak{L}\, f(t) - p\, f(0) - f'(0) \tag{35}$$

und allgemein, wenn $f^{(n)}(t)$ eine zulässige Objektfunktion ist (dann sind es auch $f^{(n-1)}, \ldots, f'$ und f)

$$\mathfrak{L}\, f^{(n)}(t) = p^n\, \mathfrak{L}\, f(t) - p^{n-1}\, f(0) - p^{n-2}\, f'(0) - \ldots - f^{(n-1)}(0). \tag{36}$$

Unter Benützung von (15) kann man dafür auch

$$\mathfrak{L}\, f^{(n)}(t) = p^n\, \mathfrak{L}\left[f(t) - f(0) - \frac{f'(0)}{1!}\, t - \ldots - \frac{f^{(n-1)}(0)}{(n-1)!}\, t^{n-1}\right] \tag{37}$$

schreiben. Eine andere Gestalt von (36) ist

$$\varphi(p) = \mathfrak{L}\, f(t) = \frac{f(0)}{p} + \frac{f'(0)}{p^2} + \ldots + \frac{f^{(n-1)}(0)}{p^n} + \frac{1}{p^n}\, \mathfrak{L}\, f^{(n)}(t). \tag{38}$$

Dieser Differentiationssatz gibt die für die Anwendungen wichtigste Eigenschaft der Laplacetransformation, vgl. Ziffer 5.

Satz 6: *Differentiation im Bildraum.* Aus

$$\varphi(p) = \int\limits_0^\infty f(t)\, e^{-pt}\, dt$$

folgt durch Differentiation nach p (vgl. Satz 3 von Ziffer 2)

$$\varphi'(p) = -\int\limits_0^\infty t\, f(t)\, e^{-pt}\, dt = -\,\mathfrak{L}\, t\, f(t)$$

und allgemein

$$\boxed{\varphi^{(n)}(p) = (-1)^n\, \mathfrak{L}\, t^n\, f(t).} \tag{39}$$

Diese Formel wird mitunter auch als *Multiplikationssatz* bezeichnet, weil sie die Bildfunktion des Produktes von $f(t)$ mit der Potenz t^n liefert. Für $f(t) \equiv 1$ gibt (39) wegen (13) die Formel (15) für $a = n$ positiv ganz.

Satz 7: *Integration im Objektraum.* Ich setze $F(t) = \int\limits_0^t f(t)\, dt$, dann ist nach Satz 2 von Ziffer 2 mit f auch F eine zulässige Objektfunktion und aus (34) folgt wegen $F(0) = 0$

$$\mathfrak{L}\, F'(t) = \mathfrak{L}\, f(t) = p\, \mathfrak{L}\, F(t)$$

oder

$$\boxed{\mathfrak{L} \int\limits_0^t f(t)\, dt = \frac{1}{p}\, \mathfrak{L}\, f(t).} \tag{40}$$

Satz 8: *Integration im Bildraum.* Ich setze

$$\mathfrak{L}\, \frac{f(t)}{t} = \psi(p), \tag{41}$$

dann folgt aus Satz 6

$$\mathfrak{L}\, f(t) = \varphi(p) = -\psi'(p)$$

und daher durch Integration längs einer Halbgeraden, die mit der reellen Achse einen Winkel α mit $|\alpha| < \dfrac{\pi}{2}$ einschließt,

$$\int\limits_p^\infty \varphi(p)\, dp = \psi(p)$$

oder wegen (41)

$$\boxed{\mathfrak{L}\, \frac{f(t)}{t} = \int\limits_p^\infty \varphi(p)\, dp = \int\limits_p^\infty \mathfrak{L}\, f(t)\, dp.} \tag{42}$$

Der Integrationsweg kann dabei natürlich auch eine beliebige, im obigen Winkelraum von p nach ∞ verlaufende, stückweise glatte Kurve sein.

Wiederholte Integration gibt

$$\mathfrak{L}\, \frac{f(t)}{t^n} = \int\limits_p^\infty dp_1 \int\limits_{p_1}^\infty dp_2 \ldots \int\limits_{p_{n-1}}^\infty \varphi(p_n)\, dp_n$$

oder nach II, 2, § 13, Aufgabe 15 (II, 1, § 18, Aufgabe 15)

$$\boxed{\mathfrak{L}\, \frac{f(t)}{t^n} = \frac{1}{(n-1)!} \int\limits_p^\infty (z-p)^{n-1}\, \varphi(z)\, dz,} \tag{43}$$

eine Formel, die zu (39) analog ist und als *Divisionssatz* — Division von $f(t)$ durch t^n — bezeichnet wird.

Für $p = 0$ wird (42), die Existenz der Integrale vorausgesetzt,

$$\int_0^\infty \varphi(p)\, dp = \int_0^\infty \frac{f(t)}{t}\, dt; \tag{44}$$

wenden wir die Laplacetransformation auf

$$\int_0^t \frac{f(t)}{t}\, dt = \int_0^\infty \frac{f(t)}{t}\, dt - \int_t^\infty \frac{f(t)}{t}\, dt \tag{45}$$

an, so folgt wegen (40) und (42)

$$\mathfrak{L} \int_0^t \frac{f(t)}{t}\, dt = \frac{1}{p}\, \mathfrak{L}\, \frac{f(t)}{t} = \frac{1}{p} \int_p^\infty \varphi(p)\, dp$$

und wegen (44) — das Integral ist eine Konstante! —

$$\mathfrak{L} \int_0^\infty \frac{f(t)}{t}\, dt = \frac{1}{p} \int_0^\infty \frac{f(t)}{t}\, dt = \frac{1}{p} \int_0^\infty \varphi(p)\, dp.$$

Im ganzen erhalten wir also aus (45)

$$\boxed{\mathfrak{L} \int_t^\infty \frac{f(t)}{t}\, dt = \frac{1}{p} \int_0^p \varphi(p)\, dp.} \tag{46}$$

Die Formel (44) kann bei der Berechnung bestimmter Integrale von Nutzen sein, indem man das schwieriger zu berechnende durch das andere ausdrückt, z. B. $f(t) = \sin t$, $\varphi(p) = \dfrac{1}{1 + p^2}$, also

$$\int_0^\infty \frac{\sin t}{t}\, dt = \int_0^\infty \frac{dp}{1 + p^2} = \frac{\pi}{2}$$

(vgl. II, 2, § 11, 4 und 6; II, 1, § 16, 4 und 6).

Einen weiteren hierher gehörigen und recht wichtigen Satz werde ich in Ziffer 6 beweisen.

5. Die lineare Differentialgleichung mit konstanten Koeffizienten. Es sei die Differentialgleichung

$$y^{(n)} + a_1 y^{(n-1)} + \ldots + a_n y = a \cos \omega t + b \sin \omega t \tag{47}$$

vorgelegt. Die Störungsfunktion ist eine reine Sinusschwingung. Als Anfangsbedingungen seien

$$y(0) = y'(0) = \ldots = y^{(n-1)}(0) = 0$$

vorgeschrieben. Der Übergang zum Bildraum gibt unter Benützung der Formeln (36) und (16)

$$(p^n + a_1 p^{n-1} + \ldots + a_n)\, \bar{y} = \frac{a\, p + b\, \omega}{p^2 + \omega^2}, \tag{48}$$

wo $\bar{y}(p) = \mathfrak{L}\, y(t)$ gesetzt ist, oder

$$\bar{y} = \frac{a\, p + b\, \omega}{(p^2 + \omega^2)\,(p^n + a_1 p^{n-1} + \ldots + a_n)}.$$

Partialbruchzerlegung der rationalen Funktion rechts gibt weiter

$$\overline{y} = \frac{A\,p + B\,\omega}{p^2 + \omega^2} + \sum_{i,\,k} \frac{A_{i\,k}}{(p - p_i)^k}, \qquad (49)$$

wo p_i die voneinander verschiedenen Nullstellen des Polynoms $p^n + a_1\,p^{n-1} +$
$+ \ldots + a_n$ sind und die Summe über k bis zur Vielfachheit k_i der Nullstelle p_i
zu erstrecken ist (I, 2, § 33, 2; I, 1, § 41, 2). Nach (16) ist

$$\mathfrak{L}^{-1}\,\frac{A\,p + B\,\omega}{p^2 + \omega^2} = A \cos \omega\,t + B \sin \omega\,t$$

und nach (15) und (33)

$$\mathfrak{L}^{-1}\,\frac{A_{i\,k}}{(p - p_i)^k} = \frac{A_{i\,k}}{(k - 1)!}\,t^{k-1}\,e^{p_i t},$$

so daß die Rücktransformation von (49) die Lösung

$$y(t) = A \cos \omega\,t + B \sin \omega\,t + \sum_{i,\,k} \frac{A_{i\,k}}{(k - 1)!}\,t^{k-1}\,e^{p_i t} \qquad (50)$$

der Differentialgleichung (47) mit den obigen Anfangsbedingungen ergibt.

Sind nicht alle Anfangswerte gleich Null, so folgt aus (36), daß zur rechten
Seite von (48) ein Polynom hinzutritt, das höchstens vom Grad $n - 1$ ist und
dessen Koeffizienten linear und homogen von den Anfangswerten abhängen;
$\overline{y}$ ist also auch dann eine echt gebrochene rationale Funktion von p und die
Partialbruchzerlegung (49) bleibt formal ungeändert, es erhalten bloß die
Koeffizienten A, B und $A_{i\,k}$ andere Werte.

Ist also ganz allgemein

$$\overline{y}(p) = \frac{Z(p)}{N(p)},$$

wo $N(p)$ ein Polynom vom Grad n, $Z(p)$ ein Polynom vom Grad $m < n$ ist und
ist

$$\overline{y}(p) = \sum_{i,\,k} \frac{A_{i\,k}}{(p - p_i)^k}$$

die Partialbruchzerlegung von $\overline{y}(p)$, so ist die zugehörige Objektfunktion

$$\boxed{\,y(t) = \sum_{i,\,k} \frac{A_{i\,k}}{(k - 1)!}\,t^{k-1}\,e^{p_i t}.\,} \qquad (51)$$

Die Formel wird als *Heavisidescher Entwicklungssatz* (expansion theorem) bezeichnet.

Der Vergleich mit den Ausführungen von III, § 9, 5 bis 6, zeigt den Zusammenhang mit der Heavisideschen Operatorenrechnung: Die Variable p tritt hier
an Stelle des Operators D und damit ist der ganze Hokuspokus des Heaviside-
kalküls in eine einwandfreie mathematische Gestalt gebracht.

Auf der Tatsache, daß der im Objektraum gestellten Aufgabe der Lösung der
Differentialgleichung (47) im Bildraum eine algebraische Aufgabe entspricht,
beruht die große Bedeutung der Laplacetransformation. Ihre volle Wirksamkeit
entfaltet die Methode allerdings erst bei schwierigeren Aufgaben, z. B. bei der
Lösung von Systemen von Differentialgleichungen sowie bei partiellen Differentialgleichungen (Ziffer 7). Ein praktisch höchst bedeutungsvolles Instrument, das
in manchen Fällen die Ausführung der Partialbruchzerlegung (49) erspart, ist
der folgende Faltungssatz.

6. Der Faltungssatz. Für das Produkt der Bildfunktionen zweier Funktionen $f_1(t)$ und $f_2(t)$ ergibt sich

$$\mathfrak{L}\, f_1 \cdot \mathfrak{L}\, f_2 = \int_0^\infty f_1(u)\, e^{-pu}\, du \cdot \int_0^\infty f_2(v)\, e^{-pv}\, dv = \iint_{\mathfrak{B}} f_1(u)\, f_2(v)\, e^{-p(u+v)}\, du\, dv;$$

$\mathfrak{B}$ ist der erste Quadrant der u,v-Ebene. Die Substitution

$$u = \tau, \quad u + v = t \quad \text{oder} \quad u = \tau, \quad v = t - \tau$$

gibt, da der Betrag der Funktionaldeterminante 1 ist, weiter

$$\mathfrak{L}\, f_1 \cdot \mathfrak{L}\, f_2 = \iint_{\overline{\mathfrak{B}}} f_1(\tau)\, f_2(t-\tau)\, e^{-pt}\, dt\, d\tau = \int_0^\infty e^{-pt}\, dt \int_0^t f_1(\tau)\, f_2(t-\tau)\, d\tau.$$

$\overline{\mathfrak{B}}$ ist der Bereich $0 \leqq \tau \leqq t$ der τ,t-Ebene, also der Winkelraum zwischen $\tau = 0$ und $\tau = t$. Man nennt

$$\boxed{f_1 * f_2 = \int_0^t f_1(\tau)\, f_2(t-\tau)\, d\tau} \tag{52}$$

das *Faltprodukt* oder die *Faltung* von $f_1(t)$ und $f_2(t)$; $f_1 * f_2$ ist dabei als neues Funktionszeichen anzusehen, man schreibt $f_1 * f_2(t)$, wenn man das Argument t hervorheben will. Also gilt

$$\boxed{\mathfrak{L} f_1 \cdot \mathfrak{L} f_2 = \mathfrak{L}\,(f_1 * f_2).} \tag{53}$$

Führt man in (52) die Substitution $\tau = t - \overline{\tau}$ durch, so folgt

$$f_1 * f_2 = -\int_t^0 f_1(t-\overline{\tau})\, f_2(\overline{\tau})\, d\overline{\tau} = \int_0^t f_2(\overline{\tau})\, f_1(t-\overline{\tau})\, d\overline{\tau} = f_2 * f_1.$$

Das Faltprodukt ist *kommutativ*. Ich zeige weiter, daß auch das assoziative Gesetz gilt. Es ist

$$f_1 * (f_2 * f_3) = \int_0^t f_1(t-\tau)\, f_2 * f_3(\tau)\, d\tau = \iint_{\mathfrak{B}} f_1(t-\tau)\, f_2(\tau-\overline{\tau})\, f_3(\overline{\tau})\, d\overline{\tau}\, d\tau,$$

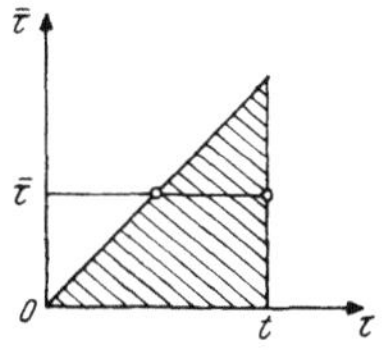

der Bereich $\mathfrak{B}$ ist jetzt das Dreieck $0 \leqq \overline{\tau} \leqq \tau \leqq t$ der $\tau,\overline{\tau}$-Ebene (Abb. 13, t ist bei der Integration fest). Es folgt weiter

$$f_1 * (f_2 * f_3) = \int_0^t d\overline{\tau} \int_{\overline{\tau}}^t f_1(t-\tau)\, f_2(\tau-\overline{\tau})\, f_3(\overline{\tau})\, d\tau$$

und mit der Substitution $\tau - \overline{\tau} = \omega$ im inneren Integral

Abb. 13.

$$f_1 * (f_2 * f_3) = \int_0^t f_3(\overline{\tau})\, d\overline{\tau} \int_0^{t-\overline{\tau}} f_1(t-\overline{\tau}-\omega)\, f_2(\omega)\, d\omega = \int_0^t f_3(\overline{\tau}) f_1 * f_2(t-\overline{\tau})\, d\overline{\tau} =$$

$$= f_3 * (f_1 * f_2) = (f_1 * f_2) * f_3,$$

was zu beweisen war.

Aus (53) folgt die Umkehrung

$$\mathfrak{L}^{-1}\,(\mathfrak{L}\, f_1 \cdot \mathfrak{L}\, f_2) = f_1 * f_2$$

oder, $\varphi_1 = \mathfrak{L}\, f_1,\ \varphi_2 = \mathfrak{L}\, f_2$ gesetzt,

$$\boxed{\mathfrak{L}^{-1}\,(\varphi_1 \cdot \varphi_2) = \mathfrak{L}^{-1}\varphi_1 * \mathfrak{L}^{-1}\varphi_2.} \tag{54}$$

Beispiele.

1.
$$\mathbf{1} * \mathbf{1} = \int_0^t d\tau = t,$$

$$\mathbf{1} * \mathbf{1} * \mathbf{1} = \int_0^t \tau \, d\tau = \frac{t^2}{2},$$

$$\mathbf{1} * \mathbf{1} * \mathbf{1} * \mathbf{1} = \int_0^t \frac{\tau^2}{2} \, d\tau = \frac{t^3}{3!}$$

usw.

2. $$\mathfrak{L}^{-1} \frac{\mathbf{1}}{(p-p_1)(p-p_2)} = e^{p_1 t} * e^{p_2 t} = \int_0^t e^{p_1(t-\tau)} e^{p_2 \tau} \, d\tau = e^{p_1 t} \int_0^t e^{(p_2-p_1)\tau} \, d\tau =$$

$$= \frac{1}{p_2 - p_1} e^{p_1 t} \left(e^{(p_2-p_1)t} - \mathbf{1} \right) = \frac{e^{p_1 t}}{p_1 - p_2} + \frac{e^{p_2 t}}{p_2 - p_1}.$$

Mittels vollständiger Induktion zeigt man leicht, daß

$$e^{p_1 t} * e^{p_2 t} * \ldots * e^{p_n t} = \sum_{i=1}^n \frac{\mathbf{1}}{P_i} e^{p_i t},$$

wo

$$P_i = (p_i - p_1)(p_i - p_2) \cdots (p_i - p_{i-1})(p_i - p_{i+1}) \cdots (p_i - p_n)$$

ist.

3. Es sei die Differentialgleichung

$$y'' + 2 a y' + b = h(t)$$

mit $b > a^2$ und mit den Anfangsbedingungen $y(0) = y_0$, $y'(0) = y_1$ zu lösen. Wie in Ziffer 5 erhalten wir

$$(p^2 + 2 a p + b) \, \bar{y} - p \, y_0 - y_1 - 2 a y_0 = \bar{h},$$

wo $\bar{h} = \mathfrak{L} h$ ist, oder

$$\bar{y} = \frac{\bar{h}}{p^2 + 2 a p + b} + \frac{y_0 p + 2 a y_0 + y_1}{p^2 + 2 a p + b} = \bar{h} \frac{\mathbf{1}}{(p+a)^2 + b - a^2} +$$

$$+ \frac{y_0(p+a) + y_1 + a y_0}{(p+a)^2 + b - a^2}$$

und daher, $\sqrt{b - a^2} = \omega > 0$ gesetzt, wegen (16) und (33)

$$y = h(t) * \frac{\mathbf{1}}{\omega} e^{-at} \sin \omega t + e^{-at} \left[y_0 \cos \omega t + \frac{y_1 + a y_0}{\omega} \sin \omega t \right] =$$

$$= \frac{\mathbf{1}}{\omega} \int_0^t h(t - \tau) e^{-a\tau} \sin \omega \tau \, d\tau + e^{-at} \left[y_0 \cos \omega t + \frac{y_1 + a y_0}{\omega} \sin \omega t \right].$$

7. Partielle Differentialgleichungen. Ich beginne mit einem Beispiel ziemlich allgemeiner Art, das eine große Zahl der in den Anwendungen auftretenden Fälle umfaßt. Es sei die Differentialgleichung

$$\Delta u + f_1(x_k) \frac{\partial^2 u}{\partial t^2} + f_2(x_k) \frac{\partial u}{\partial t} + f_3(x_k) u = h(x_k, t) \tag{55}$$

vorgelegt, wo $\Delta = \sum_{i=1}^n \frac{\partial^2}{\partial x_i^2}$ der Laplaceoperator ist und als Argument der Funktionen x_k für $x_1, x_2, \ldots, x_n$ steht. n sei dabei gleich 1, 2 oder 3, je nachdem es sich um ein lineares, ebenes oder räumliches Problem handelt. Eine räumliche Randbedingung sei durch

$$\varphi_1(x_k) u + \varphi_2(x_k) \frac{\partial u}{\partial v} = \psi(x_k, t) \tag{56}$$

gegeben; $\dfrac{\partial u}{\partial v} = \dfrac{\partial u}{\partial x_i} v_i$ ist die Normalableitung am Rand. Ferner seien die Anfangsbedingungen für $t = 0$

$$u(x_k, 0) = u_0(x_k), \qquad \frac{\partial u}{\partial t}(x_k, 0) = u_1(x_k) \tag{57}$$

gegeben. Auf (55) wenden wir die Laplacetransformation an, d. h. wir multiplizieren mit e^{-pt} und integrieren über t von 0 bis ∞. Wegen (34), (35) und (57) erhalten wir zunächst, wenn $\bar{u}(x_k, p)$ die Laplacetransformierte von $u(x_k, t)$ ist (die x_k treten dabei nur als Parameter auf),

$$\mathfrak{L}\, \frac{\partial u}{\partial t} = -u_0 + p\,\bar{u},$$

$$\mathfrak{L}\, \frac{\partial^2 u}{\partial t^2} = -(p\,u_0 + u_1) + p^2\,\bar{u}.$$

Ferner sei

$$\mathfrak{L}\,\Delta u = \Delta\,\mathfrak{L}\,u = \Delta\bar{u}.$$

Dann folgt aus (55)

$$\Delta\bar{u} + [f_1(x_k)\,p^2 + f_2(x_k)\,p + f_3(x_k)]\,\bar{u} =$$
$$= f_1(x_k)\,(p\,u_0 + u_1) + f_2(x_k)\,u_0 + \bar{h}(x_k, p), \tag{58}$$

wo $\bar{h}(x_k, p)$ die Bildfunktion von $h(x_k, t)$ ist. Die Randbedingung (56) geht über in

$$\varphi_1(x_k)\,\bar{u} + \varphi_2(x_k)\,\frac{\partial\bar{u}}{\partial v} = \bar{\psi}(x_k, p), \tag{59}$$

während die Anfangsbedingungen (57) bereits in (58) enthalten sind. Ist $n = 1$, so ist (58) eine gewöhnliche Differentialgleichung. In allen Fällen gibt also die Laplacetransformation eine Verminderung der Zahl der unabhängigen Veränderlichen um 1, was auch damit übereinstimmt, daß aus einer gewöhnlichen Differentialgleichung ein algebraisches Problem wird (Ziffer 5).

Lassen sich die Gleichungen (58), (59) lösen, so bleibt noch die Ermittlung von $u(x_k, t)$ aus der Integralgleichung

$$\bar{u}(x_k, p) = \int_0^\infty e^{-pt}\,u(x_k, t)\,dt.$$

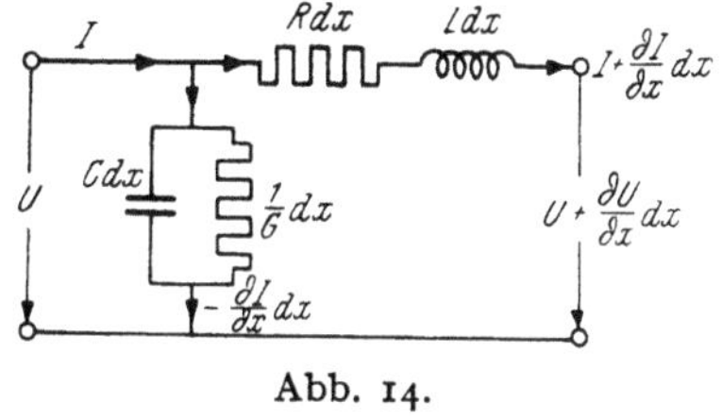

Abb. 14.

Hat man Glück, so findet man die Lösung in der Tabelle. Andernfalls wird man versuchen, das allgemeine Umkehrtheorem anzuwenden (Ziffer 8 und 9).

Ich behandle noch ein spezielleres Beispiel aus der Elektrotechnik, nämlich das Problem des Strom- und Spannungsverlaufes in einer elektrischen Freileitung, die aus einem auf Masten mittels Isolatoren aufgehängten Leitungsdraht besteht. Eine solche Leitung wird einen gewissen Ohmschen Widerstand R, eine Selbstinduktion L und eine Kapazität C pro Längeneinheit besitzen, sowie eine Leitfähigkeit („Ableitung") G gegen die Erde, ebenfalls pro Längeneinheit genommen. Der Elektrotechniker gibt diese Verhältnisse in einem Ersatzschaltbild wieder, das die Widerstände, Kondensatoren und Selbstinduktionen (in Form von Spulen) als getrennte Objekte in eine Leitung einbaut, die im übrigen aus idealen Leitern und Isolatoren besteht. Dieses Ersatzschaltbild sieht in unserem Fall aus, wie in Abb. 14 angedeutet. Dabei ist ein Leitungsstück von der Länge dx angenommen, die klein genug ist, um alle Größen in erster Annäherung einzusetzen; ferner sei an der Stelle x der Leitung zur Zeit t der Strom

$J(x, t)$ und die Spannung $U(x, t)$ vorhanden. Es gilt dann, wie man aus der Abbildung wohl unmittelbar entnimmt, für die Änderung von Strom und Spannung

$$\left(R\,J + L\,\frac{\partial J}{\partial t}\right) dx = -\,\frac{\partial U}{\partial x}\,dx,$$

$$\left(G\,U + C\,\frac{\partial U}{\partial t}\right) dx = -\,\frac{\partial J}{\partial x}\,dx,$$

also das System partieller Differentialgleichungen erster Ordnung

$$\left. \begin{aligned} L\,\frac{\partial J}{\partial t} + R\,J &= -\,\frac{\partial U}{\partial x}, \\[2mm] C\,\frac{\partial U}{\partial t} + G\,U &= -\,\frac{\partial J}{\partial x}. \end{aligned} \right\} \tag{60}$$

Dieses System sei mit den Anfangsbedingungen

$$J(x, 0) = J_0(x), \qquad U(x, 0) = U_0(x)$$

zu lösen.

Wir wenden auf die beiden Gleichungen (60) direkt die Laplacetransformation an, d. h. wir multiplizieren mit e^{-pt} und integrieren von 0 bis $+\infty$. Zunächst ist, nach (34),

$$\int_0^\infty e^{-pt}\,\frac{\partial J}{\partial t}\,dt = -\,J_0(x) + p\,i(x, p)$$

und

$$\int_0^\infty e^{-pt}\,\frac{\partial J}{\partial x}\,dt = \frac{d}{dx}\int_0^\infty e^{-pt}\,J(x, t)\,dt = \frac{d}{dx}\,i(x, p);$$

dabei ist $\mathfrak{L}\,J(x, t) = i(x, p)$ gesetzt; die Differentiation nach x im Bildraum ist als gewöhnliche Ableitung geschrieben, weil p eine reine Hilfsgröße ist, die vom physikalischen Standpunkt völlig uninteressant ist. Aus (60) wird also, wobei noch $\mathfrak{L}\,U(x, t) = u(x, p)$ gesetzt wurde,

$$\left. \begin{aligned} (L\,p + R)\,i(x, p) &= -\,\frac{d}{dx}\,u(x, p) + L\,J_0(x), \\[2mm] (C\,p + G)\,u(x, p) &= -\,\frac{d}{dx}\,i(x, p) + C\,U_0(x), \end{aligned} \right\} \tag{61}$$

also ein System von gewöhnlichen Differentialgleichungen erster Ordnung für die beiden Funktionen i und u. Elimination von i und u' gibt nach einfacher Rechnung

$$u'' - (L\,p + R)\,(C\,p + G)\,u = -\,(L\,p + R)\,C\,U_0 + L\,J_0'; \tag{62}$$

zu der Lösung $u(x, p)$ von (62) erhält man aus der ersten Gleichung (61) $i(x, p)$; die Rücktransformation in den Objektraum gibt dann die Lösung des Systems (60). Differentiation der beiden Gleichungen (60) nach t bzw. x und Elimination von J gibt die hyperbolische Differentialgleichung

$$\frac{\partial^2 U}{\partial x^2} - C\,L\,\frac{\partial^2 U}{\partial t^2} - (G\,L + C\,R)\,\frac{\partial U}{\partial t} - R\,G\,U = 0, \tag{63}$$

die offenbar im Objektraum der Gleichung (62) entspricht. Der scheinbare Umweg über die Gleichung (62) erweist sich trotz der bei der Rücktransformation mitunter auftretenden Schwierigkeiten oft als einfacher und bequemer.

Ist $G = 0$, so geht (63) in die *Telegraphengleichung* (III, § 14, 4) über; ist auch $L = 0$ (das sogenannte *Thomsonkabel*), so wird aus (63) die als *Wärmeleitungsgleichung* bezeichnete parabolische Differentialgleichung ($C\,R = k$ gesetzt)

$$\frac{\partial^2 U}{\partial x^2} = k\,\frac{\partial U}{\partial t},$$

auf die ich in Ziffer 14 zurückkomme[1].

8. Die allgemeine Umkehrformel. Ich knüpfe an das Fouriersche Integraltheorem in der Gestalt (30) von § 2 an und setze

$$j\,u = p, \qquad \sqrt{2\,\pi}\,g(u) = \sqrt{2\,\pi}\,g(-j\,p) = \varphi(p)$$

sowie $f(t) = 0$ für $t < 0$. Dann wird

$$\varphi(p) = \int_0^\infty e^{-pt} f(t)\, dt = \mathfrak{L}\,f(t) \tag{64}$$

und

$$f(t) = \frac{1}{\sqrt{2\,\pi}} \int_{-\infty}^{\infty} e^{j\,ut}\, g(u)\, du = \frac{1}{2\,\pi\,j} \int_{-j\infty}^{j\infty} e^{pt}\varphi(p)\, dp. \tag{65}$$

Die Grenzen $\pm j\infty$ im letzten Integral sollen dabei andeuten, daß als Integrationsweg die imaginäre Achse der p-Ebene zu nehmen ist. Aus mehreren Gründen ist (65) als Umkehrformel der Laplacetransformation (64) noch nicht brauchbar. Vor allem wurde das Fouriersche Integraltheorem in § 2 unter der Voraussetzung bewiesen, daß

$$\int_{-\infty}^{\infty} |f(t)|\, dt$$

konvergiert. Dadurch ist eine sehr große Klasse von Objektfunktionen von der Umkehrung ausgeschlossen; die Bedingung ist schon bei Funktionen wie t^n oder e^t nicht erfüllt.

Ersetzt man jedoch $f(t)$ durch $e^{-ct} f(t)$ mit einer geeignet gewählten (reellen) Konstanten $c > 0$, so wird die Bildfunktion

$$\varphi_1(q) = \int_0^\infty f(t)\, e^{-(c+q)t}\, dt$$

und daher nach (65)

$$f(t)\, e^{-ct} = \frac{1}{2\,\pi\,j} \int_{-j\infty}^{j\infty} e^{qt}\, \varphi_1(q)\, dq$$

oder

$$f(t) = \frac{1}{2\,\pi\,j} \int_{-j\infty}^{j\infty} e^{(q+c)t}\, \varphi_1(q)\, dq.$$

Setzt man hier $q + c = p$ und $\varphi_1(p - c) = \varphi(p)$, so folgt

$$\varphi(p) = \int_0^\infty f(t)\, e^{-pt}\, dt$$

und

$$\boxed{\; f(t) = \frac{1}{2\,\pi\,j} \int_{c-j\infty}^{c+j\infty} e^{pt}\varphi(p)\, dp. \;} \tag{66}$$

---

[1] Eine Durchrechnung des Thomsonkabels mit ausführlicher Diskussion der Lösung findet man bei FUNK-SAGAN-SELIG, LV. 11.

Hier ist der Integrationsweg die Parallele $\Re p = c$ zur imaginären Achse der p-Ebene. Die Funktion $\varphi(p)$ ist dabei regulär in der Halbebene $\Re p \geqq c$; d. h. man wird $c > \alpha$ zu nehmen haben, wo α die in Ziffer 2 definierte Konvergenzabszisse ist. An Sprungstellen gibt (66) natürlich den Wert $\frac{1}{2}\left(f(t\,+)+f(t\,-)\right)$.

Es ist nun unmittelbar einzusehen, daß (66) wesentlich weiter reicht als (65). Denn jetzt muß lediglich $(f(t) = 0$ für $t < 0)$

$$\int\limits_0^\infty |e^{-ct} f(t)| \, dt = \int\limits_0^\infty e^{-ct} |f(t)| \, dt$$

konvergieren, und das ist bei $f(t) = t^n$ für jedes n und bei $f(t) = e^{\lambda t}$ für alle $\lambda < c$ der Fall. Völlig befriedigend ist aber auch (66) noch nicht. Bei der Herleitung des Fourierschen Integraltheorems war ja außerdem noch vorausgesetzt, daß $f(t)$ in jedem endlichen Intervall von beschränkter Variation ist, während hier (Ziffer 2) von $f(t)$ lediglich die absolute Integrierbarkeit verlangt wurde und insbesondere isolierte ∞-Stellen zugelassen wurden. Es ist klar, daß (66) an einer solchen Stelle versagen muß. Ich möchte hier auf diese Fragen nicht näher eingehen und verweise auf die Literatur[1]).

Wichtiger als diese Fragen erscheint nämlich die Tatsache, daß die Funktion $f(t)$, die man aus (66) bekommt, wenn man für $\varphi(p)$ eine beliebige, in der Halbebene $\Re p \geqq c$ reguläre Funktion nimmt, keineswegs $\varphi(p)$ als Laplacetransformierte haben muß. Das hängt in erster Linie mit der Tatsache zusammen, daß (66) im Grunde die Umkehrformel für die zweiseitige Laplacetransformation (7) ist. Die Funktionen $\varphi(p)$, die in der Gestalt (64), also als Laplacetransformierte einer zulässigen Objektfunktion $f(t)$ darstellbar sind und die ich im folgenden als zulässige Bildfunktionen bezeichnen will, lassen sich allgemein in einer von der Laplacetransformation unabhängigen Weise nicht charakterisieren. Man wird also gut daran tun, nach Anwendung von (66) stets die Probe zu machen, d. h. nachzusehen, ob die ermittelte Funktion $f(t)$, in (64) eingesetzt, wieder die Funktion $\varphi(p)$ gibt, von der man ausgegangen ist. Ich komme auf diese Fragen in Ziffer 10 nochmals zurück.

9. Zur Berechnung des Integrals (66). In manchen Fällen kann man das Integral (66) berechnen, indem man es durch ein Integral über eine geschlossene Kurve $\mathfrak{C} + \mathfrak{g}$ der in der Abb. 15 gezeichneten Art ersetzt, wobei $\mathfrak{C}$ ein Kreisbogen vom Radius R ist, und dann $R \to \infty$ gehen läßt. Ist nämlich auf $\mathfrak{C}$, also für $p = R\,e^{j\,\varphi},\ R > R_0 > c$,

$$|\varphi(p)| < A\,R^{-k}, \tag{67}$$

wo R_0, A und $k > 0$ Konstanten sind, so gilt für $t > 0$, wie ich gleich zeigen werde,

$$\lim_{R\to\infty} \int\limits_{\mathfrak{C}} e^{pt}\,\varphi(p)\,dp = 0.$$

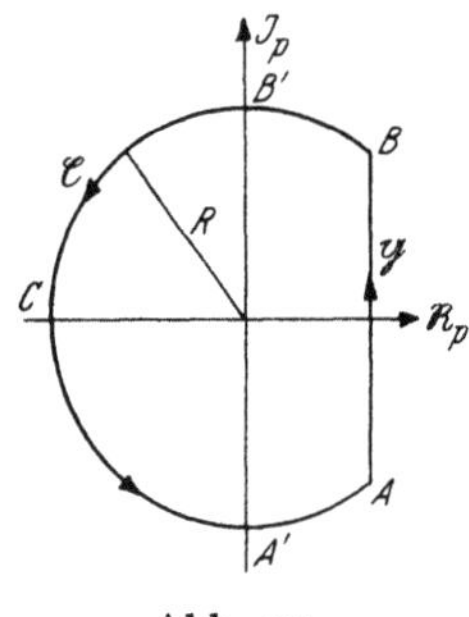

Abb. 15.

Ich betrachte die Teilintegrale über die Bögen $\widehat{BB'}$ und $\widehat{B'C}$; für $\widehat{A'A}$ und $\widehat{CA'}$ gilt dann, wie man sofort sieht, dasselbe. Zunächst wird wegen

$$|e^{pt}| = e^{\Re p\,t} < e^{ct},$$

---

[1] Zum Beispiel DOETSCH, LV. 9.

wenn noch $\alpha = \arccos \dfrac{c}{R}$ gesetzt wird,

$$\left| \int_B^{B'} \right| < A\, R^{-k+1} e^{ct} \int_\alpha^{\frac{\pi}{2}} d\varphi = A\, R^{-k+1} e^{ct} \arcsin \frac{c}{R}$$

und daher

$$\lim_{R \to \infty} \left| \int_B^{B'} \right| = 0.$$

Ferner ist $\left(\varphi = \dfrac{\pi}{2} + u\right)$

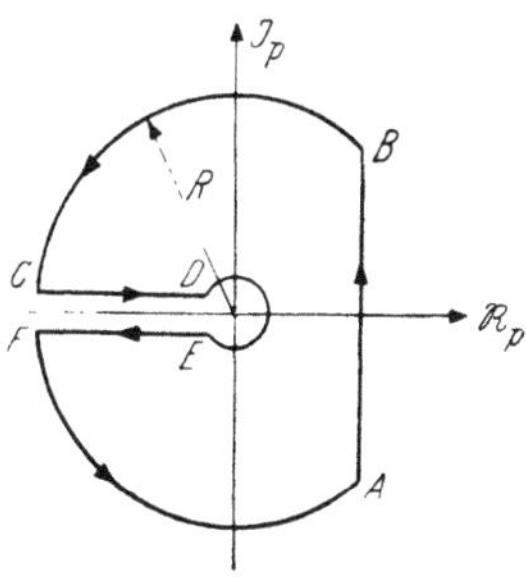

Abb. 16.

$$\left| \int_{B'}^{C} \right| < A\, R^{-k+1} \int_{\frac{\pi}{2}}^{\pi} e^{Rt\cos\varphi}\, d\varphi = A\, R^{-k+1} \int_0^{\frac{\pi}{2}} e^{-Rt\sin u}\, du <$$

$$< A\, R^{-k+1} \int_0^{\frac{\pi}{2}} e^{-Rt\frac{2u}{\pi}}\, du = \frac{A\, R^{-k}\, \pi}{2\, t}\, (1 - e^{-Rt}),$$

da $\sin u > \dfrac{2u}{\pi}$ in $\left(0, \dfrac{\pi}{2}\right)$ ist, und daher

$$\lim_{R \to +\infty} \left| \int_{B'}^{C} \right| = 0.$$

Ist $\varphi(p)$ eine rationale Funktion, die (67) genügt, so kann man R_0 so groß wählen, daß alle Pole im Inneren der geschlossenen Kurve $\mathfrak{C} + \mathfrak{g}$ liegen; dann ist nach dem Residuensatz

$$\frac{1}{2\pi j} \oint e^{pt}\varphi(p)\, dp = \sum \operatorname{Res}\left(e^{pt}\varphi(p)\right) \tag{68}$$

und dieser Wert ändert sich nicht mehr, wenn $R \to \infty$ geht, so daß also rechts bereits die Funktion $f(t)$ steht.

Ist $\varphi(p)$ allgemeiner eine meromorphe Funktion, so kann man eine Folge von Kreisen R_ν mit $\lim\limits_{\nu \to \infty} R_\nu = +\infty$ betrachten, von denen keiner durch einen Pol von $\varphi(p)$ hindurchgeht. Gilt dann auf jedem dieser Kreise die Ungleichung (67), so folgt wegen (68)

$$f(t) = \frac{1}{2\pi j} \int_{c-j\infty}^{c+j\infty} e^{pt}\varphi(p)\, dp = \frac{1}{2\pi j} \lim_{\nu \to \infty} \oint_{R_\nu} e^{pt}\varphi(p)\, dp = \lim_{\nu \to \infty} \sum \operatorname{Res}\left(e^{pt}\varphi(p)\right).$$

Ist schließlich $\varphi(p)$ eine mehrdeutige Funktion mit einem Verzweigungspunkt im Ursprung, die höchstens endlich viele Pole hat, so nimmt man als Integrationsweg zunächst eine geschlossene Kurve $\mathfrak{C}$ von der in Abb. 16 gezeichneten Art mit einem kleinen Kreis um den Ursprung. Dieses Integral gibt dann bei genügend großem R bis auf den Faktor $2\pi j$ wieder die Summe der Residuen im inneren Bereich, die sich nicht mehr ändert, wenn $R \to +\infty$ geht. Ich zerlege das Integral in die Teilintegrale über die Strecken $\overline{AB}$, $\overline{CD}$, $\overline{EF}$ und über den kleinen Kreis; die Integrale über die Teile $\overset{\frown}{BC}$ und $\overset{\frown}{FA}$ des großen Kreises verschwinden, wenn (67) gilt, was wir annehmen wollen. Der Grenzübergang $R \to +\infty$ gibt dann

$$f(t) + \Phi + \Psi = \sum \operatorname{Res}\left(e^{pt}\varphi(p)\right),$$

wo Φ ein reelles uneigentliches Integral ist, das aus den Integralen über die Strecken $\overline{CD}$ und $\overline{EF}$ für $R \to \infty$ entsteht, und Ψ der Beitrag ist, der sich aus dem Integral über den kleinen Kreis für $\varrho \to 0$ ergibt.

Als Beispiel betrachten wir die Wärmeströmung längs der Halbgeraden $x \geq 0$; die Temperatur an der Stelle x zur Zeit t sei $u(x, t)$, zur Zeit $t = 0$ sei die Temperatur $u(x, 0) = 0$ für alle $x > 0$, am linken Randpunkt herrsche die konstante Temperatur $u(0, t) = u_0$. Die Wärmeströmung genügt der Differentialgleichung (Wärmeleitungsgleichung)

$$\frac{\partial^2 u}{\partial x^2} = a \, \frac{\partial u}{\partial t}$$

(Ziffer 7, Schluß) mit reellem und konstantem $a > 0$. Die Transformation in den Bildraum gibt mit $\mathfrak{L}\, u = \bar{u}$

$$\frac{d^2 \bar{u}}{dx^2} = a \, p \, \bar{u}$$

mit der Randbedingung

$$\bar{u} = \frac{u_0}{p}$$

für $x = 0$. Die allgemeine Lösung ist

$$\bar{u} = A \, e^{-x\sqrt{ap}} + B \, e^{x\sqrt{ap}}.$$

Das Vorzeichen der Wurzel sei dabei so bestimmt, daß $\sqrt{a\,p} = + 1$ ist für $p = \frac{1}{a}$. Dann muß $B = 0$ sein, wenn wir verlangen, daß u für $x \to + \infty$ beschränkt bleibt, während aus der Randbedingung $A = \frac{u_0}{p}$

$$\bar{u} = \frac{u_0}{p} \, e^{-x\sqrt{ap}}$$

folgt. Somit wird

$$u = \frac{u_0}{2\,\pi\,j} \int\limits_{c-j\infty}^{c+j\infty} e^{p\,t - x\sqrt{ap}} \, \frac{dp}{p}.$$

Der Integrand hat einen Verzweigungspunkt an der Stelle $p = 0$ und ist für $p \neq 0$ regulär, so daß das Integral über den geschlossenen Weg von Abb. 16 verschwindet. Da

$$\left| \frac{1}{p} \, e^{-x\sqrt{ap}} \right| < \frac{1}{|p|}$$

für genügend große $|p|$ ist, ist die Bedingung (67) erfüllt, so daß die Integrale über die Kreisbögen $\overparen{BC}$ und $\overparen{FA}$ für $R \to + \infty$ verschwinden. In den Integralen über die geraden Strecken $\overline{CD}$ und $\overline{EF}$ setze ich $p = r\,e^{j\varphi}$, also $\sqrt{a\,p} = \sqrt{a\,r}\,e^{j\frac{\varphi}{2}}$ mit $\sqrt{a\,r} > 0$; für $R \to + \infty$, $\varrho \to 0$ wird längs der ersten $\varphi = + \pi$ und daher $\sqrt{a\,p} = + j\sqrt{a\,r}$, längs der zweiten $\varphi = - \pi$ und $\sqrt{a\,p} = - j\sqrt{a\,r}$. Für die Summe der beiden Integrale ergibt sich also

$$J_1 = \frac{u_0}{2\,\pi\,j} \int\limits_0^\infty \left(e^{-rt + jx\sqrt{ar}} - e^{-rt - jx\sqrt{ar}}\right) \frac{dr}{r} = \frac{u_0}{\pi} \int\limits_0^\infty e^{-rt} \sin\left(x\,\sqrt{ar}\right) \frac{dr}{r}$$

oder mit $a\,r = u^2$

$$J_1 = \frac{2\,u_0}{\pi} \int\limits_0^\infty \exp\left(- \frac{u^2\,t}{a}\right) \sin u\,x \, \frac{du}{u}$$

oder[1]

$$J_1 = \frac{2\,u_0}{\sqrt{\pi}} \int_0^{\frac{x}{2}\sqrt{\frac{a}{t}}} e^{-u^2}\,du = u_0\,\mathrm{erf}\left(\frac{x}{2}\sqrt{\frac{a}{t}}\right).$$

Für das Integral über den kleinen Kreis ergibt sich für $\varrho \to 0$ sofort

$$\lim_{\varrho \to 0} \int_E^D e^{pt - x\sqrt{ap}}\,\frac{dp}{p} = -2\,\pi\,j,$$

so daß endgültig

$$u = u_0\left(1 - \mathrm{erf}\,\frac{x}{2}\sqrt{\frac{a}{t}}\right)$$

wird[2].

10. Das Darstellungsproblem und der Eindeutigkeitssatz. Die in Ziffer 8 angeschnittene Frage nach den als Laplacetransformierte einer Objektfunktion darstellbaren Funktionen $\varphi(p)$ betrifft das sogenannte *Darstellungsproblem*, also eben die Frage nach den Lösungen der Integralgleichung

$$\varphi(p) = \mathfrak{L}(\mathfrak{L}^{-1}\,\varphi(p)), \tag{69}$$

das natürlich mit dem Umkehrproblem, also mit der Frage nach den Lösungen der Integralgleichung

$$f(t) = \mathfrak{L}^{-1}(\mathfrak{L}\,f(t))$$

aufs engste verknüpft ist. Die letzte Gleichung ist dabei im wesentlichen identisch mit dem Fourierschen Integraltheorem in der Gestalt § 2, (19). Für die Lösbarkeit der Integralgleichung (69) lassen sich einige hinreichende Bedingungen angeben, auf die ich aber hier nicht eingehen will. Dagegen ist es verhältnismäßig leicht möglich, einige Klassen einfacher Funktionen anzugeben, die *nicht* Lösungen von (69) sein können. Es handelt sich dabei um Folgerungen aus dem *Eindeutigkeitssatz:*

Stimmen die Bildfunktionen zweier zulässiger Objektfunktionen in einer Halbebene $\Re\,p > c_0$ überein, so unterscheiden sich die beiden Objektfunktionen höchstens um eine Nullfunktion.

---

[1] Man bekommt diese Übergänge sofort, wenn man in

$$\int_{-\infty}^{\infty} e^{-a^2 u^2 - 2bu}\,du = \frac{\sqrt{\pi}}{a}\,\exp\frac{b^2}{a^2}$$

(vgl. II, 2, § 11, II, 1, § 16, Aufgabe 5) b durch $j\,b$ ersetzt und dann die so entstehende Formel

$$\int_{-\infty}^{\infty} e^{-a^2 u^2}\,(\cos 2\,b\,u - j\sin 2\,b\,u)\,du = 2\int_0^{\infty} e^{-a^2 u^2}\cos 2\,b\,u\,du = \frac{\sqrt{\pi}}{a}\,\exp\left(-\frac{b^2}{a^2}\right)$$

über b von 0 bis b integriert.

Die oben verwendete Abkürzung

$$\frac{2}{\sqrt{\pi}} \int_0^x e^{-u^2}\,du = \mathrm{erf}\,x$$

ist eine recht gebräuchliche Bezeichnung für das Fehlerintegral, die aus dem englischen error function entstanden ist.

[2] Hierzu noch die Aufgabe 2 d am Schluß des Paragraphen.

Was eine Nullfunktion ist, werde ich gleich erklären. Äquivalent mit diesem Satz ist offenbar der folgende:

Ist $\varphi(p) \equiv 0$ für $\Re\, p > c_0$, so ist

$$f(t) = \mathfrak{L}^{-1}\, \varphi(p)$$

eine Nullfunktion.

Es ist klar, daß $\varphi(p) = \mathfrak{L}\, f(t)$ ungeändert bleibt, wenn man $f(t)$ in höchstens abzählbar unendlich vielen isolierten Stellen abändert, also z. B. hebbare Unstetigkeiten hinzufügt oder wegläßt. Etwas allgemeiner kann man sagen, daß $\varphi(p)$ ungeändert bleibt, wenn man zu $f(t)$ eine Funktion $N(t)$ addiert, für die

$$\int_0^t N(u)\, du \equiv 0 \tag{70}$$

ist für alle $t \geq 0$. Eine solche Funktion $N(t)$ heißt *Nullfunktion*. In der Tat findet man durch partielle Integration

$$\int_0^\infty e^{-pt} N(t)\, dt = \left[e^{-pt} \int_0^t N(u)\, du\right]_0^\infty + p \int_0^\infty e^{-pt}\, dt \int_0^t N(u)\, du = 0.$$

Der Eindeutigkeitssatz behauptet also, daß diese Möglichkeit, zu verschiedenen Objektfunktionen ein- und dieselben Bildfunktionen zu bekommen, auch die einzige ist.

Ist $N(u)$ stetig, so folgt aus (70) durch Differentiation sofort $N(t) \equiv 0$ und wir bekommen den Eindeutigkeitssatz für *stetige* Objektfunktionen:

Stimmen die Bildfunktionen zweier zulässiger stetiger Objektfunktionen in einer Halbebene $\Re\, p > c_0$ überein, so sind die beiden Objektfunktionen identisch.

Ich beschränke mich darauf, den Eindeutigkeitssatz in dieser spezielleren Form zu beweisen. Ich beweise zunächst einen Hilfssatz:

Ist $\varphi(x)$ stetig in $[0, 1]$ und

$$\int_0^1 x^n\, \varphi(x)\, dx = 0, \qquad n = 0, 1, 2, \ldots,$$

so ist $\varphi(x) \equiv 0$.

Ist nämlich $\varphi(x)$ nicht identisch Null in $[0, 1]$, so gibt es wegen der Stetigkeit von $\varphi(x)$ ein Intervall $(a, b) \subset [0, 1]$, so daß $\varphi(x) > 0$ (oder < 0) ist in (a, b). Ich wähle $c > 0$ so, daß

$$1 + \frac{1}{c}\, (b - x)\, (x - a) > 1$$

für $a < x < b$ und

$$0 < 1 + \frac{1}{c}\, (b - x)\, (x - a) < 1$$

für $0 \leq x < a$ und $b < x \leq 1$ ist. Dann ist für genügend großes, positives, ganzes r

$$\psi(x) = \left[1 + \frac{1}{c}\, (b - x)\, (x - a)\right]^r$$

in (a, b) beliebig groß und in $(0, a)$ und $(b, 1)$ beliebig klein. Also ist, immer bei genügend großem r,

$$\int_0^1 \psi(x)\, \varphi(x)\, dx > 0 \quad (\text{oder} < 0).$$

Aus der Voraussetzung folgt aber, da $\psi(x)$ ein Polynom in x vom Grad $2r$ ist,

$$\int_0^1 \psi(x)\,\varphi(x)\,dx = 0.$$

Die Annahme $\varphi(x) \neq 0$ in (a, b) führt also auf einen Widerspruch, es muß $\varphi(x) \equiv 0$ sein in (a, b), was zu beweisen war.

Seien also jetzt weiter $f(t)$ und $g(t)$ zwei stetige, zulässige Objektfunktionen, für die

$$\mathfrak{L}\,f(t) = \mathfrak{L}\,g(t).$$

Dann ist $h(t) = f(t) - g(t)$ stetig und

$$\mathfrak{L}\,h(t) = \int_0^\infty e^{-pt}\,h(t)\,dt = 0$$

für $\Re\,p > c_0$, wo c_0 größer ist als jede der beiden Konvergenzgrenzen von f und g. Setzt man $p = c_0 + n$, n positiv ganz, so folgt durch partielle Integration

$$n\int_0^\infty e^{-nt}dt \int_0^t e^{-c_0 u}\,h(u)\,du = \int_0^\infty e^{-(c_0+n)t}\,h(t)\,dt = 0$$

und daher auch

$$\int_0^\infty e^{-nt}\varphi(t)\,dt = 0,$$

wo

$$\varphi(t) = \int_0^t e^{-c_0 u}\,h(u)\,du$$

ist. Setzt man nun noch $e^{-t} = x$ und $\psi(x) = \varphi\!\left(\ln\frac{1}{x}\right)$, so ist $\psi(x)$ stetig in $[0, 1]$, wenn man

$$\psi(0) = \lim_{t \to +\infty} \varphi(t)$$

nimmt und es wird somit

$$\int_0^1 x^{n-1}\psi(x)\,dx = 0, \qquad \text{für } n = 1, 2, \ldots.$$

Also ist nach dem Hilfssatz

$$\psi(x) \equiv 0$$

in $[0, 1]$ und daher auch

$$\varphi(t) \equiv 0 \quad \text{für} \quad t \geq 0.$$

Wegen der Stetigkeit von $h(t)$ folgt daraus

$$e^{-c_0 t}\,h(t) \equiv 0$$

und daher auch

$$h(t) \equiv 0,$$

was zu beweisen war.

Ich komme nun zu den anfangs erwähnten Folgerungen aus dem Eindeutigkeitssatz und zeige zunächst:

Eine Bildfunktion, die nicht identisch verschwindet, kann nicht periodisch sein.

Denn wäre $\varphi(p + \omega) = \varphi(p)$ für ein festes ω, so wäre

$$\int_0^\infty e^{-pt}\,f(t)\,dt - \int_0^\infty e^{-(p+\omega)t}\,f(t) = \int_0^\infty e^{-pt}\,(1 - e^{-\omega t})\,f(t)\,dt \equiv 0$$

und daher nach dem Eindeutigkeitssatz $(1 - e^{-\omega t})\, f(t)$ und somit auch $f(t)$ selbst eine Nullfunktion, also ist $\varphi(p) \equiv 0$.

Damit sind als Bildfunktionen ausgeschlossen:

Die *Konstante* $c \neq 0$, für die jede beliebige Zahl eine Periode ist,

die *Exponentialfunktion* $e^{\alpha p}$ mit beliebigem α,

alle Funktionen der Gestalt $\varphi(e^{\alpha p})$, also z. B. die *Kreis- und Hyperbelfunktionen*.

Ohne Beweis (für den man den Eindeutigkeitssatz in einer etwas allgemeineren Form braucht), erwähne ich, daß eine *Bildfunktion keine horizontale äquidistante Folge von c-Stellen haben kann*.

11. Integralgleichungen vom Faltungstyp. Man versteht darunter Integralgleichungen, in denen sich das Integral als Faltprodukt schreiben läßt. Der wichtigste Fall ist der einer Volterraschen Integralgleichung zweiter Art

$$\varphi(t) = f(t) + \int_0^t K(t-u)\,\varphi(u)\,du \tag{71}$$

oder nach (52)

$$\varphi(t) = f(t) + K * \varphi(t); \tag{72}$$

$f(t)$, $K(t)$ und $\varphi(t)$ sind dabei in einem Intervall $0 \leq t \leq T$ Objektfunktionen im Sinn von Ziffer 2. Der Übergang in den Bildraum gibt, wenn wir die Bildfunktionen durch Querstriche bezeichnen,

$$\bar{\varphi}(p) = \bar{f}(p) + \bar{K}(p) \cdot \bar{\varphi}(p)$$

und daher die Lösung

$$\bar{\varphi}(p) = \frac{\bar{f}(p)}{1 - \bar{K}(p)}$$

oder

$$\bar{\varphi}(p) = \bar{f}(p) + \bar{\Gamma}(p)\,\bar{f}(p), \tag{73}$$

wo

$$\bar{\Gamma}(p) = \frac{\bar{K}(p)}{1 - \bar{K}(p)} \tag{74}$$

gesetzt ist. Aus (73) folgt durch Rücktransformation in den Objektraum

$$\boxed{\varphi(t) = f(t) + \int_0^t \Gamma(t-u)\,f(u)\,du} \tag{75}$$

mit

$$\Gamma(t) = \mathfrak{L}^{-1}\,\bar{\Gamma}(p) \tag{76}$$

als lösenden Kern. Diese im Prinzip äußerst einfache Methode, deren Schwierigkeiten in der Regel wieder bei der Durchführung der Rücktransformation liegen, reicht weiter als die in der Theorie der regulären Integralgleichungen entwickelten Methoden, weil hier vom Kern nicht vorausgesetzt werden muß, daß er quadratisch integrierbar, sondern lediglich, daß er absolut integrierbar ist. Quasireguläre Integralgleichungen (71), bei denen $K(t)$ für $t = 0$ von einer Ordnung $\alpha < 1$ unendlich wird, lassen sich ohneweiters nach der obigen Methode behandeln. Ist $|\bar{K}| < 1$, so läßt sich $\bar{\Gamma}$ in eine geometrische Reihe entwickeln:

$$\bar{\Gamma}(p) = \sum_{\nu=1}^{\infty} [\bar{K}(p)]^{\nu}; \tag{77}$$

schreibt man für das ν-malige Faltprodukt

$$K * K * \ldots * K = K^{*\nu},$$

so folgt aus (77)

$$\Gamma(t) = \sum_{\nu=1}^{\infty} K^{*\nu}(t), \tag{78}$$

sofern die Reihe rechts konvergiert und Integration und Summation vertauschbar sind. (78) ist aber nichts anderes als die Neumannsche Reihe (§ 5, 4 bis 6). Die Konvergenzbedingung $|\overline{K}| < 1$ ist bei genügend großem $\Re p$ sicher erfüllt (Ziffer 2, Schluß).

Eine *Volterrasche Integralgleichung erster Art* vom Faltungstyp

$$f(t) = \int_0^t K(t-u)\,\varphi(u)\,du = K * \varphi(t) \tag{79}$$

läßt sich zwar sofort in den Bildraum transformieren:

$$\bar{f}(p) = \overline{K}(p)\,\overline{\varphi}(p)$$

und hier lösen

$$\overline{\varphi}(p) = \frac{1}{\overline{K}(p)}\,\bar{f}(p),$$

aber weiter kommt man nicht, weil $\dfrac{1}{\overline{K}(p)}$ *keine Bildfunktion* ist, was schon daraus folgt, daß (Ziffer 2) für jede Bildfunktion $\varphi(p)$

$$\lim_{p \to \infty} \varphi(p) = 0$$

gilt; da $\overline{K}$ sicher eine Bildfunktion ist, gilt also $\lim\limits_{p \to \infty} \dfrac{1}{\overline{K}} = \infty$. Unter Umständen kann man aber doch zu Lösungen kommen, wenn man (79) durch die Gleichung

$$f * 1 = K * \varphi * 1 \tag{80}$$

ersetzt und

$$\varphi * 1 = \int_0^t \varphi(t)\,dt = \psi(t) \tag{81}$$

setzt. Dann folgt

$$\bar{f}(p)\,\frac{1}{p} = \overline{K}(p)\,\overline{\psi}(p)$$

oder

$$\overline{\psi}(p) = \frac{1}{p\,\overline{K}(p)}\,\bar{f}(p) \tag{82}$$

und hier kann nun $\dfrac{1}{p\,\overline{K}(p)}$ eine Bildfunktion sein. Ist das der Fall und setzt man

$$\mathfrak{L}^{-1}\,\frac{1}{p\,\overline{K}(p)} = K_1(t),$$

so folgt aus (82)

$$\psi(t) = K_1 * f(t)$$

und schließlich $\varphi(t) = \psi'(t)$. Das Verfahren läßt sich erweitern, indem man von (79) zu

$$f * 1^{*n} = K * \varphi * 1^{*n}$$

übergeht und $\psi(t) = \varphi * 1^{*n}(t)$ setzt. Dadurch kommt man zu

$$\overline{\psi}(p) = \frac{1}{p^n\,\overline{K}(p)} \cdot \bar{f}(p),$$

und es kann sein, daß man ein n findet, so daß $\dfrac{1}{p^k\,\overline{K}(p)}$ für $k = n$ eine Bildfunktion ist, aber nicht für $k < n$.

Ein Beispiel für die Anwendung dieses Verfahrens ($n = 1$) folgt in der nächsten Ziffer.

12. Die Abelsche Integralgleichung.

Setzt man in (79)

$$K(t) = t^{-\alpha}, \quad 0 < \alpha < 1$$

und schreibt man gemäß (81) $\varphi'(u)$ an Stelle von $\varphi(u)$, so ergibt sich die Integralgleichung

$$f(t) = \int_0^t (t - u)^{-\alpha}\,\varphi'(u)\,du = t^{-\alpha} * \varphi'(t), \tag{83}$$

die man als *Abelsche Integralgleichung* bezeichnet. ABEL selbst hat allerdings nur den Fall $\alpha = \dfrac{1}{2}$ betrachtet, auf den ein einfaches Problem der Mechanik führt: Es ist jene Kurve $\mathfrak{C}$ zu ermitteln, längs welcher ein der Schwerkraft unterworfener Massenpunkt fallen muß, damit seine Fallzeit eine gegebene Funktion der Fallhöhe ist. Mit den Bezeichnungen der Abb. 17 ist längs der gesuchten Kurve

$$v = \frac{ds}{dt} = -\sqrt{2\,g\,(h - y)}.$$

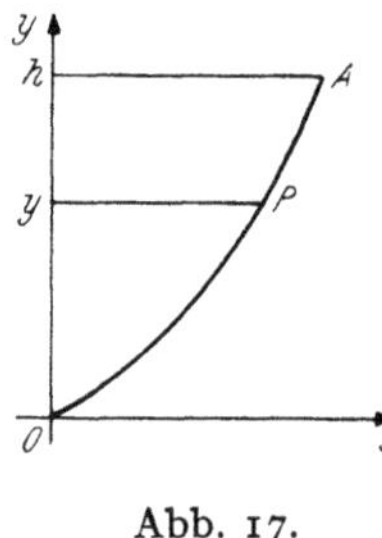

Abb. 17.

Dabei ist angenommen, daß $\mathfrak{C}$ durch den Ursprung geht und daß die Bogenlänge s vom Ursprung aus gezählt ist; g ist die Schwerebeschleunigung. Ist $T = f(h)$ die Fallzeit als Funktion der Fallhöhe h, so folgt

$$f(h) = -\int_h^0 \frac{ds}{\sqrt{2\,g\,(h - y)}} = \frac{1}{\sqrt{2\,g}} \int_0^h (h - y)^{-\frac{1}{2}} \frac{ds}{dy}\,dy \tag{84}$$

mit der gesuchten Funktion $\varphi(h) = \dfrac{s}{\sqrt{2\,g}}$ und der Anfangsbedingung $\varphi(0) = 0$.

ABEL war der erste, der mit (84) eine Integralgleichung aufgestellt und auch wirklich gelöst hat. Bemerkenswert ist, daß man keine Differentialgleichung kennt, die die durch (84) ausgedrückte Beziehung zwischen den Funktionen $f(h)$ und $\varphi(h)$ wiedergibt.

Ich kehre zu (83) zurück. Nach (15) und (34) gilt

$$\mathfrak{L}\,t^{-\alpha} = \frac{(-\alpha)!}{p^{1-\alpha}}$$

und

$$\mathfrak{L}\,\varphi'(t) = p\,\overline{\varphi}(p) - \varphi(0), \quad \mathfrak{L}\,\varphi(t) = \overline{\varphi}(p).$$

Aus (83) folgt somit wegen (53)

$$\mathfrak{L}\,f(t) = \overline{f}(p) = \frac{(-\alpha)!}{p^{1-\alpha}}\,[p\,\overline{\varphi}(p) - \varphi(0)]$$

und daraus durch Auflösung nach $\overline{\varphi}$

$$\overline{\varphi}(p) = \frac{\varphi(0)}{p} + \frac{\overline{f}(p)}{(-\alpha)!\,p^{\alpha}}.$$

Die Rücktransformation gibt

$$\varphi(t) = \varphi(0) + \frac{1}{(-\alpha)!}\,\frac{t^{\alpha-1}}{(\alpha - 1)!} * f(t)$$

oder wegen III, § 32, (10)

$$\varphi(t) = \varphi(0) + \frac{\sin \alpha \pi}{\pi} t^{\alpha-1} * f(t)$$

oder schließlich

$$\varphi(t) = \varphi(0) + \frac{\sin \alpha \pi}{\pi} \int_0^t (t-u)^{\alpha-1} f(u)\, du$$

als Lösung von (83).

Für die spezielle Abelsche Gleichung (84) folgt daraus wegen $\varphi(0) = 0$, $\alpha = \frac{1}{2}$ und

$$\varphi'(y) = \frac{1}{\sqrt{2g}} \frac{ds}{dy},$$

$$s = \sqrt{2g}\,\varphi(h) = \frac{\sqrt{2g}}{\pi} \int_0^h \frac{f(y)}{\sqrt{h-y}}\, dy.$$

Bei der *Tautochrone*, der Kurve gleicher Fallzeiten, ist $f(y) = c$ konstant und daher, $\dfrac{c\sqrt{2g}}{\pi} = a$ gesetzt,

$$s = 2a\sqrt{h}.$$

Somit ist die Länge des Bogens OP (Abb. 17)

$$s(y) = 2a\sqrt{y} = \int_0^x \sqrt{1 + y'^2}\, dx$$

und daher,

$$\frac{a}{\sqrt{y}}\, y' = \sqrt{1 + y'^2}$$

oder

$$x = \int_0^y \sqrt{\frac{a^2}{y} - 1}\, dy.$$

Setzt man hier

$$y = a^2 \sin^2 \frac{u}{2} = \frac{a^2}{2}(1 - \cos u),$$

so folgt

$$x = \frac{a^2}{2}(u + \sin u),$$

die Tautochrone ist eine gemeine Zykloide. (Der erzeugende Kreis rollt dabei auf der Geraden $y = a^2$ und berührt in jeder Lage die x-Achse.)

13. Entwicklung von $f(t)$ für kleine Werte von t. Aus unseren bisherigen Überlegungen geht deutlich hervor, daß in der Regel die Rücktransformation der im Bildraum ermittelten Lösung $\varphi(p)$ eines Problems in den Objektraum die größte Schwierigkeit bereitet. Ich habe schon darauf hingewiesen, daß es in Hinblick auf diese Schwierigkeiten sehr zweckmäßig ist, sich eine möglichst umfangreiche Übersetzungstabelle anzulegen; daneben besteht noch die Möglichkeit der direkten Anwendung der Umkehrformel, über deren praktische Durchführung in einigen wichtigen Fällen in Ziffer 8 einiges gesagt wurde. Ein weiterer, sehr fruchtbarer Weg besteht aus geeigneten Reihenentwicklungen von $\varphi(p)$, um Reihen- oder asymptotische Entwicklungen von $f(t)$ zu erlangen. Dieser Weg wurde schon von HEAVISIDE beschrieben und seither häufig verwendet. Leider hat aber das Beispiel HEAVISIDEs, der sich geradezu grundsätzlich nicht um Konvergenzfragen kümmerte, hier vielfach Schule gemacht und zu zahlreichen völlig falschen Ergebnissen geführt.

Ich beginne mit dem einfachsten Fall, daß $\varphi(p)$ im Unendlichen regulär und daher durch eine für $|p| > R$ konvergente Potenzreihe

$$\varphi(p) = \sum_{\nu=1}^{\infty} a_\nu \, p^{-\nu} \tag{85}$$

darstellbar ist. Dann ist nach (15)

$$f(t) = \mathfrak{L}^{-1}\varphi(p) = \sum_{\nu=1}^{\infty} \frac{a_\nu \, t^{\nu-1}}{(\nu-1)!}, \tag{86}$$

sofern die Operatoren $\sum$ und $\mathfrak{L}^{-1}$ vertauschbar sind.

Sei zum Beweis $R_n(p)$ das n-te Restglied der für $|p| \geqq c > R$ absolut und gleichmäßig konvergenten Reihe

$$\sum_{\nu=0}^{\infty} a_{\nu+2} \, p^{-\nu}$$

und N so bestimmt, daß bei beliebigem $\varepsilon > 0$ und $t_0 > 0$ für $n > N$

$$|R_n(p)| < \frac{c\,\varepsilon}{\pi}\, e^{-c\,t_0}$$

ist. Auf (85) wende ich die allgemeine Umkehrformel (66) mit $c > R$ an. Der Betrag der Differenz zwischen der linken Seite und der $(n+1)$-ten Teilsumme ist dann bis auf den Faktor $2\,\pi$

$$\left| \int_{c-j\infty}^{c+j\infty} e^{pt}\left(\sum_{\nu=1}^{\infty} a_\nu \, p^{-\nu} - \sum_{\nu=1}^{n+1} a_\nu \, p^{-\nu} \right) dp \right| = \left| \int_{c-j\infty}^{c+j\infty} e^{pt}\, \frac{R_n(p)}{p^2}\, dp \right| =$$

$$= \left| \int_{-\infty}^{\infty} e^{ct+jyt}\, \frac{R_n(c+j\,y)}{(c+j\,y)^2}\, j\, dy \right| < \frac{c\,\varepsilon}{\pi}\, e^{c\,(t-t_0)} \int_{-\infty}^{\infty} \frac{dy}{c^2+y^2} < \varepsilon$$

wenn $0 < t < t_0$ und $n > N$ ist. Wegen

$$\frac{1}{2\,\pi j} \int_{c-j\infty}^{c+j\infty} e^{pt} \sum_{\nu=1}^{n} a_\nu \, p^{-\nu}\, dp = \mathfrak{L}^{-1} \sum_{\nu=1}^{n} a_\nu \, p^{-\nu} = \sum_{\nu=1}^{n} a_\nu \, \mathfrak{L}^{-1} p^{-\nu} = \sum_{\nu=1}^{n} \frac{a_\nu \, t^{\nu-1}}{(\nu-1)!}$$

folgt daraus die Konvergenz der Reihe (86) zunächst für $0 < t < t_0$, aber da t_0 beliebig war, für alle $t > 0$, d. h. die Reihe (86) ist beständig konvergent.

Aus (85) und (86) folgt unmittelbar die wichtige Beziehung

$$\boxed{\lim_{t \to 0} f(t) = \lim_{p \to \infty} p\, \varphi(p) = a_1.} \tag{87}$$

Ist $\varphi(p)$ in $p = \infty$ nicht regulär, so kann man unter Umständen an Stelle von (85) eine asymptotische Entwicklung der Gestalt (85) oder allgemeiner

$$\varphi(p) \sim \sum_{\nu=1}^{\infty} a_\nu \, p^{-k_\nu}, \quad 0 < k_1 < k_2 < \cdots$$

finden. Es sei $r_n(t)$ das n-te Restglied der zunächst nur formal angeschriebenen Entwicklung um $t = 0$

$$f(t) \sim \sum_{\nu=1}^{\infty} a_\nu \, \frac{t^{k_\nu-1}}{(k_\nu-1)!}, \tag{88}$$

also

$$r_n(t) = f(t) - \sum_{\nu=1}^{n} a_\nu \, \frac{t^{k_\nu-1}}{(k_\nu-1)!}.$$

Ist dann $r_n(t)$ monoton für $n = 1, 2, \ldots$ in der Umgebung von $t = 0$ und gilt für $t > 0$ die Abschätzung

$$|r_n(t)| \leqq K\, t^{k_{n+1}-1}$$

mit einer positiven Konstanten K, so ist die Reihe (88) mindestens halbkonvergent[1]. Ist $\{r_n(t)\}$ nicht monoton, so gilt an Stelle von (88) nur

$$\int\limits_0^t f(u)\,du \sim \sum_{\nu=1}^{\infty} a_\nu\, \frac{t^{k_\nu}}{(k_\nu)!}.$$

14. Eine asymptotische Entwicklung von $f(t)$ für große t. Es ist nach unseren bisherigen Ergebnissen über das Verhalten von Objekt- und Bildfunktion ziemlich klar, daß eine asymptotische Entwicklung von $f(t)$, wenn überhaupt, nur aus dem Verhalten der Bildfunktion $\varphi(p)$ in der Umgebung der singulären Stellen maximalen Realteils ermittelt werden kann. Ich nehme zunächst an, daß es nur eine singuläre Stelle $p_0 = a + j\,b$ mit maximalem Realteil a gibt. Läßt sich dann $\varphi(p)$ in der Umgebung von p_0 durch eine Entwicklung

$$\varphi(p) = \frac{1}{p - p_0} \sum_{\nu=0}^{\infty} a_\nu\, (p - p_0)^\nu + (p - p_0)^{\beta-1} \sum_{\nu=0}^{\infty} b_\nu\, (p - p_0)^\nu, \qquad (89)$$
$$0 < \beta < 1,$$

darstellen, wobei die beiden Potenzreihen auf der rechten Seite für $|p - p_0| < \varrho$ konvergieren, so gilt unter gewissen zusätzlichen Voraussetzungen für $f(t) = \mathfrak{L}^{-1}\,\varphi(p)$ die asymptotische Entwicklung

$$\boxed{f(t) \sim e^{p_0 t}\left[a_0 + \frac{\sin \beta\,\pi}{\pi} \sum_{\nu=0}^{\infty} (-1)^\nu\, b_\nu\, (\nu + \beta - 1)!\, t^{-\nu-\beta}\right].} \qquad (90)$$

Die erwähnten zusätzlichen Voraussetzungen, die sich in recht verschiedenartiger Weise formulieren lassen, sind neben (89) die folgenden:

1. $\varphi(p)$ ist in einer Halbebene $\mathfrak{R}\,p \geqq a - \delta$, $\delta > 0$, mit Ausnahme des Punktes p_0 regulär (wurde schon oben genannt).

2. Es ist

$$\lim_{p \to \infty} \varphi(p) = 0$$

gleichmäßig im Streifen $a - \delta \leqq x \leqq c$, $c > a$.

3. Im selben Streifen sind die Integrale ($h > 0$)

$$\int\limits_{b+h}^{\infty} |\varphi(x + j\,y)|\,dy \quad \text{und} \quad \int\limits_{-\infty}^{b-h} |\varphi(x + j\,y)|\,dy$$

konvergent. Den Beweis übergehe ich[2].

Die Voraussetzungen 2 und 3 sind bei den konkreten Fällen der Anwendungen in der Regel erfüllt und leicht nachweisbar. Anders steht es mit der Bedingung 1, und tatsächlich beruhen die falschen Anwendungen fast durchaus auf einem Übersehen weiterer Singularitäten mit demselben Realteil a. Sind solche vor-

---

[1] Wegen des Beweises vgl. Doetsch, LV. 9.

[2] Die obigen Formulierungen nach Carslaw-Jaeger, LV. 12, S. 280, wo sich auch ein verhältnismäßig einfacher Beweis des Entwicklungssatzes findet. Doetsch, LV. 9, gibt zwei weitere Formulierungen für den Fall $p_0 = 0, \beta = \frac{1}{2}$, von denen die zweite der obigen sehr ähnlich ist.

handen, so hat man für jede von ihnen eine Entwicklung der Gestalt (89), (90) anzusetzen und dann die Entwicklungen (90) zu addieren.

Ist $p_0 = 0$ und $\beta = \dfrac{1}{2}$, der für die Anwendungen wichtigste Fall, so gilt an Stelle von (89)

$$\varphi(p) = \frac{1}{p} \sum_{\nu=0}^{\infty} a_\nu \, p^\nu + \frac{1}{\sqrt{p}} \sum_{\nu=0}^{\infty} b_\nu \, p^\nu = \frac{1}{p}\left(a_0 + b_0 \, p^{\frac{1}{2}} + a_1 \, p + b_1 \, p^{\frac{3}{2}} + \ldots \right) \qquad (91)$$

und an Stelle von (90) für $t \to \infty$

$$f(t) \sim a_0 + \frac{1}{\pi} \sum_{\nu=0}^{\infty} (-1)^\nu \left(\nu - \frac{1}{2} \right)! \, b_\nu \, t^{-\nu - \frac{1}{2}}. \qquad (92)$$

Als Beispiel betrachte ich wieder die Wärmeleitungsgleichung (Ziffer 7)

$$\frac{\partial^2 u}{\partial x^2} = a \, \frac{\partial u}{\partial t}, \qquad x \gtrless 0,$$

jedoch mit den Rand- und Anfangsbedingungen

$$\frac{\partial u}{\partial x}(0,\, t) = h \, [u(0,\, t) - u_0], \qquad u(x,\, 0) = 0.$$

Transformation in den Bildraum gibt

$$\frac{d^2 \bar{u}}{d x^2} - a \, p \, \bar{u} = 0$$

und

$$\frac{d\bar{u}}{dx}(0,\, p) = h \left(\bar{u}(0,\, p) - \frac{u_0}{p} \right),$$

die für $x \to + \infty$ beschränkte Lösung ist

$$\bar{u}(x,\, p) = \frac{h \, u_0 \, e^{-x \sqrt{a p}}}{p \, (h + \sqrt{a p})}.$$

Ich nehme zunächst $x = 0$:

$$\bar{u}(0,\, p) = \frac{h \, u_0}{p \, (h + \sqrt{a p})} = \frac{u_0}{p} \sum_{\nu=0}^{\infty} \left(- \frac{\sqrt{a p}}{h} \right)^\nu$$

oder bei Trennung gerader und ungerader Potenzen

$$\bar{u}(0,\, p) = \frac{u_0}{p} \sum_{\nu=0}^{\infty} \frac{a^\nu}{h^{2\nu}} \, p^\nu - \frac{u_0}{h} \sqrt{\frac{a}{p}} \sum_{\nu=0}^{\infty} \frac{a^\nu \, p^\nu}{h^{2\nu}}$$

und daher für große t

$$u(0,\, t) \sim u_0 - \frac{u_0}{h \, \pi} \sqrt{\frac{a}{t}} \sum_{\nu=0}^{\infty} (-1)^\nu \left(\nu - \frac{1}{2} \right)! \, \frac{a^\nu}{h^{2\nu} \, t^\nu} \qquad (93)$$

oder, da nach III, § 32, (11)

$$\left(- \frac{1}{2} \right)! = \sqrt{\pi}$$

und daher

$$\left(\nu - \frac{1}{2} \right)! = \left(\nu - \frac{1}{2} \right) \left(\nu - \frac{3}{2} \right) \ldots \frac{3}{2} \cdot \frac{1}{2} \sqrt{\pi}$$

ist,

$$u(0,\, t) \sim u_0 - \frac{u_0}{h} \sqrt{\frac{a}{\pi t}} \left(1 - \frac{a}{2 \, h^2 \, t} + \frac{3 \, a^2}{4 \, h^4 \, t^2} - \frac{15 \, a^3}{8 \, h^6 \, t^3} + - \ldots \right).$$

Für beliebige x gilt

$$\bar{u}(x,p) = \frac{u_0}{p} \sum_{\nu=0}^{\infty} \left(-\frac{\sqrt{ap}}{h}\right)^{\nu} \sum_{\mu=0}^{\infty} \frac{1}{\mu!}\,(-x\sqrt{ap})^{\mu} =$$

$$= \frac{u_0}{p}\left[1 - \sqrt{ap}\left(x + \frac{1}{h}\right) + ap\left(\frac{x^2}{2} + \frac{x}{h} + \frac{1}{h^2}\right) - \right.$$

$$\left. - \sqrt{a^3 p^3}\left(\frac{x^3}{6} + \frac{x^2}{2h} + \frac{x}{h^2} + \frac{1}{h^3}\right) + - \ldots\right]$$

und daher

$$u(x,t) \sim u_0 - u_0\sqrt{\frac{a}{\pi t}}\left[\left(x + \frac{1}{h}\right) - \left(\frac{x^3}{6} + \frac{x^2}{2h} + \frac{x}{h^2} + \frac{1}{h^3}\right)\frac{a}{2t} + - \ldots\right].$$

Aufgaben

1. Man ermittle die Bildfunktionen von[1]

$$\text{a) } t^a e^{bt}, \quad \text{b) } \frac{1 - e^{-t}}{t}, \quad \text{c) } \ln t, \quad \text{d) } \exp\left(-\frac{t^2}{4}\right), \quad \text{e) } \frac{\cos x\sqrt{t}}{\sqrt{t}}\ (x\ \text{reell},\ \sqrt{t} > 0),$$

$$\text{f) } \sin x\sqrt{t}, \quad \text{g) } \frac{\operatorname{ch} x\sqrt{t}}{\sqrt{t}}, \quad \text{h) } \operatorname{sh} x\sqrt{t}, \quad \text{i) } \frac{1}{\sqrt{t}}\exp\left(-\frac{x^2}{4t}\right), \quad \text{j) } \frac{1}{\sqrt{t^3}}\exp\left(-\frac{x^2}{4t}\right)$$

und die zugehörigen Konvergenzabszissen.

2. Man ermittle die (stetigen) Objektfunktionen zu [bei b) und d) verwende man die Umkehrformel, bei e) den Faltungssatz]:

$$\text{a) } \frac{p^{\nu}}{p^3 + \omega^3}\ (\nu = 0, 1, 2), \quad \text{b) } \frac{p^{\nu}}{p^4 + 4\omega^4}\ (\nu = 0, 1, 2, 3), \quad \text{c) } \frac{p^{\nu}}{p^4 - \omega^4}\ (\nu = 0, 1, 2, 3),$$

$$\text{d) } \exp p^2, \quad \text{e) } \frac{1}{p}\exp\left(-a\sqrt{p}\right).$$

III. Randwertprobleme
bei gewöhnlichen Differentialgleichungen.

§ 9. Lineare Differentialgleichungen im komplexen Gebiet.

1. Vorbemerkungen. Existenz der Lösungen. Im Gegensatz zu der Überschrift dieses Kapitels behandle ich in diesem Paragraphen noch keine Randwertprobleme, sondern eine für das Verständnis des Folgenden notwendige Ergänzung, in der sich die Theorie der Differentialgleichungen mit der Funktionentheorie begegnet. Es handelt sich dabei in erster Linie um die Diskussion der Singularitäten der Lösungen gewöhnlicher Differentialgleichungen, also um eine Frage, die für einen speziellen Fall und im Hinblick auf den Verlauf der Integralkurven in der Umgebung eines singulären Punktes bereits in III, § 2, 10 kurz behandelt

---

[1] Anleitung zu c): Man bilde die Ableitung von $z!$ und setze dann $z = 0$. Anleitung zu i) und j): Es ist

$$\int_0^{\infty} \exp\left[-\left(\frac{a}{u} - u\right)^2\right] du = \int_0^{\infty} \frac{a}{v^2}\exp\left[-\left(\frac{a}{v} - v\right)^2\right] dv,$$

wie sich durch die Substitution $u = \dfrac{a}{v}$, $(a > 0)$, ergibt, und daher

$$2\int_0^{\infty} \exp\left[-\left(\frac{a}{u} - u\right)^2\right] du = \int_0^{\infty}\left(1 + \frac{a}{u^2}\right)\exp\left[-\left(\frac{a}{u} - u\right)^2\right] du = \int_{-\infty}^{\infty} \exp\left(-v^2\right) dv = \sqrt{\pi}.$$

wurde. Ich werde mich auch im folgenden auf den für die Anwendungen allerdings besonders wichtigen Sonderfall der linearen Differentialgleichungen und unter diesen wieder auf die Gleichungen zweiter Ordnung beschränken; die Verallgemeinerung auf Gleichungen beliebiger Ordnung bietet dann keine wesentlich neuen Gesichtspunkte mehr.

Ich beginne zunächst mit einigen vom funktionentheoretischen Standpunkt sehr naheliegenden Feststellungen über Differentialgleichungen erster Ordnung

$$y' = f(x, y), \tag{1}$$

wo jetzt $f(x, y)$ eine reguläre Funktion der beiden *komplexen* Variablen x und y ist. Was das heißt, ist im wesentlichen in III, § 4, 3 gesagt, obwohl ich mich dort auf reelle Funktionen reeller Veränderlicher bezogen habe. Denn nach dem Prinzip der analytischen Fortsetzung und auf Grund des Monodromiesatzes (III, § 26) läßt sich das alles ohneweiters ins Komplexe übertragen. Wir werden also eine komplexe Funktion $f(x, y)$ in der Umgebung $\mathfrak{U}$ einer Stelle (x_0, y_0) *regulär* nennen, wenn sie in $\mathfrak{U}$ durch eine konvergente Potenzreihe

$$f(x, y) = \sum_{\mu, \nu} a_{\mu\nu} (x - x_0)^\mu (y - y_0)^\nu \tag{2}$$

darstellbar ist. Die Umgebung $\mathfrak{U}$, also das Konvergenzgebiet der Reihe (2), wollen wir dabei stets in der Gestalt

$$|x - x_0| < r_1, \qquad |y - y_0| < r_2$$

annehmen. Das ist je ein Kreis in der x-Ebene und in der y-Ebene; die „Stellen" (x, y) der Umgebung $\mathfrak{U}$ sind also durch ein Punktepaar dargestellt, nämlich ein Punkt im Innern des Kreises der x-Ebene und ein Punkt im Innern des Kreises in der y-Ebene[1].

Die Funktion $\varphi(x)$ heißt eine Lösung von (1), wenn in einem Kreisgebiet

$$|x - x_0| < \alpha \leqq r_1$$

die Identität

$$\varphi'(x) = f(x, \varphi(x)) \tag{3}$$

besteht. Aus unseren Feststellungen folgt ohneweiters, daß der Existenzsatz von III § 3, 3, hier in der folgenden Form gilt:

Ist $f(x, y)$ in dem Gebiet $\mathfrak{G}$

$$|x - x_0| < a, \qquad |y - y_0| < b$$

regulär und

$$|f(x, y)| \leqq A$$

in $\mathfrak{G}$, so existiert genau eine Lösung $y = \varphi(x)$ der Differentialgleichung (1), die in

$$|x - x_0| < \alpha, \qquad \alpha = \mathrm{Min}\left(a, \frac{b}{A}\right)$$

regulär ist und der Bedingung (Anfangsbedingung)

$$\varphi(x_0) = y_0$$

genügt.

Wie man sieht, ist der Existenzsatz sogar einfacher als im Reellen, weil aus der Voraussetzung der Regularität folgt, daß die Lipschitzbedingung erfüllt ist.

---

[1] Man kann ja auch im Reellen die Punkte (x, y) einer Ebene durch je einen Punkt der x-Achse und der y-Achse darstellen. Sind aber x und y komplex, so liegt die Stelle (x, y) in einem Raum mit vier reellen Dimensionen und auch $\mathfrak{U}$ ist ein vierdimensionales Gebiet in diesem Raum. Vgl. hierzu III, § 22, 1.

Der Satz läßt sich in völlig analoger Weise auf Systeme von Differentialgleichungen erster Ordnung und damit auf Differentialgleichungen beliebiger Ordnung übertragen.

Der Einfachheit wegen werde ich mich im folgenden vorwiegend auf homogene lineare Differentialgleichungen zweiter Ordnung

$$y'' + f(x)\, y' + g(x)\, y = 0 \tag{4}$$

beschränken, zumal gerade die für die Anwendungen wichtigsten Fälle hierher gehören. Die Funktionen $f(x)$ und $g(x)$ seien dabei in einem Gebiet $\mathfrak{G}$ der x-Ebene *bis auf isolierte singuläre Stellen* (die nicht zu $\mathfrak{G}$ zu rechnen sind) eindeutig und regulär. In der Umgebung einer Stelle x_0 von $\mathfrak{G}$ lassen sich $f(x)$ und $g(x)$ dann durch Potenzreihen darstellen, die beide in einem Kreis $\mathfrak{K}$ vom Radius r konvergieren. Auf dem Rand von $\mathfrak{K}$ liegt mindestens eine singuläre Stelle einer der beiden Funktionen $f(x)$ oder $g(x)$. Jeder Punkt, wo entweder $f(x)$ oder $g(x)$ oder beide singulär sind, heißt eine *singuläre Stelle der Differentialgleichung* (4).

Ich beginne zunächst mit einer Bemerkung über die lineare Differentialgleichung erster Ordnung

$$y' + f(x)\, y = 0.$$

$f(x)$ habe eine isolierte singuläre Stelle $x = a$, so daß in $0 < |x - a| < \varrho$ die Laurententwicklung (III, § 25, 7)

$$f(x) = \sum_{-\infty}^{+\infty} c_\nu\, (x - a)^\nu$$

gilt. Trennung der Veränderlichen und Integration gibt

$$\ln y = r \ln (x - a) + \sum_{-\infty}^{+\infty} b_\nu\, (x - a)^\nu$$

mit

$$r = - c_{-1}, \qquad b_0 \text{ beliebig}, \qquad b_\nu = - \frac{c_{\nu-1}}{\nu}, \quad (\nu \neq 0)$$

und daher

$$y(x) = (x - a)^r \sum_{-\infty}^{+\infty} a_\nu\, (x - a)^\nu$$

mit

$$\sum_{-\infty}^{+\infty} a_\nu\, (x - a)^\nu = \exp \sum_{-\infty}^{+\infty} b_\nu\, (x - a)^\nu.$$

Ist r keine ganze Zahl, so ist die Lösung $y(x)$ in der Umgebung von $x = a$ mehrdeutig, der Punkt $x = a$ ein Verzweigungspunkt. Wählt man in der Umgebung eines Punktes $x_0 \neq a$ einen Zweig von $y(x)$ und setzt diesen auf einem den Punkt $x = a$ im positiven Sinn einmal umlaufenden Weg analytisch fort (III, § 26, Ziffer 3 und 4), so multipliziert sich dieser Zweig von $y(x)$ mit dem Faktor $\lambda = {} = \exp 2\,\pi\,r\,j$. Lösungen einer Differentialgleichung, die sich bei einem Umlauf um eine singuläre Stelle mit einem konstanten Faktor multiplizieren, nennt man *multiplikative Lösungen*. Bei der linearen Differentialgleichung erster Ordnung sind offenbar alle Lösungen multiplikativ; bei den Differentialgleichungen höherer Ordnung ist das keineswegs der Fall, wie wir gleich sehen werden.

Ich schließe wieder an (4) an und erinnere an den Begriff des *Fundamentalsystems*, das bei (4) aus zwei linear unabhängigen (regulären) Lösungen $\varphi_1(x)$

und $\varphi_2(x)$ besteht, die in $\Re$ durch konvergente Potenzreihen darstellbar sind; ist $\varphi_1^*(x)$ und $\varphi_2^*(x)$ ein zweites Fundamentalsystem, so gilt

$$\left.\begin{aligned}\varphi_1^* &= a_{11}\,\varphi_1 + a_{12}\,\varphi_2,\\\varphi_2^* &= a_{21}\,\varphi_1 + a_{22}\,\varphi_2\end{aligned}\right\} \tag{5}$$

oder kurz

$$\varphi_i^* = \sum_{j=1}^{2} a_{ij}\,\varphi_j, \quad i = 1,2$$

mit

$$\operatorname{Det} a_{ij} \neq 0. \tag{6}$$

2. Die Singularitäten der Lösungen. Bei der Differentialgleichung (1) können singuläre Stellen der Lösungen von den Anfangsbedingungen abhängen. Das zeigt schon das einfache Beispiel der Differentialgleichung $y' + y^2 = 0$ mit der allgemeinen Lösung $y = 1/(x-c)$; die Lösung mit der Anfangsbedingung $(0, a)$ ist dann

$$y = \frac{a}{a\,x + 1}$$

und hat bei $x = -1/a$ einen Pol erster Ordnung. Bei einer linearen Differentialgleichung (4) sind aber eventuelle *singuläre Stellen einer Lösung allein durch die Koeffizienten $f(x)$ und $g(x)$ bestimmt und von den Anfangsbedingungen unabhängig.* Denn für eine reguläre Stelle x_0 der Differentialgleichung (4) folgt aus dem Existenzsatz in III, § 6, 1 sofort die Regularität der Lösungen in der Umgebung von x_0. Wir verfolgen nun ein Fundamentalsystem von Lösungen $\varphi_1(x)$ und $\varphi_2(x)$ bei einem Umlauf um eine singuläre Stelle a einer der beiden Funktionen $f(x)$ oder $g(x)$. Ein solcher Umlauf ist irgendein geschlossener, von x_0 ausgehender und wieder zu x_0 zurückkehrender Weg $\mathfrak{C}$, der den Punkt a im Innern enthält. Wären $f(x)$ und $g(x)$ im Innern von $\mathfrak{C}$ überall regulär, so würden sich in x_0 nach dem Umlauf wieder die ursprünglichen Funktionen $\varphi_1(x)$ und $\varphi_2(x)$ ergeben. Liegt aber im Innern von $\mathfrak{C}$, wie wir angenommen haben, die singuläre Stelle a der Differentialgleichung, so muß das keineswegs der Fall sein; wir erhalten im allgemeinen nach dem Umlauf zwei andere Funktionen $\varphi_1^*(x)$ und $\varphi_2^*(x)$, die aber immer noch Lösungen der Differentialgleichung (4) sein müssen, die für jede der beiden Funktionen längs des ganzen Weges identisch erfüllt ist; ebenso sind $\varphi_1^*(x)$ und $\varphi_2^*(x)$ linear unabhängig, weil die Wronskische Determinante von φ_1 und φ_2 während des ganzen Umlaufs nach III, § 6, (14) von Null verschieden bleibt. Somit bilden auch φ_1^* und φ_2^* ein Fundamentalsystem von (4) in x_0 und zwischen ihnen und den ursprünglichen Lösungen φ_1 und φ_2 bestehen Gleichungen der Gestalt (5) mit nicht verschwindender Determinante (6); φ_1 und φ_2 erfahren also, wie man sagt, bei dem Umlauf um a eine lineare Substitution.

Wir versuchen, multiplikative Lösungen zu ermitteln. Jede solche Lösung ist eine Linearkombination der $\varphi_i(x)$, also von der Gestalt

$$y(x) = \sum_{i=1}^{2} \alpha_i\,\varphi_i(x). \tag{7}$$

Die φ_i erleiden beim Umlauf die Substitution (5), während $y(x)$ voraussetzungsgemäß in $\lambda\,y(x)$ übergeht. Es folgt also

$$\lambda\sum_{j} \alpha_j\,\varphi_j = \sum_{i} \alpha_i \sum_{j} a_{ij}\,\varphi_j$$

oder

$$\sum_{j}\left(\sum_{i} \alpha_i\,a_{ij} - \lambda\,\alpha_j\right)\varphi_j = 0.$$

Da die φ_j linear unabhängig sind, kann diese Relation nur bestehen, wenn

$$\sum_i \alpha_i a_{ij} - \lambda \alpha_j = 0, \quad j = 1, 2 \tag{8}$$

ist, und diese homogenen linearen Gleichungen für die α_i haben dann und nur dann eine nichttriviale Lösung, wenn

$$\text{Det } (a_{ij} - \lambda \delta_{ij}) = 0$$

oder

$$\begin{vmatrix} a_{11} - \lambda & a_{12} \\ a_{21} & a_{22} - \lambda \end{vmatrix} = 0 \tag{9}$$

ist. Diese Gleichung heißt *die zur singulären Stelle a gehörige charakteristische Gleichung*[1]. Sie hat zwei Wurzeln λ_1 und λ_2, die wir zunächst als verschieden annehmen wollen; zu jedem dieser Werte ergibt sich aus (8) ein Zahlenpaar α_i, so daß wir aus (7) schließlich ein Fundamentalsystem von zwei multiplikativen Lösungen $y_1(x)$ und $y_2(x)$ erhalten. Daß es sich wirklich um ein Fundamentalsystem handelt, folgt daraus, daß der Quotient y_2/y_1 beim Umlauf um a in $\lambda_2 y_2/\lambda_1 y_1$ übergeht, sich also ändert ($\lambda_1 \neq \lambda_2$). Wären y_1 und y_2 linear abhängig, so wäre ihr Quotient konstant und müßte es nach dem Prinzip der analytischen Fortsetzung auch beim Umlauf um a bleiben.

Ich setze nun

$$r_1 = \frac{1}{2\pi j} \ln \lambda_1;$$

die Funktion

$$(x - a)^{r_1}$$

multipliziert sich beim Umlauf um a ebenso wie $y_1(x)$ mit dem Faktor λ_1, so daß der Quotient

$$\frac{y_1(x)}{(x - a)^{r_1}}$$

ungeändert bleibt, also eine eindeutige Funktion ist und somit in der Umgebung $0 < |x - a| < \varrho$ von a durch eine konvergente Laurentreihe (III, § 25, 7) darstellbar ist. Es folgt also, daß für jede multiplikative Lösung $y_1(x)$ eine Entwicklung der Gestalt

$$y_1(x) = (x - a)^{r_1} \sum_{-\infty}^{+\infty} a_\nu (x - a)^\nu \tag{10}$$

gilt. Bemerkt sei noch, daß r_1 wegen der Vieldeutigkeit des Logarithmus nur bis auf eine additive ganze Zahl bestimmt ist, die für die Darstellung (10) aber völlig belanglos ist; ersetzt man r_1 durch $r_1 + k$, so hat man lediglich in der Summe $\nu - k$ statt ν zu schreiben, um dieselbe Darstellung zu erhalten. Dasselbe gilt entsprechend auch im folgenden.

Hat die charakteristische Gleichung (9) eine Doppelwurzel $\lambda_1 = \lambda_2$, so existiert nur eine multiplikative Lösung $y_1(x)$. Es sei $y_2(x)$ eine beliebige, von y_1 linear

---

[1] Gleichungen dieser Gestalt sind uns schon des öfteren begegnet: Bei der Bestimmung der Eigenrichtungen eines Tensors zweiter Stufe (II, 2, § 18, 3; II, 1, § 28, 3), bei den Systemen linearer Differentialgleichungen (III, § 9, 4) und bei den Integralgleichungen (§ 5, 2). Alle diese Probleme sind natürlich im Grunde sehr ähnlich und laufen letzten Endes immer auf das zuerst genannte hinaus. Im vorliegenden Fall (8) ist der Unterschied vor allem der, daß die a_{ij} beliebige komplexe Zahlen sind.

unabhängige (und daher nicht multiplikative) Lösung. Beim Umlauf um a gehen y_1 und y_2 über in

$$y_1^*(x) = \lambda_1\, y_1(x), \quad y_2^*(x) = c\, y_1(x) + b\, y_2(x).$$

Die zugehörige charakteristische Gleichung

$$\begin{vmatrix} \lambda_1 - \lambda & 0 \\ c & b - \lambda \end{vmatrix} = 0$$

muß natürlich wieder die Doppelwurzel λ_1 haben, also ist $b = \lambda_1$, und der Quotient y_2/y_1 geht beim Umlauf um a über in

$$\frac{y_2^*}{y_1^*} = \frac{y_2}{y_1} + \frac{c}{\lambda_1},$$

erfährt also den Zuwachs $\dfrac{c}{\lambda_1}$. Denselben Zuwachs erfährt aber auch die Funktion

$$\psi(x) = \frac{c}{2\,\pi\,j\,\lambda_1} \ln(x - a)$$

bei einem Umlauf um a, so daß die Differenz

$$\frac{y_2}{y_1} - \psi = \frac{y_2}{y_1} - \frac{c}{2\,\pi\,j\,\lambda_1} \ln(x - a)$$

bei diesem Umlauf ungeändert bleibt, also in der Umgebung von a wieder durch eine Laurentreihe darstellbar ist. Schreiben wir also

$$y_2(x) = (x - a)^{r_2}\left(A \ln(x - a)\sum_{-\infty}^{+\infty} a_\nu\,(x - a)^\nu + \sum_{-\infty}^{+\infty} b_\nu\,(x - a)^\nu\right), \qquad (11)$$

so gilt diese Darstellung in beiden Fällen $\lambda_1 \neq \lambda_2$ und $\lambda_1 = \lambda_2$; im ersten Fall ist $A = 0$, im zweiten $A \neq 0$ und $r_2 - r_1$ eine ganze Zahl, die wir aber gleich Null annehmen können, so daß $r_2 = r_1$ wird.

Je zwei linear unabhängige Lösungen $y_1(x)$ und $y_2(x)$, die entweder beide vom Typus (10) oder von denen eine vom Typus (10), die andere vom Typus (11) ist, bilden ein sogenanntes *kanonisches Fundamentalsystem* der Gleichung (4).

Die Differentialgleichung mit konstanten Koeffizienten

$$y'' + a\,y' + b\,y = 0$$

ist überall regulär und hat die nichttrivialen Lösungen e^{rx} oder $x\,e^{rx}$, die im Unendlichen wesentlich singulär sind. Die Substitution $x = \dfrac{1}{z}$ führt auf eine Differentialgleichung mit nicht konstanten Koeffizienten und einer Singularität in $z = 0$. Der Punkt $x = \infty$ bedarf also stets einer besonderen Untersuchung.

Die Eulersche Differentialgleichung (III, § 7, 3)

$$x^2\,y'' + p\,x\,y' + q\,y = 0$$

oder

$$y'' + \frac{p}{x}\,y' + \frac{q}{x^2}\,y = 0 \qquad (12)$$

mit konstanten p und q hat eine singuläre Stelle im Ursprung, die Lösungen sind entweder x^r, also multiplikativ entsprechend (10), oder $x^r \ln x$ entsprechend (11).

Die Gleichung

$$x^2\,y'' - 2\,x\,y' + 2\,y = 0$$

hat das kanonische Fundamentalsystem $y_1 = x$, $y_2 = x^2$; es können also auch an einer singulären Stelle der Differentialgleichung die Lösungen regulär sein; man nennt solche singuläre Stellen der Differentialgleichung auch *Nebenstellen*.

Bei einer Differentialgleichung n-ter Ordnung mit einer singulären Stelle $x = a$ ist die zugehörige charakteristische Gleichung von n-ter Ordnung und es gibt so viele unabhängige multiplikative Lösungen, als diese Gleichung verschiedene Wurzeln hat. Diese multiplikativen Lösungen haben wieder die Gestalt (10) oder

$$y_1(x) = (x-a)^{r_1}\, \varphi_1(x-a);$$

bei Doppelwurzeln treten daneben noch nichtmultiplikative Lösungen der Gestalt (11) oder

$$y_2(x) = (x-a)^{r_1}\, [\ln(x-a)\,\varphi_1(x-a) + \varphi_2(x-a)]$$

auf, bei dreifachen Wurzeln nichtmultiplikative Lösungen der Gestalt

$$y_3(x) = (x-a)^{r_1}\, \{[\ln(x-a)]^2\,\varphi_1(x-a) + 2\ln(x-a)\,\varphi_2(x-a) + \varphi_3(x-a)\}$$

und allgemein bei k-fachen Wurzeln nichtmultiplikative Lösungen

$$y_k(x) = (x-a)^{r_1}\, \Big[[\ln(x-a)]^{k-1}\varphi_1(x-a) +$$
$$+ \binom{k-1}{1}[\ln(x-a)]^{k-2}\varphi_2(x-a) + \cdots +$$
$$+ \binom{k-1}{k-2}\ln(x-a)\varphi_{k-1}(x-a) + \varphi_k(x-a)\Big],$$

wo die $\varphi_j(x-a)$, $j = 1, 2, \ldots, k$, eindeutige Funktionen mit einer isolierten Singularität in $x = a$ sind.

3. Stellen der Bestimmtheit. Wie bei den regulären Funktionen unterscheidet man bei den Differentialgleichungen zwei Arten singulärer Stellen: *Außerwesentlich singuläre Stellen* oder *Stellen der Bestimmtheit*, bei denen alle Laurentreihen in (10) und (11) jeweils nur endlich viele Potenzen mit negativen Exponenten enthalten, und *wesentlich singuläre Stellen oder Stellen der Unbestimmtheit* in allen anderen Fällen. Die Bezeichnungen gehen auf den deutschen Mathematiker FUCHS zurück[1]. Die Differentialgleichungen, deren sämtliche singuläre Stellen (einschließlich $x = \infty$) solche der Bestimmtheit sind, heißen *Differentialgleichungen der Fuchsschen Klasse.*

Die Feststellung, ob eine singuläre Stelle a einer Differentialgleichung (4) eine Stelle der Bestimmtheit ist oder nicht, ist recht einfach, weil die Gleichung in der Umgebung von a eine charakteristische Gestalt annimmt. Ist nämlich a eine Stelle der Bestimmtheit und sind y_1 und y_2 ein Fundamentalsystem, das wir in der Gestalt (10) und (11) annehmen, so folgen aus (4) die beiden linearen Gleichungen für f und g

$$y_1'' + f\,y_1' + g\,y_1 = 0, \qquad y_2'' + f\,y_2' + g\,y_2 = 0, \tag{13}$$

und daraus

$$f = -\frac{y_1\,y_2'' - y_2\,y_1''}{y_1\,y_2' - y_2\,y_1'} = -\frac{(y_1\,y_2' - y_2\,y_1')'}{y_1\,y_2' - y_2\,y_1'} = -\frac{d}{dx}\ln(y_1\,y_2' - y_2\,y_1') =$$
$$= -\frac{d}{dx}\ln\Big(y_1^2\,\frac{d}{dx}\,\frac{y_2}{y_1}\Big).$$

Aus (10) und (11) ergibt sich, weil nur endlich viele negative Potenzen in (10) und (11) auftreten und daher die Stelle a höchstens eine isolierte Nullstelle ist, daß y_2/y_1 die Gestalt

$$\frac{y_2}{y_1} = (x-a)^{r_2-r_1}\,[A\ln(x-a) + (x-a)^{-n}\,\boldsymbol{P}_1(x-a)]$$

<hr>

[1] IMMANUEL LAZARUS FUCHS, geb. 1833 in Moschin (Posen), gest. 1902 in Berlin, wirkte in Berlin, Greifswald, Göttingen und Heidelberg. Arbeitsgebiete: Algebra und Funktionentheorie.

hat, wo $n \geqq 0$ ganz und $P_1(x-a)$ eine Potenzreihe in $(x-a)$ ist, deren konstantes Glied nicht Null ist. Ist $r_2 \neq r_1$, so ist $A = 0$ und umgekehrt. Es folgt

$$\frac{d}{dx}\frac{y_2}{y_1} = (r_2 - r_1)(x-a)^{r_2-r_1-1}[A \ln(x-a) + (x-a)^{-n}P_1(x-a)] +$$

$$+ (x-a)^{r_2-r_1}\left[\frac{A}{x-a} - n(x-a)^{-n-1}P_1(x-a) + (x-a)^{-n}P_1'(x-a)\right] =$$

$$= (x-a)^\alpha P_2(x-a),$$

weil auf jeden Fall $(r_2 - r_1)A = 0$ ist. Ferner folgt aus (10)

$$y_1^2 = (x-a)^\beta P_3(x-a)$$

und daher

$$y_1^2 \frac{d}{dx}\frac{y_2}{y_1} = (x-a)^{\alpha+\beta}[a_0 + a_1(x-a) + \dots]$$

mit $a_0 \neq 0$. Die Ableitung des Logarithmus dieses Ausdrucks und damit die Funktion $f(x)$ hat, wie man sofort überlegt, wegen $a_0 \neq 0$ an der Stelle a einen Pol von höchstens erster Ordnung. Aus der ersten Gleichung (13) folgt weiter

$$g = -\frac{y_1''}{y_1} - f\frac{y_1'}{y_1};$$

wegen (10) hat y_1 die Gestalt

$$y_1 = (x-a)^\nu[b_0 + b_1(x-a) + b_2(x-a)^2 + \dots]$$

mit $b_0 \neq 0$ und man findet sofort, daß y_1'/y_1 an der Stelle a höchstens einen Pol erster Ordnung, y_1''/y_1 höchstens einen Pol zweiter Ordnung hat. Die Differentialgleichung (4) hat also in der Umgebung der Stelle der Bestimmtheit a die Gestalt

$$\boxed{\; y'' + \frac{P(x-a)}{x-a}\,y' + \frac{Q(x-a)}{(x-a)^2}\,y = 0, \;} \qquad (14)$$

wo P und Q Potenzreihen in $(x-a)$ sind, deren Anfangsglieder auch gleich Null sein können, doch mit der Einschränkung, daß mindestens einer der Koeffizienten f oder g bei a einen Pol haben muß.

Um noch den Punkt $x = \infty$ zu untersuchen, bringen wir diesen durch die Substitution $x = \frac{1}{z}$ in den Ursprung. Eine einfache Rechnung gibt an Stelle von (4)

$$\frac{d^2y}{dz^2} + \left[\frac{2}{z} - \frac{1}{z^2}f\left(\frac{1}{z}\right)\right]\frac{dy}{dz} + \frac{1}{z^4}g\left(\frac{1}{z}\right)y = 0. \qquad (15)$$

Soll für diese Gleichung $z = 0$ eine Stelle der Bestimmtheit sein, so muß nach (14)

$$\frac{2}{z} - \frac{1}{z^2}f\left(\frac{1}{z}\right) = \frac{1}{z}P(z), \qquad \frac{1}{z^4}g\left(\frac{1}{z}\right) = \frac{1}{z^2}Q(z)$$

sein. Das gibt für $f(x)$ und $g(x)$ die Entwicklungen in der Umgebung von $x = \infty$

$$\left.\begin{aligned} f(x) &= \frac{1}{x}P_1\left(\frac{1}{x}\right) = \frac{a_0}{x} + \frac{a_1}{x^2} + \dots, \\ g(x) &= \frac{1}{x^2}Q_1\left(\frac{1}{x}\right) = \frac{b_0}{x^2} + \frac{b_1}{x^3} + \dots; \end{aligned}\right\} \qquad (16)$$

es muß also $f(x)$ für $x = \infty$ *mindestens von erster*, $g(x)$ *mindestens von zweiter Ordnung verschwinden.* Man sieht, daß die Eulersche Differentialgleichung (12) sowohl in $x = 0$ wie in $x = \infty$ eine Stelle der Bestimmtheit hat und somit vom

Fuchsschen Typus ist, während die Gleichung mit konstanten Koeffizienten in $x = \infty$ eine Stelle der Unbestimmtheit hat, sofern sie sich nicht auf $y'' = 0$ reduziert.

Die Darstellungen (14) und (16) sind notwendige Bedingungen dafür, daß $x = a$ bzw. $x = \infty$ Stellen der Bestimmtheit sind. Ich zeige, daß sie auch hinreichend sind; es genügt natürlich, den Beweis für die Stelle $x = a$ durchzuführen. Durch die Substitution

$$y_1 = y, \quad y_2 = (x - a)\, y'$$

geht (14) in das System

$$y_1' = \frac{1}{x-a}\, y_2, \quad y_2' = -\frac{Q}{x-a}\, y_1 - \frac{P-1}{x-a}\, y_2$$

über, dessen Koeffizienten in $x = a$ Pole höchstens erster Ordnung haben. Somit gibt es eine Zahl $A > 0$, so daß alle Koeffizienten in einer Umgebung $|x - a| \leqq \varrho_0$ kleiner sind als

$$\frac{A}{|x-a|}.$$

Dann ist

$$|y_1'| < \frac{A}{|x-a|}\, |y_2| < \frac{A}{|x-a|}\, (|y_1| + |y_2|), \quad |y_2'| < \frac{A}{|x-a|}\, (|y_1| + |y_2|).$$

Setzt man

$$|y_1|^2 + |y_2|^2 = Y$$

und $|x - a| = \varrho$, so wird[1]

$$\left|\frac{\partial Y}{\partial \varrho}\right| \leqq 2\,(|y_1|\,|y_1'| + |y_2|\,|y_2'|) < \frac{2\,A}{\varrho}\,(|y_1| + |y_2|)^2 \leqq \frac{4\,A}{\varrho}\, Y$$

oder

$$-\frac{4\,A}{\varrho} < \frac{\partial \ln Y}{\partial \varrho} < \frac{4\,A}{\varrho}.$$

Integration der linken Ungleichung zwischen ϱ und ϱ_0, $0 < \varrho < \varrho_0$, gibt

$$Y < Y_0 \left(\frac{\varrho_0}{\varrho}\right)^{4A}$$

und daher auch

$$|y|^2 = |y_1|^2 < Y_0 \left(\frac{\varrho_0}{\varrho}\right)^{4A},$$

oder

$$|y| < \frac{B}{\varrho^{2A}} = \frac{B}{|x-a|^{2A}};$$

in der Entwicklung von y_i können also höchstens endlich viele Potenzen mit negativen Exponenten auftreten und $x = a$ ist, sofern $y(x)$ nicht überhaupt regulär ist, eine Stelle der Bestimmtheit.

Allgemein ist für die Differentialgleichung

$$y^{(n)} + f_1(x)\, y^{(n-1)} + \cdots + f_n(x)\, y = 0$$

die Stelle $x = a$ eine Stelle der Bestimmtheit, wenn

$$f_\nu(x) = \frac{1}{(x-a)^\nu}\, P_\nu(x - a), \quad \nu = 1, 2, \ldots, n$$

ist, wo die $P_\nu(x)$ in $x = a$ regulär, also Potenzreihen in $x - a$ sind.

---

[1] Man beachte: $x = a + \varrho\, e^{i\varphi}$, $\dfrac{\partial y}{\partial \varrho} = \dfrac{dy}{dx}\, \dfrac{dx}{\partial \varrho} = y'\, e^{i\varphi}$, also $\left|\dfrac{\partial y}{\partial \varrho}\right| = |y'|$.

4. Reihenentwicklung der Lösungen in der Umgebung einer Stelle der Bestimmtheit. Ich schreibe die Gleichung (14) in der Gestalt

$$(x-a)^2\, y'' + (x-a)\, P(x-a)\, y' + Q(x-a)\, y = 0 \tag{17}$$

mit

$$P(x-a) = \sum_0^\infty p_\nu\, (x-a)^\nu, \qquad Q(x-a) = \sum_0^\infty q_\nu\, (x-a)^\nu.$$

Für eine multiplikative Lösung von (17) mache ich wie in III, § 4, 3 den Ansatz

$$y(x) = (x-a)^r \sum_0^\infty c_\nu\, (x-a)^\nu, \qquad c_0 \neq 0. \tag{18}$$

Die Annahme $c_0 \neq 0$ bedeutet nach der Bemerkung, die ich im Anschluß an (10) machte, eine Verfügung über die additive ganze Zahl bei r. Eine einfache Rechnung gibt für die Koeffizienten c_ν die Gleichungen

$$\left.\begin{aligned}
&c_0\, f_0(r) = 0, \\
&c_1\, f_0(r+1) + c_0\, f_1(r) = 0 \\
&c_2\, f_0(r+2) + c_1\, f_1(r+1) + c_0\, f_2(r) = 0 \\
&\cdots\cdots\cdots\cdots\cdots\cdots\cdots\cdots\cdots\cdots\cdots\cdots\cdots\cdots \\
&c_n\, f_0(r+n) + c_{n-1}\, f_1(r+n-1) + \cdots + c_0\, f_n(r) = 0 \\
&\cdots\cdots\cdots\cdots\cdots\cdots\cdots\cdots\cdots\cdots\cdots\cdots\cdots\cdots,
\end{aligned}\right\} \tag{19}$$

wo

$$\left.\begin{aligned}
&f_0(r) = r(r-1) + r\, p_0 + q_0, \\
&f_\nu(r) = r\, p_\nu + q_\nu, \qquad \nu = 1, 2, \ldots
\end{aligned}\right\} \tag{20}$$

bedeutet. Wegen $c_0 \neq 0$ gibt die erste Gleichung (19)

$$\boxed{\; f_0(r) = r^2 + (p_0 - 1)\, r + q_0 = 0, \;} \tag{21}$$

die sogenannte *determinierende Gleichung für* r mit den beiden Wurzeln r_1 und r_2. Geht man mit einer von ihnen, etwa mit r_1, in die Gleichungen (19) hinein und wählt man c_0 beliebig, nur $\neq 0$, so ergeben sich alle folgenden c_ν, $\nu = 1, 2, \ldots$ eindeutig und in einfacher Weise aus diesen Gleichungen, sofern nicht für ein bestimmtes $\nu = n$

$$f_0(r_1 + n) = 0$$

ist. Das heißt dann, daß $r_2 = r_1 + n$ ist. Dann gibt die $(n+1)$-te Gleichung (19) eine weitere Bedingung für die Koeffizienten $c_0, c_1, \ldots, c_{n-1}$, nämlich

$$c_{n-1}\, f_1(r+n-1) + c_{n-2}\, f_2(r+n-2) + \cdots + c_0\, f_n(r) = 0. \tag{22}$$

Ist sie erfüllt, so kann man c_n ebenfalls willkürlich wählen und es sind dann c_{n+1}, c_{n+2} usw. durch die folgenden Gleichungen wieder eindeutig bestimmt.

Ist also $r_2 - r_1$ keine ganze Zahl, so erhält man aus (19) zwei bis auf den willkürlichen Faktor $c_0 \neq 0$ eindeutig bestimmte Reihen (18), die der Gleichung (17) genügen. Ist $r_2 - r_1 = n$ ganz, so kann man die Numerierung der Wurzeln so wählen, daß $n \geq 0$ ist; dann bekommt man aus (19) für $r = r_2$ eine bis auf den Faktor c_0 eindeutig bestimmte, der Differentialgleichung (17) genügende Reihe. Für $r = r_1 = r_2 - n$ ergibt sich aber nur dann eine derartige Reihe, wenn die Bedingung (22) erfüllt ist. Man erhält dann wegen der Willkürlichkeit von c_n eine zweiparametrige Schar von Reihen, die der Differentialgleichung (17) genügen. Ist aber (22) nicht erfüllt, so ergibt sich für $r = r_1$ keine der

Differentialgleichung (17) genügende Reihe. Im Fall $n = 0$, also $r_2 = r_1$, bekommt man eine einzige, der Differentialgleichung (17) genügende Reihe.

Mit der Frage der Konvergenz der sich so ergebenden Reihen will ich mich hier nicht weiter beschäftigen. Es läßt sich unschwer zeigen, daß sie stets in einem bis zur nächsten singulären Stelle der Differentialgleichung reichenden Kreis konvergieren[1].

Ergeben sich also durch das obige Verfahren zwei linear unabhängige multiplikative Lösungen, so bilden sie ein Fundamentalsystem. Das ist dann der Fall, wenn entweder $r_2 - r_1$ nicht ganz oder wenn im Fall $r_2 - r_1 = n$, $n = 1, 2, \ldots$, die Bedingung (22) erfüllt ist. Ist diese Bedingung nicht erfüllt oder $r_2 = r_1$, so gibt es nur eine multiplikative Lösung von (17). Eine zweite linear unabhängige Lösung hat dann die Gestalt (11) mit einem logarithmischen Glied. Diese Lösung kann man nach dem Reduktionsverfahren (III, § 6, 4), also durch den Ansatz

$$y_2 = y_1 \int u \, dx$$

ermitteln, der auf eine lineare Differentialgleichung erster Ordnung für u führt. Rechnerisch einfacher ist es in der Regel aber, von der bereits bekannten Gestalt (10), (11) oder $(a = 0)$

$$\left. \begin{aligned} y_1(x) &= x^{r_1}\, \varphi(x), \\ y_2(x) &= x^{r_2}\psi(x) + A\, x^{r_1}\, \varphi(x) \ln x \end{aligned} \right\} \tag{23}$$

auszugehen[2] und nach der Ermittlung von $\varphi(x)$ die Reihe für $\psi(x)$ mit unbestimmten Koeffizienten anzusetzen und in die Differentialgleichung hineinzugehen.

Ich bemerke noch, daß für r_1 und r_2 in (23) die Wurzeln der determinierenden Gleichung genommen werden können, aber nicht mit diesen übereinstimmen müssen, wie auch das folgende Beispiel zeigt.

Zur Differentialgleichung

$$x^2\, y'' - x\, \frac{2\,x + 1}{x + 1}\, y' + \frac{2\,x + 1}{x + 1}\, y = 0$$

gehört wegen

$$\frac{2\,x + 1}{x + 1} = 1 + x - x^2 + x^3 - + \cdots$$

die determinierende Gleichung

$$f_0(r) = (r - 1)^2$$

mit der Doppelwurzel $r = 1$. Wegen $f_\nu(r) = (-1)^\nu\,(r - 1)$ sind alle $c_\nu = 0$ mit $\nu \geqq 1$, so daß

$$y_1 = x$$

die einzige multiplikative Lösung ist. Der Ansatz

$$y_2 = y_1 \int u \, dx$$

gibt

$$\frac{u'}{u} = -\frac{1}{x\,(x + 1)},$$

also

$$y_2 = x^2 + x \ln x,$$

und Vergleich mit (23) zeigt, daß man ebensogut wie $r_1 = r_2 = 1$, $\varphi = 1$, $\psi = x$ auch $r_1 = 1$, $r_2 = 2$, $\varphi = \psi = 1$ setzen kann. Die Stelle $x = -1$ ist eine Nebenstelle (Ziffer 2, Beispiel), hier sind alle Lösungen regulär.

---

[1] Vgl. z. B. BIEBERBACH, LV. 13, § 6, 7.

[2] (23) ist für den allgemeinen Fall angeschrieben; in unserem Fall kann $r_1 = r_2$ genommen werden und A ist von Null verschieden.

5. Die Differentialgleichungen der Fuchsschen Klasse. Nach der Erklärung von Ziffer 3 heißt die Differentialgleichung

$$y'' + f(x)\, y' + g(x)\, y = 0 \tag{4}$$

von der Fuchsschen Klasse, wenn alle singulären Stellen solche der Bestimmtheit sind. Sind $a_1, a_2, \ldots, a_n$ die singulären Stellen im Endlichen, so kann an jeder dieser Stellen $f(x)$ höchstens einen Pol erster Ordnung, $g(x)$ höchstens einen Pol zweiter Ordnung haben. $f(x)$ und $g(x)$ sind also Summen je einer rationalen und ganzen Funktion und haben, wenn wir für die rationale Funktion die Partialbruchzerlegung anschreiben, die Gestalt

$$f(x) = \sum_{i=1}^{n} \frac{A_i}{x - a_i} + h_1(x),$$

$$g(x) = \sum_{i=1}^{n} \left(\frac{B_i}{(x - a_i)^2} + \frac{C_i}{x - a_i} \right) + h_2(x),$$

wo $h_1(x)$ und $h_2(x)$ ganze Funktionen sind. Die Stelle $x = \infty$ muß entweder eine reguläre Stelle oder eine Stelle der Bestimmtheit sein. Aus (16) folgt, daß dafür

$$\lim_{x \to \infty} f(x) = 0, \qquad \lim_{x \to \infty} x\, g(x) = 0$$

notwendig und hinreichend ist, was dann und nur dann zutrifft, wenn

$$h_1(x) \equiv 0, \qquad h_2(x) \equiv 0, \qquad \sum_{i=1}^{n} C_i = 0$$

ist. Wir haben also:

Die Differentialgleichung (4) mit den Stellen der Bestimmtheit $a_1, a_2, \ldots, a_n, \infty$ gehört dann und nur dann zur Fuchsschen Klasse, wenn

$$\boxed{f(x) = \sum_{i=1}^{n} \frac{A_i}{x - a_i}, \qquad g(x) = \sum_{i=1}^{n} \left(\frac{B_i}{(x - a_i)^2} + \frac{C_i}{x - a_i} \right), \qquad \sum_{i=1}^{n} C_i = 0} \tag{24}$$

ist; dabei können einzelne der Stellen a_i, ∞ auch reguläre Stellen der Differentialgleichung sein.

So ist z. B. $x = \infty$ dann und nur dann eine reguläre Stelle der Differentialgleichung, wenn nach (15)

$$\frac{2}{z} - \frac{1}{z^2} f\!\left(\frac{1}{z}\right) \quad \text{und} \quad \frac{1}{z^4} g\!\left(\frac{1}{z}\right)$$

$\left(z = \dfrac{1}{x}\right)$ an der Stelle $z = 0$ regulär sind. Man rechnet leicht nach, daß dazu die Bedingungen

$$\boxed{\begin{aligned} &\sum_{1}^{n} A_i = 2, \qquad \sum_{1}^{n} C_i = 0, \qquad \sum_{1}^{n} (B_i + C_i\, a_i) = 0, \\ &\qquad\qquad \sum_{1}^{n} (2\, B_i\, a_i + C_i\, a_i^2) = 0 \end{aligned}} \tag{25}$$

notwendig und hinreichend sind.

Die determinierende Gleichung (21) für die Stelle $x = a_i$ ist

$$r(r-1) + A_i r + B_i = 0 \tag{26}$$

und für $x = \infty$

$$r(r-1) + \left(2 - \sum_1^n A_i\right)r + \sum_1^n (B_i + C_i a_i) = 0. \tag{27}$$

Ist $x = \infty$ eine reguläre Stelle, so geht (27) wegen (25) über in

$$r(r-1) = 0. \tag{28}$$

Für die Summe der Wurzeln aus den determinierenden Gleichungen (26) ($i = 1, 2, \ldots, n$) und (27) ergibt sich

$$\sum_1^n (1 - A_i) + 1 - \left(2 - \sum_1^n A_i\right) = n - 1.$$

Ist $x = \infty$ eine reguläre Stelle, so wird, da die Summe der Wurzeln von (28) gleich 1 ist, die Summe der Wurzeln aller zu den im Endlichen gelegenen Stellen $a_1, a_2, \ldots, a_n$ gehörigen determinierenden Gleichungen gleich $n - 2$.

Die Differentialgleichungen der Fuchsschen Klasse sind für den Mathematiker interessant, weil sich über ihre Lösungen allgemeine Aussagen machen lassen, wie aus den bisherigen Überlegungen hervorgeht. Sie sind aber darüber hinaus auch für die Anwendungen von Bedeutung, weil eine ganze Reihe von physikalischen und anderen Problemen auf Differentialgleichungen der Fuchsschen Klasse führen. Es ist daher naheliegend, ein spezielles Studium damit zu beginnen, daß man zunächst die — hinsichtlich ihrer Singularitäten — einfachsten Fuchsschen Gleichungen untersucht. Es zeigt sich, daß die Gleichungen mit einer und zwei Singularitäten auf elementar integrierbare Fälle führen (vgl. die Aufgabe 2 am Schluß des Paragraphen). Die einfachste, nicht elementar integrierbare Fuchssche Differentialgleichung ist also die mit drei singulären Stellen, die in den folgenden Ziffern diskutiert wird.

6. Die Riemannsche und die hypergeometrische Differentialgleichung. Es seien a, b, c die singulären Stellen der Differentialgleichung (4), $x = \infty$ sei zunächst eine reguläre Stelle. Sind α', α'', β', β'', γ', γ'' die Wurzeln der zugehörigen determinierenden Gleichungen (so daß α' und α'' zu $x = a$ usw. gehören), so muß nach Ziffer 5

$$\alpha' + \alpha'' + \beta' + \beta'' + \gamma' + \gamma'' = 1 \tag{29}$$

sein. Aus den in den A_i, B_i und C_i ($i = 1, 2, 3$) linearen Gleichungen (25) und (26) lassen sich diese Koeffizienten eindeutig durch die Zahlen a, b, c und die Wurzeln α' usw. ausdrücken. Eine einfache Rechnung gibt die *Riemannsche Differentialgleichung*

$$y'' + \left(\frac{1-\alpha'-\alpha''}{x-a} + \frac{1-\beta'-\beta''}{x-b} + \frac{1-\gamma'-\gamma''}{x-c}\right)y' +$$

$$+ \left(\frac{\alpha'\alpha''(a-b)(a-c)}{x-a} + \frac{\beta'\beta''(b-a)(b-c)}{x-b} + \frac{\gamma'\gamma''(c-a)(c-b)}{x-c}\right) \cdot$$

$$\cdot \frac{y}{(x-a)(x-b)(x-c)} = 0, \tag{30}$$

deren allgemeines Integral man mit RIEMANN in der Gestalt

$$y = P\begin{pmatrix} a & b & c & \\ \alpha' & \beta' & \gamma' & x \\ \alpha'' & \beta'' & \gamma'' & \end{pmatrix} \tag{31}$$

schreibt und als *Riemannsche P-Funktion* bezeichnet. Für die Exponenten α' usw. gilt natürlich (29).

Ist $c = \infty$, hat die Gleichung also die singulären Stellen a, b, ∞ und berechnet man aus (26) und (27) die Koeffizienten A_i, B_i und C_i ($i = 1, 2$), so erhält man die *verallgemeinerte hypergeometrische Differentialgleichung*

$$y'' + \left(\frac{1 - \alpha' - \alpha''}{x - a} + \frac{1 - \beta' - \beta''}{x - b} \right) y' +$$

$$+ \left(\frac{\alpha' \alpha'' (a - b)}{x - a} + \frac{\beta' \beta'' (b - a)}{x - b} + \gamma' \gamma'' \right) \frac{y}{(x - a)(x - b)} = 0, \qquad (32)$$

wobei für die Exponenten α' usw. wieder (29) gilt. Ihre allgemeine Lösung ist gemäß (31)

$$y = P \begin{pmatrix} a & b & \infty & \\ \alpha' & \beta' & \gamma' & x \\ \alpha'' & \beta'' & \gamma'' & \end{pmatrix}. \qquad (33)$$

Ist hier noch $a = 0$, $b = 1$, so kann man durch die Substitution

$$y = x^{\alpha'} (x - 1)^{\beta'} \bar{y}$$

eine neue abhängige Variable $\bar{y}$ so einführen, daß für die neu entstehende Differentialgleichung $\bar{\alpha}' = \bar{\beta}' = 0$ wird. Setzt man dann noch wie üblich

$$\bar{\gamma}' = \alpha, \quad \bar{\gamma}'' = \beta, \quad \bar{\alpha}'' = 1 - \gamma, \quad \bar{\beta}'' = \gamma - \alpha - \beta,$$

so ist (29) erfüllt und (32) geht über in die *hypergeometrische Differentialgleichung* (ich schreibe wieder y statt $\bar{y}$)

$$\boxed{\; y'' + \frac{-\gamma + (1 + \alpha + \beta) x}{x (x - 1)} \, y' + \frac{\alpha \beta}{x (x - 1)} \, y = 0 \;} \qquad (34)$$

mit dem allgemeinen Integral

$$y = P \begin{pmatrix} 0 & 1 & \infty & \\ 0 & 0 & \alpha & x \\ 1 - \gamma & \gamma - \alpha - \beta & \beta & \end{pmatrix}. \qquad (35)$$

An der Stelle $x = 0$ gibt es nun, wenn γ keine ganze Zahl ist, wegen $\bar{\alpha}' = 0$ sicher eine *reguläre Lösung*, die man am einfachsten wieder durch einen Potenzreihenansatz $y = \sum\limits_{\nu=0}^{\infty} c_\nu x^\nu$ ermittelt. Für die c_ν ergeben sich durch einfache Rechnung die Rekursionsformeln

$$(\alpha + \nu)(\beta + \nu) c_\nu - (1 + \nu)(\gamma + \nu) c_{\nu+1} = 0, \quad \nu = 0, 1, 2, \ldots$$

und daraus für $c_0 = 1$, sofern γ *weder Null noch eine negative ganze Zahl* ist, die Reihe

$$F(\alpha, \beta, \gamma; \, x) = 1 + \frac{\alpha \beta}{1 \cdot \gamma} x + \frac{\alpha (\alpha + 1) \beta (\beta + 1)}{1 \cdot 2 \cdot \gamma (\gamma + 1)} x^2 + \ldots, \qquad (36)$$

die man als *hypergeometrische Reihe* bezeichnet. Sie findet sich bereits 1656 bei WALLIS, wurde aber erst von GAUSS genauer studiert und wird daher oft als *Gaußsche Reihe* bezeichnet. Da $x = 1$ die nächstgelegene singuläre Stelle der Differentialgleichung (34) ist, ist zu erwarten, daß die Reihe (36) für $|x| < 1$ konvergiert, was man auch leicht mit Hilfe des Quotientenkriteriums bestätigt. Die durch (36) dargestellte reguläre Funktion $F(\alpha, \beta, \gamma; \, x)$ heißt *hypergeometrische*

Funktion. Der Name kommt daher, daß (36) für $\alpha = 1, \beta = \gamma$ in die geometrische Reihe übergeht. Weitere spezielle Fälle sind

$$F(-n,\ 1,\ 1;\ -x) = (1 + x)^n,$$

$$x\,F(1,\ 1,\ 2;\ -x) = \ln\,(1 + x),$$

$$2\,x\,F\!\left(\frac{1}{2},\ 1,\ \frac{3}{2};\ x^2\right) = \ln\frac{1 + x}{1 - x},$$

$$x\,F\!\left(\frac{1}{2},\ \frac{1}{2},\ \frac{3}{2};\ x^2\right) = \arcsin x,$$

$$x\,F\!\left(\frac{1}{2},\ 1,\ \frac{3}{2};\ -x^2\right) = \arctan x,$$

$$\frac{\pi}{2}F\!\left(\frac{1}{2},\ \frac{1}{2},\ 1;\ k^2\right) = \int_0^{\frac{\pi}{2}} \frac{d\varphi}{\sqrt{1 - k^2 \sin^2 \varphi}} = \boldsymbol{K},$$

$$\frac{\pi}{2}F\!\left(\frac{1}{2},\ -\frac{1}{2},\ 1;\ k^2\right) = \int_0^{\frac{\pi}{2}} \sqrt{1 - k^2 \sin^2 \varphi}\,d\varphi = \boldsymbol{E}.$$

Ist γ nicht ganz, so existiert in der Umgebung von $x = 0$ eine zweite multiplikative Lösung, die man am einfachsten durch die Substitution $y = x^{1-\gamma}\,\overline{y}$ bekommt. Damit werden die Exponenten an den Stellen $0, 1, \infty$ der Reihe nach $0, \gamma - 1;\ 0, \gamma - \alpha - \beta;\ \alpha - \gamma + 1, \beta - \gamma + 1$ und daher ist

$$y_2 = x^{1-\gamma}\,F(\alpha - \gamma + 1, \beta - \gamma + 1,\ 2 - \gamma;\ x) \tag{37}$$

die zweite Lösung von (36) an der Stelle $x = 0$. Um die Stelle $x = 1$ zu untersuchen, führt man sie durch die Substitution $x = 1 - z$ in $z = 0$ über; man erhält dann durch eine einfache Rechnung als kanonische Systeme von (34) bei $x = 1$

$$\left.\begin{aligned} y_1 &= F(\alpha, \beta, 1 + \alpha + \beta - \gamma;\ 1 - x), \\ y_2 &= (1 - x)^{\gamma - \alpha - \beta}\,F(\gamma - \beta, \gamma - \alpha, 1 - \alpha - \beta + \gamma;\ 1 - x), \end{aligned}\right\} \tag{38}$$

sofern $\gamma - \alpha - \beta$ nicht ganzzahlig ist. An der Stelle $x = \infty$ erhält man schließlich $\left(\text{mit Hilfe der Substitution } x = \frac{1}{z}\right)$ die Entwicklungen

$$\left.\begin{aligned} y_1 &= \left(\frac{1}{x}\right)^{\alpha} F\!\left(\alpha, 1 + \alpha - \gamma, 1 + \alpha - \beta;\ \frac{1}{x}\right), \\ y_2 &= \left(\frac{1}{x}\right)^{\beta} F\!\left(\beta, 1 + \beta - \gamma, 1 + \beta - \alpha;\ \frac{1}{x}\right), \end{aligned}\right\} \tag{39}$$

sofern $\alpha - \beta$ nicht ganzzahlig ist. In den hier ausgeschlossenen Fällen werden sich im allgemeinen Lösungen ergeben, die mit Logarithmen behaftet sind.

7. Hypergeometrische Polynome. Die hypergeometrische Funktion ist ein Polynom, wenn die Entwicklung (36) nach endlich vielen Gliedern abbricht. Das wird offenbar dann und nur dann der Fall sein, wenn entweder α oder β eine negative ganze Zahl ist. Man nennt diese Polynome die *hypergeometrischen oder Jacobischen Polynome*; gewöhnlich bringt man noch durch die Substitution

$$x = \frac{1}{2}\,(1 - z)$$

die Singularitäten von $0, 1, \infty$ nach $1, -1, \infty$ und setzt

$$\alpha = -n, \quad \beta = n + p, \quad \gamma = q,$$

so daß, wenn man wieder x statt z schreibt,

$$G_n(p, q, x) = F\left(-n, n + p, q; \frac{1}{2}(1 - x)\right) \tag{40}$$

oder nach (36)

$$G_n(p, q, x) = 1 - \frac{n(p+n)}{1!\,2\,q}(1-x) + \frac{n(n-1)(p+n)(p+n+1)}{2!\,4\,q\,(q+1)}(1-x)^2 +$$

$$+ \cdots + (-1)^n \frac{n!\,(p+n)(p+n+1)\cdots(p+2n-1)}{n!\,2^n\,q\,(q+1)\cdots(q+n-1)}(1-x)^n \tag{41}$$

ihre allgemeine Darstellung wird. Ich erwähne noch, daß man sie in der Gestalt

$$G_n(p, q, x) = \frac{(-1)^n(1-x)^{1-q}(1+x)^{q-p}}{2^n \binom{q+n-1}{n} n!} \frac{d^n}{dx^n}\left[(1-x)^{q+n-1}(1+x)^{p+n-q}\right] \tag{41'}$$

darstellen kann. Aus (34) ergibt sich die Differentialgleichung

$$(1-x^2)\,y'' + [p - 2q + 1 - (p+1)\,x]\,y' + n\,(p+n)\,y = 0 \tag{42}$$

der Jacobischen Polynome.

Setzt man $p = q = 1$, so geht (40) in das *Legendresche Polynom n-ten Grades* (§ 4, 3 und § 4, Aufgabe 1)

$$P_n(x) = G_n(1, 1, x) = F\left(-n, n+1, 1; \frac{1}{2}(1-x)\right) \tag{43}$$

über und (42) in die *Legendresche Differentialgleichung*

$$(1-x^2)\,y'' - 2\,x\,y' + n\,(n+1)\,y = 0. \tag{44}$$

Ich komme darauf in § 11, 3 zurück.

Ein weiterer Sonderfall, dem wir ebenfalls in § 4 schon begegnet sind, ergibt sich für $p = 0$ und $q = \frac{1}{2}$, nämlich die mit 2^{n-1} multiplizierten *Tschebyscheffschen Polynome*

$$T_n(x) = \frac{1}{2^{n-1}} F\left(-n, n, \frac{1}{2}; \frac{1}{2}(1-x)\right) = \frac{1}{2^{n-1}} G_n\left(0, \frac{1}{2}, x\right), \tag{45}$$

die der Differentialgleichung

$$(1-x^2)\,y'' - x\,y' + n^2\,y = 0 \tag{46}$$

genügen, wie man sofort an Hand der in § 4, Aufgabe 4 erwähnten Darstellung

$$T_0(x) = 1, \qquad T_n(x) = \frac{1}{2^{n-1}} \cos\,(n \arccos x)$$

nachweist.

Das Tschebyscheffsche Polynom $T_n(x)$ hat die bemerkenswerte Eigenschaft, daß es in einem gewissen Sinn das „kleinste" unter allen (reellen) Polynomen n-ten Grades ist, d. h. daß für jedes x aus $[-1, 1]$

$$|T_n(x)| \leqq |f(x)|$$

ist, wenn

$$f(x) = x^n + a_1\,x^{n-1} + a_2\,x^{n-2} + \cdots + a_n$$

ein Polynom mit demselben Koeffizienten 1 bei x^n ist wie $T_n(x)$. Zum Beweis betrachte ich die Werte $T_n(x_k)$ für

$$x_k = \cos\frac{k\pi}{n}, \quad k = 0, 1, \ldots, n,$$

nämlich

$$T_n(x_k) = \frac{(-1)^k}{2^{n-1}},$$

die abwechselnd positiv und negativ sind. Wäre im Gegensatz zur Behauptung

$$|T_n(x)| > |f(x)|,$$

so würde das für die Stellen x_k bedeuten, daß

$$T_n(x_0) - f(x_0) > 0, \quad T_n(x_1) - f(x_1) < 0, \quad T_n(x_2) - f(x_2) > 0$$

ist. Dann hätte aber das Polynom $T_n(x) - f(x)$, das höchstens vom Grad $n-1$ ist, in $[-1, 1]$ mindestens n Nullstellen, was aber unmöglich ist, wenn nicht $T_n(x) \equiv f(x)$ ist.

8. Stellen der Unbestimmtheit. Ist a eine Stelle der Unbestimmtheit (wesentlich singuläre Stelle) der Differentialgleichung (4), so werden die Koeffizienten $f(x)$ und $g(x)$ in der Umgebung von a im allgemeinen durch Laurentreihen dargestellt sein. Geht man nun mit einem Ansatz entsprechend (10)

$$y = (x-a)^r \sum_{-\infty}^{+\infty} c_\nu (x-a)^\nu$$

in die Differentialgleichung, so ergibt sich ein System von unendlich vielen Gleichungen mit unendlich vielen Unbekannten. Solche Systeme sind insbesondere von HELGE VON KOCH untersucht worden, der seine ersten Ergebnisse 1892 publiziert hat. Einfacher ist ein Verfahren, das bereits 1876 von MEYER HAMBURGER angegeben wurde, aber offenbar in Vergessenheit geraten war. Ich will hier nicht näher darauf eingehen[1] und mich lediglich auf den Fall beschränken, daß die Stelle der Unbestimmtheit in $x = \infty$ liegt und daß

$$\lim_{x \to \infty} f(x) = a_0, \quad \lim_{x \to \infty} g(x) = b_0$$

ist, so daß die Koeffizienten von (4) in der Umgebung von $x = \infty$ durch Entwicklungen der Gestalt

$$f(x) = \sum_0^\infty \frac{a_\nu}{x^\nu}, \quad g(x) = \sum_0^\infty \frac{b_\nu}{x^\nu} \tag{47}$$

dargestellt werden können. Ich betrachte neben (4) die Differentialgleichung

$$u'' + a_0 u' + b_0 u = 0 \tag{48}$$

mit konstanten Koeffizienten a_0 und b_0. Sind r_1 und $r_2 \neq r_1$ die Wurzeln der charakteristischen Gleichung

$$r^2 + a_0 r + b_0 = 0,$$

so sind $u_1 = e^{r_1 x}$ und $u_2 = e^{r_2 x}$ ein Fundamentalsystem von (48). Ich versuche nun weiter, eine Lösung von (4) zu finden, die die Gestalt

$$y = e^{r x} v$$

---

[1] Man findet die Arbeiten von KOCH in Band 15 und 16 der Acta mathematica; das Verfahren von HAMBURGER ist bei BIEBERBACH, LV. 13, kurz dargestellt.

hat, wo r eine der Zahlen r_1 oder r_2 ist. Für v ergibt sich die Differentialgleichung

$$v'' + f_1(x)\,v' + g_1(x)\,v = 0 \tag{49}$$

mit

$$f_1(x) = 2\,r + f(x) = 2\,r + a_0 + \frac{a_1}{x} + \frac{a_2}{x^2} + \cdots,$$

$$g_1(x) = r^2 + r\,f(x) + g(x) = \frac{r\,a_1 + b_1}{x} + \frac{r\,a_2 + b_2}{x^2} + \cdots$$

und hier führt der Ansatz

$$v = x^\sigma \sum_0^\infty \frac{c_\nu}{x^\nu}$$

zu einem bemerkenswerten Ergebnis. Man erhält die Gleichungen

$$[(2\,r + a_0)\,\sigma + r\,a_1 + b_1]\,c_0 = 0,$$

$$[(2\,r + a_0)\,(\sigma - 1) + r\,a_1 + b_1]\,c_1 + [\sigma\,(\sigma - 1) + \sigma\,a_1 + r\,a_2 + b_2]\,c_0 = 0,$$

$$[(2\,r + a_0)\,(\sigma - 2) + r\,a_1 + b_1]\,c_2 +$$

$$+\,[(\sigma - 1)\,(\sigma - 2) + (\sigma - 1)\,a_1 + r\,a_2 + b_2]\,c_1 + (\sigma\,a_2 + r\,a_3 + b_3)\,c_0 = 0,$$

$$\cdots\cdots\cdots\cdots\cdots\cdots\cdots\cdots\cdots\cdots\cdots\cdots\cdots\cdots\cdots$$

$$[(2\,r + a_0)\,(\sigma - \nu - 1) + r\,a_1 + b_1]\,c_{\nu+1} +$$

$$+\,[(\sigma - \nu)\,(\sigma - \nu - 1) + (\sigma - \nu)\,a_1 + r\,a_2 + b_2]\,c_\nu +$$

$$+\,[(\sigma - \nu + 1)\,a_2 + r\,a_3 + b_3]\,c_{\nu-1} + \cdots + (\sigma\,a_{\nu+1} + r\,a_{\nu+2} + b_{\nu+2})\,c_0 = 0$$

$$\cdots\cdots\cdots\cdots\cdots\cdots\cdots\cdots\cdots\cdots\cdots\cdots\cdots\cdots\cdots,$$

für σ und die Koeffizienten c_ν; c_0 bleibt willkürlich. Aus der ersten Gleichung bestimmt sich σ, weil $2\,r + a_0 \neq 0$ wegen $r_1 \neq r_2$ $(r_1 + r_2 = -a_0)$, aus der zweiten c_1 usw. Der Koeffizient von c_ν $(\nu > 0)$ ist immer von Null verschieden; wegen der ersten Gleichung ist er ja gleich $-\nu\,(2\,r + a_0)$.

Man bekommt so für $r = r_1$ und $r = r_2$ je eine Reihe

$$e^{r\,x}\,x^\sigma\left(c_0 + \frac{c_1}{x} + \cdots\right), \tag{50}$$

die asymptotische, im allgemeinen divergente Entwicklungen der Lösungen in der Umgebung von $x = \infty$ *sind. Sie werden als* Thomésche Normalreihen *bezeichnet.*

9. Die konfluente hypergeometrische Funktion. Ist die Funktion $\varphi(x)$ regulär mit Ausnahme der Stellen a, b, c, $\ldots$, so kann aus $\varphi(x)$ durch den Grenzübergang $b \to a$ eine neue Funktion $\psi(x)$ mit den singulären Stellen a, c, $\ldots$, entstehen, deren Eigenschaften durch die Funktion $\varphi(x)$ weitgehend bestimmt sein werden. Dieses Zusammenfallen von singulären Stellen wird als „Konfluenz" bezeichnet. Unter einer konfluenten hypergeometrischen Funktion ist demgemäß eine Funktion zu verstehen, bei der zwei der drei singulären Stellen der Differentialgleichung in eine zusammenrücken. Selbstverständlich wird man im allgemeinen dabei aus zwei Stellen der Bestimmtheit eine Stelle der Unbestimmtheit erhalten. Ich gehe von der verallgemeinerten hypergeometrischen Differentialgleichung (32) mit dem allgemeinen Integral (33) aus, nehme dabei $a = 0$ und lasse $b \to \infty$ gehen. Über die Exponenten α', α'' usw. kann man dabei noch in geeigneter Weise verfügen, natürlich immer so, daß die Relation (29) erfüllt bleibt.

Setzt man z. B.

$$\alpha' = \beta' = 0, \quad \alpha'' = 1 - \gamma, \quad \beta'' = -b, \quad \gamma' = \alpha, \quad \gamma'' = b - \alpha + \gamma,$$

was recht ähnlich der Verfügung ist, die wir beim Übergang von (32) zu (34) getroffen haben, und läßt man $b \to \infty$ gehen, so ergibt sich die *Kummersche Differentialgleichung*

$$x\,y'' + (\gamma - x)\,y' - \alpha\,y = 0. \tag{51}$$

Man kann sie auch direkt aus (34) erhalten, wenn man x durch $\dfrac{1}{\beta}\,x$ ersetzt, so daß die singulären Stellen in die Punkte 0, β, ∞ kommen, und dann $\beta \to \infty$ gehen läßt. Aus (36) ergibt sich dann für die Umgebung von $x = 0$ die Entwicklung[1]

$$y_1 = {}_1F_1(\alpha, \gamma;\ x) = M(\alpha, \gamma;\ x) = 1 + \frac{\alpha}{\gamma}\,x + \frac{\alpha\,(\alpha + 1)}{2!\,\gamma\,(\gamma + 1)}\,x^2 + \cdots, \tag{52}$$

die eine ganze transzendente Funktion darstellt. Eine linear unabhängige Lösung entsprechend (37) ist

$$y_2 = x^{1-\gamma}{}_1F_1(1 + \alpha - \gamma,\ 2 - \gamma;\ x). \tag{53}$$

Setzt man in (32) $a = 0$ und

$$\alpha' = \frac{1}{2} + m, \quad \alpha'' = \frac{1}{2} - m, \quad \beta' = k, \quad \beta'' = b - k, \quad \gamma' = 0, \quad \gamma'' = -b,$$

so folgt für $b \to \infty$ die Differentialgleichung

$$y'' + y' + \left(\frac{k}{x} + \frac{\frac{1}{4} - m^2}{x^2} \right) y = 0,$$

die durch die Substitution

$$y = e^{-\frac{x}{2}}\,u$$

in die Differentialgleichung von Whittaker

$$\frac{d^2 u}{dx^2} + \left(-\frac{1}{4} + \frac{k}{x} + \frac{\frac{1}{4} - m^2}{x^2} \right) u = 0 \tag{54}$$

übergeht. Sie hat die Lösungen

$$u_1 = M_{k,\,m}(x) = x^{\frac{1}{2} + m}\,e^{-\frac{x}{2}}{}_1F_1\!\left(\frac{1}{2} + m - k,\ 2\,m + 1;\ x \right) \tag{55}$$

und

$$u_2 = M_{k,\,-m}(x) = x^{\frac{1}{2} - m}\,e^{-\frac{x}{2}}{}_1F_1\!\left(\frac{1}{2} - m - k,\ 1 - 2\,m;\ x \right). \tag{56}$$

Auf eine Diskussion dieser Funktionen muß ich verzichten[2]. Ich beschränke mich darauf, einige Sonderfälle anzuführen, von denen der erste in den Anwendungen eine besonders große Rolle spielt.

Setzt man in (32) wieder $a = 0$, ferner

$$\alpha' = \alpha, \quad \alpha'' = -\alpha, \quad \beta' + \beta'' = 1, \quad \gamma' + \gamma'' = 0, \quad \beta'\,\beta'' = \gamma'\,\gamma'' = b^2,$$

---

[1] Die Bezeichnung $M(\alpha,\ \gamma,\ x)$ findet sich in den Tafeln von Jahnke-Emde, LV. 21; in der jetzt mehr gebräuchlichen Bezeichnung ${}_1F_1(\alpha, \gamma;\ x)$ bedeuten diese Indizes die Anzahl der im allgemeinen Glied der Reihenentwicklung bei $x = 0$ im Zähler bzw. im Nenner auftretenden Produkte der Form $\varrho\,(\varrho + 1)\,(\varrho + 2) \ldots$, von $\nu!$ abgesehen. Die hypergeometrische Funktion (36) wäre demgemäß mit ${}_2F_1(\alpha, \beta, \gamma;\ x)$ zu bezeichnen.

[2] Vgl. Whittaker-Watson, LV. 19.

so folgt für $b \to \infty$ die *Besselsche Differentialgleichung*

$$y'' + \frac{1}{x} y' + \left(1 - \frac{\alpha^2}{x^2}\right) y = 0, \tag{57}$$

die ebenso wie die Gleichungen (51) und (54) eine Stelle der Bestimmtheit in $x = 0$ und eine Stelle der Unbestimmtheit im Unendlichen hat. α ist dabei ein beliebiger, im allgemeinen komplexer Parameter. Die Substitution

$$y = x^\alpha v$$

gibt für v die Differentialgleichung

$$x v'' + (2 \alpha + 1) v' + x v = 0 \tag{58}$$

und der Ansatz

$$v = \sum_0^\infty c_\nu x^\nu$$

liefert nach einfacher Rechnung[1]

$$c_1 = c_3 = \ldots = c_{2\nu+1} = \ldots = 0,$$

$$c_{2\nu} = - \frac{c_{2\nu-2}}{4\nu(\nu+\alpha)}$$

und daher

$$v = c_0 \sum_0^\infty \frac{(-1)^\nu x^{2\nu}}{2^{2\nu} \nu! (\alpha + 1)(\alpha + 2) \ldots (\alpha + \nu)}.$$

Setzt man wie üblich

$$c_0 = \frac{1}{2^\alpha \alpha!}$$

mit $2^\alpha = \exp(\alpha \ln 2)$, $\ln 2$ reell, so ergibt sich als Lösung von (57)

$$y_1 = J_\alpha(x) = \left(\frac{x}{2}\right)^\alpha \sum_{\nu=0}^\infty \frac{(-1)^\nu}{\nu!(\alpha+\nu)!} \left(\frac{x}{2}\right)^{2\nu}, \tag{59}$$

die *Besselfunktion erster Art vom Index α*. Ist α nicht ganz, so ist

$$y_2 = J_{-\alpha}(x) \tag{60}$$

eine von $J_\alpha(x)$ linear unabhängige Lösung, die zusammen mit (59) ein kanonisches Fundamentalsystem bildet. Beide Reihen sind beständig konvergent und stellen daher ganze transzendente Funktionen mit einer wesentlich singulären Stelle in $x = \infty$ dar, J_α und $J_{-\alpha}$ haben noch die vom Faktor x^α herrührende Singularität bei $x = 0$.

Ist aber $\alpha = n$ eine ganze Zahl, die wir > 0 annehmen können, so wird

$$J_{-n}(x) = (-1)^n J_n(x),$$

weil in (59)

$$\frac{1}{(\nu - n)!} = 0, \qquad \nu = 0, 1, \ldots, n - 1$$

ist und daher $(\nu = \mu + n)$

$$J_{-n} = \left(\frac{x}{2}\right)^{-n} \sum_{\mu=0}^\infty \frac{(-1)^{\mu+n}}{(\mu+n)! \mu!} \left(\frac{x}{2}\right)^{2\mu+2n}$$

wird. Über eine von J_n linear unabhängige Lösung — für $n = 0$ wurde sie in III, § 6, 4 bereits ermittelt — vgl. § 12, wo eine kurze Diskussion der Besselfunktionen folgt.

---

[1] Vgl. für $\alpha = 0$ III, § 5, 4 und § 6, 4.

Ein Sonderfall der Kummerschen Differentialgleichung (51) ist

$$x\,y'' + (1 - x)\,y' + n\,y = 0, \tag{61}$$

die sich aus (51) für $\alpha = -n$, $\gamma = 1$ ergibt und für die (52) ein Polynom n-ten Grades wird. *Diese Polynome stimmen mit den Laguerreschen Polynomen überein,* wie man an Hand der in Aufgabe 2 von § 4 gegebenen Darstellung leicht bestätigt.

Auch die in § 4 erwähnten *Hermiteschen Polynome* lassen sich als konfluente hypergeometrische Funktionen auffassen. Setzt man nämlich in (32)

$$\alpha' = 1, \quad \alpha'' = \frac{2\,a^2\,b}{a - b}, \quad \beta' = 1, \quad \beta'' = \frac{2\,a\,b^2}{b - a}, \quad \gamma' = \gamma, \quad \gamma'' = -2\,a\,b - 1 - \gamma,$$

so geht (32) über in

$$y'' - \frac{2\,a\,b\,x}{(x - a)\,(x - b)}\,y' +$$
$$+ \left(\frac{2\,a^2\,b\,(x - b) + 2\,a\,b^2\,(x - a)}{(x - a)^2\,(x - b)^2} - \frac{2\,a\,b\,\gamma + \gamma + \gamma^2}{(x - a)\,(x - b)} \right) y = 0$$

und daraus entsteht für $a \to \infty$ und $b \to \infty$ die Gleichung

$$y'' - 2\,x\,y' - 2\,(2 + \gamma)\,y = 0$$

oder, wenn man noch $2 + \gamma = -n$ setzt,

$$y'' - 2\,x\,y' + 2\,n\,y = 0. \tag{62}$$

Hier liegt also eine Art doppelter Konfluenz vor; die Gleichung ist im Endlichen überall regulär und hat im Unendlichen eine Stelle der Unbestimmtheit. Ihre Lösungen sind ganze transzendente Funktionen oder insbesondere Polynome, die dann bis auf konstante Faktoren mit den Hermiteschen Polynomen übereinstimmen. Man überzeugt sich leicht, daß die Funktionen

$$H_n(x) = (-1)^n\,e^{x^2}\,\frac{d^n}{dx^n}\,e^{-x^2}$$

der Differentialgleichung (62) genügen.

Aufgaben.

1. Man entwickle eine Theorie der linearen homogenen Differentialgleichungen erster Ordnung

$$y' + f(x)\,y = 0.$$

2. Man ermittle die Differentialgleichungen zweiter Ordnung der Fuchsschen Klasse mit einer und zwei singulären Stellen im Endlichen oder Unendlichen.

3. Es sind die Differentialgleichungen

   a) $y'' + x\,y = 0,$ b) $y'' - x\,y' + 2\,y = 0,$ c) $4\,x^2\,y'' + (1 - x^2)\,y = 0,$

   d) $6\,x^2\,(x - 1)^2\,y'' + x\,(x - 1)\,(12\,x - 1)\,y' + y = 0$

zu diskutieren und Lösungen (kanonische Fundamentalsysteme) anzugeben.

4. Welcher Zusammenhang besteht zwischen der Whittakerschen Funktion $M_{k,\,m}$ (Ziffer 9) und den Besselfunktionen $J_n(x)$ und $J_{-n}(x)$? (Anleitung: Man setze in (57) $y = \dfrac{u}{\sqrt{x}}$ und $x = c\,z$.)

5. Es ist eine von $P_n(x)$ unabhängige Lösung der Legendreschen Differentialgleichung (44) anzugeben.

§ 10. Randwertaufgaben zweiter Ordnung.

1. Vorbemerkungen. Die Aufgabe, eine Lösung einer Differentialgleichung zu ermitteln, die auf der Begrenzung eines gegebenen Bereichs $\mathfrak{B}$ gewisse vorgeschriebene Bedingungen erfüllt, ist, wie man ohne Übertreibung sagen kann, das entscheidende Anliegen, das die Physik und Technik der mathematischen Forschung stellt. Für den Mathematiker steht bei jedem Problem, also auch bei den Randwertproblemen, die Frage nach der Existenz von Lösungen überhaupt im Vordergrund. Der Physiker und Techniker mag vielleicht geneigt sein, die Bedeutung dieser Frage zu unterschätzen — ich möchte ihn nur daran erinnern, wieviel völlig vergebliche Arbeit im Lauf der Jahrhunderte in dem Bemühen vergeudet wurde, unlösbare Probleme zu lösen, von der „Quadratur des Zirkels" angefangen bis zum „Stein der Weisen". Zweifellos muß mit dem Nachweis der Existenz von Lösungen eines bestimmten Problems die Lösung selbst noch keineswegs gegeben sein, sehr oft aber gibt der Existenzbeweis auch unmittelbar ein Verfahren zur Berechnung von Lösungen oder zumindest Anhaltspunkte dafür; ich erinnere an das Verfahren der sukzessiven Approximation, das sich unmittelbar aus dem Beweis für die Existenz der Lösungen von Differentialgleichungen ergibt (III, § 14, 2).

Es ist durchaus verständlich, daß der Physiker noch nicht zufrieden ist, wenn man ihm sagt, daß eine gegebene Randwertaufgabe lösbar ist, er will die konkrete Lösung haben, und zwar in einer Form, die praktisch brauchbar ist, d. h. zu numerischen Resultaten führt. Nun wissen wir, daß die Lösungen von Differentialgleichungen nur in Ausnahmefällen durch elementare Funktionen gegeben sind und schon in relativ einfachen Fällen auf höhere transzendente Funktionen führen. Der Mathematiker steht also vor der Aufgabe, zunächst die Funktionen genau zu studieren, die in den Lösungen der wichtigsten und häufigsten Differentialgleichungen der mathematischen Physik vorkommen, und hier sind die hypergeometrischen Funktionen und die aus ihnen durch Konfluenz und Spezialisierung entstehenden Funktionen, wie die Legendreschen und Besselschen Funktionen, von besonderer Bedeutung, aber auch die in Band III diskutierten elliptischen und ϑ-Funktionen. Eine Sonderstellung nimmt die Fakultät (Gammafunktion) ein, die keiner algebraischen Differentialgleichung $F(x, y, y', \ldots) = 0$, wo F ein Polynom in den Variablen $x, y, y', \ldots$ ist, genügt.

Ich behandle im folgenden zunächst die Randwertaufgaben bei gewöhnlichen Differentialgleichungen und beschränke mich dabei auf lineare Probleme zweiter Ordnung, bei denen die Differentialgleichung eine lineare Differentialgleichung zweiter Ordnung ist und die Randbedingungen ebenfalls durch lineare Relationen gegeben sind. Aber selbst bei diesem so bescheiden aussehenden Sonderfall kann ich Ihnen nur eine sehr beschränkte Auswahl des heutigen Standes des Wissens geben. Ich muß ferner, bevor ich zu den Randwertaufgaben selbst komme, einige Bemerkungen allgemeiner Art (Ziffer 2) und eine kurze Diskussion der Nullstellen der Lösungen linearer Differentialgleichungen (Ziffer 3) vorausschicken.

2. Selbstadjungierte Differentialausdrücke zweiter Ordnung. Ich habe diesen Begriff bereits in III, § 13, 6 für partielle Differentialausdrücke zweiter Ordnung eingeführt, so daß ich mich bei den folgenden, wesentlich einfacheren Überlegungen kurz fassen kann. Vorgelegt sei der lineare Differentialausdruck zweiter Ordnung

$$L(y) \equiv f_0(x)\, y'' + f_1(x)\, y' + f_2(x)\, y; \tag{1}$$

x ist dabei eine reelle Veränderliche, f_0, f_1 und f_2 reelle Funktionen, die in einem

Intervall (a, b) stetig sind und gewisse Differenzierbarkeitsbedingungen erfüllen, die aus dem folgenden sofort ersichtlich sind; überdies sei $f_0(x) \neq 0$ in (a, b).

Ich suche einen linearen Differentialausdruck zweiter Ordnung $M(z)$, wo $z = z(x)$ eine zweite abhängige Variable ist, so zu bestimmen, daß der Ausdruck

$$z\, L(y) - y\, M(z) = \frac{d}{dx}\, P(y, z) \tag{2}$$

die vollständige Ableitung eines bilinearen Differentialausdrucks erster Ordnung $P(x, y)$ ist. Aus

$$f_0\, z\, y'' = (f_0\, z\, y')' - y'(f_0\, z)' = (f_0\, z\, y')' - [y(f_0\, z)']' + y(f_0\, z)'',$$

$$f_1\, z\, y' = (f_1\, z\, y)' - y(f_1\, z)'$$

folgt

$$z\, L(y) = y[(f_0\, z)'' - (f_1\, z)' + f_2\, z] + [f_0\, z\, y' - y(f_0\, z)' + f_1\, z\, y]';$$

setzt man also

$$M(z) = (f_0\, z)'' - (f_1\, z)' + f_2\, z \tag{3}$$

und

$$P(y, z) = f_0\, z\, y' - y(f_0\, z)' + f_1\, y\, z, \tag{4}$$

so ist (2) erfüllt; $M(z)$ heißt der zu $L(y)$ *adjungierte lineare Differentialausdruck zweiter Ordnung* und $P(y, z)$ die *bilineare Kovariante* von $L(y)$ und $M(z)$. Aus (2) folgt die *Greensche Formel*

$$\int\limits_{\alpha}^{\beta} [z\, L(y) - y\, M(z)]\, dx = [P(y, z)]_{\alpha}^{\beta}. \tag{5}$$

Ist z eine Lösung der Differentialgleichung $M(z) = 0$, so führt die Differentialgleichung $L(y) = 0$ wegen (2) auf $P'(y, z) = 0$, also

$$P(y, z) = C \tag{6}$$

mit der willkürlichen Konstanten C, also auf eine Differentialgleichung erster Ordnung für y.

Ausführlicher ist (3)

$$M(z) = f_0\, z'' + (2\, f_0' - f_1)\, z' + (f_0'' - f_1' + f_2)\, z. \tag{7}$$

Der Differentialausdruck $L(y)$ heißt *selbstadjungiert*, wenn $M(y) \equiv L(y)$ ist; aus (7) folgt sofort, daß dafür

$$f_0' = f_1 \tag{8}$$

notwendig und hinreichend ist. Damit geht (1) über in

$$L(y) = (f_0 y')' + f_2\, y$$

und

$$P(y, z) = f_0(z\, y' - y\, z') = -f_0\, W(y, z),$$

wo $W(y, z)$ die Wronskische Determinante (III, § 6, (6)) der beiden Funktionen $y(x)$ und $z(x)$ ist. Statt $W(y, z)$ schreibe ich im folgenden auch $W(x)$, wenn die unabhängige Variable hervorgehoben werden soll.

Man kann jeden gegebenen Differentialausdruck (1) durch Multiplikation mit p/f_0, wo

$$p = \exp \int \frac{f_1}{f_0}\, dx \tag{9}$$

ist, zu einem selbstadjungierten machen. Man erhält

$$\frac{1}{f_0}\, p\, L(y) = (p\, y')' + p\, \frac{f_2}{f_0}\, y.$$

Im folgenden setze ich

$$L(y) = (p\,y')' + g\,y. \tag{10}$$

Dann wird

$$y\,L(z) - z\,L(y) = -\,P'(y, z) = [p(y\,z' - z\,y')]' = [p\,W(y, z)]' \tag{11}$$

und die Greensche Formel (5) wird für den selbstadjungierten Differentialausdruck $L(y)$

$$\int_\alpha^\beta [y\,L(z) - z\,L(y)]\,dx = [p(y\,z' - z\,y')]\Big|_\alpha^\beta = [p\,W(y, z)]\Big|_\alpha^\beta. \tag{12}$$

Alle diese Überlegungen gelten natürlich auch, wenn x eine komplexe Veränderliche ist und $f_0 \neq 0$, f_1 und f_2 in einem Gebiet der x-Ebene reguläre Funktionen sind.

Die Differentialgleichung

$$L(y) = (p\,y')' + g\,y = h(x) \tag{13}$$

wird als *Sturm-Liouvillesche Differentialgleichung* bezeichnet; wie wir gesehen haben, läßt sich aber jede lineare Differentialgleichung zweiter Ordnung auf diese Gestalt bringen.

Führt man in (1) durch die Substitution (III, § 6, 1)

$$y = u\exp\left(-\frac{1}{2}\int \frac{f_1}{f_0}\,dx\right)$$

eine neue abhängige Variable ein, so verschwindet in dem Differentialausdruck für u das Glied mit u', d. h. es wird der Koeffizient von u' Null und daher $p = 1$. (10) geht über in

$$L_1(u) \equiv u'' + g(x)\,u \tag{14}$$

mit in (a, b) stetigem $g(x)$.

3. Die Nullstellen der Lösungen homogener linearer Differentialgleichungen zweiter Ordnung. Da die Exponentialfunktion nirgends verschwindet, stimmen die Nullstellen einer Lösung $u(x)$ der Differentialgleichung

$$L_1(u) \equiv u'' + g(x)\,u = 0 \tag{15}$$

mit den Nullstellen der entsprechenden Lösung $y(x)$ der Differentialgleichung

$$L(y) = 0$$

überein, wo L den Differentialausdruck (10) oder (1) bedeutet. Es ist also keine Einschränkung der Allgemeinheit der folgenden Sätze, wenn ich sie an Hand von (15) herleite. Ich erinnere noch an die Existenzsätze von III, § 6, 1, aus denen folgt, daß zu jedem Paar von Anfangswerten $(a < x_0 < b)$

$$u(x_0) = u_0, \qquad u'(x_0) = u_0'$$

genau eine, in (a, b) zweimal stetig differenzierbare Lösung $u(x)$ von (15) existiert, die die obigen Anfangsbedingungen erfüllt. Ist insbesondere $u_0 = u_0' = 0$, so ist $u(x) \equiv 0$ (triviale Lösung). Im folgenden bedeutet $u(x)$ stets eine nichttriviale Lösung von (15), ferner sei $g(x)$ jetzt stetig in dem *abgeschlossenen Intervall* $[a, b]$; $g(x)$ ist dann in $[a, b]$ auch beschränkt[1].

---

[1] Auch das ist keine Einschränkung der Allgemeinheit. Denn wenn $g(x)$ in dem offenen Intervall $\mathfrak{I}$ stetig ist, so ist $g(x)$ in jedem abgeschlossenen Intervall $[a, b]$ stetig, das in $\mathfrak{I}$ enthalten ist.

Satz 1: *$u(x)$ kann höchstens einfache Nullstellen haben.*

Denn für eine mehrfache Nullstelle x_0 wäre $u(x_0) = u'(x_0) = 0$, also $u(x) \equiv 0$ gegen die Voraussetzung. Hat $u(x)$ mehrere Nullstellen in $[a, b]$, so wechselt $u(x)$ bei jeder Nullstelle das Vorzeichen, man sagt kurz: *$u(x)$ oszilliert* in $[a, b]$.

Satz 2: *Die Nullstellen von $u(x)$ können sich in $[a, b]$ nirgends häufen.*

Wegen der Stetigkeit von $u(x)$ müßte für eine Häufungsstelle x_0

$$x_0 = \lim x_\nu$$

von Nullstellen x_ν sowohl

$$u(x_0) = u(\lim x_\nu) = \lim u(x_\nu) = 0,$$

als auch

$$u'(x_0) = \lim \frac{u(x_\nu) - u(x_0)}{x_\nu - x_0} = 0,$$

also wieder $u(x) \equiv 0$ sein. Es folgt, daß $u(x)$ in $[a, b]$ nur endlich viele Nullstellen haben kann.

Satz 3: *Sind $u_1(x)$ und $u_2(x)$ zwei linear unabhängige Lösungen von (15), so haben sie keine gemeinsamen Nullstellen.*

Zwei Lösungen sind linear unabhängig, wenn ihre Wronskische Determinante

$$W(u_1, u_2) = u_1 u_2' - u_2 u_1'$$

nirgends verschwindet. Wäre aber $u_1(x_0) = u_2(x_0) = 0$, so wäre an der Stelle x_0 auch $W = 0$ und u_1 und u_2 linear abhängig (III, § 6, 3).

Sind α und β zwei aufeinanderfolgende Nullstellen von $u_1(x)$, so können wir $u_1(x) > 0$ in (α, β) annehmen. Wäre die von $u_1(x)$ linear unabhängige Lösung $u_2(x) \neq 0$ in $[\alpha, \beta]$, etwa $u_2(x) > 0$, so wäre

$$\varphi(x) = \frac{u_1(x)}{u_2(x)}$$

in $[\alpha, \beta]$ stetig differenzierbar und $\varphi(\alpha) = \varphi(\beta) = 0$, also hätte nach dem Satz von Rolle

$$\varphi'(x) = \frac{u_2 u_1' - u_1 u_2'}{u_2^2} = -\frac{1}{u_2^2} W(u_1, u_2)$$

mindestens eine Nullstelle in (α, β) und u_1, u_2 wären linear abhängig. Also muß u_2 in (α, β) mindestens einmal verschwinden; hätte aber u_2 zwei Nullstellen α', β' in (α, β), so müßte nach dem eben geführten Beweis u_1 mindestens eine weitere Nullstelle in (α', β') haben in Widerspruch dazu, daß α und β zwei aufeinanderfolgende Nullstellen von u_1 sind. Also gilt

Satz 4: *Sind $u_1(x)$ und $u_2(x)$ zwei linear unabhängige Lösungen von (15), so liegt zwischen je zwei aufeinanderfolgenden Nullstellen von u_1 genau eine Nullstelle von u_2 und umgekehrt*

Gleichbedeutend damit ist

Satz 5: *Die Nullstellen linear unabhängiger Lösungen von (15) trennen einander.*

Beispiel: $u'' + u = 0$, die Nullstellen von $\sin x$ und $\cos x$ trennen einander. Dasselbe gilt für die Lösungen

$$u_1 = A \cos x + B \sin x, \quad u_2 = C \cos x + D \sin x,$$

wenn $AD - BC \neq 0$ ist, was aber gerade die notwendige und hinreichende Bedingung für die lineare Unabhängigkeit von u_1 und u_2 ist. Dagegen hat die *imaginäre* Lösung

$$\cos x + j \sin x$$

keine Nullstellen.

S a t z 6: *Ist $g(x) \leqq 0$ in $[a, b]$, so kann $u(x)$ in $[a, b]$ höchstens eine Nullstelle haben.*

Denn aus (15) folgt für $g(x) < 0$

$$\operatorname{sign} u'' = \operatorname{sign} u,$$

die Bildkurve $u = u(x)$ der Lösung ist also stets konvex gegen die x-Achse (Abb. 18); hat $u(x)$ eine Nullstelle x_0, so verläuft $u = u(x)$ wie in Abb. 19 und kann außer x_0 keine weiteren Nullstellen haben. Der Satz gilt auch noch im Fall $g(x) \equiv 0$.

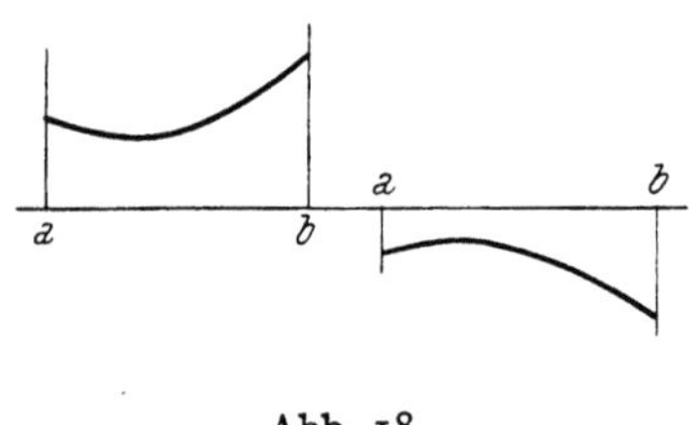

Abb. 18.

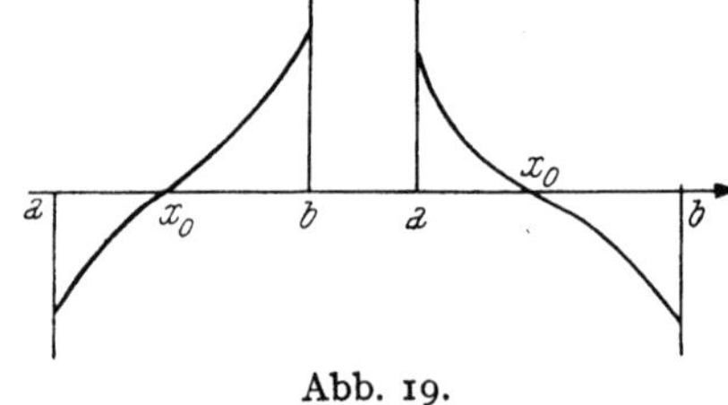

Abb. 19.

Beispiel: $u'' - k^2 u = 0$, Lösungen $u = \operatorname{ch} kx$, $u = \operatorname{sh} kx$.

Ist dagegen $g(x) > 0$ in $[a, b]$, so sind die Bildkurven stets konkav zur x-Achse und die Lösungen können beliebig viele Nullstellen haben (Abb. 20).

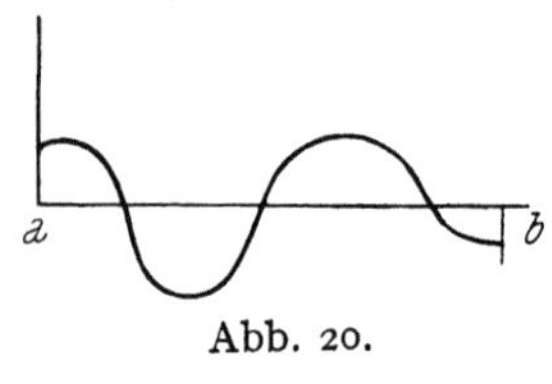

Abb. 20.

Beispiel: $u'' + k^2 u = 0$, Lösungen $u = \cos kx$, $u = \sin kx$.

Sei neben (15) eine zweite Differentialgleichung

$$L_2(v) \equiv v'' + h(x)\, v = 0 \tag{16}$$

mit in $[a, b]$ stetigem $h(x)$ gegeben. Ist $u(x)$ eine Lösung von (15), $v(x)$ eine Lösung von (16), so folgt

$$v L_1 - u L_2 = v u'' - u v'' + (g - h)\, u v = 0$$

oder

$$(g - h)\, u v = (u v' - v u')'. \tag{17}$$

Es sei nun

$$0 < g(x) \leqq h(x) \tag{18}$$

in $[a, b]$, aber nicht $g(x) \equiv h(x)$. Sind α und β zwei Nullstellen von $u(x)$ und ist $u(x) > 0$ in (α, β), so ist

$$u'(\alpha) > 0, \qquad u'(\beta) < 0$$

und aus (17) folgt

$$\int_{\alpha}^{\beta} (g - h)\, u v\, dx = - v(\beta)\, u'(\beta) + v(\alpha)\, u'(\alpha).$$

Wäre $v \neq 0$ in (α, β), etwa $v > 0$, so wäre das Integral links wegen (18) negativ, während der Ausdruck rechts sicher nicht negativ wäre. Also muß $v(x)$ in (α, β) verschwinden und es gilt

S a t z 7: *Ist $u(x)$ eine Lösung von (15), $v(x)$ eine Lösung von (16) und gilt (18), so liegt zwischen je zwei Nullstellen von $u(x)$ mindestens eine Nullstelle von $v(x)$.*

Es seien weiter $u(x)$ und $v(x)$ jene Lösungen von (15) und (16), die zur gleichen Anfangsbedingung $x = x_0$, $u(x_0) = v(x_0) = u_0$, $u'(x_0) = v'(x_0) = u_0'$ gehören. Dann folgt aus (15) und (16)

$$|u''(x_0)| = |g(x_0)|\, |u_0|, \qquad |v''(x_0)| = |h(x_0)|\, |u_0|$$

und wenn $g(x_0) < h(x_0)$ ist, heißt das

$$|u''(x_0)| < |v''(x_0)|,$$

d. h. die Kurve $u(x)$ ist an der Stelle x_0 schwächer gekrümmt als die Kurve $v(x)$.

Ist $u_0 > 0$, gilt ferner rechts von x_0 wieder (18) und ist α die erste Nullstelle von $u(x)$ rechts von x_0, also jedenfalls $u'(\alpha) < 0$ (Abb. 21), so folgt aus (17)

$$\int_{x_0}^{\alpha} (g - h)\, u\, v\, dx = - v(\alpha)\, u'(\alpha).$$

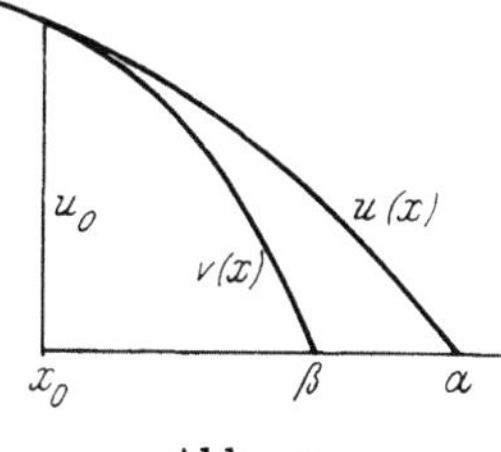

Abb. 21.

Sei β die erste Nullstelle von $v(x)$ rechts von x_0. Wäre $\beta \geq \alpha$, so wäre $v(x) > 0$ in $[x_0, \alpha)$ und daher das Integral links wegen (18) negativ, während der Ausdruck rechts wegen $v(\alpha) \geq 0$, $u'(\alpha) < 0$ sicher nicht negativ wäre. Es muß also $x_0 < \beta < \alpha$ sein.

Zusammen mit Satz 7 folgt also, daß *$v(x)$ rascher oszilliert als $u(x)$, solange (18) gilt.*

Ich ersetze $h(x)$ in (16) durch die Konstante ω^2 und nehme an, es sei

$$0 < m \leq g(x) \leq M$$

in $[a, b]$, also $m = \text{Min } g(x)$ und $M = \text{Max } g(x)$ in $[a, b]$. $x = \alpha$ sei eine Nullstelle der Lösung $u(x)$ von (15);

$$v = \sin \omega\, (x - \alpha)$$

ist eine Lösung von

$$v'' + \omega^2 v = 0$$

mit den Nullstellen $\alpha_n = \alpha + \dfrac{n\,\pi}{\omega}$ mit beliebigem ganzem n. Schließlich sei $\alpha' > \alpha$ die auf α folgende Nullstelle von $u(x)$. Setze ich $\omega^2 = m$, so folgt aus Satz 7

$$\alpha' < \alpha + \frac{\pi}{\sqrt{m}}$$

und für $\omega^2 = M$

$$\alpha' > \alpha + \frac{\pi}{\sqrt{M}},$$

somit gilt für den Abstand $\alpha' - \alpha$ der beiden Nullstellen

$$\boxed{\frac{\pi}{\sqrt{M}} < \alpha' - \alpha < \frac{\pi}{\sqrt{m}},} \tag{19}$$

denn zwischen je zwei Nullstellen von $\sin \sqrt{m}\,(x - \alpha)$ liegt mindestens eine Nullstelle von $u(x)$ und zwischen je zwei Nullstellen von $u(x)$ liegt mindestens eine Nullstelle von $\sin \sqrt{M}\,(x - \alpha)$.

Sei $[\alpha, \beta]$ ein beliebiges, im Stetigkeitsbereich von $g(x)$ enthaltenes Intervall, α wie oben eine Nullstelle von $u(x)$ und k die Anzahl der Nullstellen von $u(x)$ in $(\alpha, \beta]$, α selbst also nicht mitgezählt. Die Anzahl k' der Nullstellen von $\sin \sqrt{m}\,(x - \alpha)$ in $(\alpha, \beta]$ ist

$$k' = \left[\frac{(\beta - \alpha)\,\sqrt{m}}{\pi}\right],$$

wo $[\varrho]$ die ganze Zahl bedeutet, für die $\varrho - 1 < [\varrho] \leqq \varrho$ ist. Ebenso ist die Anzahl k'' der Nullstellen von $\sin \sqrt{M}\,(x - \alpha)$ in $(\alpha, \beta]$

$$k'' = \left\lfloor \frac{(\beta - \alpha)\,\sqrt{M}}{\pi} \right\rfloor.$$

Aus

$$k' \leqq k \leqq k''$$

folgt somit die Abschätzung

$$\boxed{\left\lfloor \frac{(\beta - \alpha)\,\sqrt{m}}{\pi} \right\rfloor \leqq k \leqq \left\lfloor \frac{(\beta - \alpha)\,\sqrt{M}}{\pi} \right\rfloor} \tag{20}$$

für die Anzahl der Nullstellen von $u(x)$ *im Intervall* $(\alpha, \beta]$. $u(x)$ oszilliert um so rascher, je größer das (positive) Minimum von $g(x)$ im betrachteten Intervall ist.

4. Randwertaufgaben zweiter Ordnung. Gegeben sei eine lineare selbstadjungierte Differentialgleichung zweiter Ordnung

$$L(y) \equiv (p\,y')' + g\,y = h; \tag{21}$$

die Funktionen $g(x)$ und $h(x)$ seien in einem Intervall $\mathfrak{J}$ stetig. $p(x) > 0$ sei in $\mathfrak{J}$ stetig differenzierbar. Unter einer (linearen) *Randwertaufgabe* versteht man nun folgendes: Es ist eine Lösung $y(x)$ von (21) gesucht, die in zwei Punkten a und b ($a < b$) von $\mathfrak{J}$ gegebenen, in y linearen Bedingungen genügt. Mit solchen Randwertaufgaben haben wir uns im Band III schon gelegentlich beschäftigt, insbesondere im Zusammenhang mit der Variationsrechnung. Sie waren dort stets in besonders einfacher Weise durch Bedingungen der Gestalt

$$y(a) = A, \quad y(b) = B \tag{22}$$

gegeben, was also heißt, daß $y(x)$ in den Punkten a und b vorgeschriebene Werte annimmt; man nennt diese Bedingungen — zusammen mit der Gleichung (21) — die *erste Randwertaufgabe*. In der allgemeinsten Form lassen sich solche lineare Randbedingungen offenbar folgendermaßen anschreiben:

$$\left. \begin{aligned} l_1(y) &\equiv \alpha_1\,y(a) + \alpha_2\,y(b) + \alpha_3\,y'(a) + \alpha_4\,y'(b) = A, \\ l_2(y) &\equiv \beta_1\,y(a) + \beta_2\,y(b) + \beta_3\,y'(a) + \beta_4\,y'(b) = B. \end{aligned} \right\} \tag{23}$$

l_1 und l_2 sind Linearformen der Randwerte, die selbstverständlich linear unabhängig sein müssen. Die sechs Determinanten

$$D_{ij} = \alpha_i\,\beta_j - \alpha_j\,\beta_i \tag{24}$$

der Matrix

$$\begin{pmatrix} \alpha_1 & \alpha_2 & \alpha_3 & \alpha_4 \\ \beta_1 & \beta_2 & \beta_3 & \beta_4 \end{pmatrix}$$

können also nicht alle verschwinden.

Man nennt eine Randwertaufgabe *homogen,* wenn *sowohl die Gleichung* (21) *als auch die Randbedingungen* (23) homogen sind, also $h(x) \equiv 0$, $A = B = 0$; in allen anderen Fällen heißt die Randwertaufgabe *inhomogen.* Charakteristisch für das homogene Problem ist, daß mit $y_1(x)$ und $y_2(x)$ stets auch

$$C_1\,y_1(x) + C_2\,y_2(x)$$

mit beliebigen Konstanten C_1 und C_2 eine Lösung ist. Für $C_1 = C_2 = 0$ ergibt sich die triviale Lösung $y \equiv 0$. Ist in (23) $\alpha_1 = \beta_2 = 1$ und alle übrigen Koeffizienten gleich Null, so geht (23) in (22) über; ist $\alpha_3 = \beta_4 = 1$ und alle anderen Koeffizienten gleich Null, so sind in a und b die Werte der ersten Ableitung $y'(x)$ vorgeschrieben und damit liegt die *zweite Randwertaufgabe* vor. Ist schließlich $\alpha_2 = \alpha_4 = \beta_1 = \beta_3 = 0$, so daß sich die Bedingung $l_1 = A$ auf den Punkt a, die Bedingung $l_2 = B$ auf den Punkt b bezieht, so liegt die *dritte Randwertaufgabe* vor, die sowohl die erste wie die zweite als Sonderfälle enthält. Diese drei Randwertaufgaben sind die wichtigsten, die in den physikalischen Anwendungen vorkommen. Sie sind aber nicht die einzigen; z. B. wird man, wenn man *periodische Lösungen* eines Randwertproblems sucht, aus Stetigkeitsgründen in der Regel verlangen, daß

$$y(a) = y(b) \quad \text{und} \quad y'(a) = y'(b) \tag{25}$$

ist, also $\alpha_1 = -\alpha_2 = 1$, $\beta_3 = -\beta_4 = 1$, $\alpha_3 = \alpha_4 = \beta_1 = \beta_2 = 0$, $A = B = 0$ setzen. Auch das Anfangswertproblem ist für $\alpha_1 = \beta_3 = 1$, alle übrigen Koeffizienten gleich Null, in (23) enthalten.

In III, § 6, 5 habe ich gezeigt, daß das allgemeine Integral von (21) die Gestalt

$$y(x) = y_0(x) + C_1 \eta_1(x) + C_2 \eta_2(x) \tag{26}$$

hat, wo $y_0(x)$ eine beliebige partikuläre Lösung von (21), $\eta_1(x)$ und $\eta_2(x)$ zwei beliebige linear unabhängige Lösungen (ein Fundamentalsystem) der zugehörigen homogenen Gleichung

$$f_0(x)\, \eta'' + f_1(x)\, \eta' + f_2(x)\, \eta = 0 \tag{27}$$

sind. Soll nun (26) den Randbedingungen (23) genügen, so ergeben sich für die Konstanten C_1 und C_2 wegen

$$l_i(y) = l_i(y_0) + C_1\, l_i(\eta_1) + C_2\, l_i(\eta_2), \qquad i = 1, 2$$

die Bedingungen

$$\begin{aligned} C_1\, l_1(\eta_1) + C_2\, l_1(\eta_2) &= A - l_1(y_0), \\ C_1\, l_2(\eta_1) + C_2\, l_2(\eta_2) &= B - l_2(y_0), \end{aligned} \left.\rule{0pt}{22pt}\right\} \tag{28}$$

also zwei lineare Gleichungen mit den Unbekannten C_1 und C_2.

Die Lösbarkeit des Randwertproblems hängt direkt mit der Lösbarkeit der Gleichungen (28) zusammen. Ich bemerke zunächst, daß für ein homogenes Randwertproblem auch die Gleichungen (28) homogen sind; es ist ja $A = B = 0$ und wegen $y_0(x) \equiv 0$ auch $l_1(y_0) = l_2(y_0) = 0$. Sei

$$D = l_1(\eta_1)\, l_2(\eta_2) - l_1(\eta_2)\, l_2(\eta_1) \tag{29}$$

die Determinante von (28).

Ist dann $D \neq 0$, so haben die Gleichungen (28) eine *eindeutige* Lösung C_1, C_2 und ebenso das Randwertproblem, dessen Lösung sich dann aus (26) mit diesen Werten von C_1 und C_2 ergibt. Im homogenen Fall ist das die triviale Lösung $y \equiv 0$.

Ist aber $D = 0$, so hat das homogene Problem unendlich viele nichttriviale Lösungen, die sich aber nur durch einen von x unabhängigen Faktor unterscheiden, während das inhomogene Problem nur lösbar ist, wenn noch gewisse zusätzliche Bedingungen erfüllt sind. Wir haben also hier wieder dieselbe Alternative, die uns auch bei den Integralgleichungen begegnet ist. Im homogenen Fall ergeben sich aus (28), wenn $D = 0$ ist, zwei, bis auf einen gemeinsamen

Faktor bestimmte Werte C_1, C_2; setzt man mit diesen Werten $\eta = C_1\,\eta_1 + C_2\,\eta_2$, so folgen aus (28) die beiden Gleichungen

$$l_1(\eta) = l_2(\eta) = 0, \tag{30}$$

von denen jedoch jede wegen $D = 0$ eine Folge der anderen ist, d. h. jede Lösung von (21) (mit $h \equiv 0$), die eine Randbedingung (23) erfüllt, genügt auch der anderen.

Ich erwähne, daß man die Randwertaufgabe (21), (23) *selbstadjungiert* nennt, wenn

$$D_{24}\,p(a) = D_{13}\,p(b) \tag{31}$$

gilt, wo D_{13} und D_{24} durch (24) gegeben sind. Auf die Bedeutung dieser Bedingung komme ich in Ziffer 5 noch zurück. Sie ist bei den ersten drei Randwertaufgaben erfüllt, während sie bei der Randwertaufgabe (25) in $p(a) = p(b)$ übergeht.

5. Eigenwerte und Eigenfunktionen der homogenen Randwertaufgaben zweiter Ordnung. Die Untersuchung der Differentialgleichung der schwingenden Saite nach der Bernoullischen Methode der partikulären Lösungen hat uns in III, § 14, 4 auf die Differentialgleichung

$$u'' + \lambda u = 0 \tag{32}$$

mit den Randbedingungen $u(0) = u(l) = 0$, also auf eine homogene Randwertaufgabe erster Art geführt. Wir haben dort festgestellt, daß die Randwertaufgabe nur für bestimmte Werte des Parameters λ, nämlich

$$\lambda = \lambda_\nu = \frac{\nu^2\pi^2}{l^2}, \quad \nu = 1, 2, \ldots$$

nicht trivial lösbar ist. Man nennt diese (positiven) Zahlen λ_1, λ_2, $\ldots$ die Eigenwerte und die zugehörigen Lösungen

$$u_\nu(x) = c_\nu \sin \frac{\nu\pi x}{l}$$

die Eigenfunktionen der Randwertaufgabe. Man sieht sofort, daß für $\lambda = \lambda_\nu$ die Determinante (29), die sich auf $\sin\sqrt{\lambda}\,l$ reduziert, wenn man $u_1 = \cos\sqrt{\lambda}\,x$, $u_2 = \sin\sqrt{\lambda}\,x$ als Fundamentalsystem nimmt, verschwindet.

Für die Lösungen von (32) mit den Randbedingungen $u'(0) = u'(l) = 0$ (zweite Randwertaufgabe) ergeben sich die Eigenwerte

$$\lambda = \lambda_\nu = \frac{\nu^2\pi^2}{l^2}, \quad \nu = 0, 1, 2, \ldots$$

und die Eigenfunktionen

$$u_\nu(x) = c_\nu \cos \frac{\nu\pi x}{l}.$$

Und schließlich für die dritte Randwertaufgabe (32) und

$$u'(0) = h\,u(0), \quad u'(l) = k\,u(l)$$

ergeben sich die Eigenwerte als die positiven Wurzeln der transzendenten Gleichung

$$\cot\sqrt{\lambda}\,l = \frac{h\,k + \lambda}{(h-k)\,\sqrt{\lambda}}$$

und die zugehörigen Eigenfunktionen

$$u_\nu = c_\nu\left(\sqrt{\lambda_\nu}\cos\sqrt{\lambda_\nu}\,x + h\sin\sqrt{\lambda_\nu}\,x\right).$$

Im Falle der Randbedingungen (25) gibt (29)

$$D(\lambda) = 2\sqrt{\lambda}\left(1 - \cos\sqrt{\lambda}\,l\right)$$

und daher

$$\lambda_\nu = \frac{4\,\nu^2\,\pi^2}{l^2}.$$

Hier gehören zu jedem Eigenwert zwei linear unabhängige Eigenfunktionen

$$u_{\nu 1} = b_\nu \cos\frac{2\,\nu\,\pi\,x}{l}, \qquad u_{\nu 2} = a_\nu \sin\frac{2\,\nu\,\pi\,x}{l}.$$

Für das Anfangswertproblem $u(0) = u'(0) = 0$ folgt

$$D(\lambda) = \sqrt{\lambda} = 0,$$

mit der einzigen Wurzel $\lambda = 0$, die aber auf die triviale Lösung $u \equiv 0$ führt und somit kein Eigenwert ist.

Der Bernoullische Ansatz führt, sofern er überhaupt anwendbar ist, immer auf gewöhnliche Differentialgleichungen, die von einem Parameter λ abhängen. Es ist also naheliegend, die Differentialgleichung (21) unter der Annahme zu untersuchen, daß die Funktionen p und g nicht nur von x, sondern auch von λ abhängen; man erfaßt jedoch bereits so ziemlich alle physikalisch wichtigen Fälle, wenn man p von λ unabhängig und g als lineare Funktion von λ annimmt.

Setzt man wieder

$$L(y) = (p\,y')' + g\,y,$$

so ergeben sich die folgenden Typen des sogenannten *Sturm-Liouvilleschen Randwertproblems*

$$L(y) = 0, \tag{33a}$$

$$L(y) = h(x), \tag{33b}$$

$$L(y) + \lambda\,r(x)\,y = 0, \tag{33c}$$

$$L(y) + \lambda\,r(x)\,y = h(x) \tag{33d}$$

mit den allgemeinen Randbedingungen (23) oder den speziellen

$$y(a) = 0, \qquad y(b) = 0, \tag{34a}$$

$$y'(a) = 0, \qquad y'(b) = 0, \tag{34b}$$

$$y'(a) = h\,y(a), \quad y'(b) = k\,y(b), \tag{34c}$$

$$y(a) = y(b), \quad y'(a) = y'(b). \tag{34d}$$

(34a) bis (34c) sind der Reihe nach die erste, zweite und dritte Randwertaufgabe, (34d) ist die Randwertaufgabe der Periodizität. Die Funktionen $p(x)$, $g(x)$, $r(x)$ und $h(x)$ seinen *in dem Intervall $[a, b]$ stetig*, $p(x)$ stetig differenzierbar, $p(x)$ und $r(x)$ außerdem *positiv*[1].

---

[1] $p(x) > 0$ folgt aus (9), solange $f_0 \neq 0$ ist; $f_0 = 0$ führt auf singuläre Stellen der Differentialgleichung (§ 9). Ich komme darauf in Ziffer 11 zurück. Von $r(x)$ wird man jedenfalls $r(x) \neq 0$ in $[a, b]$ verlangen, also ist $r(x) > 0$ keine Einschränkung der Allgemeinheit. Eventuell wird man λ durch $-\lambda$ ersetzen.

(33c) und (33d) sind die *Eigenwertprobleme*. Hier ist die erste Frage die Ermittlung der *Eigenwerte* λ, für die das homogene Problem (33c) lösbar ist; die Eigenwerte ergeben sich aus der Gleichung

$$D(\lambda) = 0, \tag{35}$$

wo D die Determinante (29) ist. Die zugehörigen, den Randbedingungen genügenden Lösungen von (33c) heißen die *Eigenfunktionen* des Randwertproblems. Aus den Sätzen von III, §, 3, 5 über Differentialgleichungen, die von einem Parameter λ abhängen, folgt, daß auch die Lösungen die Gestalt $y(x, \lambda)$ haben, also Funktionen von x und λ sind. λ kann dabei allgemein als unabhängige komplexe Variable aufgefaßt werden, während wir x nach wie vor als reell annehmen wollen. Da in dem betrachteten Fall (33) die Koeffizienten der Differentialgleichung *lineare* Funktionen von λ sind, sind die Lösungen $y(x, \lambda)$ für jeden Wert von x aus $[a, b]$ in der ganzen λ-Ebene reguläre, also *ganze transzendente* Funktionen von λ und dasselbe gilt dann auch für die Determinante $D(\lambda)$[1]. Daraus ergibt sich als wichtige Folgerung

Satz 1: *Die Eigenwerte können sich im Endlichen nicht häufen.*

Je nach der Zahl der zu einem Eigenwert λ gehörigen unabhängigen Eigenfunktionen nennt man λ *einfach* oder *mehrfach*; da die Eigenfunktionen Lösungen einer Differentialgleichung zweiter Ordnung sind, gilt

Satz 2: *Bei Randwertaufgaben zweiter Ordnung gibt es höchstens zweifache Eigenwerte.* Ferner zeigt man leicht

Satz 3: *Bei der ersten bis dritten Randwertaufgabe sind alle Eigenwerte einfach.*

Gäbe es nämlich zum Eigenwert λ die beiden unabhängigen Eigenfunktionen y_1 und y_2, so wäre $y = C_1 y_1 + C_2 y_2$ die allgemeine Lösung von (33c), die dann auch den gegebenen Randbedingungen genügen würde, was aber der Tatsache widerspricht, daß in der allgemeinen Lösung y auch die Lösung enthalten sein muß, die beliebigen Anfangsbedingungen $y(a)$, $y'(a)$ genügt. Man sieht aber sofort, daß im Fall der Randbedingungen (34d) ein solcher Widerspruch nicht auftreten kann, und das Beispiel (32) zeigt, daß tatsächlich doppelte Eigenwerte vorkommen.

Entscheidend für die folgenden Untersuchungen ist die Frage nach der Realität der Eigenwerte. Sei $\lambda = \varrho + j\,\sigma$ ein komplexer Eigenwert, $y = u + j\,v$ die zugehörige Eigenfunktion. Dann folgt aus (12), wie man sofort nachrechnet,

$$\int\limits_a^b [u\,L(v) - v\,L(u)]\,dx = -\sigma \int\limits_a^b r\,(u^2 + v^2)\,dx = p(b)\,W(b) - p(a)\,W(a).$$

wo W wieder die Wronskische Determinante bedeutet. Wegen $r > 0$, $u^2 + v^2 > 0$ ist das Integral in der Mitte sicher nicht Null, also gilt

---

[1] Man beachte, daß mit y_1 und y_2 auch $C_1 y_1$ und $C_2 y_2$ ein Fundamentalsystem ist; die C_i können dabei Funktionen von λ sein, so daß es noch von der Wahl der Konstanten C_i abhängen wird, ob die Lösungen wirklich regulär sind. Die Lösung $u_2 = \sin \sqrt{\lambda}\,x$ von (32) ist nicht regulär, weil sie einen Verzweigungspunkt in $\lambda = 0$ hat, aber $u_2 = \dfrac{1}{\sqrt{\lambda}} \sin \sqrt{\lambda}\,x$ ist regulär, wie man aus $u_2' = \cos \sqrt{\lambda}\,x$ oder aus der Potenzreihenentwicklung sofort entnimmt.

Satz 4: *Die Eigenwerte sind dann und nur dann reell ($\sigma = 0$), wenn*

$$\boxed{p(a)\, W(a) = p(b)\, W(b)} \qquad (36)$$

gilt. Bei der ersten bis dritten Randwertaufgabe, (also 34a, b, c), ist diese Bedingung erfüllt, bei (34d) nur, wenn $p(a) = p(b)$.

Die Bedingung (36) ist mit (31) gleichbedeutend. Aus den allgemeinen Randbedingungen (23) mit $A = B = 0$ folgt durch eine etwas verwickelte, aber durchaus elementare Rechnung zunächst

$$D_{24}\, W(b) = D_{13}\, W(a),$$

was zusammen mit (36) sofort (31) gibt.

Ich zeige weiter

Satz 5: *Die zu verschiedenen reellen Eigenwerten gehörigen, mit $\sqrt{r(x)}$ multiplizierten Eigenfunktionen sind orthogonal.*

Sind λ_1 und $\lambda_2 \neq \lambda_1$ die Eigenwerte, y_1 und y_2 die zugehörigen Eigenfunktionen, so gibt die Greensche Formel (12) wegen (36)

$$\int_a^b [y_1\, L(y_2) - y_2\, L(y_1)]\, dx = (\lambda_1 - \lambda_2) \int_a^b r\, y_1\, y_2\, dx = [p\, W]_a^b = 0,$$

also wegen $\lambda_1 - \lambda_2 \neq 0$

$$\int_a^b r\, y_1\, y_2\, dx = 0,$$

d. h. die Funktionen $\varphi_1 = \sqrt{r}\, y_1$, $\varphi_2 = \sqrt{r}\, y_2$ sind orthogonal. Wir können sie dann ohne weiteres auch als *normiert* annehmen, da dazu höchstens die Multiplikation mit einem konstanten Faktor nötig ist. Es ist also, wenn y eine Eigenfunktion ist,

$$\int_a^b r\, y^2\, dx = 1. \qquad (37)$$

Ist aber $\lambda_1 = \lambda_2$ ein doppelter Eigenwert[1], so kann man stets erreichen, daß die zugehörigen (linear unabhängigen) Eigenfunktionen y_1 und y_2 orthogonal werden, indem man nötigenfalls y_2 durch $\bar{y}_2 = y_2 + \varrho\, y_1$ ersetzt und die Konstante ϱ aus der Bedingung

$$\int_a^b r\, y_1 (y_2 + \varrho\, y_1)\, dx = 0$$

bestimmt.

Im Falle (32) waren alle Eigenwerte positiv. Wir fragen uns noch, unter welchen allgemeineren Bedingungen das der Fall ist. Multiplikation von (33c) mit der Eigenlösung y gibt wegen (37)

$$\lambda = \lambda \int_a^b r\, y^2\, dx = - \int_a^b [y(p\, y')' + g\, y^2]\, dx = \int_a^b (p\, y'^2 - g\, y^2)\, dx - [p\, y\, y']_a^b.$$

---

[1] Doppelte Eigenwerte sind in der Folge der Eigenwerte stets zweimal anzuschreiben, damit die ein-eindeutige Korrespondenz zwischen Eigenwerten und Eigenfunktionen hergestellt ist!

Das letzte Integral ist sicher positiv, wenn $g \leqq 0$ ist. Der letzte Ausdruck verschwindet im Fall der ersten und zweiten Randwertaufgabe sowie bei den Randbedingungen (34d). Bei der dritten Randwertaufgabe wird

$$- [p\, y\, y']_a^b = h\, p(a)\, y^2(a) - k\, p(b)\, y^2(b)$$

sicher dann positiv, wenn $h > 0$, $k < 0$ ist[1]. Somit gilt

Satz 5: *Die Eigenwerte sind positiv, wenn $g(x) \leqq 0$ ist in $[a, b]$ und im Fall der dritten Randwertaufgabe außerdem $h > 0$ und $k < 0$ ist.*

Aus dem gleich zu beweisenden Oszillationstheorem folgt aber, daß nur endlich viele Eigenwerte negativ sein können, wenn diese Bedingungen nicht erfüllt sind.

6. Das Oszillationstheorem von F. Klein. Es handelt sich hier um einen sehr aufschlußreichen Satz über die Eigenwerte eines homogenen Randwertproblems und die Nullstellen seiner Lösungen. Ich betrachte die Gleichung (33c), jedoch mit $p = 1$, also

$$y'' + (g + \lambda\, r)\, y = 0 \tag{38}$$

und den Randbedingungen $y(a) = y(b) = 0$. g und r seien in $[a, b]$ stetig, r überdies positiv, ferner

$$m_1 \leqq g(x) \leqq M_1, \qquad 0 < m_2 \leqq r(x) \leqq M_2.$$

Ist $\xi = -\dfrac{m_1}{m_2}$, so ist für $\lambda > \xi$ wegen $m_2 > 0$ sicher

$$g(x) + \lambda\, r(x) \geqq m_1 + \lambda\, m_2 > 0$$

und aus (20) folgt für die Anzahl k der Nullstellen einer beliebigen, in $x = a$ verschwindenden Lösung $y(x, \lambda)$ von (38) im Intervall $(a, b]$

$$k' = \left[\frac{b - a}{\pi} \sqrt{m_1 + \lambda\, m_2}\right] \leqq k \leqq \left[\frac{b - a}{\pi} \sqrt{M_1 + \lambda\, M_2}\right] = k'', \tag{39}$$

daraus folgt sofort, daß für $\lambda \to +\infty$ auch $k \to \infty$ geht und umgekehrt. Für genügend großes λ kann ich also sicher erreichen, daß $y(x)$ in $(a, b]$ n Nullstellen $x_1, x_2, \ldots, x_n$ (der Größe nach geordnet) hat. Die n-te Nullstelle x_n ist jedenfalls eine stetige Funktion von λ, weil $y(x, \lambda)$ in $[a, b]$ nach x stetig differenzierbar und eine stetige Funktion von λ ist (III, § 3, 5) und weil $y'(x_n) \neq 0$ ist (Ziffer 3, Satz 1). Diese Funktion $x_n(\lambda)$ ist außerdem *monoton fallend*.

Ich lasse nun λ vom Wert ξ an wachsen. Sobald $k' = 1$ ist, muß $y(x)$ mindestens eine Nullstelle x_1 in $(a, b]$ haben. Ist $x_1 = b$, so ist dieser Wert von λ ein Eigenwert der Randwertaufgabe; ist $x_1 < b$, so lasse ich λ wieder abnehmen, dann wird x_1 wachsen und wegen der Stetigkeit bei einem bestimmten $\lambda = \lambda_1$ den Punkt b passieren. Dann ist λ_1 ein Eigenwert und $y(x, \lambda_1)$ eine Eigenfunktion der Randwertaufgabe. Lasse ich $\lambda > \lambda_1$ weiter wachsen, so muß, sobald $k' = 2$ geworden, mindestens eine weitere Nullstelle $x_2 > x_1$ in $[a, b]$ vorhanden sein, die bei geeigneter Wahl von $\lambda = \lambda_2 > \lambda_1$ mit b zusammenfällt. Dann ist λ_2 ein zweiter Eigenwert und $y(x, \lambda_2)$ die zugehörige Eigenfunktion. Damit ist das *Oszillationstheorem* für die erste Randwertaufgabe bewiesen:

---

[1] Diese Bedingungen sind physikalisch durchaus sinnvoll und führen bei den verschiedenen Schwingungsaufgaben, für die positive Eigenwerte charakteristisch sind, auf stabile Gleichgewichtslagen.

Das Randwertproblem

$$y'' + (g + \lambda\, r)\, y = 0, \qquad y(a) = y(b) = 0,$$

wo $g(x)$ und $r(x)$ in $[a, b]$ stetig und $r(x)$ überdies positiv ist, hat unendlich viele Eigenwerte $\lambda_1, \lambda_2, \ldots$ mit

$$\lambda_1 < \lambda_2 < \lambda_3 < \ldots \quad \text{und} \quad \lim_{\nu \to \infty} \lambda_\nu = +\infty$$

und die zugehörigen Eigenfunktionen $y_\nu(x)$ haben in (a, b) genau $\nu - 1$ Nullstellen.

Entsprechende Aussagen gelten auch für die allgemeinen Randbedingungen (23). Man kann z. B. zeigen, daß *zwischen zwei aufeinanderfolgenden Eigenwerten λ_ν und $\lambda_{\nu+1}$ der ersten Randwertaufgabe stets genau ein Eigenwert sowohl der zweiten wie der dritten Randwertaufgabe liegt* (die Differentialgleichung, also die beiden Funktionen g und r sind dabei natürlich immer dieselben, nur die Randbedingungen ändern sich). Für den Fall der Randbedingungen (34d) gilt das Oszillationstheorem, wie es oben für die erste Randwertaufgabe formuliert wurde, lediglich mit der Modifikation, daß die Eigenfunktionen in $[a, b]$ stets eine *gerade* Zahl von Nullstellen besitzen, genauer: $y_\nu(x)$ hat in $[a, b]$ genau $2\left[\dfrac{\nu}{2}\right]$ Nullstellen[1].

Aus (39) entnimmt man ebenfalls, daß $g(x) \leqq 0$ und daher $M_1 \leqq 0$ hinreichend (aber nicht notwendig) dafür ist, daß alle Eigenwerte positiv sind. Denn wenn $M_1 > 0$ ist, kann $k'' = 1$ schon bei einem negativen λ erreicht werden, also kann bereits eine Nullstelle in $(a, b]$ liegen und dann ist der kleinste Eigenwert $\lambda_1 = \lambda < 0$.

7. Die Greensche Funktion.

Bei der Greenschen Funktion handelt es sich nicht um eine spezielle Funktion, sondern um sehr verschiedenartige Funktionen, die aber alle nach derselben Methode konstruiert werden und einige gemeinsame Merkmale aufweisen. Sie sind eines der kräftigsten Hilfsmittel der neueren Analysis zur Lösung von Randwertaufgaben. Ich habe eine Greensche Funktion in III, § 14, 3 verwendet, um die hyperbolische Differentialgleichung für verschiedene Anfangs- oder Randbedingungen zu lösen[2]. Nun ist jede Greensche Funktion selbst die Lösung einer bestimmten Randwertaufgabe, aber in vielen wichtigen Fällen ist diese Randwertaufgabe leichter zu lösen als die ursprüngliche.

Die Greenschen Funktionen, die wir im folgenden betrachten, haben noch ein Merkmal gemeinsam: Sie sind zwar selbst stetig, aber ihre ersten Ableitungen haben im Innern des Intervalls $[a, b]$ einen Sprung. Anderseits sind sie aber Lösungen der homogenen selbstadjungierten Differentialgleichung

$$L(y) = (p\, y')' + g\, y = 0 \tag{33a}$$

mit den homogenen Randbedingungen ($A = B = 0$)

$$\begin{aligned}
l_1(y) &= \alpha_1\, y(a) + \alpha_2\, y(b) + \alpha_3\, y'(a) + \alpha_4\, y'(b) = 0, \\
l_2(y) &= \beta_1\, y(a) + \beta_2\, y(b) + \beta_3\, y'(a) + \beta_4\, y'(b) = 0,
\end{aligned} \tag{23a}$$

---

[1] Über die Beweise vgl. FRANK-MIESES, Band I, Seite 358, LV. 17, und insbesondere über den letzterwähnten Fall INCE, Seite 242, LV. 14.

[2] Die Meinungen darüber, ob man die dort behandelten Bedingungen als Anfangs- oder Randbedingungen bezeichnen soll, gehen auseinander. Wahrscheinlich ist die Anwendbarkeit der Greenschen Funktion die Ursache dafür, daß man diese Bedingungen als Randbedingungen bezeichnet. Im allgemeinen spricht man von einem „Rand" aber nur im Sinn von: „Rand eines Bereichs", und dann ist der Rand im Zweidimensionalen eine geschlossene Kurve, und im Eindimensionalen ein Punktepaar.

wobei noch die Bedingung

$$(\alpha_2\beta_4 - \alpha_4\beta_2)\,p(a) = (\alpha_1\beta_3 - \alpha_3\beta_1)\,p(b) \tag{31}$$

oder, was nach Ziffer 5 auf dasselbe hinauskommt,

$$p(a)\,W(a) = p(b)\,W(b) \tag{36}$$

erfüllt sei. Es handelt sich also um ein homogenes Randwertproblem, das im allgemeinen nur die triviale Lösung hat. Das kann man aber nur unter der Voraussetzung sagen, daß man nur zweimal stetig differenzierbare Lösungen zuläßt. Nur von solchen Lösungen handelt das Existenztheorem. Wenn in (33a) $p(x)$ stetig differenzierbar und $g(x)$ stetig in $[a, b]$ ist, so kann es offenbar keine Lösung $y(x)$ mit stetigem $y'(x)$, aber unstetigem $y''(x)$ geben. Aber stetige Lösungen mit unstetigem y' und dann auch unstetigem y'' sind durchaus denkbar, und von dieser Art sind die Greenschen Funktionen.

Ich beginne mit der Konstruktion einer Greenschen Funktion für die erste Randwertaufgabe, bei der

$$l_1(y) = y(a) = 0, \qquad l_2(y) = y(b) = 0 \tag{40}$$

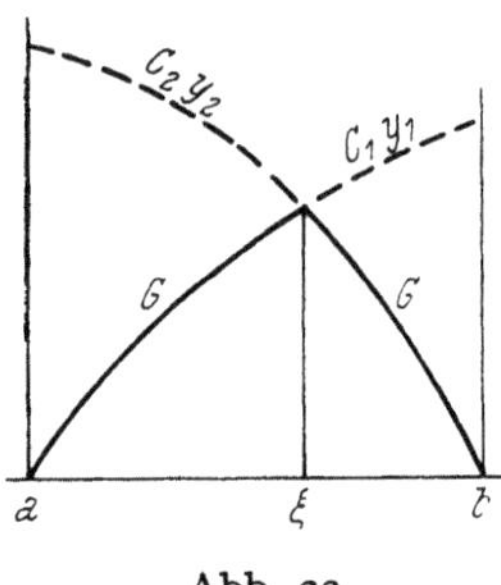

Abb. 22.

an Stelle der allgemeinen Randbedingungen (23a) treten. Ich nehme an, daß diese Randwertaufgabe keine glatte Lösung besitzt. Es sei $y_1(x)$ die Lösung von $L(y) = 0$ zu der Anfangsbedingung $y_1(a) = 0$, $y_1'(a) = 1$ und $y_2(x)$ die Lösung von $L(y) = 0$ zu der Anfangsbedingung $y_2(b) = 0$, $y_2'(b) = -1$. Ich betrachte die beiden Kurven

$$y = C_1\,y_1(x), \qquad y = C_2\,y_2(x)$$

(Abb. 22). Sie mögen sich in einem Punkt mit der Abszisse ξ schneiden, so daß

$$C_1\,y_1(\xi) = C_2\,y_2(\xi) \tag{41}$$

ist. ξ ist dabei beliebig, aber zunächst fest in (a, b) angenommen. Und nun bilde ich die stetige Funktion $G(x, \xi)$, die in $[a, \xi]$ mit $C_1\,y_1(x)$, in $[\xi, b]$ mit $C_2\,y_2(x)$ übereinstimmt; wegen (41) kann ich noch

$$C_1 = C\,y_2(\xi), \qquad C_2 = C\,y_1(\xi),$$

$C \neq 0$, setzen. Damit wird

$$\begin{aligned}
G(x, \xi) &= C\,y_1(x)\,y_2(\xi), &\quad a \leq x \leq \xi, \\
G(x, \xi) &= C\,y_2(x)\,y_1(\xi), &\quad \xi \leq x \leq b.
\end{aligned} \tag{42}$$

Ich berechne die links- und rechtsseitige Ableitung im Punkt $x = \xi$; Differentiation nach x gibt

$$G_x(x, \xi) = C\,y_1'(x)\,y_2(\xi), \qquad a \leq x \leq \xi$$

und

$$G_x(x, \xi) = C\,y_2'(x)\,y_1(\xi), \qquad \xi \leq x \leq b.$$

Somit wird

$$G_x(\xi -, \xi) = C\,y_1'(\xi)\,y_2(\xi)$$

und

$$G_x(\xi +, \xi) = C\,y_2'(\xi)\,y_1(\xi),$$

so daß sich für den Sprung an der Stelle $x = \xi$

$$G_x(\xi +, \xi) - G_x(\xi -, \xi) = C\,W(\xi)$$

ergibt. Nun folgt aus $L(y_1) = L(y_2) = 0$ und (11)

$$[p(x)\, W(x)]' = 0,$$

also ist

$$p(x)\, W(x) = p(\xi)\, W(\xi) = A$$

konstant; setze ich noch

$$C = -\frac{1}{A} = -\frac{1}{p(\xi)\, W(\xi)}, \tag{43}$$

so wird der Sprung von $G_x(x, \xi)$ an der Stelle $x = \xi$

$$G_x(\xi +, \xi) - G_x(\xi -, \xi) = -\frac{1}{p(\xi)}. \tag{44}$$

Die durch (42) und (43) eindeutig definierte, stückweise glatte Funktion $G(x, \xi)$ heißt die *Greensche Funktion* der Randwertaufgabe (33a), (40). Aus (42) folgt noch eine wichtige Eigenschaft

$$G(x, \xi) = G(\xi, x), \tag{45}$$

die Greensche Funktion ist symmetrisch in ihren Argumenten.

Beispiel: $L(y) = y''$ und die Randbedingungen (40). Man findet sofort

$$C_1 y_1 = C_1(x - a), \quad C_2 y_2 = C_2(b - x),$$
$$C_1 = C(b - \xi), \quad C_2 = C(\xi - a).$$

Wegen (43) und $p = 1$ wird

$$C = \frac{1}{b - a}$$

und daher

$$G(x, \xi) = \frac{(x - a)\,(b - \xi)}{b - a,}, \quad a \leqq x \leqq \xi$$

und

$$G(x, \xi) = \frac{(b - x)\,(\xi - a)}{b - a}, \quad \xi \leqq x \leqq b.$$

Im Falle $a = -1$, $b = 1$ kann man in

$$G(x, \xi) = \frac{1}{2}\,(1 - x\,\xi - |\xi - x|)$$

zusammenfassen.

Ich komme zum allgemeineren Fall des Randwertproblems (33a), (23a). Ich nehme an, daß keine glatte Lösung existiert. Die Greensche Funktion $G(x, \xi)$ dieser Randwertaufgabe ist durch folgende Eigenschaften definiert:

1. $G(x, \xi)$ *ist stetig in* $[a, b]$.

2. *Ihre erste Ableitung springt beim Passieren der Stelle ξ in (a, b) um $- 1/p(\xi)$, d. h. es gilt (44).*

3. *Sie erfüllt mit Ausnahme der Stelle $x = \xi$ die Gleichungen (33a), (23a).*

Es sei $y_1(x)$, $y_2(x)$ ein Fundamentalsystem von Lösungen der Gleichung $L(y) = 0$. Da $G(x, \xi)$ sowohl in $[a, \xi)$ wie in $(\xi, b]$ ebenfalls eine Lösung von $L(y) = 0$ ist, muß

$$\left. \begin{array}{l} G(x, \xi) = a_1\, y_1(x) + a_2\, y_2(x), \quad a \leqq x < \xi, \\[4pt] G(x, \xi) = b_1\, y_1(x) + b_2\, y_2(x), \quad \xi < x \leqq b \end{array} \right\} \tag{46}$$

sein. Da ferner $G(x, \xi)$ an der Stelle $x = \xi$ stetig ist, gilt entsprechend (41)

$$a_1\, y_1(\xi) + a_2\, y_2(\xi) = b_1\, y_1(\xi) + b_2\, y_2(\xi);$$

in (46) kann man daher die abgeschlossenen Intervalle nehmen. Schließlich folgt aus (44)

$$b_1\, y_1'(\xi) + b_2\, y_2'(\xi) - a_1\, y_1'(\xi) - a_2\, y_2'(\xi) = -\frac{1}{p(\xi)};$$

setzt man $b_i - a_i = C_i$ $(i = 1, 2)$, so können die beiden letzten Gleichungen geschrieben werden:

$$C_1\, y_1(\xi) + C_2\, y_2(\xi) = 0,$$

$$C_1 y_1'(\xi) + C_2\, y_2'(\xi) = -\frac{1}{p(\xi)}.$$

Ihre Determinante ist die Wronskische Determinante $W(\xi) \neq 0$, so daß die Zahlen C_1 und C_2 eindeutig bestimmbar sind. Die Randbedingungen (23a) schreibe ich in der Gestalt

$$l_i(y) = A_i(y) + B_i(y) = 0,$$

wo in $A_i(y)$ und $B_i(y)$ jeweils die Glieder zusammengefaßt sind, die sich auf den Punkt $x = a$ bzw. auf den Punkt $x = b$ beziehen. Beachtet man die verschiedenen Darstellungen (46) von $G(x, \xi)$ in den Intervallen $[a, \xi]$ und $[\xi, b]$, so folgt

$$l_i(G) = a_1\, A_i(y_1) + a_2\, A_i(y_2) + b_1\, B_i(y_1) + b_2\, B_i(y_2) = 0$$

oder $(a_i = b_i - C_i$ gesetzt)

$$b_1\, l_i(y_1) + b_2\, l_i(y_2) = C_1\, A_i(y_1) + C_2\, A_i(y_2).$$

Hier sind die rechten Seiten bekannt, weil die C_i bereits berechnet sind; die Determinante der Koeffizienten ist die Determinante (29), die von Null verschieden ist, weil voraussetzungsgemäß keine zweimal stetig differenzierbare Lösung unseres Randwertproblems existiert. Somit sind die b_i eindeutig bestimmt, daher weiter auch die $a_i = b_i - C_i$ und schließlich die Greensche Funktion $G(x, \xi)$ aus (46).

Ich zeige noch, daß die Symmetriebedingung auch im allgemeinen Fall gilt und wende dazu die Greensche Formel (12) auf die Funktionen

$$y = G(x, \xi), \qquad z = G(x, \eta)$$

an. Dann verschwindet das Integral links. Es sei etwa $\xi < \eta$. Die rechte Seite muß wegen der Sprungstelle in drei Summanden zerlegt werden, nämlich

$$[p\, W(y, z)]_a^{\xi-} + [p\, W(y, z)]_{\xi+}^{\eta-} + [p\, W(y, z)]_{\eta+}^{b} = 0.$$

Wegen (36) wird daraus

$$[p\, W(y, z)]_{\xi+}^{\xi-} + [p\, W(y, z)]_{\eta+}^{\eta-} = 0.$$

Da y' an der Stelle η und z' an der Stelle ξ stetig ist, folgt weiter

$$-p(\xi)\, G(\xi, \eta)\, [G_x(\xi-, \xi) - G_x(\xi+, \xi)] + p(\eta)\, G(\eta, \xi) \cdot [G_x(\eta-, \eta) -$$
$$- G_x(\eta+, \eta)] = 0$$

und daraus folgt wegen (44) wieder (45), selbstverständlich auch im Fall $\xi \geqq \eta$.

Bei der praktischen Berechnung der Greenschen Funktion kann man von der Funktion

$$F(x, \xi) = C_1\, y_1(x) + C_2\, y_2(x) \pm \frac{y_1(\xi)\, y_2(x) - y_2(\xi)\, y_1(x)}{2\, p(\xi)\, W(\xi)} \tag{47}$$

ausgehen, wo das obere Zeichen für das Intervall $a \leqq x \leqq \xi$, das untere für das Intervall $\xi \leqq x \leqq b$ gilt. y_1 und y_2 sind wieder zwei linear unabhängige, glatte Lösungen von $L(y) = 0$. $F(x, \xi)$ ist stetig in $[a, b]$, $F_x(x, \xi)$ ist in $[a, b]$ stetig mit Ausnahme der Stelle $x = \xi$, wo F_x um $-1/p(\xi)$ springt. Der dritte Ausdruck auf der rechten Seite bleibt ungeändert, wenn man y_1 und y_2 durch irgendwelche Linearkombinationen mit nicht verschwindender Determinante ersetzt, d. h. er ist unabhängig von der besonderen Wahl der linear unabhängigen Lösungen y_1 und y_2. $F(x, \xi)$ hat also bereits zwei wesentliche Eigenschaften der Greenschen Funktion; wählt man nun C_1 und C_2 so, daß die Randbedingungen (23a) erfüllt sind, so wird $F(x, \xi) = G(x, \xi)$.

Beispiele:

1. $y'' - \omega^2 y = 0$. $y(0) = y(l) = 0$. Es wird

$$F(x, \xi) = C_1 \operatorname{ch} \omega x + C_2 \operatorname{sh} \omega x \pm \frac{\operatorname{sh} \omega(x - \xi)}{2 \omega}$$

und daher

$$G(x, \xi) = \frac{\operatorname{sh} \omega x \operatorname{sh} \omega(l - \xi)}{\omega \operatorname{sh} \omega l}, \qquad 0 \leqq x \leqq \xi,$$

$$G(x, \xi) = \frac{\operatorname{sh} \omega \xi \operatorname{sh} \omega(l - x)}{\omega \operatorname{sh} \omega l}, \qquad \xi \leqq x \leqq l.$$

2. $y'' + \omega^2 y = 0$, $y(0) = y(l)$, $y'(0) = y'(l)$ (Periodizität). Man erhält

$$F(x, \xi) = C_1 \cos \omega x + C_2 \sin \omega x \pm \frac{\sin \omega(x - \xi)}{2 \omega}$$

und

$$G(x, \xi) = -\frac{1}{2 \omega} \left[\cot \frac{\omega l}{2} \cos \omega (\xi - x) + \sin \omega |\xi - x| \right].$$

Für $\omega = \dfrac{2 k \pi}{l}$, k ganz, wird G unendlich. Das sind aber gerade die Eigenwerte, die wir schon zu Beginn von Ziffer 5 gefunden haben, für die die Randwertaufgabe nichttriviale, glatte Lösungen hat. Ich komme darauf in Ziffer 10 zurück.

Die Greensche Funktion läßt sich physikalisch in einer einfachen und recht anschaulichen Weise deuten. Ich knüpfe an das Beispiel der schwingenden Saite in III, § 14, 4 an, betrachte aber jetzt den allgemeineren Fall der erzwungenen Schwingung einer nicht homogenen Saite, für die die Differentialgleichung die Gestalt

$$(p \, w_x)_x = r \, w_{tt} + H(x, t)$$

annimmt; dabei ist $p(x)$ der mit dem Querschnitt multiplizierte Elastizitätsmodul, $r(x)$ die Masse pro Längeneinheit und $H(x, t)$ die Dichte der äußeren Kraft. Ich nehme an, $H(x, t)$ ist periodisch, also etwa

$$H(x, t) = h(x) \, e^{j \omega t};$$

der Ansatz

$$w(x, t) = y(x) \, e^{j \omega t}$$

führt dann direkt auf die Differentialgleichung $(\omega^2 = \lambda)$

$$(p \, y')' + \lambda \, r \, y = h,$$

also auf (33d). Ich suche eine Lösung unter der Annahme, daß die kontinuierlich verteilte äußere Kraft der Dichte h durch eine Einzelkraft in einem Punkt ξ ersetzt wird. Dazu nehme ich an, daß $h(x)$ überall verschwindet mit Ausnahme einer kleinen Umgebung $(\xi - \varepsilon, \xi + \varepsilon)$ von ξ $(\varepsilon > 0)$, wo $h(\xi)$ aber so große Werte annimmt, daß

$$\int_a^b h(\xi) \, d\xi = \int_{\xi - \varepsilon}^{\xi + \varepsilon} h(\xi) \, d\xi = -1$$

ist (aus einleuchtenden physikalischen Gründen negativ). Die Elongation $G(x, \xi, \varepsilon)$ der Saite genügt dann der Gleichung

$$L(G) = h(x);$$

Integration dieser Gleichung zwischen $\xi - \varepsilon$ und $\xi + \varepsilon$ gibt

$$\int_{\xi-\varepsilon}^{\xi+\varepsilon} [(p\, G_x)' + \lambda\, r\, G]\, dx = -1$$

und daraus für $\varepsilon \to 0$, wenn

$$G(x, \xi) = \lim_{\varepsilon \to 0} G(x, \xi, \varepsilon)$$

für $x = \xi$ stetig bleiben soll

$$\lim_{\varepsilon \to 0} [p\, G_x]_{\xi-\varepsilon}^{\xi+\varepsilon} = \lim_{\varepsilon \to 0} [p(\xi + \varepsilon)\, G_x\,(\xi + \varepsilon, \xi, \varepsilon) - p(\xi - \varepsilon)\, G_x(\xi - \varepsilon, \xi, \varepsilon)] = \cdot$$

$$= p(\xi)\, [G_x(\xi +, \xi) - G_x(\xi -, \xi)] = -1,$$

also gerade (44).

Die Symmetriebedingung (45) ist in dieser Deutung der sogenannte *Maxwell-sche Reziprozitätssatz*:

Die Elongation an der Stelle x, hervorgerufen durch die an der Stelle ξ wirkende Kraft 1, ist gleich der Elongation an der Stelle ξ, hervorgerufen durch die an der Stelle x wirkende Kraft 1.

8. Die Lösung des inhomogenen Problems. Es sei y eine beliebige, glatte Funktion, die nur den Randbedingungen $l_1(y) = l_2(y) = 0$ genügt. Wendet man (12) auf diese Funktion $y = y(x)$, auf $z = G(x, \xi)$ und auf das Intervall $[a, \xi]$ an, so folgt wegen $L(G) = 0$

$$\int_a^\xi G(x, \xi)\, L(y)\, dx = -[p(y\, G_x - G\, y')]_a^\xi = -p(\xi)\, y(\xi)\, G_x(\xi -, \xi) +$$

$$+ p(\xi)\, y'(\xi)\, G(\xi, \xi) + p(a)\, [y(a)\, G_x(a, \xi) - G(a, \xi)\, y'(a)],$$

sowie für das Intervall $[\xi, b]$

$$\int_\xi^b G(x, \xi)\, L(y)\, dx = p(\xi)\, y(\xi)\, G_x(\xi +, \xi) - p(\xi)\, y'(\xi)\, G(\xi, \xi) -$$

$$- p(b)\, [y(b)\, G_x(b, \xi) - G(b, \xi)\, y'(b)].$$

Addition gibt wegen (36) und (44)

$$\int_a^b G(x, \xi)\, L(y)\, dx = -y(\xi). \tag{48}$$

Ist nun $y(x)$ außerdem eine Lösung der inhomogenen Gleichung

$$L(y) = h(x),$$

so folgt aus (48), wenn wir noch x und ξ vertauschen

$$\boxed{y(x) = -\int_a^b G(x, \xi)\, h(\xi)\, d\xi.} \tag{49}$$

Damit ist gezeigt:

Jede Lösung der inhomogenen Randwertaufgabe (33b), (23a), wobei noch (31) erfüllt ist, läßt sich in der Gestalt (49) darstellen.

Es gilt aber auch die Umkehrung:

Jede durch (49) mit Hilfe der Greenschen Funktion G und der Störungsfunktion h(x) dargestellte Funktion y(x) ist eine Lösung der Randwertaufgabe (33b), (23a).

Zum Nachweis bilde ich

$$y'(x) = - \int\limits_a^b G_x(x, \xi)\, h(\xi)\, d\xi.$$

Wegen der Unstetigkeit von G_x an der Stelle $\xi = x$ zerlege ich dieses Integral:

$$y'(x) = - \int\limits_a^x G_x(x, \xi)\, h(\xi)\, d\xi - \int\limits_x^b G_x(x, \xi)\, h(\xi)\, d\xi$$

und erhalte weiter[1] unter Benützung von (44) und (45)

$$y''(x) = - \int\limits_a^x G_{xx}(x, \xi)\, h(\xi)\, d\xi - \int\limits_x^b G_{xx}(x, \xi)\, h(\xi)\, d\xi - G_x(x +, x)\, h(x) +$$

$$+ G_x(x -, x)\, h(x) = - \int\limits_a^b G_{xx}(x, \xi)\, h(\xi)\, d\xi + \frac{h(x)}{p(x)}.$$

Damit wird

$$L(y) = p\, y'' + p'\, y' + g\, y = - \int\limits_a^b L(G)\, h(\xi)\, d\xi + h(x);$$

wegen $L(G) = 0$ ist somit $L(y) = h(x)$; ferner wird

$$l_i(y) = - \int\limits_a^b l_i(G)\, h(\xi)\, d\xi = 0, \qquad i = 1, 2,$$

was zu beweisen war.

Sind auch die Randbedingungen inhomogen, also

$$l_1(y) = A_1, \qquad l_2(y) = A_2, \tag{50}$$

so läßt sich dieses Problem sofort auf eines mit homogenen Randbedingungen $l_i(y) = 0$ zurückführen, wenn man irgendeine zweimal stetig differenzierbare Funktion $y_0(x)$ ermittelt, die den Randbedingungen (50), also $l_i(y_0) = A_i$, genügt. Ist dann $y(x)$ eine Lösung der Randwertaufgabe $L(y) = h(x)$, $l_i(y) = A_i$, so ergibt sich für

$$u(x) = y(x) - y_0(x)$$

die Differentialgleichung

$$L(u) = L(y) - L(y_0) = h(x) - h_1(x),$$

wo $L(y_0) = h_1(x)$ gesetzt ist, ferner die Randbedingungen

$$l_i(u) = l_i(y) - l_i(y_0) = A_i - A_i = 0.$$

$u(x)$ ist also eine Lösung der Randwertaufgabe

$$L(u) = h(x) - h_1(x), \qquad l_i(u) = 0$$

---

[1] Man beachte, daß im ersten Integral $\xi \leq x$, im zweiten $\xi \geq x$ ist!

und daher nach (49)

$$u(x) = -\int_a^b G(x, \xi)\,[h(\xi) - h_1(\xi)]\,d\xi,$$

wo $G(x, \xi)$ die Greensche Funktion des Problems $L(G) = 0$, $l_i(G) = 0$ ist. Damit folgt

$$y(x) = -\int_a^b G(x, \xi)\,h(\xi)\,d\xi + \int_a^b G(x, \xi)\,h_1(\xi)\,d\xi + y_0(x), \qquad (51)$$

in Verallgemeinerung von (49). In der Regel wird man bereits mit einer linearen Funktion $y_0(x) = \varrho\,x + \sigma$ das Auslangen finden, nämlich dann, wenn sich ϱ und σ eindeutig aus $l_i(y_0) = A_i$ bestimmen lassen.

9. Der Zusammenhang mit den linearen Integralgleichungen und der Entwicklungssatz. Es sei in (49) jetzt $y(x)$ eine Lösung der Randwertaufgabe (33d), (23a), also

$$L(y) = h(x) - \lambda\,r(x)\,y(x).$$

Dann folgt

$$y(x) = -\int_a^b G(x, \xi)\,h(\xi)\,d\xi + \lambda \int_a^b G(x, \xi)\,r(\xi)\,y(\xi)\,d\xi.$$

Multipliziert man diese Gleichung mit $\sqrt{r(x)}$ — ich erinnere, daß $r(x) > 0$ angenommen wurde —, so erhält man, wenn man

$$y(x)\,\sqrt{r(x)} = \varphi(x), \qquad G(x, \xi)\,\sqrt{r(x)\,r(\xi)} = K(x, \xi) \qquad (52)$$

und

$$-\sqrt{r(x)}\,\int_a^b G(x, \xi)\,h(\xi)\,d\xi = f(x) \qquad (53)$$

setzt,

$$\boxed{\;\varphi(x) = f(x) + \lambda \int_a^b K(x, \xi)\,\varphi(\xi)\,d\xi.\;} \qquad (54)$$

Das ist eine inhomogene *Fredholmsche Integralgleichung zweiter Art mit symmetrischem Kern*; die Symmetrie des Kerns $K(x, \xi)$ folgt unmittelbar aus (45) und (52).

Ist $y(x)$ eine Lösung der Randwertaufgabe (33d), (23a), so genügt die Funktion $y(x)\,\sqrt{r(x)}$ der Integralgleichung (54).

Wie oben zeigt man, daß auch die Umkehrung gilt:

Ist $\varphi(x)$ eine Lösung der Integralgleichung (54), so ist $y(x) = \varphi(x)/\sqrt{r(x)}$ eine Lösung der Randwertaufgabe (33d), (23a).

Für das homogene Problem (33c) ist $h(x) \equiv 0$; damit wird aber auch $f(x) \equiv 0$ und (54) geht in die homogene Integralgleichung

$$\boxed{\;\varphi(x) = \lambda \int_a^b K(x, \xi)\,\varphi(\xi)\,d\xi\;} \qquad (55)$$

über, deren Eigenwerte und Eigenlösungen also mit den Eigenwerten und Eigenlösungen $\left(\text{bis auf den Faktor } \sqrt{r(x)}\right)$ der Randwertaufgabe (33c), (23a) übereinstimmen.

Damit werden alle in §5 und §6 bewiesenen Sätze über Integralgleichungen auf unser Randwertproblem anwendbar. Einige dieser Sätze, wie z. B. die Fredholmsche Alternative und die Orthogonalität der Eigenfunktionen, haben wir schon unabhängig von den Integralgleichungen gefunden; für die Lösung der inhomogenen Aufgabe (33d) ergibt sich aus der Bedingung (26) von §5 durch eine einfache Rechnung:

Ist $\lambda = \lambda_\nu$ ein Eigenwert, so ist das inhomogene Problem (33d) dann und nur dann lösbar, wenn

$$\int\limits_a^b r(x)\, y_\nu(x)\, h(x)\, dx = 0 \tag{56}$$

ist, wenn also $h(x)$ zu der zu λ_ν gehörigen Eigenfunktion $y_\nu(x)$ orthogonal ist.

Ist λ_ν ein zweifacher Eigenwert, so muß (56) für beide Eigenfunktionen erfüllt sein.

Eine besonders bedeutungsvolle Folgerung ergibt sich aus (49) und dem Hilbertschen Entwicklungssatz von § 6, 6. Es sei $Y(x)$ eine beliebige, den Randbedingungen genügende Funktion mit stetiger erster und stückweise stetiger zweiter Ableitung. Setze ich dann

$$L(Y) = - H(x),$$

so folgt aus (49)

$$Y(x) = \int\limits_a^b G(x, \xi)\, H(\xi)\, d\xi,$$

d. h. $Y(x)$ ist quellenmäßig durch $G(x, \xi)$ und $H(\xi)$ darstellbar, also gilt:

Jede den Randbedingungen genügende Funktion mit stetiger erster und stückweise stetiger zweiter Ableitung läßt sich in eine in $[a, b]$ absolut und gleichmäßig konvergente Reihe nach den Eigenfunktionen $y_\nu(x)$ der Randwertaufgabe entwickeln.

Daraus folgt auch noch, daß die Eigenfunktionen $\varphi_\nu(x) = \sqrt{r(x)}\, y_\nu(x)$ ein *vollständiges* orthogonales Funktionensystem bilden (§ 4, 4).

Im Falle positiver Eigenwerte — der bei allen wichtigen Problemen der Physik gegeben ist — ist der Kern $K(x, \xi)$ positiv definit und da er außerdem stetig ist, folgt aus dem Mercerschen Satz (§ 6, 8), daß die Entwicklungen

$$K(x, \xi) = \sum_{\nu=1}^{\infty} \frac{\varphi_\nu(x)\, \varphi_\nu(\xi)}{\lambda_\nu}$$

und

$$G(x, \xi) = \sum_{\nu=1}^{\infty} \frac{y_\nu(x)\, y_\nu(\xi)}{\lambda_\nu} \tag{57}$$

in $[a, b]$ *absolut und gleichmäßig konvergieren.*

Mit diesem Ergebnis läßt sich der Entwicklungssatz noch etwas verschärfen. Die Ableitung der Funktion

$$\Gamma(x) = \gamma_1\, G(x, \xi_1) + \gamma_2\, G(x, \xi_2) + \ldots + \gamma_n\, G(x, \xi_n)$$

hat an den Stellen ξ_i $(i = 1, \ldots, n)$ Sprünge $- \dfrac{\gamma_i}{p(\xi_i)}$; hat also $Y(x)$ eine nur stückweise stetige (aber beschränkte) erste Ableitung, so läßt sich stets durch geeignete Wahl der ξ_i eine Funktion $Y(x) - \Gamma(x)$ mit stetiger erster Ableitung bilden, auf die der Entwicklungssatz anwendbar ist. $\Gamma(x)$ selbst ist wegen (57) in eine absolut und gleichmäßig konvergente Reihe von Eigenfunktionen entwickelbar.

10. Die Greensche Funktion zweiter Art. Es bleibt noch der bisher ausgeschlossene Fall zu untersuchen, daß die Gleichung

$$L(y) = 0 \qquad (33\,\text{a})$$

eine den Randbedingungen genügende nichttriviale Lösung $\varphi(x)$ besitzt. Dann versagt die in Ziffer 7 gegebene Konstruktion der Greenschen Funktion. Die Gleichung

$$L(y) + \lambda\, r(x)\, y = 0 \qquad (33\,\text{c})$$

hat dann den Eigenwert $\lambda = 0$ mit der zugehörigen Eigenlösung $\varphi(x)$; ich nehme an, daß $\lambda = 0$ ein einfacher Eigenwert ist, so daß keine von $\varphi(x)$ unabhängige Lösung existiert[1]. Die Funktion $\varphi(x)$ können wir als normiert annehmen, also gemäß (37)

$$\int\limits_a^b [\varphi(x)]^2\, dx = 1. \qquad (58)$$

An Stelle der Gleichung (33 a) betrachten wir jetzt die inhomogene Gleichung

$$L(y) = h(x) \qquad (33\,\text{b})$$

mit einer Störungsfunktion $h(x)$, die nicht orthogonal zu $\varphi(x)$ ist, damit die Randwertaufgabe (33 b), (23 a) nicht wieder gemäß (56) glatte Lösungen hat. Am einfachsten ist es, $h(x)$ proportional zu $\varphi(x)$ zu nehmen, wo der Proportionalitätsfaktor aus Symmetriegründen gleich $\varphi(\xi)$ zu setzen ist, also $h(x) = \varphi(x)\,\varphi(\xi)$, so daß aus (33 b)

$$L(y) = \varphi(x)\,\varphi(\xi) \qquad (59)$$

folgt. Die *Greensche Funktion zweiter Art*, auch *Greensche Funktion im erweiterten Sinn* genannt, ist die Lösung $y = G(x, \xi)$ der Randwertaufgabe (59), (23 a), die sonst dieselben Eigenschaften hat wie die bisher untersuchte Greensche Funktion (erster Art): *Sie ist selbst stetig und geht mit dem Sprung — $1/p(\xi)$ in ihrer ersten Ableitung $G_x(x, \xi)$ durch den Punkt $x = \xi$.* Man überlegt nun sofort, daß mit $G(x, \xi)$ auch $G(x, \xi) + \psi(\xi)\,\varphi(x)$ eine Lösung dieser Aufgabe ist, wo $\psi(\xi)$ eine willkürliche Funktion von ξ ist. Man beseitigt diese Unbestimmtheit durch die Forderung

$$\int\limits_a^b G(x, \xi)\,\varphi(\xi)\, d\xi = 0, \qquad (60)$$

wodurch dann $G(x, \xi)$ eindeutig festgelegt ist. Wie in Ziffer 7 zeigt man auch, daß die Greensche Funktion zweiter Art symmetrisch ist.

In der am Schluß von Ziffer 7 gegebenen physikalischen Deutung läuft die Greensche Funktion zweiter Art auf die Einführung einer geeigneten Gegenkraft

---

[1] Das ist bei den Randwertaufgaben (34 a) bis (34 c) sicher der Fall, weil hier alle Eigenwerte einfach sind; aber auch bei der Randwertaufgabe (34 d) ist $\lambda = 0$ ein einfacher Eigenwert. Im übrigen kann man auch im Fall eines doppelten Eigenwertes mit den Eigenlösungen $\varphi_1(x)$ und $\varphi_2(x)$ mit dem Ansatz

$$h(x) = \varphi_1(x)\,\varphi_1(\xi) + \varphi_2(x)\,\varphi_2(\xi)$$

genau so zum Ziel kommen wie im folgenden.

hinaus, die verhindert, daß die Saite unter dem Einfluß einer äußeren Kraft unstabil wird. In der Tat tritt für einen Eigenwert $\omega^2 = \lambda$ unter dem Einfluß einer periodischen äußeren Kraft

$$H(x, t) = h(x)\, e^{j\,\omega\,t}$$

Resonanz ein; für den Eigenwert $\lambda = 0$ geschieht das also unter dem Einfluß einer zeitlich konstanten Kraft. Für die Einflußfunktion der im Punkt $x = \xi$ angreifenden Einzelkraft kann man dann gerade die oben definierte Greensche Funktion zweiter Art nehmen.

Die Konstruktion der Greenschen Funktion zweiter Art vollzieht sich wie früher, lediglich die Orthogonalisierung (60) tritt hinzu. Der Ansatz (47) ist hier selbstverständlich unbrauchbar. Die weiteren Folgerungen stimmen mit den in Ziffer 8 und 9 angegebenen überein. Selbstverständlich existiert eine glatte Lösung von (33b) nur, wenn (56) erfüllt ist, also

$$\int_a^b \sqrt{r(x)}\, h(x)\, \varphi(x)\, dx = 0 \tag{61}$$

ist. Dann gilt für $y(x)$ wieder die Gleichung (49); lediglich beim Beweis, daß jede durch (49) dargestellte Funktion eine Lösung von (33b) ist, tritt ein Unterschied auf, weil in dem Ausdruck $y''(x)$ rechts noch ein Glied

$$\int_a^b h(\xi)\, \varphi(x)\, \varphi(\xi)\, d\xi$$

hinzutritt, das aber wegen (61) verschwindet. Wegen (60) und (45) folgt ferner

$$\int_a^b y(x)\, \varphi(x)\, dx = -\int_a^b \int_a^b G(x, \xi)\, h(\xi)\, \varphi(x)\, d\xi\, dx = 0, \tag{62}$$

d. h. (49) gibt nur die zu $\varphi(x)$ orthogonalen Lösungen.

Es sei als Beispiel die Greensche Funktion von $L(y) \equiv y''$ mit den Randbedingungen $y'(0) = y'(l) = 0$ zu ermitteln. Hier ist $y = \text{konst.}$ eine nichttriviale Lösung von $y'' = 0$. Ich setze $\varphi(x) = c$, wegen (58) also $c = \dfrac{1}{\sqrt{l}}$ und habe daher die Gleichung (59)

$$y'' = \frac{1}{l}$$

mit den obigen Randbedingungen zu lösen. Also

$$y_1 = \frac{1}{2l}\, x^2 + A_1\, x + B_1, \qquad y_2 = \frac{1}{2l}\, x^2 + A_2\, x + B_2.$$

Die Randbedingungen ergeben

$$A_1 = 0, \qquad A_2 = -1,$$

aus $y_1(\xi) = y_2(\xi)$ (Stetigkeit) folgt

$$B_2 - B_1 = \xi;$$

die Sprungbedingung ist erfüllt; aus (60), d. h.

$$\int_0^\xi y_1\, dx + \int_\xi^l y_2\, dx = 0$$

folgt weiter

$$B_1 = \frac{\xi^2}{2l} + \frac{l}{3} - \xi, \qquad B_2 = \frac{\xi^2}{2l} + \frac{l}{3}$$

und

$$G(x, \xi) = \frac{1}{2\,l}\left(x^2 + (\xi - l)^2 - \frac{l^2}{3}\right), \quad x \leqq \xi,$$

$$G(x, \xi) = \frac{1}{2\,l}\left((x - l)^2 + \xi^2 - \frac{l^2}{3}\right), \quad x \geqq \xi.$$

Berechnet man noch zur Probe aus (49) die Lösung der Differentialgleichung

$$y'' = \cos x + \alpha,$$

wo α noch aus (61) mit

$$\alpha = -\frac{\sin l}{l}$$

zu bestimmen ist, so ergibt sich

$$y(x) = -\int_0^l G(x, \xi)\left(\cos \xi - \frac{\sin l}{l}\right) d\xi = -\int_0^x - \int_x^l = -\cos x - \left(\frac{x^2}{2\,l} - \frac{1}{l} - \frac{l}{6}\right)\sin l.$$

Dasselbe Resultat liefert die direkte Integration der Differentialgleichung, wenn man noch (62) berücksichtigt.

11. Singularitäten am Rand. In einigen besonders wichtigen Fällen ist die Bedingung $p > 0$, die bei den bisherigen Diskussionen zu Grunde lag, nicht erfüllt, so bei der Besselschen Differentialgleichung, die ich in einer etwas allgemeineren Gestalt

$$(x\,y')' - \frac{\alpha^2}{x}\,y + \lambda\,x\,y = 0 \tag{63}$$

schreibe. Hier ist $p = x$, also $p = 0$ am linken Rand des Grundintervalls $[0, l]$, $l > 0$ und $g(x) = -\dfrac{\alpha^2}{x}$ wird an der Stelle $x = 0$ unendlich. Diese Stelle ist ein singulärer Punkt der Differentialgleichung im Sinn von § 9.

Etwas Ähnliches zeigt sich bei der Legendreschen Differentialgleichung

$$[(1 - x^2)\,y']' + \lambda\,y = 0, \tag{64}$$

deren Eigenwerte $\lambda = n(n + 1)$, $n = 0, 1, 2, \ldots$ sind. Hier verschwindet $p = 1 - x^2$ an beiden Rändern des Grundintervalls $[-1, 1]$, die beide singuläre Stellen der Differentialgleichung sind.

In solchen Fällen schreibt man den Lösungen an Stelle von Randbedingungen der Gestalt (23) vor, daß sie an den singulären Stellen, die man stets mit Randpunkten des Grundintervalls zusammenfallen läßt, *regulär bleiben* sollen; man spricht dann, nicht sehr treffend, gelegentlich von singulären Randbedingungen, obwohl nicht die Bedingungen, sondern die Randpunkte singulär sind.

Während bei der Legendreschen Differentialgleichung die Eigenwerte in einem einfachen Zusammenhang mit dem Parameter n stehen, existieren bei der Besselschen Differentialgleichung zu jedem Wert des Parameters α Eigenwerte λ und Eigenfunktionen der Gestalt

$$y = J_\alpha\left(\sqrt{\lambda}\,x\right),$$

wie man sofort nachrechnet. Die zugehörigen Orthogonalfunktionen

$$z = \sqrt{x}\,y = \sqrt{x}\,J_\alpha\left(\sqrt{\lambda}\,x\right)$$

genügen dann der Differentialgleichung

$$z'' + \frac{\frac{1}{4} - \alpha^2}{x^2}\,z + \lambda\,z = 0.$$

Vergleiche hierzu § 9, Aufgabe 4, sowie die Aufgabe 2 dieses Paragraphen.

Was die Legendresche Differentialgleichung (64) betrifft, kann man leicht zeigen, daß die für $x = \pm 1$ regulären Lösungen gerade die Legendreschen Polynome sind. Man erkennt zunächst aus (64), daß mit $f(x)$ stets auch $f(-x)$ eine Lösung ist, dasselbe gilt dann auch von der geraden Funktion $f(x) + f(-x)$ und von der ungeraden Funktion $f(x) - f(-x)$. Der Potenzreihenansatz

$$y = \sum_0^\infty c_\nu\, x^\nu \tag{65}$$

führt auf die Rekursionsformel

$$c_\nu = \frac{(\nu - 2)\,(\nu - 1) - \lambda}{(\nu - 1)\,\nu}\, c_{\nu-2}, \qquad \nu = 2, 3, \ldots$$

mit willkürlich wählbarem c_0 und c_1. Setzt man $c_0 = 1$, $c_1 = 0$, so ist y gerade, für $c_0 = 0$, $c_1 = 1$ wird y ungerade; man erkennt aber auch sofort, daß $c_{n+2} = 0$ wird, wenn $\lambda = n(n + 1)$ mit nicht negativem ganzen n ist, d. h. (65) ist dann ein Polynom vom Grad n. Für alle anderen Werte von λ ergeben sich Potenzreihen, die für $|x| < 1$ konvergieren, aber keinesfalls Eigenfunktionen sein können. Denn wäre das der Fall, so würden diese Funktionen wegen der Orthogonalitätseigenschaften auf allen Legendreschen Polynomen senkrecht stehen in Widerspruch dazu, daß diese ein vollständiges Orthogonalsystem bilden (Ziffer 9).

Aufgaben.

1. Die Differentialgeichungen (61) und (62) von § 9 sind auf die selbstadjungierte Form zu bringen.

2. Man ermittle die Greensche Funktion für folgende Randwertaufgaben:

a) $L(y) \equiv (x\,y')'$, $y(0)$ regulär, $y(1) = 0$; (Besselfunktion $J_0(x)$).

b) $L(y) \equiv (x\,y')' - \dfrac{\alpha^2}{x}\,y$, $\alpha > 0$ reell, $y(0)$ regulär, $y(1) = 0$; (Besselfunktion $J_\alpha(x)$).

c) $L(y) \equiv [(1 - x^2)\,y']'$, $y(-1)$, $y(1)$ regulär; (Legendresche Funktionen).

d) $L(y) \equiv y''$, $y(0) = y(l)$, $y'(0) = y'(l)$, $l > 0$.

§ 11. Kugelfunktionen und Legendresche Polynome.

1. Räumliche Kugelfunktionen. Unter einer *harmonischen Funktion* oder *Potentialfunktion* versteht man bekanntlich jede mindestens zweimal stetig differenzierbare Funktion

$$U(x_p) = U(x_1,\, x_2,\, x_3)$$

von drei Variablen x_i $(i = 1, 2, 3)$, die der Laplaceschen Differentialgleichung[1]

$$\Delta U = \partial_i\, \partial_i\, U = 0 \tag{1}$$

genügt. Ist $U(x_p)$ außerdem homogen in den x_i, so heißt sie *räumliche Kugelfunktion* und genügt neben (1) der Eulerschen Differentialgleichung

$$x_i\, \partial_i\, U = \alpha\, U, \tag{2}$$

wo α der Grad der Homogenität ist, und der mit (2) äquivalenten Identität (II, 2, § 4, 1; II, 1, § 10, 1)

$$U(tx_1,\, tx_2,\, tx_3) \equiv t^\alpha\, U(x_1,\, x_2,\, x_3), \qquad t > 0. \tag{3}$$

Will man den Grad α der Homogenität hervorheben, so schreibt man U_α statt U.

---

[1] Ich schreibe im folgenden kurz ∂_i statt $\dfrac{\partial}{\partial x_i}$, wenn kein Mißverständnis hinsichtlich der unabhängigen Variablen zu befürchten ist. Das Summationsübereinkommen (II, 2, § 10, 3; II, 1, § 15, 3), demzufolge über jeden in einem höchstens multiplikativ zusammengesetzten Ausdruck doppelt vorkommenden Index von 1 bis 3 zu summieren ist, wird in dieser Ziffer wieder in Kraft gesetzt.

Ein ebenso wichtiges wie einfaches Beispiel einer räumlichen Kugelfunktion vom Grad — 1 ist die Funktion

$$U_{-1}(x_p) = \frac{1}{r} = \frac{1}{\sqrt{x_i\,x_i}}, \qquad x_i \neq 0.$$

$$\partial_i r = \partial_i \sqrt{x_j\,x_j} = \frac{x_i}{r}, \tag{4}$$

$$\partial_i \frac{1}{r} = -\frac{1}{r^2}\partial_i r = -\frac{x_i}{r^3}, \tag{5}$$

$$\partial_i\,\partial_j \frac{1}{r} = -\frac{1}{r^3}\delta_{ij} + \frac{3}{r^4}x_i\,\partial_j r = -\frac{1}{r^3}\delta_{ij} + \frac{3}{r^5}x_i\,x_j$$

und daher

$$\Delta \frac{1}{r} = \frac{3}{r^3} - \frac{3}{r^3} = 0.$$

Ist U_α eine Kugelfunktion vom Grad α, so ist

$$V_{-\alpha-1} = r^{-2\alpha-1}\,U_\alpha \tag{6}$$

eine Kugelfunktion vom Grad — α — 1.

Den einfachen Nachweis, der mit den Formeln (4) und (5) sowie unter Benützung von (2) ohneweiters zu geben ist, überlasse ich Ihnen.

Wegen

$$\Delta\,\partial_i \frac{1}{r} = \partial_i \Delta \frac{1}{r} = 0$$

sind auch die Ableitungen von $\frac{1}{r}$ räumliche Kugelfunktionen vom Grad — 2; allgemein sind die n-ten Ableitungen von $\frac{1}{r}$ räumliche Kugelfunktionen vom Grad — n — 1, die die Gestalt

$$U_{-n-1} = \frac{g_n(x_p)}{r^{2n+1}} \tag{7}$$

haben, wo $g_n(x_p)$ eine Form (homogenes Polynom) in den x_i vom Grad n ist. Zum Nachweis rechne ich

$$\partial_i U_{-n-1} = \frac{1}{r^{2n+3}}\left[-(2n+1)\,x_i\,g_n + r^2\,\partial_i g_n\right],$$

hier ist der Ausdruck in der eckigen Klammer eine **Form** vom Grad $n+1$, also

$$\partial_i \frac{g_n}{r^{2n+1}} = \frac{g_{n+1}}{r^{2(n+1)+1}};$$

da die Behauptung auch für $n = 1$ richtig ist, gilt sie für jedes n. Aus (6) folgt noch, daß

$$g_n(x_p) = r^{-2(-n-1)-1}\,\frac{g_n(x_p)}{r^{2n+1}}$$

selbst eine räumliche Kugelfunktion ist.

2. Kugelflächenfunktionen. Führt man durch

$$\left.\begin{array}{ll} x_1 = r\cos\varphi\,\sin\vartheta = r\,\xi_1, \\ x_2 = r\sin\varphi\,\sin\vartheta = r\,\xi_2, \\ x_3 = r\cos\vartheta \qquad\;\; = r\,\xi_3 \end{array}\right\} \tag{8}$$

räumliche Polarkoordinaten ein, so folgt für eine räumliche Kugelfunktion vom Grad α wegen (3)

$$U_\alpha(x_p) = U_\alpha(r\,\xi_p) = r^\alpha\, U_\alpha(\xi_p) = r^\alpha\, S_\alpha(\vartheta, \varphi). \tag{9}$$

Die Funktion $S_\alpha(\vartheta, \varphi)$ heißt *Kugelflächenfunktion* der Ordnung α; ihre Argumente ϑ, φ kann man ebenso wie die ξ_i als Koordinaten auf der Kugel vom Radius 1

$$\xi_i\,\xi_i = 1$$

deuten. S_α wird wegen (1) offenbar einer Differentialgleichung zweiter Ordnung genügen, die man erhält, wenn man zunächst ΔU für Polarkoordinaten umrechnet:

$$r^2\,\Delta U = \frac{\partial}{\partial r}\left(r^2\,\frac{\partial U}{\partial r}\right) + \frac{1}{\sin\vartheta}\,\frac{\partial}{\partial\vartheta}\left(\sin\vartheta\,\frac{\partial U}{\partial\vartheta}\right) + \frac{1}{\sin^2\vartheta}\,\frac{\partial^2 U}{\partial\varphi^2}. \tag{10}$$

Diesen Ausdruck bekommt man entweder durch eine etwas umständliche Rechnung direkt aus (1) auf Grund der Transformation (8) oder wie in III, § 19, 11 auf Grund der Invarianz der Eulerschen Gleichung des Variationsproblems

$$\delta \int \partial_i U\, \partial_i U\, dv = 0.$$

Für die räumliche Kugelfunktion $U_\alpha(x_p)$ folgt aus (2) wegen (8)

$$r\,\frac{\partial}{\partial r}\,U_\alpha = r\,\partial_i\,U_\alpha\,\frac{\partial x_i}{\partial r} = r\,\xi_i\,\partial_i\,U_\alpha = x_i\,\partial_i\,U_\alpha = \alpha\,U_\alpha$$

und daher

$$\frac{\partial}{\partial r}\left(r^2\,\frac{\partial U_\alpha}{\partial r}\right) = \alpha\,\frac{\partial}{\partial r}\,(r\,U_\alpha) = \alpha\,(U_\alpha + \alpha\,U_\alpha) = \alpha\,(\alpha + 1)\,U_\alpha,$$

somit wird wegen (9) und $r \neq 0$ aus (1)

$$\boxed{\frac{1}{\sin\vartheta}\,\frac{\partial}{\partial\vartheta}\left(\sin\vartheta\,\frac{\partial S_\alpha}{\partial\vartheta}\right) + \frac{1}{\sin^2\vartheta}\,\frac{\partial^2 S_\alpha}{\partial\varphi^2} + \alpha\,(\alpha + 1)\,S_\alpha = 0} \tag{11}$$

die gesuchte *Differentialgleichung der Kugelflächenfunktionen*. Ich habe in Ziffer 1 gezeigt, daß mit U_α auch $U_{-\alpha-1} = r^{-2\alpha-1}\,U_\alpha$ eine räumliche Kugelfunktion ist; die zugehörige Kugelflächenfunktion ist

$$S_{-\alpha-1} = r^{\alpha+1}\,U_{-\alpha-1} = r^{-\alpha}\,U_\alpha = S_\alpha,$$

zu jeder Kugelflächenfunktion S_α gehören also zwei räumliche Kugelfunktionen $U_\alpha = r^\alpha\,S_\alpha$ und $U_{-\alpha-1} = r^{-\alpha-1}\,S_\alpha$. Die Differentialgleichung (11) geht in sich über, wenn man α durch $-\alpha - 1$ ersetzt. Weiteres über die Funktionen S_α folgt in Ziffer 8.

3. Zonale Kugelfunktionen und Legendresche Polynome. Hängt S_α nur von ϑ, aber nicht von φ ab, so heißt S_α eine *zonale Kugelfunktion* und wird mit $P_\alpha(\cos\vartheta)$ bezeichnet; warum man das Argument in der Gestalt $\cos\vartheta$ ansetzt, wird sofort ersichtlich. Wenn

$$\frac{\partial P_\alpha}{\partial\varphi} = 0,$$

folgt aus (11)

$$\frac{1}{\sin\vartheta}\,\frac{d}{d\vartheta}\left(\sin\vartheta\,\frac{dP_\alpha}{d\vartheta}\right) + \alpha\,(\alpha + 1)\,P_\alpha = 0. \tag{12}$$

Setzt man hier

$$\cos\vartheta = \xi_3 = \frac{x_3}{r} = x, \quad P_\alpha = y,$$

so wird daraus die *Legendresche Differentialgleichung*

$$((1 - x^2)\, y')' + \alpha\, (\alpha + 1)\, y = 0. \tag{13}$$

Diese Gleichung und ihre Lösung hat uns, besonders für positive ganze $\alpha = n$, bereits einige Male beschäftigt. Ich stelle unsere bisherigen Ergebnisse zusammen:

1. Die Gleichung (13) ist ein Sonderfall der hypergeometrischen Differentialgleichung mit Stellen der Bestimmtheit in $-1, 1, \infty$. Ist $\alpha = n$, so ist bis auf einen konstanten Faktor das Legendresche Polynom $P_n(x)$ eine Lösung von (13) (§ 9, 7).

2. Die Zahlen $\lambda_n = n\,(n + 1)$ können als Eigenwerte von (13) bezeichnet werden in dem Sinn, daß (13) für $\alpha = n$ eine in $\pm\, 1$ reguläre Lösung besitzt (§ 10, 11). Die zugehörigen Eigenfunktionen sind die Polynome $P_n(x)$, die ein (nicht normiertes) orthogonales und vollständiges Funktionensystem bilden (§ 4, 3—4).

3. Es gilt die *Formel von* RODRIGUEZ

$$P_n(x) = \frac{1}{2^n\, n!} \frac{d^n}{dx^n}\, (x^2 - 1)^n, \tag{14}$$

die sich in Ziffer 5 noch aus einer anderen Definition der Legendreschen Polynome ergeben wird.

Aus (14) folgt

$$\int_{-1}^{1} [P_n(x)]^2\, dx = \frac{2}{2\,n + 1}, \tag{15}$$

so daß

$$\varphi_n(x) = \sqrt{\frac{2\,n + 1}{2}}\, P_n(x) \tag{16}$$

die zugehörigen normierten Eigenfunktionen sind.

Eine Reihenentwicklung für die $P_n(x)$ kann man entweder — etwas umständlich — aus der Entwicklung (41) von § 9 (für $p = q = 1$) herleiten oder, wesentlich einfacher, aus (14), wenn man den binomischen Satz anwendet und dann die Differentiation durchführt. Es folgt

$$P_n(x) = \frac{1}{2^n\, n!} \frac{d^n}{dx^n} \sum_{\nu=0}^{n} (-1)^\nu \binom{n}{\nu} x^{2(n-\nu)} =$$

$$= \frac{1}{2^n\, n!} \sum_{\nu=0}^{\left[\frac{n}{2}\right]} (-1)^\nu \binom{n}{\nu} (2\,n - 2\,\nu)(2\,n - 2\,\nu - 1) \ldots (n - 2\,\nu + 1)\, x^{n-2\nu};$$

man beachte, daß durch die Differentiation alle Potenzen von x in der Entwicklung von $(x^2 - 1)^n$ bis einschließlich der $(n - 1)$-ten wegfallen, so daß die Summe nur bis $\nu = \left[\dfrac{n}{2}\right]$ zu erstrecken ist. Weiter wird

$$\boxed{\; P_n(x) = \frac{1}{2^n} \sum_{\nu=0}^{\left[\frac{n}{2}\right]} (-1)^\nu \frac{(2\,n - 2\,\nu)!}{(n - 2\,\nu)!\,(n - \nu)!\,\nu!}\, x^{n-2\nu}; \;} \tag{17}$$

aus (17) ergeben sich einige einfache Folgerungen, die uns zum Teil schon bekannt sind:

$P_n(x)$ ist genau vom Grad n und der Koeffizient von x^n ist

$$\frac{(2\,n)!}{2^n\,(n!)^2}. \tag{18}$$

Es ist

$$P_n(-x) = (-1)^n\,P_n(x), \tag{19}$$

d. h. $P_n(x)$ ist gerade oder ungerade, je nachdem n gerade oder ungerade ist.

Daher ist für ungerades n

$$P_n(0) = 0,$$

während für gerades n aus (17)

$$P_n(0) = (-1)^{\frac{n}{2}}\,\frac{n!}{2^n\left(\frac{n}{2}!\right)^2}$$

folgt.

Über die Nullstellen von $P_n(x)$ im Intervall $|x| < 1 - \varepsilon$, $\varepsilon > 0$, lassen sich aus den Sätzen von § 10, 3 und 6 einige Aufschlüsse gewinnen: daß alle Nullstellen einfach sind, daß ihre Zahl mit wachsendem n zunehmen muß, und zwar folgt aus § 10, (39), daß ihre Zahl k_n für große n

$$k_n \sim C\,n$$

ist[1]. Einen wesentlichen Aufschluß bekommt man hier aber direkt aus (14). Die Funktion $(x^2 - 1)^n$ hat je eine n-fache Nullstelle in ± 1, ihre Ableitung $[(x^2 - 1)^n]'$ also je eine $(n - 1)$-fache Nullstelle in ± 1 und nach dem Satz von ROLLE dazwischen mindestens und, weil die Ableitung ein Polynom vom Grad $2\,n - 1$ ist, genau eine einfache Nullstelle. Die zweite Ableitung $[(x^2 - 1)^n]''$ hat je eine $(n - 2)$-fache Nullstelle in ± 1 und zwei einfache Nullstellen in $(-1, 1)$. Die $(n - 1)$-te Ableitung, ein Polynom vom Grad $n + 1$, hat je eine einfache Nullstelle in ± 1 und $n - 1$ weitere einfache Nullstellen in $(-1, +1)$, die n-te Ableitung und daher auch *$P_n(x)$ hat genau n einfache Nullstellen in* $(-1, +1)$, die wegen (19) symmetrisch zum Ursprung liegen. Dabei liegen die einfachen Nullstellen der k-ten Ableitung stets zwischen den einfachen Nullstellen der $(k - 1)$-ten Ableitung. Am Schluß der folgenden Ziffer werde ich noch zeigen, daß *die Nullstellen von $P_{n-1}(x)$ und $P_n(x)$ einander trennen.*

4. Die erzeugende Funktion der Legendreschen Polynome. Rekursionsformeln. Es seien P und Q zwei Punkte des Raumes mit den rechtwinkeligen Koordinaten x_i und y_i; ihre Polarkoordinaten seien $\varrho, \vartheta, \varphi$ und $\varrho', \vartheta', \varphi'$, so daß (Abb. 23)

$$\varrho = \overline{OP} = \sqrt{x_i\,x_i}, \quad \varrho' = \overline{OQ} = \sqrt{y_i\,y_i}$$

---

[1] Bringt man die Gleichung (13) mit $\alpha = n$, $\lambda = n\,(n + 1)$ auf die Gestalt § 10, (14), die dann

$$u'' + \left(\frac{1}{(1 - x^2)^2} + \frac{n\,(n + 1)}{1 - x^2}\right)u = 0$$

lautet, so ist für $|x| < 1 - \varepsilon$

$$1 \leqq \frac{1}{1 - x^2} \leqq M = \frac{1}{2\,\varepsilon - \varepsilon^2}, \quad 1 \leqq \frac{1}{(1 - x^2)^2} \leqq M^2$$

und aus § 10, (39) folgt $\dfrac{2}{\pi}\sqrt{n^2 + n + 1} \leqq k_n \leqq \dfrac{2}{\pi}\sqrt{M(n^2 + n + M)}$.

ist. r sei die Länge des Vektors $x_i - y_i$, also

$$r = \sqrt{(x_i - y_i)(x_i - y_i)}. \qquad (20)$$

Der Winkel zwischen den beiden Ortsvektoren x_i und y_i ist

$$\cos \gamma = \frac{x_i\, y_i}{\varrho\, \varrho'} = \cos(\varphi - \varphi') \sin \vartheta \sin \vartheta' + \cos \vartheta \cos \vartheta'. \qquad (21)$$

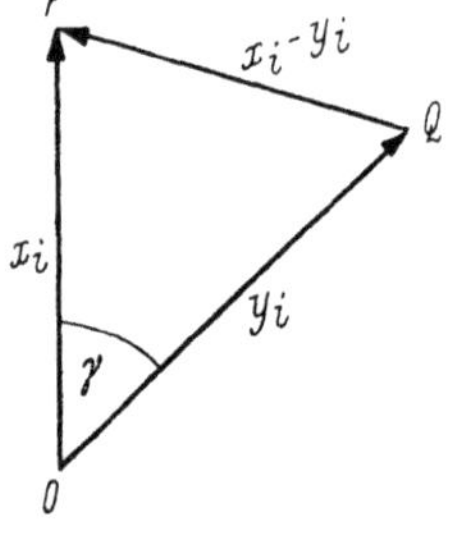

Abb. 23.

Aus (20) folgt dann

$$r = \sqrt{\varrho^2 - 2\,\varrho\,\varrho' \cos \gamma + \varrho'^2}.$$

Wir denken uns den Punkt P als veränderlich, Q festgehalten. Man zeigt dann unter Benützung von (4) und (5) leicht, daß für $x_i \neq y_i$

$$\varDelta\, \frac{1}{r} = \partial_i\, \partial_i\, \frac{1}{r} = 0, \qquad (22)$$

also $\frac{1}{r}$ *eine harmonische Funktion* ist. Nach (20) ist $\frac{1}{r}$ zwar nicht homogen in den x_i, wohl aber homogen vom Grad -1 in den x_i und y_i; man beachte aber, daß die Transformation $\bar{x}_i = t\, x_i$ im Raum eine Streckung vom Ursprung aus bedeutet und daher sinngemäß auch auf den Punkt Q in der Form $\bar{y}_i = t y_i$ anzuwenden ist, so daß

$$\frac{1}{r} = \frac{1}{\sqrt{\varrho^2 - 2\,\varrho\,\varrho' \cos \gamma + \varrho'^2}} \qquad (23)$$

eine räumliche Kugelfunktion vom Grad -1 ist. (23) kann man in der Gestalt

$$\frac{1}{r} = \frac{1}{\varrho' \sqrt{1 - 2 \cos \gamma \cdot \dfrac{\varrho}{\varrho'} + \left(\dfrac{\varrho}{\varrho'}\right)^2}} \qquad (24)$$

oder

$$\frac{1}{r} = \frac{1}{\varrho \sqrt{1 - 2 \cos \gamma \cdot \dfrac{\varrho'}{\varrho} + \left(\dfrac{\varrho'}{\varrho}\right)^2}} \qquad (25)$$

schreiben; die Taylorsche Entwicklung ergibt aus (24) die für $\varrho < \varrho'$ konvergente Reihe[1]

$$\frac{1}{r} = \sum_{n=0}^{\infty} P_n(\cos \gamma)\, \frac{\varrho^n}{\varrho'^{\,n+1}}, \qquad (26)$$

während aus (25) die für $\varrho > \varrho'$ konvergente Reihe

$$\frac{1}{r} = \sum_{n=0}^{\infty} P_n(\cos \gamma)\, \frac{\varrho'^{\,n}}{\varrho^{n+1}} \qquad (27)$$

folgt. Es ist klar, daß in beiden Reihen dieselben Koeffizienten $P_n(\cos \gamma)$ auftreten; daß diese mit den Legendreschen Polynomen in $\cos \gamma$ übereinstimmen, ist sofort zu sehen:

---

[1] $\frac{1}{r}$ ist nach (23) eine in der Umgebung von $\varrho = 0$ reguläre Funktion von ϱ mit singulären Stellen in den Punkten

$$\varrho = \varrho'\, e^{\pm j \gamma},$$

für die der Radikand verschwindet, und daher ist die Reihe (26) für $\varrho < \varrho'$, die nach negativen Potenzen von ϱ fortschreitende Reihe (27) für $\varrho > \varrho'$ konvergent.

Da (26) und (27) für jeden Wert von ϱ' gelten, muß wegen (22)

$$\Delta P_n(\cos \gamma)\, \varrho^n = 0$$

und

$$\Delta \frac{P_n(\cos \gamma)}{\varrho^{n+1}} = 0$$

sein, d. h. sowohl $\varrho^n P_n(\cos \gamma)$ wie $\varrho^{-n-1} P_n(\cos \gamma)$ sind räumliche Kugelfunktionen, $P_n(\cos \gamma)$ also eine Kugelflächenfunktion.

Ich denke mir nun noch das Koordinatensystem so gelegt, daß der Punkt Q auf die positive 3-Achse zu liegen kommt. Dann ist $\vartheta' = 0$, $y_i = (0, 0, \varrho')$ und $\cos \gamma = \cos \vartheta$. $P_n(\cos \gamma) = P_n(\cos \vartheta)$ wird somit eine zonale Kugelfunktion und $P_n(x)$ das Legendresche Polynom n-ten Grades.

Ich setze in (24) $\cos \gamma = \cos \vartheta = x$ und $\dfrac{\varrho}{\varrho'} = \alpha$, dann wird aus (24) und (26)

$$\frac{\varrho'}{r} = \frac{1}{\sqrt{1 - 2\,\alpha\,x + \alpha^2}} = \sum_{n=0}^{\infty} P_n(x)\, \alpha^n. \tag{28}$$

Für $x = 1$ ergibt sich daraus

$$\frac{1}{1 - \alpha} = \sum_{n=0}^{\infty} \alpha^n,$$

also

$$P_n(1) = 1 \tag{29}$$

und für $x = -1$ folgt

$$\frac{1}{1 + \alpha} = \sum_{n=0}^{\infty} (-1)^n\, \alpha^n,$$

also

$$P_n(-1) = (-1)^n. \tag{30}$$

Ferner entnimmt man aus (17)

$$|P_n(x)| \leqq \frac{1}{2^n} \sum_{\nu=0}^{\left[\frac{n}{2}\right]} \frac{(2n - 2\nu)!}{(n - 2\nu)!\,(n - \nu)!\,\nu!}\, |x|^{n-2\nu} \leqq |P_n(1)|,$$

also wegen (29)

$$|P_n(x)| \leqq 1. \tag{31}$$

Wegen

$$\frac{d}{d\alpha} (1 - 2\,\alpha\,x + \alpha^2)^{-\frac{1}{2}} = (x - \alpha)\,(1 - 2\,\alpha\,x + \alpha^2)^{-\frac{3}{2}}$$

folgt aus (28)

$$(1 - 2\,\alpha\,x + \alpha^2) \sum_{n=1}^{\infty} n\, \alpha^{n-1} P_n(x) + (\alpha - x) \sum_{n=0}^{\infty} \alpha^n P_n(x) = 0$$

und daher für den Koeffizienten von α^n

$$\boxed{(n + 1)\, P_{n+1}(x) - (2n + 1)\, x\, P_n(x) + n\, P_{n-1}(x) = 0} \tag{32}$$

eine Rekursionsformel für die Legendreschen Polynome, die für sukzessive Berechnung derselben recht bequem ist.

Differenziert man (28) nach x, so folgt

$$\alpha\,(1 - 2\,\alpha\,x + \alpha^2)^{-\frac{3}{2}} = \sum_{n=1}^{\infty} P_n'(x)\, \alpha^n,$$

daher

$$(1 - 2\,\alpha\,x + \alpha^2)^{-\frac{1}{2}} = \sum_{n=0}^{\infty} P_n(x)\,\alpha^n = (1 - 2\,\alpha\,x + \alpha^2)\sum_{n=1}^{\infty} P_n'(x)\,\alpha^{n-1}$$

und für den Koeffizienten von α^n

$$P_n(x) = P_{n+1}'(x) - 2\,x\,P_n'(x) + P_{n-1}'(x).$$

Anderseits gibt die Differentiation von (32)

$$(n+1)\,P_{n+1}'(x) - (2\,n+1)\,x\,P_n'(x) + n\,P_{n-1}'(x) = (2\,n+1)\,P_n(x).$$

Eliminiert man aus den beiden letzten Gleichungen der Reihe nach $P_{n-1}'(x)$, $P_n'(x)$, $P_{n+1}'(x)$, so erhält man die Formeln

$$x\,P_n'(x) - P_{n-1}'(x) = n\,P_n(x), \tag{33}$$

$$P_{n+1}'(x) - P_{n-1}'(x) \quad\;\; = (2\,n+1)\,P_n(x), \tag{34}$$

$$P_{n+1}'(x) - x\,P_n'(x) \quad\;\; = (n+1)\,P_n(x) \tag{35}$$

und schließlich aus (33) und (35), wenn man hier n durch $n-1$ ersetzt,

$$(x^2 - 1)\,P_n'(x) = n\,[\,x\,P_n(x) - P_{n-1}(x)\,]. \tag{36}$$

Ist x_0 eine Nullstelle von $P_n(x)$, so folgt wegen $x_0^2 < 1$ aus (36), daß $P_n'(x_0)$ und $P_{n-1}(x_0)$ gleiche Vorzeichen haben. Ist x_1 die auf x_0 folgende Nullstelle von $P_n(x)$, so haben $P_n'(x_0)$ und $P_n'(x_1)$ entgegengesetzte Vorzeichen (weil ja alle Nullstellen einfach sind), daher auch $P_{n-1}(x_0)$ und $P_{n-1}(x_1)$. Somit liegt zwischen x_0 und x_1 mindestens eine Nullstelle von $P_{n-1}(x)$ und genau eine, weil $P_{n-1}(x)$ $n-1$ einfache Nullstellen hat: *Die Nullstellen von $P_{n-1}(x)$ und $P_n(x)$ trennen einander.*

5. Integraldarstellungen. Für die Koeffizienten der Entwicklung (28) ergibt sich aus der Integralformel (III, § 25, (13))

$$P_n(x) = \frac{1}{2\,\pi\,j} \oint_{\mathfrak{C}} \frac{d\zeta}{\zeta^{n+1}\sqrt{1 - 2\,x\,\zeta + \zeta^2}}, \tag{37}$$

wo der Weg $\mathfrak{C}$ den Nullpunkt im positiven Sinn umkreist und keine singuläre Stelle $e^{\pm j\vartheta}$ von $\frac{1}{r}$ im Inneren enthält. Die Substitution

$$\sqrt{1 - 2\,x\,\zeta + \zeta^2} = \zeta\,z - 1,$$

die nach I, 2, § 33, 5 (I, 1, § 41, 5) den Integranden rational macht, bildet eine genügend kleine Umgebung $\mathfrak{U}$ des Punktes $\zeta = 0$ der ζ-Ebene konform auf eine Umgebung $\mathfrak{U}'$ des Punktes $z = \infty$ der z-Ebene ab. $\mathfrak{U}'$ liegt also außerhalb eines Kreises um $z = 0$, dessen Radius R beliebig groß ist, wenn nur $\mathfrak{U}$ hinreichend klein angenommen wird. Liegt die Kurve $\mathfrak{C}$ in $\mathfrak{U}$, so wird sie also auf eine in $\mathfrak{U}'$ gelegene Kurve $\mathfrak{C}'$ abgebildet, die bei genügend großem R den Punkt $z = x$ im Innern enthält. Einem positiven Umlauf auf $\mathfrak{C}$ um den Punkt $\zeta = 0$ entspricht dabei ein positiver Umlauf auf $\mathfrak{C}'$ um den Punkt $z = \infty$, daher ein negativer Umlauf um den Punkt $z = x$. Die Durchführung der Substitution ergibt aus (37)

$$P_n(x) = \frac{1}{2^{n+1}\,\pi\,j} \oint_{\mathfrak{C}'} \frac{(z^2 - 1)^n}{(z - x)^{n+1}} \cdot dz, \tag{38}$$

wo jetzt für $\mathfrak{C}'$ eine beliebige, den Punkt $z = x$ im positiven Sinn umschließende

Kurve genommen werden kann. Nach der Cauchyschen Integralformel (III, § 24, 5) wird aus (38)

$$P_n(x) = \frac{1}{2^n\, n!}\, \frac{d^n(x^2 - 1)^n}{dx^n},$$

also gerade die Formel (14) von Rodriguez.

Eine weitere Integraldarstellung von $P_n(x)$ folgt aus (38), wenn man durch

$$z = x + \sqrt{x^2 - 1}\, e^{j\varphi}$$

eine neue Veränderliche φ einführt; x sei dabei zunächst > 1 angenommen (x war immer als reell angenommen!). $\mathfrak{C}'$ sei jetzt ein Kreis $\mathfrak{K}$ um $z = x$ vom Radius $\sqrt{x^2 - 1}$; durchläuft z diesen Kreis, so ändert sich φ um 2π, also etwa von $-\pi$ bis $+\pi$. Also folgt aus (38)

$$P_n(x) = \frac{1}{2^{n+1}\, \pi} \int\limits_{-\pi}^{\pi} \frac{[x^2 - 1 + 2x\sqrt{x^2 - 1}\, e^{j\varphi} + (x^2 - 1)\, e^{2j\varphi}]^n}{\sqrt{(x^2 - 1)^n}\, e^{nj\varphi}}\, d\varphi =$$

$$= \frac{1}{2\pi} \int\limits_{-\pi}^{\pi} \left(x + \sqrt{x^2 - 1}\cos\varphi\right)^n d\varphi = \frac{1}{\pi} \int\limits_{0}^{\pi} \left(x + \sqrt{x^2 - 1}\cos\varphi\right)^n d\varphi.$$

Hier kann man das Vorzeichen der Quadratwurzel beliebig wählen, weil bei der Entwicklung des Integranden nach dem binomischen Satz wegen

$$\int\limits_{0}^{\pi} \cos^{2k+1}\varphi\, d\varphi = 0$$

alle ungeraden Potenzen der Wurzeln wegfallen. Da also auf beiden Seiten Polynome in x, also sicher reguläre Funktionen stehen, können wir auch die für uns interessanteren Werte $|x| < 1$ wieder zulassen und erhalten

$$P_n(x) = \frac{1}{\pi} \int\limits_{0}^{\pi} \left(x \pm j\sqrt{1 - x^2}\cos\varphi\right)^n d\varphi \tag{39}$$

oder

$$\boxed{P_n(\cos\vartheta) = \frac{1}{\pi} \int\limits_{0}^{\pi} (\cos\vartheta \pm j\sin\vartheta\cos\varphi)^n\, d\varphi} \tag{40}$$

die *Integraldarstellung von* Laplace.

Aus (39) lassen sich ohne besondere Schwierigkeit auch die Integraldarstellungen von Dirichlet und Mehler ($n > 0$, $0 < \vartheta < \pi$)

$$P_n(\cos\vartheta) = \frac{\sqrt{2}}{\pi} \int\limits_{0}^{\vartheta} \frac{\cos\left(n + \frac{1}{2}\right)\varphi}{\sqrt{\cos\varphi - \cos\vartheta}}\, d\varphi = \frac{\sqrt{2}}{\pi} \int\limits_{\vartheta}^{\pi} \frac{\sin\left(n + \frac{1}{2}\right)\varphi}{\sqrt{\cos\vartheta - \cos\varphi}}\, d\varphi \tag{41}$$

herleiten[1].

Ich erwähne schließlich, daß für $P_n(\cos\vartheta)$ für große n die asymptotische Darstellung

$$P_n(\cos\vartheta) \sim \sqrt{\frac{2}{n\pi\sin\vartheta}} \cos\left[\left(n + \frac{1}{2}\right)\vartheta - \frac{\pi}{4}\right] \tag{42}$$

gilt[2].

---

[1] Vgl. etwa Lense, LV. 22, S. 140.
[2] Beweise bei Frank-Mises, LV. 17, S. 434, und Lense, LV. 22, S. 143.

6. Die zugeordneten Legendreschen Funktionen. Aus (13) oder ($\alpha = n$)

$$(1 - x^2) \frac{d^2 P_n}{dx^2} - 2\,x\,\frac{dP_n}{dx} + n\,(n + 1)\,P_n = 0$$

folgt durch Differentiation nach x

$$(1 - x^2) \frac{d^2 P_n'}{dx^2} - 4\,x\,\frac{dP_n'}{dx} + [n\,(n + 1) - 2]\,P_n' = 0,$$

$$(1 - x^2) \frac{d^2 P_n''}{dx^2} - 6\,x\,\frac{dP_n''}{dx} + [n\,(n + 1) - 2 - 4]\,P_n'' = 0$$

und allgemein für die m-te Ableitung wegen $2 + 4 + \ldots + 2\,m = m\,(m + 1)$

$$(1 - x^2) \frac{d^2 P_n^{(m)}}{dx^2} - 2\,(m + 1)\,x\,\frac{dP_n^{(m)}}{dx} + [n\,(n + 1) - m\,(m + 1)]\,P_n^{(m)} = 0. \quad (43)$$

Man nennt

$$P_{n,m}(x) = \sqrt{(1 - x^2)^m}\;P_n^{(m)}(x) \quad (44)$$

eine *zugeordnete Legendresche Funktion m-ter Ordnung. Sie hat, abgesehen von* ± 1, *so wie* $P_n^{(m)}(x)$ *genau* $n - m$ *einfache, in* $(- 1, + 1)$ *gelegene Nullstellen. Aus* (19) folgt

$$P_{n,m}(- x) = (- 1)^{m+n}\,P_{n,m}(x);$$

die Nullstellen von $P_{n,m}(x)$ *liegen daher spiegelbildlich zum Ursprung.* Ferner ist

$$P_{n,0}(x) = P_n(x), \quad P_{n,m}(x) \equiv 0 \quad \text{für} \quad m > n.$$

Setzt man

$$P_n^{(m)} = (1 - x^2)^{-\frac{m}{2}}\,P_{n,m}$$

in (43) ein, so folgt nach einfacher Rechnung, daß $P_{n,m}$ der Differentialgleichung

$$\boxed{(1 - x^2)\,P_{n,m}'' - 2\,x\,P_{n,m}' + \left(n\,(n + 1) - \frac{m^2}{1 - x^2}\right)P_{n,m} = 0} \quad (45)$$

genügt, die für $x = \cos\vartheta$ in

$$\frac{d^2 P_{n,m}}{d\vartheta^2} + \cot\vartheta\,\frac{dP_{n,m}}{d\vartheta} + \left(n\,(n + 1) - \frac{m^2}{\sin^2\vartheta}\right)P_{n,m} = 0 \quad (46)$$

übergeht. Die Gleichungen (45) und (46) kann man auch in der Gestalt

$$((1 - x^2)\,P_{n,m}')' + \left(n\,(n + 1) - \frac{m^2}{1 - x^2}\right)P_{n,m} = 0 \quad (47)$$

bzw.

$$\frac{1}{\sin\vartheta}\,\frac{d}{d\vartheta}\left(\sin\vartheta\,\frac{dP_{n,m}}{d\vartheta}\right) + \left(n\,(n + 1) - \frac{m^2}{\sin^2\vartheta}\right)P_{n,m} = 0 \quad (48)$$

schreiben.

7. Legendresche Funktionen zweiter Art. Aus den Überlegungen von § 9, 6–7 folgt, daß die zweite Lösung der Legendreschen Differentialgleichung (13) logarithmische Glieder enthält. Wir bekommen sie am einfachsten durch das Reduktionsverfahren von D'ALEMBERT (III, § 6, 4), also durch den Ansatz

$$y = P_n(x) \int u\,dx.$$

Das gibt nach einfacher Rechnung für u die Differentialgleichung

$$\frac{u'}{u} = -\frac{2\,P_n'(x)}{P_n(x)} + \frac{2\,x}{1 - x^2}$$

mit der Lösung

$$u = \frac{1}{(1 - x^2)\,[P_n(x)]^2}$$

(die Integrationskonstante ist gleich 1 gesetzt, da wir nur ein partikuläres Integral brauchen) bzw.

$$y = P_n(x) \int \frac{dx}{(1 - x^2)\,[P_n(x)]^2}.$$

Teilbruchzerlegung des Integranden gibt

$$\frac{1}{(1 - x^2)\,[P_n(x)]^2} = \frac{A}{1 - x} + \frac{B}{1 + x} + \sum_{i=1}^{n}\Big(\frac{C_i}{x - \alpha_i} + \frac{D_i}{(x - \alpha_i)^2}\Big);$$

die α_i sind die Nullstellen von $P_n(x)$. Man findet

$$A = B = \frac{1}{2}, \quad C_i = 0 \quad (i = 1, 2, \ldots, n).$$

Somit ist

$$y = Q_n(x) = \frac{1}{2} P_n(x) \ln \frac{1 + x}{1 - x} - W_{n-1}(x) \tag{49}$$

die zweite, von $P_n(x)$ linear unabhängige Lösung von (13), die als *Legendresche Funktion zweiter Art* bezeichnet wird;

$$W_{n-1}(x) = P_n(x) \sum_{i=1}^{n} \frac{D_i}{x - \alpha_i}$$

ist dabei ein Polynom $n - 1$-ten Grades, das für $n = 0$ identisch verschwindet.

Für beliebige komplexe Argumente definiert man $Q_n(x)$ durch

$$Q_n(x) = \frac{1}{2} P_n(x) \ln \frac{x + 1}{x - 1} - W_{n-1}(x).$$

Die Funktion ist eindeutig, wenn man die x-Ebene längs der Strecke von -1 bis 1 aufschneidet und für den Logarithmus den Hauptwert nimmt. Beim Überschreiten dieser Strecke von oben nach unten erleidet $Q_n(x)$ den Sprung $j\,\pi\,P_n(x)$. In ± 1 hat $Q_n(x)$ logarithmische Singularitäten, im Unendlichen ist sie regulär und hat dort eine $(n + 1)$-fache Nullstelle, weil

$$\frac{d}{dx} \frac{Q_n(x)}{P_n(x)} = \frac{1}{(1 - x^2)\,[P_n(x)]^2}$$

im Unendlichen eine $(2n + 2)$-fache Nullstelle und $P_n(x)$ einen Pol n-ter Ordnung hat.

Ich erwähne noch ohne Beweis die von F. NEUMANN stammende Formel

$$Q_n(x) = \frac{1}{2} \int_{-1}^{1} \frac{P_n(t)\,dt}{x - t}, \tag{50}$$

die einen einfachen Zusammenhang zwischen den Funktionen erster und zweiter Art gibt. Wie in Ziffer 6 definiert man ferner die *zugeordneten Funktionen zweiter Art*

$$Q_{n,m}(x) = \sqrt{(1 - x^2)^m}\; Q_n^{(m)}(x);$$

$Q_{n,m}(x)$ ist eine von $P_{n,m}$ linear unabhängige Lösung der Differentialgleichung (45).

8. Ganze rationale räumliche Kugelfunktionen. Nicht nur unter den zonalen, sondern auch unter den allgemeinen räumlichen Kugelfunktionen spielen die ganzen rationalen, d. h. die Polynome in x_i, eine besondere Rolle. Ist

$$U_n = \sum_{\alpha,\beta,\gamma} a_{\alpha\beta\gamma}\, x_1^{\alpha}\, x_2^{\beta}\, x_3^{\gamma}, \qquad \alpha + \beta + \gamma = n$$

eine ganze rationale Kugelfunktion n-ten Grades, so ist nach dem Taylorschen Satz[1]

$$a_{\alpha\beta\gamma} = \frac{1}{\alpha!\,\beta!\,\gamma!}\, \partial_1^{\alpha}\, \partial_2^{\beta}\, \partial_3^{\gamma}\, U_n(0,0,0). \tag{51}$$

Aus $\Delta U_n = 0$ folgt

$$\partial_1^{\lambda}\, \partial_2^{\mu}\, \partial_3^{\nu}\, \Delta U_n = \left(\partial_1^{\lambda+2}\, \partial_2^{\mu}\, \partial_3^{\nu} + \partial_1^{\lambda}\, \partial_2^{\mu+2}\, \partial_3^{\nu} + \partial_1^{\lambda}\, \partial_2^{\mu}\, \partial_3^{\nu+2} \right) U_n = 0,$$

so daß wegen (51) für $\lambda + \mu + \nu = n - 2$

$$(\lambda + 2)(\lambda + 1)\, a_{\lambda+2,\mu,\nu} + (\mu + 2)(\mu + 1)\, a_{\lambda,\mu+2,\nu} + (\nu + 2)(\nu + 1)\, a_{\lambda,\mu,\nu+2} = 0$$

ist. Daraus folgt, daß sich alle Koeffizienten $a_{\alpha\beta\gamma}$ linear und homogen durch diejenigen ausdrücken lassen, in welchen α die Werte 0 oder 1 hat. Das sind aber die $2n + 1$ Koeffizienten

$$a_{0,n,0}, \quad a_{0,n-1,1}, \quad \ldots, \quad a_{0,0,n};$$

$$a_{1,n-1,0}, \quad a_{1,n-2,1}, \quad \ldots, \quad a_{1,0,n-1}.$$

Wählt man diese willkürlich, so sind alle anderen eindeutig bestimmt. Man kann somit $U_n(x_p)$ in der Gestalt

$$U_n(x_p) = \sum_{i=1}^{2n+1} c_i\, \overset{i}{u}_n(x_p) \tag{52}$$

schreiben, wo die c_i willkürliche Konstanten und die $\overset{i}{u}_n$ gewisse homogene Polynome n-ten Grades in den x_p sind. Somit ist (52) die allgemeinste ganze rationale Kugelfunktion n-ten Grades. Wegen der Willkürlichkeit der c_i in (52) sind auch die $\overset{i}{u}_n$ ganze rationale Kugelfunktionen n-ten Grades. Es gibt also höchstens $2n + 1$ linear unabhängige ganze rationale räumliche Kugelfunktionen n-ten Grades, aus denen sich alle übrigen linear und homogen zusammensetzen lassen.

Ich zeige nun noch, daß es genau $2n + 1$ linear unabhängige räumliche Kugelfunktionen n-ten Grades gibt. Dazu gehe ich von (9) und (11) mit $\alpha = n$ aus und suche eine Lösung von (11) nach der Methode von BERNOULLI (III, § 13, 4), setze also

$$S_n(\vartheta, \varphi) = \Theta(\vartheta)\, \Phi(\varphi).$$

Das gibt nach einfacher Rechnung

$$\frac{\sin\vartheta}{\Theta}\, \frac{d}{d\vartheta}\left(\sin\vartheta\, \frac{d\Theta}{d\vartheta} \right) + n(n+1)\sin^2\vartheta = -\frac{1}{\Phi}\, \frac{d^2\Phi}{d\varphi^2}$$

und daher

$$\frac{d^2\Phi}{d\varphi^2} + m^2\Phi = 0, \tag{53}$$

sowie

$$\frac{1}{\sin\vartheta}\, \frac{d}{d\vartheta}\left(\sin\vartheta\, \frac{d\Theta}{d\vartheta} \right) + \left(n(n+1) - \frac{m^2}{\sin^2\vartheta} \right)\Theta = 0 \tag{54}$$

mit der Konstanten m^2. Die allgemeine Lösung von (53) ist

$$\Phi = A_m \cos m\varphi + B_m \sin m\varphi,$$

---

[1] Der folgende Beweis nach LENSE, LV. 22, S. 131 und 174.

während (54) für ganzzahliges $m \geq 0$ nach (48) durch

$$\Theta = P_{n,m}(\cos \vartheta)$$

erfüllt ist. Also ist

$$S_n(\vartheta, \varphi) = \sum_{m=0}^{n} (A_m \cos m\,\varphi + B_m \sin m\,\varphi)\, P_{n,m}(\cos \vartheta) \tag{55}$$

eine Lösung von (11) für $\alpha = n$. Sie hängt linear und homogen von den $2n + 1$ Konstanten $A_0, A_1, \ldots, A_n, B_1, \ldots, B_n$ ab und gibt, mit r^n multipliziert, *die allgemeinste ganze rationale räumliche Kugelfunktion*, weil die $2n + 1$ Summanden, aus denen sie besteht, *linear unabhängig sind.*

Denn $\cos m\,\varphi$ und $\sin m\,\varphi$ sind nach der Formel von Moivre homogene Polynome m-ten Grades in $\cos \varphi$ und $\sin \varphi$,

$$r^m \,(A_m \cos m\,\varphi + B_m \sin m\,\varphi)\, \sin^m \vartheta$$

ist daher wegen (8) ein homogenes Polynom m-ten Grades in x_1 und x_2. Anderseits ist wegen (44)

$$P_{n,m}(\cos \vartheta) = \sin^m \vartheta \; P_n^{(m)}(\cos \vartheta)$$

(die Ableitungen nach $x = \cos \vartheta$ zu verstehen); $P_n^{(m)}$ ist ein Polynom in $\cos \vartheta$ vom Grad $n - m$. Daher ist

$$U_n(x_p) = r^n \, S_n(\vartheta, \varphi) =$$

$$= \sum_{m=0}^{n} [r^m \,(A_m \cos m\,\varphi + B_m \sin m\,\varphi)\, \sin^m \vartheta] \cdot [r^{n-m}\, P_n^{(m)}(\cos \vartheta)]$$

ein homogenes Polynom n-ten Grades in den x_i.

Ich zeige schließlich, daß die einzelnen Summanden in (55) linear unabhängig sind: Aus

$$S_n(\vartheta, \varphi) = 0$$

folgt durch Multiplikation mit $\cos k\,\varphi$ bzw. $\sin k\,\varphi$ und Integration zwischen $-\pi$ und π sofort $A_k = B_k = 0$ $(k = 0, 1, \ldots, n)$. Damit ist auch gezeigt, daß es *genau $2n + 1$ linear unabhängige ganze rationale räumliche Kugelfunktionen n-ten Grades gibt.*

9. Die numerische Quadratur von Gauß. Zum Schluß noch eine Anwendung der Legendreschen Funktion zur numerischen Berechnung bestimmter Integrale! Es sei $f(x)$ in $[-1, 1]$ stetig[1]. Zur genäherten Berechnung von

$$J = \int_{-1}^{1} f(x)\, dx \tag{56}$$

ersetzt man $f(x)$ durch ein Polynom $\varphi(x)$, das man in $[-1, 1]$ durch die Forderung

$$y_i = f(x_i) = \varphi(x_i), \quad i = 1, 2, \ldots, n, \tag{57}$$

wo

$$-1 \leq x_1 < x_2 < \ldots < x_n \leq 1$$

ist, mittels der Lagrangeschen Interpolationsformel I, 2, § 30, 2 (I, 1, § 38, 2)

$$\varphi(x) = \sum_{i=1}^{n} {}' \frac{\Phi(x)\, y_i}{\Phi'(x_i)\,(x - x_i)} \tag{58}$$

---

[1] Ist $f(x)$ in $[a, b]$ stetig, so führt die Substitution $2x = (a + b) - (a - b)\,\bar{x}$ zu einer in $[-1, 1]$ stetigen Funktion $\bar{f}(x)$.

bestimmen kann[1]. Dabei ist

$$\Phi(x) = (x - x_1)\,(x - x_2)\,\ldots\,(x - x_n).$$

Setzt man

$$p_i = \frac{1}{\Phi'(x_i)} \int\limits_{-1}^{1} \frac{\Phi(x)\,dx}{x - x_i}, \tag{59}$$

so wird

$$\int\limits_{-1}^{1} \varphi(x)\,dx = \sum_{i=1}^{n} p_i\,y_i. \tag{60}$$

Die „Gewichte" p_i hängen nach (59) nicht von der gegebenen Funktion $f(x)$, sondern lediglich von den Teilungspunkten x_i des Intervalls $[-1, 1]$ ab und können somit ein für allemal berechnet werden.

Wählt man die Punkte x_i äquidistant, also $(n > 1)$

$$x_i = -1 + 2\,\frac{i - 1}{n - 1}, \quad i = 1, 2, \ldots, n,$$

so ergibt sich eine schon von NEWTON und seinem Schüler COTES angegebene Formel, die im Fall $n = 3$ mit der Keplerschen Faßregel (I, 2, § 27, 3; I, 1, § 35, 3) übereinstimmt. Eine weitere Formel hat TSCHEBYSCHEFF angegeben, bei der die x_i so gewählt werden, daß alle p_i gleich werden. Sie ist insbesondere dann empfehlenswert, wenn die y_i aus Beobachtungen gleicher Genauigkeit gewonnen wurden.

Die aus (58) bestimmte Funktion $\varphi(x)$ ist ein Polynom von höchstens $(n - 1)$-tem Grad. Ist also $f(x)$ ebenfalls ein Polynom von höchstens $(n - 1)$-tem Grad, so wird *genau*

$$J = \sum_{i=1}^{n} p_i\,y_i. \tag{61}$$

GAUSS hat nun bemerkt, daß sich *eine wesentlich höhere Genauigkeit erzielen läßt, wenn man die x_i in die Nullstellen des Legendreschen Polynoms $P_n(x)$ verlegt;* und zwar erhält man dann (61), wenn *$f(x)$ ein Polynom von höchstens $(2n - 1)$-tem Grad ist.*

Sei zum Beweis $f(x)$ ein Polynom vom Grad $k \leq 2n - 1$. Wegen (57) verschwindet die Differenz $f(x) - \varphi(x)$ für $x = x_i$ und ist daher durch $\Phi(x)$ teilbar, also

$$f(x) - \varphi(x) = \Phi(x)\,(a_0 + a_1\,x + \ldots + a_{n-1}\,x^{n-1}).$$

Für die Differenz

$$D(f) = J - \sum_{i=1}^{n} p_i\,y_i = \int\limits_{-1}^{1} [f(x) - \varphi(x)]\,dx \tag{62}$$

folgt daher

$$D(f) = \int\limits_{-1}^{1} \Phi(x)\,(a_0 + a_1\,x + \ldots + a_{n-1}\,x^{n-1})\,dx.$$

---

[1] Man überzeugt sich leicht, daß für die in Band I verwendeten Polynome $\Phi_i(x)$ die Beziehung $\Phi_i(x_i) = \Phi'(x_i)$ gilt.

Soll dieser Ausdruck für beliebige a_i verschwinden, so muß

$$\int_{-1}^{1} x^m \, \Phi(x) \, dx = 0$$

für $m = 0, 1, \ldots, n - 1$ und daher nach § 4, 3

$$\Phi(x) = C \, P_n(x)$$

mit einem konstanten Faktor C sein. Nun hat x^n in $\Phi(x)$ den Koeffizienten 1, in $P_n(x)$ den Koeffizienten (18), also ist

$$C = \frac{2^n \, (n!)^2}{(2\,n)!}.$$

An Stelle von (59) tritt also

$$p_i = \frac{1}{P_n'(x_i)} \int_{-1}^{1} \frac{P_n(x)}{x - x_i} \, dx. \tag{63}$$

Wegen

$$x_i = -\, x_{n-i+1}, \qquad i = 1, 2, \ldots, n$$

(Symmetrie der Nullstellen von P_n) und — vgl. (19) —

$$P_n'(-\, x) = (-\, 1)^{n+1} \, P_n'(x)$$

ist

$$P_n'(x_{n-i+1}) = (-\, 1)^{n+1} \, P_n'(x_i)$$

und daher (Substitution $x = -\, t$)

$$p_{n-i+1} = \frac{(-\,1)^{n+1}}{P_n'(x_i)} \int_{-1}^{1} \frac{P_n(x)}{x + x_i} \, dx = -\, \frac{(-\,1)^{n+1}}{P_n'(x_i)} \int_{1}^{-1} \frac{(-\,1)^n \, P_n(t)}{-\,t + x_i} \, dt = p_i,$$

d. h. die zu symmetrisch liegenden Punkten gehörigen Gewichte sind gleich.

Ist insbesondere

$$f(x) = x^m, \qquad m = 0, 1, \ldots, 2\,n - 1,$$

so folgt aus (62) und $D(x^m) = 0$

$$\sum_{i=1}^{n} p_i \, x_i^m = \int_{-1}^{1} x^m \, dx = \frac{1 - (-\,1)^{m+1}}{m + 1} = \begin{cases} 0 & \text{für ungerade } m \\[2mm] \dfrac{2}{m + 1} & \text{für gerade } m. \end{cases}$$

Insbesondere ist für $m = 0$

$$\sum_{i=1}^{n} p_i = 2,$$

was eine bequeme Rechnungsprobe liefert.

Was die Fehlerabschätzung betrifft, so erwähne ich ohne Beweis, der im übrigen auf Grund der bisherigen Entwicklung nicht allzu schwer zu geben wäre, daß die Differenz (62)

$$D(f) = \sum_{\nu=n}^{\infty} c_{2\nu} \, D(x^{2\nu})$$

wird, wenn sich $f(x)$ in $[-1, 1]$ in eine konvergente Potenzreihe

$$f(x) = \sum_{\nu=0}^{\infty} c_\nu \, x^\nu$$

entwickeln läßt.

Ich gebe zum Schluß noch die Werte der x_i, p_i und $D(x^{2n})$:

n	x_i	p_i	$D(x^{2n})$
1	$x_1 = 0$	$p_1 = 2$	$\dfrac{2}{3}$
2	$-x_1 = x_2 = 0{\cdot}57735$	$p_1 = p_2 = 1$	$\dfrac{8}{45}$
3	$-x_1 = x_3 = 0{\cdot}77460$ $x_2 = 0$	$p_1 = p_3 = \dfrac{5}{9},\ p_2 = \dfrac{8}{9}$	$\dfrac{8}{175}$
4	$-x_1 = x_4 = 0{\cdot}86114$ $-x_2 = x_3 = 0{\cdot}33998$	$p_1 = p_4 = 0{\cdot}34785$ $p_2 = p_3 = 0{\cdot}65215$	$\dfrac{128}{11\,025}$
5	$-x_1 = x_5 = 0{\cdot}90618$ $-x_2 = x_4 = 0{\cdot}53847$ $x_3 = 0$	$p_1 = p_5 = 0{\cdot}23693$ $p_2 = p_4 = 0{\cdot}47863$ $p_3 = 0{\cdot}56889$	$\dfrac{128}{43\,659}$
6	$-x_1 = x_6 = 0{\cdot}93247$ $-x_2 = x_5 = 0{\cdot}66121$ $-x_3 = x_4 = 0{\cdot}23862$	$p_1 = p_6 = 0{\cdot}17132$ $p_2 = p_5 = 0{\cdot}36076$ $p_3 = p_4 = 0{\cdot}46791$	$\dfrac{512}{693\,693}$
7	$-x_1 = x_7 = 0{\cdot}94911$ $-x_2 = x_6 = 0{\cdot}74153$ $-x_3 = x_5 = 0{\cdot}40585$ $x_4 = 0$	$p_1 = p_7 = 0{\cdot}12948$ $p_2 = p_6 = 0{\cdot}27971$ $p_3 = p_5 = 0{\cdot}38183$ $p_4 = 0{\cdot}04177$	$\dfrac{512}{2\,760\,615}$

§ 12. Die Besselschen Funktionen.

1. **Vorbemerkungen.** Die Besselschen Funktionen gehören wegen ihrer besonderen Bedeutung für die Anwendungen zweifellos zu den wichtigsten Klassen spezieller Funktionen, mit denen man sich in der Analysis beschäftigt hat, und dementsprechend sind diese Untersuchungen im Lauf der Jahrzehnte einigermaßen umfangreich und erschöpfend geworden. Das ist auch der Grund, warum man in fast allen einschlägigen Lehrbüchern mehr oder minder ausführliche Darstellungen der wichtigsten Eigenschaften der Besselfunktionen findet und warum es eine ganze Reihe von Spezialwerken darüber gibt, von denen das ausführlichste wohl das über 800 Seiten umfassende Buch von WATSON[1] ist. Ich werde mich daher im folgenden darauf beschränken, Ihnen unter weitgehendem Verzicht auf Beweise und Zwischenrechnungen einen knappen Überblick über die Theorie der Besselfunktionen zu geben; ich folge dabei im wesentlichen der Darstellung von J. LENSE (LV. 24), auf die hiermit wegen der fehlenden Beweise und Zwischenrechnungen ein für allemal verwiesen sei.

Ich knüpfe zunächst an § 9, 9 an, wo ich die *Besselsche Differentialgleichung*

$$y'' + \frac{1}{x}\,y' + \left(1 - \frac{\alpha^2}{x^2}\right) y = 0 \tag{1}$$

und ihre Lösung

$$J_\alpha(x) = \left(\frac{x}{2}\right)^\alpha \sum_{\nu=0}^{\infty} \frac{(-1)^\nu}{\nu!\,(\alpha+\nu)!} \left(\frac{x}{2}\right)^{2\nu}, \tag{2}$$

[1] LV. 25; weitere Darstellungen LV. 26—28, H. und B. S. JEFFREYS, LV. 27, setzen dem Kapitel über die Besselfunktionen folgendes Motto voran:
„Mine is a long and a sad tale!" said the Mouse, turning to Alice, and sighing.
„It is a long tail, certainly", said Alice, looking down with wonder at the Mouse's tail; „but why do you call it sad?" LEWIS CAROLL, Alice's Adventures in Wonderland.

die Besselfunktion (erster Art) vom Index α, bereits erwähnt habe. Dabei ist α ein im allgemeinen komplexer Parameter. Ich habe dort auch schon gezeigt, daß neben $J_\alpha(x)$ auch $J_{-\alpha}(x)$ eine Lösung von (1) ist, die von (2) *linear unabhängig* ist, *solange α keine ganze Zahl ist.* Setzt man aber

$$Y_\alpha(x) = \frac{1}{\sin \alpha \pi} \left(J_\alpha(x) \cos \alpha \pi - J_{-\alpha}(x) \right), \tag{3}$$

so sind $J_\alpha(x)$ und $Y_\alpha(x)$ für alle α linear unabhängig, denn für $\alpha \to n$, n positiv ganz, folgt durch Grenzübergang

$$Y_n(x) = \frac{1}{\pi} \left[\frac{\partial J_\alpha(x)}{\partial \alpha} \right]_{\alpha=n} + \frac{(-1)^{n+1}}{\pi} \left[\frac{\partial J_{-\alpha}(x)}{\partial \alpha} \right]_{\alpha=n} \tag{4}$$

oder, nach Ausführung der Differentiation (logarithmische Differentiation der Weierstraßschen Produktdarstellung der Fakultät)

$$Y_n(x) = \frac{2}{\pi} \left(C + \ln \frac{x}{2} \right) J_n(x) - \frac{1}{\pi} \sum_{\nu=0}^{n-1} \frac{(n-\nu-1)!}{\nu!} \left(\frac{x}{2} \right)^{2\nu-n} -$$

$$- \frac{1}{\pi} \sum_{\nu=0}^{\infty} \frac{(-1)^\nu}{\nu!\,(n+\nu)!} \left(\frac{x}{2} \right)^{2\nu+n} \left(1 + \frac{1}{2} + \ldots + \frac{1}{\nu} + 1 + \frac{1}{2} + \ldots + \frac{1}{n+\nu} \right). \tag{5}$$

Für $n = 0$ entfällt das mittlere Glied, für $\nu = 0$ ist im letzten Glied $1 + \frac{1}{2} + \ldots + \frac{1}{\nu} = 0$ zu setzen. Dabei ist C die Eulersche Konstante (III, § 32, 2). Die Funktion $Y_\alpha(x)$ wird als *Besselsche Funktion zweiter Art*, meist aber als *Neumannsche Funktion* bezeichnet und oft auch $N_\alpha(x)$ geschrieben. Es gilt:

J_α und Y_α bilden für alle Werte von α ein Fundamentalsystem von Lösungen der Besselschen Differentialgleichung (1).

Da die Reihe auf der rechten Seite von (2) beständig konvergent ist, gilt:

Die Besselsche Funktion $J_\alpha(x)$ ist, abgesehen von der vom Faktor x^α herrührenden Singularität in $x = 0$, in der ganzen Ebene regulär, und dasselbe gilt von der Neumannschen Funktion $Y_\alpha(x)$.

Für x^α nimmt man dabei immer den Hauptwert, d. h. den Winkel von $\ln x$ in $e^{\alpha \ln x}$ zwischen $-\pi$ und π.

Man überlegt sofort, daß es unter den Besselfunktionen $J_\alpha(x)$ auch bei ganzzahligem α *keine Polynome* gibt. Ferner gilt:

Für reelle α und positive x sind auch $J_\alpha(x)$ und $Y_\alpha(x)$ reell.

Für $\alpha = \frac{1}{2}$ folgt aus

$$\left(-\frac{1}{2} \right)! = \sqrt{\pi},$$

(III, § 32, 3)

$$\left(\frac{1}{2} + \nu \right)! = \frac{2\nu+1}{2} \, \frac{2\nu-1}{2} \cdots \frac{3}{2} \, \frac{1}{2} \sqrt{\pi} = \frac{(2\nu+1)!}{2^{2\nu+1}\,\nu!} \sqrt{\pi} \tag{6}$$

und daher aus (2)

$$J_{\frac{1}{2}}(x) = \sqrt{\frac{x}{2}} \sum_{\nu=0}^{\infty} \frac{(-1)^\nu \, 2 \, x^{2\nu}}{(2\nu+1)! \, \sqrt{\pi}} = \sqrt{\frac{2}{\pi x}} \sum_{\nu=0}^{\infty} \frac{(-1)^\nu \, x^{2\nu+1}}{(2\nu+1)!},$$

also

$$\boxed{\,J_{\frac{1}{2}}(x) = \sqrt{\frac{2}{\pi x}}\,\sin x\,} \tag{7}$$

und analog

$$\boxed{\,J_{-\frac{1}{2}}(x) = \sqrt{\frac{2}{\pi x}}\,\cos x.\,} \tag{8}$$

Allgemein ist ($n \geqq 0$, ganz)

$$J_{n+\frac{1}{2}}(x) = \sqrt{\frac{2}{\pi x}}\,(A_n \cos x + B_n \sin x), \tag{9}$$

wo A_n und B_n Polynome in $\dfrac{1}{x}$ höchstens vom Grad n sind.

Ich erwähne noch, daß man in der Regel jede Lösung von (1) auch als *Zylinderfunktion* bezeichnet; der Name kommt daher, daß — ähnlich wie bei den Kugelfunktionen und räumlichen Polarkoordinaten — die Laplacesche Differentialgleichung in Zylinderkoordinaten (r, φ, z)

$$\Delta u = \frac{1}{r}\,\frac{\partial}{\partial r}\left(r\,\frac{\partial u}{\partial r}\right) + \frac{1}{r^2}\,\frac{\partial^2 u}{\partial \varphi^2} + \frac{\partial^2 u}{\partial z^2} = 0$$

(III, § 19, 11) durch den Bernoullischen Ansatz (III, § 13, 4) auf die Besselsche Differentialgleichung (1) führt.

Setzt man

$$u = R(r)\,\Phi(\varphi)\,Z(z),$$

so folgt nach Division durch $R\,\Phi\,Z$

$$\frac{1}{r R}\,\frac{d}{dr}\,(r\,R') + \frac{\Phi''}{r^2 \Phi} + \frac{Z''}{Z} = 0.$$

Hier muß zunächst $Z''/Z = \lambda$ konstant (d. h. von r, φ, z unabhängig) sein; die übrigbleibende Gleichung

$$\frac{1}{r R}\,\frac{d}{dr}\,(r\,R') + \frac{\Phi''}{r^2 \Phi} + \lambda = 0$$

kann nur bestehen, wenn auch $\Phi''/\Phi = -\alpha^2$ konstant (d. h. von r und φ unabhängig) ist. Es bleibt

$$\frac{1}{r}\,\frac{d}{dr}\,(r\,R') + \left(\lambda - \frac{\alpha^2}{r^2}\right) R = 0,$$

was durch die Substitution $r = \dfrac{x}{\sqrt{\lambda}}$ in (1) übergeht.

2. Darstellung der Lösungen durch bestimmte Integrale. Ich setze in (1) zunächst

$$y(x) = x^\alpha u(x), \tag{10}$$

was nach einfacher Rechnung auf die Differentialgleichung

$$L = x\,u'' + (2\,\alpha + 1)\,u' + x\,u = 0 \tag{11}$$

führt; L ist dabei lediglich eine Abkürzung für die linke Seite. Die weitere Substitution[1]

---

[1] Die Substitution erinnert an die Laplacetransformation und wird oft auch als solche bezeichnet, obwohl die Fragestellung eine ganz andere ist als bei der Integraltransformation von § 8, die heute so gut wie ausschließlich als Laplacetransformation bezeichnet wird.

$$u(x) = \int_{\mathfrak{C}} e^{jxt} f(t)\, dt \tag{12}$$

gibt

$$L = x \int_{\mathfrak{C}} e^{jxt} (1 - t^2) f(t)\, dt + (2\alpha + 1) j \int_{\mathfrak{C}} e^{jxt}\, t\, f(t)\, dt$$

oder, nach partieller Integration des ersten Gliedes,

$$L = j \left[e^{jxt} (t^2 - 1) f(t) \right]_a^b + j \int_{\mathfrak{C}} e^{jxt} \left(\frac{d}{dt} \left[(1 - t^2) f(t) \right] + (2\alpha + 1) t\, f(t) \right) dt,$$

wo a und b Anfangs- und Endpunkt von $\mathfrak{C}$ sind. Kann man durch geeignete Wahl der Funktion $f(t)$ und der Kurve $\mathfrak{C}$ erreichen, daß $L = 0$ wird, so ist (12) eine Integraldarstellung einer Lösung von (11). Das Integral in L verschwindet, wenn

$$\frac{d}{dt} \left[(1 - t^2) f(t) \right] + (2\alpha + 1) t\, f(t) = 0$$

ist, was nach einfacher Rechnung

$$f(t) = (t^2 - 1)^{\alpha - \frac{1}{2}} \tag{13}$$

gibt. Diese Funktion ist in der ganzen t-Ebene regulär und eindeutig, wenn

$$\alpha = k + \frac{1}{2}, \quad k = 0, 1, 2, \ldots \tag{14}$$

ist; dann gibt aber (12) für jede geschlossene Kurve $\mathfrak{C}$ nur die triviale Lösung. Ich schließe also die Werte (14) zunächst aus und wähle jenen Zweig von (13), für den rechts von $t = 1$ auf der reellen Achse

$$\mathrm{arc}\,(t - 1) = \mathrm{arc}\,(t + 1) = 0 \tag{15}$$

ist. Jetzt bleibt noch die Bedingung

$$\left[e^{jxt} (t^2 - 1) f(t) \right]_a^b = \left[e^{jxt} (t^2 - 1)^{\alpha + \frac{1}{2}} \right]_a^b = 0 \tag{16}$$

zu erfüllen. Dafür bieten sich zwei Möglichkeiten: Entweder man wählt $\mathfrak{C}$ als geschlossene Kurve so, daß bei einem Umlauf um $\mathfrak{C}$ der Ausdruck in der Klammer wieder denselben Wert bekommt, oder man läßt $\mathfrak{C}$ so ins Unendliche laufen, daß dort der Klammerausdruck verschwindet; dieser hat im Endlichen höchstens die Nullstellen ± 1 und diese nur für

$$\Re(\alpha) > -\frac{1}{2}. \tag{17}$$

3. Die Hankelschen Funktionen. Wir versuchen zunächst, die zweite am Schluß von Ziffer 2 genannte Möglichkeit auszunützen; um die Funktion

$$e^{jxt} (t^2 - 1)^{\alpha + \frac{1}{2}}$$

eindeutig zu machen, schneiden wir die t-Ebene längs der beiden von den beiden Punkten $t = \pm 1$ ausgehenden und zur positiv imaginären Achse parallelen Halbgeraden auf. Ist dann

$$\Re(x) > 0, \tag{18}$$

so können wir für $\mathfrak{C}$ einen Weg wählen, der auf dem einen Ufer eines der beiden Schnitte aus dem Unendlichen kommt, den Punkt $t = +1$ oder $t = -1$ umkreist und dann auf dem anderen Ufer desselben Schnittes wieder ins Unendliche läuft, also einen Weg $\mathfrak{A}$ oder $\mathfrak{B}$ der Abb. 24. Setzen wir

$$x = \xi + j\,\eta, \qquad t = a + j\,\tau,$$

so wird wegen (18)

$$e^{j\,x\,t} = e^{-\eta\,a - \xi\,\tau + j(\xi\,a - \eta\,\tau)} \to 0$$

für $\tau \to +\infty$, und damit ist die Bedingung (16) erfüllt; die Funktion $(t^2 - 1)^{\alpha + \frac{1}{2}}$ spielt wegen des bekannten Verhaltens der Exponentialfunktion (I, 2, § 20, 7; I, 1, § 26, 7) dabei keine Rolle. Somit sind

$$u_1 = \int\limits_{\mathfrak{A}} e^{j\,x\,t}\,(t^2 - 1)^{\alpha - \frac{1}{2}}\,dt$$

und

$$u_2 = \int\limits_{\mathfrak{B}} e^{j\,x\,t}\,(t^2 - 1)^{\alpha - \frac{1}{2}}\,dt$$

zwei, offenbar linear unabhängige Lösungen von (11). Die Integrale sind absolut und gleichmäßig konvergent. Aus ihnen bekommt man gemäß (10) zwei ebensolche Lösungen der

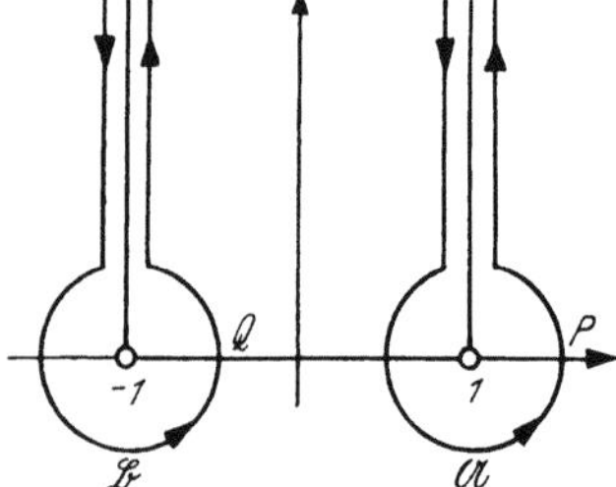

Abb. 24.

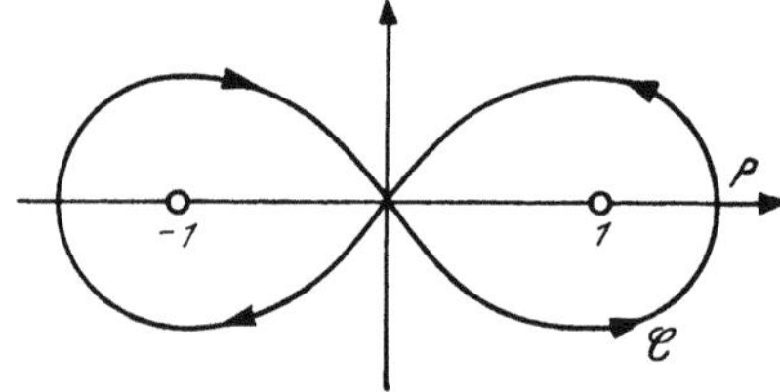

Abb. 25.

Besselschen Differentialgleichung. Multipliziert man diese noch mit geeignet gewählten konstanten Faktoren C_1 bzw. C_2, so ergeben sich zwei Funktionen

$$\left.\begin{aligned}
\overset{1}{H}_\alpha(x) &= C_1\,x^\alpha \int\limits_{\mathfrak{A}} e^{j\,x\,t}\,(t^2 - 1)^{\alpha - \frac{1}{2}}\,dt \\[2mm]
\overset{2}{H}_\alpha(x) &= C_2\,x^\alpha \int\limits_{\mathfrak{B}} e^{j\,x\,t}\,(t^2 - 1)^{\alpha - \frac{1}{2}}\,dt,
\end{aligned}\right\} \tag{19}$$

die ein Fundamentalsystem von Lösungen der Besselschen Differentialgleichung sind und als *Hankelsche Funktionen* oder auch als *Besselsche Funktionen dritter Art* bezeichnet werden. Die Besselfunktion $J_\alpha(x)$ muß also als Linearkombination von $\overset{1}{H}_\alpha(x)$ und $\overset{2}{H}_\alpha(x)$ darstellbar sein; man wählt die Konstanten C_1 und C_2 insbesondere so, daß

$$\boxed{\,J_\alpha(x) = \frac{1}{2}\left(\overset{1}{H}_\alpha(x) + \overset{2}{H}_\alpha(x)\right)\,} \tag{20}$$

wird.

4. Eine Integraldarstellung der Besselfunktion $J_\alpha(x)$. Für die achterförmige, die beiden Punkte $t = \pm 1$ umschließende Kurve $\mathfrak{C}$ der — jetzt unzerschnitten gedachten — t-Ebene (Abb. 25) ist ebenfalls die Bedingung (16) erfüllt (hier ist jetzt $a = b$ ein beliebiger Punkt von $\mathfrak{C}$, etwa der Schnittpunkt P mit der reellen

Achse rechts von $t = 1$), denn beim Umlauf um $t = 1$ (im positiven Sinn) ändert sich arc $(t^2 - 1)^{\alpha + \frac{1}{2}}$ um $(2\alpha + 1)\pi$, beim Umlauf um $t = -1$ (im negativen Sinn) um $-(2\alpha + 1)\pi$, im ganzen also überhaupt nicht. Somit ist

$$y = x^\alpha \int_{\mathfrak{C}} e^{jxt} (t^2 - 1)^{\alpha - \frac{1}{2}} dt$$

eine für alle α mit Ausnahme der Werte (14) gültige Darstellung einer Lösung von (1).

Gilt (17), so kann man die Kurve $\mathfrak{C}$ auf die Strecke von -1 nach 1 zusammenziehen (Abb. 26), wobei dann die Integrale längs der Kreise um die Punkte $t = \pm 1$ verschwinden, wenn die Radien gegen Null gehen. Nach einfachen Umformungen ergibt sich

$$y(x) = 2j\, x^\alpha \cos \alpha\pi \int_{-1}^{1} e^{jxt} (1 - t^2)^{\alpha - \frac{1}{2}} dt;$$

trägt man hier noch die Reihe für e^{jxt} ein, so folgt wegen

$$\int_{-1}^{1} t^{2\nu+1} (1 - t^2)^{\alpha - \frac{1}{2}} dt = 0, \quad \nu = 0, 1, \ldots$$

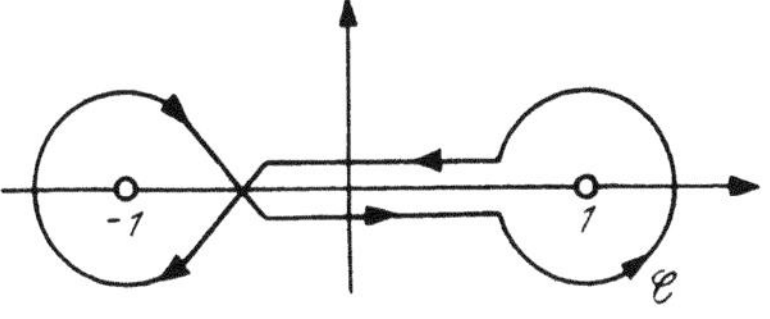

Abb. 26.

(ungerader Integrand) weiter

$$y(x) = 4j\, x^\alpha \cos \alpha\pi \sum_{\nu=0}^{\infty} \frac{(-1)^\nu x^{2\nu}}{(2\nu)!} \int_{0}^{1} t^{2\nu} (1 - t^2)^{\alpha - \frac{1}{2}} dt.$$

Nun ist nach (19) und (23) von III, § 32

$$\int_{0}^{1} t^{2\nu} (1 - t^2)^{\alpha - \frac{1}{2}} dt = \frac{1}{2} \int_{0}^{1} u^{\nu - \frac{1}{2}} (1 - u)^{\alpha - \frac{1}{2}} du = \frac{1}{2} B\left(\nu - \frac{1}{2}, \alpha - \frac{1}{2}\right) =$$

$$= \frac{\left(\nu - \frac{1}{2}\right)! \left(\alpha - \frac{1}{2}\right)!}{2(\alpha + \nu)!}.$$

Berücksichtigt man noch (6) und die Formel (10) von III, § 32, d. h.

$$\left(\alpha - \frac{1}{2}\right)! \left(-\alpha - \frac{1}{2}\right)! = \frac{\pi}{\cos \alpha\pi}, \tag{21}$$

so ergibt sich schließlich wegen (2)

$$y(x) = \frac{2^{\alpha+1} \sqrt{\pi^3}\, j}{\left(-\alpha - \frac{1}{2}\right)!} J_\alpha(x)$$

und daraus

$$\boxed{J_\alpha(x) = \frac{\left(-\alpha - \frac{1}{2}\right)!\, x^\alpha}{2^{\alpha+1} \sqrt{\pi^3}\, j} \oint_{\mathfrak{C}} e^{jxt} (t^2 - 1)^{\alpha - \frac{1}{2}} dt.} \tag{22}$$

Gilt (14), so ergibt (22) zunächst eine unbestimmte Form; schreibt man (22) jedoch in der Gestalt

$$J_\alpha(x) = \frac{x^\alpha}{2^\alpha \sqrt{\pi}\left(\alpha - \frac{1}{2}\right)!} \int_{-1}^{1} \cos(xt) (1 - t^2)^{\alpha - \frac{1}{2}} dt, \tag{23}$$

die sich unter Berücksichtigung von

$$\int_{-1}^{1} \sin (x\,t) \, (1 - t^2)^{\alpha - \frac{1}{2}} \, dt = 0$$

(ungerader Integrand) auf Grund einfacher Umformungen mit Hilfe oben schon verwendeter Beziehungen ergibt, und für $\Re\left(\alpha + \frac{1}{2}\right) > 0$ gilt, so erkennt man unmittelbar, daß (23) auch für die zunächst ausgeschlossenen Werte (14) gilt. Dasselbe gilt dann aber auch für (22) bei Ausführung eines geeignet gewählten Grenzübergangs.

Die Substitution $t = \cos \varphi$ gibt aus (23)

$$J_\alpha(x) = \frac{x^\alpha}{2^\alpha \sqrt{\pi}\left(\alpha - \frac{1}{2}\right)!} \int_0^\pi \cos (x \cos \varphi) \sin^{2\alpha} \varphi \, d\varphi, \qquad (24)$$

eine schon von Poisson (für reelle $\alpha \geqq 0$) angegebene Integraldarstellung von $J_\alpha(x)$.

5. Zusammenhang mit den Hankelschen Funktionen. Es handelt sich also um die Gleichung (20). Offenbar muß sich der Weg $\mathfrak{C}$ (Abb. 25) auf die Wege

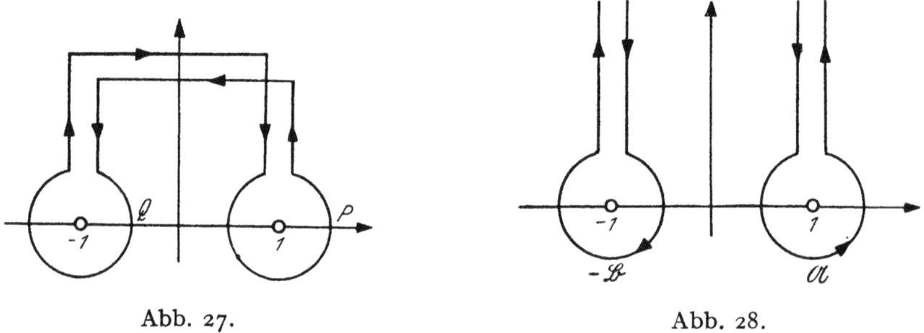

Abb. 27.   Abb. 28.

$\mathfrak{A}$ und $\mathfrak{B}$ (Abb. 24) zurückführen lassen. Mit $\mathfrak{C}$ völlig äquivalent ist die Kurve der Abb. 27; die Beiträge, die die beiden horizontalen Strecken zum Integral liefern, gehen wegen (18) gegen Null, wenn wir diese Strecken längs der positiv imaginären Achse ins Unendliche rücken lassen. Damit geht $\mathfrak{C}$ über in die Kurven $\mathfrak{A}$ und $-\mathfrak{B}$ der Abb. 28, die bis auf die verkehrte Orientierung von $\mathfrak{B}$ mit den Kurven $\mathfrak{A}$ und $\mathfrak{B}$ der Abb. 24 übereinstimmen. Darüber hinaus müssen wir uns aber noch vergewissern, ob nicht die Festlegung der Zweige des Integranden in Abb. 24 und Abb. 28 (bzw. 27) eine andere ist. Entsprechend (15) ergibt sich folgende Übersicht:

	arc $(t - 1)$	arc $(t + 1)$	
am Anfang von $\mathfrak{A}$	$-3\,\pi/2$	$\pi/2$	für Abb. 24 und 28
in P	0	0	
am Ende von $\mathfrak{A}$	$\pi/2$	$\pi/2$	
am Anfang von $\mathfrak{B}$	$-3\,\pi/2$	$-3\,\pi/2$	für Abb. 24
in Q	$-\pi$	0	
am Ende von $\mathfrak{B}$	$-3\,\pi/2$	$\pi/2$	
am Anfang von $-\mathfrak{B}$	$\pi/2$	$\pi/2$	für Abb. 28
in Q	π	0	
am Ende von $-\mathfrak{B}$	$\pi/2$	$-3\,\pi/2$	

Ersetzen wir also (15) durch die Festlegung

$$\operatorname{arc}(t - \mathrm{I}) = 2\,\pi, \qquad \operatorname{arc}(t + \mathrm{I}) = 0 \tag{25}$$

für reelle $t > \mathrm{I}$, also insbesondere für den Punkt P, so wird

$$\int_{\mathfrak{C}} = \int_{\mathfrak{A}} + \int_{-\mathfrak{B}} = \int_{\mathfrak{A}} - \int_{\mathfrak{B}}.$$

Damit lassen sich aus (19), (20) und (22) die Konstanten C_1 und C_2 berechnen, und zwar wird an Stelle von (19)

$$
\overset{1}{H}_\alpha(x) = \frac{\left(-\alpha - \dfrac{\mathrm{I}}{2}\right)! \, x^\alpha}{2^\alpha \sqrt{\pi^3}\, j} \int_{\mathfrak{A}} e^{j x t} \,(t^2 - \mathrm{I})^{\alpha - \frac{1}{2}} \, dt,
$$

$$
\overset{2}{H}_\alpha(x) = -\frac{\left(-\alpha - \dfrac{\mathrm{I}}{2}\right)! \, x^\alpha}{2^\alpha \sqrt{\pi^3}\, j} \int_{\mathfrak{B}} e^{j x t} \,(t^2 - \mathrm{I})^{\alpha - \frac{1}{2}} \, dt.
\tag{26}
$$

Wenn α nicht ganz ist, so ist $J_{-\alpha}(x)$ eine von J_α linear unabhängige Lösung von (1). Man kann zeigen[1], daß

$$
J_{-\alpha}(x) = \frac{\left(-\alpha - \dfrac{\mathrm{I}}{2}\right)! \, e^{\alpha \pi j} \, x^\alpha}{2^{\alpha+1} \sqrt{\pi^3}\, j} \int_{\mathfrak{C}_1} e^{j x t} \,(t^2 - \mathrm{I})^{\alpha - \frac{1}{2}} \, dt
\tag{27}
$$

ist, wobei $\mathfrak{C}_1$ der in Abb. 29 gezeichnete Weg ist. Hier verschwinden wieder die Beiträge zum Integral, die von den zur reellen Achse parallelen Strecken herrühren, wenn diese parallel zur imaginären Achse $(\Im(t) = \tau \to +\infty)$ ins Unendliche rücken. Dabei geht $\mathfrak{C}_1$ in die beiden Kurven $\mathfrak{A}$ und $\mathfrak{B}$ von Abb. 24 über, d. h. es ist

$$\int_{\mathfrak{C}_1} = \int_{\mathfrak{A}} + \int_{\mathfrak{B}}$$

mit der Festsetzung (15); soll auch hier (25) gelten, so ist das zweite Integral mit $e^{-2\pi j\left(\alpha - \frac{1}{2}\right)}$ zu multiplizieren, so daß dann

$$\int_{\mathfrak{C}_1} = \int_{\mathfrak{A}} - e^{-2\alpha\pi j} \int_{\mathfrak{B}}$$

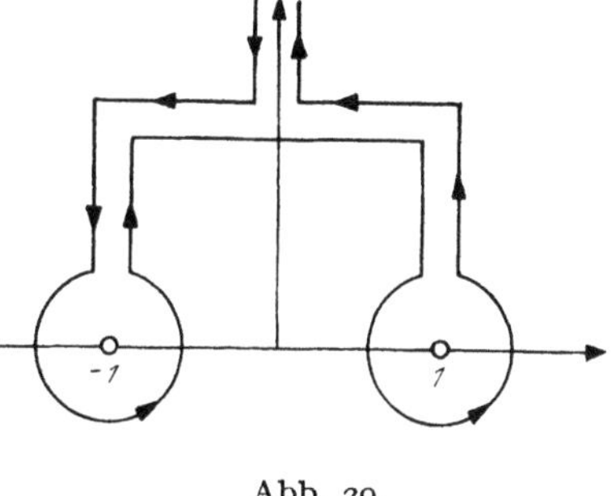

Abb. 29.

gilt; aus (26) und (27) folgt somit

$$
J_{-\alpha}(x) = \frac{\mathrm{I}}{2}\left(e^{\alpha \pi j} \overset{1}{H}_\alpha(x) + e^{-\alpha \pi j} \overset{2}{H}_\alpha(x)\right);
\tag{28}
$$

eine andere Herleitung dieser Relation gebe ich in Ziffer 10. Aus (20) und (28) folgt, solange α keine ganze Zahl ist:

---

[1] Vergleiche z. B. LENSE, LV. 24. Man beachte, daß bei LENSE die Kurve $\mathfrak{B}$ entgegengesetzt orientiert ist wie hier.

$$\begin{aligned}
\overset{1}{H}_\alpha(x) &= \frac{j}{\sin \alpha \pi}\left(e^{-\alpha \pi j} J_\alpha(x) - J_{-\alpha}(x)\right) = \\
&= J_\alpha(x) + j\,\frac{J_\alpha(x)\cos \alpha \pi - J_{-\alpha}(x)}{\sin \alpha \pi}, \\
\overset{2}{H}_\alpha(x) &= \frac{-j}{\sin \alpha \pi}\left(e^{\alpha \pi j} J_\alpha(x) - J_{-\alpha}(x)\right) = \\
&= J_\alpha(x) - j\,\frac{J_\alpha(x)\cos \alpha \pi - J_{-\alpha}(x)}{\sin \alpha \pi}.
\end{aligned}\right\} \tag{29}$$

Sind α und x reell, so ergibt sich aus (29), daß $\overset{1}{H}_\alpha$ und $\overset{2}{H}_\alpha$ konjugiert imaginär werden.

Ebenfalls aus (29) folgt

$$\overset{1}{H}_{-\alpha}(x) = e^{\alpha \pi j}\,\overset{1}{H}_\alpha(x), \qquad \overset{2}{H}_{-\alpha}(x) = e^{-\alpha \pi j}\,\overset{2}{H}_\alpha(x) \tag{30}$$

und aus (3)

$$\boxed{\begin{aligned}
\overset{1}{H}_\alpha(x) &= J_\alpha(x) + j\,Y_\alpha(x), \\
\overset{2}{H}_\alpha(x) &= J_\alpha(x) - j\,Y_\alpha(x).
\end{aligned}} \tag{31}$$

Man sieht daraus, daß zwischen den Funktionen $H_\alpha(x)$, $J_\alpha(x)$ und $Y_\alpha(x)$ ähnliche Beziehungen bestehen wie zwischen den Funktionen $\exp x$, $\cos x$ und $\sin x$.

Von der Voraussetzung (18) oder

$$|\varphi| < \frac{\pi}{2}, \quad \varphi = \operatorname{arc} x$$

kann man sich befreien. Dreht man nämlich den Weg $\mathfrak{A}$ der Abb. 24 um den Punkt $t = 1$ durch den Winkel β_1 in positivem Sinn, so bleiben die Integrale über $\mathfrak{A}$ ungeändert (und insbesondere weiterhin konvergent), wenn[1]

$$|\beta_1 + \varphi| < \frac{\pi}{2}, \quad -\frac{3\pi}{2} < \beta_1 < \frac{\pi}{2} \tag{32}$$

ist; man beachte dabei, daß der Weg $\mathfrak{A}$ nicht den zweiten singulären Punkt $t = -1$ überstreichen darf. Damit läßt sich aber (32) durch geeignete Wahl von β_1 immer erfüllen, wenn nur $-\pi < \varphi < 2\pi$ ist, also für jedes x. Dasselbe gilt, wenn man den Weg $\mathfrak{B}$ durch β_2 im positiven Sinn um $t = -1$ dreht, es muß nur

$$|\beta_2 + \varphi| < \frac{\pi}{2}, \quad -\frac{\pi}{2} < \beta_2 < \frac{3\pi}{2} \tag{33}$$

sein, damit $\mathfrak{B}$ nicht den singulären Punkt $t = 1$ überstreicht.

6. Die Rekursionsformeln. Aus (2) erhält man leicht durch Differentiation nach x

$$\frac{d}{dx}\left[x^\alpha J_\alpha(x)\right] = x^\alpha J_{\alpha-1}(x), \qquad \frac{d}{dx}\left[x^{-\alpha} J_\alpha(x)\right] = -x^{-\alpha} J_{\alpha+1}(x). \tag{34}$$

Also ist

$$\begin{aligned}
x\,J_\alpha'(x) + \alpha\,J_\alpha(x) &= x\,J_{\alpha-1}(x), \\
x\,J_\alpha'(x) - \alpha\,J_\alpha(x) &= -x\,J_{\alpha+1}(x)
\end{aligned}$$

---

[1] Man beachte $|\exp (j\,x\,t)| \sim \exp\left[-|x|\,|t|\,\sin\left(\varphi + \beta_1 + \frac{\pi}{2}\right)\right]$.

oder, indem man einmal J'_α, einmal J_α eliminiert,

$$J_{\alpha-1}(x) + J_{\alpha+1}(x) = \frac{2\,\alpha}{x}\,J_\alpha(x),$$
$$J_{\alpha-1}(x) - J_{\alpha+1}(x) = 2\,J'_\alpha(x). \tag{35}$$

Aus (29) und (34) folgt, daß die Gleichungen (35) richtig bleiben, wenn man J_α durch $\overset{1}{H}_\alpha$ oder $\overset{2}{H}_\alpha$ ersetzt, d. h. aber, daß die *Hankelschen Funktionen* und wegen (31) auch *die Neumannsche Funktion ebenfalls den Rekursionsformeln (35) genügen.*

Schreibt man (34) in der Gestalt

$$\frac{d}{x\,dx}\,[x^\alpha\,J_\alpha(x)] = x^{\alpha-1}\,J_{\alpha-1}(x), \qquad \frac{d}{x\,dx}\,[x^{-\alpha}\,J_\alpha(x)] = -\,x^{-(\alpha+1)}\,J_{\alpha+1}(x),$$

so ergibt sich durch k-malige Wiederholung der Differentiation

$$\left(\frac{d}{x\,dx}\right)^{k}[x^\alpha\,J_\alpha(x)] = x^{\alpha-k}\,J_{\alpha-k}(x),$$
$$\left(\frac{d}{x\,dx}\right)^{k}[x^{-\alpha}\,J_\alpha(x)] = (-\,1)^k\,x^{-(\alpha+k)}\,J_{\alpha+k}(x). \tag{36}$$

Fragt man sich nun umgekehrt nach jenen Funktionen $y_\alpha(x)$, die den Rekursionsformeln (35) genügen, und verfolgt man demgemäß die Rechnung nach rückwärts, so muß $y_\alpha(x)$ zunächst den Gleichungen (34), d. h.

$$\frac{d}{dx}\,(x^\alpha\,y_\alpha) = x^\alpha\,y_{\alpha-1}, \qquad \frac{d}{dx}\,(x^{-\alpha}\,y_\alpha) = -\,x^{-\alpha}\,y_{\alpha+1}$$

genügen; ersetzt man in der zweiten Gleichung α durch $\alpha - 1$, so folgt

$$\frac{d}{dx}\,(x^{-\alpha+1}\,y_{\alpha-1}) = -\,x^{-\alpha+1}\,y_\alpha$$

und daher aus der ersten Gleichung

$$\frac{d}{dx}\left(x^{-2\alpha+1}\,\frac{d}{dx}\,(x^\alpha\,y_\alpha)\right) = -\,x^{-\alpha+1}\,y_\alpha$$

oder

$$y''_\alpha + \frac{1}{x}\,y'_\alpha + \left(1 - \frac{\alpha^2}{x^2}\right)y_\alpha = 0,$$

d. h. *jede Funktion, die den Rekursionsformeln (35) genügt, ist eine Zylinderfunktion* (Ziffer 1) und daher in der Gestalt

$$y_\alpha = a_\alpha\,\overset{1}{H}_\alpha + b_\alpha\,\overset{2}{H}_\alpha \tag{37}$$

mit konstanten (d. h. von x unabhängigen) a_α und b_α darstellbar. Setzt man (37) in (35) ein und beachtet man, daß die Hankelschen Funktionen auch diesen Gleichungen genügen, so folgt

$$a_\alpha\,\overset{1}{H}_{\alpha-1} + b_\alpha\,\overset{2}{H}_{\alpha-1} = a_{\alpha-1}\,\overset{1}{H}_{\alpha-1} + b_{\alpha-1}\,\overset{2}{H}_{\alpha-1}$$

und daraus, da die Hankelschen Funktionen linear unabhängig sind,

$$a_\alpha = a_{\alpha-1}, \qquad b_\alpha = b_{\alpha-1},$$

so daß a_α *und* b_α *mit* 1 *periodische Funktionen von* α *sind.* Häufig werden auch nur solche Funktionen, die sich gemäß (37) mit periodischen a_α und b_α darstellen lassen und somit den Rekursionsformeln (35) genügen, als Zylinderfunktionen bezeichnet.

7. Die Integraldarstellung von Sommerfeld[1]. Ich knüpfe an die Formel (18) aus III, § 32, d. h.

$$z! = \frac{1}{e^{2\pi zj} - 1} \int_{\mathfrak{C}} t^z e^{-t}\, dt,$$

wo $\mathfrak{C}$ dabei der in Abb. 30 gezeichnete Weg ist, an und ersetze t durch $-t = e^{\pi j}\, t$. Damit wird

$$z! = \frac{j}{2\sin\pi z} \int_{\mathfrak{C}'} t^z e^t\, dt;$$

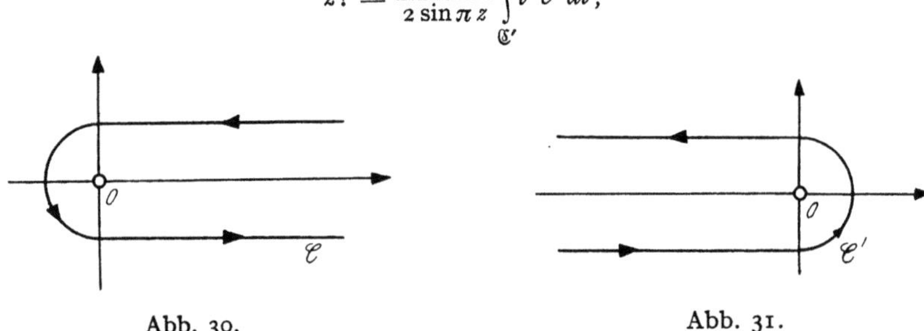

Abb. 30.
Abb. 31.

$\mathfrak{C}'$ ist das Spiegelbild von $\mathfrak{C}$ bezüglich des Ursprunges (Abb. 31). Setzt man noch $z = -\alpha$, so folgt wegen

$$(\alpha - 1)!\,(-\alpha)! = \frac{\pi}{\sin\pi\alpha},$$

vgl. III, § 32, (10),

$$\frac{1}{(\alpha - 1)!} = \frac{1}{2\pi j} \int_{\mathfrak{C}'} t^{-\alpha} e^t\, dt. \tag{38}$$

Mit dieser Formel gehe ich in die Reihe (2); das gibt

$$J_\alpha(x) = \frac{1}{2\pi j}\left(\frac{x}{2}\right)^\alpha \sum_{\nu=0}^{\infty} \frac{(-1)^\nu}{\nu!} \left(\frac{x}{2}\right)^{2\nu} \int_{\mathfrak{C}'} e^t\, t^{-\alpha-\nu-1}\, dt.$$

Wegen

$$\exp\left(-\frac{x^2}{4t}\right) = \sum_{\nu=0}^{\infty} \frac{(-1)^\nu}{\nu!} \left(\frac{x}{2}\right)^{2\nu} t^{-\nu}$$

wird weiter

$$J_\alpha(x) = \frac{1}{2\pi j}\left(\frac{x}{2}\right)^\alpha \int_{\mathfrak{C}'} t^{-\alpha-1} \exp\left(t - \frac{x^2}{4t}\right) dt; \tag{39}$$

die gliedweise Integration ist dabei wegen der gleichmäßigen Konvergenz der Exponentialreihe und wegen der absoluten Konvergenz der Integrale zulässig.

Sei nun $\Re(x) > 0$. Ich ersetze $\mathfrak{C}'$ durch den völlig gleichwertigen Weg der Abb. 32, wo der Kreisradius gleich $\left|\dfrac{x}{2}\right|$ ist[2], und mache die Substitution

$$t = \frac{x}{2}\, e^{-ju}.$$

---

[1] Arnold Sommerfeld, Physiker, geb. in Königsberg 1868, gest. in München 1951, wirkte in Clausthal, Aachen und München. Bedeutende Arbeiten zur Quantentheorie.

[2] Ist $\operatorname{arc} x = \gamma$, so kommt der Weg $\mathfrak{C}'$ aus der Richtung $-\pi + \gamma$ von ∞ her, umläuft den Ursprung und weist in der Richtung $\pi + \gamma$ gegen ∞.

$\mathfrak{C}'$ (Abb. 32) geht dabei über in den Weg $-\mathfrak{H}$ der Abb. 33. Es folgt

$$J_\alpha(x) = \frac{1}{2\pi} \int\limits_{\mathfrak{H}} \exp j\,(\alpha\,u - x\sin u)\,du. \tag{40}$$

Das Integral konvergiert gleichmäßig für $\mathfrak{R}(x) \geqq \delta > 0$.

Ich ersetze weiter den Weg $\mathfrak{H}$ durch die beiden Wege $\mathfrak{H}_1$ und $\mathfrak{H}_2$ der Abb. 34 und erhalte

$$J_\alpha(x) = \frac{1}{2\pi} \left(\int\limits_{\mathfrak{H}_1} + \int\limits_{\mathfrak{H}_2}\right) \exp j\,(\alpha\,u - x\sin u)\,du; \tag{41}$$

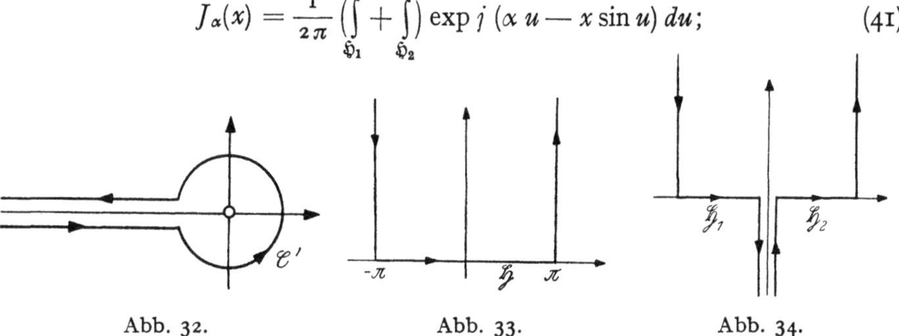

Abb. 32.   Abb. 33.   Abb. 34.

ich vertausche α mit $-\alpha$ und setze im ersten Integral $u = -\pi - v$; dabei wird der Weg $\mathfrak{H}_1$ um π nach rechts verschoben und am Nullpunkt gespiegelt, wodurch er in den entgegengesetzt durchlaufenen Weg $-\mathfrak{H}_1$ übergeht. Es folgt also

$$\int\limits_{\mathfrak{H}_1} \exp j\,(-\alpha\,u - x\sin u)\,du = e^{\alpha\pi j}\int\limits_{\mathfrak{H}_1} \exp j\,(\alpha\,u - x\sin u)\,du.$$

Ähnlich gibt die Substitution $u = -v + \pi$ im zweiten Integral von (41)

$$\int\limits_{\mathfrak{H}_2} \exp j\,(-\alpha\,u - x\sin u)\,du = e^{-\alpha\pi j}\int\limits_{\mathfrak{H}_2} \exp j\,(\alpha\,u - x\sin u)\,du.$$

Damit wird aus (41)

$$J_{-\alpha}(x) = \frac{1}{2\pi}\left(e^{\alpha\pi j}\int\limits_{\mathfrak{H}_1} + e^{-\alpha\pi j}\int\limits_{\mathfrak{H}_2}\right) \exp j\,(\alpha\,u - x\sin u)\,du.$$

Der Vergleich mit (28) gibt

$$\overset{1}{H}_\alpha(x) = \frac{1}{\pi} \int\limits_{\mathfrak{H}_1} \exp j\,(\alpha\,u - x\sin u)\,du,$$
$$\overset{2}{H}_\alpha(x) = \frac{1}{\pi} \int\limits_{\mathfrak{H}_2} \exp j\,(\alpha\,u - x\sin u)\,du. \tag{42}$$

Auch hier kann man sich von der Voraussetzung $\mathfrak{R}(x) > 0$ durch Änderung der Wege $\mathfrak{H}$, $\mathfrak{H}_1$ und $\mathfrak{H}_2$, und zwar durch eine Parallelverschiebung nach links oder rechts befreien.

8. Eine erzeugende Funktion bei ganzzahligem Index α. Machen wir in (39) noch die Substitution

$$t = \frac{x}{2}\,v,$$

so geht $\mathfrak{C}'$ (Abb. 32) über in die Kurve $\mathfrak{L}$ der Abb. 35 und aus (39) wird

$$J_\alpha(x) = \frac{1}{2\pi j}\int_{\mathfrak{L}} v^{-\alpha-1}\exp\frac{x}{2}\left(v - \frac{1}{v}\right)dv, \qquad (43)$$

eine ebenfalls oft verwendete Integraldarstellung der Besselfunktion. Ist hier $\alpha = n$ eine ganze Zahl, so wird der Integrand regulär, die Integrale über die geradlinigen Teile von $\mathfrak{L}$ heben einander auf und es bleibt nur das Integral auf dem Einheitskreis $\mathfrak{K}$. Damit wird aber (43), d. h. jetzt

$$J_n(x) = \frac{1}{2\pi j}\int_{\mathfrak{K}} v^{-n-1}\exp\frac{x}{2}\left(v - \frac{1}{v}\right)dv,$$

nichts anderes als der Koeffizient von v^n in der Laurentschen Entwicklung der Funktion

$$\exp\frac{x}{2}\left(v - \frac{1}{v}\right) = \sum_{-\infty}^{+\infty} J_n(x)\, v^n, \qquad (44)$$

so daß $\exp\dfrac{x}{2}\left(v - \dfrac{1}{v}\right)$ eine *erzeugende Funktion der Besselfunktion mit ganzzahligem Index* ist, in

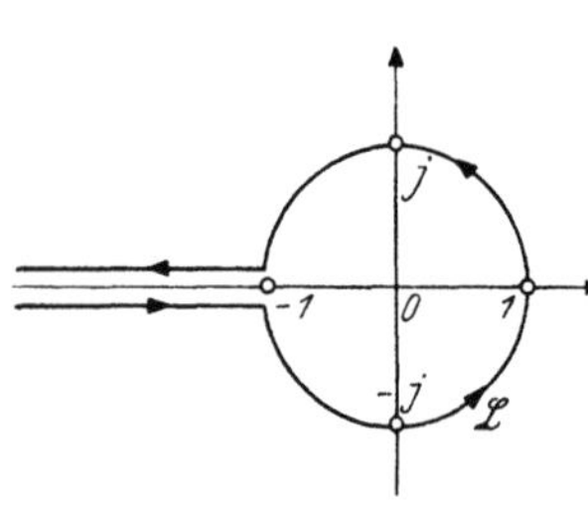

Abb. 35.

genau demselben Sinn wie $(1 - 2xv + v^2)^{-\frac{1}{2}}$ eine erzeugende Funktion der Legendreschen Polynome ist (§ 11, 4).

Setzt man $v = e^{ju}$ — vgl. die ganz ähnliche Substitution, die von (39) zu (40) führte —, so geht die Laurentsche Reihe in eine Fourierreihe der Funktion

$$\exp\frac{x}{2}\left(e^{ju} - e^{-ju}\right) = \exp\left(j\,x\sin u\right) = \sum_{-\infty}^{+\infty} J_n(x)\, e^{jnu}$$

über; schreibt man dieselbe Formel für $-u$ an, so ergibt sich durch Addition und Subtraktion

$$\cos\left(x\sin u\right) = \sum_{-\infty}^{+\infty} J_n(x)\cos n\,u$$

und

$$\sin\left(x\sin u\right) = \sum_{-\infty}^{+\infty} J_n(x)\sin n\,u$$

oder, wegen

$$J_{-n}(x) = (-1)^n J_n(x),$$

vgl. § 9, 9,

$$\left.\begin{aligned}
\cos\left(x\sin u\right) &= J_0(x) + 2\sum_{1}^{\infty} J_{2n}(x)\cos 2n\,u,\\[2mm]
\sin\left(x\sin u\right) &= \qquad\quad 2\sum_{0}^{\infty} J_{2n+1}(x)\sin\left(2n+1\right)u.
\end{aligned}\right\} \qquad (45)$$

Auch diese Entwicklung kann als Definition der $J_n(x)$ durch erzeugende Funktionen angesehen werden. Für $u = \dfrac{\pi}{2}$ folgt insbesondere

$$\cos x = J_0(x) - 2J_2(x) + 2J_4(x) - + \ldots,$$
$$\sin x = 2J_1(x) - 2J_3(x) + 2J_5(x) - + \ldots.$$

Die Integraldarstellung der Koeffizienten der Laurentreihe muß natürlich der
Integraldarstellung der Fourierkoeffizienten durch die Eulerschen Formeln
entsprechen; es ist

$$\frac{1}{\pi} \int_0^\pi \cos n\, u \cos (x \sin u)\, du = \begin{cases} J_n(x), & n \text{ gerade,} \\ 0, & n \text{ ungerade} \end{cases}$$

und

$$\frac{1}{\pi} \int_0^\pi \sin n\, u \sin (x \sin u)\, du = \begin{cases} 0, & n \text{ gerade,} \\ J_n(x), & n \text{ ungerade.} \end{cases}$$

Durch Addition folgt

$$J_n(x) = \frac{1}{\pi} \int_0^\pi \cos (n\, u - x \sin u)\, du, \tag{46}$$

was man auch unmittelbar aus (40) ableiten könnte.

9. Eine weitere Integraldarstellung der Hankelschen Funktionen. Ich knüpfe
an die Formeln (26) und an die Bemerkung am Schluß von Ziffer 5 an, derzufolge

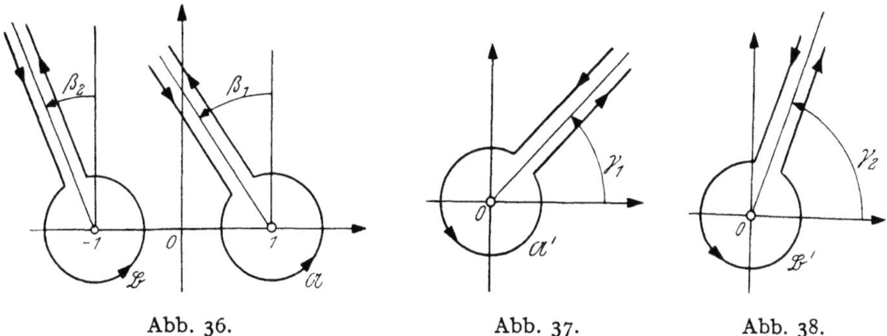

Abb. 36.   Abb. 37.   Abb. 38.

die Wege $\mathfrak{A}$ und $\mathfrak{B}$ der Abb. 24 durch die in Abb. 36 gezeichneten Wege $\mathfrak{A}$ und $\mathfrak{B}$
ersetzt werden können, wenn nur (32) und (33) gilt. Ich setze nun in der ersten
Formel (26)

$$t - 1 = \frac{j\, u}{x}.$$

Dabei geht der Weg $\mathfrak{A}$ von Abb. 36 über in den Weg $\mathfrak{A}'$ der Abb. 37 mit $\gamma_1 = \beta_1 + \varphi$, $\varphi = \operatorname{arc} x$, und es wird

$$\overset{1}{H}_\alpha(x) = \frac{e^{\alpha \pi j} \left(-\alpha - \frac{1}{2}\right)! \exp\left[j\left(x - \frac{\alpha \pi}{2} - \frac{\pi}{4}\right)\right]}{\sqrt{2 \pi^3 x}} \int_{\mathfrak{A}'} e^{-u} u^{\alpha - \frac{1}{2}} \left(1 + \frac{j\, u}{2\, x}\right)^{\alpha - \frac{1}{2}} du. \tag{47}$$

Analog gibt die Substitution

$$t + 1 = \frac{j\, u}{x}$$

in der zweiten Formel (26)

$$\overset{2}{H}_\alpha(x) = \frac{e^{\alpha \pi j} \left(-\alpha - \frac{1}{2}\right)! \exp\left[-j\left(x - \frac{\alpha \pi}{2} - \frac{\pi}{4}\right)\right]}{\sqrt{2 \pi^3 x}} \int_{\mathfrak{B}'} e^{-u} u^{\alpha - \frac{1}{2}} \left(1 - \frac{j\, u}{2\, x}\right)^{\alpha - \frac{1}{2}} du, \tag{48}$$

wobei $\mathfrak{B}'$ der in Abb. 38 gezeichnete Weg mit $\gamma_2 = \beta_2 + \varphi$ ist. Für die Winkel
γ_1, γ_2 und $\varphi = \operatorname{arc} x$ ergeben sich aus (32) und (33) Beschränkungen

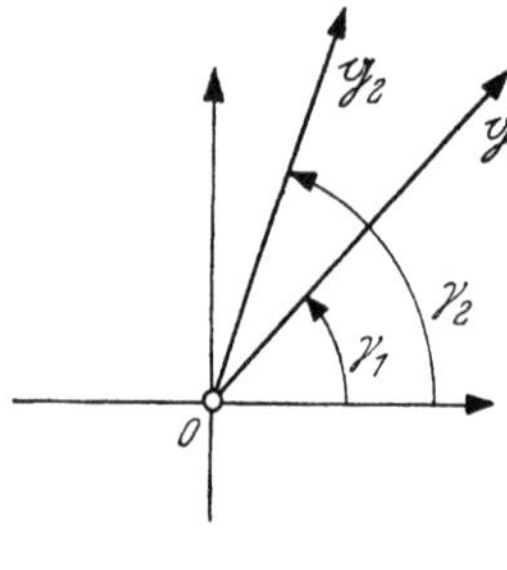

Abb. 39.

$$|\gamma_1| < \frac{\pi}{2}, \qquad -\frac{\pi}{2} + \gamma_1 < \varphi < \frac{3\pi}{2} + \gamma_1 \qquad (49)$$

in (47) und

$$|\gamma_2| < \frac{\pi}{2}, \qquad -\frac{3\pi}{2} + \gamma_2 < \varphi < \frac{\pi}{2} + \gamma_2 \qquad (50)$$

in (48).

Gilt (17), so gehen die Beiträge, die die Kreise um den Ursprung zu den Integralen (47) und (48) liefern, mit verschwindendem Radius gegen Null und es bleiben lediglich die Integrale über die vom Ursprung ausgehenden Halbstrahlen $\mathfrak{g}_1$ und $\mathfrak{g}_2$ der Abb. 39, die zwar doppelt durchlaufen werden, aber mit verschiedenen Werten von arc u. In (47) ist am Beginn des Weges $\mathfrak{A}'$ arc $u = \gamma_1 - 2\pi$ und am Ende arc $u = \gamma_1$, so daß

$$\int_{\mathfrak{A}'} = -e^{-2\pi\left(\alpha-\frac{1}{2}\right)j}\int_{\mathfrak{g}_1} + \int_{\mathfrak{g}_1} = (e^{-2\alpha\pi j} + 1)\int_{\mathfrak{g}_1} = 2\,e^{-\alpha\pi j}\cos\alpha\pi\int_{\mathfrak{g}_1}.$$

Ebenso ist am Beginn von $\mathfrak{B}'$ arc $u = \gamma_2 - 2\pi$, am Ende arc $u = \gamma_2$, also

$$\int_{\mathfrak{B}'} = 2\,e^{-\alpha\pi j}\cos\alpha\pi\int_{\mathfrak{g}_2}.$$

Unter Benützung von (21) folgt somit

$$\boxed{\begin{aligned}
\overset{1}{H}_\alpha(x) &= \sqrt{\frac{2}{x\pi}}\,\frac{\exp\left[j\left(x - \frac{\alpha\pi}{2} - \frac{\pi}{4}\right)\right]}{\left(\alpha - \frac{1}{2}\right)!}\int_{\mathfrak{g}_1} e^{-u}u^{\alpha-\frac{1}{2}}\left(1 + \frac{j\,u}{2\,x}\right)^{\alpha-\frac{1}{2}} du, \\[2ex]
\overset{2}{H}_\alpha(x) &= \sqrt{\frac{2}{x\pi}}\,\frac{\exp\left[-j\left(x - \frac{\alpha\pi}{2} - \frac{\pi}{4}\right)\right]}{\left(\alpha - \frac{1}{2}\right)!}\int_{\mathfrak{g}_2} e^{-u}u^{\alpha-\frac{1}{2}}\left(1 - \frac{j\,u}{2\,x}\right)^{\alpha-\frac{1}{2}} du.
\end{aligned}}$$

$$(51)$$

Da die Integrale für beschränkte α und $\Re\left(\alpha + \frac{1}{2}\right) \geq \varepsilon > 0$ gleichmäßig bezüglich α konvergieren und daher reguläre Funktionen von α sind, gelten die Formeln (51) auch für die bisher ausgeschlossenen Werte $\alpha = \frac{2n-1}{2}$, $n = 1, 2, \ldots$. Insbesondere wird für $\alpha = \frac{1}{2}$

$$\overset{1}{H}_{\frac{1}{2}}(x) = \sqrt{\frac{2}{\pi x}}\,\frac{e^{jx}}{j}, \qquad \overset{2}{H}_{\frac{1}{2}}(x) = -\sqrt{\frac{2}{\pi x}}\,\frac{e^{-jx}}{j}. \qquad (52)$$

Ein analoger Grenzübergang gibt für $\alpha = 0$ aus (26), wenn man (vgl. den Schluß von Ziffer 5) $\beta_1 = -\frac{\pi}{2}$, $\beta_2 = \frac{\pi}{2}$ setzt und (25) beachtet,

$$\overset{1}{H}_0(x) = \frac{2}{\pi j}\int_1^\infty \frac{e^{jxt}}{\sqrt{t^2-1}}\,dt, \qquad \overset{2}{H}_0(x) = -\frac{2}{\pi j}\int_1^\infty \frac{e^{-jxt}}{\sqrt{t^2-1}}\,dt \qquad (53)$$

und daher nach (20)

$$J_0(x) = \frac{2}{\pi}\int_1^\infty \frac{\sin xt}{\sqrt{t^2-1}}\,dt. \qquad (54)$$

10. Asymptotische Entwicklungen. Das am Schluß von § 9, 8 angegebene Ansatzverfahren liefert, auf die Besselsche Differentialgleichung angewendet, die Normalreihen für zwei linear unabhängige Lösungen derselben, von denen man zeigen kann, daß sie bis auf konstante Faktoren mit den Hankelschen Funktionen übereinstimmen (vgl. Aufgabe 1 am Schluß des Paragraphen). Wir ersparen uns die Berechnung der Konstanten und erhalten außerdem leicht eine Abschätzung des Restgliedes, wenn wir von den Integraldarstellungen (51) ausgehen und jeweils den letzten Faktor der Integranden nach der Taylorschen Formel entwickeln. Der Einfachheit wegen sei dabei $\gamma_1 = \gamma_2 = 0$, so daß $\mathfrak{g}_1$ und $\mathfrak{g}_2$ mit der positiven reellen Halbachse zusammenfallen. Wir benützen dabei das Restglied in der Darstellung (I, 2, § 22, 3; I, 1, § 28, 3)

$$R_{n-1} = \frac{1}{(n-1)!} \int_0^h (h-u)^{n-1} f^{(n)}(x_0 + u)\, du$$

oder $(u = h\,t)$

$$R_{n-1} = \frac{h^n}{(n-1)!} \int_0^1 (1-t)^{n-1} f^{(n)}(x_0 + h\,t)\, dt.$$

In unserem Fall ist $x_0 = 1$, $h = \pm \dfrac{j\,u}{2\,x}$, $f(1+h) = \left(1 \pm \dfrac{j\,u}{2\,x}\right)^{\alpha - \frac{1}{2}}$. Somit wird für $\overset{1}{H}_\alpha(x)$

$$\left(1 + \frac{j\,u}{2\,x}\right)^{\alpha - \frac{1}{2}} = \sum_{\nu=0}^{n-1} \binom{\alpha - \frac{1}{2}}{\nu} \left(\frac{j\,u}{2\,x}\right)^\nu + \overset{1}{r}_{n-1}$$

und

$$\overset{1}{r}_{n-1} = n \binom{\alpha - \frac{1}{2}}{n} \left(\frac{j\,u}{2\,x}\right)^n \int_0^1 (1-t)^{n-1}\left(1 + \frac{j\,u\,t}{2\,x}\right)^{\alpha - n - \frac{1}{2}} dt.$$

In die erste Formel (51) eingesetzt, gibt das

$$\overset{1}{H}_\alpha(x) = \sqrt{\frac{2}{\pi\,x}} \; \frac{\exp\left[j\left(x - \frac{\alpha\,\pi}{2} - \frac{\pi}{4}\right)\right]}{\left(\alpha - \frac{1}{2}\right)!} \;\cdot$$

$$\cdot \left[\sum_{\nu=0}^{n-1} \binom{\alpha - \frac{1}{2}}{\nu}\left(\alpha + \nu - \frac{1}{2}\right)! \left(\frac{j}{2\,x}\right)^\nu + \overset{1}{R}_n \right], \tag{55}$$

$$\overset{1}{R}_n = n \binom{\alpha - \frac{1}{2}}{n} \left(\frac{j}{2\,x}\right)^n \int_0^1 dt\,(1-t)^{n-1} \int_0^\infty e^{-u}\, u^{\alpha + n - \frac{1}{2}}\left(1 + \frac{j\,u\,t}{2\,x}\right)^{\alpha - n - \frac{1}{2}} du.$$

Da jetzt wieder $|\text{arc}\,x| < \dfrac{\pi}{2}$ ist, gilt

$$\left| 1 + \frac{t\,u\,j}{2\,x} \right| > \delta > 0, \qquad \left| \text{arc}\left(1 + \frac{t\,u\,j}{2\,x}\right) \right| < \pi$$

und daher

$$\left| \left(1 + \frac{t\,u\,j}{2\,x}\right)^{\alpha - n - \frac{1}{2}} \right| < e^{\pi\,|\Im(\alpha)|}\, \delta^{\Re\left(\alpha - n - \frac{1}{2}\right)} = A_n,$$

wobei A_n von t und x unabhängig ist. Damit wird

$$\left| \overset{1}{R_n} \right| < A_n \left| n \binom{\alpha - \frac{1}{2}}{n} \left(\frac{j}{2\,x} \right)^n \int_0^1 (1 - t)^{n-1} dt \int_0^\infty e^{-u}\, u^{\alpha + n - \frac{1}{2}}\, du \right|$$

oder

$$\overset{1}{R_n} = \mathrm{o}(|x|^{-n}).$$

Auf dieselbe Art erhalten wir

$$\overset{2}{H}_\alpha(x) = \sqrt{\frac{2}{\pi\,x}}\; \frac{\exp\left[-j \left(x - \frac{\alpha\pi}{2} - \frac{\pi}{4} \right) \right]}{\left(\alpha - \frac{1}{2} \right)!} \cdot$$

$$\cdot \left[\sum_{\nu=0}^{n-1} \binom{\alpha - \frac{1}{2}}{\nu} \left(\alpha + \nu - \frac{1}{2} \right)! \left(-\frac{j}{2\,x} \right)^\nu + \overset{2}{R_n} \right], \qquad (56)$$

$$\overset{2}{R_n} = \mathrm{o}(|x|^{-n}).$$

Aus (55) und (56) folgt wegen (20)

$$J_\alpha(x) = \frac{1}{2} \left(\overset{1}{H}_\alpha(x) + \overset{2}{H}_\alpha(x) \right) =$$

$$= \frac{1}{\left(\alpha - \frac{1}{2} \right)!} \sqrt{\frac{2}{\pi\,x}} \sum_0^{n-1} \binom{\alpha - \frac{1}{2}}{\nu} \frac{\left(\alpha + \nu - \frac{1}{2} \right)!}{(2\,x)^\nu} \left[\begin{array}{l} (-1)^{\frac{\nu}{2}} \cos \left(x - \frac{\alpha\pi}{2} - \frac{\pi}{4} \right) \\ (-1)^{\frac{\nu+1}{2}} \sin \left(x - \frac{\alpha\pi}{2} - \frac{\pi}{4} \right) \end{array} \right] +$$

$$+ \mathrm{o}\left(|x|^{-n-\frac{1}{2}} \right); \qquad (57)$$

dabei gilt für gerades ν der obere, für ungerades ν der untere Ausdruck in der eckigen Klammer.

Die Voraussetzungen $\gamma_1 = \gamma_2 = 0$ habe ich lediglich wegen der leichteren Abschätzung des Restgliedes gemacht; sie sind nicht notwendig, d. h. die Formeln (55) und (56) gelten auch unter den allgemeineren Voraussetzungen (49) bzw. (50). Sei der Winkel $\delta > 0$ so bestimmt, daß

$$|\gamma_1| \leqq \left| \frac{\pi}{2} - \delta \right|, \quad |\gamma_2| \leqq \left| \frac{\pi}{2} - \delta \right|$$

ist, so folgt für (55) die Bedingung

$$-\pi + \delta < \varphi < 2\,\pi - \delta$$

und für (56)

$$-2\,\pi + \delta < \varphi < \pi - \delta;$$

beide Formeln, und daher auch (57), gelten somit unter der Bedingung

$$-\pi + \delta < \varphi < \pi - \delta \qquad (58)$$

mit beliebig kleinem $\delta > 0$.

Die Entwicklungen (55) und (56) brechen mit dem $k + 1$-ten Glied ab, wenn $\alpha = k + \frac{1}{2}$ ($k \geqq 0$, ganz) ist. Man erhält

$$\overset{1}{H}_{k+\frac{1}{2}}(x) = \sqrt{\frac{2}{\pi\,x}}\, e^{jx} \sum_{\nu=0}^k \frac{j^{\nu-k-1}\,(k+\nu)!}{\nu!\,(k-\nu)!\,(2\,x)^\nu},$$

$$\overset{2}{H}_{k+\frac{1}{2}}(x) = \sqrt{\frac{2}{\pi\,x}}\, e^{-jx} \sum_{\nu=0}^k \frac{j^{k+1-\nu}\,(k+\nu)!}{\nu!\,(k-\nu)!\,(2\,x)^\nu}. \qquad (59)$$

Die ersten Glieder ($n = 1$) der Entwicklungen (55) bis (57) geben

$$\overset{1}{H}_\alpha(x) = \sqrt{\frac{2}{\pi x}}\, \exp\left[j\left(x - \frac{\alpha\pi}{2} - \frac{\pi}{4}\right)\right] [1 + \mathrm{o}(|x|^{-1})],$$

$$\overset{2}{H}_\alpha(x) = \sqrt{\frac{2}{\pi x}}\, \exp\left[-j\left(x - \frac{\alpha\pi}{2} - \frac{\pi}{4}\right)\right] [1 + \mathrm{o}(|x|^{-1})] \tag{60}$$

und

$$J_\alpha(x) = \sqrt{\frac{2}{\pi x}}\left[\cos\left(x - \frac{\alpha\pi}{2} - \frac{\pi}{4}\right) + \mathrm{o}(|x|^{-1})\right]. \tag{61}$$

Ist α nicht ganz, so ist

$$J_{-\alpha}(x) = \sqrt{\frac{2}{\pi x}}\left[\cos\left(x + \frac{\alpha\pi}{2} - \frac{\pi}{4}\right) + \mathrm{o}(|x|^{-1})\right] \tag{62}$$

von (61) linear unabhängig, so daß eine von (20) verschiedene Relation

$$J_{-\alpha}(x) = C_1 \overset{1}{H}_\alpha(x) + C_2 \overset{2}{H}_\alpha(x)$$

identisch in α und x mit Konstanten C_1 und C_2 bestehen muß. Wegen (60) und (62) gibt das[1]

$$\cos(u + \alpha\pi) = C_1 e^{ju} + C_2 e^{-ju} + \mathrm{o}(|x|^{-1}),$$

wo

$$u = x - \frac{\alpha\pi}{2} - \frac{\pi}{4}$$

gesetzt ist, oder

$$\cos u \cos \alpha\pi - \sin u \sin \alpha\pi = (C_1 + C_2)\cos u + j\,(C_1 - C_2)\sin u + \mathrm{o}(|x|^{-1}).$$

Also ist

$$2\,C_1 = e^{\alpha\pi j}, \qquad 2\,C_2 = e^{-\alpha\pi j}$$

und daher

$$J_{-\alpha}(x) = \frac{1}{2}\left(e^{\alpha\pi j} \overset{1}{H}_\alpha(x) + e^{-\alpha\pi j} \overset{2}{H}_\alpha(x)\right),$$

also gerade (28).

Aus den asymptotischen Formeln (60) läßt sich schließlich noch ein wichtiger Schluß auf das Verhalten der Hankelschen Funktionen im Unendlichen ziehen. Aus

$$\left|e^{\pm j x}\right| = e^{\mp |x| \sin \varphi}$$

folgt

$$\lim_{x \to \infty} e^{j x} = 0,$$

wenn

$$0 < \delta \leqq \varphi \leqq \pi - \delta$$

ist. Ebenso wird

$$\lim_{x \to \infty} e^{-j x} = 0,$$

wenn

$$-\pi + \delta \leqq \varphi \leqq -\delta$$

ist. Im ersten Fall ist also

$$\lim_{x \to \infty} \overset{1}{H}_\alpha(x) = 0 \tag{63}$$

und im zweiten

$$\lim_{x \to \infty} \overset{2}{H}_\alpha(x) = 0. \tag{64}$$

---

[1] Man beachte, daß $C_1 \,\mathrm{o}(|x|^{-1}) + C_2 \,\mathrm{o}(|x|^{-1}) = \mathrm{o}(|x|^{-1})$ ist!

Dadurch sind aber *die Hankelschen Funktionen bis auf einen konstanten* (von x unabhängigen) *Faktor unter allen Lösungen der Besselschen Differentialgleichung charakterisiert.* Denn jede Lösung kann in der Gestalt

$$Z_\alpha(x) = C_1 \overset{1}{H}_\alpha(x) + C_2 \overset{2}{H}_\alpha(x)$$

geschrieben werden, wo C_1 und C_2 von x nicht abhängen. Soll $Z_\alpha(x)$ der Bedingung (63) genügen, so muß $C_2 = 0$ sein, weil dann $|e^{-jx}| \to +\infty$ und $|\overset{2}{H}_\alpha(x)| \to +\infty$ gilt; soll $Z_\alpha(x)$ der Bedingung (64) genügen, so muß $C_1 = 0$ sein, weil dann $|e^{jx}| \to +\infty$ und $|\overset{1}{H}_\alpha(x)| \to +\infty$ gilt.

11. Das Sattelpunktsverfahren und die Formeln von Debye. Für die Behandlung gewisser Fragen ist es erwünscht, auch über asymptotische Formeln für die Hankelschen und Besselschen Funktionen zu verfügen, bei denen sowohl x wie auch α, die je als reell angenommen seien, gegen $+\infty$ gehen. Man setzt dabei $x = c\,\alpha$ mit festem positivem c. Setzt man in der Sommerfeldschen Integraldarstellung (42) zur Abkürzung

$$j\,(u - c\sin u) = f(u), \tag{65}$$

so ergeben sich Integrale der Gestalt $\int e^{\alpha f(u)}\,du$, wobei im Unendlichen $\Re\,f(u) \to -\infty$ geht. Setzt man noch

$$u = \xi + j\,\eta, \qquad f(u) = p + j\,q,$$

so folgt aus (65)

$$p = c\cos\xi\,\operatorname{sh}\eta - \eta, \qquad q = -c\sin\xi\,\operatorname{ch}\eta + \xi.$$

Man verändert nun den Integrationsweg so, daß auf ihm, etwa für $u = u_0$, $p = \Re\,f(u)$ ein Maximum hat und auf beiden Seiten von u_0 möglichst rasch abfällt. Auf der Fläche $p = p(\xi, \eta)$ ist die Richtung schnellsten Falles (die Richtung der sogenannten *Fallinie*) durch den Gradienten, also durch

$$\frac{d\xi}{ds} : \frac{d\eta}{ds} = \frac{\partial p}{\partial \xi} : \frac{\partial p}{\partial \eta}$$

gegeben, wo s die (etwa von u_0 aus gezählte) Bogenlänge bedeutet. Da $f(u)$ eine reguläre Funktion ist, gelten die Cauchy-Riemannschen Differentialgleichungen

$$\frac{\partial p}{\partial \xi} = \frac{\partial q}{\partial \eta}, \qquad \frac{\partial p}{\partial \eta} = -\frac{\partial q}{\partial \xi}$$

und daher

$$\frac{d\xi}{ds} : \frac{d\eta}{ds} = \frac{\partial q}{\partial \eta} : -\frac{\partial q}{\partial \xi}$$

oder

$$\frac{\partial q}{\partial \xi}\frac{d\xi}{ds} + \frac{\partial q}{\partial \eta}\frac{d\eta}{ds} = \frac{dq}{ds} = q' = 0,$$

d. h. längs der gesuchten Fallinie ist $q = \text{konst.}$ Im Punkt u_0 ist außerdem $p' = 0$ und daher $f'(u_0) = 0$. Auf der Fläche $p(\xi, \eta)$ ist u_0 ein *Sattelpunkt*[1] und für die Funktion $f(u)$ ein Kreuzungspunkt. Man wird also versuchen, unter den Kurven $q = \text{konst.}$ solche zu ermitteln, die als Integrationswege in Betracht kommen, d. h. entsprechend dem Cauchyschen Satz denselben Wert für die Integrale (42) liefern, wie die beiden Wege $\mathfrak{H}_1$ und $\mathfrak{H}_2$. Das ist in der Tat möglich;

---

[1] $p(\xi, \eta)$ ist als Realteil der regulären Funktion $f(u)$ eine harmonische Funktion und kann daher in einem regulären Punkt weder ein Maximum noch ein Minimum haben (III, § 28, 3).

die Wege, die man so bekommt, haben entweder die ins Unendliche laufenden Halbgeraden von $\mathfrak{H}_1$ und $\mathfrak{H}_2$ zu Asymptoten oder sie fallen überhaupt mit ihnen zusammen. Ich verzichte darauf, die Rechnung[1] hier durchzuführen und gebe nur die Resultate an. Dabei sind die Fälle $c < 1$, $c > 1$ und $c = 1$ zu unterscheiden; man setzt im ersten Fall $c = \dfrac{1}{\mathrm{ch}\,\gamma}$, $\gamma > 0$, im zweiten $c = \dfrac{1}{\cos\gamma}$, $0 < \gamma < \dfrac{\pi}{2}$, und erhält

für $c < 1$, $\gamma > 0$

$$
\left.
\begin{aligned}
\overset{1}{H}_\alpha\!\left(\frac{\alpha}{\mathrm{ch}\,\gamma}\right) &= -j\sqrt{\frac{2}{\alpha\pi\,\mathrm{th}\,\gamma}}\exp\left(\alpha\,(\gamma - \mathrm{th}\,\gamma)\right)\left[1 + \mathrm{o}(\alpha^{-1})\right], \\[2mm]
\overset{2}{H}_\alpha\!\left(\frac{\alpha}{\mathrm{ch}\,\gamma}\right) &= j\sqrt{\frac{2}{\alpha\pi\,\mathrm{th}\,\gamma}}\exp\left(\alpha\,(\gamma - \mathrm{th}\,\gamma)\right)\left[1 + \mathrm{o}(\alpha^{-1})\right], \\[2mm]
J_\alpha\!\left(\frac{\alpha}{\mathrm{ch}\,\gamma}\right) &= \frac{1}{\sqrt{2\alpha\pi\,\mathrm{th}\,\gamma}}\exp\left(-\alpha\,(\gamma - \mathrm{th}\,\gamma)\right)\left[1 + \mathrm{o}(\alpha^{-1})\right];
\end{aligned}
\right\} \tag{66}
$$

für $c > 1$, $0 < \gamma < \dfrac{\pi}{2}$

$$
\left.
\begin{aligned}
\overset{1}{H}_\alpha\!\left(\frac{\alpha}{\cos\gamma}\right) &= \sqrt{\frac{2}{\alpha\pi\tan\gamma}}\exp\left[j\left(\alpha\,(\tan\gamma - \gamma) - \frac{\pi}{4}\right)\right]\left[1 + \mathrm{o}(\alpha^{-1})\right], \\[2mm]
\overset{2}{H}_\alpha\!\left(\frac{\alpha}{\cos\gamma}\right) &= \sqrt{\frac{2}{\alpha\pi\tan\gamma}}\exp\left[-j\left(\alpha\,(\tan\gamma - \gamma) - \frac{\pi}{4}\right)\right]\left[1 + \mathrm{o}(\alpha^{-1})\right], \\[2mm]
J_\alpha\!\left(\frac{\alpha}{\cos\gamma}\right) &= \sqrt{\frac{2}{\alpha\pi\tan\gamma}}\cos\left(\alpha\,(\tan\gamma - \gamma) - \frac{\pi}{4}\right)\left[1 + \mathrm{o}(\alpha^{-1})\right]
\end{aligned}
\right\} \tag{67}
$$

und schließlich für $c = 1$

$$
\left.
\begin{aligned}
\overset{1}{H}_\alpha(\alpha) &= \frac{1}{\pi\sqrt{3}}\exp\left(-\frac{j\pi}{3}\right)\left(-\frac{2}{3}\right)!\sqrt[3]{\frac{6}{\alpha}}\left[1 + \mathrm{o}\!\left(\alpha^{-\frac{1}{3}}\right)\right], \\[2mm]
\overset{2}{H}_\alpha(\alpha) &= \frac{1}{\pi\sqrt{3}}\exp\left(\frac{j\pi}{3}\right)\left(-\frac{2}{3}\right)!\sqrt[3]{\frac{6}{\alpha}}\left[1 + \mathrm{o}\!\left(\alpha^{-\frac{1}{3}}\right)\right], \\[2mm]
J_\alpha(\alpha) &= \frac{1}{2\pi\sqrt{3}}\left(-\frac{2}{3}\right)!\sqrt[3]{\frac{6}{\alpha}}\left[1 + \mathrm{o}\!\left(\alpha^{-\frac{1}{3}}\right)\right].
\end{aligned}
\right\} \tag{68}
$$

12. Die Nullstellen der Besselfunktionen. In der Identität

$$
J_\alpha''(x) + \frac{1}{x}J_\alpha'(x) + \left(1 - \frac{\alpha^2}{x^2}\right)J_\alpha(x) = 0 \tag{69}
$$

ersetzen wir x durch $\lambda\,x$; das ergibt nach Multiplikation mit $\lambda^2\,x$

$$
\lambda^2\,x\,J_\alpha''(\lambda\,x) + \lambda\,J_\alpha'(\lambda\,x) + \left(\lambda^2\,x - \frac{\alpha^2}{x}\right)J_\alpha(\lambda\,x) = 0 \tag{70}
$$

oder

$$
\lambda\,\frac{d}{dx}\left(x\,J_\alpha'(\lambda\,x)\right) + \left(\lambda^2\,x - \frac{\alpha^2}{x}\right)J_\alpha(\lambda\,x) = 0. \tag{71}
$$

Ebenso ist natürlich

$$
\mu\,\frac{d}{dx}\left(x\,J_\alpha'(\mu\,x)\right) + \left(\mu^2\,x - \frac{\alpha^2}{x}\right)J_\alpha(\mu\,x) = 0. \tag{72}
$$

---

[1] Vergleiche z. B. Lense, LV. 24, S. 110f.

Multipliziert man (71) mit $J_\alpha(\mu\, x)$ und (72) mit $J_\alpha(\lambda\, x)$, so folgt durch Subtraktion

$$(\lambda^2 - \mu^2)\, x\, J_\alpha(\lambda\, x)\, J_\alpha(\mu\, x) = \mu\, J_\alpha(\lambda\, x)\, \frac{d}{dx}\,(x\, J'_\alpha(\mu\, x)) - \lambda\, J_\alpha(\mu\, x)\, \frac{d}{dx}\,(x\, J'_\alpha(\lambda\, x))$$

oder

$$(\lambda^2 - \mu^2)\, x\, J_\alpha(\lambda\, x)\, J_\alpha(\mu\, x) = \frac{d}{dx}\,[\mu\, x\, J_\alpha(\lambda\, x)\, J'_\alpha(\mu\, x) - \lambda\, x\, J_\alpha(\mu\, x)\, J'_\alpha(\lambda\, x)]. \tag{73}$$

Es seien jetzt α und x *reell* und $\alpha > -1$. Integration von (73) zwischen o und x gibt dann, da der Ausdruck in der eckigen Klammer unter den angegebenen Voraussetzungen für $x = 0$ verschwindet (was man mit Hilfe der Entwicklung (2) leicht bestätigt),

$$\int_0^x t\, J_\alpha(\lambda\, t)\, J_\alpha(\mu\, t)\, dt = \frac{x}{\lambda^2 - \mu^2}\,[\mu\, J_\alpha(\lambda\, x)\, J'_\alpha(\mu\, x) - \lambda\, J_\alpha(\mu\, x)\, J'_\alpha(\lambda\, x)]. \tag{74}$$

Für $\mu \to \lambda$ folgt nach der Regel von BERNOULLI wegen (70)

$$\int_0^x t\, [J_\alpha(\lambda\, t)]^2\, dt = \frac{x^2}{2}\left\{[J'_\alpha(\lambda\, x)]^2 + \left(1 - \frac{\alpha^2}{\lambda^2\, x^2}\right)[J_\alpha(\lambda\, x)]^2\right\} \tag{75}$$

und insbesondere für $\lambda = 1$

$$\int_0^x t\, [J_\alpha(t)]^2\, dt = \frac{x^2}{2}\left\{[J'_\alpha(x)]^2 + \left(1 - \frac{\alpha^2}{x^2}\right)[J_\alpha(x)]^2\right\}. \tag{76}$$

Wegen (69) läßt sich (76) auch in der Gestalt

$$\frac{d}{dx}\left[\frac{J_\alpha(x)}{x\, J'_\alpha(x)}\right] = \frac{2}{x^3\,[J'_\alpha(x)]^2}\int_0^x t\, [J_\alpha(t)]^2\, dt \tag{77}$$

schreiben.

Ich komme nun zur Diskussion der Nullstellen und erinnere an die allgemeinen Sätze von § 10, 3, die ich hier nicht wiederhole. Zur Abkürzung schreibe ich die Entwicklung (2) in der Gestalt

$$J_\alpha(x) = x^\alpha\, P(x^2), \tag{78}$$

wo $P(x^2)$ eine beständig konvergente Potenzreihe in x^2 mit reellen, abwechselnd positiven und negativen Koeffizienten ist. Ähnlich gilt

$$J'_\alpha(x) = x^{\alpha-1}\, Q(x^2), \tag{79}$$

wo $Q(x^2)$ eine Reihe derselben Art ist wie $P(x^2)$. Ferner sei weiterhin α reell und $\alpha > -1$. Die für $\alpha > 0$ vorhandene Nullstelle $x = 0$ *schließe ich bei der folgenden Untersuchung aus.*

Satz 1: *Die Funktion $J_\alpha(x)$ hat keine imaginären Nullstellen.*

Wäre nämlich $J_\alpha(a + b\,j) = 0$, so wäre auch $J_\alpha(a - b\,j) = 0$, weil die Reihe $P(x)$ reelle Koeffizienten hat. Setzt man $x = 1$, $\lambda = a + b\,j$, $\mu = a - b\,j$ mit $a \neq 0$, $b \neq 0$ in (74) ein, so ist $\lambda^2 - \mu^2 \neq 0$ und die rechte Seite würde verschwinden; der Integrand links ist aber positiv, weil $J_\alpha(a + b\,j)$ und $J_\alpha(a - b\,j)$ konjugiert imaginär, ihr Produkt also reell und positiv ist, was einen Widerspruch gibt. Ist $a = 0$, so gibt (78) für $x = \pm b\,j$

$$J_\alpha(\pm b\,j) = (\pm b\,j)^\alpha\, P(-b^2);$$

die Reihe rechts hat lauter positive Glieder und ist daher sicher nicht Null, also ist auch $J_\alpha(\pm b\,j) \neq 0$ (abgesehen von $b = 0$).

Satz 2: *Die Nullstellen von $J_\alpha(x)$ liegen spiegelbildlich zum Nullpunkt.*

Dieser Satz folgt unmittelbar aus (78), wonach mit x_0 auch $-x_0$ eine Nullstelle ist.

Satz 3: *$J_\alpha(x)$ hat unendlich viele Nullstellen, die sich im Endlichen nicht häufen.*

Für $x \to +\infty$ geht der zweite Summand in der eckigen Klammer von (61) gegen Null, während der erste unendlich oft sein Zeichen wechselt. Wegen des zweiten Teils der Behauptung vgl. § 10, 3.

Satz 4: *Zwischen zwei aufeinanderfolgenden Nullstellen von $J_\alpha'(x)$ liegt genau eine Nullstelle von $J_\alpha(x)$.*

Denn die Funktion $\dfrac{J_\alpha(x)}{x\,J_\alpha'(x)}$ hat nach (77) für $x > 0$ eine positive Ableitung, steigt also zwischen zwei aufeinanderfolgenden Nullstellen des Nenners monoton von $-\infty$ bis $+\infty$. Entsprechendes gilt nach Satz (2) für $x < 0$.

Satz 5: *Alle Nullstellen von $J_\alpha'(x)$ sind Extremstellen von $J_\alpha(x)$; die Extrema von $J_\alpha(x)$ nehmen mit wachsendem x dem Betrag nach ab.*

Der zweite Teil der Behauptung folgt nach einfacher Rechnung aus (76), der erste Teil ist bewiesen, wenn gezeigt ist, daß $J_\alpha'(x)$ keine mehrfachen Nullstellen hat. Für eine solche wäre $J_\alpha'(x) = J_\alpha''(x) = 0$ und daher nach (69) auch

$$\left(1 - \frac{\alpha^2}{x^2}\right) J_\alpha(x) = 0.$$

Damit würde aber das Integral auf der linken Seite von (76) verschwinden, was wegen $x > 0$ nicht möglich ist.

Satz 6: *Die Nullstellen von $J_\alpha(x)$ und $J_{\alpha+1}(x)$ trennen einander.*

Aus (34) folgt nach dem Satz von ROLLE, daß zwischen zwei aufeinanderfolgenden Nullstellen von $J_\alpha(x)$ genau eine Nullstelle von $J_{\alpha+1}(x)$ liegt und umgekehrt; die Funktionen $x^\alpha J_\alpha(x)$ und $x^{-\alpha} J_\alpha(x)$ haben wegen $x \neq 0$ dieselben Nullstellen wie $J_\alpha(x)$.

Satz 7: *Die kleinste positive Nullstelle x_α von $J_\alpha(x)$ ist kleiner als die kleinste positive Nullstelle $x_{\alpha+1}$ von $J_{\alpha+1}(x)$. Dabei ist $x_\alpha > \mathrm{Max}\left\{\dfrac{\pi}{2},\ \alpha\right\}$ für $\alpha > 0$.*

Die Funktion $x^{\alpha+1} J_{\alpha+1}$ hat die Nullstelle $x = 0$. Die Anwendung des Satzes von ROLLE auf die Nullstellen 0 und $x_{\alpha+1}$ gibt nach der ersten Gleichung (34) den ersten Teil der Behauptung; die Ungleichung $x_\alpha > \dfrac{\pi}{2}$ folgt aus der Gleichung (23), wo der Integrand für $0 < x < \dfrac{\pi}{2}$ positiv ist, während $x_\alpha > \alpha$ aus (69) zu entnehmen ist, wenn man diese Gleichung in der Gestalt

$$x\,[x\,J_\alpha'(x)]' = (\alpha^2 - x^2)\,J_\alpha(x)$$

schreibt; $x\,J_\alpha'(x)$ verschwindet für $x = 0$, wächst und ist daher positiv, solange $0 < x < \alpha$ und $J_\alpha(x) > 0$ ist. Dann ist aber auch $J_\alpha'(x) > 0$ und daher wächst auch $J_\alpha(x)$ in diesem Intervall und es muß $x_\alpha > \alpha$ sein.

Satz 8: *Sind $k_1, k_2, \ldots$ die (der Größe nach geordneten) positiven Nullstellen von $J_\alpha(x)$, so gilt für $\mu \neq \nu$*

$$\int_0^1 t\,J_\alpha(k_\mu t)\,J_\alpha(k_\nu t)\,dt = 0 \tag{80}$$

und
$$\int_0^1 t\,[J_\alpha(k_\nu\,t)]^2\,dt = \frac{1}{2}\,[J_\alpha'(k_\nu)]^2, \tag{81}$$

d. h. die Funktionen $\sqrt{x}\,J_\alpha(k_\nu\,x)$ *bilden in* $[0, 1]$ *ein Orthogonalsystem, das nach (81) normiert werden kann.*

Die beiden Gleichungen (80) und (81) ergeben sich unmittelbar aus (74) und (75) für $x = 1$.

13. Der Fall rein imaginärer Argumente. Neben den Besselschen und Hankelschen Funktionen spielen in den Anwendungen noch eine ganze Reihe anderer Zylinderfunktionen eine große Rolle, die mit diesen eng zusammenhängen. Ich will nur zwei von ihnen kurz erwähnen.

Ist $Z_\alpha(x)$ eine beliebige Zylinderfunktion (Lösung der Besselschen Differentialgleichung, Ziffer 1), so ist $Z_\alpha(\lambda\,x)$ gemäß (70) eine Lösung der Differentialgleichung
$$\frac{d^2y}{dx^2} + \frac{1}{x}\frac{dy}{dx} + \left(\lambda^2 - \frac{\alpha^2}{x^2}\right)y = 0; \tag{82}$$

man beachte dabei, daß $J_\alpha'(\lambda\,x) = \frac{1}{\lambda}\frac{d}{dx}J_\alpha(\lambda\,x)$ ist[1]. Für $\lambda = j$ folgt aus (82)
$$\frac{d^2y}{dx^2} + \frac{1}{x}\frac{dy}{dx} - \left(1 + \frac{\alpha^2}{x^2}\right)y = 0. \tag{83}$$

Eine Lösung ist $Z_\alpha(j\,x) = J_\alpha(j\,x)$; die Entwicklung (2) gibt
$$J_\alpha(j\,x) = \left(\frac{j\,x}{2}\right)^\alpha \sum_{\nu=0}^{\infty} \frac{1}{\nu!\,(\alpha+\nu)!}\left(\frac{x}{2}\right)^{2\nu}.$$

Somit ist die Funktion
$$I_\alpha(x) = \exp\left(-\frac{1}{2}\,\alpha\,\pi\,j\right)J_\alpha(j\,x) = \left(\frac{x}{2}\right)^\alpha \sum_{\nu=0}^{\infty} \frac{1}{\nu!\,(\alpha+\nu)!}\left(\frac{x}{2}\right)^{2\nu} \tag{84}$$

für reelle $x > 0$ und für reelle α selbst reell. Ist α nicht ganz, so ist
$$I_{-\alpha}(x) = \exp\left(\frac{1}{2}\,\alpha\,\pi\,j\right)J_{-\alpha}(j\,x) \tag{85}$$

eine von $I_\alpha(x)$ linear unabhängige Lösung von (83). Ist $\alpha = n$ ganz, so folgt aus $J_{-n}(x) = (-1)^n J_n(x)$
$$I_{-n}(x) = I_n(x).$$

Eine weitere Lösung von (83) ist die Funktion
$$K_\alpha(x) = \frac{1}{2}\,\pi\,j\,\exp\left(\frac{1}{2}\,\alpha\,\pi\,j\right)\overset{1}{H}_\alpha(j\,x). \tag{86}$$

Aus der ersten Formel (29) folgt
$$K_\alpha(x) = -\frac{\pi}{2}\exp\left(\frac{1}{2}\,\alpha\,\pi\,j\right)\frac{e^{-\alpha\pi j}\,J_\alpha(j\,x) - J_{-\alpha}(j\,x)}{\sin\alpha\,\pi}$$

oder wegen (84) und (85)
$$K_\alpha(x) = \frac{\pi}{2}\,\frac{I_{-\alpha}(x) - I_\alpha(x)}{\sin\alpha\,\pi}. \tag{87}$$

Für $\alpha \to n$ ganz ergibt sich daraus eine von I_n linear unabhängige Lösung
$$K_n(x) = \frac{(-1)^n}{2}\left[\frac{\partial I_{-\alpha}(x)}{\partial\alpha} - \frac{\partial I_\alpha(x)}{\partial\alpha}\right]_{\alpha=n}. \tag{88}$$

---

[1] Es ist $J_\alpha'(x) = \frac{d}{dx}J_\alpha(x)$, also $J_\alpha'(\lambda\,x) = \frac{d}{d(\lambda\,x)}J_\alpha(\lambda\,x)$.

Für $K_\alpha(x)$ gilt die besonders einfache asymptotische Darstellung

$$K_\alpha(x) = \sqrt{\frac{\pi}{2\,x}}\, e^{-x}\, [1 + \mathrm{o}(|x|^{-1})], \tag{89}$$

die sich wegen (86) leicht aus der ersten Formel (60) ergibt.

Aufgaben.

1. Man berechne die Thoméschen Normalreihen zweier linear unabhängiger Lösungen der Besselschen Differentialgleichung nach dem Ansatzverfahren § 9,8 und zeige, daß diese Entwicklung bis auf konstante Faktoren mit den Entwicklungen (55) und (56) der Hankelschen Funktionen übereinstimmen.

2. Man leite aus (7) und (8) eine Darstellung der Fresnelschen Integrale (III, § 24, 9, (49)) und des Fehlerintegrals (S. 117, Fußnote) durch Integrale über Besselfunktionen ab.

§ 13. Weitere spezielle Funktionen.

Neben den Kugel- und Zylinderfunktionen sind noch eine ganze Reihe anderer spezieller Funktionen genauer untersucht worden, die alle in engem Zusammenhang mit physikalischen Problemen, d. h. also mit bestimmten Randwertaufgaben stehen. Kugelfunktionen erweisen sich als zweckmäßig, wenn der Rand des — räumlichen — Bereiches, für den die Lösung gesucht wird, eine Kugel ist; Zylinderfunktionen treten analog bei räumlichen und ebenen Problemen auf, wenn der Rand ein Zylinder bzw. ein Kreis ist, z. B. bei der Untersuchung von Schwingungen einer kreisförmigen Membran.

Der nächste Schritt zu allgemeineren Formen der Ränder wird also offenbar darin bestehen, an Stelle der Kreise (oder Zylinder) und Kugeln, Kurven und Flächen zweiter Ordnung und an Stelle der Zylinder- und Kugelkoordinaten sogenannte elliptische Koordinaten und ihre verschiedenen Spezialisierungen zu betrachten. Ich muß mich aber hier darauf beschränken, nur einen ganz beiläufigen Überblick zu geben, und verweise wegen aller näheren Ausführungen über die Eigenschaften der genannten Funktionen auf die Literatur.

1. Elliptische Koordinaten. Wir betrachten im dreidimensionalen, auf rechtwinkelige Cartesische Koordinaten x, y, z bezogenen Raum die einparametrige Schar von Mittelpunktsflächen zweiter Ordnung

$$\frac{x^2}{a^2 + \varrho} + \frac{y^2}{b^2 + \varrho} + \frac{z^2}{c^2 + \varrho} = 1 \tag{1}$$

mit $a > b > c > 0$. Die Flächen (1) sind *nullteilig*[1], wenn $\varrho < -a^2$; für $-a^2 < \varrho < -b^2$ sind (1) *zweischalige Hyperboloide* (deren reelle Achse in der x-Achse des Koordinatensystems liegt); für $-b^2 < \varrho < -c^2$ sind (1) *einschalige Hyperboloide* (mit der imaginären Achse in der z-Achse des Koordinatensystems) und für $\varrho > -c^2$ schließlich *Ellipsoide*.

Ich zeige, daß *durch jeden Punkt (x, y, z) des Raumes genau drei Flächen der Schar (1) gehen, von denen keine nullteilig ist.* Setzt man

$$1 - \frac{x^2}{a^2 + \varrho} - \frac{y^2}{b^2 + \varrho} - \frac{z^2}{c^2 + \varrho} = \frac{f(\varrho)}{(a^2 + \varrho)\,(b^2 + \varrho)\,(c^2 + \varrho)}, \tag{2}$$

so ist

$$f(\varrho) = (\varrho - \lambda)\,(\varrho - \mu)\,(\varrho - \nu) \tag{3}$$

---

[1] Nullteilig heißt eine Fläche zweiter Ordnung ohne reelle Punkte, vgl. II, 2, § 18, 5, II, 1, § 28, 5.

ein Polynom dritten Grades in ϱ mit den Nullstellen λ, μ, ν. Aus (2) folgt

$$\lim_{\varrho \to -\infty} f(\varrho) = -\infty,$$

$$f(-a^2) = -x^2 (a^2 - b^2)(a^2 - c^2) \leqq 0,$$

$$f(-b^2) = -y^2 (b^2 - c^2)(b^2 - a^2) \geqq 0,$$

$$f(-c^2) = -z^2 (c^2 - a^2)(c^2 - b^2) \leqq 0,$$

$$\lim_{\varrho \to +\infty} f(\varrho) = +\infty.$$

Gleichheitszeichen treten nur auf, wenn der Punkt (x, y, z) in einer der Koordinatenebenen liegt. Schließen wir diese Fälle aus, so sind die drei Wurzeln λ, μ, ν von $f(\varrho)$ reell und verschieden, und es ist

$$-a^2 < \nu < -b^2 < \mu < -c^2 < \lambda. \tag{4}$$

Durch den Punkt (x, y, z) geht also je ein Ellipsoid $\varrho = \lambda$, ein einschaliges Hyperboloid $\varrho = \mu$ und ein zweischaliges Hyperboloid $\varrho = \nu$.

Trägt man (3) in (2) ein, multipliziert man dann diese Gleichung der Reihe nach mit $a^2 + \varrho$, $b^2 + \varrho$, $c^2 + \varrho$ und setzt man jedesmal nachher $\varrho = -a^2$, $\varrho = -b^2$, $\varrho = -c^2$, so folgt

$$x^2 = \frac{(a^2 + \lambda)(a^2 + \mu)(a^2 + \nu)}{(a^2 - b^2)(a^2 - c^2)} \tag{5}$$

und zwei weitere Ausdrücke für y^2 und z^2, deren rechte Seiten sich durch zyklische Vertauschung von a, b, c ergeben.

Während also jedem Punkt (x, y, z) eindeutig ein Wertetripel λ, μ, ν zugeordnet ist, entsprechen umgekehrt jedem Tripel λ, μ, ν im ganzen acht Punkte $\pm x, \pm y, \pm z$ des Raumes. Man nennt λ, μ, ν die *elliptischen Koordinaten* des Punktes (x, y, z). Die Zuordnung ist eindeutig, wenn man sich etwa auf den ersten Oktanten $(x \geqq 0, y \geqq 0, z \geqq 0)$ beschränkt.

Ich zeige weiter:

Die Flächen der Schar (1) bilden ein dreifach orthogonales Flächensystem[1].

Der (nicht normierte) Normalenvektor der Fläche (1) im Punkt (Ortsvektor) $\mathfrak{p} = (x, y, z)$ ist

$$\mathfrak{n}_\varrho = \left(\frac{x}{a^2 + \varrho}, \frac{y}{b^2 + \varrho}, \frac{z}{c^2 + \varrho} \right). \tag{6}$$

Bildet man die inneren Produkte je zweier Vektoren $\mathfrak{n}_\lambda, \mathfrak{n}_\mu, \mathfrak{n}_\nu$, so findet man

$$\mathfrak{n}_\mu \, \mathfrak{n}_\nu = \mathfrak{n}_\nu \, \mathfrak{n}_\lambda = \mathfrak{n}_\lambda \, \mathfrak{n}_\mu = 0, \tag{7}$$

was zu beweisen war.

2. Die Lamésche Differentialgleichung und die Laméschen Funktionen.

Wir wollen den Laplaceschen Differentialausdruck Δu für elliptische Koordinaten berechnen. Da sie orthogonal sind, können wir die Formel (77) von III, § 19, 11 verwenden und haben dazu nur die Koeffizienten (Koordinaten des Maßtensors) g_{11}, g_{22}, g_{33}, die im folgenden kurz mit g_1^2, g_2^2, g_3^2 bezeichnet seien, zu ermitteln. Logarithmische Differentiation von (5) gibt

$$\frac{2}{x} \frac{\partial x}{\partial \lambda} = \frac{1}{a^2 + \lambda}, \quad \frac{2}{y} \frac{\partial y}{\partial \lambda} = \frac{1}{b^2 + \lambda}, \quad \frac{2}{z} \frac{\partial z}{\partial \lambda} = \frac{1}{c^2 + \lambda}$$

---

[1] Vgl. II, 2, § 7, 6 (II, 1, § 12, 1) und III, § 19, 11.

und daher wegen (6)

$$\frac{\partial \mathfrak{p}}{\partial \lambda} = \frac{1}{2}\left(\frac{x}{a^2+\lambda},\ \frac{y}{b^2+\lambda},\ \frac{z}{c^2+\lambda}\right) = \frac{1}{2}\,\mathfrak{n}_\lambda;$$

ebenso ist

$$\frac{\partial \mathfrak{p}}{\partial \mu} = \frac{1}{2}\,\mathfrak{n}_\mu, \qquad \frac{\partial \mathfrak{p}}{\partial \nu} = \frac{1}{2}\,\mathfrak{n}_\nu.$$

Wegen (7) ist also $g_{ik} = 0$ für $i \neq k$ und daher

$$ds^2 = d\mathfrak{p}^2 = g_1^2\,d\lambda^2 + g_2^2\,d\mu^2 + g_3^2\,d\nu^2 = \frac{1}{4}\left(\mathfrak{n}_\lambda^2\,d\lambda^2 + \mathfrak{n}_\mu^2\,d\mu^2 + \mathfrak{n}_\nu^2\,d\nu^2\right).$$

Eine einfache Rechnung (man beachte die zyklische Symmetrie der Ausdrücke!) gibt

$$\left. \begin{aligned} g_1^2 = \frac{1}{4}\mathfrak{n}_\lambda^2 = \frac{(\lambda-\mu)\,(\lambda-\nu)}{4\,F_\lambda^2}, \quad g_2^2 = \frac{1}{4}\mathfrak{n}_\mu^2 = \frac{(\mu-\nu)\,(\mu-\lambda)}{4\,F_\mu^2}, \\ g_3^2 = \frac{1}{4}\mathfrak{n}_\nu^2 = \frac{(\nu-\lambda)\,(\nu-\mu)}{4\,F_\nu^2}, \end{aligned} \right\} \tag{8}$$

wo zur Abkürzung

$$F_\varrho^2 = (a^2+\varrho)\,(b^2+\varrho)\,(c^2+\varrho) \tag{9}$$

gesetzt ist. Man beachte dabei, daß wegen (4)

$$F_\lambda^2 > 0, \quad F_\mu^2 < 0, \quad F_\nu^2 > 0$$

und

$$\mu - \nu > 0, \quad \nu - \lambda < 0, \quad \lambda - \mu > 0$$

ist, F_μ ist also rein imaginär! Damit wird

$$\frac{g_2 g_3}{g_1} = \frac{j\,F_\lambda}{2\,F_\mu F_\nu}\,(\mu-\nu), \quad \frac{g_3 g_1}{g_2} = \frac{j\,F_\mu}{2\,F_\nu F_\lambda}\,(\nu-\lambda), \quad \frac{g_1 g_2}{g_3} = \frac{j\,F_\nu}{2\,F_\lambda F_\mu}\,(\lambda-\mu)$$

und aus III, § 19, (77) folgt

$$\Delta u = \frac{-4}{(\mu-\nu)\,(\nu-\lambda)\,(\lambda-\mu)}\left[(\mu-\nu)\,F_\lambda\frac{\partial}{\partial\lambda}\left(F_\lambda\frac{\partial u}{\partial\lambda}\right) + (\nu-\lambda)\,F_\mu\frac{\partial}{\partial\mu}\left(F_\mu\frac{\partial u}{\partial\mu}\right) + \right.$$
$$\left. + (\lambda-\mu)\,F_\nu\frac{\partial}{\partial\nu}\left(F_\nu\frac{\partial u}{\partial\nu}\right)\right]. \tag{10}$$

Wir versuchen nun, die sogenannte *Schwingungsgleichung*

$$\Delta u + k^2 u = 0 \tag{11}$$

(für $k = 0$ geht sie in die Laplacesche Differentialgleichung über) durch den Bernoullischen Ansatz

$$u = L(\lambda)\,M(\mu)\,N(\nu) \tag{12}$$

zu erfüllen. Das gibt nach Multiplikation mit

$$-\frac{(\mu-\nu)\,(\nu-\lambda)\,(\lambda-\mu)}{4\,L\,M\,N} = \frac{\lambda^2\,(\mu-\nu) + \mu^2\,(\nu-\lambda) + \nu^2\,(\lambda-\mu)}{4\,L\,M\,N},$$

$$(\mu-\nu)\,\Lambda + (\nu-\lambda)\,\Phi + (\lambda-\mu)\,\Psi = 0,$$

wo zur Abkürzung

$$\Lambda = \frac{F_\lambda}{L}\frac{d}{d\lambda}\left(F_\lambda\frac{dL}{d\lambda}\right) + \frac{k^2}{4}\,\lambda^2 \tag{13}$$

gesetzt ist; entsprechende Ausdrücke gelten für Φ und Ψ. Daneben gelten noch die Identitäten

$$(\mu - \nu)\,\lambda + (\nu - \lambda)\,\mu + (\lambda - \mu)\,\nu = 0$$

und

$$(\mu - \nu) + (\nu - \lambda) + (\lambda - \mu) = 0,$$

so daß

$$\begin{vmatrix} \Lambda & \Phi & \Psi \\ \lambda & \mu & \nu \\ 1 & 1 & 1 \end{vmatrix} = 0 \tag{14}$$

ist; da hier jede Spalte nur von einer der drei Variablen λ, μ, ν abhängt, muß mit konstanten g und h

$$\Lambda + g\,\lambda + h = \frac{F_\lambda}{L}\frac{d}{d\lambda}\Big(F_\lambda\frac{dL}{d\lambda}\Big) + \frac{k^2}{4}\lambda^2 + g\,\lambda + h = 0 \tag{15}$$

gelten, zwei analoge Gleichungen gelten für Φ und Ψ. (15) heißt *Lamésche Differentialgleichung*. Setzt man

$$P = (a^2 + \lambda)\,(b^2 + \lambda)\,(c^2 + \lambda) = F_\lambda^2,$$

so kann man (15) in der Gestalt

$$P\,L'' + \frac{1}{2}\,P'\,L' + \Big(\frac{k^2}{4}\lambda^2 + g\,\lambda + h\Big)L = 0 \tag{16}$$

schreiben. Unter den Lösungen dieser Gleichung gibt es Polynome $Q(\lambda)$, sowie Funktionen der Gestalt $Q(\lambda)\sqrt{a^2 + \lambda}$, $Q(\lambda)\sqrt{(a^2 + \lambda)\,(b^2 + \lambda)}$ und $Q(\lambda)\sqrt{P(\lambda)}$. Sie werden im Fall $k \neq 0$ als *Lamésche Wellenfunktionen*, im Fall $k = 0$ als *Lamésche Potentialfunktionen* oder auch kurz als *Lamésche Funktionen erster* bzw. *zweiter*, *dritter* und *vierter* Art bezeichnet. Bei den Funktionen zweiter und dritter Art gibt es noch drei Unterarten, je nachdem, welche der Funktionen $\sqrt{a^2 + \lambda}$, $\sqrt{b^2 + \lambda}$ oder $\sqrt{c^2 + \lambda}$ zu $Q(\lambda)$ als Faktor hinzutreten.

Führt man in (16) eine neue unabhängige Veränderliche z ein, für die

$$\frac{d\lambda}{dz} = 2\,F_\lambda = 2\,\sqrt{P(\lambda)} \tag{17}$$

ist, so geht (16) über in die Differentialgleichung

$$\frac{d^2L}{dz^2} + 4\Big(\frac{k^2}{4}\lambda^2 + g\,\lambda + h\Big)L = 0. \tag{18}$$

$\lambda = \lambda(z)$ hängt wegen (17) offenbar eng mit der Weierstraßschen $\wp$-Funktion (III, § 33, 2 und 3) zusammen. Setzt man nämlich

$$\lambda = \wp(z) - \frac{1}{3}(a^2 + b^2 + c^2),$$

so wird

$$\frac{d\lambda}{dz} = \frac{d\wp}{dz} = 2\sqrt{(\wp - e_1)\,(\wp - e_2)\,(\wp - e_3)},$$

wo

$$e_1 = -\frac{1}{3}(2\,a^2 - b^2 - c^2), \quad e_2 = -\frac{1}{3}(2\,b^2 - c^2 - a^2), \quad e_3 = -\frac{1}{3}(2\,c^2 - a^2 - b^2)$$

ist. Aus (18) wird

$$\frac{d^2L}{dz^2} + 4\Big(\frac{k^2}{4}\wp^2 + \bar{g}\,\wp + \bar{h}\Big)L = 0 \tag{19}$$

mit

$$\bar{g} = g - \frac{k^2}{6}(a^2 + b^2 + c^2),$$

$$\bar{h} = h - \frac{1}{3}(a^2 + b^2 + c^2)\,g + \frac{k^2}{36}(a^2 + b^2 + c^2)^2.$$

(19) ist eine *Hillsche Differentialgleichung* (Ziffer 7).

3. Gestreckt-rotationselliptische Koordinaten. Neben den allgemeinen elliptischen Koordinaten sind noch einige Sonderfälle von Bedeutung, von denen ich hier nur die rotationssymmetrischen Systeme und die elliptischen Zylinderkoordinaten $\varrho = \lambda$ behandeln will. Ist in (1) $b = c$, so besteht das System aus gestreckten Drehellipsoiden und aus zweischaligen Drehhyperboloiden $\varrho = \nu$, während $\mu = -b^2$ konstant und als Parameter unbrauchbar wird. Es ist aber naheliegend, die Ebenen durch die x-Achse (Drehachse) ähnlich wie bei den Kugelkoordinaten und bei den gewöhnlichen Zylinderkoordinaten als dritte Flächenschar zu verwenden und demgemäß an Stelle von μ den Winkel φ mit der y-Achse als dritten Parameter einzuführen. Setzt man in (1) zunächst $(b > c)$

$$a^2 - b^2 = C^2, \qquad b^2 - c^2 = \varepsilon^2,$$

$$a^2 + \lambda = C^2\,\xi^2, \qquad b^2 + \mu = \varepsilon^2 \sin^2\varphi, \qquad a^2 + \nu = C^2\,\eta^2,$$

so ist wegen (4)

$$\xi^2 > 1, \qquad 0 < \eta^2 < 1$$

und aus (5) und den beiden dort nicht angeschriebenen Gleichungen für y^2 und z^2 folgt für $\varepsilon \to 0$, wenn wir noch x und z vertauschen,

$$x = C\,\sqrt{(\xi^2 - 1)(1 - \eta^2)}\,\cos\varphi, \qquad y = C\,\sqrt{(\xi^2 - 1)(1 - \eta^2)}\,\sin\varphi, \left.\vphantom{\sqrt{(\xi^2-1)}}\right\} \tag{20}$$
$$z = C\,\xi\,\eta.$$

Ferner erhält man an Stelle von (8)

$$g_1^2 = C^2\frac{\xi^2 - \eta^2}{\xi^2 - 1}, \qquad g_2^2 = C^2\frac{\xi^2 - \eta^2}{1 - \eta^2}, \qquad g_3^2 = C^2(\xi^2 - 1)(1 - \eta^2)$$

und daher

$$\Delta u = \frac{1}{C^2(\xi^2 - \eta^2)}\left[\frac{\partial}{\partial\xi}\left((\xi^2 - 1)\frac{\partial u}{\partial\xi}\right) + \frac{\partial}{\partial\eta}\left((1 - \eta^2)\frac{\partial u}{\partial\eta}\right) + \frac{\xi^2 - \eta^2}{(\xi^2 - 1)(1 - \eta^2)}\frac{\partial^2 u}{\partial\varphi^2}\right].$$
$$\tag{21}$$

Die Schwingungsgleichung $\Delta u + k^2 u = 0$ geht mit $\gamma^2 = C^2 k^2$ über in

$$\frac{\partial}{\partial\xi}\left((1 - \xi^2)\frac{\partial u}{\partial\xi}\right) + \frac{1}{1 - \xi^2}\frac{\partial^2 u}{\partial\varphi^2} + \gamma^2(1 - \xi^2)\,u =$$

$$= \frac{\partial}{\partial\eta}\left((1 - \eta^2)\frac{\partial u}{\partial\eta}\right) + \frac{1}{1 - \eta^2}\frac{\partial^2 u}{\partial\varphi^2} + \gamma^2(1 - \eta^2)\,u. \tag{22}$$

Der Bernoullische Ansatz

$$u = u_1(\xi)\,u_2(\eta)\,u_3(\varphi)$$

führt auf die drei gewöhnlichen Differentialgleichungen

$$[(1 - \xi^2)\,u_1'(\xi)]' + \left(\lambda - \frac{\mu^2}{1 - \xi^2} + \gamma^2(1 - \xi^2)\right)u_1(\xi) = 0, \tag{23}$$

$$[(1 - \eta^2)\,u_2'(\eta)]' + \left(\lambda - \frac{\mu^2}{1 - \eta^2} + \gamma^2(1 - \eta^2)\right)u_2(\eta) = 0, \tag{24}$$

$$u_3''(\varphi) + \mu^2 u_3(\varphi) = 0. \tag{25}$$

(23) und (24) werden als *Sphäroiddifferentialgleichungen*, ihre Lösungen als *Sphäroidfunktionen* bezeichnet. Für $k = 0$ stimmen (23) und (24) im wesentlichen mit der Differentialgleichung § 11, (47) der zugeordneten Legendreschen Funktionen überein.

4. Abgeplattet-rotationselliptische Koordinaten. Für $a = b$ wird $v = -a^2$ konstant. Setzt man ähnlich wie in Ziffer 3

$$a^2 - b^2 = \varepsilon^2, \quad a^2 - c^2 = C^2,$$

$$c^2 + \lambda = C^2 \xi^2, \quad c^2 + \mu = -C^2 \eta^2, \quad a^2 + v = \varepsilon^2 \cos^2 \varphi,$$

so ist

$$\xi^2 > 0, \quad 0 < \eta^2 < 1$$

und für $\varepsilon \to 0$ folgt aus (5)

$$x = C \sqrt{(\xi^2 + 1)(1 - \eta^2)} \cos \varphi, \quad y = C \sqrt{(\xi^2 + 1)(1 - \eta^2)} \sin \varphi, \left.\right\} \quad (26)$$
$$z = C \xi \eta.$$

Ferner wird

$$g_1^2 = C^2 \frac{\xi^2 + \eta^2}{\xi^2 + 1}, \quad g_2^2 = C^2 \frac{\xi^2 + \eta^2}{1 - \eta^2}, \quad g_3^2 = C^2 (1 + \xi^2)(1 - \eta^2)$$

und daher

$$\Delta u = \frac{1}{C^2 (\xi^2 + \eta^2)} \left[\frac{\partial}{\partial \xi} \left((1 + \xi^2) \frac{\partial u}{\partial \xi} \right) + \frac{\partial}{\partial \eta} \left((1 - \eta^2) \frac{\partial u}{\partial \eta} \right) + \frac{\xi^2 + \eta^2}{(\xi^2 + 1)(1 - \eta^2)} \frac{\partial^2 u}{\partial \varphi^2} \right].$$
$$(27)$$

Die Schwingungsgleichung $\Delta u + k^2 u = 0$ geht durch den Ansatz

$$u = u_1(\xi)\, u_2(\eta)\, u_3(\varphi)$$

über in die drei Differentialgleichungen $(\gamma^2 = C^2 k^2)$

$$-[(1 + \xi^2)\, u_1'(\xi)]' + \left(\lambda - \frac{\mu^2}{1 + \xi^2} - \gamma^2 (1 + \xi^2) \right) u_1(\xi) = 0, \quad (28)$$

$$[(1 - \eta^2)\, u_2'(\eta)]' + \left(\lambda - \frac{\mu^2}{1 - \eta^2} - \gamma^2 (1 - \eta^2) \right) u_2(\eta) = 0, \quad (29)$$

$$u_3''(\varphi) + \mu^2 u_3(\varphi) = 0.$$

5. Elliptische Zylinderkoordinaten. Diese sind eine Verallgemeinerung der gewöhnlichen (Kreis-)Zylinderkoordinaten, wobei in der x,y-Ebene elliptische Koordinaten (II, 2, § 7, 9; II, 1, § 12, 8) eingeführt werden, während die Kote z ungeändert bleibt. Man kann sie wieder aus (5) durch einen Grenzübergang bekommen, wenn man

$$b^2 - c^2 = C^2, \quad b^2 + \lambda = C^2 \operatorname{ch}^2 \xi, \quad b^2 + \mu = C^2 \cos^2 \eta$$

setzt und dann $a \to +\infty$ und $a^2 + v \to z^2$ gehen läßt. Wenn man dann noch x, y, z bzw. durch z, x, y ersetzt, so folgt

$$x = C \operatorname{ch} \xi \cos \eta, \quad y = C \operatorname{sh} \xi \sin \eta, \quad z = z. \quad (30)$$

Damit wird

$$g_1^2 = g_2^2 = C^2 (\operatorname{ch}^2 \xi - \cos^2 \eta), \quad g_3^2 = 1$$

und

$$\Delta u = \frac{1}{C^2 (\operatorname{ch}^2 \xi - \cos^2 \eta)} \left[\frac{\partial^2 u}{\partial \xi^2} + \frac{\partial^2 u}{\partial \eta^2} + C^2 (\operatorname{ch}^2 \xi - \operatorname{sh}^2 \eta) \frac{\partial^2 u}{\partial z^2} \right]. \quad (31)$$

Beschränkt man sich auf die *ebene* $\left(\dfrac{\partial u}{\partial z} = 0\right)$ Schwingungsgleichung $\Delta u + k^2 u = 0$, so folgen aus (31) mit $h^2 = \dfrac{1}{4} C^2 k^2$ durch den Ansatz

$$u = u_1(\xi)\, u_2(\eta)$$

die beiden Differentialgleichungen

$$-u_1''(\xi) + (\lambda - 2\,h^2 \operatorname{ch} 2\,\xi)\, u_1(\xi) = 0 \tag{32}$$

und

$$u_2''(\eta) + (\lambda - 2\,h^2 \cos 2\,\eta)\, u_2(\eta) = 0. \tag{33}$$

(33) heißt *Mathieusche Differentialgleichung*, (32) *modifizierte Mathieusche Differentialgleichung*, ihre Lösungen werden als *Mathieusche* bzw. *modifizierte Mathieusche Funktionen* bezeichnet.

6. Differentialgleichungen mit periodischen Koeffizienten. In der Differentialgleichung

$$y'' + f(x)\, y' + g(x)\, y = 0 \tag{34}$$

seien die Koeffizienten $f(x)$ und $g(x)$ bis auf isolierte singuläre Punkte in der ganzen x-Ebene reguläre und mit ω periodische Funktionen:

$$f(x + \omega) \equiv f(x), \qquad g(x + \omega) \equiv g(x). \tag{35}$$

Es scheint nun zunächst naheliegend, nach periodischen Lösungen der Differentialgleichung (34) zu fragen, aber schon die Diskussion der Differentialgleichung mit konstanten Koeffizienten (III, § 7, 1 bis 2) hat gezeigt, daß periodische Lösungen nur in Ausnahmefällen auftreten, während Lösungen, die der Funktionalgleichung

$$\boxed{y(x + \omega) = \varrho\, y(x)} \tag{36}$$

mit konstantem ϱ genügen, einen der beiden Normalfälle bilden. Solche Lösungen nennt man ähnlich wie in § 9, 2 *multiplikativ*. Wir stellen zunächst fest, daß *mit $y(x)$ stets auch $y(x + \omega)$ eine Lösung ist*; ersetzt man nämlich in (34) überall (auch in y, y', y'') x durch $x + \omega$, so folgt wegen (35)

$$y''(x + \omega) + f(x)\, y'(x + \omega) + g(x)\, y(x + \omega) = 0.$$

Ist also $y_1(x)$, $y_2(x)$ ein Fundamentalsystem von Lösungen von (34), so ist $y_1(x + \omega)$, $y_2(x + \omega)$ ebenfalls ein Fundamentalsystem und daher

$$y_i(x + \omega) = a_{i1}\, y_1(x) + a_{i2}\, y_2(x), \quad i = 1, 2. \tag{37}$$

Soll nun

$$y(x) = c_1\, y_1(x) + c_2\, y_2(x) \tag{38}$$

multiplikativ sein, so folgt wie in § 9, 2

$$(a_{11} - \varrho)\, c_1 + a_{21}\, c_2 = 0,$$

$$a_{12}\, c_1 + (a_{22} - \varrho)\, c_2 = 0,$$

also, da $(c_1, c_2) \neq (0, 0)$ sein soll,

$$\begin{vmatrix} a_{11} - \varrho & a_{21} \\ a_{12} & a_{22} - \varrho \end{vmatrix} = 0, \tag{39}$$

was auch hier als *charakteristische Gleichung* bezeichnet wird. Sind ϱ_1 und ϱ_2 ihre Wurzeln, so nennt man

$$\alpha_i = \frac{1}{\omega}\ln\varrho_i, \tag{40}$$

für die Logarithmen die Hauptwerte genommen, die *charakteristischen Exponenten*.

Ist $\varrho_1 \neq \varrho_2$, so gibt es zwei multiplikative Lösungen η_1, η_2 mit

$$\eta_i(x+\omega) = \varrho_i\,\eta_i(x), \quad i = 1, 2. \tag{41}$$

Die Funktionen $e^{\alpha_i x}$ sind ebenfalls multiplikativ mit denselben Faktoren ϱ_i:

$$e^{\alpha_i(x+\omega)} = e^{\alpha_i x}\,e^{\alpha_i\omega} = \varrho_i e^{\alpha_i x}, \quad i = 1, 2,$$

also sind die Funktionen

$$\eta_i(x)\,e^{-\alpha_i x} = \varphi_i(x), \quad i = 1, 2 \tag{42}$$

mit ω periodisch, und es gilt die Darstellung

$$\boxed{\eta_i(x) = e^{\alpha_i x}\,\varphi_i(x)} \tag{43}$$

der multiplikativen Lösungen von (34) mit Hilfe periodischer Funktionen $\varphi_i(x)$.

Ist jedoch $\varrho_1 = \varrho_2$, so gibt es im allgemeinen nur eine multiplikative Lösung η_1; η_2 sei eine beliebige, von η_1 linear unabhängige Lösung. Dann gilt an Stelle von (37)

$$\left.\begin{aligned}
\eta_1(x+\omega) &= \varrho_1\,\eta_1(x), \\
\eta_2(x+\omega) &= a_{21}\,\eta_1(x) + \varrho_1\,\eta_2(x);
\end{aligned}\right\} \tag{44}$$

daß hier $a_{22} = \varrho_1$ ist, folgt daraus, daß die charakteristische Gleichung die Doppelwurzel ϱ_1 hat. Dann ist

$$\frac{\eta_2(x+\omega)}{\eta_1(x+\omega)} = \frac{\eta_2(x)}{\eta_1(x)} + c$$

mit $c = a_{21}/\varrho_1$. Wegen

$$\frac{c}{\omega}(x+\omega) = \frac{c}{\omega}x + c$$

ist die Differenz

$$\frac{\eta_2(x)}{\eta_1(x)} - \frac{c}{\omega}x = \psi(x) \tag{45}$$

eine mit ω periodische Funktion. Das gibt

$$\eta_2(x) = \frac{c}{\omega}x\,\eta_1(x) + \psi(x)\,\eta_1(x)$$

oder wegen $\eta_1(x) = e^{\alpha_1 x}\varphi_1(x)$, vgl. (43),

$$\left.\begin{aligned}
\eta_1(x) &= e^{\alpha_1 x}\,\varphi_1(x), \\
\eta_2(x) &= e^{\alpha_1 x}\left(\frac{c\,x}{\omega}\varphi_1(x) + \varphi_2(x)\right),
\end{aligned}\right\} \tag{46}$$

wo $\varphi_2(x) = \psi(x)\,\varphi_1(x)$ ebenfalls mit ω periodisch ist. Die Darstellungen (46) treten im Fall einer Doppelwurzel ϱ_1 an die Stelle der Darstellungen (43).

Ich nehme nun an, daß $x = 0$ kein singulärer Punkt der Differentialgleichung (34) ist und bezeichne mit $y_1(x)$ und $y_2(x)$ die Lösungen zu den Anfangsbedingungen

$$y_1(0) = 1, \quad y_1'(0) = 0; \quad y_2(0) = 0, \quad y_2'(0) = 1. \tag{47}$$

Dann folgt aus (37) für $x = 0$

$$y_1(\omega) = a_{11}, \quad y_2(\omega) = a_{21}$$

und durch Differentiation von (37)

$$y_1'(\omega) = a_{12}, \qquad y_2'(\omega) = a_{22}.$$

Die charakteristische Gleichung (39) geht über in

$$\begin{vmatrix} y_1(\omega) - \varrho & y_2(\omega) \\ y_1'(\omega) & y_2'(\omega) - \varrho \end{vmatrix} = 0, \tag{48}$$

womit, so nebenbei, auch ein praktisch brauchbarer Weg zur Berechnung der charakteristischen Exponenten gegeben ist. Die Wronskische Determinante wird, da wegen (47) $W(0) = 1$ ist,

$$W(x) = \begin{vmatrix} y_1(x) & y_2(x) \\ y_1'(x) & y_2'(x) \end{vmatrix} = \exp\left(-\int_0^x f\,dx\right), \tag{49}$$

vgl. III, § 6, 3. Wir bringen die Differentialgleichung (34) durch die Substitution

$$y = \bar{y} \exp\left(-\frac{1}{2}\int f\,dx\right)$$

auf die Gestalt

$$y'' + g(x)\,y = 0, \tag{50}$$

wo statt $\bar{y}$ und $\bar{g}$ wieder y und g geschrieben ist. Hier wird wegen $f \equiv 0$

$$W(x) \equiv 1$$

und die charakteristische Gleichung (48) geht über in

$$\varrho^2 - 2\,A\,\varrho + 1 = 0 \tag{51}$$

mit

$$2\,A = y_1(\omega) + y_2'(\omega) \tag{52}$$

und

$$\varrho_{1,2} = A \pm \sqrt{A^2 - 1}, \qquad \varrho_1\,\varrho_2 = 1. \tag{53}$$

Ich nehme nun weiter an, $g(x)$ sei für reelle x selbst *reell*, für alle x stetig und periodisch mit der *reellen* Periode $\omega > 0$.

Ist dann $|A| > 1$, so sind ϱ_1 und ϱ_2 reell und verschieden. Wegen

$$\ln \varrho_1 > 0, \qquad \ln \varrho_2 = -\ln \varrho_1 < 0$$

(bei geeigneter Numerierung) und (40) ist

$$\lim_{x \to +\infty} \eta_1(x) = +\infty, \qquad \lim_{x \to +\infty} \eta_2(x) = 0$$

und umgekehrt für $x \to -\infty$; die periodischen Funktionen $\varphi_i(x)$ in (43) sind auf jeden Fall beschränkt. Nennt man Lösungen von (34) *stabil* oder *instabil*, je nachdem, ob sie für alle x innerhalb eines bestimmten Streifens liegen oder nicht, so ist also im Fall $|A| > 1$ die allgemeine Lösung von (34) *instabil*.

Ist $|A| < 1$, so sind ϱ_1 und ϱ_2 konjugiert imaginär, $\Re(\ln \varrho_i) = 0$, $|\varrho_i| = 1$ und daher alle Lösungen *stabil*.

Ist $A = 1$, so wird $\varrho_1 = \varrho_2 = 1$, $\alpha_i = 0$ und nach (46) mit $\varphi_3(x) = \dfrac{c}{\omega}\,\varphi_1(x)$

$$\eta_1(x) = \varphi_1(x), \qquad \eta_2(x) = \varphi_2(x) + x\,\varphi_3(x);$$

η_1 ist rein periodisch und daher stabil, η_2 ist instabil, außer wenn $\varphi_3 \equiv 0$ ist.

Ist schließlich $A = -1$, so wird $\varrho_1 = \varrho_2 = -1$, $\ln \varrho_1 = j\,\pi$,

$$\eta_1(x) = e^{j\frac{\pi x}{\omega}}\,\varphi_1(x), \qquad \eta_2(x) = e^{j\frac{\pi x}{\omega}}\,(\varphi_2(x) + x\,\varphi_3(x)).$$

Wieder ist η_1 rein periodisch (mit der Periode 2ω) und η_2 instabil, wenn nicht $\varphi_3 \equiv 0$ ist.

Wir versuchen noch, Stabilitätskriterien aus der Differentialgleichung (50) selbst zu gewinnen. Maßgebend ist natürlich der Koeffizient $g(x)$.

Es sei $g(x) \leq 0$, aber nicht $\equiv 0$. Sind $y_i(x)$ wieder die Lösungen zu den Anfangsbedingungen (47), so folgt aus (50)

$$y_1'(x) = -\int_0^x g(x)\, y_1(x)\, dx. \tag{54}$$

Wegen $y_1(0) = 1$ ist für hinreichend kleine x

$$y_1(x) > 0$$

und wegen (54)

$$y_1'(x) > 0,$$

also $y_1(x)$ *steigend*. Das muß aber dann nicht nur für hinreichend kleine, sondern für alle $x > 0$ gelten. Denn ist etwa $y_1'(x_0) < 0$, $x_0 > 0$, so muß nach (54) schon vorher, d. h. für $x < x_0$, $y_1(x) < 0$ geworden sein, was aber offenbar ein Widerspruch ist. Es ist also stets

$$y_1'(x) > 0, \quad y_1(x) > 1 \ \text{für} \ x > 0$$

und insbesondere

$$y_1(\omega) > 1. \tag{55}$$

Für $y_2(x)$ folgt aus (50) wegen (47)

$$y_2'(x) = 1 - \int_0^x g(x)\, y_2(x)\, dx, \tag{56}$$

aus $y_2'(0) = 1$, $y_2(0) = 0$ folgt, daß für genügend kleine $x > 0$

$$y_2(x) > 0 \quad \text{und} \quad y_2'(x) > 1$$

und $y_2(x)$ steigend ist. Wäre nun $y_2'(x_0) < 1$ an einer Stelle $x_0 > 0$, so muß nach (56) schon vorher $y_2(x) < 0$ und daher auch $y_2'(x) < 1$ geworden sein, was wieder ein Widerspruch ist. Also ist stets $y_2(x) > 0$ und $y_2'(x) > 1$ für alle $x > 0$ und insbesondere

$$y_2'(\omega) > 1.$$

Daher ist nach (52)

$$2A = y_1(\omega) + y_2'(\omega) > 2 \tag{57}$$

und $A > 1$, also sind die Lösungen instabil.

Wesentlich schwieriger ist der Fall $g(x) \geq 0$ ($\not\equiv 0$) zu erledigen. Eine hinreichende Bedingung für stabile Lösungen hat der russische Mathematiker LJAPUNOW 1892 angegeben, die ich hier ohne Beweis anführe: Es muß noch

$$\omega \int_0^\omega g(x)\, dx \leq 4 \tag{58}$$

sein.

7. Die Differentialgleichungen von Hill und Mathieu. Hängt die Funktion $g(x)$ in (50) in der Gestalt

$$g(x) = \lambda + \varphi(x)$$

noch von einem Parameter λ ab, so wird die so entstehende Differentialgleichung

$$y'' + (\lambda + \varphi(x))\, y = 0 \tag{59}$$

als *Hillsche Differentialgleichung* bezeichnet; dabei ist natürlich weiterhin $\varphi(x)$ eine *periodische Funktion*. So ziemlich alle bisher behandelten speziellen Differentialgleichungen, nämlich die von LEGENDRE, BESSEL, WHITTAKER, LAGUERRE und HERMITE lassen sich durch geeignete Substitutionen in eine Hillsche Differentialgleichung überführen. Dasselbe gilt von der Laméschen Differentialgleichung (Ziffer 2), während sich die Mathieusche Differentialgleichung (33) unmittelbar als Sonderfall von (59) erweist.

Für das Folgende sei $\varphi(x)$ reell und habe die reelle Periode $\omega > 0$. Die Diskriminante

$$A^2 - 1 = (A - 1)(A + 1) = F_0(\lambda)\, F_1(\lambda)$$

der charakteristischen Gleichung (51) ist eine Funktion von λ, die wir in die beiden Faktoren

$$F_0(\lambda) = A - 1, \qquad F_1(\lambda) = A + 1$$

zerlegen. Wegen

$$F_1 - F_0 = 2$$

können F_1 und F_0 nie zugleich verschwinden; ist $F_0 = 0$, so ist $F_1 = 2$, daher $\varrho_1 = \varrho_2 = 1$, und es gibt eine mit ω periodische Lösung, die man als *ganzperiodische Lösung* bezeichnet. Ist $F_1 = 0$, so ist $F_0 = -2$, daher $\varrho_1 = \varrho_2 = -1$, und es gibt eine mit 2ω periodische Lösung, die dann *halbperiodische Lösung* heißt, weil ja

$$y(x + 2\omega) = -y(x + \omega) = y(x)$$

ist. Man nennt die Wurzeln der Gleichung $F_0 = 0$ *ganzperiodische Eigenwerte*, von $F_1 = 0$ *halbperiodische Eigenwerte* der Differentialgleichung (59). Es handelt sich dabei um die Randwertaufgabe der Periodizität (§ 10, 5)

$$y(a + \omega) = y(a), \qquad y'(a + \omega) = y'(a).$$

Aus den Sätzen von § 10, 5 und insbesondere aus dem Oszillationstheorem § 10, 6 folgt:

Es gibt abzählbar unendlich viele ganz- und halbperiodische Eigenwerte

$$\alpha_0,\ \alpha_2,\ \alpha_4,\ \ldots \text{ bzw. } \alpha_1,\ \alpha_3,\ \alpha_5,\ \ldots,$$

und zwar ist

$$\alpha_0 < \alpha_1 \leqq \alpha_3 < \alpha_2 \leqq \alpha_4 < \alpha_5 \leqq \alpha_7 < \ldots, \tag{60}$$

denn es gibt höchstens zweifache Eigenwerte (§ 10, 5), anderseits kann aber nach der obigen Bemerkung über die Nullstellen von $F_1(\lambda)$ und $F_0(\lambda)$ nie ein ganzperiodischer mit einem halbperiodischen Eigenwert zusammenfallen.

Für negative, dem Betrag nach hinreichend große λ ist

$$g(x) = \lambda + \varphi(x) < 0,$$

also gibt es nur instabile Lösungen und es ist $|A| > 1$ und wegen (57) insbesondere $A > 1$, also $F_1 > 0$ und $F_0 > 0$. Der kleinste Eigenwert α_0 ist daher ganzperiodisch. Somit ist

$$F_0 > 0 \quad \text{für} \quad \lambda < \alpha_0, \quad \alpha_{4\nu-2} < \lambda < \alpha_{4\nu},$$

$$F_0 < 0 \quad \text{für} \quad \alpha_{4\nu-4} < \lambda < \alpha_{4\nu-2},$$

$$F_1 > 0 \quad \text{für} \quad \lambda < \alpha_1, \quad \alpha_{4\nu-1} < \lambda < \alpha_{4\nu+1},$$

$$F_1 < 0 \quad \text{für} \quad \alpha_{4\nu-3} < \lambda < \alpha_{4\nu-1}, \quad \nu = 1, 2, \ldots;$$

man vergleiche die — völlig schematische — Abb. 40. Es wechseln also (stark gezeichnet) Intervalle stabiler Lösungen mit Intervallen instabiler Lösungen ab. Im Falle eines doppelten Eigenwertes (z. B. $\alpha_1 = \alpha_3$ oder $\alpha_2 = \alpha_4$) fällt natürlich das entsprechende Intervall aus, die zugehörige Lösung gilt als stabil.

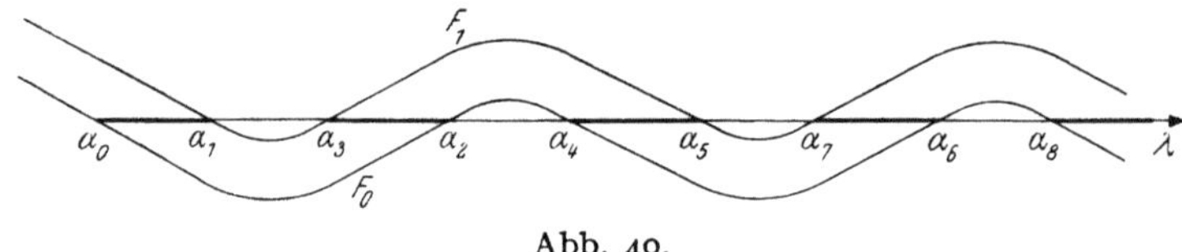

Abb. 40.

Für die *Mathieusche Differentialgleichung*

$$y'' + (\lambda - 2\,h^2 \cos 2\,x)\,y = 0,\tag{61}$$

die von zwei Parametern λ und h^2 abhängt, gibt die Abb. 41 Aufschluß über die Verteilung der stabilen und instabilen Lösungen. Dabei sind die ganzperiodischen

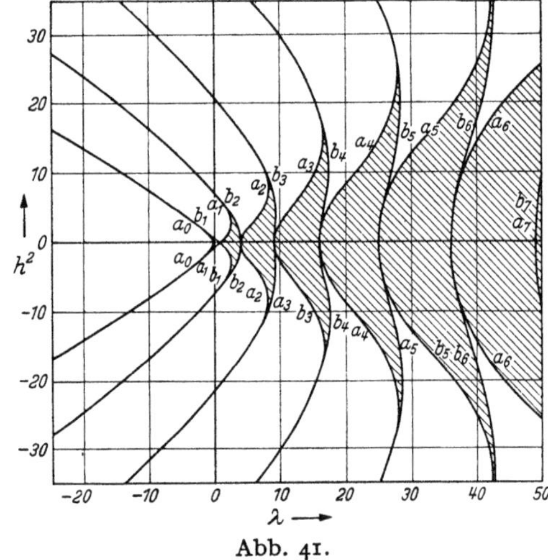

Abb. 41.

Eigenwerte mit $a_{2\nu}$ und $b_{2\nu+2}$, die halbperiodischen mit $a_{2\nu+1}$ und $b_{2\nu+1}$ bezeichnet ($\nu = 0, 1, 2, \ldots$); man nimmt für $h^2 < 0$

$$a_0 < a_1 \leqq b_1 < b_2 \leqq a_2 < a_3 \leqq b_3 < \ldots$$

und für $h^2 > 0$

$$a_0 < b_1 \leqq a_1 < b_2 \leqq a_2 < b_3 \leqq a_3 < \ldots.$$

In der Abb. 41 sind die Kurven $\lambda = a_\nu(h^2)$ und $\lambda = b_{\nu+1}(h^2)$, $\nu = 0, 1, 2, \ldots$ gezeichnet und die Gebiete stabiler Lösungen schraffiert.

Für $h^2 = 0$ hat man die ganzperiodischen Lösungen

$$\cos 2\,\nu\,x, \quad \sin(2\,\nu + 2)\,x$$

(Periode π) und die halbperiodischen Lösungen

$$\cos(2\,\nu + 1)\,x, \quad \sin(2\,\nu + 1)\,x,$$

$\nu = 0, 1, 2, \ldots$; alle anderen Lösungen $\cos\sqrt{\lambda}\,x$, $\sin\sqrt{\lambda}\,x$ sind für $\lambda > 0$ ebenfalls periodisch (und stabil), aber nicht mit der Periode π der Funktion $\varphi(x) = -2\,h^2 \cos 2\,x$, sondern mit der Periode $\omega = 2\,\pi/\sqrt{\lambda}$. Für $\lambda < 0$ sind die Lösungen $e^{\sqrt{-\lambda}\,x}$, $e^{-\sqrt{-\lambda}\,x}$ instabil.

IV. Grundzüge der Potentialtheorie.

§ 14. Die Newtonschen Potentiale.

1. Die Laplacesche Differentialgleichung in der Ebene und im Raum. Die Potentialtheorie ist die Theorie der Laplaceschen Differentialgleichung und ihrer Lösungen, die man als *Potentialfunktionen* oder *harmonische Funktionen* bezeichnet. Wir werden uns in diesem Abschnitt mit den allgemeinen Eigenschaften harmonischer Funktionen und im nächsten Abschnitt mit den *Randwertaufgaben*, d. h. mit der Frage beschäftigen, wann zu vorgegebenen Randbedingungen Lösungen existieren und wie man diese konstruieren kann.

Die Laplacesche Differentialgleichung in der Ebene

$$\Delta u = \frac{\partial^2 u}{\partial x^2} + \frac{\partial^2 u}{\partial y^2} = 0 \tag{1}$$

und die harmonischen Funktionen von zwei Variablen sind in III, insbesondere § 22 und 28, im Zusammenhang mit der Theorie der komplexen Funktionen behandelt worden. Das erste und wichtigste Ergebnis war, daß *jede harmonische Funktion, also jede in einem Gebiet $\mathfrak{G}$ zweimal stetig differenzierbare Funktion $u(x, y)$, die in $\mathfrak{G}$ der Gleichung (1) genügt, in $\mathfrak{G}$ auch regulär ist,* d. h. in der Umgebung eines beliebigen Punktes x_0, y_0 von $\mathfrak{G}$ durch eine konvergente Potenzreihe dargestellt werden kann. Ich erwähne noch den Begriff der *harmonischen Fortsetzung*, der sich unmittelbar aus dem der analytischen Fortsetzung komplexer Funktionen ergibt, sowie das *Maximum-Minimum-Prinzip*: *Eine nicht konstante, in einem Gebiet $\mathfrak{G}$ harmonische und am Rand von $\mathfrak{G}$ zumindest stetige Funktion nimmt ihr Maximum und Minimum stets nur am Rand von $\mathfrak{G}$ an* und schließlich die Lösung *der ersten Randwertaufgabe* für den Kreis durch das Poissonsche Integral (alles in III, § 28). Die Theorie der Laplaceschen Differentialgleichung in der Ebene bedarf daher nur noch verhältnismäßig weniger Ergänzungen.

Anders steht es dagegen mit der Laplaceschen Differentialgleichung

$$\Delta U = \partial_i \partial_i U = \frac{\partial^2 U}{\partial x_1^2} + \frac{\partial^2 U}{\partial x_2^2} + \frac{\partial^2 U}{\partial x_3^2} = 0 \tag{2}$$

im Raum. Man nennt auch hier jede zweimal stetig differenzierbare Funktion $U(x_1, x_2, x_3)$, die der Gleichung (2) genügt, eine *Potentialfunktion* oder *harmonische Funktion*. Es wird sich im folgenden sehr wesentlich darum handeln, zu zeigen, daß die Eigenschaften dieser harmonischen Funktionen von drei Variablen weitgehend denen der harmonischen Funktionen von zwei Variablen entsprechen.

Die allgemeinste lineare partielle Differentialgleichung zweiter Ordnung hat die Gestalt

$$L(U) = A_{ij}\, \partial_i \partial_j U + 2\, B_i\, \partial_i U + C\, U = \Phi, \tag{3}$$

wo die Koeffizienten A_{ij}, B_i, C und Φ Funktionen des Ortes sind; man nennt (3) *homogen*, wenn $\Phi \equiv 0$ ist, sonst *inhomogen*, und zwar *elliptisch*, wenn die quadratische Form $A_{ij} X_i Y_j$ positiv definit ist, was bei (2) wegen $A_{ij} = \delta_{ij}$ zutrifft; (2) ist offenbar die einfachste homogene elliptische Differentialgleichung mit drei unabhängigen Veränderlichen. Die zugehörige inhomogene Gleichung ist

$$\Delta U = \partial_i \partial_i U = \Phi(x_1, x_2, x_3); \tag{4}$$

sie wird als *Poissonsche Differentialgleichung* bezeichnet.

Die Funktion U und ebenso die rechte Seite Φ in (4) ist in allen physikalischen Anwendungen eine Invariante (Skalar) im allgemeinen Sinn von III, § 19, 5: U und Φ bleiben bei jeder zulässigen, d. h. umkehrbar eindeutigen, stetigen und mindestens zweimal (wegen des Operators Δ) stetig differenzierbaren Transformation der Koordinaten ungeändert. $U(x_1, x_2, x_3)$ ist auch im folgenden stets ein *Skalarfeld*. Wenn nichts anderes angegeben ist, sind x_i stets rechtwinkelige Cartesische Koordinaten.

Noch eine Bemerkung über die Bezeichnungen, die ich im folgenden benütze: X ist der Punkt mit den Koordinaten x_i, ebenso Y der Punkt mit den Koordinaten y_i usw.; ich schreibe demgemäß eine Ortsfunktion im Raum kurz $U(X)$ statt $U(x_1, x_2, x_3)$ usw. Differentiationen nach x_i und nur diese sind mit $\partial_i = \dfrac{\partial}{\partial x_i}$ geschrieben; wo aber, wie das oft der Fall ist, auch die y_i als unabhängige Veränderliche vorkommen, schreibe ich immer $\dfrac{\partial}{\partial x_i}$ und $\dfrac{\partial}{\partial y_i}$, um alle Möglichkeiten eines Mißverständnisses auszuschließen. Bei Integrationen ist ds das Bogenelement einer Kurve $x_i = \alpha_i(s)$, df das Flächenelement und $df_i = \nu_i\, df$ das vektorielle Flächenelement einer Fläche $x_i = x_i(u, v)$. ν_i ist der Normalenvektor der Fläche, stets mit einer bestimmten Orientierung, die bei einer einfach geschlossenen Fläche stets nach außen geht. Das Volumselement bezeichne ich mit dV, um Verwechslungen mit dem totalen Differential dV einer Funktion $V(X)$ zu vermeiden. Das Summationsübereinkommen ist im folgenden in Kraft.

2. Die Spiegelung an Kreis und Kugel und das Verhalten harmonischer Funktionen im Unendlichen. Diese auch als *Inversion* bezeichnete Transformation habe ich für den Fall der Ebene in II, 2, § 7, 2 (II, 1, § 12, 2) und in III, § 23, 2 untersucht[1]. Für einen Kreis $\Re$ mit beliebigem Radius $a > 0$ läßt sie sich in der Gestalt

$$\zeta = \frac{a^2}{\bar{z}} \tag{5}$$

schreiben, wo $z = x + j\, y$, $\bar{z} = x - j\, y$ und $\zeta = \xi + j\, \eta$ ist. In Real- und Imaginärteil zerlegt gibt das

$$\boxed{\;\xi = \frac{a^2\, x}{x^2 + y^2}, \quad \eta = \frac{a^2\, y}{x^2 + y^2}.\;} \tag{6}$$

Die Funktion auf der rechten Seite von (5) ist nirgends regulär (III, § 22, 4); betrachten wir aber an Stelle von (5) die konjugiert komplexe Transformation

$$\zeta_1 = \frac{a^2}{z}, \tag{7}$$

so ist $\dfrac{a^2}{z}$ für alle $z \neq 0$ regulär. Geometrisch ergibt sich (7) aus (5), wenn man noch eine Spiegelung an der reellen Achse (Übergang zur konjugiert komplexen Zahl) ausführt. Es sei nun $u(x, y)$ eine in einem Gebiet $\mathfrak{G}$ der z-Ebene harmonische Funktion, also $\Delta u = 0$ in $\mathfrak{G}$. Ist $v(x, y)$ die konjugiert harmonische Funktion, so ist

$$w = f(z) = u(x, y) + j\, v(x, y)$$

---

[1] Ich erinnere daran, daß das Wort „Spiegelung" hier nichts mit einer Spiegelung im optischen Sinn zu tun hat. Die in Band II und III verwendete Bezeichnung „Transformation durch reziproke Radien" paßt nur für den Fall $a = 1$, also für den Einheitskreis, weil nur dann $|\zeta| = 1/|z|$ ist.

in $\mathfrak{G}$ regulär. Dann ist die zusammengesetzte Funktion

$$w_1 = f\left(\frac{a^2}{z}\right) = u(\xi, -\eta) + j\,v(\xi, -\eta)$$

im gespiegelten Gebiet $\overline{\mathfrak{G}}$ regulär und daher $u(\xi, -\eta)$ in $\overline{\mathfrak{G}}$ harmonisch. Dasselbe gilt aber dann auch, wie man unmittelbar einsieht, für die Funktion $u(\xi, \eta)$. Es gilt also:

Ist $u(x, y)$ harmonisch in einem Gebiet $\mathfrak{G}$, so ist

$$u(\xi, \eta) = u\left(\frac{a^2\,x}{x^2 + y^2},\ \frac{a^2\,y}{x^2 + y^2}\right) = U(x, y) \tag{8}$$

harmonisch in dem an $\mathfrak{K}$ gespiegelten Gebiet $\overline{\mathfrak{G}}$.

Der enge Zusammenhang, der in der Ebene zwischen den harmonischen Funktionen und den regulären Funktionen einer komplexen Variablen besteht, ist der Grund, warum man in der Theorie der harmonischen Funktionen von zwei Variablen die x,y-Ebene als Gaußsche Zahlenebene auffaßt und demgemäß von *einem* unendlich fernen Punkt der Ebene spricht.

Die komplexe Funktion $f(z)$ heißt (III, § 23, 2) regulär im Punkt $z = \infty$, wenn die Funktion

$$\varphi(\zeta) = f\left(\frac{1}{\zeta}\right)$$

im Punkt $\zeta = 0$ regulär ist. Demgemäß nennt man eine harmonische Funktion $U(x, y)$ im Unendlichen regulär, wenn die nach (8) entsprechende Funktion $u(\xi, \eta)$ im Nullpunkt regulär ist. Das gibt sofort als erste Bedingung die Existenz des eigentlichen Grenzwertes ($\varrho = x^2 + y^2$)

$$\boxed{\lim_{\varrho \to \infty} U(x, y) = c.} \tag{9}$$

Aus

$$\varphi'(\zeta) = -f'\left(\frac{1}{\zeta}\right) \cdot \frac{1}{\zeta^2} = -z^2\,f'(z)$$

(oder durch direkte Rechnung) folgt weiter

$$u_\xi = -\varrho^2\,(U_x \cos 2\,\varphi + U_y \sin 2\,\varphi) \tag{10}$$

und ein analoger Ausdruck für u_η. Ist $\varphi'(\zeta)$ in einer Umgebung $\mathfrak{U}(0)$ beschränkt und regulär für $\zeta \neq 0$, so gibt es in $\varphi'(0)$ höchstens eine hebbare Unstetigkeit, und es wird nach geeigneter Verfügung über $\varphi'(0)$, $\varphi'(\zeta)$ auch regulär für $\zeta = 0$. Ist also $z^2\,f'(z)$ für $|z| > R$ beschränkt und regulär, so wird wegen (10)

$$\boxed{U_x = o\left(\frac{1}{\varrho^2}\right), \qquad U_y = o\left(\frac{1}{\varrho^2}\right)} \tag{11}$$

notwendig und hinreichend für die Regularität in $z = \infty$.

Die zu (6) analoge räumliche Transformation

$$\xi_i = \frac{a^2}{\varrho^2}\,x_i \tag{12}$$

heißt *Inversion* oder *Spiegelung an der Kugel* $x_i\,x_i = a^2$, $a > 0$. Dabei ist $\varrho^2 = x_i\,x_i$ ($\varrho > 0$) gesetzt. Die Umkehrung von (12) ist

$$x_i = \frac{a^2}{\sigma^2}\,\xi_i \tag{13}$$

mit $\sigma^2 = \xi_i\,\xi_i$ ($\sigma > 0$). Es folgt $\sigma = \dfrac{a^2}{\varrho}$ und $\sigma > a,\ = a,\ < a$, je nachdem

$\varrho < a, = a, > a$ ist, so daß die Punkte der Kugel mit der Gleichung $x_i\,x_i = a^2$ festbleiben, während das Innere von $\Re$ auf das Äußere und umgekehrt abgebildet wird.

Ich zeige weiter, daß die Inversion *konform* und *kugeltreu* ist, wenn man Ebenen als Grenzfälle von Kugeln betrachtet. Es seien $x_i(u)$ und $y_i(v)$ zwei Kurven im Raum, die sich im Punkt $x_i(0) = y_i(0)$ unter dem Winkel φ schneiden. Setzt man noch $\tau^2 = y_i\,y_i$, so wird $\varrho(0) = \tau(0)$ und aus (12) und $\eta_i = \dfrac{a^2}{\tau^2}\,y_i$ folgt

$$\dot\xi_i = \frac{a^2}{\varrho^4}\,(\varrho^2\,\dot x_i - 2\,x_j\,\dot x_j\,x_i), \qquad \dot\eta_i = \frac{a^2}{\tau^4}\,(\tau^2\,\dot y_i - 2\,y_k\,\dot y_k\,y_i)$$

und daher für den Winkel ψ der gespiegelten Kurven im Schnittpunkt $u = v = 0$

$$\cos\psi = \frac{\dot\xi_i\,\dot\eta_i}{\sqrt{\dot\xi_j\,\dot\xi_j\,\dot\eta_k\,\dot\eta_k}} = \frac{\dot x_i\,\dot y_i}{\sqrt{\dot x_j\,\dot x_j\,\dot y_k\,\dot y_k}} = \cos\varphi,$$

die Abbildung (12) ist konform. Ist ferner

$$\alpha\,x_i x_i + 2\,\beta_i\,x_i + \gamma = 0$$

die Gleichung einer beliebigen Kugel (Ebene für $\alpha = 0$), so wird daraus

$$\alpha\,a^4 + 2\,a^2\,\beta_i\,\xi_i + \gamma\,\xi_i\,\xi_i = 0,$$

d. h. es werden Kugeln auf Kugeln und insbesondere Kugeln durch den Ursprung ($\gamma = 0$) auf Ebenen abgebildet und umgekehrt ($\alpha = 0$). Der Mittelpunkt der Kugel $\Re$, die einer Ebene $\mathfrak{E}$ entspricht, liegt auf der durch den Ursprung gehenden Normalen von $\mathfrak{E}$; da $\Re$ durch den Ursprung geht, ist $\Re$ durch ein Paar entsprechender Punkte eindeutig bestimmt.

Die Transformation (12) ist umkehrbar eindeutig und stetig, solange nicht $\varrho = 0$ oder $\sigma = 0$ ist. $\sigma \to 0$ gibt $\varrho \to \infty$ und der Punkt X rückt ins Unendliche und umgekehrt. Will man die Eineindeutigkeit der Abbildung auch in diesem Fall aufrecht halten, so muß man genau so wie in der Ebene die Menge der unendlich fernen Punkte des Raumes aus einem einzigen Punkt bestehen lassen. Tatsächlich ist diese Auffassung des Unendlichen im Raum in der Potentialtheorie durchaus üblich: Man spricht kurz von „dem unendlich fernen Punkt des Raumes", der in der Inversion umkehrbar eindeutig dem Punkt $X = 0$ ($x_i = 0$) zugeordnet ist. Unter einer *Umgebung des unendlich fernen Punktes* ist dann die Menge aller Punkte im Äußern einer einfachen geschlossenen Fläche (z. B. im Äußern einer Kugel mit beliebigem Mittelpunkt und Radius) zu verstehen.

Aus (12) entnimmt man, daß die Flächen $\xi_i =$ konst. drei Scharen von Kugeln sind, die durch den Ursprung gehen und dort die Ebenen $\xi_i = 0$ berühren, die mit den Ebenen $x_i = 0$ zusammenfallen (d. h. diese Ebenen bleiben bei der Inversion als ganze, nicht punktweise fest). Wir berechnen den Maßtensor g_{ij} im System x_i. Es wird[1]

$$d\xi_i = \left(\frac{a^2}{\varrho^2}\,\delta_{ij} - 2\,\frac{a^2}{\varrho^4}\,x_i\,x_j\right)dx_j,$$

daher

$$d\xi_i\,d\xi_i = \frac{a^4}{\varrho^4}\,dx_i\,dx_i$$

und

$$g_{11} = g_{22} = g_{33} = \frac{a^4}{\varrho^4}, \qquad g_{ij} = 0 \ \text{für} \ i \neq j.$$

---

[1] Vergleiche die folgenden Formeln (19), in denen $y_i = 0$ und damit $r = \varrho$, $r_i = x_i$ zu nehmen ist.

Aus der Formel (77) von III, § 19, 11 folgt somit[1], wenn $U(\xi_1, \xi_2, \xi_3)$ eine beliebige, in einem Gebiet $\mathfrak{G}$ zweimal stetig differenzierbare Funktion ist,

$$\Delta_\xi U = \frac{\partial^2 U}{\partial \xi_i \partial \xi_i} = \frac{\varrho^6}{a^6} \partial_i \left(\frac{a^2}{\varrho^2} \partial_i U \right) = \frac{\varrho^6}{a^6} \left(\frac{a^2}{\varrho^2} \partial_i \partial_i U + 2 \frac{a^2}{\varrho} \partial_i \frac{1}{\varrho} \partial_i U \right) =$$

$$= \frac{\varrho^5}{a^4} \left(\partial_i \partial_i \frac{U}{\varrho} - U \partial_i \partial_i \frac{1}{\varrho} \right) = \frac{\varrho^5}{a^4} \left(\Delta_x \frac{U}{\varrho} - U \Delta_x \frac{1}{\varrho} \right).$$

Wegen $\Delta_x \frac{1}{\varrho} = 0$ für $\varrho \neq 0$, $\Delta_x = \partial_i \partial_i = \frac{\partial^2}{\partial x_i \partial x_i}$, bleibt

$$\Delta_\xi U = \frac{\varrho^5}{a^4} \Delta_x \frac{U}{\varrho}. \tag{14}$$

Ist $\Delta_\xi U = 0$, also U harmonisch in $\mathfrak{G}$, so folgt aus (14), daß auch $\Delta_x \frac{U}{\varrho} = 0$, also U/ϱ harmonisch im gespiegelten Gebiet $\overline{\mathfrak{G}}$ ist. Oder (Vertauschung der Bezeichnungen ξ und x):

Ist $U(x_1, x_2, x_3)$ harmonisch in einem Gebiet $\mathfrak{G}$, so ist die Funktion

$$\frac{1}{\varrho} U\left(\frac{a^2}{\varrho^2} x_1, \frac{a^2}{\varrho^2} x_2, \frac{a^2}{\varrho^2} x_3 \right) = V(x_1, x_2, x_3) \tag{15}$$

harmonisch im gespiegelten Gebiet $\overline{\mathfrak{G}}$.

Mit dem Faktor $1/\varrho$ auf der linken Seite von (15) zeigt sich ein sehr wesentlicher Unterschied gegenüber der entsprechenden Beziehung (8) in der Ebene. Wir wollen uns noch überlegen, wie man auf Grund von (15) in zweckmäßiger Weise festlegen kann, wann sich *eine harmonische Funktion im Unendlichen regulär verhält.* Schreibt man (15) in der Gestalt

$$U(\xi_1, \xi_2, \xi_3) = \varrho\, V(x_1, x_2, x_3), \tag{16}$$

so erkennen wir sofort, daß

$$\lim_{\varrho \to \infty} \varrho\, V(x_1, x_2, x_3) = c,$$

also

$$\boxed{V = 0\left(\frac{1}{\varrho} \right)} \tag{17}$$

sein muß. Differentiation der Identität (16) gibt

$$\varrho\, \partial_i V + V \partial_i \varrho = \frac{\partial U}{\partial \xi_j} \frac{\partial \xi_j}{\partial x_i}$$

oder

$$\varrho\, \partial_i V + \frac{x_i}{\varrho} V = \frac{\partial U}{\partial \xi_j} \left(\frac{a^2}{\varrho^2} \delta_{ij} - 2 \frac{a^2}{\varrho^4} x_i x_j \right)$$

oder schließlich, nach Multiplikation mit ϱ,

$$\varrho^2 \partial_i V + x_i V = \frac{1}{\varrho} \frac{\partial U}{\partial \xi_j} \left(a^2 \delta_{ij} - 2 a^2 \frac{x_i x_j}{\varrho^2} \right).$$

Für $\varrho \to \infty$ geht die rechte Seite gegen Null, während links $|x_i V|$ wegen $|x_i| \leq \varrho$ gemäß (17) beschränkt bleibt. Damit ergibt sich die weitere Forderung *der Beschränktheit von $\varrho^2 \partial_i V$ für $\varrho \to \infty$* oder

$$\boxed{\partial_i V = 0\left(\frac{1}{\varrho^2} \right), \quad i = 1, 2, 3.} \tag{18}$$

---

[1] **Man** beachte bei der folgenden Umformung $(f\, g)'' = f'' g + 2 f' g' + f g''$, also $f g'' + 2 f' g' = (f\, g)'' - f'' g$ mit $f = 1/\varrho$, $g = U$.

Während (18) dasselbe ist wie (11), unterscheidet sich (17) sehr wesentlich von (9). So ist z. B. eine Konstante in der Ebene nach (9) im Unendlichen regulär, im Raum aber wegen (17) nicht.

Ich erwähne schließlich, daß sich bei der Untersuchung der allgemeinen konformen Abbildungen des Raumes ein sehr wesentlicher Unterschied gegenüber den konformen Abbildungen der Ebene zeigt: Während hier jede reguläre komplexe Funktion eine konforme Abbildung vermittelt, gibt es im Raum nur zwei wesentlich verschiedene Typen konformer Abbildungen, nämlich die Inversion, die mit einem beliebigen Mittelpunkt α_i

$$\overline{x}_i - \alpha_i = \frac{a^2}{r^2}(x_i - \alpha_i),$$

$r^2 = (x_i - \alpha_i)(x_i - \alpha_i)$ lautet, und die *Ähnlichkeitstransformation*

$$\overline{x}_i - \beta_i = \lambda(x_i - \beta_i),$$

die eine Streckung im festen Verhältnis λ vom Punkt β_i (Ähnlichkeitszentrum) aus bedeutet. Selbstverständlich sind auch alle aus diesen beiden zusammengesetzten Transformationen konform. Auf einen Beweis will ich hier verzichten[1].

3. Das kugelsymmetrische Feld. Wir suchen zunächst einmal besonders einfache Lösungen der Laplaceschen Differentialgleichung, die durch bestimmte Symmetrieeigenschaften charakterisiert sind, und betrachten als ersten den Fall, daß U nur vom Abstand $r \geq 0$ des Punktes X von dem — zunächst festgehaltenen — Punkt Y abhängt. Ich setze noch

$$r_i = x_i - y_i,$$

so daß r_i der von Y nach X weisende Vektor und $r^2 = r_i r_i$ ist, und stelle gleich einige Differentiationsformeln zusammen, die wir im folgenden immer wieder brauchen werden (k ganz, $r > 0$):

$$\partial_i r^k = k\, r^{k-2} r_i, \quad \partial_i(r^k r_j) = r^{k-2}(r^2 \delta_{ij} + k\, r_i r_j), \quad \partial_i(r^k r_i) = (k+3)\, r^k; \quad (19)$$

hier ist überall wie vereinbart (Ziffer 1) $\partial_i = \dfrac{\partial}{\partial x_i}$. Ferner ist

$$\frac{\partial r_i}{\partial y_i} = -\frac{\partial r_i}{\partial x_i} \quad \text{und} \quad \frac{\partial r}{\partial y_i} = -\frac{\partial r}{\partial x_i}; \quad (20)$$

alle Formeln (19) erhalten rechts ein negatives Vorzeichen, wenn wir $\partial_i = \dfrac{\partial}{\partial x_i}$ durch $\dfrac{\partial}{\partial y_i}$ ersetzen.

Und nun zu unserer Aufgabe! Aus $U = U(r)$ folgt (die Striche bedeuten Ableitungen nach r)

$$\partial_i U = U'(r)\, \partial_i r = U'(r)\, \frac{r_i}{r},$$

$$\partial_j \partial_i U = U''(r)\, \partial_i r\, \partial_j r + U'(r)\, \partial_j \frac{r_i}{r} = U'' \frac{r_i r_j}{r^2} + U' \frac{1}{r^3}(r^2 \delta_{ij} - r_i r_j)$$

und

$$\Delta U = \partial_i \partial_i U = U'' + \frac{2}{r} U'.$$

Aus $\Delta U = 0$ wird also

$$U'' + \frac{2}{r} U' = 0$$

und daher

$$U = -\frac{m}{r} + a, \quad (21)$$

[1] Vergleiche W. BLASCHKE, Vorlesungen über Differentialgeometrie I (Berlin 1921), § 40.

mit den Konstanten $- m$ und a; ich werde gleich erklären, warum ich hier $- m$ schreibe. In der Regel nimmt man noch $a = 0$, so daß

$$U = - \frac{m}{r}, \quad r > 0 \tag{22}$$

im Unendlichen verschwindet. Ich bilde noch den *Feldvektor* (Gradienten)

$$A_i = \partial_i U = m \frac{r_i}{r^3} \tag{23}$$

und seinen Betrag

$$A = \sqrt{A_i A_i} = \frac{|m|}{r^2}, \quad r > 0. \tag{24}$$

Man pflegt den Punkt X als *Aufpunkt*, den Punkt Y als *Quelle* oder *Quellpunkt* und m als *Belegung* oder *Quellstärke* des Punktes Y zu bezeichnen und sagt, das Feld $U(X)$ werde vom Quellpunkt Y erzeugt.

Jedes Potential (22) wird als *Newtonsches Potential* bezeichnet. Aus der Homogenität der Laplaceschen Differentialgleichung folgt die Additivität der Potentiale: Befinden sich in den Punkten $\overset{\alpha}{Y}$ die Belegungen $\overset{\alpha}{m}$, $\alpha = 1, 2, \ldots, n$, so erzeugen sie im Aufpunkt X das Potential

$$U = \sum_{\alpha=1}^{n} \overset{\alpha}{U} = - \sum_{\alpha=1}^{n} \frac{\overset{\alpha}{m}}{\overset{\alpha}{r}}, \tag{25}$$

wo

$$\overset{\alpha}{r_i} = x_i - \overset{\alpha}{y_i}, \quad \overset{\alpha}{r} = \sqrt{\overset{\alpha}{r_i}\,\overset{\alpha}{r_i}}$$

gesetzt und $\overset{\alpha}{r} > 0$ angenommen ist; d. h. daß der Punkt X mit keinem der Punkte $\overset{\alpha}{Y}$ zusammenfällt.

Das Feld (22) ist für $r > 0$ *quellenfrei*, weil die Divergenz

$$\partial_i A_i = \partial_i \partial_i U = \Delta U = 0$$

ist; es ist außerdem *wirbelfrei*, weil der Rotor

$$R_i = \varepsilon_{ijk}\, \partial_j A_k = \varepsilon_{ijk}\, \partial_j \partial_k U = 0$$

ist. Ich berechne noch den *Fluß* Φ (II, 2, § 20, 2; II, 1, § 30, 2) durch eine Kugel vom Radius a mit dem Mittelpunkt Y; es ist[1]

$$\Phi = \oint_{\Re} A_i\, df_i = \frac{m}{a^2} \oint a^2\, d\omega = 4\,\pi\, m;$$

man nennt $4\,\pi\,m$ die *Ergiebigkeit* des Quellpunktes Y.

4. Physikalische Bedeutung. In allen Anwendungen der Potentialtheorie ist nicht das Potential selbst, das nur die Rolle einer Hilfsgröße spielt, physikalisch unmittelbar und primär gegeben, sondern der Feldvektor.

---

[1] Es ist $A_i\, df_i = A_i\, v_i\, df$; auf der Kugel ist $v_i = \left(\dfrac{r_i}{r}\right)_{r=a}$ und $df = a^2 \sin \vartheta\, d\vartheta\, d\varphi = a^2\, d\omega$, wo $d\omega$ das Flächenelement auf der Einheitskugel (der Raumwinkel), also $\oint d\omega = 4\,\pi$ die Oberfläche der Einheitskugel ist.

In der *Strömungslehre* ist der Feldvektor A_i der Geschwindigkeitsvektor einer strömenden inkompressiblen Flüssigkeit, die, wenn $m > 0$ ist, mit der Geschwindigkeit A_i von Y wegströmt und, wenn $m < 0$ ist, ebenfalls mit der Geschwindigkeit A_i gegen Y hinströmt. Im ersten Fall entsteht, im zweiten verschwindet Flüssigkeit im Punkt Y, weshalb man in diesem Fall $m < 0$ den Punkt Y auch als *Senke* bezeichnet. Hier ist auch der Grund, warum ich die erste Integrationskonstante in (21) mit $-m$ und nicht mit m bezeichnet habe.

In der *Newtonschen Gravitationstheorie* ist

$$m = -\gamma_0\,\overline{m} < 0;$$

dabei ist $\overline{m}$ die *Masse* im Punkt Y und γ_0 die Gravitationskonstante. Aus (24) wird das *Newtonsche Gravitationsgesetz*:

$$A = \gamma_0\,\frac{\overline{m}}{r^2};$$

A ist der Betrag der Kraft, mit der die im Punkt X befindliche Masse 1 von der Masse $\overline{m}$ im Punkt Y angezogen wird. Die Kraft selbst als Vektor ist

$$A_i = \partial_i U = -\gamma_0\,\frac{\overline{m}}{r^3}\,r_i.$$

Im *elektrostatischen Feld* ist

$$m = k\,\overline{m}, \quad k > 0;$$

dabei ist $\overline{m}$ die Ladung im Punkt Y und im rationalen Maßsystem $k = \dfrac{1}{4\pi\varepsilon}$ mit der Dielektrizitätskonstanten ε. Man schreibt auch $\varepsilon = \varepsilon_0\,\varepsilon_g$, wobei ε_0 die Dielektrizitätskonstante im Vakuum und ε_g die „gebräuchliche" Dielektrizitätskonstante ist; ε_g ist eine dimensionslose Größe. Im absoluten elektrostatischen Maßsystem wird $\varepsilon_0 = 1$ und $k = \dfrac{1}{\varepsilon} = \dfrac{1}{\varepsilon_g}$ gesetzt. (24) wird das *Coulombsche Gesetz*:

$$A = \frac{1}{\varepsilon_g}\,\frac{|\overline{m}|}{r^2};$$

A ist der Betrag der Kraft, mit der sich die Ladungen 1 in X und $\overline{m}$ in Y abstoßen, wenn $\overline{m} > 0$, oder anziehen, wenn $\overline{m} < 0$ ist. Die Kraft selbst als Vektor wird somit

$$A_i = \partial_i U = \frac{1}{\varepsilon_g}\,\frac{\overline{m}}{r^3}\,r_i.$$

Entsprechendes gilt für das *magnetische Feld*, wo lediglich ε durch die Permeabilität μ zu ersetzen ist. Im absoluten elektromagnetischen Maßsystem z. B. ist dann $k = \dfrac{1}{\mu} = \dfrac{1}{\mu_g}$ und $\mu_0 = 1$.

5. Die Regularität des Potentials $U = \dfrac{1}{r}$. Aus (17) bis (19) folgt unmittelbar, daß $U = \dfrac{1}{r}$ im ganzen Raum mit Ausnahme des Punktes $r = 0$, aber mit Einschluß des Punktes $r = \infty$, eine harmonische Funktion ist. Ich zeige, daß sie in diesem Gebiet regulär ist, und knüpfe dazu an die Entwicklungen

$$\frac{1}{r} = \sum_{n=0}^{\infty} P_n(x)\,\frac{\varrho^n}{\sigma^{n+1}}, \quad \varrho < \sigma \tag{26}$$

und

$$\frac{1}{r} = \sum_{n=0}^{\infty} P_n(x)\,\frac{\sigma^n}{\varrho^{n+1}}, \quad \varrho > \sigma \tag{27}$$

von § 11, 4 an. Dabei ist

$$\varrho = \sqrt{x_i\,x_i}, \quad \sigma = \sqrt{y_i\,y_i}, \quad x = \cos\gamma = \frac{x_i\,y_i}{\varrho\,\sigma}, \tag{28}$$

γ der Winkel zwischen den Ortsvektoren x_i und y_i und $P_n(x)$ das Legendresche Polynom n-ten Grades.

Wir untersuchen die Abhängigkeit der Reihenglieder in (26) von den x_i. $P_n(x)$ enthält bei geradem n nur gerade, bei ungeradem n nur ungerade Potenzen von x, also ist im ersten Fall ($n = 2\,k$)

$$P_n(x)\,\varrho^n = \sum_{\nu=0}^{k} a_{2\nu}\left(\frac{x_i\,y_i}{\varrho\,\sigma}\right)^{2\nu}\varrho^{2k} = \sum_{\nu=0}^{k} a_{2\nu}\,\frac{(x_i\,y_i)^{2\nu}}{\sigma^{2\nu}}\,\varrho^{2(k-\nu)}$$

und im zweiten ($n = 2\,k + 1$)

$$P_n(x)\,\varrho^n = \sum_{\nu=0}^{k} a_{2\nu+1}\,\frac{(x_i\,y_i)^{2\nu+1}}{\sigma^{2\nu+1}}\,\varrho^{2(k-\nu)}.$$

In beiden Fällen kommt also ϱ nur in geraden Potenzen vor. Da $x_i\,y_i$ eine lineare und ϱ^2 eine quadratische Form in den x_i ist, folgt, daß

$$H_n = P_n(x)\,\frac{\varrho^n}{\sigma^{n+1}} = H_n(X)$$

eine Form n-ten Grades in den x_i, also (§ 11, 8) eine *ganze rationale räumliche Kugelfunktion* (die Abhängigkeit von den fest gedachten y_i bleibt hier außer Betracht) ist. Die Entwicklung (26) geht somit über in die Entwicklung

$$\frac{1}{r} = \sum_{n=0}^{\infty} H_n(X) \tag{29}$$

nach ganzen rationalen räumlichen Kugelfunktionen H_n, also in eine Potenzreihe in den x_i, die offenbar ebenso wie (26) für $\varrho < \sigma$, d. h. im Innern der durch den Quellpunkt Y hindurchgehenden Kugel um O konvergiert und dort den Wert $\frac{1}{r}$ liefert.

Ich wende nun auf (29) die Spiegelung (Ziffer 2) an der Kugel um O vom Radius σ an. Dabei geht die Funktion $H_n(X) = H_n(x_1, x_2, x_3)$ wegen ihrer Homogenität über in

$$H_n\left(\frac{\sigma^2}{\varrho^2}\,x_1,\ \frac{\sigma^2}{\varrho^2}\,x_2,\ \frac{\sigma^2}{\varrho^2}\,x_3\right) = \frac{\sigma^{2n}}{\varrho^{2n}}\,H_n(x_1, x_2, x_3);$$

nach Ziffer 2 ist mit $H_n(x_1, x_2, x_3)$ auch

$$\frac{1}{\varrho}\,H_n\left(\frac{\sigma^2}{\varrho^2}\,x_1,\ \frac{\sigma^2}{\varrho^2}\,x_2,\ \frac{\sigma^2}{\varrho^2}\,x_3\right) = \frac{\sigma^{2n}}{\varrho^{2n+1}}\,H_n(x_1, x_2, x_3)$$

eine Potentialfunktion, was auch mit § 11, (6) übereinstimmt (der konstante Faktor σ^{2n} ist ohne Bedeutung). Damit geht aber (29) genau in die Entwicklung (27) über, die für $\varrho > \sigma$ konvergiert und die Gestalt

$$\frac{1}{r} = \sum_{n=0}^{\infty} \frac{\overline{H}_n(X)}{\varrho^{2n+1}} \tag{30}$$

annimmt. Ich erwähne noch, daß der Punkt Y auf der Kugel liegt und daher bei der Spiegelung festbleibt; r ist in (30) also wieder der Abstand des Aufpunktes X, der jetzt im Außengebiet liegt, vom Quellpunkt Y.

6. Felder mit zylindrischer Symmetrie. Das logarithmische Potential. Man spricht von einem Feld mit zylindrischer Symmetrie, wenn U nur vom Abstand $\overset{0}{r}$ des Aufpunktes X von einer im Raum fest gegebenen Geraden $\mathfrak{g}$ durch Y abhängt.

Ist e_i der Einsvektor in der Richtung von $\mathfrak{g}$ und $\overset{0}{r_i}$ die Komponente von r_i senkrecht zu e_i, so ist

$$\overset{0}{r_i} = r_i - e_i\, e_j\, r_j$$

und $\overset{0}{r} = \sqrt{\overset{0}{r_i}\,\overset{0}{r_i}}$. Wegen $(\overset{0}{r} > 0)$

$$\partial_i \overset{0}{r_j} = \delta_{ij} - e_i\, e_j, \qquad \partial_i \overset{0}{r} = \frac{\overset{0}{r_i}}{\overset{0}{r}}, \qquad \partial_i \partial_i \overset{0}{r} = \frac{1}{\overset{0}{r}}, \qquad \partial_i U = U'(\overset{0}{r})\, \partial_i \overset{0}{r}$$

(die Striche sind hier Ableitungen nach $\overset{0}{r}$) folgt

also
$$\Delta U = \partial_i \partial_i U = U'' \, \partial_i \overset{0}{r}\, \partial_i \overset{0}{r} + U'\, \partial_i \partial_i \overset{0}{r} = U'' + \frac{1}{\overset{0}{r}}\, U' = 0,$$

$$U = m \ln \overset{0}{r} + a \tag{31}$$

mit den Konstanten m und a. Wichtig ist die Feststellung, daß in (31) durch keine Wahl von a zu erreichen ist, daß U im Unendlichen verschwindet. Man nimmt in der Regel $a = 0$, so daß

$$U = m \ln \overset{0}{r}, \quad \overset{0}{r} > 0 \tag{32}$$

bleibt. Der Feldvektor ist

$$A_i = \partial_i U = m \frac{\overset{0}{r_i}}{\overset{0}{r^2}}; \tag{33}$$

er ist für jede Wahl des Aufpunktes X senkrecht auf e_i. Man nennt ein Feld mit dieser Eigenschaft ein *ebenes Feld*; legt man das Koordinatensystem so, daß e_i der Maßvektor der 3-Achse, also $e_i = \delta_{3i}$ wird, so werden U und A_i ($A_3 = 0$), von x_3 unabhängig, also Funktionen von x_1 und x_2; wir können die Punkte X und Y durch ihre Projektionen auf die 1, 2-Ebene ersetzen, so daß $e_i\, r_j = 0$, $\overset{0}{r_i} = r_i$ und $\overset{0}{r} = r$ wird. Die Bezeichnung „ebenes Feld" für das räumliche Feld (32) bedeutet also lediglich, daß in allen zu e_i senkrechten Ebenen derselbe funktionale Zusammenhang besteht, so daß zur Beschreibung dieses Feldes das im engeren Sinn ebene Feld ausreicht, das man in einer dieser Ebenen, also bei der obigen Annahme über das Koordinatensystem etwa in der 1,2-Ebene bekommt. Wir schreiben dann für dieses ebene Feld

$$\boxed{U = m \ln r, \quad r > 0} \tag{34}$$

mit $r = \sqrt{(x_1 - y_1)^2 + (x_2 - y_2)^2}$. Das durch (34) definierte Potential $U(x_1, x_2)$ nennt man zum Unterschied von (22) *logarithmisches Potential*; man bestätigt sofort, daß

$$\Delta U = \frac{\partial^2 U}{\partial x_1^2} + \frac{\partial^2 U}{\partial x_2^2} = 0$$

ist, daß also (34) eine harmonische Funktion in der Ebene ist. Damit ist aber auch nach den Bemerkungen von Ziffer 1 erwiesen, daß (34) eine *für alle r, $0 < r < \infty$, reguläre Funktion ist.* Auf die physikalische Bedeutung komme ich in Ziffer 8, Beispiel (A) zurück.

Für den Feldvektor des ebenen Feldes (34) folgt[1]

---

[1] Griechische Indizes bedeuten im folgenden, wenn nichts anderes angegeben, die Repräsentanten der Zahlen 1 und 2. Zum Folgenden sei noch bemerkt, daß der Rotor in der Ebene

$$R = \varepsilon_{\alpha\beta}\, \partial_\alpha A_\beta$$

ein *Skalar* ist; über den ε-Tensor $\varepsilon_{\alpha\beta}$ in der Ebene vgl. II, 2, § 17, Schluß von Ziffer 10 (II, 1, § 27, Schluß von Ziffer 7).

$$A_\alpha = \partial_\alpha U = m\,\frac{r_\alpha}{r^2};\qquad(35)$$

seine Länge ist somit

$$A = \frac{|m|}{r}.\qquad(36)$$

Das Feld (35) ist für $r > 0$ wegen

$$\partial_\alpha A_\alpha = \partial_\alpha \partial_\alpha U = \varDelta U = 0$$

quellenfrei und wegen

$$R = \varepsilon_{\alpha\beta}\,\partial_\alpha A_\beta = \varepsilon_{\alpha\beta}\,\partial_\alpha \partial_\beta U = 0$$

auch *wirbelfrei*. Für den Fluß $\varPhi$ durch einen Kreis vom Radius a mit dem Mittelpunkt Y ergibt sich

$$\oint_{\Re} A_\alpha\,\nu_\alpha\,ds = \frac{m}{a}\oint a\,d\varphi = 2\,\pi\,m;$$

man nennt m auch hier die *Belegung* oder *Quellstärke* und $2\,\pi\,m$ die *Ergiebigkeit* des Quellpunktes Y.

7. Die Newtonschen Potentiale kontinuierlicher Belegungen. Es sei $\mathfrak{A}$ eine beschränkte, abgeschlossene und zusammenhängende Punktmenge im Raum, und zwar entweder eine einfache, stückweise glatte Kurve $\mathfrak{C}$, oder ein einfaches, stückweise glattes Flächenstück $\mathfrak{F}$, oder ein räumlicher Bereich $\mathfrak{B}$. In den beiden letzten Fällen nehme ich noch an, daß der Rand von $\mathfrak{A}$ aus einer endlichen Anzahl getrennter, einfacher, geschlossener und stückweise glatter Kurven bzw. Flächen besteht. Y ist im folgenden ein auf $\mathfrak{A}$ variabler Punkt.

Auf $\mathfrak{A}$ sei weiter durch eine beschränkte und stückweise stetige Funktion $\gamma(Y) = \gamma(y_1, y_2, y_3)$ eine *kontinuierliche Belegung* definiert. Dann ist

$$\boxed{\,U(X) = -\int_{\mathfrak{A}} \frac{\gamma}{r}\,dY\,}\qquad(37)$$

das *Newtonsche Potential* der auf $\mathfrak{A}$ gegebenen Belegung γ. Das Integrationsdifferential dY bedeutet dabei das Bogenelement ds, wenn $\mathfrak{A}$ eine Kurve ist, das Flächenelement df, wenn $\mathfrak{A}$ eine Fläche ist, und schließlich das Volumselement $dV = dy_1\,dy_2\,dy_3$, wenn $\mathfrak{A}$ ein räumlicher Bereich ist[1]. Die Belegung oder *Quelldichte* $\gamma(Y)$ heißt je nachdem *Liniendichte* (Quellstärke pro Längeneinheit), *Flächendichte* (Quellstärke pro Flächeneinheit) oder *Raumdichte* (Quellstärke pro Volumseinheit), und das Potential U ein *Linien-*, *Flächen-* oder *Raumpotential*. Ist $\mathfrak{A}$ eine Kurve oder Fläche mit der Parameterdarstellung $x_i(s)$ bzw. $x_i(u, v)$, so wird γ eine zusammengesetzte Funktion von s bzw. von u und v, die ich mit $\gamma(s)$ bzw. $\gamma(u, v)$ bezeichne. Die Integrationsveränderlichen in (37) sind also entweder s (Kurvenintegral) oder u und v (Flächenintegral) oder schließlich y_1, y_2, y_3 (Raumintegral), $r = \overline{XY}$ hängt noch vom Aufpunkt X ab, daher hängt in allen Fällen der Integrand in (37) nicht nur von den Integrationsvariablen ab, sondern auch vom Punkt X, d. h. von den Koordinaten x_1, x_2, x_3 und ist als Funktion der letzteren stetig und beliebig oft stetig differenzierbar, solange der Punkt X *nicht* auf $\mathfrak{A}$ liegt, was zunächst angenommen sei. Dann lassen sich die Regeln über die Differentiation unter dem Integralzeichen auf (37) anwenden und ergeben zunächst den Feldvektor

$$\boxed{\,A_i(X) = \partial_i U = \int_{\mathfrak{A}} \gamma\,\frac{r_i}{r^3}\,dY.\,}\qquad(38)$$

---

[1] Ich nehme im letzten Fall stets an, daß das Koordinatensystem positiv orientiert ist, so daß stets $dV > 0$ ist.

Nochmalige Differentiation gibt wegen (19)

$$\boxed{\Delta U = \partial_i A_i = 0,}\tag{39}$$

U ist überall, mit Ausnahme der Punkte von $\mathfrak{A}$, *harmonisch*. Ich zeige noch, daß U eine reguläre Funktion ist. Da $\mathfrak{A}$ abgeschlossen und beschränkt ist, existieren die Zahlen

$$A = \operatorname{Min} \overline{OY} \quad \text{und} \quad B = \operatorname{Max} \overline{OY} \geqq A.$$

Ist das Koordinatensystem so gewählt, daß der Ursprung O nicht auf $\mathfrak{A}$ liegt, so sind $A > 0$ und B die Abstände des Ursprungs O von den am nächsten bzw. am weitesten entfernt gelegenen Punkten von $\mathfrak{A}$. Nach Ziffer 5 konvergieren die Reihenentwicklungen (26) und (29) gleichmäßig für $\varrho \leqq \lambda A$, $0 < \lambda < 1$, also im Innern und auf jeder Kugel um O, deren Radius kleiner als A ist. Setzt man (26) in (37) ein, so folgt durch gliedweise Integration

$$U(X) = -\sum_{n=0}^{\infty} \varrho^n \int_{\mathfrak{A}} \frac{\gamma}{\sigma^{n+1}}\, P_n(x)\, dY = \sum_{n=0}^{\infty} \widetilde{H}_n(X),\tag{40}$$

wo die $\widetilde{H}_n(X)$ wieder ganze rationale räumliche Kugelfunktionen vom Grad n sind, so daß die Reihe (40) wie (29) eine Potenzreihe in den x_i ist, die für $\varrho < A$ konvergiert und die Funktion $U(X)$ darstellt. Da der Punkt O im Raum beliebig außerhalb $\mathfrak{A}$ gewählt werden kann, folgt wie in Ziffer 5, daß $U(X)$ *im ganzen Raum mit Ausnahme der Punkte von $\mathfrak{A}$ regulär ist*.

Die Entwicklungen (27) und (30) konvergieren für alle $\varrho > B$ und gleichmäßig für $\varrho \geqq B + \varepsilon$; Einsetzen in (37) und gliedweise Integration gibt die für $\varrho > B$ konvergente Entwicklung

$$U(X) = -\sum_{n=0}^{\infty} \frac{1}{\varrho^{2n+1}} \int_{\mathfrak{A}} \gamma\, \overline{H}_n\, dY = -\sum_{n=0}^{\infty} \frac{H_n^*(X)}{\varrho^{2n+1}}.\tag{41}$$

Das erste $(n = 0)$ Glied dieser Entwicklung ist wegen $P_0(x) \equiv 1$

$$\frac{1}{\varrho}\, H_0^* = \frac{1}{\varrho} \int_{\mathfrak{A}} \gamma(Y)\, dY = \frac{M}{\varrho},\tag{42}$$

wo M die *Gesamtbelegung* von $\mathfrak{A}$ ist, die auch kurz als *Masse* bezeichnet wird. Somit folgt aus (41)

$$U = -\frac{M}{\varrho} + o\!\left(\frac{1}{\varrho^2}\right)$$

und

$$\partial_i U = M\, \frac{x_i}{\varrho^3} + o\!\left(\frac{1}{\varrho^3}\right)$$

und daher

$$\lim_{\varrho \to \infty} \varrho\, U = -M\tag{43}$$

und wegen $|x_i| < \varrho$

$$\varrho^2\, \partial_i U = o(1),\tag{44}$$

d. h. aber, daß *die Newtonschen Potentiale (37) auch im Unendlichen regulär sind*. Existieren die Grenzwerte

$$\lim_{\varrho \to \infty} \frac{x_i}{\varrho} = e_i,\tag{45}$$

so gilt auch

$$\lim_{\varrho \to \infty} \varrho^2\, \partial_i U = M\, e_i,\tag{46}$$

was natürlich etwas mehr aussagt als (44).

Ich habe bisher angenommen, daß X nicht auf $\mathfrak{A}$ liegt. Gilt $X \, \epsilon \, \mathfrak{A}$, so werden die Integrale (37) und (38) uneigentlich. Sind sie konvergent, so werden sie selbstverständlich auch dann als Definition der Potentiale und der Feldvektoren angesehen. Aber damit ist noch nicht entschieden, ob die fundamentale Relation $A_i = \partial_i U$ weiter gilt. Ich werde diese Fragen allgemein in § 16, für einige Sonderfälle auch schon in der nächsten Ziffer diskutieren. Ähnlich steht es mit den Fragen, die sich ergeben, wenn wir die Voraussetzung fallen lassen, daß der Quellbereich $\mathfrak{A}$ beschränkt ist; auch sie werden für einige Sonderfälle in Ziffer 8 behandelt. Die Konvergenz der entstehenden uneigentlichen Integrale wird natürlich wesentlich vom Verhalten der Belegungsdichte $\gamma(Y)$ abhängen.

In Ziffer 9 werde ich noch ein weiteres, für die folgenden Untersuchungen höchst bedeutungsvolles Newtonsches Potential definieren: Das Potential der Doppelfläche, mit dem dann unsere Sammlung allerdings komplett ist.

8. Beispiele. Bei allen folgenden Beispielen ist die Quelldichte *konstant* angenommen; der Bereich $\mathfrak{A}$ wird dann als *homogen* bezeichnet.

A. *Die homogene gerade Quellinie.* Es sei das Linienpotential einer geraden homogenen Quellinie der Dichte γ zu bestimmen. Wir legen das Koordinatensystem so, daß die Strecke durch $y_1 = y_2 = 0$, $a \leqq y_3 = y \leqq b$ gegeben ist, der Aufpunkt X sei der Punkt $(x, 0, z)$, $x \geqq 0$. Das Feld wird rotationssymmetrisch um die 3-Achse sein, d. h. in allen Punkten (x_1, x_2, z) mit $x_1^2 + x_2^2 = x^2$ wird dasselbe Potential herrschen wie in X. Es wird (Abb. 42)

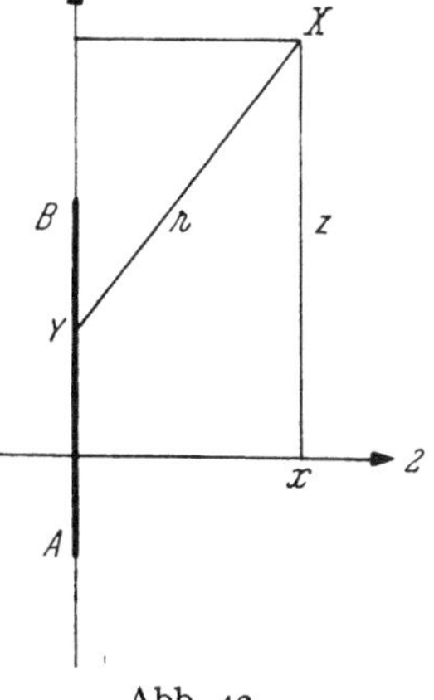

Abb. 42.

$$U = -\gamma \int_a^b \frac{dy}{r} = -\gamma \int_a^b \frac{dy}{\sqrt{x^2 + (z-y)^2}}.$$

Das gibt

$$U = -\gamma \ln \frac{\sqrt{x^2 + (z-a)^2} + z - a}{\sqrt{x^2 + (z-b)^2} + z - b} \qquad (47)$$

oder in anderer Gestalt

$$U = -\gamma \ln \frac{\sqrt{x^2 + (b-z)^2} + b - z}{\sqrt{x^2 + (a-z)^2} + a - z}. \qquad (48)$$

Sei nun $x = 0$, also X ein Punkt auf der 3-Achse. Aus (47) entnimmt man, daß für $z > b$

$$U = -\gamma \ln \frac{z-a}{z-b}$$

wird und daß $U \to \infty$ geht für $z \to b +$. Ist $a < z < b$, so folgt für $x \to 0$ aus (47) oder (48) ebenfalls $U \to \infty$. Für $x = 0$, $z < a$ schließlich folgt aus (48)

$$U = -\gamma \ln \frac{b-z}{a-z}$$

und $U \to \infty$ für $z \to a -$. In den Punkten der Strecke, und nur in diesen, wird das Integral uneigentlich und divergent.

Wir betrachten nun noch den Fall der sich beiderseits ins Unendliche erstreckenden geraden Quellinie. Lassen wir in (47) oder (48) $b \to +\infty$ und $a \to -\infty$ gehen, so geht auch $U \to \infty$. Man kann aber eine geeignete Konstante

(d. h. einen von x und z unabhängigen Ausdruck) zu U so hinzufügen, daß U bei diesem Grenzübergang endlich bleibt. Für diese Konstante wähle ich das negative Potential unserer Strecke im Punkt $x = 1$, $z = 0$, setze also jetzt

$$U = -\gamma \ln \frac{\sqrt{x^2 + (b-z)^2} + b - z}{\sqrt{x^2 + (a+z)^2} - a - z} + \gamma \ln \frac{\sqrt{1 + b^2} + b}{\sqrt{1 + a^2} - a},$$

wo noch a durch $-a$ ersetzt ist. Diesen Ausdruck kann man auch in der Gestalt

$$U = -\gamma \ln \frac{\sqrt{x^2 + (b-z)^2} + b - z}{\sqrt{1 + b^2} + b} - \gamma \ln \frac{\sqrt{1 + a^2} - a}{\sqrt{x^2 + (a+z)^2} - a - z}$$

schreiben. Für $b \to +\infty$, $a \to +\infty$ geht der erste Summand gegen o, der zweite (am einfachsten durch binomische Entwicklung von Zähler und Nenner zu zeigen) gegen

$$U = -2\gamma \ln \frac{1}{x},$$

was ($x = r$ und $2\gamma = m$) mit (34) übereinstimmt. *Das logarithmische Potential ist also im wesentlichen identisch mit dem Newtonschen Potential einer beiderseits ins Unendliche reichenden geraden homogenen Quellinie.*

B. *Die homogene Kreisscheibe.* Die Scheibe liege in der 1,2-Ebene mit dem Mittelpunkt im Ursprung, habe den Radius a und die konstante Flächendichte γ. Wir berechnen das Flächenpotential im Aufpunkt $X = (0, 0, z)$ der 3-Achse. Einführung von Polarkoordinaten (u, φ) in der 1,2-Ebene gibt

$$U = -\gamma \int_0^{2\pi} d\varphi \int_0^a \frac{u\,du}{r}$$

mit $r = \sqrt{z^2 + u^2}$, und daher

$$U = -2\pi\gamma \left(\sqrt{z^2 + a^2} - |z| \right). \tag{49}$$

Für $z = 0$ wird $U = -2\pi\gamma a$, d. h. *das Potential bleibt endlich*, wenn X der Mittelpunkt der Scheibe ist. Für den Feldvektor in X ist aus Symmetriegründen $A_1 = A_2 = 0$ und

$$A_3 = \partial_3 U = \frac{dU}{dz} = 2\pi\gamma z \left(\frac{1}{|z|} - \frac{1}{\sqrt{z^2 + a^2}} \right). \tag{50}$$

Für $z \to 0 +$ folgt

$$A_3(0 +) = 2\pi\gamma$$

und für $z \to 0 -$

$$A_3(0 -) = -2\pi\gamma,$$

d. h. *A_3 springt beim Passieren der Scheibe in der positiven 3-Richtung um $4\pi\gamma$.*

Für $a \to +\infty$, also für die unbegrenzte homogene Ebene, geht auch die rechte Seite (49) gegen unendlich. Subtrahiert man aber rechts ähnlich wie im Beispiel A das Potential der Scheibe im Punkt $z = 1$, so erhält man an Stelle von (49)

$$U = -2\pi\gamma \left(\sqrt{z^2 + a^2} - \sqrt{1 + a^2} + 1 - |z| \right)$$

und daraus für $a \to +\infty$ das Potential

$$U = -2\pi\gamma \left(1 - |z| \right)$$

der allseits unbegrenzten homogenen Ebene.

C. *Die homogene Kugelfläche.* Die Kugel habe den Radius a (> 0), der Ursprung des Koordinatensystems sei der Mittelpunkt, die konstante Flächendichte sei γ. Das Feld ist kugelsymmetrisch; es genügt daher, das Potential für den Aufpunkt $X = (0, 0, z)$, $z \geqq 0$, aber zunächst $z \neq a$ zu rechnen. Es folgt (Abb. 43)

$$U = -\gamma \oint_{\Re} \frac{df}{r} = \frac{2\pi\gamma a}{z}(|a - z| - a - z);$$

für $z < a$ wird daraus

$$U = -4\pi\gamma a \qquad (51)$$

konstant und für $z > a$

$$U = -\frac{4\pi\gamma a^2}{z}. \qquad (52)$$

Für $z \to a +$ geht (52) in (51) über, d. h. U ist *auf der Kugelfläche stetig*, das uneigentliche Integral konvergiert. Der Feldvektor ist *im Innern Null*, im Äußern $(z > a)$ ist

$$A_1 = A_2 = 0, \qquad A_3 = \frac{4\pi\gamma a^2}{z^2}, \qquad (z > a) \quad (53)$$

und daher

$$A_3(a -) = 0, \qquad A_3(a +) = 4\pi\gamma,$$

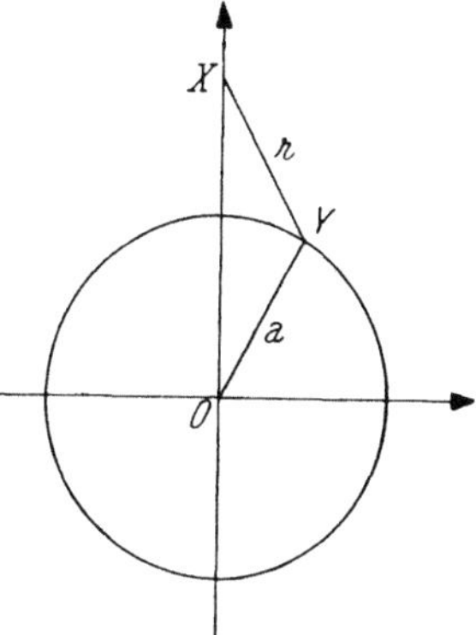

Abb. 43.

d. h. *A_3 springt beim Passieren der Kugelfläche von innen nach außen um $4\pi\gamma$* wie bei der ebenen Scheibe, was schließlich nicht anders zu erwarten war.

Wegen der Symmetrie können wir Potential und Feldvektor sofort für einen beliebigen Aufpunkt $X = x_i$ und einen beliebigen Kugelmittelpunkt $Y = y_i$ anschreiben. Es folgt $\left(r = \sqrt{(x_i - y_i)(x_i - y_i)}\right)$

$$U(X) = \begin{cases} -4\pi\gamma a, & r \leqq a \\ -4\pi\gamma \dfrac{a^2}{r}, & r \geqq a \end{cases} \qquad (54)$$

und

$$A_i(X) = \begin{cases} 0, & r < a \\ 4\pi\gamma \dfrac{a^2}{r^3} r_i, & r > a. \end{cases} \qquad (55)$$

Die zweite Formel (54) zeigt, daß *das Potential der Kugel im Äußern mit dem Potential (22) eines Quellpunktes Y mit der Quellstärke*

$$M = 4\pi\gamma a^2 = \oint_{\Re} \gamma \, df$$

übereinstimmt; man nennt M die Gesamtbelegung der Kugel in Übereinstimmung mit (42).

Da die Flächennormale auf der Kugel $v_i = \dfrac{r_i}{r}$ ist, folgt aus (55), daß die *Tangentialkomponenten des Feldvektors* (die gleich Null sind) *stetig durch die Kugelfläche hindurchgehen*, während die *Normalkomponente beim Passieren von $\Re$ von innen nach außen den Sprung $4\pi\gamma$ macht*.

D. *Der homogene Kugelbereich.* Sei $\mathfrak{B}$ der abgeschlossene räumliche Bereich, der von einer Kugel $\Re$ vom Radius a begrenzt ist. $\mathfrak{B}$ sei mit Quellen der konstanten Raumdichte γ belegt. Unter denselben Annahmen wie in C ergibt sich für $z > a$

$$U(X) = -\gamma \int_{\mathfrak{B}} \frac{1}{r} \, dV = -\frac{4}{3}\pi\gamma \frac{a^3}{z} \qquad (56)$$

oder allgemein, analog zu (54), für $r > a$

$$U(X) = -\frac{4}{3}\pi\gamma\frac{a^3}{r}, \tag{57}$$

was aus Stetigkeitsgründen auch noch für $r = a$ gilt. *Das Raumpotential* (57) *stimmt mit dem Potential eines Quellpunktes Y der Quellstärke*

$$M = \frac{4}{3}\pi\gamma a^3 = \int_{\mathfrak{B}}\gamma\,d\underline{V}$$

überein; M ist wieder die Gesamtbelegung des Kugelbereiches $\mathfrak{B}$.

Für den Feldvektor ergibt sich aus (56) für $z > a$

$$A_1 = A_2 = 0, \qquad A_3 = \frac{4}{3}\pi\gamma\frac{a^3}{z^2}$$

oder allgemein für einen beliebigen Aufpunkt X $(r > a)$ und einen beliebigen Kugelmittelpunkt Y

$$A_i = \frac{4}{3}\pi\gamma\frac{a^3}{r^3}r_i. \tag{58}$$

E. *Die homogene Hohlkugel.* Das Potential einer Hohlkugel mit dem Außenradius a und dem Innenradius $b < a$ ergibt sich unmittelbar aus (57) durch Subtraktion, sofern $r \geqq a$ ist:

$$U(X) = -\frac{4\pi\gamma}{3\,r}(a^3 - b^3), \tag{59}$$

während sich für einen Aufpunkt X im Innern der Hohlkugel $(r \leqq b)$ unter Berücksichtigung von (51) das konstante Potential

$$U(X) = -2\pi\gamma(a^2 - b^2) \tag{60}$$

ergibt. Für $b \to a$, $(a - b)\,\gamma \to \beta$ ergeben sich daraus wieder die Formeln (54) für die Flächendichte β.

F. Wir können diese Ergebnisse benützen, um noch das *Potential eines Kugelbereiches* $\mathfrak{B}$ *für einen Aufpunkt X im Inneren*, $0 < r < a$, *zu ermitteln.* Wir zerlegen $\mathfrak{B}$ in einen Kugelbereich mit dem Radius r und in eine Hohlkugel mit den Radien r und a; das Potential ist dann die Summe der von diesen Teilen herrührenden Potentiale, also wegen (60) und (57) (letztere für $a = r$ genommen)

$$U(X) = -2\pi\gamma(a^2 - r^2) - \frac{4}{3}\pi\gamma r^2 = -\frac{2\pi\gamma}{3}(3a^2 - r^2). \tag{61}$$

Für $r \to a$ geht (61) wieder in (57), für $r = a$ genommen, über. Für den Feldvektor im Innern der Vollkugel ergibt sich

$$A_i(X) = \frac{4\pi\gamma}{3}r_i = \partial_i U, \tag{62}$$

was für $r \to a$ denselben Wert liefert wie (58), d. h. *daß der Feldvektor ebenso wie das Potential für alle r stetig ist*, und also insbesondere auch stetig aus dem Innern in das Äußere der Kugel übertritt.

Das Feld im Innern der Kugel ist natürlich wieder kugelsymmetrisch, aber nicht quellenfrei. Aus (61) oder (62) folgt

$$\Delta U = \partial_i A_i = 4\pi\gamma, \tag{63}$$

die Divergenz ist gleich dem 4π-fachen der Quelldichte[1]. Die Gleichung (63) wird als *Poissonsche Gleichung* bezeichnet. Im Außenraum $r > a$ ist natürlich

---

[1] In II, 1, § 30, 4 und bei DUSCHEK-HOCHRAINER (LV. 2), II, § 26 sind Divergenz und Quelldichte einander gleichgesetzt. Letzten Endes ist das Sache der Definition; ich glaube aber mit der hier (und auch schon in II, 2, § 20, 3) getroffenen Festsetzung der in der Physik gebräuchlichen Terminologie besser zu entsprechen.

$\Delta U = 0$; man kann aber die Gleichung (63) allgemeingültig machen, wenn man sie in der Gestalt

$$U = 4\,\pi\,\varphi$$

schreibt, wo $\varphi = \gamma$ für $r < a$ und $\varphi = 0$ für $r > a$ gilt. Jedenfalls zeigt (63), daß die zweiten Ableitungen des Potentials U auf dem Rand $\Re$ nicht mehr stetig sein können.

9. Dipol und Doppelfläche. Es seien die Punkte Y und Z mit den Koordinaten y_i und z_i Quellpunkte mit entgegengesetzt gleichen Quellstärken $-m$ und $m > 0$. Das durch sie erzeugte Potential ist nach (25)

$$U(X) = -\,m\left(\frac{1}{s} - \frac{1}{r}\right), \tag{64}$$

wo $r = \overline{XY}$ und $s = \overline{XZ}$ ist. Setze ich noch

$$z_i - y_i = he_i, \quad h > 0, \quad e_i\,e_i = 1,$$

so ist e_i der von Y nach Z, also von der negativen zur positiven Quelle hinweisende Einsvektor. Diese Anordnung zweier Quellpunkte mit entgegengesetzt gleichen Stärken ist bei kleinem h (klein im Verhältnis zu r und s) genau das, was man einen *physikalischen Dipol* nennt; das einfachste Beispiel dafür ist der Elementarmagnet. Ich schreibe (64) in der Gestalt

$$U(X) = -\,h\,m\,\frac{\dfrac{1}{s} - \dfrac{1}{r}}{h} \tag{65}$$

und lasse $h \to 0$ und zugleich $m \to \infty$ gehen, und zwar so, daß das Produkt $h\,m$ gegen einen endlichen Grenzwert $\mu > 0$ geht. Aus dem physikalischen Dipol wird der sogenannte *mathematische Dipol*. Der Grenzwert

$$\lim_{h \to 0} \frac{\dfrac{1}{s} - \dfrac{1}{r}}{h} = \frac{\partial}{\partial e}\,\frac{1}{r} = e_i\,\frac{\partial}{\partial y_i}\,\frac{1}{r}$$

ist die Ableitung[1] von $\frac{1}{r}$ in der Richtung des Einsvektors e_i und aus (65) folgt

$$U(X) = -\,\mu\,\frac{\partial}{\partial e}\,\frac{1}{r} = -\,\mu\,e_i\,\frac{\partial}{\partial y_i}\,\frac{1}{r}. \tag{66}$$

Man nennt den Skalar μ, oft aber auch den Vektor $\mu\,e_i = \mu_i$ das *Dipolmoment* und e_i die *Dipolachse*. Der so definierte mathematische Dipol wird in der Physik oft als bequeme Näherung für den physikalischen Dipol verwendet, trotz aller berechtigten Bedenken, weil doch zwei *zusammenfallende*, entgegengesetzt gleiche Ladungen einander in ihrer Wirkung notwendiger Weise völlig aufheben, d. h. die Ladung Null ergeben.

---

[1] Nach dem Mittelwertsatz (vgl. II, 2, § 5, 2; II, 1, § 11, 2) gilt für eine stetig differenzierbare Funktion

$$f(z_k) = f(y_k + h\,e_k) = f(y_k) + h\,e_i\,\frac{\partial f}{\partial y_i}\left(y_k + \overset{k}{\vartheta e_k}\right)$$

(nicht summieren über k!), $0 < \overset{k}{\vartheta} < 1$. Für $h \to 0$ gibt das wegen der Stetigkeit der $\dfrac{\partial f}{\partial y_i}$

$$\lim_{h \to 0} \frac{f(z_k) - f(y_k)}{h} = e_i\,\frac{\partial f}{\partial y_i}\,(y_k),$$

was für $f(y_k) = \dfrac{1}{r}$, $f(z_k) = \dfrac{1}{s}$ gerade die obige Beziehung ist.

Man kann ähnlich wie Quellinien, Quellflächen und räumliche Quellbereiche auch Bereiche betrachten, die mit Dipolen belegt sind und ihre Potentiale untersuchen. Die Dichten der Dipolmomente müssen dabei natürlich als Linien-, Flächen- oder Raumdichten gegeben sein. Ich beschränke mich aber auf den im Rahmen der Potentialtheorie wichtigsten Fall einer besonderen Dipolfläche $\mathfrak{F}$, bei der die Dipolachse e_i in jedem Punkt mit dem Normalenvektor v_i der Fläche $\mathfrak{F}$ zusammenfällt[1]. Solche Flächen nennt man *Doppelflächen* oder *Flächen doppelter Belegung*, auch der Name *Doppelschicht* ist recht gebräuchlich. Der Name kommt daher, daß man sich eine Doppelfläche mit der Dichte μ dadurch entstanden denken kann, daß man auf $\mathfrak{F}$ zunächst eine einfache Quellverteilung der Dichte $-\gamma$ anbringt, dann eine Fläche $\mathfrak{F}_1$ konstruiert, indem man auf den Normalen von $\mathfrak{F}$ eine Strecke der Länge $h > 0$ im positiven Sinn aufträgt; die Endpunkte dieser Strecken bilden dann die Fläche $\mathfrak{F}_1$. Auf $\mathfrak{F}_1$ bringt man in den entsprechenden (d. h. auf denselben Normalen von $\mathfrak{F}$ liegenden) Punkten die entgegengesetzt gleichen Quellen γ an und läßt dann $h \to 0$ und $\gamma \to \infty$ gehen, und zwar so, daß $h\gamma \to \mu$ geht, was man am einfachsten natürlich dadurch erreicht, daß man von vornherein $\gamma = \mu/h$ setzt. Das Potential U der Doppelfläche ergibt sich dann als Grenzwert der Summe der Potentiale der einfachen Quellflächen $\mathfrak{F}$ und $\mathfrak{F}_1$ für $h \to 0$.

Für das Potential U der Doppelfläche ergibt sich auf diese Art unmittelbar aus (66)

$$U(X) = -\int_{\mathfrak{F}} \mu \, \frac{\partial}{\partial y_i} \, \frac{1}{r} \, df_i = -\int_{\mathfrak{F}} \mu \, \frac{\partial}{\partial v} \, \frac{1}{r} \, df; \qquad (67)$$

zu beachten ist, daß sich hier die Normalableitung auf den Punkt Y bezieht. Wegen (19) und (20) kann man statt (67) auch schreiben

$$U(X) = -\int_{\mathfrak{F}} \mu \, \frac{r_i}{r^3} \, df_i = -\int_{\mathfrak{F}} \mu \, \frac{r_i v_i}{r^3} \, df = -\int_{\mathfrak{F}} \mu \, \frac{\cos(v\,r)}{r^2} \, df, \qquad (68)$$

wo $(v\,r)$ der Winkel zwischen den Vektoren r_i und v_i ist. Ich zeige noch:

Das Potential einer Doppelfläche $\mathfrak{F}$ ist in allen Punkten X regulär, die nicht auf $\mathfrak{F}$ liegen. Denn nach (29) ist

$$\frac{r_i}{r^3} = (x_i - y_i) \left[\sum_{n=0}^{\infty} H_n(X) \right]^3;$$

diese Reihe ist mit $\sum H_n(X)$ gleichmäßig konvergent, kann daher gliedweise integriert werden und gibt für $U(X)$ eine Potenzreihe, die in der wie in Ziffer 7 zu bestimmenden Kugel um O vom Radius A konvergiert.

Als Beispiel berechne ich das Potential einer Kreisscheibe vom Radius a mit doppelter Belegung der konstanten Dichte μ in einem Punkt der z-Achse. Ich setze

$$X = (0, 0, z), \quad Y = (u \cos\varphi, \, u \sin\varphi, \, 0), \quad 0 \leqq u \leqq a.$$

Wegen

$$r = \sqrt{u^2 + z^2}, \quad v_i = \delta_{3i}, \quad r_i v_i = z$$

folgt aus (68)

---

[1] Ich erinnere daran, daß wir uns grundsätzlich auf die Betrachtung zweiseitiger Flächen beschränken (II, 2 § 20, 2; II, 1, § 30, 2). Die Orientierung der Normalen kann in einem beliebigen Flächenpunkt willkürlich gewählt werden, ist aber dann auf der ganzen Fläche eindeutig definiert.

$$U(z) = -2\,\pi\,\mu\,z \int_0^a \frac{u\,du}{\sqrt{(u^2 + z^2)^3}}$$

oder

$$U(z) = 2\,\pi\,\mu\,z \left(\frac{1}{\sqrt{a^2 + z^2}} - \frac{1}{|z|} \right) = 2\,\pi\,\mu \left(\frac{z}{\sqrt{a^2 + z^2}} - \operatorname{sign} z \right). \tag{69}$$

Für $z \to 0 +$ folgt

$$U(0 +) = -2\,\pi\,\mu$$

und für $z \to 0 -$

$$U(0 -) = +2\,\pi\,\mu,$$

d. h. beim Durchgang durch die Doppelfläche in der positiven Normalenrichtung springt das Potential um $-4\,\pi\,\mu$.

Für den Feldvektor im Punkt X gilt zunächst wieder aus Symmetriegründen $A_1 = A_2 = 0$, während aus (69) für $z \neq 0$

$$A_3(z) = 2\,\pi\,\mu \frac{a^2}{\sqrt{(a^2 + z^2)^3}}$$

folgt. Für $z \to 0$ (d. h. sowohl für $z \to 0 +$ als auch für $z \to 0 -$) gibt das

$$A_3(0) = \frac{2\,\pi\,\mu}{a},$$

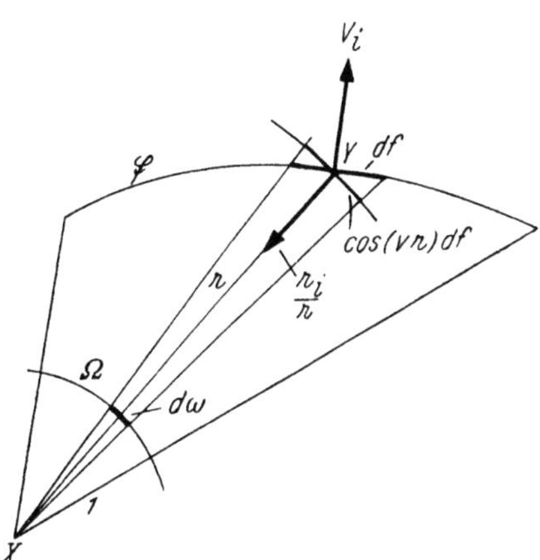

Abb. 44.

der Feldvektor bleibt beim Durchgang durch die Doppelfläche stetig (obwohl das Potential um $-4\,\pi\,\mu$ springt!).

Für $a \to \infty$ gibt (69) das Potential

$$U = -2\,\pi\,\mu \operatorname{sign} z$$

einer unendlich ausgedehnten ebenen homogenen Doppelfläche; es ist im Raum konstant mit der Sprungfläche $z = x_3 = 0$.

Unter gewissen einschränkenden Voraussetzungen über die Fläche $\mathfrak{F}$ läßt sich (68) in eine recht instruktive und einfache Gestalt bringen. Wir denken uns den Punkt X für den Moment festgehalten; $\mathfrak{F}$ besitze eine *eindeutige* Darstellung der Gestalt

$$r_i = r_i\,(\vartheta, \varphi),$$

wo ϑ und φ die Winkel räumlicher Polarkoordinaten mit dem Ursprung in X sind. In (68) ist $\cos (v\,r)\,df = r^2\,d\omega$ die Projektion von df auf die zu r_i senkrechte Ebene durch Y (Abb. 44); der Raumwinkel $d\omega$ ist dabei *positiv oder negativ*, je nachdem der Winkel (vr) spitz oder stumpf ist. Somit wird

$$U(X) = -\int_\Omega \mu\,d\omega, \tag{70}$$

wo Ω der gesamte Raumwinkel (Flächeninhalt auf der Einheitskugel) ist, unter dem $\mathfrak{F}$ von X aus erscheint. Enthält $\mathfrak{F}$ Teile, die einem Kegel mit dem Scheitel X angehören, so liefern diese Teile keinen Beitrag zum Integral in (70). Unter der obigen Voraussetzung über $\mathfrak{F}$ wird $d\omega$ auf $\mathfrak{F}$ nirgends das Vorzeichen wechseln. Die Gleichung (70) läßt sich zur Berechnung des Potentials U auch dann verwenden, wenn sich $\mathfrak{F}$ in eine endliche Anzahl von Teilflächenstücken so zerlegen läßt, daß für jedes die obige Voraussetzung erfüllt ist; U ist dann die Summe der von den einzelnen Teilflächenstücken erzeugten Potentiale. Ist $\mathfrak{F}$

z. B. eine geschlossene Fläche, die von allen Geraden durch X höchstens in zwei Punkten (abgesehen von ganzen Strecken) getroffen wird, so läßt sich $\mathfrak{F}$ in zwei Teile $\mathfrak{F}_1$ und $\mathfrak{F}_2$ zerlegen, die eindeutige Darstellungen $r_i = \overset{1}{r_i}(\vartheta, \varphi)$ und $r_i = \overset{2}{r_i}(\vartheta, \varphi)$ besitzen. Ist $\cos(v\,r) \geqq 0$ auf $\mathfrak{F}_1$, $\leqq 0$ auf $\mathfrak{F}_2$, so folgt

$$U(X) = - \int_{\mathfrak{F}_1} \overset{1}{\mu}\frac{\partial}{\partial v}\frac{1}{r}\,df - \int_{\mathfrak{F}_2} \overset{2}{\mu}\frac{\partial}{\partial v}\frac{1}{r}\,df = \int_{\Omega} (\overset{2}{\mu} - \overset{1}{\mu})\,d\omega, \tag{71}$$

wenn $d\omega \geqq 0$ genommen wird, weil auf $\mathfrak{F}_2$ dann $d\omega$ durch $- d\omega$ zu ersetzen ist. $\overset{1}{\mu}$ und $\overset{2}{\mu}$ sind die Werte von μ auf $\mathfrak{F}_1$ und $\mathfrak{F}_2$ in den Punkten $\overset{1}{Y}$ und $\overset{2}{Y}$, die auf einer Geraden durch X liegen.

Ist die Dipoldichte μ auf $\mathfrak{F}$ *konstant*, so hängt U nach (70) nicht mehr von der Gestalt der Fläche $\mathfrak{F}$, sondern nur von ihrer Randkurve $\mathfrak{C}$ ab, weil Ω allein durch $\mathfrak{C}$ bestimmt ist, und selbst $\mathfrak{C}$ kann man noch auf dem festgehaltenen Kegel mit dem Scheitel X beliebig verschieben, ohne U zu ändern. Für eine geschlossene Fläche $\mathfrak{F}$ folgt daraus, daß *im Außenraum $U = 0$* ist, was man auch unmittelbar aus (71) entnimmt, während *im Innenraum $U = 4\pi\mu$* ist (vorausgesetzt, daß die Flächennormale nach außen orientiert ist). Damit haben wir wieder denselben Potentialsprung wie bei der homogenen ebenen Doppelfläche.

Um das Verhalten des Potentials einer Doppelfläche im Unendlichen festzustellen, knüpfen wir an die für $\varrho > B$ konvergente Entwicklung (30) an; B ist dabei wie in Ziffer 7 der Radius einer $\mathfrak{F}$ ganz enthaltenden Kugel. Setzt man

$$\int_{\mathfrak{F}} \mu \cos(v\,r)\,df = N, \tag{72}$$

so ergibt sich aus (68) wie in Ziffer 7 durch gliedweise Integration die für $\varrho > B$ konvergente Entwicklung

$$U(X) = - \frac{N}{\varrho^2} + o\left(\frac{1}{\varrho^3}\right) \tag{73}$$

und

$$\partial_i U = 2\,\frac{N}{\varrho^4}\,x_i + o\left(\frac{1}{\varrho^4}\right). \tag{74}$$

Da N wegen $|\cos(v\,r)| \leqq 1$ beschränkt ist, folgt

$$\varrho^2 U = o(1) \tag{75}$$

und

$$\varrho^3\,\partial_i U = o(1), \tag{76}$$

das Potential einer Doppelfläche ist im Unendlichen regulär.

Existieren die Grenzwerte (45) und

$$N_0 = \lim_{\varrho \to \infty} N = \int_{\mathfrak{F}} \mu \cos(v\,e)\,df,$$

so gilt

$$\lim_{\varrho \to \infty} \varrho^2\,U = - N_0 \tag{77}$$

und

$$\lim_{\varrho \to \infty} \varrho^3\,\partial_i U = 2\,N_0\,e_i. \tag{78}$$

Bemerkt sei, daß die im Sinn von Ziffer 7 definierte *Masse* des von einer Doppelfläche erzeugten Potentials wegen (72) stets den Wert $M = 0$ hat.

10. Die logarithmischen Potentiale kontinuierlicher Belegungen. In Übereinstimmung mit den Ergebnissen von Ziffer 6 und 8 (A) definiere ich in der auf rechtwinkelige Cartesische Koordinaten x_α bezogenen Ebene[1] das von einem

---

[1] Über die Bezeichnungen vgl. die Fußnote S. 232.

festen Quellpunkt Y mit der *Quellstärke* oder *Belegung* m im Aufpunkt X erzeugte Potential $U(X)$ durch

$$U(X) = m \ln r = - m \ln \frac{1}{r}, \tag{79}$$

wo

$$r = \sqrt{(x_\alpha - y_\alpha)(x_\alpha - y_\alpha)}$$

der Abstand der beiden Punkte X und Y ist[1]. Vom Zusammenhang mit dem Newtonschen Potential im Raum wird also im folgenden ganz abgesehen. Der Feldvektor ist durch (35), d. h.

$$A_\alpha = \partial_\alpha U = m \frac{r_\alpha}{r^2} \tag{80}$$

gegeben, sein Fluß durch einen Kreis mit dem Mittelpunkt Y und dem Radius a ist $2\pi m$ und wird als *Ergiebigkeit* des Quellpunktes Y bezeichnet.

Ganz ähnlich wie in Ziffer 7 lassen sich die Potentiale kontinuierlicher ebener Belegungen definieren. Ich bezeichne mit $\mathfrak{A}$ entweder eine einfache, stückweise glatte, ebene Kurve $\mathfrak{C}$ oder einen ebenen Bereich $\mathfrak{B}$, dessen Rand aus einer endlichen Anzahl getrennter, einfacher, geschlossener und stückweise glatter Kurven besteht. Dann ist

$$U(X) = \int_{\mathfrak{A}} \gamma \ln r \, dY \tag{81}$$

das logarithmische Potential der auf $\mathfrak{A}$ gegebenen Belegung $\gamma = \gamma\,(Y)$. dY ist entweder das Bogenelement ds, wenn $\mathfrak{A}$ eine Kurve $\mathfrak{C}$ ist, oder das ebene Flächenelement $dy_1\,dy_2$, wenn $\mathfrak{A}$ ein ebener Bereich $\mathfrak{B}$ ist. Die Belegung γ heißt je nachdem *Liniendichte* (Quellstärke pro Längeneinheit) oder *Flächendichte* (Quellstärke pro Flächeneinheit) und das Potential U entsprechend ein *Linien-* oder *Flächenpotential*. Der Feldvektor ist

$$A_\alpha(X) = \partial_\alpha U = \int_{\mathfrak{A}} \gamma \frac{r_\alpha}{r^2}\,dY\,; \tag{82}$$

nochmalige Differentiation gibt

$$\Delta U = \partial_\alpha A_\alpha = 0\,; \tag{83}$$

die logarithmischen Potentiale (81) sind überall mit Ausnahme der Punkte von $\mathfrak{A}$ *harmonisch* und daher auch *regulär*.

Auch der Begriff der Doppelbelegung von Ziffer 9 läßt sich unmittelbar übertragen. Die Definition (64) ist durch

$$U(X) = m\,(\ln s - \ln r) = h\,m\,\frac{\ln s - \ln r}{h}$$

zu ersetzen; setzt man $z_\alpha - y_\alpha = h\,e_\alpha$, $e_\alpha e_\alpha = 1$, so folgt für $h \to 0$ das logarithmische Potential eines Dipols

$$U(X) = \mu\,e_\alpha \frac{\partial \ln r}{\partial y_\alpha} = \mu\,\frac{\partial \ln r}{\partial e}, \tag{84}$$

wo $\mu = \lim h\,m$ das Dipolmoment ist. Ist dann $\mathfrak{C}$ eine mit Dipolen der Dichte μ belegte Kurve, wobei die Dipolachsen überall in die Kurvennormale fallen, so ergibt sich das logarithmische Potential der *Doppelkurve* $\mathfrak{C}$

---

[1] Der letzte Ausdruck in (79) läßt lediglich die formale Analogie zum Newtonschen Potential besser hervortreten.

$$U(X) = \int_{\mathfrak{C}} \mu \, \frac{\partial \ln r}{\partial \nu} \, ds = - \int_{\mathfrak{C}} \mu \, \frac{\cos (\nu\, r)}{r} \, ds. \tag{85}$$

Der Feldvektor ist

$$A_\alpha(X) = \partial_\alpha U(X) = \int_{\mathfrak{C}} \mu \, \frac{\partial}{\partial \nu} \, \frac{r_\alpha}{r^2} \, ds \tag{86}$$

und man bestätigt sofort, daß

$$\Delta U = \partial_\alpha A_\alpha = 0$$

ist, d. h. auch das Potential der Doppelkurve ist überall *harmonisch* und *regulär* mit Ausnahme der Punkte von $\mathfrak{C}$.

Besitzt $\mathfrak{C}$ eine eindeutige Darstellung

$$r_\alpha = r_\alpha(\varphi),$$

wobei der Aufpunkt X für den Moment als fest angenommen ist, so folgt aus (85) wegen $\cos (\nu\, r) \, ds = r \, d\varphi$ die zu (70) analoge Darstellung

$$U(X) = - \int_{\varphi_1}^{\varphi_2} \mu \, d\varphi, \tag{87}$$

wo φ_1 und φ_2 die Winkel sind, unter denen die beiden Endpunkte von $\mathfrak{C}$ von X aus gesehen werden.

Was schließlich das Verhalten der logarithmischen Potentiale in großen Entfernungen von den Quellpunkten betrifft, so gilt für (81) und (82)

$$U(X) = - M \ln \frac{1}{\varrho} + \mathrm{o}\left(\frac{1}{\varrho}\right) \tag{88}$$

und

$$A_\alpha(X) = M \, \frac{x_\alpha}{\varrho^2} + \mathrm{o}\left(\frac{1}{\varrho^2}\right) = \mathrm{o}\left(\frac{1}{\varrho}\right), \tag{89}$$

wo $\varrho = \sqrt{x_\alpha\, x_\alpha}$ der Abstand des Aufpunktes vom Ursprung und

$$M = \int_{\mathfrak{A}} \gamma \, dY$$

die Gesamtbelegung von $\mathfrak{A}$ ist. Man zeigt das ganz entsprechend wie bei den Newtonschen Potentialen in Ziffer 7.

Für das Potential (85) und den Feldvektor (86) der Doppelkurve gilt

$$U = \mathrm{o}\left(\frac{1}{\varrho}\right), \quad A_\alpha = \mathrm{o}\left(\frac{1}{\varrho^2}\right). \tag{90}$$

Aufgaben.

1. Man berechne die Feldstärke zwischen den Platten mit der Fläche F eines Plattenkondensators, die sich im Abstand d voneinander befinden. Es sei d klein gegenüber den Plattenabmessungen, so daß das Potential näherungsweise als nur von einer Dimension abhängig betrachtet werden kann.

2. Man ermittle die Anziehung eines homogenen Rotationskörpers der Dichte γ auf einen äußeren Punkt seiner Achse. (Für das auftretende Integral verwende man Gl. (50).)

3. Man ermittle jenen Rotationskörper vorgegebenen Volumens V und konstanter Dichte γ, für den die Anziehung in einem Schnittpunkt P der Rotationsachse mit der Oberfläche ein Maximum wird. Man berechne für P die Anziehung.

4. Man bestimme $F(\lambda)$ und die Koeffizienten $A_i(\lambda)$ in der Funktion

$$V(x_1, x_2, x_3, \lambda) = \sum_{i=1}^{3} A_i(\lambda) \, x_i^2 + F(\lambda)$$

so, daß V Potential für einen Punkt im Äußeren eines Ellipsoides der Schar konfokaler, homogener Ellipsoide

$$\sum_{i=1}^{3} \frac{x_i^2}{\lambda + a_i} = 1 \quad (\lambda \text{ Scharparameter})$$

wird, wobei $\lim\limits_{\lambda \to +\infty} V = 0$, $\lim\limits_{\lambda \to +\infty} V_{x_i} = 0$ vorausgesetzt ist. (Anleitung: Für die Laplace-Gleichung setze man $\dfrac{dA_i}{d\lambda} = -\dfrac{1}{\lambda + a_i}\dfrac{dF}{d\lambda}$).

5. Es sei P ein Punkt der x, y-Ebene und $[a, b]$ ein Intervall der x-Achse. Man zeige, daß der Winkel, unter dem $[a, b]$ von P aus gesehen wird, eine Potentialfunktion ist.

§ 15. Die Greenschen Formeln. Eindeutigkeits- und Mittelwertsätze.

1. Vorbemerkungen. Unendliche Gebiete.

Ich beginne mit einigen ergänzenden und zusammenfassenden Bemerkungen über Flächen und räumliche Bereiche. Eine Fläche $\mathfrak{F}$ heißt *glatt*, wenn die Koordinaten des Normalenvektors stetige Funktionen des Ortes auf $\mathfrak{F}$ sind. Der Rand von $\mathfrak{F}$ sei eine stückweise glatte Kurve $\mathfrak{C}$; in den Punkten von $\mathfrak{C}$ habe der Normalenvektor von $\mathfrak{F}$ stetige Randwerte. Eine Fläche $\mathfrak{F}$ heißt weiter *stückweise glatt*, wenn sie aus einer endlichen

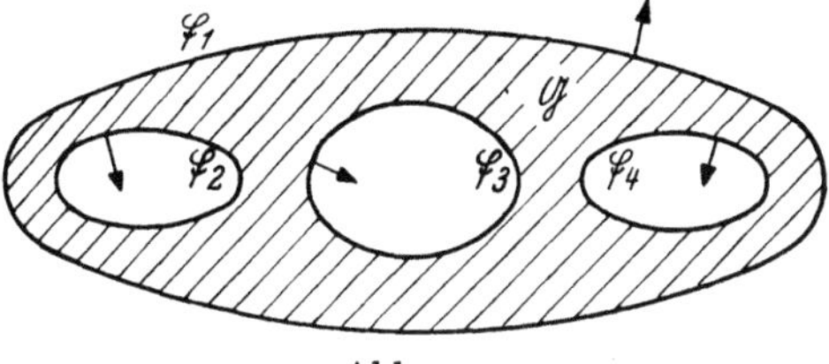

Abb. 45.

Anzahl von stetig zusammenhängenden glatten Flächenstücken besteht. Ist $\mathfrak{C}$ die Kurve auf $\mathfrak{F}$, längs welcher die glatten Flächenstücke $\mathfrak{F}_1$ und $\mathfrak{F}_2$ zusammenhängen, so ist $\mathfrak{C}$ sowohl Teil des Randes von $\mathfrak{F}_1$ als auch Teil des Randes von $\mathfrak{F}_2$; stetig zusammenhängen heißt, daß ein Punkt X von $\mathfrak{F}_1$ über einen Punkt X_0 von $\mathfrak{C}$ nach $\mathfrak{F}_2$ wandern kann. Es ist aber nicht vorausgesetzt, daß der Normalenvektor in X_0 stetig ist; $\mathfrak{C}$ kann eine *Kante* auf $\mathfrak{F}$ sein, also ein Ort singulärer Punkte, in denen der Normalenvektor (oder die Tangentenebene) nicht oder nicht eindeutig definiert ist. Unter den obigen Voraussetzungen ergeben sich in X_0 im allgemeinen zwei verschiedene Normalenvektoren, je nachdem man sich dem Punkt X_0 von $\mathfrak{F}_1$ oder von $\mathfrak{F}_2$ nähert. In Punkten, in denen mehr als zwei glatte Teilflächenstücke von $\mathfrak{F}$ aneinandergrenzen (wie z. B. in der Ecke eines Würfels), werden demgemäß auch mehr als zwei Normalenvektoren definiert sein. Wir wollen schließlich auch *singuläre Punkte* auf $\mathfrak{F}$ zulassen, in deren Umgebung keine weiteren singulären Punkte liegen und die Fläche $\mathfrak{F}$ durch einen Kegel approximiert wird, so daß in einem solchen Punkt, den wir als *konische Ecke* bezeichnen wollen, unendlich viele Normalenvektoren existieren. Ich nenne ferner eine geschlossene (beschränkte und stückweise glatte[1]) Fläche *einfach*, wenn sie den Raum in zwei getrennte Gebiete zerlegt, von denen das eine, ebenso wie $\mathfrak{F}$ selbst, beschränkt ist und als *Innengebiet* oder *Inneres* von $\mathfrak{F}$ bezeichnet wird, während das andere nicht beschränkt ist (den Punkt ∞ enthält), und *Außengebiet* oder *Äußeres* von $\mathfrak{F}$ heißt. Innen- und Außengebiet von $\mathfrak{F}$ haben keine gemeinsamen Punkte, wohl aber gemeinsame Häufungspunkte, nämlich die Punkte der Fläche $\mathfrak{F}$. Wir betrachten im folgenden auch allgemeinere Gebiete $\mathfrak{G}$, deren Rand $\mathfrak{F}$ aus einer beliebigen endlichen Zahl getrennter, einfacher und geschlossener Flächen $\mathfrak{F}_1, \mathfrak{F}_2, \ldots, \mathfrak{F}_n$ besteht. Da wir daran festhalten wollen, nur zusammenhängende Mengen als Gebiete zu bezeichnen, kann $\mathfrak{G}$, *sofern es*

---

[1] Diesen Zusatz lasse ich im folgenden weg; alle Flächen sind ein für allemal als beschränkt und stückweise glatt vorausgesetzt.

beschränkt ist, nicht der Durchschnitt der Außengebiete aller Teilränder $\mathfrak{F}_1$, ...,
$\mathfrak{F}_n$ sein. $\mathfrak{G}$ ist also Teil des Innengebietes einer der Flächen, etwa von $\mathfrak{F}_1$ (Abb. 45).
Dann kann $\mathfrak{G}$ nicht Teil des Inneren einer anderen Fläche, etwa von $\mathfrak{F}_2$ sein.
Denn $\mathfrak{F}_2$ selbst liegt entweder ganz im Inneren oder ganz im Äußeren von $\mathfrak{F}_1$; im
ersten Fall wäre $\mathfrak{F}_1$ kein Rand von $\mathfrak{G}$, und im zweiten Fall wäre $\mathfrak{G}$ nicht zusammenhängend. Daraus folgt, daß $\mathfrak{G}$ der Durchschnitt des Innengebietes von $\mathfrak{F}_1$
und der Außengebiete aller anderen Teilflächen $\mathfrak{F}_2$, ..., $\mathfrak{F}_n$ ist, von denen jede
im Äußeren aller anderen liegen muß.

Ist $\mathfrak{G}$ aber nicht beschränkt, so ist es der Durchschnitt der Außengebiete
aller Flächen $\mathfrak{F}_1$, $\mathfrak{F}_2$, ..., $\mathfrak{F}_n$, von denen jede im Äußeren aller anderen liegen
muß. Das ist der einzige Fall *nicht beschränkter* oder *unendlicher* Gebiete, den
wir im folgenden betrachten werden. Der Normalenvektor v_i ist im ersten Fall
ins Äußere von $\mathfrak{F}_1$ und ins Innere von $\mathfrak{F}_2$, ..., $\mathfrak{F}_n$, im zweiten Fall ins Innere aller
Flächen $\mathfrak{F}_1$, $\mathfrak{F}_2$, ... $\mathfrak{F}_n$ orientiert. Den abgeschlossenen Bereich, der aus $\mathfrak{G}$ durch
Hinzunahme des ganzen Randes entsteht, bezeichne ich mit

$$\mathfrak{B} = \mathfrak{G} + \mathfrak{F} = \mathfrak{G} + \mathfrak{F}_1 + \mathfrak{F}_2 + \cdots + \mathfrak{F}_n.$$

Eine Funktion U heißt *harmonisch in* $\mathfrak{B}$, wenn sie in $\mathfrak{G}$ harmonisch ist und
wenn sie und ihre Ableitungen bei Annäherung an den Rand $\mathfrak{F}$ stetige Grenzwerte annimmt, die man dann als die Randwerte von U bezeichnet.

2. Die Greenschen Formeln. Es sei $\mathfrak{B}$ ein abgeschlossener und beschränkter
Bereich des Raumes und $\mathfrak{F}$ seine Randfläche (Ziffer 1). Ist dann $A_i(Y)$ ein in
$\mathfrak{B}$ stetig differenzierbarer Vektor, so gilt der Gaußsche Integralsatz (II, 2, § 20, 3;
II, 1, § 30, 4)

$$\int_{\mathfrak{B}} \frac{\partial}{\partial y_i} A_i \, dV = \oint_{\mathfrak{F}} A_i \, df_i = \oint_{\mathfrak{F}} A_i v_i \, df. \tag{1}$$

Setzt man

$$A_i = U \frac{\partial V}{\partial y_i},$$

wo U einmal und V zweimal stetig differenzierbar ist, so folgt die *erste Greensche
Formel*

$$\int_{\mathfrak{B}} \left(U \, \Delta V + \frac{\partial V}{\partial y_i} \frac{\partial U}{\partial y_i} \right) dV = \oint_{\mathfrak{F}} U \frac{\partial V}{\partial v} \, df, \tag{2}$$

wo

$$\frac{\partial V}{\partial v} = \frac{\partial V}{\partial y_i} v_i$$

die Normalableitung von V auf $\mathfrak{F}$ und $\Delta V = \dfrac{\partial^2 V}{\partial y_i \, \partial y_i}$ den Laplaceschen Operator
für die Variablen y_i bedeutet.

Vertauscht man in (2) U und V (jetzt muß natürlich auch U zweimal stetig
differenzierbar sein), so ergibt sich durch Subtraktion die *zweite Greensche Formel*

$$\int_{\mathfrak{B}} (U \, \Delta V - V \, \Delta U) \, dV = \oint_{\mathfrak{F}} \left(U \frac{\partial V}{\partial v} - V \frac{\partial U}{\partial v} \right) df. \tag{3}$$

Die Formeln (1) bis (3) gelten unter gewissen Voraussetzungen auch für unendliche Bereiche von der in Ziffer 1 beschriebenen Art. Sei $\mathfrak{K}$ eine Kugel, die den
Rand $\mathfrak{F}$ des unendlichen Bereiches $\mathfrak{B}$ ganz im Innern enthält, und $\mathfrak{B}^*$ der von $\mathfrak{F}$

und $\Re$ begrenzte beschränkte Bereich. Für $\mathfrak{B}^*$ gilt dann der Gaußsche Satz (1) in der Gestalt

$$\int\limits_{\mathfrak{B}^*} \frac{\partial A_i}{\partial y_i}\, dV = \oint\limits_{\mathfrak{F}} A_i\, \nu_i\, df + \oint\limits_{\Re} A_i\, \nu_i\, df. \tag{4}$$

Ist ϱ der Radius von $\Re$ und gilt

$$\lim_{\varrho \to \infty} \varrho^2\, A_i\, e_i = 0 \tag{5}$$

gleichmäßig für alle Richtungen e_i, so ergibt sich für das zweite Flächenintegral in (4), weil $df = \varrho^2\, d\omega$ ist auf $\Re$,

$$\oint\limits_{\Re} A_i\, \nu_i\, df = \oint\limits_{\Re} \varrho^2\, A_i\, \nu_i\, d\omega \to 0,$$

während $\mathfrak{B}^*$ wieder in $\mathfrak{B}$ übergeht. Somit wird aus (4) wieder der Gaußsche Satz (1) für den unendlichen Bereich $\mathfrak{B}$; das uneigentliche Integral links ist als der Grenzwert

$$\int\limits_{\mathfrak{B}} = \lim_{\varrho \to \infty} \int\limits_{\mathfrak{B}^*}$$

zu verstehen, also für Kugeln mit festem Mittelpunkt und $\varrho \to \infty$.

Die Formeln (2) und (3) gelten ebenso für unendliche Bereiche $\mathfrak{B}$, wenn die Funktionen U und V für hinreichend große $\varrho = \sqrt{y_i\, y_i}$ den Bedingungen

$$U = \mathrm{o}\left(\frac{1}{\varrho}\right), \qquad \partial_i U = \mathrm{o}\left(\frac{1}{\varrho^2}\right), \qquad V = \mathrm{o}\left(\frac{1}{\varrho}\right), \qquad \partial_i V = \mathrm{o}\left(\frac{1}{\varrho^2}\right) \tag{6}$$

genügen. Wegen $A_i = U\, \dfrac{\partial V}{\partial y_i}$ ist dann

$$A_i\, e_i = U\, \frac{\partial V}{\partial y_i}\, e_i = \mathrm{o}\left(\frac{1}{\varrho^3}\right)$$

für alle e_i, so daß auch (5) gilt.

Wegen § 14, (43), (44), (75) und (76) sind *die Bedingungen (6) für alle Newtonschen Potentiale erfüllt.*

3. Die Eindeutigkeitssätze. Ich komme zu einigen wichtigen Folgerungen aus den Greenschen Formeln (2) und (3). $\mathfrak{B}$ ist ein beliebiger, beschränkter oder unendlicher Bereich wie in Ziffer 1; im letzteren Fall ist stets angenommen, daß die Funktionen U und V den Bedingungen (6) genügen. Ich erinnere, daß wir eine Funktion harmonisch in einem abgeschlossenen Bereich $\mathfrak{B}$ nennen, wenn sie im Innern von $\mathfrak{B}$ harmonisch ist und auf dem Rand samt ihren Ableitungen stetige Grenzwerte besitzt.

Ist $U \equiv V$ und U in $\mathfrak{B}$ harmonisch, so folgt aus (2)

$$\int\limits_{\mathfrak{B}} \frac{\partial U}{\partial y_i}\, \frac{\partial U}{\partial y_i}\, dV = \oint\limits_{\mathfrak{F}} U\, \frac{\partial U}{\partial \nu}\, df; \tag{7}$$

ist auf dem Rand $\mathfrak{F}$ von $\mathfrak{B}$ außerdem $U = 0$, so verschwindet die rechte Seite von (7) und es folgt $\dfrac{\partial U}{\partial y_i} = 0$ und daher $U = $ konst. in $\mathfrak{B}$, wegen der Stetigkeit muß aber $U \equiv 0$ sein in $\mathfrak{B}$. Also gilt[1]

Satz 1: *Ist U harmonisch in einem Bereich $\mathfrak{B}$ und $U = 0$ auf dem Rand von $\mathfrak{B}$, so ist $U \equiv 0$ in $\mathfrak{B}$.*

---

[1] Es sei erwähnt, daß es auch nicht beschränkte harmonische Funktionen mit dem Randwert Null gibt wie z. B. $\mathfrak{J} \sin z$. Wir setzen aber hier und im folgenden beschränkte harmonische Funktionen voraus.

Sind daher U und V zwei in $\mathfrak{B}$ harmonische Funktionen, die auf dem Rand $\mathfrak{F}$ von $\mathfrak{B}$ dieselben Randwerte annehmen, so gibt die Anwendung von Satz 1 auf die Differenz $U - V$ den *ersten Eindeutigkeitssatz*:

Satz 2: *Eine in einem Bereich $\mathfrak{B}$ harmonische Funktion ist durch ihre Randwerte eindeutig bestimmt.*

Die rechte Seite von (7) verschwindet aber auch, wenn auf $\mathfrak{F}$ nicht U, sondern die Normalableitung $\dfrac{\partial U}{\partial v} = 0$ ist. Also gilt

Satz 3: *Ist U harmonisch und eindeutig in $\mathfrak{B}$ und ist $\dfrac{\partial U}{\partial v} = 0$ auf dem Rand von $\mathfrak{B}$, so ist U konstant in $\mathfrak{B}$ und insbesondere $U = 0$ in $\mathfrak{B}$, wenn $\mathfrak{B}$ ein unendlicher Bereich ist.*

Das gibt unmittelbar den *zweiten Eindeutigkeitssatz*:

Satz 4: *Eine in einem Bereich $\mathfrak{B}$ harmonische und eindeutige Funktion ist in $\mathfrak{B}$ durch die Randwerte ihrer Normalableitung bis auf eine additive Konstante bestimmt.*

Ich nehme nun an, daß auf dem Rand $\mathfrak{F}$ von $\mathfrak{B}$ überall eine Beziehung

$$\frac{\partial U}{\partial v} = h(U_0 - U) \tag{8}$$

zwischen den Randwerten von U und $\dfrac{\partial U}{\partial v}$ bestehe; dabei ist U_0 eine Konstante, h eine auf $\mathfrak{F}$ definierte, stetige und nicht negative Funktion des Ortes[1]. Wendet man (7) auf die Differenz $U - U_0$ an, so folgt wegen (8)

$$\int_{\mathfrak{B}} \frac{\partial(U - U_0)}{\partial y_i} \frac{\partial(U - U_0)}{\partial y_i}\, dV + \oint_{\mathfrak{F}} h(U - U_0)^2\, df = 0;$$

da keines der Integrale negativ ist, muß jedes für sich verschwinden, so daß $U \equiv U_0$ ist in $\mathfrak{B}$. Das gibt

Satz 5: *Genügt die in $\mathfrak{B}$ harmonische Funktion U auf dem Rand von $\mathfrak{B}$ der Bedingung (8) mit stetigem $h \geq 0$ und konstantem U_0, so ist $U \equiv U_0$ in $\mathfrak{B}$.*

Sind weiter U und V zwei in $\mathfrak{B}$ harmonische Funktionen, die auf dem Rand $\mathfrak{F}$ von $\mathfrak{B}$ *beide* der etwas allgemeineren Randbedingung

$$\frac{\partial U}{\partial v} + h\,U = g \tag{9}$$

genügen, wo g ebenfalls auf $\mathfrak{F}$ definiert und stetig ist, so ist auf $\mathfrak{F}$

$$\frac{\partial(U - V)}{\partial v} + h(U - V) = 0$$

und daher $U \equiv V$ nach Satz 5. Somit gilt der *dritte Eindeutigkeitssatz*

Satz 6: *Eine in $\mathfrak{B}$ harmonische Funktion U ist in $\mathfrak{B}$ durch die Randbedingung (9) eindeutig bestimmt, sofern $h \geq 0$ und g auf $\mathfrak{F}$ stetig sind.*

Ist $h \equiv 0$, so geht (9) in die Randbedingung $\dfrac{\partial U}{\partial v} = g$ über.

Man bezeichnet das Problem, eine in $\mathfrak{B}$ harmonische Funktion U zu ermitteln, die auf dem Rand $\mathfrak{F}$ von $\mathfrak{B}$ einer der drei Bedingungen

---

[1] Eine derartige Bedingung tritt bei folgender Aufgabe der Wärmetheorie auf: U ist die Temperatur eines wärmeleitfähigen Körpers $\mathfrak{B}$ und U_0 die Temperatur des umgebenden Mittels. Dann strömt Wärme durch die Oberfläche $\mathfrak{F}$ des Körpers, und zwar proportional zur Temperaturdifferenz $U_0 - U$.

$$U = g, \qquad \frac{\partial U}{\partial v} = g, \qquad \frac{\partial U}{\partial v} + h\,U = g$$

genügt, je nachdem als *erste, zweite* und *dritte Randwertaufgabe der Potentialtheorie.*
Die Sätze 2, 4 und 6 sagen natürlich nichts über die Existenz von Lösungen der
Randwertaufgaben aus, sondern lediglich, daß diese Lösungen, *sofern sie existieren,*
eindeutig bestimmt sind (im Fall der zweiten Randwertaufgabe abgesehen von
einer additiven Konstanten).

Weitere Aussagen über harmonische Funktionen ergeben sich, wenn man in
(2) oder (3) über eine der beiden Funktionen spezielle Annahmen macht. Sei
zunächst $V \equiv 1$ und U harmonisch in einem Bereich $\mathfrak{B}$, den wir jetzt als *be-*
schränkt voraussetzen müssen, weil die Konstante V nach § 14, 2 im Unendlichen
nicht regulär ist. Dann gibt (3)

$$\oint_{\mathfrak{F}} \frac{\partial U}{\partial v}\, df = 0 \tag{10}$$

und es gilt

Satz 7: *Das über den Rand $\mathfrak{F}$ eines beschränkten Bereichs $\mathfrak{B}$ erstreckte Integral*
der Normalableitung einer in $\mathfrak{B}$ harmonischen Funktion verschwindet.

Besteht $\mathfrak{F}$ nur aus einer einzigen geschlossenen Fläche, so ist $\mathfrak{B}$ das Innengebiet von $\mathfrak{F}$, vermehrt um die Punkte von $\mathfrak{F}$ selbst — wir nennen dann $\mathfrak{B}$ kurz
den *Innenbereich* von $\mathfrak{F}$ — und (10) gilt für jede beliebige geschlossene Fläche $\mathfrak{F}_1$,
die ganz in $\mathfrak{B}$ liegt:

Satz 8: *Ist die Funktion U harmonisch im Innenbereich $\mathfrak{B}$ einer einfachen*
geschlossenen Fläche $\mathfrak{F}$, so verschwindet das Integral der Normalableitung von U
für jede in $\mathfrak{B}$ gelegene geschlossene Fläche.

Ist $\mathfrak{B}$ ein *unendlicher Bereich*, $\mathfrak{F}_1$ sein Rand und $\mathfrak{F}$ eine geschlossene Fläche,
die ganz in $\mathfrak{B}$ liegt und $\mathfrak{F}_1$ im Inneren enthält, so gibt die Anwendung von (10)
auf den von $\mathfrak{F}$ und $\mathfrak{F}_1$ begrenzten beschränkten Bereich $\mathfrak{B}^*$

$$\oint_{\mathfrak{F}} \frac{\partial U}{\partial v}\, df + \oint_{\mathfrak{F}_1} \frac{\partial U}{\partial v}\, df = 0$$

oder, wenn wir auf $\mathfrak{F}_1$ die Normalenrichtung umkehren (so daß die Normale jetzt
ins Innere von $\mathfrak{B}^*$ weist)

$$\oint_{\mathfrak{F}} \frac{\partial U}{\partial v}\, df = \oint_{\mathfrak{F}_1} \frac{\partial U}{\partial v}\, df. \tag{11}$$

Es gilt also

Satz 9: *Ist $\mathfrak{B}$ ein unendlicher Bereich, so hat das Integral der Normalableitung*
einer in $\mathfrak{B}$ harmonischen Funktion für alle Flächen $\mathfrak{F}$, die ganz in $\mathfrak{B}$ liegen und den
Rand von $\mathfrak{B}$ im Innern enthalten, denselben Wert.

Über den Wert dieses Integrals vgl. die folgende Formel (24).

4. Die dritte Greensche Formel und die Regularität der harmonischen Funk-
tionen. Es sei jetzt $V \equiv \frac{1}{r}$. Damit gehen in die Integrale (2) und (3) die Koordinaten x_i des Aufpunktes X als Parameter ein und die Integrale werden Funktionen
der x_i. Solange X *nicht im Innern oder auf dem Rand von $\mathfrak{B}$ liegt*, ist $\Delta \frac{1}{r} = 0$
und (2) und (3) gehen über in

$$\int_{\mathfrak{B}} \frac{\partial U}{\partial y_i}\, \frac{\partial}{\partial y_i}\, \frac{1}{r}\, dV = \oint_{\mathfrak{F}} U\, \frac{\partial}{\partial v}\, \frac{1}{r}\, df \tag{12}$$

und

$$\int_{\mathfrak{B}} \frac{1}{r}\, \Delta U\, d\underline{V} = \oint_{\mathfrak{F}}\left(\frac{1}{r}\,\frac{\partial U}{\partial \nu} - U\,\frac{\partial}{\partial \nu}\,\frac{1}{r}\right) df. \tag{13}$$

(13) ist die *dritte Greensche Formel*; ist U harmonisch in $\mathfrak{B}$, so wird daraus

$$\oint_{\mathfrak{F}}\left(\frac{1}{r}\,\frac{\partial U}{\partial \nu} - U\,\frac{\partial}{\partial \nu}\,\frac{1}{r}\right) df = 0. \tag{14}$$

Ich nehme nun an, X sei ein *innerer* Punkt von $\mathfrak{B}$. Ich umgebe X mit einer ganz in $\mathfrak{B}$ liegenden Kugel $\mathfrak{K}$ vom Radius a und entferne aus $\mathfrak{B}$ alle Punkte Y mit $r < a$, also alle Punkte im Inneren von $\mathfrak{K}$. Auf den übrigbleibenden Bereich $\mathfrak{B}^*$ lassen sich (12) und (13) anwenden; dabei ist nur zu beachten, daß der Rand von $\mathfrak{B}^*$ jetzt nicht nur aus $\mathfrak{F}$, sondern auch aus der Kugel $\mathfrak{K}$ besteht und daß auf $\mathfrak{K}$ die Normale wie immer ins Äußere von $\mathfrak{B}^*$, also *ins Innere* von $\mathfrak{K}$ zu orientieren ist. Somit wird aus (12)

$$\int_{\mathfrak{B}^*} \frac{\partial U}{\partial y_i}\,\frac{\partial}{\partial y_i}\,\frac{1}{r}\, d\underline{V} = \oint_{\mathfrak{F}} U\,\frac{\partial}{\partial \nu}\,\frac{1}{r}\, df + \oint_{\mathfrak{K}} U\,\frac{\partial}{\partial \nu}\,\frac{1}{r}\, df \tag{15}$$

und aus (13)

$$\int_{\mathfrak{B}^*} \frac{1}{r}\, \Delta U\, d\underline{V} = \oint_{\mathfrak{F}}\left(\frac{1}{r}\,\frac{\partial U}{\partial \nu} - U\,\frac{\partial}{\partial \nu}\,\frac{1}{r}\right) df + \oint_{\mathfrak{K}}\left(\frac{1}{r}\,\frac{\partial U}{\partial \nu} - U\,\frac{\partial}{\partial \nu}\,\frac{1}{r}\right) df. \tag{16}$$

Auf $\mathfrak{K}$ ist $r = a$ konstant, $df = a^2\, d\omega$ und entsprechend der Orientierung der Normalen

$$\frac{\partial}{\partial \nu}\,\frac{1}{r} = -\,\frac{\partial}{\partial r}\,\frac{1}{r} = \frac{1}{r^2} = \frac{1}{a^2},$$

also

$$\oint_{\mathfrak{K}} \frac{1}{r}\,\frac{\partial U}{\partial \nu}\, df = a\oint_{\mathfrak{K}} \frac{\partial U}{\partial \nu}\, d\omega \to 0 \tag{17}$$

für $a \to 0$. Ferner gilt

$$\oint_{\mathfrak{K}} U\,\frac{\partial}{\partial \nu}\,\frac{1}{r}\, df = \oint_{\mathfrak{K}} U\, d\omega \to 4\pi\, U(X), \tag{18}$$

weil $\int d\omega = 4\pi$ ist. Für $a \to 0$ geht aber $\mathfrak{B}^*$ wieder in $\mathfrak{B}$ über; somit folgt aus (15)

$$\int_{\mathfrak{B}} \frac{\partial U}{\partial y_i}\,\frac{\partial}{\partial y_i}\,\frac{1}{r}\, d\underline{V} = \oint_{\mathfrak{F}} U\,\frac{\partial}{\partial \nu}\,\frac{1}{r}\, df + 4\pi\, U(X) \tag{19}$$

und aus (16)

$$\int_{\mathfrak{B}} \frac{1}{r}\, \Delta U\, d\underline{V} = \oint_{\mathfrak{F}}\left(\frac{1}{r}\,\frac{\partial U}{\partial \nu} - U\,\frac{\partial}{\partial \nu}\,\frac{1}{r}\right) df - 4\pi\, U(X). \tag{20}$$

Sei schließlich X ein Punkt von $\mathfrak{F}$ und $\mathfrak{K}$ wieder die Kugel um X mit dem Radius a. Nimmt man jetzt aus $\mathfrak{B}$ alle Punkte mit $r < a$ heraus, so entsteht ein Bereich $\mathfrak{B}^*$, dessen Rand aus dem außerhalb von $\mathfrak{K}$ gelegenen Teil $\mathfrak{F}^*$ von $\mathfrak{F}$ und dem in $\mathfrak{B}$ gelegenen Teil $\mathfrak{K}^*$ von $\mathfrak{K}$ besteht. (12) und (13) auf diesen Bereich $\mathfrak{B}^*$ angewandt ergeben (15) und (16), wo aber jetzt $\mathfrak{F}^*$ und $\mathfrak{K}^*$ an Stelle von $\mathfrak{F}$ und $\mathfrak{K}$ zu schreiben ist. Dann gilt wohl wieder

$$a\int_{\mathfrak{K}^*} \frac{\partial U}{\partial \nu}\, d\omega \to 0,$$

aber

$$\int_{\mathfrak{K}^*} U\, d\omega \to \Gamma \cdot U(X),$$

wo Γ jetzt wesentlich von den Eigenschaften der Fläche $\mathfrak{F}$ in X abhängt. Ist $\mathfrak{F}$ glatt, so wird sich $\mathfrak{K}^*$ bei hinreichend kleinem Radius a beliebig wenig von einer Halbkugel unterscheiden und daher ist $\Gamma = 2\,\pi$, die Oberfläche der halben Einheitskugel. Ist X ein Punkt einer Kante und schließen die beiden Teile von $\mathfrak{F}$ (d. h. genauer ihre beiden Tangentenebenen) in X den Winkel α miteinander ein, so ist offenbar $\Gamma = 2\,(\pi - \alpha)$. Ist X ein konischer Eckpunkt, so ist $\Gamma = \omega$, wenn ω der räumliche Öffnungswinkel des Tangentenkegels ist.

Alle diese Formeln, einschließlich (12) und (13), können wir in den beiden folgenden zusammenfassen:

$$\oint_{\mathfrak{F}} U\,\frac{\partial}{\partial \nu}\,\frac{1}{r}\,df - \int_{\mathfrak{B}} \frac{\partial U}{\partial y_i}\,\frac{\partial}{\partial y_i}\,\frac{1}{r}\,dV = -\,\Gamma\,U(X), \tag{21}$$

$$\oint_{\mathfrak{F}} \left(\frac{1}{r}\,\frac{\partial U}{\partial \nu} - U\,\frac{\partial}{\partial \nu}\,\frac{1}{r}\right) df - \int_{\mathfrak{B}} \frac{1}{r}\,\Delta U\,dV = \Gamma\,U(X) \tag{22}$$

mit

$\Gamma = 0$, wenn X im Außenraum von $\mathfrak{F}$ liegt,

$\Gamma = 4\,\pi$, wenn X im Innenraum von $\mathfrak{F}$ liegt,

$\Gamma = 2\,\pi,\ 2\,(\pi - \alpha)$ oder ω, wenn X auf $\mathfrak{F}$ liegt, je nachdem $\mathfrak{F}$ in X glatt ist, eine Kante oder eine konische Ecke hat.

Ist U harmonisch in $\mathfrak{B}$ und liegt X im Innern $\mathfrak{G}$ von $\mathfrak{B}$, so gibt (22)

$$U(X) = \frac{1}{4\,\pi}\,\oint_{\mathfrak{F}} \left(\frac{1}{r}\,\frac{\partial U}{\partial \nu} - U\,\frac{\partial}{\partial \nu}\,\frac{1}{r}\right) df. \tag{23}$$

Der Vergleich mit den Formeln (37) und (67) von § 14 für die Flächenpotentiale einfacher und doppelter Belegung ergibt

Satz 10: *Jede in einem abgeschlossenen Bereich $\mathfrak{B}$ harmonische und auf dem Rand $\mathfrak{F}$ von $\mathfrak{B}$ samt ihrer Normalableitung stetige Funktion $U(X)$ läßt sich in $\mathfrak{G}$ als Summe $U = U_1 + U_2$ zweier Newtonscher Potentiale darstellen, wobei*

$$U_1 = \frac{1}{4\,\pi}\,\oint_{\mathfrak{F}} \frac{1}{r}\,\frac{\partial U}{\partial \nu}\,df$$

das Potential einer einfachen Belegung auf $\mathfrak{F}$ mit der Flächendichte $\beta = -\dfrac{1}{4\,\pi}\,\dfrac{\partial U}{\partial \nu}$ und

$$U_2 = -\frac{1}{4\,\pi}\,\oint_{\mathfrak{F}} U\,\frac{\partial}{\partial \nu}\,\frac{1}{r}\,df$$

das Potential einer doppelten Belegung auf $\mathfrak{F}$ mit dem Moment $\mu = \dfrac{1}{4\,\pi}\,U$ ist.

Da U_1 und U_2 in $\mathfrak{G}$ nach den Ergebnissen von § 14, 7 und 9 *reguläre Funktionen* sind, folgt weiter

Satz 11: *Eine in einem Gebiet $\mathfrak{G}$ harmonische Funktion ist in $\mathfrak{G}$ regulär.*

Mit diesem Satz ist ein entscheidender Schritt in der Durchführung des in Ziffer 1 von § 14 skizzierten Programms unserer Untersuchungen getan und die Bezeichnung „harmonische Funktionen" für die Lösungen der Laplaceschen Differentialgleichung im Raum erst voll gerechtfertigt.

Die Formel (23) gilt selbstverständlich unverändert auch für unendliche Bereiche, wenn U im Unendlichen regulär ist. Ich multipliziere (23) mit $\varrho = \sqrt{x_i\,x_i}$ und lasse $\varrho \to \infty$ gehen. Wegen $\varrho/r \to 1$, $U \to 0$ und

$$\frac{\partial}{\partial v}\,\frac{1}{r} = -\frac{1}{r^2}\,\frac{\partial r}{\partial v} = 0\left(\frac{1}{\varrho^2}\right)$$

folgt

$$\lim_{\varrho \to \infty}\varrho\,U = \frac{1}{4\,\pi}\oint_{\mathfrak{F}}\frac{\partial U}{\partial v}\,df$$

oder wegen § 14, (43)

$$\oint_{\mathfrak{F}}\frac{\partial U}{\partial v}\,df = -4\,\pi\,M, \tag{24}$$

womit die angekündigte Ergänzung zu Satz 9 gefunden ist.

5. Die Mittelwertsätze. Ich wende (23) auf das Innere einer Kugel $\mathfrak{K}$ um X vom Radius a an. Wegen $\dfrac{\partial}{\partial v}\,\dfrac{1}{r} = -\dfrac{1}{r^2}$ folgt

$$U(X) = \frac{1}{4\,\pi\,a}\oint_{\mathfrak{K}}\frac{\partial U}{\partial v}\,df + \frac{1}{4\,\pi\,a^2}\oint_{\mathfrak{K}}U\,df.$$

Wegen (10) verschwindet das erste Integral, so daß

$$\boxed{\,U(X) = \frac{1}{4\,\pi\,a^2}\oint_{\mathfrak{K}}U\,df\,} \tag{25}$$

bleibt. $4\,\pi\,a^2$ ist der Flächeninhalt von $\mathfrak{K}$, also ist die rechte Seite der Mittelwert des Potentials U auf der Kugel $\mathfrak{K}$. Damit haben wir den *(ersten) Mittelwertsatz der Potentialtheorie:*

Der Mittelwert des von beliebigen Belegungen erzeugten Potentials U auf einer Kugel $\mathfrak{K}$ ist, wenn alle Quellen außerhalb von $\mathfrak{K}$ liegen, gleich dem Wert von U im Mittelpunkt der Kugel.

Aus (25) kann man durch Integration noch eine Aussage über den Mittelwert des Potentials im Innern einer Kugel gewinnen. Ich schreibe in (25) r statt a, multipliziere mit $4\,\pi\,r^2$ und integriere über r von 0 bis a. Das gibt, immer unter der Voraussetzung, daß alle Quellen außerhalb der Kugel vom Radius a liegen

$$U(X)\,\frac{4\,\pi\,a^3}{3} = \int_0^a\left(\oint_{\mathfrak{K}_r}U\,df\right)dr,$$

wo $\mathfrak{K}_r$ die Kugel vom Radius r mit dem Mittelpunkt X ist. Nun ist $df\,dr = dV$ das Volumselement und daher

$$U(X) = \frac{3}{4\,\pi\,a^3}\int_{\mathfrak{K}}U\,dV.$$

Da $\dfrac{4\,\pi\,a^3}{3}$ das Volumen von $\mathfrak{K}$ ist, steht rechts der Mittelwert des Potentials U im Innenbereich von $\mathfrak{K}$, also:

Der Mittelwert des von beliebigen Belegungen erzeugten Potentials U im Innern einer Kugel $\mathfrak{K}$ ist, wenn alle Quellen außerhalb von $\mathfrak{K}$ liegen, gleich dem Wert von U im Mittelpunkt der Kugel.

Aus dem Mittelwertsatz ergibt sich eine wichtige Folgerung über die Lage der Extrema einer harmonischen Funktion. Aus (25) folgt nämlich, daß *eine nicht konstante harmonische Funktion im Innern des Regularitätsgebietes $\mathfrak{G}$ kein*

Extremum haben kann, so daß ihre Extrema stets auf dem Rand von $\mathfrak{G}$ liegen. Ich nehme an, U habe in einem beliebigen Punkt X von $\mathfrak{G}$ ein Maximum. Ist dann $\mathfrak{K}$ eine Kugel um X, die zur Gänze in $\mathfrak{G}$ liegt, so muß, wenn der Radius a von $\mathfrak{K}$ genügend klein ist, für alle Punkte Y auf $\mathfrak{K}$

$$U(Y) \leqq U(X)$$

gelten. Das ist ein Widerspruch zu (25), wenn nicht $U(Y) \equiv U(X)$ ist, also U konstant auf $\mathfrak{K}$ ist. Dasselbe gilt aber dann auch für alle Kugeln mit einem Radius $r < a$, d. h. U ist in der Umgebung von X und, da X ein beliebiger Punkt von $\mathfrak{G}$ war, im ganzen Gebiet $\mathfrak{G}$ konstant in Widerspruch zur Voraussetzung.

Es gibt einen zweiten Mittelwertsatz, der sich auf den Fall bezieht, daß alle Quellen im Innern einer Kugel $\mathfrak{K}$ liegen. Sei U regulär im unendlichen Bereich $\mathfrak{B}$, X liege außerhalb von $\mathfrak{B}$ und $\mathfrak{K}$ sei eine Kugel um X mit dem Radius a, die ganz in $\mathfrak{B}$ liegt und den Rand von $\mathfrak{B}$ im Inneren enthält. Dann ist auf $\mathfrak{K}$

$$\frac{\partial}{\partial v}\,\frac{1}{r} = \frac{1}{r^2} = \frac{1}{a^2},$$

wenn wir die Normale ins Innere von $\mathfrak{K}$ orientieren, und daher gibt (14)

$$\frac{1}{a^2}\oint_{\mathfrak{K}} U\,df = \frac{1}{a}\oint_{\mathfrak{K}} \frac{\partial U}{\partial v}\,df$$

oder wegen (24)

$$\oint_{\mathfrak{K}} U\,df = -\,4\,\pi\,a\,M,$$

was man auch

$$-\frac{M}{a} = \frac{1}{4\,\pi\,a^2}\oint_{\mathfrak{K}} U\,df$$

schreiben kann. Das ist der *zweite Mittelwertsatz der Potentialtheorie:*

Der Mittelwert des von beliebigen Belegungen auf einer Kugel $\mathfrak{K}$ vom Radius a erzeugten Potentials U ist, wenn alle Quellen im Innern von $\mathfrak{K}$ liegen, unabhängig von der besonderen Art der Verteilung der Quellen im Innern von $\mathfrak{K}$ und gleich — M/a, wenn M die Masse von U ist (§ 14, 7).

6. Sätze über logarithmische Potentiale. Aus dem Gaußschen Satz für die Ebene (II, 2, § 13, 11; II, 1, § 18, 11)

$$\int_{\mathfrak{B}} \frac{\partial A_\alpha}{\partial y_\alpha}\,df = \oint_{\mathfrak{C}} A_\alpha\,v_\alpha\,ds, \tag{26}$$

wo

$$df = dy_1\,dy_2, \qquad v_\alpha = \frac{dy_\alpha}{dv}$$

ist (ich bezeichne die Integrationsvariablen wie immer mit y_α), folgt für $A_\alpha = = U\dfrac{\partial V}{\partial y_\alpha}$ die *erste Greensche Formel*

$$\int_{\mathfrak{B}} \frac{\partial U}{\partial y_\alpha}\,\frac{\partial V}{\partial y_\alpha}\,df + \int_{\mathfrak{B}} U\,\Delta V\,df = \oint_{\mathfrak{C}} U\,\frac{\partial V}{\partial v}\,ds \tag{27}$$

und daraus durch Vertauschung von U und V und Subtraktion von (27) die *zweite Greensche Formel*

$$\int_{\mathfrak{B}} (U\,\Delta V - V\,\Delta U)\,df = \oint_{\mathfrak{C}} \left(U\,\frac{\partial V}{\partial v} - V\,\frac{\partial U}{\partial v}\right) ds. \tag{28}$$

Diese Identitäten entsprechen völlig den für den Raum geltenden Formeln (1) bis (3). Sie gelten auch für unendliche Bereiche[1], wenn für genügend große ϱ die Bedingungen

$$U = o\,(1), \quad \partial_\alpha U = o\left(\frac{1}{\varrho^2}\right), \quad V = o\,(1), \quad \partial_\alpha V = o\left(\frac{1}{\varrho^2}\right) \qquad (29)$$

erfüllt sind. Damit lassen sich alle Sätze von Ziffer 3 unmittelbar auf den Fall der Ebene übertragen; ein Unterschied ergibt sich lediglich im Anschluß an die Formel (10), die jetzt

$$\oint_{\mathfrak{C}} \frac{\partial U}{\partial \nu}\, ds = o \qquad (30)$$

lautet und in dieser Gestalt unverändert *auch für unendliche Bereiche gilt*, weil in der Ebene die Konstante $V \equiv 1$ im Unendlichen regulär ist (§ 14, 2).

Geradezu umgekehrt liegen die Dinge, wenn wir zur Herleitung der dritten Greenschen Formel $V \equiv -\ln r$ setzen; während $1/r$ im Unendlichen regulär ist, gilt das für $\ln r$ nicht. Ich nehme daher zunächst an, daß $\mathfrak{B}$ ein *beschränkter* ebener Bereich ist. Dann ergeben sich an Stelle von (12) und (13)

$$\int_{\mathfrak{B}} \frac{\partial U}{\partial y_\alpha}\, \frac{\partial \ln r}{\partial y_\alpha}\, df = \oint_{\mathfrak{C}} U\, \frac{\partial \ln r}{\partial \nu}\, ds \qquad (31)$$

und die *dritte Greensche Formel*

$$\int_{\mathfrak{B}} \ln r\, \varDelta U\, df = \oint_{\mathfrak{C}} \left(\ln r\, \frac{\partial U}{\partial \nu} - U\, \frac{\partial \ln r}{\partial \nu}\right) ds, \qquad (32)$$

die für eine *harmonische* Funktion U in

$$\oint_{\mathfrak{C}} \left(\ln r\, \frac{\partial U}{\partial \nu} - U\, \frac{\partial \ln r}{\partial \nu}\right) ds = o \qquad (33)$$

übergeht. Diese Formeln gelten, wenn der Aufpunkt X im Äußern von $\mathfrak{B}$ liegt. Liegt X im Innern von $\mathfrak{B}$, so lassen sich die Überlegungen von Ziffer 4 fast wörtlich wiederholen; selbstverständlich hat an Stelle der Kugel um X jetzt ein Kreis $\mathfrak{K}$ um X mit dem Radius a zu treten, und es wird für $a \to o$

$$\oint_{\mathfrak{K}} U\, \frac{\partial \ln r}{\partial \nu}\, ds = -\int_0^{2\pi} U\, d\varphi \to -2\pi\, U(X).$$

Liegt X auf dem Rand $\mathfrak{C}$ von $\mathfrak{B}$, so folgt

$$\oint_{\mathfrak{K}} U\, \frac{\partial \ln r}{\partial \nu}\, ds = -\int_0^{\pi} U\, d\varphi \to -\pi\, U(X),$$

wenn $\mathfrak{C}$ im Punkt X glatt ist, während rechts π durch $\pi - \delta$ zu ersetzen ist, wenn X ein Eckpunkt von $\mathfrak{C}$ ist, in dem die beiden Normalen (als links- und rechtsseitige Grenzwerte in X) den Winkel δ miteinander einschließen. Somit ergibt sich aus (31), wenn ich jetzt mit -1 multipliziere und $\ln \frac{1}{r}$ statt $\ln r$ schreibe

$$\oint_{\mathfrak{C}} U\, \frac{\partial}{\partial \nu} \ln \frac{1}{r}\, ds - \int_{\mathfrak{B}} \frac{\partial U}{\partial y_\alpha}\, \frac{\partial}{\partial y_\alpha} \ln \frac{1}{r}\, df = -\Gamma \cdot U(X) \qquad (34)$$

und aus (32)

---

[1] Entsprechend zu definieren wie in Ziffer 1 für den Raum, d. h. daß der aus endlich vielen getrennten Teilen bestehende Rand $\mathfrak{C}$ von $\mathfrak{B}$ eine beschränkte Punktmenge ist, also ganz im Inneren eines genügend großen Kreises liegt.

$$\oint_{\mathfrak{C}} \left(\ln \frac{1}{r} \frac{\partial U}{\partial \nu} - U \frac{\partial}{\partial \nu} \ln \frac{1}{r} \right) ds - \int_{\mathfrak{B}} \ln \frac{1}{r} \Delta U \, df = \Gamma \cdot U(X), \tag{35}$$

wobei

$\Gamma = 0$, wenn X kein Punkt von $\mathfrak{B}$ ist,

$\Gamma = 2\pi$, wenn X innerer Punkt von $\mathfrak{B}$ ist,

$\Gamma = \pi$ oder $\Gamma = \pi - \delta$, wenn X auf $\mathfrak{C}$ liegt, je nachdem $\mathfrak{C}$ in X glatt ist oder eine Ecke mit dem Winkel δ hat. Die Formeln (34) und (35) entsprechen völlig den Formeln (21) und (22).

Ist U harmonisch in $\mathfrak{B}$ und X ein innerer Punkt von $\mathfrak{B}$, so gibt (35)

$$U(X) = \frac{1}{2\pi} \oint_{\mathfrak{C}} \left(\ln \frac{1}{r} \frac{\partial U}{\partial \nu} - U \frac{\partial}{\partial \nu} \ln \frac{1}{r} \right) ds \tag{36}$$

entsprechend (23). Daraus lassen sich ähnliche Folgerungen ziehen wie in Ziffer 4, die uns aber hier — einschließlich der Mittelwertsätze — nichts Neues bringen.

Sei nun $\mathfrak{B}$ ein unendlicher Bereich und $\mathfrak{C}$ sein Rand, U regulär in $\mathfrak{B}$, X ein Punkt im Innern von $\mathfrak{B}$. Ich beschreibe um X einen Kreis $\mathfrak{K}$ vom Radius a, der so groß gewählt ist, daß $\mathfrak{C}$ ganz im Innern von $\mathfrak{K}$ liegt. Auf den Bereich zwischen $\mathfrak{C}$ und $\mathfrak{K}$ angewendet, gibt (36)

$$U(X) = \frac{1}{2\pi} \oint_{\mathfrak{C}} \left(\ln \frac{1}{r} \frac{\partial U}{\partial \nu} - U \frac{\partial}{\partial \nu} \ln \frac{1}{r} \right) ds + \frac{1}{2\pi} \oint_{\mathfrak{K}} \left(\ln \frac{1}{r} \frac{\partial U}{\partial \nu} - U \frac{\partial}{\partial \nu} \ln \frac{1}{r} \right) ds.$$

Nun ist $r = a$, $ds = a\, d\varphi$ auf $\mathfrak{K}$ und daher

$$\oint_{\mathfrak{K}} \ln \frac{1}{r} \frac{\partial U}{\partial \nu} \, ds = - a \ln a \int_{0}^{2\pi} \frac{\partial U}{\partial \nu} \, d\varphi \tag{37}$$

und da wegen (29) $a^2 \dfrac{\partial U}{\partial \nu}$ beschränkt ist, gilt

$$\lim_{a \to \infty} a \ln a \, \frac{\partial U}{\partial \nu} = 0$$

und das Integral (37) verschwindet für $a \to \infty$. Ferner ist

$$- \frac{1}{2\pi} \oint_{\mathfrak{K}} U \frac{\partial}{\partial \nu} \ln \frac{1}{r} \, ds = \frac{1}{2\pi} \int_{0}^{2\pi} U \left[\frac{\partial \ln r}{\partial r} r \right]_{r=a} d\varphi = \frac{1}{2\pi} \int_{0}^{2\pi} U(a, \varphi) \, d\varphi$$

und wegen[1] $\lim\limits_{a \to \infty} U = C$ hat auch das Integral den Grenzwert C für $a \to \infty$. Es bleibt also

$$U(X) = \frac{1}{2\pi} \oint_{\mathfrak{C}} \left(\ln \frac{1}{r} \frac{\partial U}{\partial \nu} - U \frac{\partial}{\partial \nu} \ln \frac{1}{r} \right) ds + C. \tag{38}$$

Aufgaben.

1. Im Inneren eines Torus mit der 3-Achse als Torusachse sei das Potential $U = \arctan \dfrac{x_2}{x_1}$. Man zeige: Die Feldlinien sind konzentrische Kreise um die 3-Achse und durchsetzen die Torusfläche nicht. Da $U(x_1, x_2, x_3)$ im Inneren nicht konstant ist, erscheint Satz 3 aus § 15 verletzt; man kläre diesen scheinbaren Widerspruch.
[Anleitung: In Toruskoordinaten[2] u, v, φ, ($0 \le u < \infty$, $0 \le v \le 2\pi$, $0 \le \varphi \le 2\pi$) ist:

$$x_1 = \frac{r \,\mathrm{sh}\, u}{\mathrm{ch}\, u + \cos v} \cos \varphi, \qquad x_2 = \frac{r \,\mathrm{sh}\, u}{\mathrm{ch}\, u + \cos v} \sin \varphi, \qquad x_3 = \frac{r \sin v}{\mathrm{ch}\, u + \cos v}.\Big]$$

2. Man ermittle das Potential einer Hohlkugel mit der Dichte $\gamma = \dfrac{1}{\sigma}$ ($\sigma = \sqrt{y_i y_i}$) für einen äußeren Punkt.

---

[1] Das ist hier eine *Folge* aus $U = 0$ (1), denn nach dem Satz von RIEMANN (III, § 24, 7) hat jede in der Umgebung einer Stelle z_0 reguläre und beschränkte Funktion $f(z)$ einer komplexen Variablen z an der Stelle z_0 einen Grenzwert. Das gilt auch für $z_0 = \infty$ und für den Realteil $\Re f(z)$, also für eine beliebige harmonische Funktion.

[2] W. SCHLEGELMILCH, Differentialoperationen der Vektoranalysis; Verlag: Technik, Berlin 1954.

§ 16. Das Verhalten der Potentiale in Quellpunkten.

1. Vorbemerkungen. In der bisherigen Diskussion der allgemeinen Eigenschaften der Potentiale habe ich stets angenommen, daß der Aufpunkt X im quellenfreien Gebiet des Raumes liegt. Unter dieser Voraussetzung hat sich ergeben, daß alle Newtonschen Potentiale reguläre Funktionen der Koordinaten x_i des Aufpunktes X sind. Ist aber X ein Quellpunkt, so werden die Integrale für die Potentiale in § 14 uneigentlich; wenn sie konvergieren, so steht nichts im Wege, sie auch dann als Definition der Potentiale anzusehen[1]. Entsprechendes gilt für die Feldvektoren.

Für einige spezielle Belegungen habe ich die in diesem Zusammenhang entstehenden Fragen in Ziffer 8 von § 14 untersucht; wir werden sehen, daß die dort erzielten Resultate auch für allgemeine Verteilungen gelten. Der Fall der Linienquelle läßt sich damit sofort auch allgemein erledigen, denn wenn das Potential einer geraden Linienquelle konstanter Dichte unendlich wird, sobald der Aufpunkt sich der Quellinie nähert, so wird das selbstverständlich auch im Fall einer beliebig gekrümmten Linienquelle mit nicht notwendig konstanter Dichte gelten. Man kann sich das etwas genauer überlegen, wenn man die Kurve $\mathfrak{C}$ in der Umgebung $\mathfrak{U}$ eines Punktes durch ihre Tangente $\mathfrak{T}$ ersetzt; bei genügend kleiner Umgebung kann man auf $\mathfrak{T}$ auch die Dichte als konstant annehmen. Ist $\mathfrak{C}_1$ der in $\mathfrak{U}$ gelegene Teil von $\mathfrak{C}$, so wird der Anteil des Stückes $\mathfrak{C}_1$ am Gesamtpotential der Linienquelle sich beliebig wenig von dem durch die Quelle $\mathfrak{T}$ erzeugten Potential unterscheiden; geht aber der Aufpunkt X gegen einen Punkt Y von $\mathfrak{T}$, so wird das letztere Potential unendlich und dasselbe muß dann auch für das ursprüngliche Potential von $\mathfrak{C}_1$ gelten.

Es bleiben also nur Potentiale und Feldvektoren von räumlichen Belegungen, sowie die von einfachen und doppelten Belegungen auf Flächen zu untersuchen. Ich beginne mit einigen Betrachtungen über die hier auftretenden uneigentlichen Integrale.

2. Sätze über uneigentliche Integrale. Es sei $f(X, Y)$ eine in dem abgeschlossenen Bereich $\mathfrak{B}$ definierte und für alle $Y \neq X$ stetige Funktion der sechs Koordinaten x_i und y_i von X und Y. Den Punkt X denken wir uns im folgenden festgehalten, und es sei

$$\lim_{Y \to X} |f(X, Y)| = + \infty.$$

Es sei ferner $\mathfrak{U}$ eine Umgebung von X vom Durchmesser (obere Grenze der Abstände je zweier Punkte von $\mathfrak{U}$) δ und $\overline{\mathfrak{B}}$ derjenige Teilbereich von $\mathfrak{B}$, den man erhält, wenn man aus $\mathfrak{B}$ alle zu $\mathfrak{U}$ gehörigen Punkte entfernt. Ist $\overline{\mathfrak{U}}$ der Durchschnitt von $\mathfrak{B}$ und $\mathfrak{U}$, so ist $\overline{\mathfrak{B}} = \mathfrak{B} - \overline{\mathfrak{U}}$[2].

Dann heißt das uneigentliche Integral

$$\int_{\mathfrak{B}} f(X, Y)\, d\underline{V} \tag{1}$$

konvergent, wenn der Grenzwert

$$\lim_{\delta \to 0} \int_{\overline{\mathfrak{B}}} f(X, Y)\, d\underline{V} = J$$

---

[1] Der Fall isolierter Quellpunkte Y ist mit der Feststellung erledigt, daß mit $X \to Y$ der Ausdruck $U = -\dfrac{m}{r}$ unendlich wird.

[2] Ist X innerer Punkt von $\mathfrak{B}$, so ist bei genügend kleinem δ stets $\overline{\mathfrak{U}} = \mathfrak{U}$.

existiert und von der besonderen Wahl der Umgebungen $\mathfrak{U}$ unabhängig ist. Man setzt dann

$$\int_{\mathfrak{B}} f(X, Y)\, d\underline{V} = J. \tag{2}$$

Konvergiert (1), so folgt aus der Definition unmittelbar

$$\lim_{\delta \to 0} \int_{\underline{\mathfrak{U}}} f(X, Y)\, d\underline{V} = 0. \tag{3}$$

Eine notwendige und hinreichende Bedingung für die Konvergenz des uneigentlichen Integrals (1) liefert das Cauchysche Konvergenzprinzip, das hier folgendermaßen formuliert werden kann:

Satz 1: *Das Integral (1) ist dann und nur dann konvergent, wenn es zu jedem* $\varepsilon > 0$ *eine Zahl* $\delta > 0$ *gibt, so daß mit* $\overline{\mathfrak{B}}_1 = \mathfrak{B} - \overline{\mathfrak{U}}_1$ *und* $\overline{\mathfrak{B}}_2 = \mathfrak{B} - \overline{\mathfrak{U}}_2$

$$\left| \int_{\overline{\mathfrak{B}}_1} f(X, Y)\, d\underline{V} - \int_{\overline{\mathfrak{B}}_2} f(X, Y)\, d\underline{V} \right| < \varepsilon \tag{4}$$

wird für alle Umgebungen $\mathfrak{U}_1$ *und* $\mathfrak{U}_2$ *von* X, *die ganz in einer Kugel um* X *vom Radius* δ *liegen.*

Der Beweis ist einfach: Ist (1) konvergent, so gibt es ein δ, so daß

$$\left| \int_{\overline{\mathfrak{B}}_i} f(X, Y)\, d\underline{V} - J \right| < \frac{\varepsilon}{2}, \quad i = 1, 2$$

ist, sofern die Durchmesser von $\mathfrak{U}_i$ kleiner als δ sind. Dann ist aber

$$\left| \int_{\overline{\mathfrak{B}}_1} - \int_{\overline{\mathfrak{B}}_2} \right| \leqq \left| \int_{\overline{\mathfrak{B}}_1} - J \right| + \left| \int_{\overline{\mathfrak{B}}_2} - J \right| < \varepsilon,$$

d. h. (4) ist eine notwendige Bedingung für die Konvergenz von (1). Sei nun umgekehrt (1) divergent. Dann gibt es bei beliebig kleinem δ zwei Umgebungen $\mathfrak{U}_1$ und $\mathfrak{U}_2$ von X, so daß

$$\int_{\overline{\mathfrak{B}}_1} f(X, Y)\, dV = A_1, \quad \int_{\overline{\mathfrak{B}}_2} f(X, Y)\, dV = A_1 + 2\,\varepsilon$$

ist. Dann kann aber (4) nicht gelten.

Satz 2: *Gibt es eine in* $\mathfrak{B}$ *nicht negative Funktion* $g(Y)$, *für die überall mit Ausnahme von* $Y = X$

$$|f(X, Y)| \leqq g(Y) \tag{5}$$

gilt und das Integral

$$G = \int_{\mathfrak{B}} g(Y)\, d\underline{V} \tag{6}$$

konvergiert, so ist auch (1) absolut konvergent.

Denn dann wird, wenn $\mathfrak{R}_i = \mathfrak{R} - \mathfrak{U}_i$ und $\mathfrak{R}$ eine Kugel vom Radius δ um X ist[1]

$$\left| \int_{\overline{\mathfrak{B}}_1} f(X, Y)\, d\underline{V} - \int_{\overline{\mathfrak{B}}_2} f(X, Y)\, d\underline{V} \right| = \left| \int_{\mathfrak{R}_1} f(X, Y)\, d\underline{V} - \int_{\mathfrak{R}_2} f(X, Y)\, d\underline{V} \right| \leqq \int_{\mathfrak{R}_1} g(Y)\, d\underline{V} +$$

$$+ \int_{\mathfrak{R}_2} g(Y)\, d\underline{V} \leqq 2 \int_{\mathfrak{R}} g(Y)\, d\underline{V};$$

---

[1] Ich nehme der Einfachheit wegen jetzt an, daß X ein innerer Punkt von $\mathfrak{B}$ und δ so klein ist, daß $\mathfrak{R}$ ganz in $\mathfrak{B}$ enthalten ist. Die einfache Modifikation des Beweises für den Fall, daß X Randpunkt von $\mathfrak{B}$ ist, will ich Ihnen überlassen.

man beachte dabei $g(Y) \geqq 0$ und die Konvergenz von (6). Gemäß (3) ist schließlich

$$\int_{\Re} g(Y)\, d\underline{V} < \frac{\varepsilon}{2}$$

und daher die Differenz der Integrale $< \varepsilon$ für hinreichend kleines δ.

Dieser Satz ist deshalb bedeutungsvoll, weil man sich beim Nachweis der Konvergenz des Integrals (6) einer nicht negativen Funktion auf spezielle Umgebungen $\mathfrak{U}$ beschränken kann. Sei etwa $\{\Re_\nu\}$ eine Folge von Kugelbereichen mit dem Mittelpunkt X, deren Radien h_ν eine monotone Nullfolge bilden und $\overline{\mathfrak{B}}_\nu =$ $= \mathfrak{B} - \Re_\nu$. Dann bilden die Integrale

$$G_\nu = \int_{\overline{\mathfrak{B}}_\nu} g(Y)\, d\underline{V}$$

eine steigende Folge mit

$$\lim_{\nu \to \infty} G_\nu = G$$

und es gibt für eine beliebige Umgebung $\mathfrak{U}$ von X mit dem Durchmesser $\delta \leqq h_1$ zwei Kugeln $\Re_p$ und $\Re_q$ der Folge, so daß

$$\Re_p \supset \mathfrak{U} \supset \Re_q$$

und daher

$$G_p < \int_{\overline{\mathfrak{B}}} g(Y)\, d\underline{V} < G_q, \quad \overline{\mathfrak{B}} = \mathfrak{B} - \mathfrak{U},$$

also

$$\lim_{\delta \to 0} \int_{\overline{\mathfrak{B}}} g(Y)\, d\underline{V} = G$$

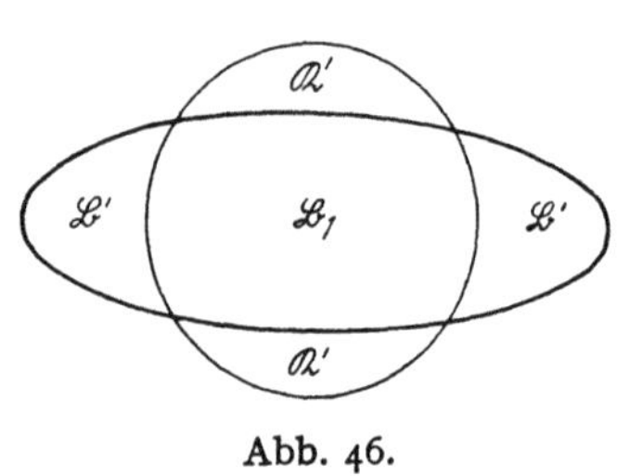

Abb. 46.

gilt. Es genügt also, die Konvergenz von (6) für eine Folge kugelförmiger Umgebungen nachzuweisen, deren Radien monoton gegen Null gehen.

Entsprechende Sätze gelten selbstverständlich auch für Doppelintegrale, d. h. für ebene Bereiche.

Es sei nun B das Volumen von $\mathfrak{B}$ und

$$h = \sqrt[3]{\frac{3\,B}{4\,\pi}}$$

der Radius einer Kugel $\Re$ mit demselben Volumen B wie $\mathfrak{B}$. Der Mittelpunkt von $\Re$ sei X, $\mathfrak{B}_1$ der *Durchschnitt* von $\mathfrak{B}$ und $\Re$ und B_1 das Volumen von $\mathfrak{B}_1$. Ferner setze ich (Abb. 46)

$$\mathfrak{B}' = \mathfrak{B} - \mathfrak{B}_1, \quad \Re' = \Re - \mathfrak{B}_1.$$

Liegt X außerhalb von $\mathfrak{B}$, so kann natürlich $\mathfrak{B}_1$ auch leer sein.

Wir suchen eine Abschätzung für das Integral

$$\int_{\mathfrak{B}} \frac{d\underline{V}}{r^\sigma}, \tag{7}$$

das für $0 < \sigma < 3$ konvergiert (liegt X außerhalb von $\mathfrak{B}$, so ist es überhaupt kein uneigentliches Integral). Übergang zu Polarkoordinaten mit dem Ursprung X gibt

$$\int_{\Re} \frac{d\underline{V}}{r^\sigma} = \int_0^h r^{2-\sigma}\, dr \int_0^\pi \sin\vartheta\, d\vartheta \int_0^{2\pi} d\varphi = 4\,\pi\, \frac{h^{3-\sigma}}{3-\sigma}.$$

Anderseits ist, da $r \leqq h$ ist in $\Re'$,

$$\int\limits_{\Re} \frac{dV}{r^\sigma} = \int\limits_{\mathfrak{B}_1} \frac{dV}{r^\sigma} + \int\limits_{\Re'} \frac{dV}{r^\sigma} \geqq \int\limits_{\mathfrak{B}_1} \frac{dV}{r^\sigma} + \frac{B - B_1}{h^\sigma}$$

und, da $r \geqq h$ ist in $\mathfrak{B}'$

$$\int\limits_{\mathfrak{B}} \frac{dV}{r^\sigma} = \int\limits_{\mathfrak{B}_1} \frac{dV}{r^\sigma} + \int\limits_{\mathfrak{B}'} \frac{dV}{r^\sigma} \leqq \int\limits_{\mathfrak{B}_1} \frac{dV}{r^\sigma} + \frac{B - B_1}{h^\sigma}.$$

Daraus folgt die Abschätzung

$$\boxed{\int\limits_{\mathfrak{B}} \frac{dV}{r^\sigma} \leqq \int\limits_{\Re} \frac{dV}{r^\sigma} = 4\,\pi\,\frac{h^{3-\sigma}}{3-\sigma},} \tag{8}$$

die unabhängig von der Lage von X ist. Damit ist auch gezeigt

Satz 3: *Das Integral (7) hat unter allen Bereichen $\mathfrak{B}$ mit festem Volumen für den Kugelbereich den größten Wert.*

Entsprechendes gilt für Doppelintegrale. In der Ebene hat man an Stelle von (7) das Integral $(df = dy_1\,dy_2)$

$$\int\limits_{\mathfrak{B}} \frac{df}{r^\sigma}, \tag{9}$$

das für $0 < \sigma < 2$ konvergiert. Man findet die Abschätzung

$$\boxed{\int\limits_{\mathfrak{B}} \frac{df}{r^\sigma} \leqq \int\limits_{\Re} \frac{df}{r^\sigma} = 2\,\pi\,\frac{h^{2-\sigma}}{2-\sigma},} \tag{10}$$

die wieder unabhängig von der Lage von X ist. Dabei ist $\Re$ eine Kreisscheibe vom Radius h mit demselben Flächeninhalt B wie der Bereich $\mathfrak{B}$, sodaß $h = \sqrt{\dfrac{B}{\pi}}$ ist. Es gilt

Satz 4: *Das Integral (9) hat unter allen ebenen Bereichen $\mathfrak{B}$ mit demselben Flächeninhalt für den Kreisbereich den größten Wert.*

Es sei schließlich $\mathfrak{F}$ ein Flächenstück im Raum, X_0 ein innerer Punkt von $\mathfrak{F}$, $\mathfrak{U}$ eine Umgebung von X_0, die auf $\mathfrak{F}$ einen *glatten* Teil $\mathfrak{F}_1$ ausschneidet[1], und $\mathfrak{T}$ die Tangentenebene von $\mathfrak{F}$ in X_0. Ich bezeichne mit $\mathfrak{F}'$, df' und dr' der Reihe nach die Projektionen von $\mathfrak{F}_1$, df und dr auf $\mathfrak{T}$ und mit $\overset{0}{\nu_i}$ den Normalenvektor von $\mathfrak{F}$ in X_0. Dann ist wegen der Stetigkeit von ν_i und bei genügend kleinem $\mathfrak{U}(X_0)$

$$0 < c \leqq \nu_i\,\overset{0}{\nu_i} \leqq 1$$

und daher

$$df = \frac{1}{\nu_i\,\overset{0}{\nu_i}}\,df' \leqq \frac{1}{c}\,df'.$$

Damit wird

$$\int\limits_{\mathfrak{F}_1} \frac{df}{r} \leqq \frac{1}{c}\int\limits_{\mathfrak{F}'} \frac{df'}{r} \leqq \frac{1}{c}\int\limits_{\mathfrak{F}'} \frac{df'}{r'}$$

und daher wegen (10), $\sigma = 1$

---

[1] X_0 darf natürlich kein Punkt sein, in dem die Normale von $\mathfrak{F}$ unstetig ist.

$$\int_{\mathfrak{F}_1} \frac{df}{r} \leqq \frac{2\,\pi\,h}{c} \leqq \frac{2\,\pi}{c}\sqrt{\frac{F_1}{\pi}}, \tag{11}$$

wo F_1 der Flächeninhalt von $\mathfrak{F}_1$ ist. Auch diese Abschätzung ist unabhängig von der Lage des Aufpunktes X.

3. Potential und Feldvektor einer räumlichen Belegung. Es sei in

$$U(X) = -\int_{\mathfrak{B}} \frac{\gamma}{r}\,d\underline{V} \tag{12}$$

die Raumdichte $\gamma(Y)$ in $\mathfrak{B}$ beschränkt und stückweise stetig, also

$$|\gamma(Y)| \leqq A. \tag{13}$$

Ich zeige zunächst, daß das Raumpotential $U(X)$ stetig ist, auch wenn X dem Bereich $\mathfrak{B}$ angehört, d. h. im Innern oder auf dem Rand von $\mathfrak{B}$ liegt. Sei X_0 ein weiterer Punkt von $\mathfrak{B}$, $\overline{XX_0} < \delta$ und $\mathfrak{K}$ der Kugelbereich mit dem Mittelpunkt X_0 und dem Radius δ. Ich setze $\overline{\mathfrak{B}} = \mathfrak{B} - \mathfrak{K}$ (genauer $\overline{\mathfrak{B}} = \mathfrak{B} - \overline{\mathfrak{K}}$ wie in Ziffer 2) und

$$U(X) = -\int_{\overline{\mathfrak{B}}} \frac{\gamma}{r}\,d\underline{V} - \int_{\mathfrak{K}} \frac{\gamma}{r}\,d\underline{V} = \overset{1}{U}(X) + \overset{2}{U}(X).$$

$\overset{1}{U}(X)$ ist für alle Punkte $X \in \mathfrak{K}$ stetig (sogar regulär) und daher gibt es zu einem beliebigen $\varepsilon > 0$ eine Zahl $\delta_1 > 0$, so daß

$$\left|\overset{1}{U}(X) - \overset{1}{U}(X_0)\right| < \frac{\varepsilon}{3} \tag{14}$$

wird für $\overline{XX_0} < \delta_1$. Wegen (8) und (13) wird

$$\left|\overset{2}{U}(X)\right| \leqq A\int_{\mathfrak{K}} \frac{d\underline{V}}{r} = 2\,\pi\,A\,\delta^2 < \frac{\varepsilon}{3}, \tag{15}$$

wenn nur

$$\delta < \sqrt{\frac{\varepsilon}{6\,\pi\,A}}$$

ist; *das Integral (12) konvergiert absolut und gleichmäßig für alle $X \in \mathfrak{B}$.* Nehme ich also $\overline{XX_0} < \mathrm{Min}\,\{\delta, \delta_1\}$, so gelten beide Ungleichungen (14) und (15) und es wird

$$|U(X) - U(X_0)| \leqq \left|\overset{1}{U}(X) - \overset{1}{U}(X_0)\right| + \left|\overset{2}{U}(X)\right| + \left|\overset{2}{U}(X_0)\right| < 3\,\frac{\varepsilon}{3} = \varepsilon,$$

d. h. *$U(X)$ ist stetig, auch wenn X ein Punkt des Quellbereiches $\mathfrak{B}$ ist.*
Ganz ähnlich zeigt man, daß auch *der Feldvektor*

$$A_i(X) = -\int_{\mathfrak{B}} \gamma\,\frac{\partial}{\partial x_i}\,\frac{1}{r}\,d\underline{V}$$

überall stetig ist. Es ist ja

$$\left|\frac{\partial}{\partial x_i}\,\frac{1}{r}\right| = \left|\frac{r_i}{r^3}\right| \leqq \frac{1}{r^2} \tag{16}$$

und daher wegen (8) und (13)

$$\left|\overset{2}{A}_i(X)\right| = \left|\int_{\mathfrak{K}} \gamma\,\frac{\partial}{\partial x_i}\,\frac{1}{r}\,d\underline{V}\right| \leqq A\int_{\mathfrak{K}} \frac{d\underline{V}}{r^2} = 4\,\pi\,A\,\delta,$$

woraus sich die Stetigkeit wie oben ergibt.

Es bleibt noch zu zeigen, daß auch in $\mathfrak{B}$ die Relation

$$\partial_i U = A_i \tag{17}$$

besteht. Ich nehme zwei Punkte $X_0 = (\overset{0}{x_i})$ und $X = (\overset{0}{x_1} + h,\ \overset{0}{x_2},\ \overset{0}{x_3})$ auf einer Parallelen durch X_0 zur 1-Achse und beschreibe um X_0 wieder eine Kugel $\mathfrak{K}$ mit dem Radius δ; es sei

$$|h| < \delta,$$

so daß auch X in $\mathfrak{K}$ liegt. Mit denselben Bezeichnungen wie oben sind wieder $\overset{1}{U}(X)$ und $\overset{1}{A}_1(X)$ stetige (sogar reguläre) Funktionen für alle X in $\mathfrak{K}$, und es ist $\partial_1 \overset{1}{U} = \overset{1}{A}_1$. Was $\overset{2}{U}$ und $\overset{2}{A}_1$ anlangt, betrachte ich den Ausdruck

$$\Phi = \left| \frac{\overset{2}{U}(X) - \overset{2}{U}(X_0)}{h} - \overset{2}{A}_1(X_0) \right| \leq A \int\limits_{\mathfrak{K}} \left| \frac{1}{h}\left(\frac{1}{r} - \frac{1}{r_0} \right) + \frac{\overset{0}{x_1} - y_1}{r_0^3} \right| d\underline{V};$$

wegen (16), $|r_0 - r| \leq |h|$ und $\dfrac{1}{r\,r_0} \leq \dfrac{1}{2}\left(\dfrac{1}{r^2} + \dfrac{1}{r_0^2} \right)$ wird weiter

$$\Phi \leq A \int\limits_{\mathfrak{K}} \left(\frac{1}{r\,r_0} + \frac{1}{r_0^2} \right) d\underline{V} \leq \frac{A}{2} \int\limits_{\mathfrak{K}} \left(\frac{1}{r^2} + \frac{3}{r_0^2} \right) d\underline{V}$$

und daher schließlich wegen (8)

$$\Phi \leq 2\,A \int\limits_{\mathfrak{K}} \frac{dV}{r_0^2} = 8\,\pi\,A\,\delta < \varepsilon$$

für hinreichend kleines δ. Also gilt zunächst $\partial_1 U = A_1$ im ganzen Raum und ebenso zeigt man, daß (17) auch für $i = 2$ und 3 im ganzen Raum gültig bleibt. Ich fasse zusammen:

Das Raumpotential $U(X)$ und der Feldvektor $A_i(X)$ sind im ganzen Raum stetige Funktionen des Ortes und es gilt überall $\partial_i U = A_i$.

4. Die Potentiale einfacher und doppelter Belegungen auf Flächen. Ist in

$$U(X) = -\int\limits_{\mathfrak{F}} \frac{\beta}{r}\, df \tag{18}$$

die Flächendichte β stückweise stetig und beschränkt auf $\mathfrak{F}$, also

$$|\beta| \leq A, \tag{19}$$

so kann man den Beweis der Stetigkeit des Raumpotentials von Ziffer 3 fast unverändert anwenden, wenn man um X eine Kugel $\mathfrak{K}$ vom Radius δ beschreibt und den innerhalb $\mathfrak{K}$ gelegenen glatten Teil $\mathfrak{F}_1$ von $\mathfrak{F}$ betrachtet. Dann ist nach (11) für hinreichend kleines δ

$$\left| \overset{2}{U}(X) \right| = \left| \int\limits_{\mathfrak{F}_1} \frac{\beta}{r}\, df \right| \leq A \int\limits_{\mathfrak{F}_1} \frac{df}{r} < \varepsilon,$$

d. h. (18) konvergiert absolut und gleichmäßig für alle $X \in \mathfrak{F}$. Somit gilt:

Das Potential (18) einer einfachen Belegung auf einer stückweise glatten Fläche $\mathfrak{F}$ ist im ganzen Raum, einschließlich der Punkte von $\mathfrak{F}$, eine stetige Funktion des Ortes.

Weniger einfach verhält sich das Potential

$$U(X) = -\int\limits_{\mathfrak{F}} \mu\, \frac{\partial}{\partial \nu}\, \frac{1}{r}\, df \tag{20}$$

der doppelten Belegung; außerdem sind weitere einschränkende Annahmen über die Fläche $\mathfrak{F}$ und die Funktion μ unerläßlich. Ich nehme an, daß $\mathfrak{F}$ *glatt* (nicht nur stückweise glatt wie bisher) und μ *stetig differenzierbar* ist. Ich wähle einen beliebigen Punkt X_0 auf $\mathfrak{F}$ und grenze einen X_0 enthaltenden und den Voraussetzungen der Abschätzung (11) genügenden Teil $\mathfrak{F}_1$ von $\mathfrak{F}$ ab. Durch den Rand $\mathfrak{C}$ von $\mathfrak{F}_1$ lege ich eine Zylinderfläche $\mathfrak{Z}$, deren Erzeugende parallel zur Flächennormalen $\overset{0}{\nu_i}$ in X_0 sind und schneide diesen Zylinder unten und oben durch zwei zur Tangentenebene $\mathfrak{T}$ parallele Ebenen $\mathfrak{T}_1$ und $\mathfrak{T}_2$ im Abstand $\mp h$ von $\mathfrak{T}$ so ab, daß $\mathfrak{F}_1$ ganz zwischen $\mathfrak{T}_1$ und $\mathfrak{T}_2$ liegt. $\mathfrak{Z}$, $\mathfrak{T}_1$ und $\mathfrak{T}_2$ begrenzen dann einen räumlichen Bereich $\mathfrak{B}$, der durch $\mathfrak{F}_1$ in zwei Teile $\mathfrak{B}_1$ und $\mathfrak{B}_2$ zerlegt wird; $\mathfrak{B}_1$ liegt dabei auf der *negativen* Seite von $\mathfrak{F}_1$, so daß die Normale von $\mathfrak{F}_1$ ins Äußere von $\mathfrak{B}_1$ weist.

Ich lege weiter das Koordinatensystem so, daß X_0 der Ursprung und $\overset{0}{\nu_i}$ die Richtung der positiven 3-Achse wird, so daß $\mathfrak{T}$, $\mathfrak{T}_1$ und $\mathfrak{T}_2$ der Reihe nach durch die Gleichungen $y_3 = 0$, $y_3 = -h$, $y_3 = h$ gegeben sind. Die Fläche $\mathfrak{F}_1$ kann dann in der Gestalt

$$y_3 = F(y_1, y_2)$$

mit $F(0, 0) = 0$ dargestellt werden.

Auf den Bereich $\mathfrak{B}_1$ wende ich jetzt die Greenschen Formeln (12) oder (19) von § 15 mit $U = \mu(y_1, y_2)$ an, je nachdem der Aufpunkt X *im Äußern* oder *Innern* von $\mathfrak{B}_1$ liegt. Wegen $\dfrac{\partial \mu}{\partial y_3} = 0$ und

$$\frac{\partial}{\partial y_i}\,\frac{1}{r} = -\frac{\partial}{\partial x_i}\,\frac{1}{r} \tag{21}$$

gibt das

$$-\int\limits_{\mathfrak{B}_1}\left(\frac{\partial \mu}{\partial y_1}\frac{\partial}{\partial x_1}\frac{1}{r} + \frac{\partial \mu}{\partial y_2}\frac{\partial}{\partial x_2}\frac{1}{r}\right)d\underline{V} = \int\limits_{\mathfrak{F}_1}\mu\,\frac{\partial}{\partial \nu}\frac{1}{r}\,df + \int\limits_{\mathfrak{F}_2}\mu\,\frac{\partial}{\partial \nu}\frac{1}{r}\,df + \begin{cases}0 \\ 4\,\pi\,\mu(x_1, x_2)\end{cases},$$

wo $\mathfrak{F}_2$ die aus Teilen von $\mathfrak{Z}$ und $\mathfrak{T}_1$ bestehende Randfläche von $\mathfrak{B}_1$ ist. Wegen (20) folgt weiter, wenn $U(X)$ das von der doppelten Belegung auf $\mathfrak{F}_1$ erzeugte Potential bedeutet

$$U(X) = \sum_{\alpha=1}^{2}\frac{\partial}{\partial x_\alpha}\int\limits_{\mathfrak{B}_1}\frac{\partial \mu}{\partial y_\alpha}\frac{d\underline{V}}{r} + \int\limits_{\mathfrak{F}_2}\mu\,\frac{\partial}{\partial \nu}\frac{1}{r}\,df + \begin{cases}0 \\ 4\,\pi\,\mu(x_1, x_2)\end{cases}.$$

Hier stehen rechts die nach Ziffer 3 stetigen Ableitungen zweier Raumpotentiale, ferner das, solange X nicht auf $\mathfrak{F}_2$ (also insbesondere auch nicht auf dem Rand $\mathfrak{C}$ von $\mathfrak{F}_1$) liegt, ebenfalls stetige (sogar reguläre) Potential einer doppelten Belegung und schließlich ein Ausdruck, der entweder verschwindet, wenn X im Äußeren von $\mathfrak{B}_1$, also z. B. in $\mathfrak{B}_2$ liegt, oder gleich $4\,\pi\,\mu$ ist, wenn X im Inneren von $\mathfrak{B}_1$ liegt. Also gilt:

Das Potential (20) einer doppelten Belegung auf einer Fläche $\mathfrak{F}$ hat, abgesehen vom Rand, auf beiden Seiten von $\mathfrak{F}$ stetige Grenzwerte, die von der negativen zur positiven Seite den Sprung $- 4\,\pi\,\mu$ machen, während auf der Fläche $\mathfrak{F}$ selbst das Potential gleich dem arithmetischen Mittel dieser beiden Grenzwerte wird.

Ich bemerke dazu noch, daß der Anteil des Potentials, der von den außerhalb von $\mathfrak{F}_1$ liegenden Teilen von $\mathfrak{F}$ herrührt, eine stetige (sogar reguläre) Funktion des Ortes ist. Die Aussage über den Wert des Potentials auf $\mathfrak{F}_1$ selbst folgt unmittelbar aus § 14, (70).

Bedeuten U_- und U_+ die Grenzwerte des Potentials U bei Näherung an $\mathfrak{F}$ von innen, bzw. von außen und U_0 die Werte von U auf $\mathfrak{F}$ selbst, so gilt also

$$U_- = U_0 + 2\,\pi\,\mu, \qquad U_+ = U_0 - 2\,\pi\,\mu, \tag{22}$$

wobei U_0 durch (20) gegeben ist, lediglich mit der Einschränkung, daß der Aufpunkt X auf $\mathfrak{F}$ liegt.

5. Der Feldvektor einer einfachen Belegung. Ich nehme jetzt an, daß die Fläche $\mathfrak{F}$ *zweimal* und die Flächendichte β *einmal stetig differenzierbar* ist. Der Satz von STOKES (II, 2, § 20, 5; II, 1, § 30, 6)

$$\int_{\mathfrak{F}} \varepsilon_{ijk}\, v_i\, \partial_j B_k\, df = \oint_{\mathfrak{C}} B_i\, dx_i$$

bleibt selbstverständlich auch gültig, wenn ich den Vektor B_k durch einen auf $\mathfrak{F}$ definierten Tensor zweiter Stufe, z. B.

$$B_{kq} = \frac{\beta}{r}\,\varepsilon_{kpq}\, v_p$$

ersetze. Das gibt

$$\varepsilon_{ijk}\, v_i\, \frac{\partial}{\partial y_j}\, B_{kq} = \frac{1}{r}\, R_q + \beta\left(\frac{\partial}{\partial y_q}\,\frac{1}{r} - v_q\, v_j\,\frac{\partial}{\partial y_j}\,\frac{1}{r}\right),$$

wo

$$R_q = v_j\, \frac{\partial}{\partial y_q}\, (\beta\, v_j) - v_q\, \frac{\partial}{\partial y_j}\, (\beta\, v_j)$$

ist, und daher wegen (21)

$$S_q = \oint_{\mathfrak{C}} \frac{\beta}{r}\,\varepsilon_{kpq}\, v_p\, dx_k = \int_{\mathfrak{F}} \frac{1}{r}\, R_q\, df - \int_{\mathfrak{F}} \beta\,\frac{\partial}{\partial x_q}\,\frac{1}{r}\, df - \int_{\mathfrak{F}} \beta\, v_q\,\frac{\partial}{\partial v}\,\frac{1}{r}\, df;$$

nun ist, *solange X nicht auf $\mathfrak{F}$ liegt*

$$-\int_{\mathfrak{F}} \beta\,\frac{\partial}{\partial x_q}\,\frac{1}{r}\, df = \frac{\partial U}{\partial x_q}$$

und daher

$$\frac{\partial U}{\partial x_q} = -\int_{\mathfrak{F}} \frac{1}{r}\, R_q\, df + \int_{\mathfrak{F}} \beta\, v_q\,\frac{\partial}{\partial v}\,\frac{1}{r}\, df + S_q. \tag{23}$$

Hier ist das Linienpotential S_q *stetig* (sogar regulär), *wenn X nicht auf $\mathfrak{C}$ liegt*, das erste Integral rechts ist nach Ziffer 4 als Potential einer einfachen Belegung *stetig*, während das zweite Integral rechts das Potential einer doppelten Belegung mit stetig differenzierbarem Moment $-\beta\, v_q$ ist, für das der Schlußsatz von Ziffer 4 gilt. Somit gilt:

Die Koordinaten
$$A_i = \partial_i U$$

des Feldvektors einer einfachen Belegung auf einer Fläche $\mathfrak{F}$ haben mit Ausnahme der Punkte des Randes $\mathfrak{C}$ auf beiden Seiten von $\mathfrak{F}$ stetige Grenzwerte, die beim Übergang von der negativen zur positiven Seite von $\mathfrak{F}$ die Sprünge

$$4\,\pi\,\beta\, v_i$$

machen.

Während also die Tangentialprojektionen des Feldvektors *stetig* durch $\mathfrak{F}$ hindurchgehen, springen die Normalprojektionen um $4\,\pi\,\beta$.

Sind $\left(\dfrac{\partial U}{\partial v}\right)_-$ und $\left(\dfrac{\partial U}{\partial v}\right)_+$ die Werte von $\dfrac{\partial U}{\partial v}$ bei Näherung an $\mathfrak{F}$ von der negativen, bzw. positiven Seite her und $\left(\dfrac{\partial U}{\partial v}\right)_0$ der Wert der Normalableitung auf $\mathfrak{F}$ selbst, so gilt somit

$$\left(\frac{\partial U}{\partial v}\right)_- = \left(\frac{\partial U}{\partial v}\right)_0 - 2\,\pi\,\beta, \qquad \left(\frac{\partial U}{\partial v}\right)_+ = \left(\frac{\partial U}{\partial v}\right)_0 + 2\,\pi\,\beta. \tag{24}$$

6. Der Feldvektor einer Doppelfläche. Ich nehme an, daß die Fläche $\mathfrak{F}$ und das Moment μ *zweimal stetig differenzierbar* sind und bestimme wie in Ziffer 4 einen Teil $\mathfrak{F}_1$ von $\mathfrak{F}$ und die beiden Bereiche $\mathfrak{B}_1$ und $\mathfrak{B}_2$. Auf $\mathfrak{B}_1$ wende ich jetzt die Greenschen Formeln (13), bzw. (20) von § 15 mit $U = \mu(y_1, y_2)$ an, je nachdem X im Äußern oder Innern von $\mathfrak{B}_1$ liegt. Das gibt, mit derselben Bedeutung von $\mathfrak{F}_1$ und $\mathfrak{F}_2$ wie in Ziffer 4,

$$\int_{\mathfrak{B}_1} \frac{1}{r}\left(\frac{\partial^2\mu}{\partial y_1^2} + \frac{\partial^2\mu}{\partial y_2^2}\right) dV = \int_{\mathfrak{F}_1} \frac{1}{r}\frac{\partial\mu}{\partial\nu}\, df - \int_{\mathfrak{F}_1} \mu\,\frac{\partial}{\partial\nu}\,\frac{1}{r}\, df +$$
$$+ \int_{\mathfrak{F}_2} \left(\frac{1}{r}\frac{\partial\mu}{\partial\nu} - \mu\,\frac{\partial}{\partial\nu}\,\frac{1}{r}\right) df - \begin{cases} 0 \\ 4\,\pi\,\mu\,(x_1, x_2) \end{cases} \tag{25}$$

Hier ist

$$U(X) = -\int_{\mathfrak{F}_1} \mu\,\frac{\partial}{\partial\nu}\,\frac{1}{r}\, df$$

das von der Doppelbelegung μ auf $\mathfrak{F}_1$ in X erzeugte Potential; setze ich noch

$$\int_{\mathfrak{B}_1} \frac{1}{r}\left(\frac{\partial^2\mu}{\partial y_1^2} + \frac{\partial^2\mu}{\partial y_2^2}\right) dV = R,$$

$$\int_{\mathfrak{F}_1} \frac{1}{r}\frac{\partial\mu}{\partial\nu}\, df = S$$

und

$$\int_{\mathfrak{F}_2} \left(\frac{1}{r}\frac{\partial\mu}{\partial\nu} - \mu\,\frac{\partial}{\partial\nu}\,\frac{1}{r}\right) df = T,$$

so folgt aus (25)

$$U(X) = R - S - T + \begin{cases} 0 \\ 4\,\pi\,\mu(x_1, x_2) \end{cases} \tag{26}$$

R ist dabei das Raumpotential einer stetigen Belegung und daher nach Ziffer 3 überall stetig differenzierbar; S ist das Potential einer einfachen Belegung mit stetig differenzierbarer Flächendichte und nach Ziffer 4 überall stetig, während für seine Ableitungen der Satz von Ziffer 5 gilt. Schließlich ist T ein Potential, das außerhalb von $\mathfrak{F}_2$, also insbesondere in allen Punkten von $\mathfrak{F}_1$ mit Ausnahme des Randes $\mathfrak{C}$ regulär ist. Es folgt also:

Abgesehen vom Rand $\mathfrak{C}$ von $\mathfrak{F}_1$ haben die Ableitungen $\dfrac{\partial U}{\partial x_i}$ auf beiden Seiten von $\mathfrak{F}_1$ stetige Grenzwerte.

Die Sprünge der Ableitungen in den Punkten von $\mathfrak{F}_1$ ergeben sich aus (26) durch Differentiation und unter Berücksichtigung des Satzes von Ziffer 5; nehmen wir insbesondere den Punkt X_0, der der Ursprung unseres speziellen Koordinatensystems ist, so verschwinden hier wegen $\nu_1 = \nu_2 = 0$ und

$$\frac{\partial\mu}{\partial\nu} = \nu_1\frac{\partial\mu}{\partial y_1} + \nu_2\frac{\partial\mu}{\partial y_2}$$

die Sprünge der ersten Ableitungen von S und es bleiben nur die Sprünge übrig, die das letzte Glied in (26) liefert. Beim Durchgang durch X_0 von der negativen zur positiven Seite springt also $\dfrac{\partial U}{\partial x_1}$ um $-4\,\pi\,\dfrac{\partial\mu}{\partial x_1}$, $\dfrac{\partial U}{\partial x_2}$ um $-4\,\pi\,\dfrac{\partial\mu}{\partial x_2}$, während $\dfrac{\partial U}{\partial x_3}$ *stetig bleibt.* Nun ist X_0 ein beliebiger Punkt der Fläche $\mathfrak{F}$, in dem nur die angegebenen Voraussetzungen erfüllt sind; da $\dfrac{\partial U}{\partial x_3}$ die Ableitung von U in der Normalenrichtung in X_0 ist, gilt allgemein:

Beim Durchgang durch eine Fläche mit doppelter Belegung von der negativen zur positiven Seite springen die Tangentialableitungen $\dfrac{\partial U}{\partial t}$ des Potentials in der Richtung t um $-4\,\pi\,\dfrac{\partial U}{\partial t}$, während die Normalableitung $\dfrac{\partial U}{\partial \nu}$ stetig bleibt.

7. Die zweiten Ableitungen des Raumpotentials und die Gleichung von Poisson. In

$$U(X) = -\int_{\mathfrak{B}} \frac{\gamma}{r}\, d\underline{V} \tag{27}$$

sei die räumliche Belegungsdichte γ einmal, die Randfläche $\mathfrak{F}$ von $\mathfrak{B}$ zweimal stetig differenzierbar. Dann gilt, zunächst für einen Punkt X außerhalb von $\mathfrak{B}$

$$\frac{\partial U}{\partial x_i} = -\int_{\mathfrak{B}} \gamma\,\frac{\partial}{\partial x_i}\,\frac{1}{r}\, dV = \int_{\mathfrak{B}} \gamma\,\frac{\partial}{\partial y_i}\,\frac{1}{r}\, dV = -\int_{\mathfrak{B}} \frac{1}{r}\,\frac{\partial \gamma}{\partial y_i}\, dV + \int_{\mathfrak{B}} \frac{\partial}{\partial y_i}\,\frac{\gamma}{r}\, dV.$$

Wendet man auf den zweiten Teil den Gaußschen Integralsatz in der Gestalt

$$\int_{\mathfrak{B}} \frac{\partial A}{\partial y_i}\, d\underline{V} = \int_{\mathfrak{F}} A\, \nu_i\, df$$

(II, 2, § 20, 2; II, 1, § 30, 2) an, so folgt weiter

$$\frac{\partial U}{\partial x_i} = -\int_{\mathfrak{B}} \frac{1}{r}\,\frac{\partial \gamma}{\partial y_i}\, d\underline{V} + \int_{\mathfrak{F}} \frac{\gamma}{r}\, \nu_i\, df = \overset{1}{U}_i - \overset{2}{U}_i, \tag{28}$$

wo

$$\overset{1}{U}_i(X) = -\int_{\mathfrak{B}} \frac{1}{r}\,\frac{\partial \gamma}{\partial y_i}\, d\underline{V}$$

die Raumpotentiale der stetigen Belegungen mit den Raumdichten $\dfrac{\partial \gamma}{\partial y_i}$ und

$$\overset{2}{U}_i(X) = -\int_{\mathfrak{F}} \frac{\gamma}{r}\, \nu_i\, df$$

die Flächenpotentiale der einfachen Belegungen mit den stetig differenzierbaren Flächendichten $\gamma\,\nu_i$ sind. Die Potentiale $\overset{1}{U}_i$ sind außerhalb $\mathfrak{B}$ regulär und auf $\mathfrak{F}$ und in $\mathfrak{B}$ nach Ziffer 3 stetig und stetig differenzierbar. Die Flächenpotentiale $\overset{2}{U}_i$ sind außerhalb von $\mathfrak{F}$ regulär und auf $\mathfrak{F}$ nach Ziffer 4 stetig, während ihre Ableitungen beim Passieren von $\mathfrak{F}$ die in Ziffer 5 angegebenen Sprünge machen. Es folgt:

Die zweiten Ableitungen $\dfrac{\partial^2 U}{\partial x_i\, \partial x_j}$ des Raumpotentials (27) sind im Inneren von $\mathfrak{B}$ stetig und springen beim Durchgang durch den Rand $\mathfrak{F}$ von $\mathfrak{B}$ von innen nach außen um $4\,\pi\,\gamma\,\nu_i\,\nu_j$.

Aus (28) folgt, auch für die inneren Punkte von $\mathfrak{B}$ gültig, wegen $\dfrac{\partial}{\partial x_i}\,\dfrac{1}{r} = -\dfrac{\partial}{\partial y_i}\,\dfrac{1}{r}$

$$\frac{\partial^2 U}{\partial x_i\, \partial x_j} = \int_{\mathfrak{B}} \frac{\partial \gamma}{\partial y_i}\,\frac{\partial}{\partial y_j}\,\frac{1}{r}\, d\underline{V} - \int_{\mathfrak{F}} \gamma\,\nu_i\,\frac{\partial}{\partial y_j}\,\frac{1}{r}\, df$$

und daher

$$\Delta U = \frac{\partial^2 U}{\partial x_i\, \partial x_i} = \int_{\mathfrak{B}} \frac{\partial \gamma}{\partial y_i}\,\frac{\partial}{\partial y_i}\,\frac{1}{r}\, d\underline{V} - \int_{\mathfrak{F}} \gamma\,\frac{\partial}{\partial \nu}\,\frac{1}{r}\, df.$$

Wendet man auf die rechte Seite die Formel (19) von § 15, 4 mit $U = \gamma$ an, so folgt

$$\boxed{\Delta U = 4\,\pi\,\gamma,} \tag{29}$$

die Poissonsche Differentialgleichung.

Das Raumpotential (27) genügt also in allen Punkten außerhalb $\mathfrak{B}$ der Laplaceschen Differentialgleichung, in allen inneren Punkten von $\mathfrak{B}$ der Poissonschen Differentialgleichung. Auf der Randfläche $\mathfrak{F}$ von $\mathfrak{B}$ ist keine dieser Gleichungen richtig.

Man kann die Laplacesche Gleichung $\Delta U = 0$ als einen Sonderfall der Poissonschen Gleichung (29) für $\gamma = 0$ ansehen und demgemäß in (27) die Integration über den ganzen unendlichen Raum ausdehnen, wobei dort, wo keine Belegung vorhanden ist, eben $\gamma = 0$ gesetzt wird. Dann gilt auch (29) im ganzen Raum mit Ausnahme der Punkte, in denen die Belegungsdichte γ oder ihre Ableitungen unstetig sind, also jedenfalls mit Ausnahme der Punkte von $\mathfrak{F}$, in denen γ sprungweise unstetig ist.

8. Das Verhalten der logarithmischen Potentiale in Quellpunkten. Ich beschränke mich hier darauf, die entsprechenden Aussagen ohne Beweise anzuführen. Sie sind wieder völlig analog zu den Sätzen von Ziffer 3 bis 7 und lassen sich ebenso wie diese beweisen; auch die Zurückführung auf Newtonsche Potentiale zylindrischer Belegungen ist möglich. Es gilt

A. *Potential und Feldvektor einer Belegung der (stückweise stetigen und beschränkten) Dichte β in einem Bereich $\mathfrak{B}$ sind überall stetig und im Inneren von $\mathfrak{B}$ gilt die Poissonsche Gleichung*

$$\Delta U = 2\,\pi\,\beta. \tag{30}$$

B. *Das Potential einer einfachen Belegung auf einer (stückweise glatten) Kurve $\mathfrak{C}$ ist überall stetig. Der Feldvektor hat auf beiden Seiten der (stetig gekrümmten) Kurve $\mathfrak{C}$ stetige Grenzwerte und springt beim Passieren von $\mathfrak{C}$ von der negativen zur positiven Seite um $2\,\pi\,\alpha\,v_j$ ($j = 1, 2$), wenn α die (stetig differenzierbare) Belegungsdichte ist.*

Die Tangentialableitung geht also wieder stetig durch $\mathfrak{C}$ hindurch, während die Normalableitung um $2\,\pi\,\alpha$ springt. Sind $\left(\dfrac{\partial U}{\partial v}\right)_0$, $\left(\dfrac{\partial U}{\partial v}\right)_-$ und $\left(\dfrac{\partial U}{\partial v}\right)_+$ die Werte von $\dfrac{\partial U}{\partial v}$ auf $\mathfrak{C}$, bzw. bei Näherung an die negative und positive Seite von $\mathfrak{C}$, so gilt

$$\left(\frac{\partial U}{\partial v}\right)_- = \left(\frac{\partial U}{\partial v}\right)_0 - \pi\,\alpha, \qquad \left(\frac{\partial U}{\partial v}\right)_+ = \left(\frac{\partial U}{\partial v}\right)_0 + \pi\,\alpha. \tag{31}$$

C. *Das Potential einer doppelten Belegung auf einer (glatten) Kurve $\mathfrak{C}$ hat auf beiden Seiten von $\mathfrak{C}$ stetige Grenzwerte und springt beim Passieren von $\mathfrak{C}$ von der negativen zur positiven Seite um $-2\,\pi\,\mu$, wenn μ die (stetig differenzierbare) Belegungsdichte ist. Die Normalableitung des Potentials ist überall stetig, während die Tangentialableitung um $-2\,\pi\,\dfrac{\partial\mu}{\partial t}$ springt (dabei ist $\mathfrak{C}$ stetig gekrümmt, μ zweimal stetig differenzierbar).*

Sind U_0, U_- und U_+ die Werte von U auf $\mathfrak{C}$, bzw. bei Näherung an $\mathfrak{C}$ von der negativen und positiven Seite her, so gilt

$$U_- = U_0 + \pi\,\mu, \qquad U_+ = U_0 - \pi\,\mu. \tag{32}$$

Alle diese Sätze gelten ebenso wie die entsprechenden Sätze über Newtonsche Potentiale auch noch unter etwas weniger einschränkenden Voraussetzungen.

Aufgabe.

Man ermittle das Potential eines Kreisringes $1 \leqq \sigma \leqq 2$ mit der Dichte $\gamma = 1 + \dfrac{1}{\sigma}$, wenn der Aufpunkt in der Ebene des Kreisringes sowohl innen als auch außen gelegen ist.

§ 17. Allgemeine Vektorfelder.

Die Potentialtheorie und die Theorie der Vektorfelder überschneiden sich offenbar zu einem guten Teil, und zwar sind es die wirbelfreien Felder, die in der Potentialtheorie eine wichtige Rolle spielen und erschöpfend behandelt werden, weil jeder wirbelfreie Vektor der Gradient eines Potentials ist. Ich gebe im folgenden einen ganz kurzen und nur flüchtigen Überblick über die allgemeinen Felder, weil sich so eine bessere Einsicht in die Bedeutung der wirbelfreien Felder im Rahmen der allgemeinen Feldtheorie ergibt und weil sich aus der letzteren einige Schlußfolgerungen ziehen lassen, die in der Potentialtheorie von Bedeutung sind[1].

1. Die geometrische Deutung der Vektorfelder. Ist in jedem Punkt X mit den Koordinaten x_i eines Gebietes $\mathfrak{G}$ ein Vektor $(A \neq 0)$

$$A_i = A_i(X) = A_i(x_1, x_2, x_3) \tag{1}$$

gegeben, so heißt $\mathfrak{G}$ ein (räumliches) *Vektorfeld*. Ich nehme der Einfachheit wegen an, daß die drei Funktionen (1) zweimal stetig differenzierbar sind. Das Vektorfeld (1) bestimmt ein räumliches Richtungsfeld, dessen Richtungen dx_i den Differentialgleichungen

$$\frac{dx_1}{A_1} = \frac{dx_2}{A_2} = \frac{dx_3}{A_3} \tag{2}$$

genügen; nach III, § 5, 3 geht durch jeden Punkt $\overset{0}{X}$ von $\mathfrak{G}$ genau eine Integralkurve, die somit eine zweiparametrige Kurvenschar bilden und als *Feldlinien* des Feldes (1) bezeichnet werden[2]. Diese Feldlinien geben also in jedem Punkt die Richtung, aber nicht die Länge des Feldvektors an. Um auch diese in der geometrischen Deutung zu erfassen, bedient sich der Physiker gern der sogenannten *Feldröhren*. Darunter versteht man folgendes: Es sei $\mathfrak{F}_1$ ein abgeschlossenes, glattes und von einer stückweise glatten geschlossenen Kurve $\mathfrak{C}_1$ begrenztes Flächenstück, das ganz in $\mathfrak{G}$ liegt und in keinem Punkt eine Feldlinie berührt. Die Feldlinien, die durch die Punkte von $\mathfrak{C}_1$ gehen, erfüllen dann eine röhrenähnliche Fläche $\mathfrak{F}$. Diese Fläche $\mathfrak{F}$ heißt die durch $\mathfrak{C}_1$ bestimmte *Feldröhre*. Ist $\mathfrak{F}_2$ ein zweites derartiges Flächenstück, das mit $\mathfrak{F}_1$ keinen Punkt gemeinsam hat und die Feldröhre $\mathfrak{F}$ in einer Kurve $\mathfrak{C}_2$ schneidet, so ist durch $\mathfrak{F}_1$, $\mathfrak{F}_2$ und dem zwischen $\mathfrak{C}_1$ und $\mathfrak{C}_2$ liegenden Teil von $\mathfrak{F}$ ein räumlicher Bereich $\mathfrak{B}$ abgegrenzt, auf den ich den Gaußschen Satz anwende:

$$\int_{\mathfrak{B}} \partial_i A_i \, dV = - \int_{\mathfrak{F}_1} A_i \, df_i + \int_{\mathfrak{F}} A_i \, df_i + \int_{\mathfrak{F}_2} A_i \, df_i.$$

Das Vorzeichen beim ersten Flächenintegral rechts kommt daher, daß die Flächenstücke $\mathfrak{F}_1$ und $\mathfrak{F}_2$ so orientiert sind, daß ihre Normalenvektoren mit dem Feldvektor

---

[1] Weitere Ausführungen über allgemeine Felder findet man bei Duschek-Hochrainer, LV. 2, Band II, §§ 27 bis 32.

[2] Man kann an Stelle von (2) die Differentialgleichungen

$$\dot{x}_i(t) = A_i(x_1, x_2, x_3)$$

betrachten; auf jeder Integralkurve (Feldlinie) ist hier auch ein Parameter t (bis auf eine additive Konstante) festgelegt. Aber eine Kurve als geometrisches Gebilde ist unabhängig von dem verwendeten Parameter.

A_i einen spitzen Winkel einschließen; für die Anwendung des Gaußschen Satzes ist aber die Orientierung von $\mathfrak{F}_1$ umzukehren. Auf $\mathfrak{F}$ ist $A_i\, v_i = 0$ und daher folgt

$$\int\limits_{\mathfrak{F}_2} A_i\, df_i - \int\limits_{\mathfrak{F}_1} A_i\, df_i = \int\limits_{\mathfrak{B}} \partial_i A_i\, dV. \tag{3}$$

Ist das Feld *quellenfrei*, so verschwindet das Raumintegral und es bleibt

$$\int\limits_{\mathfrak{F}_2} A_i\, df_i = \int\limits_{\mathfrak{F}_1} A_i\, df_i, \tag{4}$$

d. h. *der Fluß durch jeden „Querschnitt" der Feldröhre ist konstant.* Wir können also ohne weiteres die Querschnitte $\mathfrak{F}_1$ und $\mathfrak{F}_2$ als ebene Flächenstücke annehmen und sie außerdem so legen, daß sie die Feldröhre „möglichst" senkrecht schneiden[1], etwa so, daß $\mathfrak{F}_1$ und $\mathfrak{F}_2$ auf eine im Inneren der Röhre willkürlich angenommene Feldlinie in den Schnittpunkten senkrecht stehen. Ich nehme weiter an, daß die Querschnitte der betrachteten Feldröhren klein sind im Vergleich zu den Krümmungsradien der Feldröhren. Es seien ferner F_1 und F_2 die Flächeninhalte von $\mathfrak{F}_1$ und $\mathfrak{F}_2$, A' und A'' Mittelwerte der Länge des Feldvektors A_i auf $\mathfrak{F}_1$ und $\mathfrak{F}_2$. Dann können wir (4) ersetzen durch

$$A'\, F_1 = A''\, F_2,$$

die Längen der Feldvektoren verhalten sich umgekehrt proportional zu den Flächen der Querschnitte einer genügend dünnen Feldröhre. Ich verteile nun noch eine endliche Anzahl von Feldlinien im Inneren der Feldröhre etwa so, daß n_1 Feldlinien auf die Flächeneinheit von $\mathfrak{F}_1$ und n_2 auf die Flächeneinheit von $\mathfrak{F}_2$ entfallen. Da die Zahl der Feldlinien im Inneren der Röhre sich nicht ändern kann, gilt

$$n_1 F_1 = n_2 F_2$$

und daher

$$\frac{A'}{A''} = \frac{F_2}{F_1} = \frac{n_1}{n_2}, \tag{5}$$

d. h. *die Länge des Feldvektors ist näherungsweise der Dichte der Feldlinien proportional.*

Ist das Feld nicht quellenfrei, gilt also (3) mit nicht verschwindender rechter Seite, so ist der Fluß durch die Querschnitte $\mathfrak{F}_1$ und $\mathfrak{F}_2$ nicht derselbe, sondern der Fluß durch $\mathfrak{F}_2$ ist gleich dem Fluß durch $\mathfrak{F}_1$, vermehrt um das Integral der Divergenz im Bereich zwischen $\mathfrak{F}_1$ und $\mathfrak{F}_2$. Ist

$$\int\limits_{\mathfrak{B}} \partial_i A_i\, dV = Q$$

und setzen wir die mittlere Länge der Feldvektoren auf $\mathfrak{F}_1$ und $\mathfrak{F}_2$ wieder proportional zur Dichte der Feldlinien, also

$$A' = \lambda\, n_1, \quad A'' = \lambda\, n_2, \quad \lambda > 0,$$

so folgt aus (3)

$$n_2 F_2 = n_1 F_1 + \frac{Q}{\lambda},$$

die Zahl $n_2 F_2$ der Feldlinien auf dem Querschnitt $\mathfrak{F}_2$ hat sich gegenüber ihrer Zahl $n_1 F_1$ auf $\mathfrak{F}_1$ um Q/λ vermehrt oder vermindert, je nachdem $Q > 0$ oder

---

[1] Eine zweiparametrige Kurvenschar im Raum hat im allgemeinen keine *orthogonale Fläche*, d. h. eine Fläche, die alle Kurven der Schar senkrecht schneidet. Eine hinreichende, aber nicht notwendige Bedingung für die Existenz einer Orthogonalfläche ist, daß das Feld (1) wirbelfrei ist. Näheres bei Duschek-Hochrainer, a. a. O., § 30. Im Fall des wirbelfreien Feldes ist es zweckmäßiger, $\mathfrak{F}_1$ *und* $\mathfrak{F}_2$ *als Orthogonalflächen anzunehmen.*

$Q < 0$ ist. Es sind also im ersten Fall in $\mathfrak{B}$ neue Feldlinien entstanden, im zweiten Fall Feldlinien verschwunden. Das steht zwar in offenkundigem Widerspruch zu der mathematischen Tatsache, daß eine Feldlinie im ganzen Gebiet $\mathfrak{G}$ durch ihre Anfangsbedingungen eindeutig bestimmt ist, also in $\mathfrak{G}$ selbst nirgends beginnen oder endigen kann, ist aber mit der anschaulichen Vorstellung im Einklang, daß Feldlinien in Quellpunkten beginnen oder enden, je nachdem es sich um eine (positive) Quelle oder um eine Senke handelt. Wenn man schon eine Auswahl unter den ∞^2 Feldlinien trifft, die eine Feldröhre erfüllen, so ist es schließlich ziemlich gleichgültig, ob man eine Feldlinie in ihrem ganzen Verlauf oder nur einen Teil von ihr zur anschaulichen Deutung heranzieht. Man muß sich nur vor Augen halten, daß es sich nur um eine sehr grobe Approximation der tatsächlichen Verhältnisse im Feld handelt und daß man sich vor voreiligen Schlüssen aus der anschaulichen Deutung hüten muß.

2. Das Vektorpotential. Die Zerlegung des allgemeinen Feldes in ein quellenfreies und ein wirbelfreies Feld. Während bei ebenen Feldern eine völlige Dualität zwischen Quellen und Wirbeln vorliegt (III, § 22, 6 und § 27, 6), weil sich beim Übergang vom Hauptfeld zum Querfeld Wirbel und Quellen vertauschen, liegen im Raum die Dinge wesentlich anders. Dem Vektorfeld (1) ist hier das *Skalarfeld* der Divergenz

$$D = \partial_i A_i \tag{6}$$

und das V*ektorfeld* des Rotors

$$R_i = \varepsilon_{ijk}\,\partial_j A_k \tag{7}$$

zugeordnet. Ich wiederhole: Ist das Feld A_i in $\mathfrak{G}$ *wirbelfrei*, $R \equiv 0$, so existiert eine Funktion U, das Potential von A_i, so daß

$$A_i = \partial_i U$$

und daher

$$\Delta U = \partial_i \partial_i U = D$$

gilt. Das Potential U ist eine harmonische Funktion, wenn $D \equiv 0$, das Feld also außerdem quellenfrei ist *(Laplacesches Feld)*. Ist $D \neq 0$ in $\mathfrak{G}$, so spricht man auch von einem *Poissonschen Feld*.

Ist das Feld A_i in $\mathfrak{G}$ *quellenfrei*, also $D \equiv 0$, so wird es als *solenoidales Feld* bezeichnet und es existiert nach II, 2, § 20, 6 (II, 1 § 30, 7) ein Vektor W_i, das *Vektorpotential* von A_i, so daß

$$A_i = \varepsilon_{ijk}\,\partial_j W_k. \tag{8}$$

Ist $\overset{0}{W}_k$ irgendeine partikuläre Lösung dieses Systems partieller Differentialgleichungen, so ist

$$W_k = \overset{0}{W}_k + \partial_k V, \tag{9}$$

wo $V = V(X)$ ein willkürliches Skalarfeld ist, die *allgemeine Lösung* im engeren Sinn, d. h. jede Lösung von (8) läßt sich in der Gestalt (9) mit einer geeignet gewählten Funktion $V(X)$ darstellen. Man kann stets erreichen, daß das *Vektorpotential* $W_k(X)$ *quellenfrei* ist; in der Tat folgt aus (9)

$$\partial_k W_k = \partial_k \overset{0}{W}_k + \Delta V.$$

Ist also $V(X)$ eine Lösung der Poissonschen Gleichung

$$\Delta V = -\,\partial_k \overset{0}{W}_k,$$

so folgt

$$\partial_k W_k = 0, \tag{10}$$

was zu beweisen war.

Ich bemerke dazu, daß nach § 16, 7

$$U(X) = -\int_{\mathfrak{G}} \frac{1}{r}\, \gamma(Y)\, d\underline{V} \tag{11}$$

eine Lösung der Poissonschen Gleichung

$$\Delta U = 4\pi\,\gamma(X) \tag{12}$$

ist.

Für den Rotor von A_i folgt

$$R_i = \varepsilon_{ijk}\,\partial_j \varepsilon_{kpq}\,\partial_p W_q = \partial_i\partial_j W_j - \partial_j\partial_j W_i,$$

also wegen (10)

$$\Delta W_i = -R_i, \tag{13}$$

die drei Koordinaten des Vektorpotentials genügen also in jedem festen Koordinatensystem für sich je einer Poissonschen Gleichung. Man überzeugt sich aber sofort — durch Überschiebung mit den (konstanten) Koeffizienten a_{ij} einer orthogonalen Transformation —, daß diese Gleichung, wenn sie in einem Cartesischen Koordinatensystem richtig ist, in jedem anderen ebenfalls gilt, also eine vektorielle Gleichung ist.

Aus (7) folgt (II, 2, § 19, 3; II, 1, § 29, 3)

$$\partial_i R_i = \varepsilon_{ijk}\,\partial_i\partial_j A_k = 0,$$

das Feld des Rotors ist also stets quellenfrei. Die Feldlinien von R_i heißen *Wirbellinien* von A_i; aus den Bemerkungen am Schluß von Ziffer 1 folgt, daß eine Wirbellinie entweder in $\mathfrak{G}$ geschlossen ist oder in Randpunkten von $\mathfrak{G}$ beginnt und endet, d. h. aber, daß es *keine isolierten Wirbelpunkte geben* kann und darin zeigt sich ein sehr wichtiger Unterschied gegenüber den Quellenfeldern (und auch gegenüber den ebenen Wirbelfeldern). Wohl aber kann es isolierte Wirbellinien geben, ebenso Wirbelflächen (die von ∞^1 Wirbellinien erzeugt werden) und räumliche Wirbelgebiete.

Ich zeige nun, daß sich *jedes allgemeine Vektorfeld (1) als Summe je eines solenoidalen und Poissonschen Feldes darstellen läßt*. Ich setze

$$A_i = B_i + C_i; \tag{14}$$

dabei soll also

$$\partial_i B_i = 0 \tag{15}$$

und

$$\varepsilon_{ijk}\,\partial_j C_k = 0 \tag{16}$$

sein. Aus (16) folgt die Existenz eines Potentials U, so daß

$$C_i = \partial_i U$$

ist; aus (14) folgt dann wegen (15)

$$\partial_i A_i = \partial_i C_i = \Delta U,$$

d. h. U ist eine beliebige Lösung der Poissonschen Gleichung (12) mit $\gamma(X) = \frac{1}{4\pi}\,\partial_i A_i$; man kann also für U das Integral (11) mit dieser Funktion γ nehmen. Damit ist die Behauptung bewiesen, denn mit U ist $C_i = \partial_i U$ und dann aus (14) auch $B_i = A_i - C_i$ bestimmt.

3. Die Äquivalenz einer Doppelfläche mit einem Wirbelring. Unter einem Wirbelring versteht man eine geschlossene Wirbellinie. Ich denke mir den

Wirbelring $\mathfrak{C}$ aus einer Wirbelröhre $\mathfrak{R}$ entstanden, d. h. aus einer Feldröhre des Rotors R_i. Ich nehme also an, daß R_i nur im Innern der Röhre von Null verschieden ist, außerhalb also verschwindet, und daß der Querschnitt der Röhre so klein ist, daß R_i auf jedem Querschnitt q als konstant angesehen werden kann. Ich setze noch

$$R_i = 4\,\pi\,c_i.$$

Dann wird (13)

$$\Delta W_i = -\,4\,\pi\,c_i$$

und daher gilt entsprechend (11)

$$W_i(X) = \int_{\mathfrak{R}} \frac{1}{r}\, c_i(Y)\, d\underline{V}.$$

Ist s die Bogenlänge des von der Röhre $\mathfrak{R}$ umgebenen Wirbelringes $\mathfrak{C}$, so gilt also in erster Annäherung

$$c_i = c\,\frac{dy_i}{ds}, \qquad c_i\, d\underline{V} = c_i\, q\, ds = c\, q\, dy_i = \eta\, dy_i.$$

Ich lasse nun den Querschnitt $q \to 0$ und dabei $c \to \infty$ so gehen, daß $cq = \eta$ fest bleibt. Da W_i quellenfrei ist, ist η nach Ziffer 1 längs $\mathfrak{C}$ konstant. Es folgt

$$W_i(X) = \eta \oint_{\mathfrak{C}} \frac{dy_i}{r} \tag{17}$$

und

$$A_i(X) = \varepsilon_{ijk}\,\partial_j W_k(X) = \eta \oint_{\mathfrak{C}} \varepsilon_{ijk} \frac{\partial}{\partial x_j} \frac{1}{r}\, dy_k = -\,\eta \oint_{\mathfrak{C}} \varepsilon_{ijk} \frac{\partial}{\partial y_j} \frac{1}{r}\, dy_k.$$

Anwendung des Satzes von STOKES gibt weiter, wenn $\mathfrak{F}$ eine beliebige glatte Fläche durch $\mathfrak{C}$ ist,

$$A_i(X) = -\,\eta \int_{\mathfrak{F}} \varepsilon_{pqk}\,\varepsilon_{ijk} \frac{\partial}{\partial y_q} \frac{\partial}{\partial y_j} \frac{1}{r}\, df_p = -\,\eta \left(\int_{\mathfrak{F}} \Delta \frac{1}{r}\, df_i - \int_{\mathfrak{F}} \frac{\partial}{\partial y_i} \frac{\partial}{\partial y_j} \frac{1}{r}\, df_j \right).$$

Wegen $\Delta \dfrac{1}{r} = 0$ für alle Punkte X, die nicht auf $\mathfrak{F}$ liegen, verschwindet das erste Integral rechts und es bleibt

$$A_i(X) = -\,\frac{\partial}{\partial x_i} \int_{\mathfrak{F}} \eta\, \frac{\partial}{\partial \nu} \frac{1}{r}\, df = \partial_i U(X),$$

wo

$$U(X) = -\int_{\mathfrak{F}} \eta\, \frac{\partial}{\partial \nu} \frac{1}{r}\, df \tag{18}$$

das Potential der doppelten Belegung η auf $\mathfrak{F}$ ist. Setzt man noch $\eta_i = \eta\,\dfrac{dy_i}{ds}$, so kann man an Stelle von (17)

$$W_i = \oint_{\mathfrak{C}} \eta_i\, \frac{ds}{r} \tag{19}$$

schreiben und es folgt:

Das Feld $A_i(X)$ läßt sich in gleicher Weise durch einen Wirbelring wie durch eine doppelte Belegung auf einer in die geschlossene Kurve eingespannten Fläche $\mathfrak{F}$ erzeugen; im ersten Fall ist A_i der Rotor des Vektorpotentials (19), im zweiten der Gradient des skalaren Potentials (18).

Dieser Zusammenhang gilt selbstverständlich nur, wenn das Moment η auf der ganzen Doppelfläche $\mathfrak{F}$ konstant ist. Eine physikalische Deutung findet der Satz in der bekannten Tatsache, daß ein stromdurchflossener, geschlossener

Leiter ein magnetisches Feld erzeugt, das auch von einem beliebigen, von diesem Leiter berandeten „magnetischen Blatt" erzeugt werden kann, wenn das magnetische Moment des Blattes gleich der Stromstärke im Leiter ist.

V. Die Randwertaufgaben der Potentialtheorie.

§ 18. Die Greensche Funktion.

1. Problemstellung. Ich beschränke mich im folgenden auf solche ebene oder räumliche Gebiete, die durch eine einzige einfache und geschlossene Kurve $\mathfrak{C}$ oder Fläche $\mathfrak{F}$ begrenzt sind. $\mathfrak{C}$ und $\mathfrak{F}$ werden gemeinsam als *Rand* $\mathfrak{R}$ bezeichnet. Der Fall allgemeinerer Gebiete (§ 15, 1) wird nur gelegentlich diskutiert. Ich nenne das Innengebiet $\mathfrak{G}_i$, das Außengebiet $\mathfrak{G}_a$. Die positive Normale weise stets in das Gebiet $\mathfrak{G}_a$, so daß $\mathfrak{G}_i$ auf der negativen, $\mathfrak{G}_a$ auf der positiven Seite von $\mathfrak{R}$ liegt. Ein Punkt von $\mathfrak{R}$ sei zunächst mit Z bezeichnet, seine Koordinaten sind z_1, z_2 bzw. z_1, z_2, z_3 (kurz z_α bzw. z_i), während X (mit den Koordinaten x_α oder x_i) ein beliebiger Punkt der Ebene oder des Raumes ist, der natürlich auch auf $\mathfrak{R}$ liegen kann. Ferner sei $\mathfrak{B}_i = \mathfrak{G}_i + \mathfrak{R}$ und $\mathfrak{B}_a = \mathfrak{G}_a + \mathfrak{R}$.

Bei den Randwertaufgaben partieller Differentialgleichungen handelt es sich im wesentlichen um Probleme folgender Art:

Erstens ist eine partielle Differentialgleichung (mindestens) zweiter Ordnung

$$\Theta(U) = 0 \tag{1}$$

gegeben, der die gesuchte Funktion $U(X)$ entweder in $\mathfrak{G}_i$ oder in $\mathfrak{G}_a$ genügen soll. Zweitens ist auf dem Rand $\mathfrak{R}$ eine Funktion $g(Z)$ gegeben, und es soll auf $\mathfrak{R}$ entweder

$$U(Z) = g(Z) \tag{2}$$

(erste Randwertaufgabe), oder

$$\frac{\partial U}{\partial v}(Z) = g(Z) \tag{3}$$

(zweite Randwertaufgabe), oder schließlich

$$\frac{\partial U}{\partial v}(Z) + h(Z)\,U(Z) = g(Z) \tag{4}$$

(dritte Randwertaufgabe) sein; dabei ist $h(Z)$ ebenfalls eine gegebene Funktion des Ortes auf $\mathfrak{R}$.

Das sind also im ganzen nicht weniger als zwölf verschiedene Probleme: Ebene oder Raum, Inneres oder Äußeres, und schließlich eine der drei Randbedingungen (2) bis (4). In manchen Fällen wird allerdings die Entscheidung, ob die Lösung für $\mathfrak{G}_i$ oder $\mathfrak{G}_a$ bestimmt werden soll, schon durch die Differentialgleichung (1) selbst erzwungen.

Die *Randwertaufgaben der Potentialtheorie* sind durch die besondere Art der Differentialgleichung (1) charakterisiert, die hier entweder die Laplacesche Gleichung

$$\Delta U = 0$$

oder die Poissonsche Gleichung

$$\Delta U = \Phi\,(X)$$

ist, wo $\Phi(X)$ eine in $\mathfrak{G}_i$ oder in $\mathfrak{G}_a$ definierte Funktion des Ortes ist. Im folgenden liegt, wenn nichts anderes bemerkt ist, die Laplacesche Gleichung zugrunde.

Erwähnt sei noch, daß man die erste Randwertaufgabe der Potentialtheorie auch als *Dirichletsches* und die zweite als *Neumannsches Problem* bezeichnet.

Ich beginne die Diskussion der Randwertaufgaben mit der Einführung der Greenschen Funktion, die nach wie vor das wirksamste Hilfsmittel zur Lösung konkreter Randwertaufgaben ist. Während man aber bei gewöhnlichen Differentialgleichungen zweiter Ordnung die Greensche Funktion aus partikulären Lösungen aufbauen kann (§ 10), wodurch ihre Existenz von vornherein gesichert ist, ist ein solcher Weg bei partiellen Differentialgleichungen nicht gangbar. Wohl läßt sich in dem besonderen Fall, daß $\Re$ ein Kreis oder eine Kugel ist, die zugehörige Greensche Funktion unmittelbar angeben; bei beliebigen Rändern folgt ihre Existenz erst aus den allgemeinen Sätzen über die Existenz von Lösungen der Randwertaufgaben, die in § 20 bewiesen werden.

Für die folgenden Ausführungen erinnere ich insbesondere noch an die Eindeutigkeitssätze von § 15, 3, aus denen folgt, daß es jeweils *höchstens eine Lösung* jeder Randwertaufgabe gibt, abgesehen von einer additiven Konstanten bei der zweiten Randwertaufgabe.

2. Die Greensche Funktion für die erste Randwertaufgabe im Raum. Ich knüpfe an die dritte Greensche Formel (23) von § 15, d. h.

$$U(X) = - \frac{1}{4\pi} \oint_{\mathfrak{F}} \left(U \frac{\partial}{\partial v} \frac{1}{r} - \frac{1}{r} \frac{\partial U}{\partial v} \right) df \tag{5}$$

an, aus der man noch keine Schlüsse auf die Lösung der Randwertaufgabe ziehen kann. Sofern es nämlich überhaupt eine Lösung der Randwertaufgabe gibt, ist sie durch die Randwerte von U allein schon eindeutig bestimmt und es ist offenbar unmöglich, auch noch die Randwerte der Normalableitung willkürlich vorzuschreiben.

GREENS Gedanke beruht nun einfach darauf, die Normalableitung $\dfrac{\partial U}{\partial v}$ aus (5) mit Hilfe der für zwei beliebige, in $\mathfrak{B}_i$ harmonische Funktionen U und V geltenden Relation § 15, (3), d. h.

$$- \frac{1}{4\pi} \oint_{\mathfrak{F}} \left(U \frac{\partial V}{\partial v} - V \frac{\partial U}{\partial v} \right) df = 0 \tag{6}$$

zu eliminieren. Addition von (5) und (6) gibt zunächst

$$U(X) = - \frac{1}{4\pi} \oint_{\mathfrak{F}} \left[U \frac{\partial}{\partial v} \left(\frac{1}{r} + V \right) - \left(\frac{1}{r} + V \right) \frac{dU}{\partial v} \right] df \tag{7}$$

und die Elimination ist durchgeführt, wenn die Funktion $V(X, Y)$ so bestimmt wird, daß für alle Y auf $\mathfrak{F}$,

$$\frac{1}{r} + V = 0 \tag{8}$$

gilt, womit V allerdings auch noch vom Aufpunkt X abhängt. Setzt man also

so folgt

$$\boxed{G(X, Y) = \frac{1}{r} + V(X, Y),} \tag{9}$$

$$\boxed{U(X) = - \frac{1}{4\pi} \oint_{\mathfrak{F}} U \frac{\partial G}{\partial v} df.} \tag{10}$$

Die durch (9) definierte Funktion G heißt die *Greensche Funktion* für den Bereich $\mathfrak{B}_i$ und den Aufpunkt X. Sie hat als Funktion von Y folgende Eigenschaften:

Erstens: *Sie ist in $\mathfrak{B}_i$ harmonisch mit Ausnahme des Punktes $Y = X$, wo sie wie $\frac{1}{r}$ unendlich wird.*

Zweitens: *Am Rand $\mathfrak{F}$ ist $G(X, Z) = 0$.*

Die Greensche Funktion ist also genau so wie U selbst die Lösung einer Randwertaufgabe, allerdings mit der einfachen Randbedingung $G = 0$ und gerade darin liegt ihre große Bedeutung. Ähnliches gilt natürlich für die Funktion $V(X, Y)$, die als Funktion von Y im ganzen Bereich $\mathfrak{B}_i$ einschließlich des Punktes $Y = X$ harmonisch ist und am Rand der Bedingung

$$V(X, Z) = -\frac{1}{r}$$

genügt.

Inwieweit ist nun mit (10) die Randwertaufgabe gelöst? Bilden wir unter Berücksichtigung von (2)

$$U(X) = -\frac{1}{4\pi} \oint_{\mathfrak{F}} g(Z) \frac{\partial G}{\partial \nu}(X, Z)\, df, \tag{11}$$

so sind folgende Fragen offen:

Erstens: Unter welchen Voraussetzungen über die Fläche $\mathfrak{F}$ existiert die Greensche Funktion?

Zweitens: Ist die durch (11) definierte Funktion $U(X)$ harmonisch in $\mathfrak{B}_i$?

Drittens: Nimmt $U(X)$ die vorgeschriebenen Randwerte wirklich an, d. h. ist, wenn Z ein Punkt von $\mathfrak{F}$ ist

$$\lim_{X \to Z} U(X) = g(Z)?$$

Die Existenz der Greenschen Funktion ist physikalisch höchst plausibel. Wir denken uns $\mathfrak{B}_i$ mit einem wärmeleitenden Material ausgefüllt, bringen im Punkt X eine Wärmequelle konst. Quellstärke k an und erhalten die Oberfläche $\mathfrak{F}$ des Körpers auf der konstanten Temperatur Null. Dann wird sich im Körper eine eindeutig bestimmte Temperaturverteilung einstellen, die eben durch $G(X, Y)$ gegeben ist.

Der Mathematiker kann sich aus guten Gründen mit solchen Plausibilitätsbetrachtungen nicht zufrieden geben und der Physiker sollte es zumindest nicht. Tatsächlich gibt es Beispiele — ein besonders instruktives hat LEBESGUE 1913 angegeben[1] —, für die das Problem nicht lösbar ist. Auch der Ansatz von DIRICHLET aus dem Jahr 1876 (vgl. III, § 17, 2 und 3), der die Aufgabe auf das Variationsproblem

$$J = \int \partial_i U\, \partial_i U\, dV = \text{Min} \tag{12}$$

mit der Eulerschen Gleichung $\Delta U = 0$ zurückführt, hat sich zunächst als nicht ausreichend erwiesen, weil J zwar die untere Grenze Null hat, aber keineswegs wirklich ein Minimum haben muß[2]. Erst durch die Untersuchungen HILBERTS, der 1900 hinreichende Bedingungen für die Lösbarkeit angab, wurde das Dirichletsche Prinzip (12) auf eine sichere Grundlage gestellt.

Die Lösung der ersten Randwertaufgabe für das Außengebiet $\mathfrak{G}_a$ läßt sich mit Hilfe der Inversion auf die Lösung der Aufgabe für das Innere der transformierten Randfläche $\overline{\mathfrak{F}}$ zurückführen; man hat lediglich einen Punkt in $\mathfrak{G}_i$ zu wählen und zum Ursprung des Koordinatensystems zu machen. Durch die

---

[1] Ungefähr so: Man schlage in eine Kugel mit einer deformierbaren Oberfläche mit einem geeigneten Werkzeug einen scharfen, nach innen weisenden Dorn. Hält man dann die Oberfläche in der Umgebung des Dorns auf der Temperatur $0°$, im übrigen auf der Temperatur $100°$, so wird es, wenn der Dorn hinreichend scharf ist, unmöglich, im Inneren eine stetige Temperaturverteilung mit diesen Randwerten zu bekommen, weil in der Umgebung der Spitze die Wärme nicht rasch genug absorbiert werden kann.

[2] Vergleiche die Beispiele in III, § 15, 1.

Transformation § 14, (5) geht $\mathfrak{F}$ in die ebenfalls geschlossene Fläche $\overline{\mathfrak{F}}$ und das Äußere von $\mathfrak{F}$ in das Innere von $\overline{\mathfrak{F}}$ über.

Die Bedeutung der Greenschen Funktion wird noch durch die Tatsache unterstrichen, daß sich die erste Randwertaufgabe der Poissonschen Gleichung

$$\varDelta U = \varPhi(X) \tag{13}$$

mit *derselben Greenschen Funktion* lösen läßt wie die der Laplaceschen Gleichung. $\varPhi(X)$ sei im Innern $\mathfrak{B}$ von $\mathfrak{F}$ integrierbar. Ich gehe von der Gleichung § 15, (20) oder

$$U(X) = -\frac{1}{4\pi} \int_{\mathfrak{B}} \frac{1}{r}\,\varDelta U\,dV - \frac{1}{4\pi} \oint_{\mathfrak{F}} \left(U\,\frac{\partial}{\partial v}\,\frac{1}{r} - \frac{1}{r}\,\frac{\partial U}{\partial v} \right) df$$

aus. Die zweite Greensche Formel § 15, (3) gibt für eine harmonische Funktion V wegen $\varDelta V = 0$

$$0 = -\frac{1}{4\pi} \int_{\mathfrak{B}} V\,\varDelta U\,dV - \frac{1}{4\pi} \oint_{\mathfrak{F}} \left(U\,\frac{\partial V}{\partial v} - V\,\frac{\partial U}{\partial v} \right) df.$$

Addition dieser beiden Gleichungen liefert

$$U(X) = -\frac{1}{4\pi} \int_{\mathfrak{B}} G\,\varDelta U\,dV - \frac{1}{4\pi} \oint_{\mathfrak{F}} \left(U\,\frac{\partial G}{\partial v} - G\,\frac{\partial U}{\partial v} \right) df, \tag{14}$$

wo die Greensche Funktion $G(X, Y)$ wieder durch (9) definiert ist. Gilt auf $\mathfrak{F}$ wieder (8), so geht (14) wegen (13) über in

$$\boxed{U(X) = -\frac{1}{4\pi} \int_{\mathfrak{B}} G\,\varPhi\,dV - \frac{1}{4\pi} \oint_{\mathfrak{F}} U\,\frac{\partial G}{\partial v}\,df} \tag{15}$$

und das ist die Lösung der ersten Randwertaufgabe für die Poissonsche Gleichung, sofern die im Anschluß an (11) gestellten Fragen positiv beantwortet sind.

3. Die Symmetrie der Greenschen Funktion. Für die Greensche Funktion gilt (sofern sie existiert), die wichtige Symmetriebeziehung

$$\boxed{G(X, Y) = G(Y, X).} \tag{16}$$

Zum Beweis seien $\overset{1}{X}$ und $\overset{2}{X}$ zwei beliebige Punkte in $\mathfrak{G}_i$. Ich umgebe die beiden Punkte $\overset{1}{X}$ und $\overset{2}{X}$ mit zwei kleinen, ebenfalls ganz in $\mathfrak{B}$ liegenden Kugeln $\mathfrak{K}_1$ und $\mathfrak{K}_2$ mit den Radien ϱ_1 und ϱ_2 und wende auf den Restbereich $\overline{\mathfrak{B}} = \mathfrak{B} - \mathfrak{K}_1 - \mathfrak{K}_2$ und die Funktionen

$$G_\alpha(Y) = G(\overset{\alpha}{X}, Y) = V(\overset{\alpha}{X}, Y) + \frac{1}{r_\alpha} = V_\alpha + \frac{1}{r_\alpha}, \quad \alpha = 1, 2, \tag{17}$$

die zweite Greensche Formel § 15, (3) an. Dabei ist r_α der Abstand der Punkte $\overset{\alpha}{X}$ und Y. Da $\varDelta G_1 = \varDelta G_2 = 0$ ist in $\overline{\mathfrak{B}}$, verschwindet das Raumintegral. Nehme ich nun noch an, daß $\frac{\partial}{\partial v}\,G_1$ und $\frac{\partial}{\partial v}\,G_2$ auf $\mathfrak{F}$ beschränkt bleiben, so verschwindet auch das Integral über $\mathfrak{F}$ und es bleibt

$$\oint_{\mathfrak{K}_1} \left(G_1\,\frac{\partial G_2}{\partial v} - G_2\,\frac{\partial G_1}{\partial v} \right) df + \oint_{\mathfrak{K}_2} \left(G_1\,\frac{\partial G_2}{\partial v} - G_2\,\frac{\partial G_1}{\partial v} \right) df = 0.$$

Das erste Integral wird wegen (17) und $df = \varrho_1^2\, d\omega$ gleich[1]

$$\oint_{\Re_1} \left[G_1 \frac{\partial}{\partial v}\left(V_2 + \frac{1}{r_2}\right) - G_2 \frac{\partial}{\partial v}\left(V_1 + \frac{1}{r_1}\right)\right] \varrho_1^2\, d\omega.$$

Für $\varrho_1 \to 0$ verschwinden alle Teilintegrale bis auf

$$-\lim_{\varrho_1 \to 0} \varrho_1^2 \oint_{\Re_1} G_2 \frac{\partial}{\partial v} \frac{1}{r_1}\, d\omega = -4\pi\, \overset{1}{G_2}(X) = -4\pi\, G(\overset{2}{X}, \overset{1}{X}),$$

vgl. den Schluß der Ziffer 9 von § 14 für $\mu = 1$. Ganz ähnlich ergibt sich

$$\lim_{\varrho_2 \to 0} \oint_{\Re_2} \left(G_1 \frac{\partial G_2}{\partial v} - G_2 \frac{\partial G_1}{\partial v}\right) df = 4\pi\, \overset{2}{G_1}(X) = 4\pi\, G(\overset{1}{X}, \overset{2}{X}).$$

Es bleibt also

$$-G(\overset{2}{X}, \overset{1}{X}) + G(\overset{1}{X}, \overset{2}{X}) = 0,$$

was zu beweisen war. Die Voraussetzung über die Beschränktheit von $\dfrac{\partial G_\alpha}{\partial v}$ auf $\mathfrak{F}$ ist eine zusätzliche, weil sie mit den in Ziffer 2 aufgezählten Eigenschaften der Greenschen Funktion nichts zu tun hat, und wird daher im allgemeinen nicht erfüllt sein. Man kann sich von ihr auf folgende Weise befreien.

Ich erinnere, daß der Aufpunkt X, den wir als fest ansehen, in $\mathfrak{G}_i$ liegt, daß $G(X, Y) = 0$ ist auf $\mathfrak{F}$ und daß

$$\lim_{Y \to X} G(X, Y) = +\infty$$

ist, d. h. daß

$$G(X, Y) \geqq A$$

ist, $A > 0$ beliebig, wenn nur $\overline{XY} < \delta$ ist. Ich betrachte nun die Niveaufläche $\mathfrak{F}_\varepsilon$

$$G(X, Y) = \varepsilon,$$

$\varepsilon > 0$. Sie liegt ganz in $\mathfrak{G}_i$, wie aus den Mittelwertsätzen unmittelbar folgt, und geht für $\varepsilon \to 0$ in die Fläche $\mathfrak{F}$ über. Da G in $\mathfrak{G}_i$ harmonisch ist (mit Ausnahme des Punktes $Y = X$), existiert $\dfrac{\partial G}{\partial v}$ auf $\mathfrak{F}_\varepsilon$ und ist hier auch beschränkt. Wendet man die zweite Greensche Formel auf die Funktion (17) und die Niveaufläche $\mathfrak{F}_\varepsilon$ mit der Gleichung $G_1(Y) = \varepsilon$ an, so ist offenbar nur zu zeigen, daß[2]

$$\lim_{\varepsilon \to 0} \oint_{\mathfrak{F}_\varepsilon} \left(G_1 \frac{\partial G_2}{\partial v} - G_2 \frac{\partial G_1}{\partial v}\right) df = 0 \tag{18}$$

ist. Zunächst ist unter Benützung von § 15, (10)

$$\oint_{\mathfrak{F}_\varepsilon} G_1 \frac{\partial G_2}{\partial v}\, df = \varepsilon \oint_{\mathfrak{F}_\varepsilon} \frac{\partial G_2}{\partial v}\, df = \varepsilon \oint_{\mathfrak{F}_\varepsilon} \frac{\partial V_2}{\partial v}\, df + \varepsilon \oint_{\mathfrak{F}_\varepsilon} \frac{\partial}{\partial v} \frac{1}{r_2}\, df = \varepsilon \oint_{\Re_2} \frac{\partial}{\partial v} \frac{1}{r_2}\, df =$$

$$= -4\pi\varepsilon \to 0$$

(man beachte, daß $\dfrac{\partial}{\partial v} \dfrac{1}{r_2}$ in dem von $\mathfrak{F}_\varepsilon$ und $\Re_2$ begrenzten Bereich regulär ist!). Für den zweiten Bestandteil gilt, wenn Max $G_2 = \mu$ auf $\mathfrak{F}_\varepsilon$ ist und wegen $\dfrac{\partial G_1}{\partial v} < 0$ auf $\mathfrak{F}_\varepsilon$

---

[1] $d\omega$ ist wie immer das Flächenelement (Raumwinkel) auf der Einheitskugel; ferner ist $r_1 = \varrho_1$ auf $\Re_1$ und $r_2 = \varrho_2$ auf $\Re_2$.
[2] Ich übergehe den Nachweis der sehr plausiblen Tatsache, daß $\mathfrak{F}_\varepsilon$ unter den angegebenen Voraussetzungen eine einfach geschlossene Fläche ist.

$$-\oint_{\mathfrak{F}_\varepsilon} G_2 \frac{\partial G_1}{\partial \nu}\, df < -\mu \oint_{\mathfrak{F}_\varepsilon} \frac{\partial G_1}{\partial \nu}\, df = 4\,\pi\,\mu \to 0,$$

weil mit $\varepsilon \to 0$ ja $\mathfrak{F}_\varepsilon$ in $\mathfrak{F}$ übergeht und daher $\lim\limits_{\varepsilon \to 0} \mu = 0$ ist. Damit ist aber die Relation (18) bewiesen und (16) gilt allgemein für jede Greensche Funktion.

4. Die Greensche Funktion für die zweite und dritte Randwertaufgabe. Versucht man, bei der zweiten Randwertaufgabe ebenso vorzugehen wie bei der ersten, so stößt man auf eine Schwierigkeit, die völlig analog ist zu der, die sich bei den gewöhnlichen Differentialgleichungen ergeben hat, wenn die homogene Randwertaufgabe eine nichttriviale Lösung hat (§ 10, 10). Auch hier hat die homogene Randwertaufgabe $\Delta U = 0$, $U = 0$ am Rand nur die triviale Lösung, aber $\Delta U = 0$, $\dfrac{\partial U}{\partial \nu} = 0$ am Rand hat die nichttriviale Lösung $U = \text{konst}$. Tatsächlich kann man die Funktion V jetzt nicht so bestimmen, daß auf $\mathfrak{F}$

$$\frac{\partial}{\partial \nu}\left(\frac{1}{r} + V\right) = 0 \tag{19}$$

gilt, denn es ist

$$\oint_{\mathfrak{F}} \frac{\partial}{\partial \nu} \frac{1}{r}\, df = -4\,\pi,$$

aber nach § 15, (10), wenn V in $\mathfrak{G}_i$ harmonisch ist,

$$\oint_{\mathfrak{F}} \frac{\partial V}{\partial \nu}\, df = 0.$$

Ersetzt man aber (19) durch die (nicht homogene) Randbedingung

$$\frac{\partial}{\partial \nu}\left(\frac{1}{r} + V\right) = C \tag{20}$$

mit einer Konstanten C und bestimmt man die Greensche Funktion, die man hier als *Greensche Funktion zweiter Art* bezeichnet, wieder durch (9), so folgt aus (7)

$$\boxed{\; U(X) = -\frac{C}{4\,\pi} \oint_{\mathfrak{F}} U\, df + \frac{1}{4\,\pi} \oint_{\mathfrak{F}} G \frac{\partial U}{\partial \nu}\, df. \;} \tag{21}$$

Der erste Ausdruck rechts ist eine Konstante, und damit haben wir ein Ergebnis, wie es auf Grund des zweiten Eindeutigkeitssatzes (§ 15, 3) gar nicht anders zu erwarten war, nämlich, daß durch die Randwerte der Normalableitung das Potential U nur bis auf eine additive Konstante bestimmt ist. Für die Konstante C ergibt sich im übrigen durch Integration von (20) über $\mathfrak{F}$ sofort der Wert $C = -4\,\pi/F$, wo F der Flächeninhalt von $\mathfrak{F}$ ist.

Die Greensche Funktion zweiter Art ist durch folgende Eigenschaften charakterisiert:

Erstens: Sie ist in $\mathfrak{G}_i$ harmonisch mit Ausnahme des Punktes $X = Y$, wo sie wie $\dfrac{1}{r}$ unendlich wird.

Zweitens: Ihre Normalableitung ist auf dem Rand $\mathfrak{F}$ konstant.

Sie ist ferner symmetrisch in X und Y, was man wie in Ziffer 3 zeigt. Der dort gegebene Zusatz zum Beweis wird hier überflüssig, da man wegen (20) annehmen muß, daß die Normalableitung auf $\mathfrak{F}$ stetige Randwerte annimmt.

Entsprechend hat man bei der *dritten Randwertaufgabe* vorzugehen. Man bestimmt $G(X, Y)$ wieder durch (9) mit der homogenen Randbedingung

$$\frac{\partial G}{\partial \nu} + h\,G = 0; \qquad (22)$$

dann geht (7) über in

$$U(X) = \frac{1}{4\pi} \oint_{\mathfrak{F}} G\left(\frac{\partial U}{\partial \nu} + h\,U\right) df = \frac{1}{4\pi} \oint G\,g\,df.$$

Hat aber die homogene Randwertaufgabe eine nichttriviale Lösung, so muß man (22) wieder durch

$$\frac{\partial G}{\partial \nu} + h\,G = C$$

mit einer geeigneten Konstanten C ersetzen, was auf eine Greensche Funktion zweiter Art führt. Über die Lösung für das Außengebiet gilt das in Ziffer 2 Gesagte; im übrigen komme ich auf diese Fragen in § 20 noch etwas ausführlicher zurück.

5. **Das ebene Problem.** Die vorstehenden Überlegungen lassen sich ohne Schwierigkeit auf den Fall der Ebene übertragen; man hat dazu lediglich von den für die Ebene geltenden Greenschen Formeln auszugehen, die sich formal aus den obigen ergeben, wenn man $\frac{1}{r}$ überall durch $\ln\frac{1}{r}$ und den Faktor $\frac{1}{4\pi}$ vor den Integralen durch $\frac{1}{2\pi}$ ersetzt. Die Greensche Funktion in der Ebene ist also

$$G(X, Y) = \ln\frac{1}{r} + V \qquad (23)$$

und wird somit für $Y \to X$ logarithmisch unendlich, was in einem gewissen Sinn einen Übergang zu dem linearen Problem bei gewöhnlichen Differentialgleichungen darstellt, wo nach § 10, 7 die Greensche Funktion $G(x, y)$ für $x = y$ stetig ist und lediglich eine Sprungstelle der ersten Ableitung hat.

Eine andere Möglichkeit, die Fragen zu diskutieren, ergibt sich jedoch hier aus dem engen Zusammenhang mit der Theorie der komplexen Funktionen, auf den ich schon wiederholt hingewiesen habe. Ich schreibe jetzt x und y statt x_1 und x_2, ξ und η statt y_1 und y_2 und verwende an Stelle der symbolischen Variablen X und Y auch die komplexen Variablen $z = x + j\,y$ und $\zeta = \xi + j\,\eta$. Dann gilt:

Bildet die eindeutige reguläre Funktion $w = f(\zeta)$ das einfach zusammenhängende Gebiet $\mathfrak{G}$ mit dem Rand $\mathfrak{C}$ der ζ-Ebene auf den Einheitskreis der w-Ebene ab und entspricht dabei dem Punkt $\zeta = z$ der Punkt $w = 0$, so ist

$$G(x, y; \xi, \eta) = -\ln|f(\zeta)| \qquad (24)$$

die Greensche Funktion des Gebietes $\mathfrak{G}$. $\mathfrak{G}$ kann dabei sowohl das Innere wie auch das Äußere von $\mathfrak{C}$ bedeuten.

In der Tat ist G wegen

$$\ln|f(\zeta)| = \Re\ln f(\zeta) \qquad (25)$$

eine in $\mathfrak{G}$ harmonische Funktion bis auf den Punkt $\zeta = z$, wo G logarithmisch unendlich wird. Ferner gilt $|f(\zeta)| \to 1$, wenn ζ gegen einen Punkt des Randes $\mathfrak{C}$ geht, also ist $G = 0$ längs $\mathfrak{C}$. Da der Bildpunkt von z in der konformen Abbildung der Mittelpunkt des Einheitskreises ist, ist z ein (innerer) Punkt von $\mathfrak{G}$. Das sind aber die charakteristischen Eigenschaften der Greenschen Funktion des Gebietes $\mathfrak{G}$.

Auch die Darstellung (23) läßt sich aus (24) unmittelbar gewinnen. Ist

$$f(\zeta) = a_1(\zeta - z) + a_2(\zeta - z)^2 + \cdots$$

die Entwicklung von $f(\zeta)$ in der Umgebung des Punktes $\zeta = z$, so folgt

$$\ln |f(\zeta)| = \ln |\zeta - z| + \ln |a_1 + a_2(\zeta - z) + \ldots|$$

und daher wegen $|\zeta - z| = r$

$$G = \ln \frac{1}{r} + V, \tag{23}$$

wo

$$V = -\ln |a_1 + a_2(\zeta - z) + \ldots| = -\Re \ln (a_1 + a_2(\zeta - z) + \ldots)$$

eine zunächst in der Umgebung von $\zeta = z$ harmonische Funktion ist; da $f(\zeta)$ außer in $\zeta = z$ in $\mathfrak{G}$ nirgends verschwindet, ist V im ganzen Gebiet $\mathfrak{G}$ harmonisch.

Da nach dem Riemannschen Abbildungssatz die Existenz der Funktion $f(\zeta)$ für jedes einfach zusammenhängende Gebiet $\mathfrak{G}$, dessen Rand aus mindestens zwei Punkten besteht, sichergestellt ist, ist damit auch die Existenz der Greenschen Funktion für alle derartigen Gebiete gezeigt.

Der eben bewiesene Satz läßt sich umkehren:

Ist G die Greensche Funktion für das einfach zusammenhängende Gebiet $\mathfrak{G}$ mit dem singulären Punkt in $z = x + j\,y$, so bildet die eindeutige reguläre Funktion

$$w = f(\zeta) = \exp(-G - j\,H), \tag{26}$$

wo H die konjugierte harmonische Funktion zu G ist, das Gebiet $\mathfrak{G}$ der ζ-Ebene konform auf den Einheitskreis der w-Ebene und den Punkt $\zeta = z$ auf den Punkt $w = 0$ ab.

In der Darstellung (23) ist V harmonisch in $\mathfrak{G}$ und daher ist ihre konjugierte harmonische Funktion in $\mathfrak{G}$ eindeutig. Die Konjugierte von $-\ln r$ ist die vieldeutige Funktion $-\varphi - 2\,k\,\pi$, aber da $\exp \zeta$ mit $2\,\pi\,j$ periodisch ist, ist die Funktion (26) eindeutig in $\mathfrak{G}$. Es folgt

$$-G - j\,H = \ln(\zeta - z) + \psi(\zeta),$$

wo $\psi(\zeta)$ in $\mathfrak{G}$ regulär ist und daher

$$f(\zeta) = (\zeta - z)\,e^{\psi(\zeta)},$$

sowie

$$f'(z) = e^{\psi(z)} \neq 0,$$

so daß die Abbildung $f(\zeta)$ im ganzen Gebiet $\mathfrak{G}$ regulär ist.

Da G in $\mathfrak{G}$ außerhalb von z kein Extremum hat und bei Näherung an z logarithmisch unendlich wird, muß $G > 0$ in $\mathfrak{G}$ sein, weil sonst G ein Minimum in $\mathfrak{G}$ hätte. Daher ist in $\mathfrak{G}$ überall $|w| = e^{-G} < 1$, am Rand $\mathfrak{C}$ von $\mathfrak{G}$ dagegen $|w| = 1$. Für $\zeta = z$ wird $|w| \to 0$, der Punkt z wird auf den Mittelpunkt des Einheitskreises abgebildet.

Die *zweite Randwertaufgabe* läßt sich in einfacher Weise auf die erste zurückführen. Sei längs $\mathfrak{C}$

$$\frac{\partial U}{\partial v} = g(s) \tag{27}$$

gegeben. Dabei ist $g(s)$ nicht völlig willkürlich, sondern muß der Bedingung § 15, (30), also

$$\oint_{\mathfrak{C}} g(s)\,ds = 0 \tag{28}$$

genügen. Ist V die zu U konjugierte Potentialfunktion, so gelten die Cauchy-Riemannschen Differentialgleichungen

$$\frac{\partial U}{\partial v} = \frac{\partial V}{\partial s}, \quad \frac{\partial U}{\partial s} = -\frac{\partial V}{\partial v}. \tag{29}$$

Sei

$$h(s) = \int_0^s g(s)\, ds \tag{30}$$

und V die Lösung der ersten Randwertaufgabe $\Delta V = 0$, $V = h(s)$ längs $\mathfrak{C}$. Man beachte dabei, daß nach (28) $h(0) = h(l) = 0$ ist, wenn l die Länge von $\mathfrak{C}$ ist. Dann ist

$$U = \int_A^X \left(\frac{\partial V}{\partial y}\, dx - \frac{\partial V}{\partial x}\, dy \right)$$

bis auf eine additive Konstante eindeutig bestimmt, und längs $\mathfrak{C}$ ist wegen der ersten Gleichung (29)

$$\frac{\partial U}{\partial v} = \frac{\partial V}{\partial s} = h'(s) = g(s).$$

Die dritte Randwertaufgabe läßt sich allerdings nicht in ähnlicher Weise erledigen.

Aufgabe.

Man zeige: Am Rand $\mathfrak{F}$ eines Bereiches $\mathfrak{B}$ ist die Normalableitung der Greenschen Funktion $G(X, Y)$ für die erste Randwertaufgabe eine harmonische Funktion von X.

§ 19. Lösung der ersten Randwertaufgabe für Kreis und Kugel. Die Sätze von Harnack.

1. Die erste Randwertaufgabe für den Kreis und das Poissonsche Integral in der Ebene. Ich benütze die Bezeichnungen von § 18, 5. $\mathfrak{G}_i$ sei das Innere des Kreises $\mathfrak{K}$, $|\zeta| = a$. Wir suchen also eine Funktion $w = f(\zeta)$, die $\mathfrak{G}_i$ auf das Innere des Einheitskreises $|w| = 1$ der w-Ebene und zugleich den Punkt $z \, \epsilon \, \mathfrak{G}_i$ auf den Punkt $w = 0$ abbildet. Aus III, § 23, Aufgabe 3 entnimmt man leicht, daß die allgemeinste Funktion, die beide Kreisgebiete aufeinander abbildet, die Gestalt

$$f(\zeta) = \frac{\alpha\, \zeta + \beta\, a}{\bar\beta\, \zeta + \bar\alpha\, a}$$

hat. Hier muß noch

$$\alpha\, z + \beta\, a = 0$$

sein, was nach einfacher Umformung, wenn man α noch als reell annimmt,

$$f(\zeta) = \frac{a}{\bar z}\, \frac{\zeta - z}{z_1 - \zeta} \tag{1}$$

gibt. Dabei ist (Abb. 47)

$$z_1 = \frac{a^2}{\bar z},$$

der dem Punkt z entsprechende Punkt bei der Spiegelung an $\mathfrak{K}$. Setzt man noch

$$z = \varrho\, e^{j\varphi}, \quad \zeta = \sigma\, e^{j\psi}, \quad |z - \zeta| = r, \quad |z_1 - \zeta| = r_1,$$

so folgt

$$|f(\zeta)| = \frac{a}{\varrho}\, \frac{r}{r_1} \tag{2}$$

und daher die Greensche Funktion für den Kreis $\mathfrak{K}$

$$G(x, y, \xi, \eta) = \ln \frac{1}{|f(\zeta)|} = \ln \frac{1}{r} + \ln \frac{\varrho\, r_1}{a} = \ln \frac{1}{r} + V. \tag{3}$$

Hier ist $V = \ln \dfrac{\varrho\, r_1}{a}$, wie man unmittelbar erkennt, im Bereich $\mathfrak{B} = \mathfrak{G}_i + \mathfrak{K}$ regulär und für $\sigma = a$ (ζ auf $\mathfrak{K}$) wird $\varrho/a = r/r_1$ (Ähnlichkeit der Dreiecke $0\, z\, \zeta$

und $0\,\zeta\,z_1$) und daher $V = -\ln\frac{1}{r}$, $G = 0$. Physikalisch kann man (3) dahin deuten, daß eine Ladung 1 in z und eine Ladung -1 in z_1 auf $\Re$ das konstante Potential $\ln\frac{a}{\varrho}$ erzeugen.

An (2) kann man leicht wieder die Symmetrie der Greenschen Funktion bestätigen. Hebe ich bei $f(\zeta)$ noch die Abhängigkeit von z hervor, indem ich $f(z, \zeta)$ schreibe, so ist (Abb. 47)

$$|f(z, \zeta)| = \frac{a}{\varrho}\frac{r}{r_1}, \qquad |f(\zeta, z)| = \frac{a}{\sigma}\frac{r}{r_2},$$

wobei $|\zeta_1 - z| = r_2$ gesetzt wurde. Setze ich noch $|z_1| = \varrho_1$, $|\zeta_1| = \left|\frac{a^2}{\bar\zeta}\right| = \sigma_1$, so ist $\sigma\,\sigma_1 = \varrho\,\varrho_1 = a^2$ und die Dreiecke $0\,z\,\zeta_1$ und $0\,\zeta\,z_1$ ähnlich, also $\sigma\,r_2 = \varrho\,r_1$ und $|f(z, \zeta)| = |f(\zeta, z)|$.

Zur Lösung der Randwertaufgabe für das Innengebiet $\mathfrak{G}_i$ verwende ich die Identität (10) von § 18, natürlich für die Ebene modifiziert, also

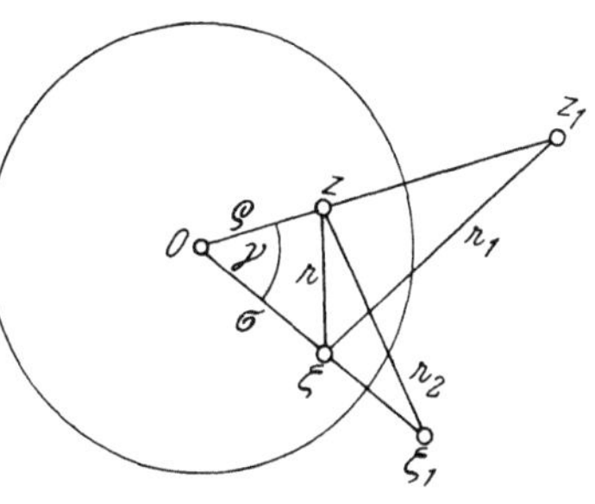

Abb. 47.

$$U(x, y) = -\frac{1}{2\pi}\oint_{\Re} U(\xi, \eta)\frac{\partial G}{\partial v}\,ds, \qquad (4)$$

wo $ds = |d\zeta| = a\,d\psi$ das Bogenelement auf $\Re$ ist. Nun ist

$$\frac{\partial G}{\partial v} = \left(\frac{\partial G}{\partial\sigma}\right)_{\sigma = a},$$

setzt man in (3) noch ($\varrho_1 = |z_1|$, $\varrho\,\varrho_1 = a^2$)

$$r^2 = \sigma^2 + \varrho^2 - 2\,\sigma\,\varrho\cos\gamma, \qquad r_1{}^2 = \sigma^2 + \varrho_1{}^2 - 2\,\sigma\,\varrho_1\cos\gamma,$$

wo $\gamma = \varphi - \psi$ der Winkel der Richtungen $\overrightarrow{0\,z}$ und $\overrightarrow{0\,\zeta}$ ist, so folgt nach einfacher Rechnung

$$\frac{\partial G}{\partial v} = \frac{1}{a}\frac{\varrho^2 - a^2}{a^2 + \varrho^2 - 2\,a\,\varrho\cos\gamma}.$$

Sind $g(\psi)$ die für $U(\xi, \eta)$ auf $\Re$ vorgeschriebenen Randwerte, so gibt (4)

$$U(\varrho, \varphi) = \frac{a^2 - \varrho^2}{2\pi}\int_0^{2\pi}\frac{g(\psi)\,d\psi}{a^2 + \varrho^2 - 2\,a\,\varrho\cos(\varphi - \psi)}. \qquad (5)$$

Das ist — bis auf die etwas geänderten Bezeichnungen — genau das in III, § 28 auf andere Weise gewonnene *Poissonsche Integral*, mit dem die erste Randwertaufgabe in der Ebene gelöst ist.

Der Nachweis, daß die durch (5) definierte Funktion U in $\mathfrak{G}_i$ harmonisch ist und die vorgeschriebenen Randwerte $g(\psi)$ wirklich annimmt, wurde bereits dort gegeben. Das erstere folgt im übrigen unmittelbar aus

$$\frac{a^2 - \varrho^2}{r^2} = \frac{a^2 - (r^2 - a^2 + 2\,a\,\varrho\cos(\varphi - \psi))}{r^2} = 2\,a\frac{a - \varrho\cos(\varphi - \psi)}{r^2} - 1 =$$

$$= -2\,a\frac{\partial}{\partial v}\ln\frac{1}{r} - 1; \qquad (6)$$

(5) ist also bis auf eine Konstante das Potential einer doppelten Belegung auf $\Re$ und somit nicht nur in $\mathfrak{G}_j$, sondern auch im Außengebiet $\mathfrak{G}_a$ von $\Re$ harmonisch und im Unendlichen regulär.

Für das *Außengebiet* $\mathfrak{G}_a$ von $\mathfrak{K}$ gilt genau dieselbe Formel (5), es ist lediglich wegen der entgegengesetzten Orientierung der Normalen rechts noch der Faktor — 1 anzubringen. Für die Funktion $f_1(z)$, die $\mathfrak{G}_a$, also $|\zeta| > a$ auf $|w| < 1$ und den Punkt $\zeta = z$ auf den Punkt $w = 0$ abbildet — natürlich ist jetzt auch $|z| > a$, d. h. $z \in \mathfrak{G}_a$ — findet man ähnlich wie oben

$$f_1(\zeta) = \frac{a}{z} \frac{\zeta - z}{z_1 - \zeta}$$

und daher $|f_1(\zeta)| = |f(\zeta)|$. Somit ist

$$U(\varrho, \varphi) = \frac{\varrho^2 - a^2}{2\pi} \int_0^{2\pi} \frac{g(\psi)\, d\psi}{a^2 + \varrho^2 - 2 a \varrho \cos(\varphi - \psi)} \tag{7}$$

die Lösung der Randwertaufgabe für das Äußere des Kreises $\mathfrak{K}$. Die dabei noch offene Frage der Randwerte ist leicht zu erledigen.

Wegen (6) gilt für das Potential (5)[1]

$$U = -\frac{1}{\pi} \oint_{\mathfrak{K}} g \frac{\partial}{\partial \nu} \ln \frac{1}{r}\, ds - \frac{1}{2\pi a} \oint_{\mathfrak{K}} g\, ds = \frac{1}{\pi} (W - C). \tag{8}$$

Dabei ist

$$W = -\oint_{\mathfrak{K}} g \frac{\partial}{\partial \nu} \ln \frac{1}{r}\, ds \tag{9}$$

das erwähnte Potential einer doppelten Belegung auf $\mathfrak{K}$ mit dem Moment $\mu = g$. Nun ist

$$\frac{\partial}{\partial \nu} \ln \frac{1}{r} = -\frac{1}{2 a},$$

wenn auch z auf $\mathfrak{K}$ liegt, und (9) gibt

$$W_0 = \frac{1}{2 a} \oint_{\mathfrak{K}} g\, ds = C.$$

Für die Randwerte W_- und W_+ von (9) bei Annäherung von innen, bzw. von außen her, folgt somit aus § 16, (32)

$$W_- = W_0 + \pi g = C + \pi g,$$

$$W_+ = W_0 - \pi g = C - \pi g$$

und daher aus (8)

$$U_- = \frac{1}{\pi} (W_- - C) = \frac{1}{\pi} (C + \pi g - C) = g$$

bzw. aus (7), d. h. jetzt

$$U = -\frac{1}{\pi} (W - C) \tag{10}$$

bei Annäherung an $\mathfrak{K}$, jetzt von außen her

$$U_+ = -\frac{1}{\pi} (W_+ - C) = -\frac{1}{\pi} (C - \pi g - C) = g. \tag{11}$$

---

[1] Dasselbe ergibt sich, wenn man (3) in der Gestalt

$$G = 2 \ln \frac{1}{r} + \left(V - \ln \frac{1}{r} \right)$$

schreibt; dann ist, wie man sofort nachrechnet,

$$\frac{\partial}{\partial \nu} \left(V - \ln \frac{1}{r} \right) = \frac{1}{a}$$

und aus (4) folgt (8).

Wegen (10) ist die Funktion (7) harmonisch in $\mathfrak{G}_a$ und wegen (11) nimmt sie die Randwerte $g(\psi)$ an, was zu beweisen war.

2. Die erste Randwertaufgabe für die Kugel. Das Poissonsche Integral im Raum. Lassen wir uns bei der Aufstellung der Greenschen Funktion für eine Kugel $\mathfrak{K}$ vom Radius a von der Analogie zwischen Newtonschem und logarithmischem Potential leiten, so entspricht (3) der Ansatz

$$G(X, Y) = \frac{1}{r} - \frac{a}{\varrho \, r_1} = \frac{1}{r} + V; \tag{12}$$

die Zeichnung entspricht der Abb. 47, wo lediglich z und ζ durch X und Y zu ersetzen sind. Wir haben zu prüfen, ob (12) tatsächlich die in § 18, 2 angegebenen Eigenschaften hat: X_1 ist der Spiegelpunkt von X an $\mathfrak{K}$; $\overline{OX_1} = \varrho_1 = \frac{a^2}{\varrho}$, $\overline{X_1Y} = r_1$ und daher ist $V = - \frac{a}{\varrho \, r_1}$ im Innengebiet $\mathfrak{G}_i$ von $\mathfrak{K}$ überall harmonisch. Für $\sigma = a$ (d. h. Y auf $\mathfrak{K}$) wird $\varrho/a = r/r_1$ (Ähnlichkeit der Dreiecke OXY und OYX_1) und daher $V = - \frac{1}{r}$, $G = 0$. Physikalisch kann man (12) jetzt so deuten, daß G das von der Ladung 1 in X und der Ladung $- \frac{a}{\varrho}$ in X_1 erzeugte Potential ist. Führt man Polarkoordinaten ein:

$$X = (\varrho, \vartheta, \varphi), \qquad Y = (\sigma, \delta, \psi),$$

so wird (Abb. 47)

$$r^2 = \varrho^2 + \sigma^2 - 2 \varrho \, \sigma \cos \gamma, \qquad r_1^2 = \varrho_1^2 + \sigma^2 - 2 \varrho_1 \, \sigma \cos \gamma,$$

wo

$$\cos \gamma = \frac{x_i \, y_i}{\varrho \sigma} = \cos \vartheta \cos \delta + \sin \vartheta \sin \delta \cos (\varphi - \psi) \tag{13}$$

ist. Es folgt

$$\frac{\partial G}{\partial \nu} = \left[\frac{\partial}{\partial \sigma} \left(\frac{1}{r} - \frac{a}{\varrho \, r_1} \right) \right]_{\sigma = a} = \frac{\varrho^2 - a^2}{a \, r^3} \tag{14}$$

mit

$$r^2 = a^2 + \varrho^2 - 2 \, a \, \varrho \cos \gamma.$$

Die Identität § 18, (10) geht also für die Kugel über in das *Poissonsche Integral im Raum*

$$U(\varrho, \vartheta, \varphi) = \frac{a^2 - \varrho^2}{4 \pi a} \oint_{\mathfrak{K}} \frac{1}{r^3} U(a, \delta, \psi) \, df. \tag{15}$$

Sind

$$g(\delta, \psi) = U(a, \delta, \psi) \tag{16}$$

die auf $\mathfrak{K}$ vorgeschriebenen stetigen Randwerte von U und setzen wir (16) in das Integral auf der rechten Seite von (15) ein, so folgt

$$\boxed{U(\varrho, \vartheta, \varphi) = \frac{a^2 - \varrho^2}{4 \pi a} \oint_{\mathfrak{K}} \frac{1}{r^3} g(\delta, \psi) \, df,} \tag{17}$$

was der Gleichung (11) von § 18 entspricht. (17) wird die Lösung der Randwertaufgabe sein, wenn die schon dort gestellten Fragen positiv beantwortet sind. Die erste dieser Fragen ist bereits durch unsere Feststellungen über die Funktion (12) erledigt: G ist harmonisch in $\mathfrak{G}_i$ bis auf den Punkt $X = Y$, in dem G unendlich wird, und verschwindet auf $\mathfrak{K}$. Es bleibt also noch zu zeigen, daß die durch (17) definierte Funktion $U(\varrho, \vartheta, \varphi)$ in $\mathfrak{G}_i$ harmonisch ist und die vorgeschriebenen Randwerte (16) auch wirklich annimmt, d. h. daß

$$\lim_{X \to Y_0} U(\varrho, \vartheta, \varphi) = g(\delta_0, \psi_0) \tag{18}$$

für einen beliebigen, aber fest auf $\Re$ gewählten Punkt $Y_0 = (a, \delta_0, \psi_0)$ gilt. Zunächst ist

$$\frac{a^2 - \varrho^2}{r^3} = -\frac{1}{r} + 2\,a\,\frac{a - \varrho\cos\gamma}{r^3} = -\frac{1}{r} - 2\,a\,\frac{\partial}{\partial\nu}\,\frac{1}{r}; \tag{19}$$

U ist also *die Summe der Potentiale einer einfachen und einer doppelten Belegung auf $\Re$ mit stetigen Dichten und daher $\Delta U = 0$, d. h. U harmonisch in $\mathfrak{G}_i$, mit Ausnahme von $X = Y$.

Es bleibt also nur noch (16) nachzuweisen. (15) gilt für jede in $\mathfrak{G}_i$ harmonische Funktion U, also insbesondere auch für $U \equiv 1$ und gibt dann

$$1 = \frac{a^2 - \varrho^2}{4\,\pi\,a} \oint\limits_{\Re} \frac{df}{r^3} \tag{20}$$

(was auch direkt unmittelbar nachzurechnen ist). Ich multipliziere (20) mit $g(\delta_0, \psi_0)$ und subtrahiere von (17):

$$U(\varrho, \vartheta, \varphi) - g(\delta_0, \psi_0) = \frac{a^2 - \varrho^2}{4\,\pi\,a} \oint\limits_{\Re} \frac{1}{r^3}\,[g(\delta, \psi) - g(\delta_0, \psi_0)]\,df.$$

Sei $\mathfrak{S}$ die Kugelschale mit dem Mittelpunkt Y_0, die auf $\Re$ von einem Kegel mit dem Öffnungswinkel $4\,\alpha$ ausgeschnitten wird. Ist dann $\varepsilon > 0$ gegeben, so kann man α wegen der Stetigkeit von g so klein wählen, daß auf $\mathfrak{S}$

$$|g(\delta, \psi) - g(\delta_0, \psi_0)| < \frac{\varepsilon}{2}$$

wird. Dann ist wegen (20)

$$\left| \frac{a^2 - \varrho^2}{4\,\pi\,a} \int\limits_{\mathfrak{S}} \frac{g(\delta, \psi) - g(\delta_0, \psi_0)}{r^3}\,df \right| < \frac{\varepsilon}{2}\,\frac{a^2 - \varrho^2}{4\,\pi\,a} \oint\limits_{\Re} \frac{df}{r^3} = \frac{\varepsilon}{2}. \tag{21}$$

Ich nehme an, X liege bereits in dem Kegel mit dem Öffnungswinkel $2\,\alpha$, der zum obigen $\mathfrak{S}$ ausschneidenden Kegel koaxial ist, und Y auf $\Re - \mathfrak{S}$. Dann ist

$$\cos\gamma \leqq \cos\alpha, \quad r^2 \geqq \varrho^2 + a^2 - 2\,a\,\varrho\cos\alpha.$$

Sei noch auf $\Re - \mathfrak{S}$

$$r_0 = \mathrm{Min}\,r, \quad |g(\delta, \psi)| < A;$$

dann ist

$$\left| \frac{a^2 - \varrho^2}{4\,\pi\,a} \int\limits_{\Re - \mathfrak{S}} \frac{g(\delta, \psi) - g(\delta_0, \psi_0)}{r^3}\,df \right| < \frac{a^2 - \varrho^2}{4\,\pi\,a}\,\frac{2\,A}{r_0^3}\,4\,\pi\,a^2 < \frac{\varepsilon}{2}, \tag{22}$$

wenn nur $a - \varrho$ hinreichend klein ist. (21) und (22) geben zusammen

$$|U(\varrho, \vartheta, \varphi) - g(\delta_0, \psi_0)| < \varepsilon$$

in einer gewissen Umgebung von Y_0 innerhalb und auf der Kugel $\Re$, womit (18) bewiesen ist. *Somit ist (17) die Lösung der ersten Randwertaufgabe für das Innere der Kugel $\Re$.*

U ist, wie wir schon festgestellt haben, die Summe einer einfachen und einer doppelten Belegung auf $\Re$; die letztere hat die Dichte

$$\mu = \frac{1}{2\,\pi}\,g(\delta, \psi).$$

Nach den Sätzen von § 16 ist also

$$U_+ - U_- = -4\,\pi\,\mu = -2\,g(\delta, \psi);$$

ich habe eben gezeigt, daß

$$U_- = g(\delta, \psi)$$

ist, so daß (17) bei Annäherung an $\Re$ *von außen her* die Randwerte

$$U_+ = - g(\delta, \psi) \tag{23}$$

annimmt. Kehren wir also in (17) rechts das Vorzeichen um, so stellt

$$\boxed{U(\varrho, \vartheta, \varphi) = \frac{\varrho^2 - a^2}{4\,\pi\,a} \oint_{\Re} \frac{1}{r^3}\, g(\delta, \psi)\, df} \tag{24}$$

die Lösung der Randwertaufgabe für das Außengebiet $\mathfrak{G}_a$ von $\Re$ dar, denn U ist harmonisch — auch für $X = \infty$, wie man sofort überlegt — und nimmt wegen (22) die Randwerte $g(\delta, \psi)$ an.

Damit ist die erste Randwertaufgabe für Kreis und Kugel, für das Innen- wie für das Außengebiet erledigt. Die folgenden Ausführungen knüpfen an die für jede harmonische Funktion gültige Darstellung (15) durch das Poissonsche Integral an, aus der sich eine Reihe wichtiger Eigenschaften harmonischer Funktionen ableiten lassen, die weitere Illustrationen zu der Analogie von harmonischen Funktionen von zwei und drei Variablen sind. Damit ist auch schon gesagt, daß ich mich im folgenden zumindest vorwiegend mit den harmonischen Funktionen im Raum beschäftigen will; sie sind für uns die interessanteren, weil über harmonische Funktionen in der Ebene in III, (§ 24, 6 und § 28) schon einiges gesagt wurde und sich weiteres unmittelbar aus dem Zusammenhang mit den regulären Funktionen einer komplexen Variablen ergibt. Im übrigen gelten alle im folgenden hergeleiteten Sätze fast wörtlich auch für die harmonischen Funktionen von zwei Variablen[1].

3. Die Sätze von Harnack.

S a t z I : *Sei $\mathfrak{B}$ ein beschränkter, abgeschlossener Bereich und $\{U_\nu(X)\}$ eine Folge von in $\mathfrak{B}$ harmonischen Funktionen. Konvergiert die Reihe*

$$\sum_{\nu=0}^{\infty} U_\nu(X) \tag{25}$$

gleichmäßig auf dem Rand $\mathfrak{F}$ von $\mathfrak{B}$, so konvergiert sie auch gleichmäßig im ganzen Bereich $\mathfrak{B}$ und ihre Summe ist eine in $\mathfrak{B}$ harmonische Funktion $U(X)$. Die Reihe kann in jedem ganz in $\mathfrak{B}$ enthaltenen Gebiet $\mathfrak{G}$ beliebig oft gliedweise differenziert werden; eine so erhaltene Reihe konvergiert gleichmäßig in $\mathfrak{G}$ und ihre Summe ist die entsprechende Ableitung von $U(X)$.

Sei zum Beweis Y ein beliebiger Punkt von $\mathfrak{F}$. Dann gibt es laut Voraussetzung zu jedem $\varepsilon > 0$ eine nur von ε, aber nicht von Y abhängige natürliche Zahl n, so daß für jede natürliche Zahl p

$$|U_{n+1}(Y) + \dots + U_{n+p}(Y)| < \varepsilon$$

ist. Die endliche Summe

$$U_{n+1}(X) + \dots + U_{n+p}(X)$$

ist in $\mathfrak{B}$ harmonisch und ihre Werte auf $\mathfrak{F}$ liegen zwischen $-\varepsilon$ und ε. Nach dem Satz von § 15, 5 über die Extrema harmonischer Funktionen kann eine in $\mathfrak{B}$ harmonische Funktion ihre Extrema nur auf dem Rand $\mathfrak{F}$ von $\mathfrak{B}$ annehmen; also ist in ganz $\mathfrak{B}$

$$|U_{n+1}(X) + \dots + U_{n+p}(X)| < \varepsilon,$$

d. h. die Reihe (25) *konvergiert in $\mathfrak{B}$ gleichmäßig*. Die Funktion $U(X)$ ist als Summe

---

[1] Die Beweise der folgenden Sätze sind fast durchwegs aus der Darstellung von Kellog, LV. 29, übernommen.

einer gleichmäßig konvergenten Reihe stetiger Funktionen in $\mathfrak{B}$ jedenfalls auch

stetig. Ich zeige, daß sie in $\mathfrak{B}$ harmonisch ist. Sei $\overset{0}{X}$ ein beliebiger Punkt *im*

Innern von $\mathfrak{B}$ (also in $\mathfrak{G} = \mathfrak{B} - \mathfrak{F}$) und $\mathfrak{K}$ eine Kugel um $\overset{0}{X}$ mit dem Radius a, die ganz in $\mathfrak{B}$ liegt. Dann ist nach (15)

$$U_n(X) = \frac{a^2 - \varrho^2}{4\pi a} \oint_{\mathfrak{K}} \frac{1}{r^3} U_n(Y)\, df,$$

wo Y jetzt ein Punkt auf $\mathfrak{K}$ und $\varrho = \overline{X\overset{0}{X}}$ ist. Da (25) in $\mathfrak{B}$ und daher auch auf $\mathfrak{K}$ gleichmäßig konvergiert, gilt dies auch für die Reihe

$$\sum_{n=0}^{\infty} \frac{a^2 - \varrho^2}{r^3} U_n(Y);$$

wir dürfen daher gliedweise integrieren und erhalten

$$U(X) = \frac{a^2 - \varrho^2}{4\pi a} \oint_{\mathfrak{K}} \frac{1}{r^3} \sum_{n=0}^{\infty} U_n(Y)\, df$$

oder

$$U(X) = \frac{a^2 - \varrho^2}{4\pi a} \oint_{\mathfrak{K}} \frac{1}{r^3} U(Y)\, df, \tag{26}$$

wo

$$U(Y) = \sum_{n=0}^{\infty} U_n(Y).$$

der Wert von $U(X)$ im Punkt Y auf $\mathfrak{K}$ ist. $U(X)$ ist also im Innern von $\mathfrak{K}$ durch

das Poissonsche Integral (26) dargestellt und, da $\overset{0}{X}$ ein beliebiger Punkt von $\mathfrak{G}$ war, in $\mathfrak{B}$ selbst *harmonisch.* Der Beweis des letzten Teils des Satzes, der sich auf die Ableitungen bezieht, beruht auf einer Anwendung der vorstehenden Überlegungen auf die Funktionen $\partial_i U$ und bietet keinerlei Schwierigkeiten. Der Satz 1 wird auch als *erster Konvergenzsatz von* HARNACK bezeichnet.

Sei nun U eine in und auf einer Kugel $\mathfrak{K}$ mit dem Mittelpunkt $\overset{0}{X}$ harmonische Funktion, die nicht ihr Vorzeichen wechselt, also entweder nicht negativ oder nicht positiv ist. Dann gibt es zu jedem X einen Mittelwert r_0 von r, so daß

$$U(X) = \frac{a^2 - \varrho^2}{4\pi a\, r_0^3} \oint_{\mathfrak{K}} U(Y)\, df = \frac{a\,(a^2 - \varrho^2)}{r_0^3} U(\overset{0}{X})$$

ist, vgl. § 15, (25). Bei festem ϱ ist sicher

$$a - \varrho \leqq r_0 \leqq a + \varrho$$

und daher, wenn $U(X) \geqq 0$ ist,

$$\boxed{\frac{a\,(a - \varrho)}{(a + \varrho)^2} U(\overset{0}{X}) \leqq U(X) \leqq \frac{a\,(a + \varrho)}{(a - \varrho)^2} U(\overset{0}{X}),} \tag{27}$$

die *Harnacksche Ungleichung.* Ist $U(X) \leqq 0$, so kehren sich in (27) die beiden Ungleichheitszeichen um.

Allgemeiner ist

Satz 2: *Sei* $U(X) \geqq 0$ *und harmonisch in dem Gebiet* $\mathfrak{G}$, $\mathfrak{B}_0$ *ein beschränkter,*

abgeschlossener Teilbereich von $\mathfrak{G}$ *und* $\overset{0}{X}$ *ein Punkt von* $\mathfrak{B}_0$. *Dann gibt es zwei positive*

Konstante c und C, die nur von $\mathfrak{G}$ und $\mathfrak{B}_0$ abhängen, so daß in $\mathfrak{B}_0$

$$\boxed{c\, U(\overset{0}{X}) \leqq U(X) \leqq C\, U(\overset{0}{X})} \tag{28}$$

gilt.

Sei zum Beweis $4a$ das Minimum der Abstände der Punkte von $\mathfrak{B}_0$ vom Rand $\mathfrak{F}$ von $\mathfrak{G}$. Da $\mathfrak{B}_0$ aus lauter inneren Punkten von $\mathfrak{G}$ besteht, ist $4a > 0$. Wir umgeben jeden Punkt von $\mathfrak{B}_0$ mit einer Kugel vom Radius a. Nach dem Borelschen Überdeckungssatz[1] überdeckt eine endliche Anzahl dieser Kugeln den ganzen Bereich $\mathfrak{B}_0$. Wir fügen zu diesen endlich vielen Kugeln — falls noch nicht vorhanden — die eine Kugel mit dem Mittelpunkt $\overset{0}{X}$ hinzu und bezeichnen die sich so ergebende Menge von Kugeln mit $\varSigma$. U ist harmonisch und $\geqq 0$ in einer Kugel um $\overset{0}{X}$ vom Radius $4\,a$; ersetzen wir daher in (27) a durch $4\,a$ und ϱ durch $2\,a$, so folgt, daß auf und in einer Kugel $\mathfrak{K}_0$ um $\overset{0}{X}$ vom Radius $2\,a$

$$\frac{2}{9}\, U(\overset{0}{X}) \leqq U(X) \leqq 6\, U(\overset{0}{X}) \tag{29}$$

ist. In $\mathfrak{K}_0$ gibt es mindestens eine Kugel von $\varSigma$ mit einem Mittelpunkt $\overset{1}{X} \neq \overset{0}{X}$. U ist harmonisch und $\geqq 0$ in einer Kugel vom Radius $4\,a$ um $\overset{1}{X}$ und daher gilt (27) für diese Kugel; da aber der Wert von $U(\overset{1}{X})$ durch (29) eingeschränkt ist, folgt für eine Kugel $\mathfrak{K}_1$ vom Radius $2\,a$ um $\overset{1}{X}$

$$\left(\frac{2}{9}\right)^2 U(\overset{0}{X}) \leqq U(X) \leqq 6^2\, U(\overset{0}{X}).$$

Ist n die Anzahl der Kugeln von $\varSigma$, so kommen wir nach höchstens n Schritten zu einer Kugel, die einen beliebig gewählten Punkt von $\mathfrak{B}_0$ enthält, d. h. es gilt für jeden Punkt X von $\mathfrak{B}_0$

$$\left(\frac{2}{9}\right)^n U(\overset{0}{X}) \leqq U(X) \leqq 6^n\, U(\overset{0}{X}),$$

womit Satz 2 mit den Werten $c = \left(\dfrac{2}{9}\right)^n$ und $C = 6^n$ bewiesen ist.

Daraus folgt sofort der *zweite Konvergenzsatz von* HARNACK:

Satz 3: *Ist $\{U_\nu(X)\}$ eine nicht fallende[2] Folge von in einem Gebiet $\mathfrak{G}$ harmonischen Funktionen, die für einen Punkt $\overset{0}{X}$ von $\mathfrak{G}$ beschränkt ist, so konvergiert sie in jedem beschränkten, abgeschlossenen Teilbereich $\mathfrak{B}_0$ von $\mathfrak{G}$ gegen eine in $\mathfrak{G}$ harmonische Funktion.*

Da eine beschränkte monotone Folge immer konvergent ist (I, 2, § 3, 3; I, 1, § 3, 3) und da nach Satz 2 für $X \in \mathfrak{B}_0$ (und $\overset{0}{X} \in \mathfrak{B}_0$, was immer zu erreichen ist)

$$c\, [U_{n+p}(\overset{0}{X}) - U_n(\overset{0}{X})] \leqq U_{n+p}(X) - U_n(X) \leqq C\, [U_{n+p}(\overset{0}{X}) - U_n(\overset{0}{X})]$$

gilt, folgt zunächst die gleichmäßige Konvergenz von $\{U_\nu(X)\}$ in $\mathfrak{B}_0$ und weiter aus Satz 1, daß die Grenzfunktion in $\mathfrak{B}_0$ harmonisch ist. Aber da $\mathfrak{B}_0$ ein beliebiger abgeschlossener Teilbereich von $\mathfrak{G}$ ist, ist die Grenzfunktion harmonisch im ganzen Gebiet $\mathfrak{G}$.

---

[1] Vergleiche III, § 21, 5, wo der Satz für die ebene Punktmenge bewiesen ist. Die Übertragung auf den Raum liegt auf der Hand.

[2] Das heißt, daß $U_n(X) \leqq U_{n+1}(X)$ ist für jeden Punkt X von $\mathfrak{G}$.

Ein entsprechender Satz gilt für Reihen nicht negativer harmonischer Funktionen.

4. Entwicklungen nach Kugelfunktionen. Ich knüpfe wieder an das Poissonsche Integral

$$U(\varrho,\vartheta,\varphi) = \frac{a^2 - \varrho^2}{4\,\pi\,a} \oint_{\Re} \frac{1}{r^3}\, U(a,\delta,\psi)\, df \tag{15}$$

mit

$$r^2 = a^2 + \varrho^2 - 2\,a\,\varrho\cos\gamma, \qquad \varrho^2 = \overline{OX^2} = x_i\,x_i$$

und

$$\cos\gamma = \frac{x_i\,y_i}{\varrho\,a} = \cos\vartheta\cos\delta + \sin\vartheta\sin\delta\cos(\varphi-\psi)$$

an. Nach (19) ist

$$\frac{a^2 - \varrho^2}{r^3} = -\frac{1}{r} - 2\,a\,\frac{\partial}{\partial\nu}\frac{1}{r} \tag{30}$$

und nach § 14, (26)

$$\frac{1}{r} = \sum_{n=0}^{\infty} P_n(x)\,\frac{\varrho^n}{\sigma^{n+1}}, \qquad x = \cos\gamma; \tag{31}$$

diese Reihe konvergiert für $\varrho < \sigma$. Nun ist

$$\frac{\partial}{\partial\nu}\frac{1}{r} = \left(\frac{\partial}{\partial\sigma}\frac{1}{r}\right)_{\sigma=a}$$

und somit

$$\frac{\partial}{\partial\nu}\frac{1}{r} = -\frac{1}{a^2}\sum_{\nu=0}^{\infty} (\nu+1)\,P_\nu(x)\,\frac{\varrho^\nu}{a^\nu}. \tag{32}$$

Damit wird (30)

$$\frac{a^2 - \varrho^2}{r^3} = \frac{1}{a}\sum_{\nu=0}^{\infty} (2\,\nu+1)\,P_\nu(x)\,\frac{\varrho^\nu}{a^\nu}; $$

die Reihe rechts konvergiert gleichmäßig für $\varrho \leq \lambda\,a$, $0 < \lambda < 1$. Damit wird aus (15) durch gliedweise Integration

$$U(\varrho,\vartheta,\varphi) = \frac{1}{4\,\pi\,a^2}\sum_{\nu=0}^{\infty} (2\,\nu+1)\,\frac{\varrho^\nu}{a^\nu}\oint_{\Re} U(a,\delta,\psi)\,P_\nu(x)\,df, \tag{33}$$

eine Entwicklung einer beliebigen harmonischen Funktion U nach ganzen rationalen zonalen Kugelfunktionen $\varrho^\nu P_\nu(x)$, konvergent für $\varrho < a$, und bestimmt durch die Randwerte von U auf der Kugel vom Radius a. Auf die Frage der Konvergenz auf dem Rand $\Re$ selbst komme ich in Ziffer 5 zurück.

Setzt man in (33)

$$U = H_n(\varrho,\vartheta,\varphi) = \varrho^n\,S_n(\vartheta,\varphi),$$

wo S_n die Kugelflächenfunktion der Ordnung n ist, so folgt

$$\varrho^n\,S_n(\vartheta,\varphi) = \frac{a^n}{4\,\pi}\sum_{\nu=0}^{\infty} (2\,\nu+1)\,\frac{\varrho^\nu}{a^\nu}\oint S_n(\delta,\psi)\,P_\nu(x)\,d\omega,$$

wo $d\omega$ wie immer das Flächenelement (Raumwinkel) auf der Einheitskugel ist. Diese Relation ist eine Identität in ϱ und daher gibt der Vergleich der Potenzen von ϱ auf beiden Seiten

$$\oint S_n(\delta,\psi)\,P_\nu(x)\,d\omega = 0, \qquad \nu \neq n \tag{34}$$

und

$$S_n(\vartheta,\varphi) = \frac{2\,n+1}{4\,\pi}\oint S_n(\delta,\psi)\,P_n(x)\,d\omega. \tag{35}$$

(34) ist die Orthogonalität der Kugelflächenfunktionen (vgl. Aufgabe 4) für den Sonderfall, daß eine der beiden Kugelflächenfunktionen eine zonale ist. Nennt man die durch die Winkel ϑ und φ bestimmte Gerade durch den Kugelmittelpunkt die *Achse* der zonalen Kugelfunktion $P_n(x) = P_n(\cos \gamma)$, so gibt (35) den

S a t z 4: *Das Integral des Produktes einer Kugelflächenfunktion mit der zonalen Kugelfunktion gleicher Ordnung n, erstreckt über die Einheitskugel, gibt den mit $4\pi/(2n+1)$ multiplizierten Wert der Kugelflächenfunktion auf der Achse der zonalen Kugelfunktion.*

Ist also eine Funktion U harmonisch in der Umgebung $\mathfrak{U}$ des Ursprunges, so daß eine in $\mathfrak{U}$ gleichmäßig konvergente Entwicklung

$$U = \sum_{n=0}^{\infty} S_n \, \varrho^n$$

nach Kugelflächenfunktionen S_ν existiert, so bekommt man die Koeffizienten durch Multiplikation beider Seiten mit $P_\nu(x)$ und Integration über eine ganz in $\mathfrak{U}$ enthaltene Kugel $\mathfrak{K}$. Das Resultat ist dann gerade die Entwicklung (33), wo a der Radius von $\mathfrak{K}$ ist.

Ich nehme nun an, die Funktion U in (33) besitzt eine zylindrische Symmetrie um irgendeine Gerade. Machen wir diese zur Achse des verwendeten Polarkoordinatensystems, so hängt U von φ nicht ab, und wir können im Integral $\varphi = 0$ setzen. Das gibt

$$U(\varrho, \vartheta) = \frac{1}{4\pi a^2} \sum_{\nu=0}^{\infty} (2\nu + 1) \frac{\varrho^\nu}{a^\nu} \oint_{\mathfrak{K}} U(a, \delta) \, P_\nu(x) \, df \tag{36}$$

und an Stelle von (13)

$$x = \cos \gamma = \cos \vartheta \cos \delta + \sin \vartheta \sin \delta \cos \psi. \tag{37}$$

An Stelle von (36) können wir

$$U(\varrho, \vartheta) = \frac{1}{4\pi} \sum_{\nu=0}^{\infty} (2\nu + 1) \frac{\varrho^\nu}{a^\nu} \int_0^\pi U(a, \delta) \sin \delta \, d\delta \int_0^{2\pi} P_\nu(x) \, d\psi \tag{38}$$

schreiben. Nun ist

$$J = \int_0^{2\pi} P_\nu(x) \, d\psi = \int_0^{2\pi} P_\nu(\cos \vartheta \cos \delta + \sin \vartheta \sin \delta \cos \psi) \, d\psi$$

ein Polynom ν-ter Ordnung in $\cos \vartheta$, weil das Integral über jede ungerade Potenz von $\cos \psi$ verschwindet und somit nur gerade Potenzen von $\sin \vartheta$ vorkommen. Daher ist

$$J = \sum_{\mu=0}^{\nu} \varphi_\mu(\delta) \, P_\mu(\cos \vartheta)$$

und weiter, da (37) bei Vertauschung von ϑ und δ ungeändert bleibt, auch

$$J = \sum_{\mu=0}^{\nu} c_\mu P_\mu(\cos \delta) \, P_\mu(\cos \vartheta)$$

mit konstanten c_μ. Setzt man $\delta = 0$, so folgt wegen $x = \cos \vartheta$

$$J = \int_0^{2\pi} P_\nu(\cos \vartheta) \, d\psi = 2\pi \, P_\nu(\cos \vartheta)$$

und daher $c_0 = c_1 = \ldots = c_{\nu-1} = 0$, $c_\nu = 2\,\pi$. Aus (38) folgt also

$$U(\varrho, \vartheta) = \frac{1}{2} \sum_{\nu=0}^{\infty} (2\,\nu + 1)\, \frac{\varrho^\nu}{a^\nu}\, P_\nu(\cos\vartheta) \int_0^\pi U(a, \delta)\, P_\nu(\cos\delta)\, \sin\delta\, d\delta$$

oder

$$U(\varrho, \vartheta) = \sum_{\nu=0}^{\infty} c_\nu\, P_\nu(\cos\vartheta)\, \varrho^\nu \tag{39}$$

mit

$$c_\nu = \frac{2\,\nu + 1}{2\,a^\nu} \int_{-1}^{1} U(a, \arccos x)\, P_\nu(x)\, dx. \tag{40}$$

Das gibt

Satz 5: *Jede für $\varrho \leq a$ harmonische Funktion $U(\varrho, \vartheta)$ läßt sich in eine für $\varrho \leq \lambda\,a$, $0 < \lambda < 1$, gleichmäßig konvergente Reihe Legendrescher Polynome entwickeln.*

Für $\vartheta = 0$ gibt (39)

$$U(\varrho, 0) = \sum_{\nu=0}^{\infty} c_\nu\, \varrho^\nu$$

mit denselben Ausdrücken (40) für die Koeffizienten c_ν und daher

Satz 6: *Jede in der Umgebung eines Punktes harmonische und um eine Achse durch diesen Punkt symmetrische Funktion ist eindeutig bestimmt durch ihre Werte längs der Achse.*

Sei weiter

$$f(\varrho) = \sum_{\nu=0}^{\infty} c_\nu\, \varrho^\nu$$

eine beliebige für $|\varrho| < a$ und daher insbesondere für $\varrho = \lambda\,a$, $0 < \lambda < 1$, konvergente Potenzreihe. Dann ist

$$|c_\nu(\lambda\,a)^\nu| \leq B$$

beschränkt und aus

$$|P_\nu(x)| \leq 1 \quad \text{für} \quad |x| \leq 1$$

folgt, daß die für $\varrho < \lambda\,a$ und daher für $\varrho \leq \lambda^2\,a$ konvergente Reihe

$$\sum_{\nu=0}^{\infty} B\left(\frac{\varrho}{\lambda\,a}\right)^\nu$$

eine Majorante der Reihe

$$U = \sum_{\nu=0}^{\infty} c_\nu\, P_\nu(x)\, \varrho^\nu$$

ist. Daraus und aus Satz 5 folgt

Satz 7: *Ist $f(\varrho)$ in eine für $\varrho < a$ konvergente Potenzreihe entwickelbar, so existiert eine und nur eine für $\varrho < a$ harmonische und um die Achse $\vartheta = 0$ symmetrische Funktion $U(\varrho, \vartheta)$, für die*

$$U(\varrho, 0) = f(\varrho) \quad \text{und} \quad U(\varrho, \pi) = f(-\varrho)$$

ist.

5. Konvergenz auf der Kugel. Schreibt man in (33) $g(\delta, \psi)$ statt $U(a, \delta, \psi)$, also

$$U(\varrho, \vartheta, \varphi) = \frac{1}{4\,\pi\,a^2} \sum_{\nu=0}^{\infty} (2\,\nu + 1)\, \frac{\varrho^\nu}{a^\nu} \oint_{\Re} g(\delta, \psi)\, P_\nu(x)\, df, \tag{41}$$

so sind, wenn g auf $\Re$ stetig ist, die Integrale beschränkt und die Reihe rechts konvergiert für $\varrho \leq \lambda a$, $0 < \lambda < 1$ gleichmäßig gegen die durch das Poissonsche Integral (17) definierte und im Innern von $\Re$ harmonische Funktion U, die bei Näherung an den Rand $\Re$ gemäß (18) die Randwerte $g(\vartheta, \varphi)$ annimmt. Die Frage ist aber noch offen, ob die Reihe (41) für $\varrho = a$ konvergiert; ich habe für den Fall der Ebene schon in III, §28,3 gezeigt, daß die Stetigkeit der Funktion $f(\varphi)$, durch welche dort die Randwerte vorgeschrieben waren, nicht genügt, sondern daß $f(\varphi)$ in eine konvergente Fourierreihe entwickelbar sein muß. Ich zeige, daß (41) für $\varrho = a$ konvergiert, wenn $g(\vartheta, \varphi)$ auf $\Re$ *stetig differenzierbar* ist (was bei einer Funktion von einer Veränderlichen für die Entwickelbarkeit in eine Fourierreihe ebenfalls hinreicht).

Die n-te Teilsumme der Reihe (41) ist für $\varrho = a$

$$s_n(\vartheta, \varphi) = \frac{1}{4\pi} \int\limits_0^\pi \sin \delta \, d\delta \int\limits_0^{2\pi} g(\delta, \psi) \sum_{\nu=0}^n (2\nu + 1) \, P_\nu(x) \, d\psi$$

oder wegen § 11, (34)

$$s_n(\vartheta, \varphi) = \frac{1}{4\pi} \int\limits_0^\pi \sin \delta \, d\delta \int\limits_0^{2\pi} g(\delta, \psi) \, [P_n'(x) + P_{n+1}'(x)] \, d\psi. \tag{42}$$

Ich lege das Koordinatensystem auf $\Re$ so, daß der Punkt auf $\Re$, in dem wir die Konvergenz untersuchen wollen, der Pol $\vartheta = 0$ wird. Dann wird

$$x = \cos \gamma = \cos \delta$$

und wenn ich noch mit

$$G(x) = \frac{1}{2\pi} \int\limits_0^{2\pi} g(\delta, \psi) \, d\psi, \qquad x = \cos \delta$$

den Mittelwert von g auf dem Kreis $\delta = $ konst. bezeichne, so folgt aus (42)

$$s_n(0, \varphi) = \frac{1}{2} \int\limits_{-1}^1 G(x) \, [P_n'(x) + P_{n+1}'(x)] \, dx. \tag{43}$$

Ist auf $\Re$

$$\left| \frac{\partial g}{\partial \delta} \right| \leq B, \qquad \left| \frac{\partial g}{\partial \psi} \right| \leq B,$$

so ist auch

$$\left| \frac{dG}{d\delta} \right| = \frac{1}{2\pi} \left| \int\limits_0^{2\pi} \frac{\partial g}{\partial \delta} \, d\psi \right| \leq B$$

und

$$|G'(x)| = \left| \frac{\dfrac{dG}{d\delta}}{\dfrac{dx}{d\delta}} \right| \leq \frac{B}{\sqrt{1 - x^2}}.$$

Partielle Integration von (43) gibt wegen $P_{n+1}(-1) = -P_n(-1)$, $P_{n+1}(1) = P_n(1) = 1$, $G(1) = g(0, \varphi)$,

$$s_n(0, \varphi) = g(0, \varphi) - \frac{1}{2} \int\limits_{-1}^1 G'(x) \, P_n(x) \, dx - \frac{1}{2} \int\limits_{-1}^1 G'(x) \, P_{n+1}(x) \, dx. \tag{44}$$

Wenn ich noch zeige, daß die beiden Integrale für $n \to \infty$ verschwinden, ist die Behauptung bewiesen. Es genügt natürlich, den Nachweis für das erste zu führen. Mit $0 < \alpha < 1$ folgt

$$\left| \int_{-1}^{1} G'(x)\, P_n(x)\, dx \right| \leqq \frac{B}{\sqrt{1-\alpha^2}} \int_{-\alpha}^{\alpha} |P_n(x)|\, dx + B \int_{-1}^{-\alpha} \frac{dx}{\sqrt{1-x^2}} + B \int_{\alpha}^{1} \frac{dx}{\sqrt{1-x^2}}.$$

Nun ist

$$\int_{-1}^{1} |P_n(x)|\, dx \leqq \frac{2}{\sqrt{2\,n+1}},$$

was man mit Hilfe der Schwarzschen Ungleichung § 4, (12) für $f = P_n$, $g = 1$ und der Relation § 11, (15) sofort bestätigt, und daher

$$\left| \int_{-1}^{1} G'(x)\, P_n(x)\, dx \right| \leqq \frac{2\,B}{\sqrt{1-\alpha^2}\,\sqrt{2\,n+1}} + 2\,B \arccos \alpha.$$

Ist $\varepsilon > 0$ gegeben, so können wir α so nahe an 1 und n so groß wählen, daß jeder der beiden Summanden $< \dfrac{\varepsilon}{2}$ wird. Aus (44) folgt also

$$\lim_{n \to \infty} s_n(0, \varphi) = g(0, \varphi)$$

und daher auch allgemein

$$\lim_{n \to \infty} s_n(\vartheta, \varphi) = g(\vartheta, \varphi),$$

und zwar gleichmäßig für alle Punkte von $\Re$. Es folgt

Satz 8: *Jede auf der Einheitskugel $\Re$ stetig differenzierbare Funktion $g(\vartheta, \varphi)$ ist in eine auf $\Re$ gleichmäßig konvergente Reihe von Kugelflächenfunktionen entwickelbar.*

Ist g unabhängig von φ und schreiben wir $g(\vartheta, \varphi) = f(x)$, $x = \cos \vartheta$, so folgt aus (41)

$$f(x) = \frac{1}{2} \sum_{\nu=0}^{\infty} (2\,\nu + 1) \int_{-1}^{1} f(y)\, P_\nu(y)\, dy \tag{45}$$

und somit

Satz 9: *Jede in $[-1, 1]$ stetig differenzierbare Funktion ist in eine in $[-1, 1]$ gleichmäßig konvergente Reihe von Legendreschen Polynomen entwickelbar.*

6. Harmonische Fortsetzung. Die vorstehenden Überlegungen zeigen — was auch schon aus den §§ 14 und 15 hervorgeht — daß sich eine Funktion $U(X)$, die in der Umgebung eines Punktes $\overset{0}{X}$ harmonisch ist, in eine Reihe entwickeln läßt, die im Innern einer gewissen Kugel $\Re_0$ um $\overset{0}{X}$ konvergiert und in verschiedener Gestalt geschrieben werden kann: Die Glieder sind entweder ganz rationale räumliche Kugelfunktionen, wodurch die Reihe als Potenzreihe erscheint, oder sie haben, was im Grunde natürlich auf dasselbe hinauskommt, die Gestalt $\varrho^\nu S_\nu(\vartheta, \varphi)$ mit den Kugelflächenfunktionen S_ν. Damit kommen wir aber zu genau demselben Tatbestand, der uns in Band III zum Begriff der analytischen Fortsetzung regulärer Funktionen einer komplexen Veränderlichen und, in engstem Zusammenhang damit, zum Begriff der harmonischen Fortsetzung der harmonischen Funktionen von zwei Variablen geführt hat. Wenn nämlich $\overset{1}{X}$ ein von $\overset{0}{X}$ verschiedener Punkt im Innern von $\Re_0$ ist, so kann man $U(X)$ jedenfalls auch in eine Reihe mit dem Mittelpunkt $\overset{1}{X}$ entwickeln, die in einer Kugel $\Re_1$

um $\overset{1}{X}$ konvergiert, und nun *kann* es sein, daß $\mathfrak{K}_1$ über $\mathfrak{K}_0$ hinausragt. Damit ist zunächst die nur für das Innere von $\mathfrak{K}_0$ durch die Reihenentwicklung erklärte Funktion $U(X)$ in das nicht zu $\mathfrak{K}_0$ gehörige Gebiet von $\mathfrak{K}_1$ *harmonisch fortgesetzt*.

Die folgenden Sätze enthalten die wichtigsten Aussagen über diesen Begriff für die harmonischen Funktionen von drei Veränderlichen, sie zeigen wieder die starke Analogie mit den entsprechenden Sätzen in der Ebene, bzw. für reguläre komplexe Funktionen.

Satz 10: *Ist U harmonisch in einem Gebiet $\mathfrak{G}$ und verschwindet U in allen Punkten eines Teilgebietes $\mathfrak{G}_1 \subset \mathfrak{G}$, so ist $U \equiv 0$ in $\mathfrak{G}$.*

Sei zum Beweis $\mathfrak{M}$ die Menge aller Punkte von $\mathfrak{G}$, deren jeder eine Umgebung besitzt, in welcher $U = 0$ ist. $\mathfrak{M}$ ist jedenfalls eine offene Menge (d. h. $\mathfrak{M}$ besteht nur aus inneren Punkten), und es ist $\mathfrak{G}_1 \subset \mathfrak{M}$. Der Satz 10 besagt dann: $\mathfrak{M} \equiv \mathfrak{G}$. Wäre das nicht der Fall, so hätte $\mathfrak{M}$ einen Randpunkt $\overset{0}{X} \in \mathfrak{G}$. In jeder Umgebung von $\overset{0}{X}$ gibt es Punkte von $\mathfrak{M}$; sei $\overset{1}{X}$ einer von ihnen und $\mathfrak{K}_1$ eine Kugel um $\overset{1}{X}$, die $\overset{0}{X}$ im Innern enthält und ganz in $\mathfrak{G}$ liegt. Dann ist U harmonisch im Innern von $\mathfrak{K}_1$ und daher in eine Reihe (33) von Kugelfunktionen entwickelbar, die in $\mathfrak{K}_1$ konvergiert. Die Koeffizienten von $(\varrho/a)^\nu$ in dieser Entwicklung sind die Kugelflächenfunktionen

$$S_\nu(\vartheta, \varphi) = \frac{1}{4\pi} \oint\limits_{\mathfrak{K}} U(a, \delta, \psi)\, P_\nu(x)\, d\omega$$

(vom Faktor $2\nu + 1$ abgesehen), die wegen der Eindeutigkeit der Entwicklung vom Radius a von $\mathfrak{K}$ unabhängig sein müssen. Wir können also, da $\overset{1}{X}$ innerer Punkt von $\mathfrak{M}$ ist, a so klein wählen, daß $U(a, \delta, \psi) \equiv 0$ ist auf $\mathfrak{K}$. Daher ist $U \equiv 0$ in $\mathfrak{K}_1$, also auch $U(\overset{0}{X}) = 0$ entgegen der Annahme, daß $\overset{0}{X}$ Randpunkt von $\mathfrak{M}$ ist. Also ist richtig $\mathfrak{M} \equiv \mathfrak{G}$, was zu beweisen war.

Eine unmittelbare Folge ist

Satz 11: *Eine in einem Gebiet $\mathfrak{G}$ harmonische Funktion U ist eindeutig bestimmt durch ihre Werte in einem beliebigen Teilgebiet $\mathfrak{G}_1 \subset \mathfrak{G}$.*

Denn sind U_1 und U_2 zwei in $\mathfrak{G}$ harmonische Funktionen mit $U_1 = U_2$ in $\mathfrak{G}_1$, so ist $U_1 - U_2 = 0$ in $\mathfrak{G}_1$ und daher $U_1 - U_2 \equiv 0$ in $\mathfrak{G}$.

Satz 12: *Sind $\mathfrak{G}_1$ und $\mathfrak{G}_2$ zwei Gebiete mit nicht leerem Durchschnitt $\mathfrak{G}_{12}$, ist U_1 harmonisch in $\mathfrak{G}_1$, U_2 harmonisch in $\mathfrak{G}_2$, und $U_1 = U_2$ in $\mathfrak{G}_{12}$, so definieren U_1 und U_2 eine einzige, im Gebiet $\mathfrak{G} = \mathfrak{G}_1 + \mathfrak{G}_2$ harmonische Funktion U. U_2 heißt dann harmonische Fortsetzung von U_1 in den Bereich $\mathfrak{G}_2 - \mathfrak{G}_{12}$, und U_1 harmonische Fortsetzung von U_2 in den Bereich $\mathfrak{G}_1 - \mathfrak{G}_{12}$.*

Jeder Punkt $\overset{0}{X}$ von $\mathfrak{G}_{12}$ ist innerer Punkt sowohl von $\mathfrak{G}_1$ wie von $\mathfrak{G}_2$. Es gibt also eine Kugel $\mathfrak{K}$ um $\overset{0}{X}$, die zur Gänze sowohl in $\mathfrak{G}_1$ wie in $\mathfrak{G}_2$ liegt. Definiert man $U \equiv U_1$ in $\mathfrak{G}_1$ und $U \equiv U_2$ in $\mathfrak{G}_2$, so ist U in $\mathfrak{G}$ eindeutig bestimmt durch ihre Werte in $\mathfrak{G}_{12}$ und daher harmonisch in $\mathfrak{G}$ nach Satz 11.

Ein sehr allgemeiner Satz über die harmonische Fortsetzung ist der folgende

Satz 13: *Es seien $\mathfrak{G}_1$ und $\mathfrak{G}_2$, zwei Gebiete ohne gemeinsame Punkte, deren Ränder aber ein gemeinsames isoliertes glattes Flächenstück $\mathfrak{F}_{12}$ enthalten, ferner U_1 harmonisch in $\mathfrak{G}_1$ und U_2 harmonisch in $\mathfrak{G}_2$. Haben dann U_1 und U_2 samt ihren ersten Ableitungen stetige Grenzwerte auf $\mathfrak{F}_{12}$, und stimmen die*

Grenzwerte von U_1 und U_2 und ihre im gleichen Sinn genommenen Normalableitungen auf $\mathfrak{F}_{12}$ überein, so ist U_2 die harmonische Fortsetzung von U_1 und umgekehrt. U_1 und U_2 bilden eine einzige harmonische Funktion im Gebiet $\mathfrak{G}$, das aus $\mathfrak{G}_1$, $\mathfrak{G}_2$ und den Innenpunkten von $\mathfrak{F}_{12}$ besteht.

Mit der Eigenschaft „*isoliert*" von $\mathfrak{F}_{12}$ ist gemeint, daß zu jedem Punkt von $\mathfrak{F}_{12}$ eine Umgebung gehört, in der keine nicht zu $\mathfrak{F}_{12}$ gehörigen Randpunkte von $\mathfrak{G}_1$ oder $\mathfrak{G}_2$ liegen.

Sei $\overset{0}{X}$ ein Punkt von $\mathfrak{F}_{12}$ und $\mathfrak{K}$ eine Kugel um $\overset{0}{X}$, deren innere Punkte alle entweder zu $\mathfrak{G}_1$ oder zu $\mathfrak{G}_2$ oder zu $\mathfrak{F}_{12}$ gehören. Das Innere von $\mathfrak{K}$ wird durch

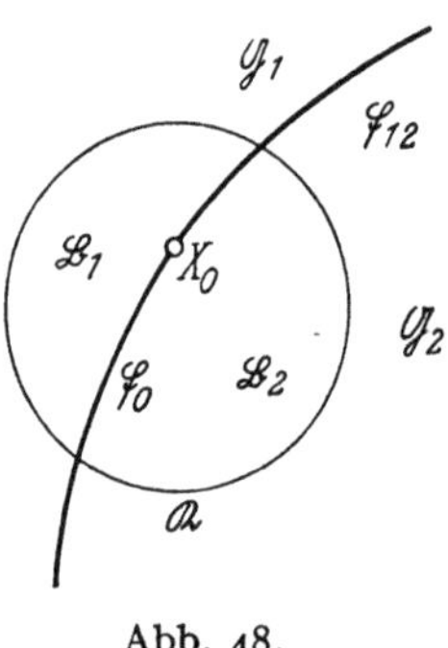

$\mathfrak{F}_{12}$ in zwei Gebiete zerlegt, die wir durch Hinzunahme der Ränder $\mathfrak{F}_1$ und $\mathfrak{F}_2$ zu abgeschlossenen Bereichen $\mathfrak{B}_1$ und $\mathfrak{B}_2$ ergänzen (Abb. 48); $\mathfrak{F}_1$ und $\mathfrak{F}_2$ haben den von $\mathfrak{K}$ ausgeschnittenen Teil $\mathfrak{F}_0$ von $\mathfrak{F}_{12}$ gemeinsam. Ist X ein innerer Punkt von $\mathfrak{B}_1$, so folgt aus § 15, (23)

$$U(X) = \frac{1}{4\pi} \oint_{\mathfrak{F}_1} \left(\frac{1}{r} \frac{\partial U}{\partial v} - U \frac{\partial}{\partial v} \frac{1}{r} \right) df$$

und aus § 15, (14), weil X äußerer Punkt von $\mathfrak{B}_2$ ist,

$$0 = \frac{1}{4\pi} \oint_{\mathfrak{F}_2} \left(\frac{1}{r} \frac{\partial U}{\partial v} - U \frac{\partial}{\partial v} \frac{1}{r} \right) df.$$

Abb. 48.

Addiert man diese beiden Gleichungen, so heben einander rechts die über $\mathfrak{F}_0$ erstreckten Integrale auf, weil die Normalableitungen in entgegengesetztem Sinn zu nehmen sind und daher nach Voraussetzung entgegengesetzt gleich sind. Also bleibt

$$U(X) = \frac{1}{4\pi} \oint_{\mathfrak{K}} \left(\frac{1}{r} \frac{\partial U}{\partial v} - U \frac{\partial}{\partial v} \frac{1}{r} \right) df,$$

genau dieselbe Formel definiert U in $\mathfrak{B}_2$, so daß U im ganzen Innern von $\mathfrak{K}$ harmonisch ist. Die Funktion U, die $\equiv U_1$ in $\mathfrak{G}_1$, $\equiv U_2$ in $\mathfrak{G}_2$ und gleich den gemeinsamen Grenzwerten längs $\mathfrak{F}_{12}$ ist, ist also nach Satz 12 harmonisch in $\mathfrak{G}_1 + \mathfrak{G}_2 + \mathfrak{F}_0$ und, da $\overset{0}{X}$ ein beliebiger innerer Punkt von $\mathfrak{F}_{12}$ war, harmonisch im ganzen Gebiet $\mathfrak{G}$.

Eine einfache Folgerung ist

Satz 14: *Ist U harmonisch in einem abgeschlossenen Bereich $\mathfrak{B}$ und enthält der Rand von $\mathfrak{B}$ ein glattes Flächenstück $\mathfrak{F}_1$, auf dem U und $\dfrac{\partial U}{\partial v}$ verschwinden, so ist $U \equiv 0$ in $\mathfrak{B}$.*

Denn nach Satz 13 ist 0 eine harmonische Fortsetzung von U; nach Satz 10 ist $U \equiv 0$ im Innern von $\mathfrak{B}$ und aus Stetigkeitsgründen auch auf dem ganzen Rand.

Der Radius a der Kugel $\mathfrak{K}$, in deren Innern die Entwicklung (33) konvergiert, ist — bei festgehaltenem Mittelpunkt — innerhalb gewisser Grenzen willkürlich wählbar. Er kann offenbar solange vergrößert werden, als U im Innern von $\mathfrak{K}$ harmonisch ist und auf $\mathfrak{K}$ stetige Grenzwerte $U(a, \delta, \psi)$ annimmt. Ist das bei einem bestimmten Wert von a nicht der Fall, d. h. ist in mindestens einem Punkt von $\mathfrak{K}$ die Funktion $U(a, \delta, \psi)$ entweder unstetig oder überhaupt nicht definiert, so ist eine weitere Vergrößerung von $\mathfrak{K}$ offenbar unmöglich, weil sonst ein singulärer Punkt der Funktion $U(\varrho, \vartheta, \varphi)$ ins Innere von $\mathfrak{K}$ gelangen würde. Dabei nennt man einen Punkt $\overset{1}{X}$ einen *singulären Punkt* einer harmonischen Funktion U, wenn U in $\overset{1}{X}$ nicht harmonisch ist, aber in jeder Umgebung von $\overset{1}{X}$ Punkte existieren, in denen U harmonisch ist. Ich komme darauf in der nächsten Ziffer noch zurück. Nennt man die größte Kugel $\mathfrak{K}$, in deren Innern die Entwicklung (33) konvergiert, die (zum Mittelpunkt $\overset{0}{X}$ und zur Funktion U gehörige) *Konvergenzkugel*, so gilt, genau wie in der Ebene,

Satz 15: *Auf dem Rand der Konvergenzkugel liegt mindestens ein singulärer Punkt der durch die betreffende Entwicklung dargestellten harmonischen Funktion.*

Liegen auf $\mathfrak{K}$ die singulären Punkte nicht überall dicht, d. h. gibt es auf $\mathfrak{K}$ einen Bereich $\mathfrak{F}_1$, in dem U harmonisch ist, so läßt sich U über $\mathfrak{F}_1$ hinaus harmonisch fortsetzen. Kommt man derart zu einer ganzen Kette von Entwicklungen (33), deren Konvergenzkugeln jeweils innere Punkte gemeinsam haben, so kann es vorkommen, daß eine dieser Kugeln mit der ersten ein Gebiet gemeinsam hat, in dem die Funktionswerte U keineswegs mit den ursprünglichen Ausgangswerten übereinstimmen müssen. Man kommt auf diese Art zum Problem der *mehrdeutigen harmonischen* Funktion, völlig entsprechend den Überlegungen von III, § 26, 2. Ich muß es mir aber versagen, darauf weiter einzugehen; alle harmonischen Funktionen seien so wie bisher auch weiterhin stets als eindeutig angenommen.

7. Singuläre Punkte harmonischer Funktionen. Was ein singulärer Punkt einer harmonischen Funktion ist, habe ich bereits am Schluß von Ziffer 6 erklärt. Offenbar sind alle Quellpunkte singuläre Punkte der von ihnen erzeugten Newtonschen Potentiale und wir haben uns in § 16 mit dem Fall der Flächen- und räumlichen Belegungen ziemlich ausführlich beschäftigt. Dagegen kennen wir bisher nur einen einzigen Fall eines *isolierten singulären Punktes*, in dessen Umgebung die Funktion überall harmonisch ist, nämlich $U = 1/r$ (bzw. $U = -\ln r$ in der Ebene), aber wir werden gleich sehen, daß das nicht der einzige Fall isolierter Singularitäten ist.

Die Untersuchung solcher Punkte weist, wie nicht anders zu erwarten, wieder eine starke Analogie mit der Diskussion der Laurentschen Reihe in III, § 25, 7 auf. Wir legen das Koordinatensystem so, daß der isolierte singuläre Punkt der Ursprung O wird. $\mathfrak{K}_1$ und $\mathfrak{K}_2$ seien zwei Kugeln mit den Radien a_1 und $a_2 > a_1$ um O, die beide im Regularitätsgebiet der Funktion U liegen. Dann gibt die dritte Greensche Formel § 15, (23), angewendet auf den Hohlkugelbereich zwischen $\mathfrak{K}_1$ und $\mathfrak{K}_2$,

$$U(X) = \frac{1}{4\pi} \oint_{\mathfrak{K}_2} \left(\frac{1}{r} \frac{\partial U}{\partial v} - U \frac{\partial}{\partial v} \frac{1}{r} \right) df + \frac{1}{4\pi} \oint_{\mathfrak{K}_1} \left(\frac{1}{r} \frac{\partial U}{\partial v} - U \frac{\partial}{\partial v} \frac{1}{r} \right) df. \quad (46)$$

Das erste Integral ist im Innern von $\mathfrak{K}_2$ harmonisch, das zweite im Äußern von $\mathfrak{K}_1$, wobei a_1 beliebig klein sein kann, und kann daher in eine Reihe nach Potenzen von $1/\varrho$ entwickelt werden, so daß (46) in der Gestalt

$$U(X) = V(X) + \sum_{\nu=0}^{\infty} S_\nu(\vartheta, \varphi)\, \varrho^{-\nu-1} \quad (47)$$

geschrieben werden kann, wo $V(X)$ im Innern von $\mathfrak{K}_2$ harmonisch ist. Ich nehme zunächst an, daß $|\varrho^\alpha U(X)|$ für ein gewisses $\alpha \geq 0$ in $\mathfrak{K}_2$ *beschränkt* ist, schreibe in (47) Y, δ, ψ, statt X, ϑ, φ, multipliziere mit $\varrho^\alpha P_n(x)$, $x = \cos\gamma$, und integriere über die Kugel $\mathfrak{K}$ vom Radius $\varrho < a_2$. Das gibt wegen (34) und (35)

$$\oint_{\mathfrak{K}} \varrho^\alpha U(Y) P_n(x)\, d\omega = \varrho^\alpha \oint_{\mathfrak{K}} V(Y) P_n(x)\, d\omega + \frac{4\pi}{2n+1} S_n(\vartheta, \varphi)\, \varrho^{\alpha-n-1}.$$

Die beiden Integrale links und rechts sind beschränkt und daher auch der letzte Ausdruck rechts. Ist also $\alpha - n - 1 < 0$, so muß

$$S_n(\vartheta, \varphi) \equiv 0$$

sein. Denn wäre $S_n(\vartheta_0, \varphi_0) \neq 0$, so könnte man ϱ so klein wählen, daß der Ausdruck beliebig groß wird. Somit gilt

Satz 16: *Sei $U(X)$ harmonisch in einer Umgebung $\mathfrak{U}(O)$ mit Ausnahme von O selbst. Gibt es dann eine Konstante $\alpha \geq 0$, so daß $|\varrho^\alpha U(X)|$ beschränkt ist in einer Umgebung $\mathfrak{U}_1(O) \subset \mathfrak{U}$, so ist die Funktion U in $\mathfrak{U}_1$, mit Ausnahme des Punktes O selbst, in der Gestalt*

$$U(X) = V(X) + \sum_{\nu=0}^{[\alpha]-1} S_\nu(\vartheta, \varphi)\, \varrho^{-\nu-1}$$

darstellbar.

Die Singularität von $U(X)$ ist also das Analogon zu einem Pol der regulären komplexen Funktion. Im Fall $\alpha = 0$ folgt

Satz 17: *(Satz von* SCHWARZ*). Eine isolierte Singularität einer beschränkten harmonischen Funktion ist hebbar.*

Dieser Satz ist das Analogon zum Satz von RIEMANN in III, § 24, 7.

Sei nun $U \geq 0$ in $\mathfrak{R}_2$. Da auch $1 + P_n(x) \geq 0$ ist, folgt aus (47) für alle $0 < \varrho < a_2$

$$\oint_{\mathfrak{R}} U(Y)\, [1 + P_n(x)]\, d\omega =$$

$$\oint_{\mathfrak{R}} V(Y)\, [1 + P_n(x)]\, d\omega + \frac{c}{\varrho} + \frac{4\pi}{2n+1}\, S_n(\vartheta, \varphi)\, \varrho^{-n-1} \geq 0, \qquad (48)$$

daraus folgt für alle $n \geq 1$, wo $c = 4\pi S_0$ gesetzt ist,

$$S_n(\vartheta, \varphi) \equiv 0. \qquad (49)$$

Denn da $S_n(\vartheta, \varphi)$ für $n \geq 1$ auf der Einheitskugel zu jeder Konstanten orthogonal, also

$$\oint S_n(\vartheta, \varphi)\, d\omega = 0$$

ist, muß S_n, wenn sie nicht identisch verschwindet, das Vorzeichen auf der Kugel wechseln. Sei etwa $S_n(\vartheta_0, \varphi_0) < 0$, dann können wir ϱ so klein nehmen, daß in (48) das letzte negative Glied den Ausschlag gegenüber den vorhergehenden gibt, woraus aber unmittelbar ein Widerspruch zu (48) folgt. Ersetzen wir in dieser Überlegung U einmal durch $U + C$, einmal durch $C - U$ mit einer beliebigen Konstanten C, so folgt

Satz 18: *Ist $U(X)$ in der Umgebung $\mathfrak{U}$ einer isolierten singulären Stelle $\overset{0}{X}$ entweder nach unten oder nach oben beschränkt, so ist in $\mathfrak{U}$*

$$U(X) = V(X) + \frac{c}{\varrho},$$

wo V harmonisch in $\mathfrak{U}$ einschließlich $\overset{0}{X}$ ist.

Ohne Beweis führe ich noch an

Satz 19: *Ist die stückweise glatte Kurve $\mathfrak{C}$ eine isolierte singuläre Kurve der harmonischen Funktion U und ist U beschränkt in einem $\mathfrak{C}$ enthaltenden Gebiet, so ist die Singularität von U auf $\mathfrak{C}$ hebbar.*

Alle diese Sätze (mit Ausnahme von Satz 19) gelten mit den entsprechenden Änderungen auch in der Ebene und lassen sich ebenso beweisen. Was schließlich das Verhalten im unendlich fernen Punkt betrifft, so bekommt man durch die Inversion darüber vollen Aufschluß. Aus Satz 17 folgt, daß

$$\lim_{\varrho \to \infty} U = c$$

in der Ebene und

$$U = \mathrm{o}\left(\frac{1}{\varrho}\right)$$

im Raum *für die Regularität im Unendlichen bereits hinreichend ist*, die Bedingungen $\partial_i U = \mathrm{o}\left(\frac{1}{\varrho^2}\right)$ sind eine Folge davon.

8. Niveaulinien und Niveauflächen. Ich erinnere daran, daß die Menge aller Punkte, die einer Gleichung

$$U(X) = U_0,$$

U_0 konstant, genügen, in der Ebene eine *Niveaulinie*, im Raum eine *Niveaufläche* der harmonischen Funktion $U(X)$ heißt. Eine einfache Aussage über den Verlauf dieser Kurven und Flächen im großen ist die folgende: *Es gibt keine einfachen geschlossenen Niveaulinien $\mathfrak{C}$ und Niveauflächen $\mathfrak{F}$, in deren Innerem die Funktion U, sofern sie nicht konstant ist, überall harmonisch ist.* Denn zu der Randwertaufgabe $U = U_0$ auf $\mathfrak{C}$ oder $\mathfrak{F}$ gehört die Lösung $U \equiv U_0$ im Innern, und sie ist nach den Eindeutigkeitssätzen die einzige. Die Niveaulinien und -flächen müssen also entweder ins Unendliche laufen oder sie enden auf irgendwelchen Punkten (Quellpunkten).

Ich beschränke mich im folgenden darauf, diese Kurven und Flächen im kleinen, d. h. in der Umgebung eines ihrer Punkte zu untersuchen, und beginne mit dem Fall der Ebene. Sei $\overset{0}{X}$ eine Lösung von $U(X) = U_0$ und zunächst $\partial_\alpha U \neq \mathrm{o}$, etwa $\partial_2 U \neq \mathrm{o}$ in $\overset{0}{X}$. Dann läßt sich die Gleichung $U = U_0$ in der Umgebung von $\overset{0}{X}$ eindeutig auflösen: $x_2 = f(x_1)$, wo $f(x_1)$ eine eindeutige differenzierbare Funktion von x_1 ist; in der Umgebung von $\overset{0}{X}$ ist die Niveaulinie $\mathfrak{C}$ eine glatte Kurve.

Ist aber $\partial_\alpha U = \mathrm{o}$ in $\overset{0}{X}$, so ist $\overset{0}{X}$ ein singulärer Punkt im Sinn von II, 2, § 8, 3 (II, 1, § 13, 3) der Niveaulinie $\mathfrak{C}$. Physikalisch bedeutet $\partial_\alpha U = \mathrm{o}$ das Verschwinden des Feldvektors. Ist dieser, von einem konstanten Faktor abgesehen, eine Kraft, so herrscht im Punkt $\overset{0}{X}$ Gleichgewicht. Ich nehme an, daß in $\overset{0}{X}$ alle Ableitungen bis einschließlich der Ordnung $n - 1$ verschwinden, während mindestens eine n-te Ableitung von Null verschieden ist ($n \geq 2$); dann verschwinden in der Entwicklung III, § 28, 3 alle Koeffizienten von $\varrho, \varrho^2, \ldots, \varrho^{n-1}$, so daß

$$U = U_0 + \sum_{\nu=n}^{\infty} \varrho^\nu (a_\nu \cos \nu\,\varphi + b_\nu \sin \nu\,\varphi)$$

bleibt, wo $(a_n, b_n) \neq (\mathrm{o}, \mathrm{o})$ ist. Die Gleichung $U = U_0$ geht damit über in

$$H(\varrho, \varphi) = a_n \cos n\,\varphi + b_n \sin n\,\varphi + \varrho\,(\ldots) = \mathrm{o}, \tag{50}$$

was für $\varrho = \mathrm{o}$, also im Punkt $\overset{0}{X}$, in

$$a_n \cos n\,\varphi + b_n \sin n\varphi = \mathrm{o} \tag{51}$$

übergeht. Ist φ_0 eine Lösung dieser Gleichung, so sind

$$\varphi_k = \varphi_0 + \frac{k\,\pi}{n}, \quad k = \mathrm{o}, \mathrm{1}, \ldots, n - \mathrm{1}$$

alle; d. h. (51) hat n Lösungen, die den gestreckten Winkel $\varphi_0 \leqq \varphi < \varphi_0 + \pi$ in n gleiche Teile teilen. Die Ableitung

$$\frac{\partial H}{\partial \varphi} = n(-a_n \sin n\,\varphi + b_n \cos n\,\varphi) + \varrho(\ldots)$$

kann für $\varrho = 0$, $\varphi = \varphi_0$ nicht verschwinden. Denn dann wäre neben (51) auch

$$-a_n \sin n\,\varphi + b_n \cos n\,\varphi = 0,$$

also $a_n^2 + b_n^2 = 0$ in Widerspruch zur Voraussetzung $(a_n, b_n) \neq (0, 0)$. Es gibt also eine und nur eine in der Umgebung von $\varrho = 0$ stetig differenzierbare Funktion $\varphi = \varphi_0(\varrho)$, die für $\varrho = 0$ den Wert φ_0 annimmt und die Gleichung $H(\varrho, \varphi) = 0$ identisch erfüllt. Im ganzen gibt es, entsprechend den n Werten φ_k, n derartige Funktionen $\varphi = \varphi_k(\varrho)$. Die Kurven mit diesen Gleichungen sind Zweige der Niveaulinie $\mathfrak{C}$ im Punkt $\overset{0}{X}$. Es folgt also, daß *die Niveaulinien glatte Kurven sind, deren einzige Singularitäten mehrfache Punkte sind, in denen eine endliche Zahl von Zweigen einander unter gleichen Winkeln schneiden.*

Entsprechendes gilt im Raum, nur wird hier naturgemäß die Diskussion der Singularitäten verwickelter. Sei wieder $\overset{0}{X}$ eine Lösung von $U = \overset{0}{U}$ und $\delta_i U \neq 0$ in $\overset{0}{X}$. In der Entwicklung nach ganzen rationalen Kugelfunktionen

$$U(X) - U_0 = H_1(X) + H_2(X) + \ldots \tag{52}$$

ist dann H_1 nicht identisch Null. Legen wir das Koordinatensystem so, daß die Ebene $H_1 = 0$ die Ebene $x_3 = 0$ wird, so ist $\partial_3 U \neq 0$, $U = \overset{0}{U}$ habe die Lösung $(0, 0, 0)$ und daher gibt es eine in der Umgebung von $(0, 0)$ stetig differenzierbare Funktion $x_3 = f(x_1, x_2)$, die die Gleichung $U = \overset{0}{U}$ in der Umgebung von $\overset{0}{X}$ identisch erfüllt. Die Niveaufläche ist also hier eine glatte Fläche.

Sei also jetzt $\partial_i U = 0$ in $\overset{0}{X}$. Versteht man analog wie bei Kurven unter einem singulären Punkt einer Fläche einen Punkt, in dem die Tangentenebene nicht eindeutig bestimmt ist, so sind die Punkte $\overset{0}{X}$ mit $\partial_i U = 0$ singuläre Punkte der Niveaufläche $U = U_0$. Solche singuläre Punkte können isoliert sein, wie z. B. $U = x_1^2 + x_2^2 - 2\,x_3^2$, $\overset{0}{X} = 0$. Es kann auch singuläre Kurven geben, z. B. sind für $U = x_1\,x_2$ alle Punkte der 3-Achse singulär. Es kann aber keine singulären Flächen geben. Denn wäre $\mathfrak{F}$ eine solche und $\mathfrak{C}$ eine beliebige glatte Kurve auf $\mathfrak{F}$ mit der Bogenlänge s, so wäre $\dfrac{\partial U}{\partial s} = 0$ längs $\mathfrak{C}$ und daher U konstant auf $\mathfrak{F}$. Somit würde $U - U_0$ und $\dfrac{\partial}{\partial v}(U - U_0)$ auf $\mathfrak{F}$ verschwinden und U wäre nach Satz 14 von Ziffer 6 konstant.

Ich verlege das Koordinatensystem so, daß $\overset{0}{X} = O$ der Ursprung wird. Dann ist $H_1(X) \equiv 0$ in (52); ich nehme an, $H_n(x)$ wäre das erste nicht identisch verschwindende Glied in (52), $n \geqq 2$. Dann definiert die Gleichung $H_n(X) = 0$ einen Kegel $\mathfrak{K}$ n-ter Ordnung mit Scheitel O. Dabei kann das Polynom $H_n(X)$ reduzibel sein, d. h. in eine (endliche) Anzahl rationaler Faktoren zerfallen, unter welchen auch lineare Faktoren vorkommen können. Der Kegel $H_n = 0$ zerfällt dann in eine endliche Anzahl algebraischer Kegel mit dem Scheitel O, unter welchen auch Ebenen vorkommen können. Kein Faktor kann aber zweimal (d. h. quadratisch) vorkommen, denn auf dem entsprechenden Teilkegel würde H_n und $\partial_i H_n = 0$ sein, also wäre, wieder nach dem Satz (14), $H_n(X) \equiv 0$. Der Kegel $\mathfrak{K}$

stellt in der Umgebung von O in erster Annäherung die Niveaufläche $U = U_0$ dar. Enthält er ebene Teile, so heißt das, daß die Niveaufläche ein glattes Flächenstück durch O enthält, dessen Tangentenebene der ebene Teil von $\Re$ ist. Aber das ist sicher nicht der allgemeine Fall, wie überhaupt $H_n(X)$ im allgemeinen nicht reduzibel ist. Im Fall $n = 2$ ist $H_2(X) = 0$ ein Kegel zweiter Ordnung, von dem man noch zeigen kann, daß er ein orthogonales Dreibein von Erzeugenden enthält. Dieser Kegel kann in zwei Ebenen zerfallen (vgl. II, 2 § 18, 5; II, 1, § 28, 5), die aufeinander senkrecht stehen, deren Schnittgerade Tangente an eine singuläre Kurve auf der Niveaufläche ist. Zerfällt $H_n(X)$ in n Linearfaktoren, so besteht $\Re$ aus n Ebenen; gehen diese alle durch eine Gerade, so schließen sie gleiche Winkel π/n miteinander ein. Aber die Niveaufläche muß in diesem Fall in der Umgebung von O keineswegs aus n verschiedenen glatten Flächen (Blättern) bestehen, die diese Ebenen zu Tangentenebenen haben.

Aufgaben.

1. Wie lautet die Potentialfunktion, die auf der oberen Hälfte des Umfangs des Einheitskreises den Wert $+ \pi$, auf der unteren Hälfte den Wert $- \pi$ annimmt?

2. X sei ein Punkt im Inneren eines Kreises $\Re$ vom Radius a. Legt man auf $\Re$ einen Bogen der Länge χ fest, und zieht man von dessen Endpunkten P_1 und P_2 die Sehnen durch X, so liegt zwischen den beiden anderen Endpunkten Q_1 und Q_2 dieser Sehnen ein Kreisbogen der Länge ω.

a) Man zeige: das Poissonsche Integral kann in der Gestalt $U(\varrho, \varphi) = \dfrac{1}{2\,\pi} \displaystyle\int\limits_0^{2\pi} g(\psi)\, d\omega$ geschrieben werden.

b) Es sei $\Delta U = 0$ im Inneren von $\Re$ und $g = 1$ längs des Bogens χ, außerhalb $g = 0$ auf $\Re$. Man ermittle die Kurven $U = $ konst.

3. Man leite die Poissonsche Formel für den Halbraum $z > 0$ her.

4. Man zeige, daß zwei räumliche Kugelfunktionen verschiedener Ordnung auf jeder konzentrischen Kugel um den Ursprung orthogonal sind.

§ 20. Die Existenzsätze.

Die Frage, ob die in § 18, 1 formulierten Randwertprobleme der Potentialtheorie Lösungen besitzen, habe ich bisher nur für einige Sonderfälle beantwortet. Die erste Randwertaufgabe für Kreis und Kugel ist durch die Poissonschen Integrale (§ 19, 1 und 2) erledigt. Für die erste — und andeutungsweise auch für die zweite — Randwertaufgabe in der Ebene und für einfach zusammenhängende Gebiete habe ich die Existenz der Greenschen Funktion in § 18, 5 auf Grund funktionentheoretischer Überlegungen mit Hilfe des Riemannschen Abbildungssatzes zeigen können. Durch die Eindeutigkeitssätze von § 15, 3 ist lediglich gezeigt, daß die Randwertprobleme *höchstens eine* Lösung haben können. Die allgemeine Frage nach der Existenz von Lösungen ist also noch offen. Ich werde sie im folgenden durch Zurückführung der Randwertaufgaben auf Integralgleichungen beantworten, allerdings unter ziemlich einschränkenden Voraussetzungen über den Rand des betrachteten Gebietes.

1. Zurückführung auf Integralgleichungen. Ich behandle im folgenden die Randwertaufgaben für den Raum; das Verfahren ist ohneweiters mit den entsprechenden selbstverständlichen Änderungen auf die Ebene übertragbar. Auf die Unterschiede, die sich da und dort zeigen, werde ich, wo es nötig ist, kurz eingehen. Der Einfachheit wegen nehme ich zunächst an, daß das betrachtete Gebiet einfach zusammenhängend ist und daß der Rand $\mathfrak{F}$ eine geschlossene und *stetig gekrümmte* Fläche ist, was im wesentlichen darauf hinausläuft, daß $\mathfrak{F}$

in der Umgebung jedes ihrer Punkte bei Einführung geeigneter Koordinaten in der Gestalt $x_3 = f(x_1, x_2)$ mit einer eindeutigen und zweimal stetig differenzierbaren Funktion $f(x_1, x_2)$ darstellbar ist.

Ich beginne mit der *ersten Randwertaufgabe*, zunächst für das Innere $\mathfrak{G}_i$. Mit $U(X)$ bezeichne ich die Lösung der Randwertaufgabe, mit U_- und U_+ die Grenzwerte von U bei Annäherung an den Rand $\mathfrak{F}$ von innen, bzw. von außen her und mit U_0 den Wert von U auf dem Rand selbst. Y ist jetzt immer ein Punkt von $\mathfrak{F}$, während X ein beliebiger Punkt des Raumes ist, der natürlich ebenfalls auf $\mathfrak{F}$ liegen kann. Dann ist

$$U_-(X) = g(X) \tag{1}$$

die Randbedingung für alle Punkte $X \,\epsilon\, \mathfrak{F}$. Für die Funktion $U(X)$ mache ich den Ansatz

$$U(X) = - \oint_{\mathfrak{F}} \mu(Y)\, \frac{\partial}{\partial v_Y}\, \frac{1}{r}\, df, \tag{2}$$

d. h. $U(X)$ ist das Potential einer doppelten Belegung auf $\mathfrak{F}$ mit der Dichte $\mu(Y)$. Die Normalableitung bezeichne ich der besseren Deutlichkeit wegen mit dem Index Y, weil sie sich in (2) ja auf den Punkt Y bezieht. Die Dichte $\mu(Y)$ ist so zu bestimmen, daß (1) erfüllt ist. Nach § 16, (22) ist also

$$U_- = g(X) = 2\,\pi\,\mu - \oint_{\mathfrak{F}} \mu(Y)\, \frac{\partial}{\partial v_Y}\, \frac{1}{r}\, df; \tag{3}$$

setze ich

$$\frac{1}{2\,\pi}\, \frac{\partial}{\partial v_Y}\, \frac{1}{r} = K(X, Y) \tag{4}$$

und schreibe ich, um die Integrationsvariable hervorzuheben, dY statt df, so wird

$$\mu(X) = \frac{1}{2\,\pi}\, g(X) + \oint_{\mathfrak{F}} K(X, Y)\, \mu(Y)\, dY \tag{5}$$

eine nicht homogene Integralgleichung zweiter Art für die unbekannte Funktion $\mu(X)$. Dabei sind X und Y Punkte von $\mathfrak{F}$. Ist also $\mathfrak{F}$ etwa durch die Parameterdarstellung $x_i(u, v)$ gegeben, so ist X als symbolische Bezeichnung für u, v, Y ebenso für u', v' zu verstehen; u' und v' sind Integrationsveränderliche und $dY = \sqrt{EG-F^2}\, du'\, dv'$ das Flächenelement (E, F, G sind die Koeffizienten der ersten Grundform, bezogen auf die Variablen u' und v'). Das Integral in (5) ist also ein Doppelintegral, das über einen gewissen, durch die Parameterdarstellung bestimmten Bereich $\mathfrak{B}$ der u', v'-Ebene zu erstrecken ist. (u, v) ist ein beliebiger Punkt des Bereichs $\mathfrak{B}$.

Für das Außenproblem ist, wieder nach § 16, (22)

$$U_+ = g(X) = -\, 2\,\pi\,\mu - \oint_{\mathfrak{F}} \mu(Y)\, \frac{\partial}{\partial v_Y}\, \frac{1}{r}\, df$$

oder, mit den obigen Bezeichnungen

$$\mu(X) = -\, \frac{1}{2\,\pi}\, g(X) - \oint_{\mathfrak{F}} K(X, Y)\, \mu(Y)\, dY. \tag{6}$$

(5) und (6) lassen sich in eine Integralgleichung zusammenfassen

$$\boxed{\;\mu(X) = f(X) + \lambda \oint_{\mathfrak{F}} K(X, Y)\, \mu(Y)\, dY.\;} \tag{7}$$

Dabei ist

$$f = \frac{1}{2\,\pi}\, g, \quad \lambda = 1$$

für das innere und

$$f = -\frac{1}{2\pi}\, g, \quad \lambda = -1$$

für das äußere Problem. Die Normale ν_Y ist in beiden Fällen in das Äußere von $\mathfrak{F}$ gerichtet.

Bei der zweiten Randwertaufgabe haben wir für das innere Problem die Randbedingung

$$\left(\frac{\partial U}{\partial \nu}\right)_{-} = g \tag{8}$$

wo nach § 15, (10)

$$\oint_{\mathfrak{F}} g\, df = 0 \tag{9}$$

sein muß. Durch den Ansatz

$$U = -\oint_{\mathfrak{F}} \frac{\gamma}{r}\, df \tag{10}$$

wird die gesuchte Funktion als Potential einer einfachen Belegung der Dichte γ auf $\mathfrak{F}$ dargestellt; die Funktion $\gamma(X)$ ist jetzt so zu bestimmen, daß (8) erfüllt ist. Aus § 16, (24) folgt

$$\left(\frac{\partial U}{\partial \nu}\right)_{-} = g(X) = -2\pi\gamma - \frac{\partial}{\partial \nu_X}\oint_{\mathfrak{F}}\frac{\gamma}{r}\, df = -2\pi\gamma - \oint_{\mathfrak{F}}\gamma\,\frac{\partial}{\partial \nu_X}\frac{1}{r}\, df,$$

wo ν_X die Normale im Punkt $X \in \mathfrak{F}$ bedeutet. Da $r = \overline{XY}$ bei Vertauschung von X und Y ungeändert bleibt, ist

$$\frac{1}{2\pi}\,\frac{\partial}{\partial \nu_X}\,\frac{1}{r} = K(X,\, Y)$$

und daher

$$\gamma(X) = -\frac{1}{2\pi}\, g(X) - \oint_{\mathfrak{F}} K(Y,\, X)\,\gamma(Y)\, dY. \tag{11}$$

Für das Außenproblem ist, wieder nach § 16, (24)

$$\gamma(X) = \frac{1}{2\pi}\, g(X) + \oint_{\mathfrak{F}} K(Y,\, X)\,\gamma(Y)\, dY. \tag{12}$$

(11) und (12) lassen sich zusammenfassen:

$$\boxed{\gamma(X) = f(X) + \lambda \oint_{\mathfrak{F}} K(Y,\, X)\,\gamma(Y)\, dY,} \tag{13}$$

wobei für das Innenproblem

$$f = -\frac{1}{2\pi}\, g, \quad \lambda = -1$$

und für das Außenproblem

$$f = \frac{1}{2\pi}\, g, \quad \lambda = 1.$$

Die Integralgleichung (13) ist die zu (7) *adjungierte Integralgleichung*; ihr Kern $K(Y,\, X)$ ist transponiert zum Kern $K(X,\, Y)$ von (7).

Ich komme zur dritten Randwertaufgabe. Die Randbedingung für das Innenproblem ist

$$\left(\frac{\partial U}{\partial \nu}\right)_{-} + h\, U_{-} = g. \tag{14}$$

Der Ansatz (10) führt auf

$$g = \left(\frac{\partial U}{\partial \nu}\right)_{0} - 2\pi\gamma + h\, U_0 = -2\pi\gamma - \oint_{\mathfrak{F}}\gamma\left(\frac{\partial}{\partial \nu_X}\frac{1}{r} + h(X)\,\frac{1}{r}\right) df$$

oder

$$H(X, Y) = \frac{1}{2\pi}\left(\frac{\partial}{\partial v_X}\frac{1}{r} + h(X)\frac{1}{r}\right) \tag{15}$$

gesetzt,

$$\gamma(X) = -\frac{1}{2\pi}g(X) - \oint_{\mathfrak{F}} H(X, Y)\,\gamma(Y)\,dy. \tag{16}$$

Für das Außenproblem ist

$$g = \left(\frac{\partial U}{\partial v}\right)_0 + 2\pi\gamma + h\,\overset{0}{U} = 2\pi\gamma - \oint_{\mathfrak{F}}\gamma\left(\frac{\partial}{\partial v_X}\frac{1}{r} + h(X)\frac{1}{r}\right)df$$

oder

$$\gamma(X) = \frac{1}{2\pi}g(X) + \oint_{\mathfrak{F}} H(X, Y)\,\gamma(Y)\,dY. \tag{17}$$

Wieder lassen sich (16) und (17) zusammenfassen:

$$\boxed{\gamma(X) = f(X) + \lambda\oint_{\mathfrak{F}} H(X, Y)\,\gamma(Y)\,dY,} \tag{18}$$

wo

$$f = -\frac{1}{2\pi}g, \qquad \lambda = -1$$

für das innere und

$$f = \frac{1}{2\pi}g, \qquad \lambda = 1$$

für das äußere Problem ist.

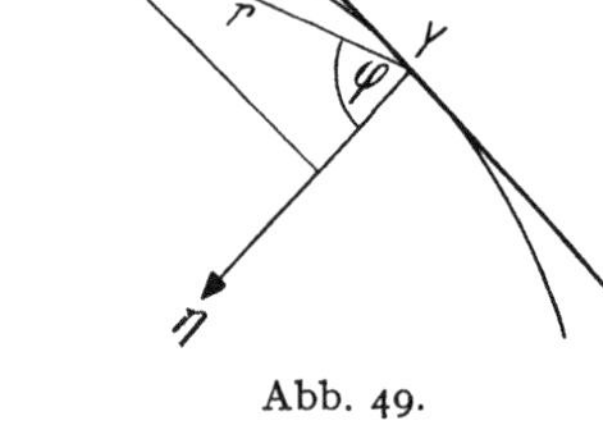

Abb. 49.

Damit sind alle Randwertaufgaben im Raum auf Integralgleichungen zurückgeführt. Eine Schwierigkeit ergibt sich noch daraus, daß die Kerne (4) und (15) nicht beschränkt sind, sondern, wie man sofort überlegt, für $Y \to X$ wie $1/r$ unendlich werden. Ich werde in der nächsten Ziffer zeigen, daß die dritten iterierten Kerne $K_3(X, Y)$ bzw. $H_3(X, Y)$ beschränkt bleiben, so daß die Fredholmschen Sätze anwendbar bleiben.

In der Ebene gelten die Gleichungen (7), (13) und (18) für die drei Randwertaufgaben. Es ist lediglich die Randfläche $\mathfrak{F}$ durch die Randkurve $\mathfrak{C}$ zu ersetzen, während die Variablen X und Y etwa als die Werte der von irgendeinem Anfangspunkt aus gezählten Bogenlänge in den beiden Punkten X und Y zu deuten sind. Der Kern $K(X, Y)$ ist jetzt durch

$$K(X, Y) = -\frac{1}{\pi}\frac{\partial\ln r}{\partial v_Y} = \frac{1}{\pi}\frac{\cos(r\,v_Y)}{r}$$

definiert; er ist wegen

$$\lim_{Y \to X}\frac{\cos(r\,v_Y)}{r} = \frac{1}{2}\varkappa(Y), \tag{19}$$

wo $\varkappa(Y)$ die Krümmung von $\mathfrak{C}$ im Punkt Y ist, und wegen der vorausgesetzten Stetigkeit von $\varkappa$ auf $\mathfrak{C}$ beschränkt. Dagegen wird

$$H(X, Y) = -\frac{1}{\pi}\left(\frac{\partial\ln r}{\partial v_X} + h(X)\ln r\right)$$

für $Y \to X$ logarithmisch unendlich; man kann aber ähnlich wie in Ziffer 2 zeigen, daß jetzt der zweite iterierte Kern $H_2(X, Y)$ beschränkt bleibt.

Zum Beweis von (19) wähle ich ein Hilfskoordinatensystem (ξ, η), dessen Achsen Tangente und Normale in Y sind (Abb. 49); $\eta = f(\xi)$ sei die Gleichung von $\mathfrak{C}$ in der Umgebung von $\xi = \eta = 0$, somit $f(0) = f'(0) = 0$. Dann ist $\varphi = (r\, v_Y)$, $r \cos \varphi = \eta$ und

$$\frac{\cos(r\, v_Y)}{r} = \frac{r \cos \varphi}{r^2} = \frac{\eta}{\xi^2 + \eta^2}.$$

Zweimalige Anwendung der Bernoullischen Regel gibt

$$\lim_{Y \to X} \frac{\cos(r\, v_Y)}{r} = \frac{1}{2}\, \eta''(0) = \frac{1}{2}\, \varkappa(Y),$$

was zu beweisen war.

2. Beschränktheit des iterierten Kerns $K_3\,(X, Y)$. Es seien in dem beschränkten, ebenen Bereich $\mathfrak{B}$ zwei für $X \neq Y$ endliche und integrierbare Funktionen $f(X, Y)$ und $g(X, Y)$ definiert, die für $X = Y$ unendlich werden und für die, $\overline{XY}$ statt r geschrieben,

$$|f(X, Y)| \leq \frac{A}{\overline{XY}^{\alpha}}, \quad |g(X, Y)| \leq \frac{A}{\overline{XY}^{\beta}} \tag{20}$$

mit $0 < \alpha < 2$, $0 < \beta < 2$ für alle Punktepaare X, Y aus $\mathfrak{B}$ gilt. Wir betrachten das Integral

$$h(X, Y) = \int_{\mathfrak{B}} f(X, Z)\, g(Z, Y)\, dZ, \tag{21}$$

wo dZ das Flächenelement in $\mathfrak{B}$, also etwa $dZ = dz_1\, dz_2$ bedeutet. Das Integral (21) ist ein uneigentliches, weil der Integrand sowohl für $Z \to X$ wie auch für $Z \to Y$ unendlich wird. Für $X \to Y$ folgt, daß

$$|h(X, X)| = \left| \int_{\mathfrak{B}} f(X, Z)\, g(Z, X)\, dZ \right| \leq A^2 \int_{\mathfrak{B}} \frac{dZ}{\overline{XZ}^{\alpha+\beta}}$$

konvergiert, wenn $\alpha + \beta < 2$ ist. Ich behaupte

$$h(X, Y) = 0\left(\frac{1}{\overline{XY}^{\alpha+\beta-2}}\right),$$

wenn $\alpha + \beta > 2$ und

$$h(X, Y) = 0\left(\ln \frac{1}{\overline{XY}}\right) = 0\left(\frac{1}{\overline{XY}^{\varepsilon}}\right),$$

wenn $\alpha + \beta = 2$ ist; ε ist dabei eine beliebig kleine positive Zahl.

Sei zum Beweis $\mathfrak{K}_1$ ein Kreis um den fest gedachten Punkt X vom Radius $\varrho = 2\,\overline{XY}$, $\mathfrak{K}_2$ ein Kreis um X mit einem so großen Radius R, daß $\mathfrak{B}$ ganz im Innern von $\mathfrak{K}_2$ liegt. $\mathfrak{B}_1$ sei das Innere von $\mathfrak{K}_1$, $\mathfrak{B}_2 = \mathfrak{B} - \mathfrak{B}_1$, so daß

$$h(X, Y) = \int_{\mathfrak{B}_1} + \int_{\mathfrak{B}_2} = J_1 + J_2.$$

Ich schätze zunächst das zweite Integral ab. Hier ist

$$0 < a < \frac{\overline{YZ}}{\overline{XZ}} < b$$

für alle Z aus $\mathfrak{B}_2$ und daher

$$|J_2| = \left| \int_{\mathfrak{B}_2} f(X, Z)\, g(Z, Y)\, dZ \right| < \frac{A^2}{a^{\beta}} \int_{\mathfrak{B}_2} \frac{dZ}{\overline{XZ}^{\alpha+\beta}}.$$

Sind r, φ Polarkoordinaten mit dem Ursprung X und ist $\alpha + \beta > 2$, so folgt weiter

$$|J_2| < \frac{2\,\pi\,A^2}{a^\beta} \int_\varrho^R \frac{d\nu}{\nu^{\alpha+\beta-1}} = \frac{2\,\pi\,A^2}{a^\beta(\alpha+\beta-2)} \left[\frac{1}{\nu^{\alpha+\beta-2}}\right]_R^\varrho = 0\left(\frac{1}{\overline{XY}^{\alpha+\beta-2}}\right). \quad (22)$$

Ist aber $\alpha + \beta = 2$, so wird

$$\int_{\mathfrak{B}_2} \frac{dZ}{\overline{XZ}^{\alpha+\beta}} < 2\,\pi \int_\varrho^R \frac{d\nu}{\nu} = 2\,\pi \ln \frac{R}{\varrho}$$

und daher

$$|J_2| = 0\left(\frac{1}{\overline{XY}^\varepsilon}\right). \quad (23)$$

Für J_1 liegt Z in $\mathfrak{B}_1$. Die Transformation

$$z_j - x_j = \varrho\,\xi_j, \quad z_j - y_j = \varrho\,\eta_j, \quad j = 1,\,2$$

ist eine Streckung der Ebene vom Punkt X aus (Ähnlichkeitstransformation); es wird

$$\overline{XZ} = \varrho\,\sqrt{\xi_1^2 + \xi_2^2} = \varrho\,\xi, \quad \overline{YZ} = \varrho\,\sqrt{\eta_1^2 + \eta_2^2} = \varrho\,\eta,$$

$$dZ = dz_1\,dz_2 = \varrho^2\,d\xi_1\,d\xi_2 = \varrho^2\,d\overline{Z}$$

und für $\alpha + \beta > 2$

$$|J_1| < A^2 \int_{\mathfrak{B}_1} \frac{dZ}{\overline{XZ}^\alpha\,\overline{YZ}^\beta} = \frac{A^2}{\varrho^{\alpha+\beta-2}} \int_{\overline{\mathfrak{B}}_1} \frac{d\overline{Z}}{\xi^\alpha\,\eta^\beta} = \frac{A^2\,B}{\varrho^{\alpha+\beta-2}} = 0\left(\frac{1}{\overline{XY}^{\alpha+\beta-2}}\right), \quad (24)$$

sowie für $\alpha + \beta = 2$

$$|J_1| = 0\,(1), \quad (25)$$

da

$$B = \int_{\overline{\mathfrak{B}}_1} \frac{d\overline{Z}}{\xi^\alpha\,\eta^\beta}$$

von der Lage der Punkte X und Y unabhängig ist.

Dieselben Abschätzungen (22) bis (25) gelten auch, wenn an Stelle von $\mathfrak{B}$ eine glatte Fläche $\mathfrak{F}$ tritt. Denn dann ist in

$$dZ = df = \sqrt{EG - F^2}\,du\,dv$$

der Ausdruck $\sqrt{EG - F^2}$ stetig, also auch beschränkt und daher ohne Bedeutung für die Abschätzungen.

Nun ist nach den Feststellungen von Ziffer 1

$$|K(X,\,Y)| < \frac{A}{\overline{XY}},$$

also ist, in (21) $f = g = K$ gesetzt,

$$h(X,\,Y) = K_2(X,\,Y)$$

mit $\alpha = \beta = 1$, $\alpha + \beta = 2$ und daher nach (23) und (25)

$$K_2(X,\,Y) = 0\left(\frac{1}{\overline{XY}^\varepsilon}\right).$$

Nochmalige Anwendung von (21) mit $f = K$, $g = K_2$ gibt

$$h(X,\,Y) = K_3(X,\,Y),$$

somit $\alpha = 1$, $\beta = \varepsilon$, $\alpha + \beta = 1 + \varepsilon < 2$, wenn nur $\varepsilon < 1$ ist. Daher ist $K_3(X,\,Y)$ beschränkt, was zu beweisen war.

3. Die Existenzsätze. Sie beruhen auf einer Anwendung der Fredholmschen Sätze von § 5,2 auf die Integralgleichungen (7), (13) und (18). Ich beginne mit (7). Sei $\mu^*(X)$ eine Lösung der zugehörigen homogenen Gleichung für $\lambda = 1$

$$\mu^*(X) = \oint_{\mathfrak{F}} K(X,\,Y)\, \mu^*(Y)\, dY, \qquad (26)$$

dann ist

$$U^*(X) = -\, 2\,\pi \oint_{\mathfrak{F}} \mu^*(Y)\, K(X,\,Y)\, dY$$

das Potential einer doppelten Belegung auf $\mathfrak{F}$ mit der Dichte μ^*; wegen (26) ist

$$U_0^*(X) = -\, 2\,\pi\,\mu^*(X),$$

daher

$$U_-^*(X) = U_0^*(X) + 2\,\pi\,\mu^*(X) = 0$$

auf $\mathfrak{F}$ und somit nach § 15,3, Satz 1

$$U^*(X) = 0$$

im ganzen Innengebiet. Daher ist $\left(\dfrac{\partial U^*}{\partial v}\right)_- = 0$ und wegen der Stetigkeit der Normalableitung des Potentials einer Doppelfläche auch $\left(\dfrac{\partial U^*}{\partial v}\right)_+ = 0$. Aus § 15,3, Satz 3 folgt weiter $U^* = 0$ im ganzen Außengebiet, d. h. weiter $U_+^* = 0$ auf $\mathfrak{F}$ und somit

$$\mu^*(X) = \frac{1}{4\,\pi}\,(U_-^* - U_+^*) \equiv 0.$$

Die homogene Gleichung (26) hat also nur die triviale Lösung $\mu^* \equiv 0$, $\lambda = 1$ ist kein Eigenwert und daher hat (7) eine eindeutig bestimmte Lösung $\mu(X)$. Damit ist gezeigt:

Die erste Randwertaufgabe für das Innengebiet hat stets eine und nur eine Lösung.

Da 1 dann auch kein Eigenwert der transponierten homogenen Gleichung ist, folgt unmittelbar:

Die zweite Randwertaufgabe für das Außengebiet hat stets eine und nur eine Lösung.

Ich nehme die *zweite Randwertaufgabe für das Innengebiet* vorweg, also (13) mit $\lambda = -1$. Die zugehörige homogene Gleichung ist

$$\gamma^*(X) = -\oint_{\mathfrak{F}} K(Y,\,X)\, \gamma^*(Y)\, dY. \qquad (27)$$

Die transponierte Gleichung, also die mit $\lambda = -1$ angeschriebene, zu (7) gehörige homogene Gleichung

$$\mu^*(X) = -\oint_{\mathfrak{F}} K(X,\,Y)\, \mu^*(Y)\, dY \qquad (28)$$

hat jetzt die nichttriviale Lösung $\mu^* \equiv 1$ (von einem konstanten Faktor abgesehen), weil nach § 15 (21) für alle Punkte X auf $\mathfrak{F}$

$$\oint_{\mathfrak{F}} \frac{\partial}{\partial v_Y}\,\frac{1}{r}\, df = 2\,\pi \oint_{\mathfrak{F}} K(X,\,Y)\, dY = -\, 2\,\pi$$

ist. Somit ist $\lambda = -1$ ein Eigenwert von (7). Ich zeige, daß (28) keine von $\mu^* = 1$ unabhängige Lösung hat. Ist nämlich $\mu^*(X)$ eine solche und

$$U^*(X) = -\oint_{\mathfrak{F}} \mu^*(Y)\, \frac{\partial}{\partial v_Y}\,\frac{1}{r}\, df = -\, 2\,\pi \oint_{\mathfrak{F}} \mu^*(Y)\, K(X,\,Y)\, dY \qquad (29)$$

das von der Doppelbelegung μ^* erzeugte Potential, so wäre für alle Punkte X auf $\mathfrak{F}$

$$U_+^*(X) = -2\pi\mu^*(X) - 2\pi \oint_{\mathfrak{F}} \mu^*(Y)\, K(X, Y)\, dY = 0. \tag{30}$$

Nun hat $U^*(X)$ als Potential einer doppelten Belegung die Masse o und ist daher die Lösung der ersten Randwertaufgabe für das Außengebiet mit der Masse o und den Randwerten o auf $\mathfrak{F}$. Also ist nach Satz 1 von § 15 im ganzen Außengebiet $U^*(X) = 0$, daher die Normalableitung $\left(\dfrac{\partial U^*}{\partial v}\right)_+ = \left(\dfrac{\partial U^*}{\partial v}\right)_- = 0$ auf $\mathfrak{F}$, daher weiter nach § 15, Satz 3 im Innengebiet $U^*(X) = $ konst. und somit $\mu^*(X) = = \dfrac{1}{4\pi}(U_-^* - U_+^*) = $ konst. in Widerspruch dazu, daß μ^* als von 1 linear unabhängig angenommen war.

Daraus folgt aber, daß (13) eine Lösung $\gamma(X)$ hat, denn $f(X) = -\dfrac{1}{2\pi}\, g(X)$ ist wegen (9) orthogonal zur Lösung $\mu^* = 1$ der zugehörigen transponierten Gleichung (28), aber diese Lösung $\gamma(X)$ ist nur bis auf eine additive Konstante bestimmt. Somit gilt:

Die zweite Randwertaufgabe für das Innengebiet hat dann und nur dann eine bis auf eine additive Konstante eindeutig bestimmte Lösung, wenn die Randwerte der Bedingung (9) genügen.

Bei der *ersten Randwertaufgabe für das Außengebiet* liegen die Dinge verwickelter. Wir haben festgestellt, daß $\lambda = -1$ ein Eigenwert von (7) ist, ferner, daß (28) genau eine nichttriviale Lösung, nämlich $\mu^* = 1$, hat. Dann hat auch (27) genau eine nichttriviale Lösung $\gamma^*(X)$, die aber keineswegs konstant sein muß und nur bis auf einen konstanten Faktor bestimmt ist. Für das mit γ^* gebildete Potential

$$U^*(X) = -\oint_{\mathfrak{F}} \frac{\gamma^*(Y)}{r}\, dY \tag{31}$$

gilt, wenn X auf $\mathfrak{F}$ liegt, wegen (27)

$$\frac{\partial U^*}{\partial v} = -\oint_{\mathfrak{F}} \gamma^*(Y) \frac{\partial}{\partial v_X} \frac{1}{r}\, df = -2\pi \oint_{\mathfrak{F}} \gamma^*(Y)\, K(Y, X)\, dY = 2\pi\gamma^*(X)$$

und daher

$$\left(\frac{\partial U^*}{\partial v}\right)_- = \left(\frac{\partial U^*}{\partial v}\right)_0 - 2\pi\gamma^* = 0.$$

Somit ist U^* als Lösung der zweiten Randwertaufgabe mit verschwindenden Randwerten der Normalableitung im Innern von $\mathfrak{F}$ und daher aus Stetigkeitsgründen auch auf $\mathfrak{F}$ selbst konstant, etwa $U_-^* = c$ und somit auch $U_+^* = c$ auf $\mathfrak{F}$. Ich denke mir γ^* nun so normiert, daß U^* die Masse 1 hat, also

$$\oint_{\mathfrak{F}} \gamma^*(Y)\, dY = 1 \tag{32}$$

ist. Dann hat $M\, U^*$ die Masse M und auf $\mathfrak{F}$ die Randwerte $M\, c$.

Physikalisch kann man das so deuten, daß auf einen von der Fläche $\mathfrak{F}$ begrenzten Leiter eine elektrische Ladung E gebracht wird, die sich dann gemäß $\lambda\gamma^*$ auf $\mathfrak{F}$ verteilt, so daß wegen (32)

$$\oint_{\mathfrak{F}} M\,\gamma^*(Y)\, dY = M = E \tag{33}$$

ist. Für eine Kugel $\mathfrak{F}$ wird γ^* konstant, weil sich die elektrische Ladung gleichmäßig auf $\mathfrak{F}$ verteilt. Man nennt dann $E\, U^*$ das *Leiterpotential.*

Die inhomogene Gleichung (7) hat nun dann und nur dann eine Lösung, wenn $f = -\dfrac{1}{2\pi} g$ orthogonal zur Lösung γ^* der transponierten homogenen Gleichung ist, also

$$\oint_{\mathfrak{F}} g(Y)\, \gamma^*(Y)\, dY = 0$$

gilt. Aber diese Bedingung ist im allgemeinen nicht erfüllt, weil sie eine zusätzliche, nicht etwa wie (9) aus allgemeinen Eigenschaften der Potentiale folgende Bedingung ist. Das bedeutet, daß sich die Lösung $U(X)$ der Randwertaufgabe eben nicht als Potential einer doppelten Belegung auf $\mathfrak{F}$ darstellen läßt. Dagegen wird (7) sofort lösbar, wenn man die vorgeschriebenen Randwerte g durch $g - C$ mit einer Konstanten C, also (7) durch ($\lambda = -1$)

$$\mu(X) = -\frac{1}{2\pi}\,(g(X) - C) - \oint_{\mathfrak{F}} K(X,\,Y)\,\mu(Y)\,dY \tag{34}$$

ersetzt. Dann wird die Orthogonalitätsbedingung

$$\oint_{\mathfrak{F}} (g(Y) - C)\,\gamma^*(Y)\,dY = 0,$$

also

$$C = \oint_{\mathfrak{F}} g(Y)\,\gamma^*(Y)\,dY \tag{35}$$

wegen (32). Ist jetzt $\mu(X)$ eine Lösung von (34), so ist das mit $\mu(X)$ gebildete Potential

$$V(X) = -\oint_{\mathfrak{F}} \mu(Y)\,\frac{\partial}{\partial \nu_Y}\,\frac{1}{r}\,dY \tag{36}$$

im Außengebiet regulär, nimmt auf $\mathfrak{F}$ nach (34) die Randwerte $g - C$ an und hat als Potential einer Doppelbelegung die Masse Null. Somit ist

$$\boxed{U(X) = V(X) + M\,U^*(X) + C - M\,c} \tag{37}$$

eine *Lösung der ersten Randwertaufgabe für das Außengebiet*. Sie setzt sich zusammen aus dem Potential V einer Doppelbelegung, dem Potential $M\,U^*$ einer einfachen Belegung auf $\mathfrak{F}$ und aus einer Konstanten $C - M\,c$. Kann M noch beliebig gewählt werden, so kann man diese Konstante zum Verschwinden bringen und es wird

$$\boxed{U(X) = V(X) + \frac{C}{c}\,U^*(X)} \tag{38}$$

die jetzt *eindeutig bestimmte, im ganzen Außengebiet einschließlich des Punktes ∞ reguläre Lösung der ersten Randwertaufgabe.*

4. Die erste Randwertaufgabe für den allgemeinen unendlichen Bereich. Die bisherigen Überlegungen gelten, wie man ohne Schwierigkeit zeigen kann, auch für die in § 15, 1 angegebenen allgemeinen Bereiche. Lediglich bei der ersten Randwertaufgabe für den unendlichen Bereich, dessen Rand $\mathfrak{F}$ aus n getrennten Einzelflächen $\mathfrak{F}_1$, $\mathfrak{F}_2$, $\ldots$, $\mathfrak{F}_n$ besteht, sind einige ergänzende Bemerkungen notwendig, auf die ich mit Rücksicht auf die Anwendungen, vor allem in der Elektrostatik, noch kurz eingehen will. Ich gehe dabei vor wie in Ziffer 3 und bezeichne die neuen Formeln, soweit sie solchen von Ziffer 3 entsprechen, der besseren Übersicht wegen mit denselben Nummern, aber mit Strichen.

Ich gehe wieder von den Gleichungen (27) und (28) aus. (28) hat jetzt n linear unabhängige Lösungen

$$\mu_k^* = \begin{cases} 1 \text{ auf } \mathfrak{F}_k \\ 0 \text{ auf } \mathfrak{F}_1, \; \ldots, \; \mathfrak{F}_{k-1}, \; \mathfrak{F}_{k+1}, \; \ldots, \; \mathfrak{F}_n \end{cases} \qquad k = 1, 2, \ldots, n$$

oder kurz

$$\mu_k^* = \delta_{kl} \quad \text{auf} \quad \mathfrak{F}_l. \tag{39}$$

Ist nämlich μ^* eine beliebige Lösung von (28), so kann ich mit ihr das Potential U^* (29) bilden; nach (30) ist $U_+^* = 0$ auf der ganzen Fläche $\mathfrak{F}$. Wie in Ziffer 3 schließt man weiter, daß U_-^* und daher auch

$$\mu^* = \frac{1}{4\pi}\,(U_-^* - U_+^*)$$

auf jeder Fläche $\mathfrak{F}_k$ konstant ist. Ist c_k der Wert von μ^* auf $\mathfrak{F}_k$, so gilt

$$\mu^* = \sum_k c_k \mu_k^*,$$

d. h. μ^* ist von den μ_k^* linear abhängig.

Dann hat (27) ebenfalls n linear unabhängige Lösungen, etwa $\gamma_k^*(X)$, $k = 1, 2, \ldots, n$, die im allgemeinen nicht konstant sind und für die auch nicht $\gamma_k^* = 0$ auf $\mathfrak{F}_l$, $l \neq k$ gilt. Mit diesen γ_k^* bilde ich die Potentiale

$$U_k^*(X) = -\oint\limits_{\mathfrak{F}} \frac{\gamma_k^*(Y)}{r}\,dY, \tag{31'}$$

von denen man wie in Ziffer 3 zeigt, daß sie im Innern und auf jeder Fläche $\mathfrak{F}_k$ selbst konstant sind. Sie sind linear unabhängig, weil aus $\sum\limits_k b_k U_k^* = 0$ auch $\sum b_k \gamma_k^* = 0$ folgen würde, in Widerspruch zu unserer Annahme, daß die γ_k^* linear unabhängige Lösungen von (27) sind. Das mit beliebigen b_k gebildete Potential

$$U^*(X) = \sum_k b_k U_k^*$$

ist dann ebenfalls auf jeder Fläche $\mathfrak{F}_k$ konstant und in der Gestalt

$$U^*(X) = -\oint\limits_{\mathfrak{F}} \frac{\gamma^*(Y)}{r}\,dY$$

mit

$$\gamma^* = \sum_k b_k \gamma_k^* \tag{40}$$

darstellbar. Ist $U_k^* = c_{kl}$ auf $\mathfrak{F}_l$, so kann man die b_k so bestimmen, daß

$$\sum b_k c_{kl} = B_l \tag{41}$$

gegebene Werte B_l annimmt; es ist Det $c_{kl} \neq 0$, weil die U_k^* linear unabhängig sind, und daher sind die b_k eindeutig aus den B_k bestimmbar.

Bringt man auf die Leiter $\mathfrak{F}_l$ die elektrischen Ladungen E_l, $l = 1, 2, \ldots n$, so muß

$$\oint\limits_{\mathfrak{F}_l} \gamma^*(Y)\,dY = E_l, \qquad l = 1, 2, \ldots, n,$$

sein. Daraus ergibt sich eine zweite Bestimmung der b_k in (40). Sind γ_{kl}^* die Werte, die γ_k^* auf $\mathfrak{F}_l$ annimmt, und setzt man

$$\oint\limits_{\mathfrak{F}_l} \gamma_{kl}^*\,dY = C_{kl}, \tag{42}$$

so folgt

$$\sum_k b_k \oint\limits_{\mathfrak{F}_l} \gamma_{kl}^*\,dY = \sum_k b_k C_{kl} = E_l. \tag{33'}$$

Wieder sind die b_k eindeutig aus diesen Gleichungen bei gegebenen E_l zu bestimmen, weil Det $C_{kl} \neq 0$ ist. Andernfalls hätten die Gleichungen

$$\sum_k{}' b_k C_{kl} = 0$$

nichttriviale Lösungen b_k und das würde bedeuten, daß es ein nicht identisch verschwindendes Potential U^* gibt, das von Ladungen $E_l = 0$ erzeugt wird, was aber offenbar unmöglich ist. Im übrigen läßt sich das auch rein mathematisch unter Benützung der Greenschen Formel (7) von § 15 leicht nachweisen.

Man kann also das Potential U^* entweder so bestimmen, daß es auf den Flächen $\mathfrak{F}_k$ gegebene Werte B_k annimmt, oder so, daß es das von den Ladungen E_k auf den $\mathfrak{F}_k$ erzeugte Potential (Leiterpotential) ist.

Ich komme zur Randwertaufgabe. Die inhomogene Gleichung (7) hat für $\lambda = -\mathrm{1}$ keine Lösung, wenn nicht $f(X) = -\dfrac{\mathrm{1}}{2\pi} g(X)$ zu allen γ_k^* orthogonal ist, was natürlich im allgemeinen nicht der Fall sein wird. Ersetzt man aber $f(X)$ durch die Funktion

$$f_1(X) = -\frac{\mathrm{1}}{2\pi}\Big(g(X) - \sum_k{}' c_k \mu_k^*\Big), \tag{43}$$

so lassen sich die c_k so bestimmen, daß die Orthogonalitätsbedingungen für $f_1(X)$ erfüllt sind. Statt (7) betrachten wir also jetzt die Integralgleichung ($\lambda = -\mathrm{1}$ gesetzt)

$$\mu(X) = f_1(X) - \oint_\mathfrak{F} K(X, Y)\, \mu(Y)\, dY. \tag{34'}$$

Die Orthogonalitätsbedingungen sind

$$\oint_\mathfrak{F}\Big(g - \sum_k{}' c_k \mu_k^{\ddot{}}\Big)\gamma_l^*\, dY = 0, \qquad l = \mathrm{1},\ 2,\ \ldots,\ n,$$

oder

$$\oint_\mathfrak{F} g\,\gamma_l^*\, dY = \sum_k{}' c_k \oint_\mathfrak{F} \mu_k^*\gamma_l^*\, dY = \sum_k{}' c_k \sum_h{} \oint_{\mathfrak{F}_h} \mu_k^*\gamma_l^*\, dY;$$

da $\mu_k^* = \delta_{kh}$ und $\gamma_l^* = \gamma_{lh}^*$ auf $\mathfrak{F}_h$ ist, folgt weiter wegen (42)

$$\oint_\mathfrak{F} g\,\gamma_l^*\, dY = \sum_k{}' c_k \oint_{\mathfrak{F}_k} \gamma_{lk}^*\, dY = \sum_k{}' c_k C_{lk}. \tag{35'}$$

Nun habe ich schon oben, im Anschluß an (33') gezeigt, daß Det $C_{lk} \neq 0$ ist, also sind die c_k aus (35') *eindeutig bestimmbar*, und die mit diesen Werten gebildete Gleichung (34') ist lösbar. Sei $\mu(X)$ eine Lösung. Mit diesem $\mu(X)$ bilde ich das Potential

$$V(X) = -\oint_\mathfrak{F} \mu(Y)\,\frac{\partial}{\partial\nu_Y}\,\frac{\mathrm{1}}{r}\, dY; \tag{36'}$$

es hat die Masse Null und auf $\mathfrak{F}$ die Randwerte

$$V_+ = -2\pi f_1 = g - \sum{}' c_k \mu_k^*,$$

daher auf $\mathfrak{F}_l$ die Randwerte $g - c_l$.

Setzt man in (41)

$$B_l = \delta_{lh}, \qquad l, h = \mathrm{1},\ 2,\ \ldots,\ n,$$

so ergeben sich n Potentiale

$$\overset{h}{U}(X) = \sum_k{}' b_{kh}\, \overset{k}{U}{}^*,$$

die auf $\mathfrak{F}_k$ die Randwerte

$$\overset{h}{U}_+ = \delta_{hk}$$

oder

$$\overset{h}{U}_+ = \mu_h^*$$

annehmen und deren Massen M_h sein mögen. Für die Lösung der Randwertaufgabe mache ich den Ansatz

$$U = V + \sum_k a_k \overset{k}{U} + A, \tag{37'}$$

wo die a_k und A Konstanten sind. Sei M die Masse von U, z. B. $M = \sum_k E_k$, wenn es sich um elektrische Ladungen handelt. Die a_k und A sind so zu bestimmen, daß

$$U_+ = g$$

wird, also

$$U_+ = g - \sum_k c_k \mu_k^* + \sum_k a_k \mu_k^* + A = g$$

und

$$\sum a_k M_k = M.$$

Daraus folgt, daß überall auf $\mathfrak{F}$

$$\sum_k (a_k - c_k)\,\mu_k^* + A = 0$$

und daher wegen $\mu_k^* = \delta_{kl}$ auf $\mathfrak{F}_l$

$$a_l - c_l + A = 0, \qquad l = 1, 2, \ldots, n$$

oder

$$a_l = c_l - A \tag{44}$$

und

$$\sum_l (c_l - A)\,M_l = M$$

gelten muß. Die letzte Gleichung gibt

$$A = \frac{\sum c_l M_l - M}{\sum M_l}; \tag{45}$$

die c_l sind bereits aus (35') bestimmt. Daher ist das durch (37') mit den Werten (44) und (45) der Konstanten definierte Potential U eine *Lösung der ersten Randwertaufgabe für den unendlichen, von den Flächen $\mathfrak{F}_k$ begrenzten Bereich.*

Wählt man M insbesondere so, daß $A = 0$, also $M = \sum c_l M_l$ wird, so folgt aus (37')

$$U = V + \sum_k c_k \overset{k}{U},$$

also die *eindeutig bestimmte, im ganzen Außengebiet der Flächen $\mathfrak{F}_k$ und insbesondere auch im Unendlichen reguläre Lösung der ersten Randwertaufgabe.*

Anhang.

Lösungen der Aufgaben.

§ 1.

1. Für $c_n = \dfrac{1}{n\pi}$ wird $f(c_n) = 0$, für $d_n = \dfrac{1}{\pi\left(n + \dfrac{1}{2}\right)}$ wird $f(d_n) = \dfrac{(-1)^n}{\pi\left(n + \dfrac{1}{2}\right)}$. Die

zur Zerlegung $\left\{\dfrac{2}{\pi},\, c_n,\, d_n,\, c_{n+1},\, \ldots,\, d_{n+p},\, 0\right\}$ gehörige Variation ist

$$\left| f\left(\frac{2}{\pi}\right) - f(c_n) \right| + |f(d_n) - f(c_n)| + |f(d_n) - f(c_{n+1})| + \cdots + |f(d_{n+p}) - f(0)| =$$

$$= \frac{2}{\pi} + \frac{1}{n\pi + \dfrac{\pi}{2}} + \frac{1}{n\pi + \dfrac{\pi}{2}} + \frac{1}{(n+1)\pi + \dfrac{\pi}{2}} + \frac{1}{(n+1)\pi + \dfrac{\pi}{2}} + \cdots +$$

$$+ \frac{1}{(n+p)\pi + \dfrac{\pi}{2}} + \frac{1}{(n+p)\pi + \dfrac{\pi}{2}} =$$

$$= \frac{2}{\pi}\left(1 + \frac{1}{n + \dfrac{1}{2}} + \frac{1}{(n+1) + \dfrac{1}{2}} + \cdots + \frac{1}{(n+p) + \dfrac{1}{2}} \right) >$$

$$> \frac{2}{\pi}\left(\frac{1}{n+1} + \cdots + \frac{1}{n+p+1} \right) = \frac{2}{\pi} \sum_{v=n+1}^{n+p+1} \frac{1}{v}.$$

Da die harmonische Reihe divergiert, kann die Variation der Funktion für hinreichend große p beliebig groß gemacht werden.

2. Die Umkehrung gilt nicht, d. h. eine Funktion beschränkter Variation kann auch unendlich viele Extrema aufweisen. Man betrachte z. B. die Funktion $f(x) = x^2 \sin \dfrac{1}{x}$, die im Intervall $[0, 1]$ unendlich viele Extrema besitzt. Sie hat in $(0, 1]$ die beschränkte Ableitung $f'(x) = 2x \sin \dfrac{1}{x} - \cos \dfrac{1}{x}$. Setzt man noch $f(0) = 0$, so ist $f(x)$ in $x = 0$ stetig; nach Ziffer 2, Satz 7 ist die Funktion dann aber von beschränkter Variation.

3. $\sin x = \left(x + \dfrac{x^5}{5!} + \dfrac{x^9}{9!} + \cdots \right) - \left(\dfrac{x^3}{3!} + \dfrac{x^7}{7!} + \dfrac{x^{11}}{11!} + \cdots \right) = \varphi(x) - \psi(x).$

4. Mit Hilfe des Mittelwertsatzes der Differentialrechnung wird:

$$V(\mathfrak{Z}) = \sum_{i=1}^{n} |f(x_i) - f(x_{i-1})| = \sum_{i=1}^{n} |f'(\xi_i)|\,(x_i - x_{i-1}), \qquad x_{i-1} < x_i.$$

Da $f'(x)$ stetig und daher integrierbar ist, folgt die Behauptung sofort für a), aber auch für b), da $f'(x)$ nur endlich viele Unstetigkeitsstellen hat.

5. a) Es ist $\Delta_i g = 1$, wenn in $(2\,x_{i-1},\,2\,x_i]$ eine ganze Zahl liegt, und sonst Null. Wegen $[2\,\pi] = 6$ ist

$$\int_{-\pi}^{\pi} \cos x \, d[2\,x] = 2 \sum_{\nu=1}^{6} \cos \nu + 1, \qquad \int_{-\pi}^{\pi} \sin x \, d[2\,x] = 0;$$

b) $dg(x) = d|x| = \operatorname{sign} x \cdot dx$ und damit wird

$$\int_{-\pi}^{\pi} \cos x \, d|x| = 0, \qquad \int_{-\pi}^{\pi} \sin x \, d|x| = 4.$$

6. Es ist $\Delta_i g = [x_i]\,x_i - [x_{i-1}]\,x_{i-1}$; enthält $[x_{i-1},\,x_i]$ keine ganze Zahl, so ist $[x_i] = [x_{i-1}]$, daher $\Delta_i g = [x_i]\,(x_i - x_{i-1})$. Wegen $1 \leqq x \leqq 2$ ist $d[x]\,x = dx$ für $1 \leqq x < 2$, an $x = 2$ hat $[x]\,x$ den Sprung $s = 2$. Somit folgt

$$\int_{1}^{2} e^{x} \, d[x]\,x = 3\,e^{2} - e.$$

7. Es ist

$$|S_{\mathfrak{Z}}| \leqq \sum_{i=1}^{n} |f(\xi_i)|\,|g(x_i) - g(x_{i-1})| \leqq \max |f(\xi_i)| \sum_{i=1}^{n} |g(x_i) - g(x_{i-1})| = \max |f(\xi_i)|\,V(\mathfrak{Z}),$$

woraus durch Grenzübergang, wobei $\mathfrak{Z}$ eine ausgezeichnete Zerlegungsfolge durchläuft, die Behauptung folgt.

8. $g(x)$ ist von beschränkter Variation, also existiert das linke Integral nach Satz 3 von Ziffer 4; das rechte Integral existiert, da $f(x)$ stetig und $g'(x)$ integrierbar ist. Die Gleichheit der beiden Integrale folgt aus der Definition der Summe $S_{\mathfrak{Z}}$ mit Hilfe des Mittelwertsatzes der Differentialrechnung:

$$S_{\mathfrak{Z}} = \sum_{i=1}^{n} f(\xi_i)\,[g(x_i) - g(x_{i-1})] = \sum_{i=1}^{n} f(\xi_i)\,g'(\xi_i)\,(x_i - x_{i-1}).$$

§ 2.

1. a) Die Folge der Teilsummen s_n ist:

$$1,\ 2,\ 0,\ 1,\ 2,\ 0,\ 1,\ 2,\ 0,\ \ldots;$$

für die arithmetischen Mittel S_n erhält man:

$$S_{3m} = 1, \qquad S_{3m+1} = 1, \qquad S_{3m+2} = 1 + \frac{1}{3\,m + 2}.$$

Da sich die Folge der S_n in diese drei Teilfolgen zerlegen läßt, von denen jede gegen 1 strebt, ist auch $\lim_{n \to \infty} S_n = 1$.

b) Hier ist die Folge s_n der Teilsummen: $1,\,1,\,0,\,1,\,1,\,0,\,1,\,1,\,0,\,\ldots$ Die Folgen S_{3m}, S_{3m+1}, S_{3m+2} streben alle gegen $\dfrac{2}{3}$, also ist auch $\lim_{n \to \infty} S_n = \dfrac{2}{3}$.

2. a) Es ist (I, 2, § 28, Aufgabe 2; I, 1, § 36)

$$s_n = \sum_{\nu=1}^{n} \sin \nu\,x = \sin \frac{n\,x}{2}\;\frac{\sin \dfrac{n+1}{2}\,x}{\sin \dfrac{x}{2}} = \frac{1}{2} \cot \frac{x}{2} - \frac{\cos (2\,n + 1)\,\dfrac{x}{2}}{2 \sin \dfrac{x}{2}}$$

und

$$S_n = \frac{1}{n}\,(s_1 + s_2 + \ldots + s_n) =$$

$$= \frac{1}{2} \cot \frac{x}{2} - \frac{1}{2\,n \sin \dfrac{x}{2}} \left[\cos \frac{3\,x}{2} + \cos \frac{5\,x}{2} + \ldots + \cos (2\,n + 1)\,\frac{x}{2} \right];$$

wegen (vgl. a. a. O. Aufgabe 3)

$$\cos x + \cos 3 x + \ldots + \cos (2 n - 1) x = \frac{\sin 2 n x}{2 \sin x}$$

wird weiter

$$S_n = \frac{1}{2} \cot \frac{x}{2} - \frac{1}{2 n \sin \frac{x}{2}} \left[\frac{\sin n x}{2 \sin \frac{x}{2}} - \cos \frac{x}{2} + \cos (2 n + 1) \frac{x}{2} \right].$$

$$|S_n| \leq \frac{1}{2} \left| \cot \frac{x}{2} \right| + \frac{1}{n} \frac{3}{4 \sin^2 \frac{x}{2}}$$

und daher

$$\lim_{n \to \infty} S_n = \frac{1}{2} \cot \frac{x}{2}.$$

b) Es wird (a. a. O. Aufgabe 3)

$$s_n = \sum_{v=1}^{n} \sin (2 v - 1) x = \frac{\sin^2 n x}{\sin x} = \frac{1 - \cos 2 n x}{2 \sin x},$$

$$S_n = \frac{1}{n} (s_1 + s_2 + \ldots + s_n) = \frac{1}{2 n \sin x} [n - (\cos 2 x + \cos 4 x + \ldots + \cos 2 n x)] =$$

$$= \frac{1}{2 n \sin x} [n - (\cos x + \cos 2 x + \ldots + \cos 2 n x) +$$

$$+ (\cos x + \cos 3 x + \ldots + \cos (2 n - 1) x)] = \frac{1}{2 \sin x} - \frac{\cos n x \sin (n + 1) x}{2 n \sin^2 x}$$

und

$$\lim_{n \to \infty} S_n = \frac{1}{2 \sin x}.$$

3. Man bestätigt leicht, daß

$$\frac{1}{n} \sum_{v=1}^{n} v u_v = \left(1 + \frac{1}{n}\right) s_n - S_n.$$

Die vorausgesetzte Summe sei $\lim\limits_{n \to \infty} S_n = S$. Ist $\lim\limits_{n \to \infty} \dfrac{1}{n} \sum\limits_{v=1}^{n} v u_v = 0$, so ist wegen

$\lim\limits_{n \to \infty} \left(1 + \dfrac{1}{n}\right) = 1$ auch $\lim\limits_{n \to \infty} s_n = S$. Umgekehrt folgt aus $\lim\limits_{n \to \infty} s_n = S$

$$\lim_{n \to \infty} \left[\left(1 + \frac{1}{n}\right) s_n - S_n \right] = \lim_{n \to \infty} \frac{1}{n} \sum_{v=1}^{n} v u_v = 0.$$

4. Die Teilsummen der Reihe $\sum\limits_{v=1}^{\infty} (-1)^{v-1} b_v$ sind

$$s_{2n} = - (a_2 + a_4 + \ldots + a_{2n}),$$

$$s_{2n+1} = a_1 + a_3 + \ldots + a_{2n+1}$$

und die arithmetischen Mittel

$$S_{2n} = \frac{1}{2 n} (s_2' + s_4' + \ldots + s_{2n}'),$$

wo s_n' die n-ten Teilsummen der Reihe $\sum\limits_{v=1}^{\infty} (-1)^{v-1} a_v$ bedeuten, und

$$S_{2n+1} = \frac{2 n}{2 n + 1} S_{2n} + \frac{s_{2n+1}}{2 n + 1}.$$

Es wird $\lim\limits_{n\to\infty} S_{2n} = S = \dfrac{1}{2}\sum\limits_{v=1}^{\infty}(-1)^{v-1}a_v$; ebenso $\lim\limits_{n\to\infty} S_{2n+1} = S$, weil wegen $a_n \to 0$ auch

$\dfrac{S_{2n+1}}{2n+1} \to 0$ strebt.

a) $-\dfrac{1}{2}\ln 2$;   b) $-\dfrac{\pi}{8}$.

5. a) Es ist

$$f(x) = \varphi(x) - \psi(x),$$

wo $\varphi(x)$ und $\psi(x)$ monotone Funktionen sind, auf die sich der zweite Mittelwertsatz der Integralrechnung (I, 2, § 14, 8; I, 1, § 17, 5) anwenden läßt. Ist $\mathfrak{Z}$ eine beliebige Zerlegung $-\pi = x_0 < x_1 < \ldots < x_n = \pi$, so wird

$$|\pi a_v| \leq \sum_{i=1}^{n}\left|\int_{x_{i-1}}^{x_i} f(x)\cos v\,x\,dx\right| \leq \frac{1}{v}\sum_{i=1}^{n}|f(x_i) - f(x_{i-1})| +$$

$$+ \frac{1}{v}\sum_{i=1}^{n}|f(x_i)\sin v\,x_i - f(x_{i-1})\sin v\,x_{i-1}|,$$

somit, da der zweite Summand verschwindet,

$$|v\,\pi\,a_v| \leq \sum_{i=1}^{n}|f(x_i) - f(x_{i-1})| = V(\mathfrak{Z}) \leq V.$$

Analog für die b_v.

b) Zweimalige partielle Integration von $a_v = \dfrac{1}{\pi}\int\limits_{-\pi}^{\pi} f(x)\cos v\,x\,dx$ bzw.

$b_v = \dfrac{1}{\pi}\int\limits_{-\pi}^{\pi} f(x)\sin v\,x\,dx.$

§ 3.

1. Offenbar ist $f(x) = x^p$ zu nehmen. Damit wird

$$1^p + 2^p + \ldots + n^p = \frac{n^{p+1}}{p+1} + \frac{1}{2}n^p + \frac{B_2}{2!}p\,n^{p-1} + \frac{B_4}{4!}p(p-1)(p-2)n^{p-3} + \ldots$$

Die Entwicklung bricht nach der ersten oder zweiten Potenz von n ab, je nachdem p gerade oder ungerade ist. Weiter:

$$1^p + 2^p + \ldots + (n-1)^p = \frac{1}{p+1}\left[n^{p+1} + \binom{p+1}{1}B_1 n^p + \binom{p+1}{2}B_2 n^{p-1} + \ldots\right] =$$

$$= \frac{1}{p+1}\left[(n+B)^{p+1} - B^{p+1}\right].$$

2. Man nimmt $f(x) = (1+x)^{-s}$ und ersetzt in der Eulerschen Formel wieder n durch $n-1$. Das gibt

$$\sum_{v=1}^{n}\frac{1}{v^s} = \frac{1}{s-1}\left(1 - \frac{1}{n^{s-1}}\right) + \frac{1}{2}\left(\frac{1}{n^s} + 1\right) + \frac{B_2}{2}\binom{s}{1}\left(1 - \frac{1}{n^{s+1}}\right) + \ldots$$

$$\ldots + \frac{B_{2k}}{2k}\binom{s+2k-2}{2k-1}\left(1 - \frac{1}{n^{s+2k-1}}\right) - (2k+1)!\binom{s+2k}{2k+1}\int_1^n \frac{B_{2k+1}(x)}{x^{s+2k+1}}\,dx.$$

Ist $s > 1$ (reell), so folgt für $n \to \infty$

$$\varsigma(s) = \frac{1}{s-1} + \frac{1}{2} + \frac{B_2}{2}\binom{s}{1} + \ldots$$

$$\ldots + \frac{B_{2k}}{2k}\binom{s+2k-2}{2k-1} - (2k+1)!\binom{s+2k}{2k+1}\int_1^{\infty} \frac{B_{2k+1}(x)}{x^{s+2k+1}}\,dx.$$

Die Entwicklung gilt auch für komplexes s mit $\Re(s) > 1$ (III, § 25, 2).

5. $f(x) = \dfrac{1}{\sqrt{x+1}}$, $n = 10^4 - 1$; Resultat: $198 \cdot 5457$.

6. a) $1 \cdot 64493 = \dfrac{\pi^2}{6}$, \qquad b) $1 \cdot 20206$, \qquad c) $2 \cdot 61237$.

7. Man erhält die angeführte Entwicklung mittels der Substitution $u = \dfrac{t^2}{2}$ durch fortgesetzte partielle Integration. Es wird

$$R_n = 1 \cdot 3 \cdot 5 \ldots (2n+1) \left| \int_{\frac{x^2}{2}}^{\infty} (2u)^{-\frac{2n+3}{2}} e^{-u}\, du \right| <$$

$$< 1 \cdot 3 \ldots (2n+1)\, e^{-\frac{x^2}{2}} \left| \int_{\frac{x^2}{2}}^{\infty} (2u)^{-\frac{2n+3}{2}}\, du \right| = \left| \frac{1 \cdot 3 \ldots (2n-1)}{x^{2n+1}}\, e^{-\frac{x^2}{2}} \right| = |a_n|.$$

8. Durch fortgesetzte partielle Integration erhält man

$$f(x) = \sum_{\nu=0}^{n-1} \frac{\varphi^{(\nu)}(0)}{x^{\nu+1}} + \frac{1}{x^n} \int_0^{\infty} \varphi^{(n)}(u)\, e^{-ux}\, du$$

und wegen

$$\left| \frac{1}{x^n} \int_0^{\infty} \varphi^{(n)}(u)\, e^{-ux}\, du \right| < \frac{M}{x^n} \left| \int_0^{\infty} e^{-ux}\, du \right| = \frac{M}{x^{n+1}} = 0\,(x^{-(n+1)})$$

die asymptotische Entwicklung

$$f(x) \sim \sum_{\nu=0}^{\infty} \frac{\varphi^{(\nu)}(0)}{x^{\nu+1}}.$$

9. a)

$$\int_0^{\infty} \frac{e^{-ux}}{1+u}\, du \sim \sum_{\nu=0}^{\infty} (-1)^\nu \frac{\nu!}{x^{\nu+1}};$$

durch die Substitution $(1+u)\,x = t$ erhält man das Beispiel von Ziffer 3.

b)

$$\int_0^{\infty} \frac{e^{-ux}}{\sqrt{1+u}}\, du \sim \sum_{\nu=0}^{\infty} (-1)^\nu \frac{1 \cdot 3 \cdot 5 \ldots (2\nu-1)}{2^\nu\, x^{\nu+1}} = \sum_{\nu=0}^{\infty} (-1)^\nu \frac{(2\nu)!}{2^{2\nu}\, \nu!\, x^{\nu+1}}.$$

Führt man die Substitution $(1+u)\,x = \dfrac{t^2}{2}$ durch und schreibt man dann x^2 an Stelle von x, so erhält man Aufgabe 7.

c)

$$\int_0^{\infty} \frac{e^{-ux}}{1+u^2}\, du \sim \sum_{\nu=0}^{\infty} (-1)^\nu \frac{(2\nu)!}{x^{2\nu+1}}.$$

10. Differentiation von 9 c) (das Integral ist gleichmäßig konvergent!) gibt

$$\frac{d}{dx} \int_0^{\infty} \frac{e^{-ux}}{1+u^2}\, du = -\int_0^{\infty} \frac{u\, e^{-ux}}{1+u^2}\, du \sim -\sum_{\nu=0}^{\infty} (-1)^\nu \frac{(2\nu+1)!}{x^{2\nu+2}}.$$

Die Funktion $\varphi(u) = \dfrac{u}{1+u^2}$ ist in $[0, \infty]$ beschränkt und daher (vgl. Aufgabe 8) die Reihe rechts eine asymptotische Entwicklung.

$$\S\ 4.$$

1. Partielle Integration gibt für $m < n$

$$J_n = 2^n n! \int_{-1}^{1} P_n(x)\, x^m\, dx = \int_{-1}^{1} u_n^{(n)}(x)\, x^m\, dx = \left[u_n^{(n-1)}(x)\, x^m \right]_{-1}^{1} - m \int_{-1}^{1} u_n^{(n-1)}(x)\, x^{m-1}\, dx.$$

Der Klammerausdruck verschwindet, weil $u_n^{(n-1)}(x)$ den Faktor $x^2 - 1$ enthält; m-malige Integration gibt also wegen $m < n$

$$J_n = (-1)^m\, m! \int_{-1}^{1} u_n^{(n-m)}(x)\, dx = (-1)^m\, m! \left[u_n^{(n-m-1)}(x) \right]_{-1}^{1} = 0.$$

Somit ist auch

$$(P_n,\, P_m) = \int_{-1}^{1} P_n(x)\, P_m(x)\, dx = 0 \qquad \text{für} \qquad m \neq n.$$

Berechnung der Normierungsfaktoren:

$$\int_{-1}^{1} u_n^{(n)}(x)\, u_n^{(n)}(x)\, dx = - \int_{-1}^{1} u_n^{(n-1)}(x)\, u_n^{(n+1)}(x)\, dx = (-1)^n \int_{-1}^{1} u_n(x)\, u_n^{(2n)}(x)\, dx =$$

$$= (-1)^n\, (2n)! \int_{-1}^{1} u_n(x)\, dx = (2n)! \int_{-1}^{1} (1-x)^n\, (1+x)^n\, dx =$$

$$= (2n)!\, \frac{n}{n+1} \int_{-1}^{1} (1-x)^{n-1}\, (1+x)^{n+1}\, dx = (2n)!\, \frac{n\,(n-1)\,\ldots\,2\cdot 1}{(n+1)\,(n+2)\,\ldots\,2n} \int_{-1}^{1} (1+x)^{2n}\, dx =$$

$$= (n!)^2\, \frac{2^{2n+1}}{2n+1}$$

und daher

$$N\, P_n = \int_{-1}^{1} [P_n(x)]^2 = \frac{1}{2^{2n}\, (n!)^2} \int_{-1}^{1} [u_n^{(n)}(x)]^2\, dx = \frac{2}{2n+1}, \tag{1}$$

also ist

$$\varphi_n(x) = \sqrt{\frac{2n+1}{2}}\, P_n(x), \qquad n = 0, 1, 2, \ldots \tag{2}$$

das zugehörige normierte Orthogonalsystem.

2. Daß die Funktionen

$$L_n(x) = e^x\, \frac{d^n}{dx^n}\, (x^n\, e^{-x})$$

Polynome vom Grad n sind, stellt man sofort durch Ausführung der Differentiation nach der Leibnizschen Regel (I, 2, § 15, 4; I, 1, § 18, 4) fest:

$$L_n(x) = \sum_{k=0}^{n} (-1)^k \binom{n}{k} n(n-1)\ldots(k+1)\, x^k.$$

Zu zeigen ist noch, daß die Funktionen

$$e^{-\frac{x}{2}}\, L_n(x)$$

ein Orthogonalsystem bilden. Zunächst wird mit $\nu < n$

$$\int_{0}^{\infty} e^{-x}\, L_n(x)\, x^\nu\, dx = \int_{0}^{\infty} x^\nu\, \frac{d^n}{dx^n}\, (x^n\, e^{-x})\, dx = -\nu \int_{0}^{\infty} x^{\nu-1}\, \frac{d^{n-1}}{dx^{n-1}}\, (x^n\, e^{-x})\, dx =$$

$$= (-1)^\nu\, \nu! \int_{0}^{\infty} \frac{d^{n-\nu}}{dx^{n-\nu}}\, (x^n\, e^{-x})\, dx = 0;$$

daraus folgt sofort

$$\int_0^\infty e^{-x} L_n(x) L_m(x)\, dx = 0 \qquad \text{für} \qquad m \neq n.$$

Für die Normierungskoeffizienten ergibt sich

$$\int_0^\infty e^{-x} [L_n(x)]^2\, dx = (-1)^n \int_0^\infty x^n \frac{d^n}{dx^n}(x^n e^{-x})\, dx = n! \int_0^\infty x^n e^{-x}\, dx = (n!)^2,$$

so daß

$$\varphi_n(x) = \frac{1}{n!}\, e^{-\frac{x}{2}}\, L_n(x), \qquad n = 0, 1, 2, \ldots$$

das normierte Orthogonalsystem ist.

3. Man erhält

$$\varphi_n(x) = \frac{1}{\sqrt{2^n\, n!\, \sqrt{\pi}}}\, e^{-\frac{x^2}{2}}\, H_n(x), \qquad n = 0, 1, 2, \ldots$$

4. Setzt man $x = \cos\varphi$, so folgt aus der Moivreschen Formel

$$(\cos\varphi + j\sin\varphi)^n = \cos n\varphi + j\sin n\varphi,$$

$$\cos n\varphi = \cos^n\varphi - \binom{n}{2}\cos^{n-2}\varphi\,\sin^2\varphi + \binom{n}{4}\cos^{n-4}\varphi\,\sin^4\varphi - + \cdots$$

$T_n(x)$ ist also wieder ein Polynom n-ten Grades mit dem Koeffizienten 1 von x^n. Ferner ist

$$\int_{-1}^1 \frac{1}{\sqrt{1-x^2}}\, T_m(x)\, T_n(x)\, dx = \frac{1}{2^{m+n-2}} \int_0^\pi \cos m\varphi \cos n\varphi\, d\varphi = 0, \qquad m \neq n$$

und

$$\int_{-1}^1 \frac{1}{\sqrt{1-x^2}}\, [T_n(x)]^2\, dx = \frac{\pi}{2^{2n-1}}, \qquad n > 0,$$

so daß

$$\varphi_0(x) = \frac{1}{\sqrt{\pi}}, \qquad \varphi_n(x) = \frac{2^n}{\sqrt{2\pi\sqrt{1-x^2}}}\, T_n(x)$$

das normierte Orthogonalsystem bilden.

§ 5.

1. Der Kern $x^2 e^x e^y + x e^x y e^y$ ist ein Produktkern; mit

$$X_1 = -\frac{2(1 + 3 e^{-2})}{\varDelta}, \qquad X_2 = -\frac{2(1 + 4 e^{-2})}{\varDelta}, \qquad \varDelta = 1 + 4 e^{-2} + e^{-4}$$

wird

$$\varphi(x) = 2 e^{-x} - \frac{8 e^{-2+x}\, x}{\varDelta}\, [x(1 + 3 e^{-2}) + 1 + 4 e^{-2}].$$

2. Der Kern $ch(x + y) = ch\, x\, ch\, y + sh\, x\, sh\, y$ ist ein Produktkern mit den Eigenwerten

$$\lambda_1 = \frac{2}{sh\, 2 - 2}, \qquad \lambda_2 = \frac{2}{sh\, 2 + 2}$$

und den Eigenfunktionen

$$\varphi_1(x) = c_1\, sh\, x, \qquad \varphi_2(x) = c_2\, ch\, x, \qquad c_1, c_2 \text{ beliebig.}$$

Die inhomogene Gleichung besitzt für $\lambda = \lambda_1$ und $\lambda = \lambda_2$ keine Lösung. Mit $b_1 = \frac{1}{2} sh\, 2 + 1$, $b_2 = \frac{1}{2} sh\, 2 - 1$ wird

$$X_1 = \frac{sh\, 2 + 2}{2 - \lambda(sh\, 2 + 2)}, \qquad X_2 = \frac{sh\, 2 - 2}{2 - \lambda(sh\, 2 - 2)}$$

und daher

$$\varphi(x) = \frac{2}{(2 - \lambda\, sh\, 2)^2 - 4\,\lambda^2}\left[(2 - \lambda\, sh\, 2)\, e^x + 2\,\lambda\, e^{-x}\right], \qquad \lambda \neq \lambda_1,\, \lambda_2,$$

die Lösung der inhomogenen Gleichung.

3. a) Es wird

$$X_1 = \frac{\alpha\, a^2}{a^2 - \alpha} \qquad \text{mit} \qquad \alpha = \int_0^a x\, J_0^2(x) = \frac{a^2}{2}\left[J_0^2(a) + J'^2(a)\right],$$

wobei der Ausdruck für α aus der Besselschen Differentialgleichung für $J_0(x)$ (III, § 5, 4, Beispiel) durch Multiplikation mit $x^2 J_0'(x)$ und nachfolgender Integration von o bis a folgt. Damit wird

$$\varphi(x) = \frac{2\,\sqrt{x}\, J_0(x)}{2 - J_0^2(a) - J_0'^2(a)}.$$

Der Eigenwert und die zugehörige Eigenfunktion sind:

$$\lambda_1 = \frac{1}{a^2}\,\frac{2}{J_0^2(a) + J_0'^2(a)}, \qquad \varphi_1(x) = \frac{\sqrt{x}\, J_0(x)}{J_0^2(a) + J_0'^2(a)}\, c, \quad c \text{ beliebig;}$$

Normierung ergibt für c den Wert $|c| = \dfrac{2\,\sqrt{\alpha}}{a^2}$.

b) Der n-te iterierte Kern ist $K_n(x, y) = \alpha^{n-1}\,\sqrt{x\, y}\, J_0(x)\, J_0(y)$ [bezüglich α vgl. a)] und daher die Neumannsche Reihe

$$\sum_{\nu=1}^{\infty}\left(\frac{\alpha}{a^2}\right)^{\nu-1}\sqrt{x\, y}\, J_0(x)\, J_0(y).$$

Die Schmidtsche Konvergenzschranke ergibt $|\lambda| < \dfrac{1}{\alpha}$ und diese Relation ist für $\lambda = \dfrac{1}{a^2}$ erfüllt, wie man durch Abschätzung von α wegen $|J_0(x)| \leqq 1$ findet. Damit erhält man

$$\varphi(x) = \frac{2\,\sqrt{x}\, J_0(x)}{2 - J_0^2(a) - J_0'^2(a)}.$$

4. Die Entwicklung des Integralkernes in eine Fourierreihe liefert zur Bestimmung der X_i ein unendliches Gleichungssystem, das aber wegen der Orthogonalität der trigonometrischen Funktionen leicht aufgelöst werden kann. Da $K(\vartheta) = \dfrac{1}{1 - a^2 \cos^2\vartheta}$, $\vartheta = \dfrac{x + y}{2}$, gerade ist, wird

$$K(\vartheta) = \frac{a_0}{2} + \sum_{\nu=1}^{\infty} a_\nu \cos\nu\,\vartheta$$

mit

$$\frac{a_\nu}{2} = \frac{1}{2\pi}\int_0^{2\pi}\frac{e^{j\nu\vartheta}}{1 - a^2\cos^2\vartheta}\, d\vartheta = \frac{1}{2\pi j\, a^2}\oint\frac{4\, z^{\nu+1}}{\frac{4}{a^2}z^2 - (z^2 + 1)^2}\, dz, \qquad z = e^{j\vartheta},$$

wobei das letzte Integral über den Einheitskreis zu erstrecken ist. Der Integrand hat im Inneren des Einheitskreises an den Stellen $z_1 = \dfrac{1 - \sqrt{1 - a^2}}{a}$ und $z_2 = -z_1 = \dfrac{-1 + \sqrt{1 - a^2}}{a}$ Pole erster Ordnung und die Residuen $\dfrac{a^2}{2\,\sqrt{1 - a^2}}\, z_2^\nu$ und $(-1)^\nu\,\dfrac{a^2}{2\,\sqrt{1 - a^2}}\, z_2^\nu$; daher wird

$$a_{2\nu} = \frac{2\, z_2^{2\nu}}{\sqrt{1 - a^2}}, \qquad a_{2\nu+1} = 0, \qquad \nu = 1, 2, \ldots$$

und

$$\varphi(x) = x - \frac{\lambda}{\sqrt{1 - a^2}}\int_0^{2\pi}\left[1 + 2\sum_{\nu=1}^{\infty} z_2^{2\nu}\,(\cos\nu\, x \cos\nu\, y - \sin\nu\, x \sin\nu\, y)\right]\varphi(y)\, dy.$$

Setzt man (entsprechend den X_i) $C_\nu = \int\limits_0^{2\pi} \varphi(y) \cos \nu\, y\, dy$ und $S_\nu = \int\limits_0^{2\pi} \varphi(y) \sin \nu\, y\, dy$, so erhält man aus dem linearen Gleichungssystem sofort

$$C_0 = \frac{2\,\pi^2\,\sqrt{1 - a^2}}{2\,\pi\,\lambda + \sqrt{1 - a^2}}, \qquad C_\nu = 0, \qquad S_\nu = \frac{2\,\pi}{\nu} \frac{\sqrt{1 - a^2}}{2\,\pi\,\lambda\,z_2^{2\nu} - \sqrt{1 - a^2}}, \qquad \nu = 1,\, 2,\, \ldots$$

und damit die Lösung der inhomogenen Gleichung

$$\varphi(x) = x - \frac{2\,\pi^2\,\lambda}{2\,\pi\,\lambda + \sqrt{1 - a^2}} + 4\,\pi\,\lambda \sum_{\nu=1}^{\infty} \frac{z_2^{2\nu}}{\nu} \frac{\sin \nu\, x}{2\,\pi\,\lambda\,z_2^{2\nu} - \sqrt{1 - a^2}},$$

die für $|\lambda| < \dfrac{1 - a^2}{2\,\pi}$ sicher konvergiert. Insbesondere für $a = 0$: $\varphi(x) = x - \dfrac{2\,\pi^2\,\lambda}{1 + 2\,\pi\,\lambda}$.
Die Eigenwerte sind

$$\overset{1}{\lambda_\nu} = -\frac{\sqrt{1 - a^2}}{2\,\pi\,z_2^{2\nu}}, \qquad \nu = 0,\, 1,\, 2,\, \ldots \qquad\qquad \overset{2}{\lambda_\nu} = \frac{\sqrt{1 - a^2}}{2\,\pi\,z_2^{2\nu}}, \qquad \nu = 1,\, 2,\, \ldots$$

und die Eigenfunktionen

$$\overset{1}{\varphi_0} = \frac{c_0}{2\,\pi}, \qquad \overset{1}{\varphi_\nu} = \frac{c_\nu}{\pi} \cos \nu\, x, \qquad \overset{2}{\varphi_\nu} = \frac{k_\nu}{\pi} \sin \nu\, x, \qquad \nu = 1,\, 2,\, \ldots$$

mit den beliebigen Konstanten $c_0,\ c_\nu,\ k_\nu$.

5. Der umgeformte Kern $K(x, y) = e^{x-y} + \dfrac{\pi}{2}\,[\cos (x + y) + \sin (x + y)]$ läßt sich in

den Produktkern $P(x, y) = \dfrac{\pi}{2}\,[(\cos x + \sin x) \cos y + (\cos x - \sin x) \sin y]$ und den Rest-

kern $\overline{K} = e^{x-y}$ zerlegen. Es wird $\overline{\Gamma} = 2\,e^{x-y}$ der zu $\overline{K}$ gehörige lösende Kern und die Gleichung (47) lautet:

$$\varphi(x) = 2\,e^x + \frac{1}{2}\int\limits_0^{\frac{\pi}{2}} \left[\left(\cos x + \sin x + \frac{2}{\pi}\,e^x\right)\cos y + \right.$$

$$\left. + \left(\cos x - \sin x + \frac{2}{\pi}\,e^{-\frac{\pi}{2}}\,e^x\right)\sin y\right] \cdot \varphi(y)\, dy.$$

Daraus folgt

$$X_1 = \frac{1}{D}\left[e^{\frac{\pi}{2}}\left(\frac{\pi}{4} + \frac{1}{2}\right) - 1\right], \qquad X_2 = \frac{1}{D}\left[e^{\frac{\pi}{2}} + \frac{1}{2} - \frac{\pi}{4}\right],$$

wo

$$D = \frac{5}{8} - \frac{\pi^2}{32} - \frac{1}{2\,\pi}\,ch\,\frac{\pi}{2} - \frac{1}{4}\,sh\,\frac{\pi}{2}$$

und damit

$$\varphi(x) = \left[2 + \frac{1}{\pi\,D}\left(ch\,\frac{\pi}{2} + \frac{\pi}{2}\,sh\,\frac{\pi}{2}\right)\right]e^x + \frac{1}{2\,D}\left[e^{\frac{\pi}{2}}\left(\frac{\pi}{4} + \frac{3}{2}\right) - \frac{1}{2} - \frac{\pi}{4}\right]\cos x +$$

$$+ \frac{1}{2\,D}\left[e^{\frac{\pi}{2}}\left(\frac{\pi}{4} - \frac{1}{2}\right) - \frac{3}{2} + \frac{\pi}{4}\right]\sin x.$$

6. Wegen $\Gamma(x, y) = \sum\limits_{\nu=1}^{\infty} K_\nu(x, y)$ wird

$$\Gamma(x, y) - K(x, y) = \sum_{\nu=2}^{\infty} K_\nu(x, y) = \sum_{\nu=2}^{\infty} \int\limits_y^x K_{\nu-1}(x, \eta)\, K(\eta, y)\, d\eta =$$

$$= \int\limits_y^x \sum_{\nu=2}^{\infty} K_{\nu-1}(x, \eta)\, K(\eta, y)\, d\eta = \int\limits_y^x \sum_{\mu=1}^{\infty} K_\mu(x, \eta)\, K(\eta, y)\, d\eta = \int\limits_y^x \Gamma(x, \eta)\, K(\eta, y)\, d\eta.$$

7. Es ist $K(x, y) = \dfrac{1}{1 - (x - y)} = K(x - y)$; also ist ($\xi = \eta - y$)

$$K_2(x, y) = \int\limits_y^x K(x - \eta)\, K(\eta - y)\, d\eta = \int\limits_0^{x-y} K[(x - y) - \xi]\, K(\xi)\, d\xi$$

nur von $(x - y)$ abhängig, daher auch jeder iterierte Kern und der lösende Kern ist in der Gestalt

$$\Gamma(x - y) = \sum_{\nu=0}^{\infty} \alpha_\nu\, (x - y)^\nu$$

darstellbar, wobei sich die α_ν mittels der Reziprozitätsrelation der Aufgabe 6 bestimmen lassen. Da die Reihe der iterierten Kerne gleichmäßig in $\mathfrak{B}$ konvergiert, konvergiert dort auch die Potenzreihe. Wegen $K(x - y) = \sum_{\nu=0}^{\infty} (x - y)^\nu$ wird

$$\int\limits_y^x \Gamma(x - \eta)\, K(\eta - y)\, d\eta = \sum_{\nu, \mu=0}^{\infty} \alpha_\mu \int\limits_y^x (x - \eta)^\mu\, (\eta - y)^\nu\, d\eta = \sum_{\nu, \mu=0}^{\infty} \alpha_\mu \int\limits_0^{x-y} ((x - y) - \xi)^\mu\, \xi^\nu\, d\xi =$$

$$= \sum_{\nu, \mu=0}^{\infty} \alpha_\mu\, (x - y)^{\mu+\nu+1}\, B(\mu + 1, \nu + 1) = \sum_{\nu, \mu=0}^{\infty} \alpha_\mu\, \frac{\mu!\, \nu!}{(\mu + \nu + 1)!}\, (x - y)^{\mu+\nu+1},$$

wobei $B(\mu + 1, \nu + 1)$ die Betafunktion ist; damit ergibt die Reziprozitätsrelation für die α_μ die Rekursionsformel

$$\alpha_k = -\left\{ 1 + \sum_{\mu=1}^{k} \alpha_{k-\mu}\, \frac{1}{\mu} \left[\binom{k}{\mu} \right]^{-1} \right\}$$

und es wird

$$\varphi(x) = 1 - \sum_{k=0}^{\infty} \frac{x^{k+1}}{k + 1} \left\{ 1 + \sum_{\mu=1}^{k} \alpha_{k-\mu}\, \frac{1}{\mu} \left[\binom{k}{\mu} \right]^{-1} \right\}.$$

8. Mit $\chi(x) = \int\limits_a^b \sum\limits_{\nu=1}^{n-1} K_\nu(x, y)\, \psi(y)\, dy$ wird

$$\chi(x) - \int\limits_a^b K(x, y)\, \chi(y)\, dy = \int\limits_a^b K(x, y)\, \psi(y)\, dy + f(x) - \psi(x),$$

d. h. $\varphi(x) = \chi(x) + \psi(x)$ löst die ursprüngliche Gleichung. Wegen $\psi(x) = f(x) +$
$+ \int\limits_a^b \Gamma_n(x, y)\, f(y)\, dy$ folgt

$$\varphi(x) = \chi(x) + \psi(x) = f(x) +$$

$$+ \int\limits_a^b \left[\Gamma_n(x, y) + \sum_{\nu=1}^{n-1} K_\nu(x, y) + \int\limits_a^b \sum_{\nu=1}^{n-1} K_\nu(x, \eta)\, \Gamma_n(\eta, y)\, d\eta \right] f(y)\, dy$$

und damit die Behauptung.

Dieses Verfahren ist zweckmäßig, wenn es leichter ist, den lösenden Kern zu einem der iterierten Kerne als zum ursprünglichen selbst zu bilden, oder wenn etwa $K(x, y)\, |x - y|^\alpha$ mit $0 < \alpha < 1$ ein beschränkter stetiger Kern ist.

§ 6.

1. a) Es wird

$$\varphi(x) = F(x) + \lambda \int\limits_a^b \overline{K}(x, y, \lambda)\, \varphi(y)\, dy$$

mit

$$\overline{K}(x, y, \lambda) = K(x, y) + K(y, x) - \lambda \int\limits_a^b K(\eta, x)\, K(\eta, y)\, d\eta = \overline{K}(y, x, \lambda).$$

b) Folgt aus a).

c) Aus $f(x) = 0$ folgt $F(x) = 0$.

2. Tritt $|\lambda_1|$ h-mal auf, so ist

$$U_{2n} = \frac{h}{\lambda_1^{2n}} \left[1 + \frac{1}{h} \sum_{\nu=h+1}^{\infty} \left(\frac{\lambda_1}{\lambda_\nu} \right)^{2n} \right].$$

Ist λ_{h+1} ein k·facher Eigenwert, so wird wegen $|\lambda_1| < |\lambda_\nu|$ für $\nu > h$

$$\varepsilon_{2n} = \frac{1}{h} \sum_{\nu=h+1}^{\infty} \left(\frac{\lambda_1}{\lambda_\nu} \right)^{2n} \leqq \frac{1}{h} \left(\frac{\lambda_1}{\lambda_{h+1}} \right)^{2n} \left[k + \sum_{\nu=h+k+1}^{\infty} \left(\frac{\lambda_{h+1}}{\lambda_\nu} \right)^{2n} \right] \to 0$$

für $n \to \infty$. Somit folgt aus $U_{2n} = \dfrac{h}{\lambda_1^{2n}} (1 + \varepsilon_n)$ für hinreichend großes n

$$|\lambda_1| \approx \sqrt[2n]{\frac{h}{U_{2n}}}.$$

3. a) Zweimalige Differentiation der homogenen Integralgleichung

$$\varphi(x) - \frac{\lambda}{2} \int_0^x y(2-x)\, \varphi(y)\, dy - \frac{\lambda}{2} \int_x^1 x(2-y)\, \varphi(y)\, dy = 0$$

führt auf

$$\varphi''(x) + \lambda\, \varphi(x) = 0, \qquad \varphi(x) = A \cos \sqrt{\lambda}\, x + B \sin \sqrt{\lambda}\, x.$$

Aus $\varphi'(1) + \varphi(1) = 0$ erhält man zur Bestimmung der λ_ν die Gleichung

$$\sqrt{\lambda} + \tan \sqrt{\lambda} = 0$$

und daraus als Näherungswert $\lambda_1 \approx 4{,}115$.

Wegen $\varphi(0) = 0$ ist $A = 0$ und wegen $B^2 \int_0^1 \sin^2 \sqrt{\lambda}\, x\, dx = 1$ wird

$$\varphi_\nu(x) = \sqrt{\frac{2}{1 + \cos^2 \sqrt{\lambda_\nu}}} \sin \sqrt{\lambda_\nu}\, x.$$

b) Wegen der Symmetrie von $K(x, y)$ genügt es, $K_2(x, y)$ für $y < x$ zu berechnen. Bezeichnet K' den Kern für $x \geqq y$, K'' den Kern für $x \leqq y$, so wird

$$K_2(x, y) = \int_0^1 K(x, \eta)\, K(\eta, y)\, d\eta = \int_0^y K'(x, \eta)\, K''(\eta, y)\, d\eta + \int_y^x K'(x, \eta)\, K'(\eta, y)\, d\eta +$$

$$+ \int_x^1 K''(x, \eta)\, K'(\eta, y)\, d\eta = \frac{1}{12} \left[-y^3(2-x) + y(x^3 - 6x^2 + 7x) \right].$$

(Durch Vertauschung von x und y folgt dann $K_2(x, y)$ für $y > x$.) Man findet $U_4 =$

$$= 2 \int_0^1 \int_0^x K_2^2(x, y)\, dy\, dx = \frac{113}{32400}$$ und daraus $\lambda_1 \approx 4{,}115$ (wie aus a) ersichtlich, ist $h = 1$).

§ 8.

1. a) $\dfrac{a!}{(p-b)^{a+1}}$, folgt sofort aus (14) und (15), $\Re p > \Re b$.

b) Anwendung des Divisionssatzes (42)! Wegen $\mathfrak{L}(1 - e^{-t}) = \dfrac{1}{p} - \dfrac{1}{p+1}$ wird

$$\mathfrak{L}\, \frac{1 - e^{-t}}{t} = \int_p^{\infty} \left(\frac{1}{p} - \frac{1}{p+1} \right) dp = \ln\left(1 + \frac{1}{p} \right), \qquad \Re p > 0.$$

c) Aus

$$\Gamma(z+1) = z! = \int_0^{\infty} t^z e^{-t}\, dt, \qquad z > -1,\ \text{reell,}$$

folgt (Differentiation ist erlaubt wegen der gleichmäßigen Konvergenz)

$$\Gamma'(z+1) = \int\limits_0^\infty t^z\, e^{-t} \ln t\, dt$$

und

$$\Gamma'(1) = \int\limits_0^\infty e^{-t} \ln t\, dt = -C$$

(Eulersche Konstante), was man sofort aus der Gaußschen Produktdarstellung (III, § 32, 7) erhält. Setzt man $t = p\,u$ (p reell und > 0), so folgt weiter

$$-C = p \int\limits_0^\infty e^{-pu}\,(\ln p + \ln u)\, du = p \ln p \int\limits_0^\infty e^{-pu}\, du + p \int\limits_0^\infty e^{-pu} \ln u\, du = \ln p + p\,\mathfrak{L} \ln t,$$

also

$$\mathfrak{L} \ln t = -\frac{C + \ln p}{p},$$

durch analytische Fortsetzung auch für komplexe p mit $\Re p > 0$.

d) Mit $u = \dfrac{t}{2} + p$ wird

$$\mathfrak{L}\, e^{-\frac{t^2}{4}} = 2\, e^{p^2} \int\limits_p^\infty e^{-u^2}\, du = \sqrt{\pi}\; e^{p^2}\,(1 - \operatorname{erf} p), \qquad \Re p > -\infty.$$

e) $$\varphi(p) = \int\limits_0^\infty e^{-pt}\, \frac{\cos x \sqrt{t}}{\sqrt{t}}\, dt = 2 \int\limits_0^\infty e^{-pu^2} \cos u\, x\, du = \int\limits_{-\infty}^\infty e^{-pu^2}\, e^{jux}\, du.$$

Sei $p > 0$ reell, $\sqrt{p} > 0$; dann wird weiter

$$\varphi(p) = \exp\left(-\frac{x^2}{4\,p}\right) \int\limits_{-\infty}^\infty \exp\left[-\left(u\sqrt{p} - \frac{j\,x}{2\sqrt{p}}\right)^2\right] du = \frac{1}{\sqrt{p}} \exp\left(-\frac{x^2}{4\,p}\right) \int\limits_{\mathfrak{g}} e^{-v^2}\, dv,$$

wo das Integral über die horizontale Gerade $\mathfrak{g}$ durch $-\dfrac{j\,x}{2\sqrt{p}}$ zu erstrecken ist. Nach dem Cauchyschen Satz ist $\int e^{-v^2}\, dv = 0$, wenn $\Re$ das Rechteck $\pm\, a$, $\pm\, a - jb$ ist, $a > 0$, beliebig. Für $a \to \infty$ verschwinden aber die Anteile der beiden senkrechten Seiten, so daß

$$\int\limits_{\mathfrak{g}} e^{-v^2}\, dv = \int\limits_{-\infty}^\infty e^{-v^2}\, dv = \sqrt{\pi}$$

und daher

$$\mathfrak{L}\, \frac{\cos x \sqrt{t}}{\sqrt{t}} = \sqrt{\frac{\pi}{p}} \exp\left(-\frac{x^2}{4\,p}\right), \qquad \Re p > 0.$$

f) $$\mathfrak{L} \sin x \sqrt{t} = \frac{x}{2} \sqrt{\frac{\pi}{p^3}}\, \exp\left(-\frac{x^2}{4\,p}\right), \qquad \Re p > 0,$$

entweder ähnlich wie e) oder durch Differentiation von e) nach x unter dem Integralzeichen (erlaubt!).

g) und h) folgen aus e) und f), wenn man x durch $j\,x$ ersetzt. Es ist

$$\mathfrak{L}\, \frac{\operatorname{ch} x \sqrt{t}}{\sqrt{t}} = \sqrt{\frac{\pi}{p}} \exp \frac{x^2}{4\,p},$$

$$\mathfrak{L} \operatorname{sh} x \sqrt{t} = \frac{x}{2} \sqrt{\frac{\pi}{p^3}} \exp \frac{x^2}{4\,p}, \qquad \Re p > 0.$$

i)
$$\mathfrak{L}\,\frac{1}{\sqrt{t}}\exp\left(-\frac{x^2}{4\,t}\right)=\exp\left(-x\,\sqrt{p}\right)\int_0^\infty\frac{1}{\sqrt{t}}\exp\left[-\left(\sqrt{p\,t}-\frac{x}{2\,\sqrt{t}}\right)^2\right]dt=$$

$$=x\exp\left(-x\,\sqrt{p}\right)\int_0^\infty\frac{1}{u^2}\exp\left[-\left(\frac{x\,\sqrt{p}}{2\,u}-u\right)^2\right]du=\sqrt{\frac{\pi}{p}}\,e^{-x\,\sqrt{p}}.$$

j) Ähnlich wie i):
$$\mathfrak{L}\,\frac{1}{\sqrt{t^3}}\exp\left(-\frac{x^2}{4\,t}\right)=\frac{2\,\sqrt{\pi}}{x}\,e^{-x\,\sqrt{p}}.$$

2. a) Alle Aufgaben mittels des Faltungssatzes oder durch Partialbruchzerlegung, z. B.:

$$\mathfrak{L}^{-1}\,\frac{1}{p^3+\omega^3}=\mathfrak{L}^{-1}\,\frac{1}{p+\omega}\,\frac{1}{\left(p-\frac{\omega}{2}\right)^2+\frac{3\,\omega^2}{4}}=e^{-\omega t}\,*\,\frac{2}{\sqrt{3}\,\omega}\,e^{\frac{\omega t}{2}}\sin\frac{\sqrt{3}\,\omega t}{2}=$$

$$=\frac{2}{\sqrt{3}\,\omega}\int_0^t e^{-\omega\,(t-u)}\,e^{\frac{\omega u}{2}}\sin\frac{\sqrt{3}\,\omega u}{2}\,du=\frac{2}{\sqrt{3}\,\omega}\cdot e^{-\omega t}\int_0^t e^{\frac{3\,\omega u}{2}}\sin\frac{\sqrt{3}\,\omega u}{2}\,du=$$

$$=\frac{1}{3\,\omega^2}\left[e^{-\omega t}+e^{\frac{\omega t}{2}}\left(\sqrt{3}\sin\frac{\sqrt{3}\,\omega t}{2}-\cos\frac{\sqrt{3}\,\omega t}{2}\right)\right];$$

$$\mathfrak{L}^{-1}\,\frac{p}{p^3+\omega^3}=\frac{1}{3\,\omega}\left[-e^{-\omega t}+e^{\frac{\omega t}{2}}\left(\sqrt{3}\sin\frac{\sqrt{3}\,\omega t}{2}+\cos\frac{\sqrt{3}\,\omega t}{2}\right)\right];$$

$$\mathfrak{L}^{-1}\,\frac{p^2}{p^3+\omega^3}=\frac{1}{3}\left[e^{-\omega t}+2\,e^{\frac{\omega t}{2}}\left(-\frac{1}{\sqrt{3}}\sin\frac{\sqrt{3}\,\omega t}{2}+\cos\frac{\sqrt{3}\,\omega t}{2}\right)\right].$$

b) Die $\varphi(p)$ sind rationale Funktionen, die der Bedingung (67) genügen, und daher ist

$$\mathfrak{L}^{-1}\,\frac{p^\nu}{p^4+4\,\omega^4}=\sum_{i=1}^4\operatorname{Res}\frac{e^{p t}\,p^\nu}{p^4+4\,\omega^4},\qquad \nu=0,\ 1,\ 2,\ 3.$$

Es wird

$$\mathfrak{L}^{-1}\,\frac{1}{p^4+4\,\omega^4}=\frac{1}{4\,\omega^3}\,(\sin\omega t\,\operatorname{ch}\omega t-\cos\omega t\,\operatorname{sh}\omega t);$$

$$\mathfrak{L}^{-1}\,\frac{p}{p^4+4\,\omega^4}=\frac{1}{2\,\omega^2}\sin\omega t\,\operatorname{sh}\omega t;$$

$$\mathfrak{L}^{-1}\,\frac{p^2}{p^4+4\,\omega^4}=\frac{1}{2\,\omega}\,(\sin\omega t\,\operatorname{ch}\omega t+\cos\omega t\,\operatorname{sh}\omega t)\cdot$$

$$\mathfrak{L}^{-1}\,\frac{p^3}{p^4+4\,\omega^4}=\cos\omega t\,\operatorname{ch}\omega t.$$

c)

$$\mathfrak{L}^{-1}\,\frac{1}{p^4-\omega^4}=\frac{1}{2\,\omega^3}\,(\operatorname{sh}\omega t-\sin\omega t);$$

$$\mathfrak{L}^{-1}\,\frac{p}{p^4-\omega^4}=\frac{1}{2\,\omega^2}\,(\operatorname{ch}\omega t-\cos\omega t);$$

$$\mathfrak{L}^{-1}\,\frac{p^2}{p^4-\omega^4}=\frac{1}{2\,\omega}\,(\operatorname{sh}\omega t+\sin\omega t);$$

$$\mathfrak{L}^{-1}\,\frac{p^3}{p^4-\omega^4}=\frac{1}{2}\,(\operatorname{ch}\omega t+\cos\omega t).$$

d)

$$\mathfrak{L}^{-1}\exp p^2 = \frac{1}{2\pi j}\int\limits_{-j\infty}^{+j\infty}\exp(pt+p^2)\,dp = \frac{1}{2\pi}\int\limits_{-\infty}^{\infty}\exp(jut-u^2)\,du =$$

$$= \frac{1}{2\pi}\exp\left(-\frac{t^2}{4}\right)\int\limits_{-\infty}^{\infty}\exp\left[-\left(j\,\frac{t}{2}-u\right)^2\right]du =$$

$$= \frac{1}{2\pi}\exp\left(-\frac{t^2}{4}\right)\int\limits_{-\infty+\frac{jt}{2}}^{\infty+\frac{jt}{2}}\exp(-v^2)\,dv = \frac{1}{2\sqrt{\pi}}\exp\left(-\frac{t^2}{4}\right).$$

e) Mit dem Ergebnis von Aufgabe 1. j) wird:

$$\mathfrak{L}^{-1}\frac{1}{p}\exp\left(-a\sqrt{p}\right) = 1*\frac{a}{2\sqrt{\pi t^3}}\exp\left(-\frac{a^2}{4t}\right) = \frac{a}{2\sqrt{\pi}}\int\limits_0^t\frac{1}{\sqrt{t^3}}\exp\left(-\frac{a^2}{4t}\right)dt =$$

$$= \frac{2}{\sqrt{\pi}}\int\limits_u^{\infty}\exp(-u^2)\,du = 1-\operatorname{erf}u = 1-\operatorname{erf}\frac{a}{2\sqrt{t}}.$$

§ 9.

1. Eine singuläre Stelle a von $f(x)$ ist eine Stelle der Bestimmtheit, wenn

$$f(x) = \frac{P(x-a)}{x-a}$$

ist, $x=\infty$ ist eine Stelle der Bestimmtheit, wenn für genügend große $|x|$

$$f(x) = \frac{a_0}{x} + \frac{a_1}{x^2} + \cdots,$$

wenn also $f(x)$ für $x\to\infty$ mindestens von erster Ordnung verschwindet. Die Gleichung $y' + f(x)\,y = 0$ gehört zur Fuchsschen Klasse, wenn

$$f(x) = \sum_{i=1}^{n}\frac{A_i}{x-a_i};$$

$x=\infty$ ist regulär, wenn $\sum A_i = 0$ ist. Die determinierende Gleichung an der Stelle $x=a_i$ ist $r+A_i = 0$, an der Stelle $x=\infty$ $r-\sum A_i = 0$.

2.

Singuläre Stellen	Differentialgleichung
$x=\infty$	$y''=0$
$x=a$	$(x-a)\,y'' + 2\,y' = 0$
$x=a,\ \infty$	$(x-a)^2\,y'' + A\,(x-a)\,y' + B\,y = 0$
$x=a,\ b\neq a$	$y'' + \left(\dfrac{A}{x-a} + \dfrac{2-A}{x-b}\right)y' + \left[\dfrac{B}{(x-a)^2} + \dfrac{B}{(x-b)^2} + \dfrac{C}{x-a} - \dfrac{C}{x-b}\right]y = 0 \quad \text{mit}\quad B = \dfrac{b-a}{2}\,C.$

3. a) Die Differentialgleichung hat nur eine wesentlich singuläre Stelle im Unendlichen; man erhält mit $r_1 = 0$ und $r_2 = -1$

$$v_1 = 1 - \frac{1}{3!}x^3 + \frac{4}{6!}x^6 - \frac{4\cdot 7}{9!}x^9 + \frac{4\cdot 7\cdot 10}{12!}x^{12} - + \cdots,$$

$$v_2 = x - \frac{2}{4!}x^4 + \frac{2\cdot 5}{7!}x^7 - \frac{2\cdot 5\cdot 8}{10!}x^{10} + -.$$

b) $x = \infty$ ist wesentlich singulär. Mit $r_1 = 0$ und $r_2 = -1$ wird

$$y_1 = 1 + x - x^2 - \frac{1}{3!} x^3 - \frac{1}{5!} x^5 - \frac{3}{7!} x^7 - \frac{3 \cdot 5}{9!} x^9 - \ldots,$$

$$y_2 = x - \frac{1}{3!} x^3 - \frac{1}{5!} x^5 - \frac{3}{7!} x^7 - \frac{3 \cdot 5}{9!} x^9 - \ldots$$

c) Stelle der Bestimmtheit in $x = 0$. Determinierende Gleichung $r^2 - r + \frac{1}{4} = 0$ mit der Doppelwurzel $r = \frac{1}{2}$; es wird

$$y_1 = \sqrt{x} \left(1 + \frac{1}{16} x^2 + \frac{1}{1024} x^4 + \ldots \right),$$

$$y_2 = y_1 \ln x - x^2 \sqrt{x} \left(\frac{1}{16} + \frac{3 x^2}{2048} + \ldots \right).$$

d) Die Gleichung gehört zur Fuchsschen Klasse mit zwei singulären Stellen in 0 und 1, also zum letzten Typus der Aufgabe 2. Zu $x = 0$ gehört die determinierende Gleichung $r^2 - \frac{5}{6} r + \frac{1}{6} = 0$ mit den Wurzeln $\frac{1}{2}, \frac{1}{3}$; zu $x = 1$ die Gleichung $r^2 + \frac{5}{6} r + \frac{1}{6} = 0$ mit den Wurzeln $-\frac{1}{2}, -\frac{1}{3}$. Kanonische Lösungen in der Umgebung von $x = 0$ sind

$$y_1 = \sqrt{x} \left(1 + \frac{x}{2} + \frac{3}{8} x^2 + \frac{5}{16} x^3 + \ldots \right) = \sqrt{\frac{x}{1-x}},$$

$$y_2 = \sqrt[3]{x} \left(1 + \frac{x}{3} + \frac{2 x^2}{9} + \frac{14 x^3}{81} + \ldots \right) = \sqrt[3]{\frac{x}{1-x}},$$

$|x| < 1$ und in der Umgebung von $x = 1$, $|1 - x| < 1$,

$$y_1 = \frac{1}{\sqrt{1-x}} \left[1 + \frac{x-1}{2} - \frac{1}{8} (x-1)^2 + \frac{1}{16} (x-1)^3 - \ldots \right] = \sqrt{\frac{x}{1-x}},$$

$$y_2 = \frac{1}{\sqrt[3]{1-x}} \left[1 + \frac{x-1}{3} - \frac{1}{9} (x-1)^2 + \frac{5}{81} (x-1)^3 - \ldots \right] = \sqrt[3]{\frac{x}{1-x}}.$$

Einfacher ist es natürlich, durch die Substitution $\frac{x}{x-1} = z$ die singulären Stellen nach 0 und ∞ zu bringen, wodurch die Gleichung in

$$6 z^2 \frac{d^2 y}{dz^2} + z \frac{dy}{dz} + y = 0$$

übergeht (Eulersche Gleichung, vorletzter Typus der Aufgabe 2 mit $a = 0$). Die Faktoren j und -1 bei den Lösungen sind natürlich ohne Bedeutung.

4. Mit der angegebenen Substitution geht (57) über in

$$\frac{d^2 u}{dz^2} + \left(c^2 + \frac{\frac{1}{4} - \alpha^2}{z^2} \right) u = 0,$$

eine oft verwendete Gestalt der Besselschen Differentialgleichung mit den linear unabhängigen Lösungen (α nicht ganz)

$$\sqrt{z}\, J_\alpha (c z), \qquad \sqrt{z}\, J_{-\alpha} (c z).$$

Der Vergleich mit (54) zeigt

$$u = M_{0,\alpha} (z) = A \sqrt{z}\, J_\alpha \left(\frac{j z}{2} \right) + B \sqrt{z}\, J_{-\alpha} \left(\frac{j z}{2} \right)$$

und durch Vergleich der Koeffizienten von $z^{\alpha + \frac{1}{2}}$ beiderseits

$$M_{0,\alpha} (z) = 2^{2\alpha} \alpha!\, e^{-j \frac{\pi \alpha}{2}} \sqrt{z}\, J_\alpha \left(\frac{j z}{2} \right).$$

5. Wegen $y = 1$ kann die zweite Lösung nicht die Gestalt (37) haben, sondern ist von der Gestalt der zweiten Gleichung (23). Vgl. § 11, 7.

§ 10.

1. $\left(x\,e^{-x}\,y'\right)' + n\,e^{-x}\,y = 0$ und $\left(e^{-x^2}\,y'\right)' + 2\,n\,e^{-x^2}\,y = 0$.

2. a) Mit $y_1 = \ln x$, $y_2 = 1$ wird

$$F(x, \xi) = C_1 \ln x + C_2 \pm \frac{1}{2}\,(\ln x - \ln \xi),$$

also

$$G(x, \xi) = -\ln \xi, \quad x \leq \xi; \qquad G(x, \xi) = -\ln x, \quad x \geq \xi.$$

b) Mit $y_1 = x^\alpha$, $y_2 = x^{-\alpha}$ wird

$$F(x, \xi) = C_1\,x^\alpha + C_2\,x^{-\alpha} \pm \frac{1}{4\,\alpha}\,\left(x^\alpha\,\xi^{-\alpha} - x^{-\alpha}\,\xi^\alpha\right),$$

also

$$G(x, \xi) = -\frac{1}{2\,\alpha}\,\left(\xi^\alpha - \xi^{-\alpha}\right)x^\alpha, \qquad x \leq \xi,$$

$$G(x, \xi) = -\frac{1}{2\,\alpha}\,\xi^\alpha\,\left(x^\alpha - x^{-\alpha}\right), \qquad x \geq \xi.$$

Für $\alpha \to 0$ folgt wieder die Lösung von a).

c) Ausnahmsfall, $y = $ konst. ist eine nichttriviale Lösung, die den Randbedingungen genügt (regulär für $x = \pm 1$). Die allgemeine Lösung von $((1 - x^2)\,y')' = \frac{1}{2}$ ist

$$y = -\frac{A + \dfrac{1}{2}}{2}\,\ln (1 - x) + \frac{A - \dfrac{1}{2}}{2}\,\ln (1 + x) + B;$$

man wird also

$$y_1 = -\frac{1}{2}\,\ln (1 - x) + B_1, \qquad y_2 = -\frac{1}{2}\,\ln (1 + x) + B_2$$

setzen, damit y_1 in $x = -1$ und y_2 in $x = 1$ regulär ist; aus $y_1(\xi) = y_2(\xi)$ folgt

$$B_1 = -\frac{1}{2}\,\ln (1 + \xi) + b, \qquad B_2 = -\frac{1}{2}\,\ln (1 - \xi) + b$$

und damit die Greensche Funktion zweiter Art

$$G(x, \xi) = -\frac{1}{2}\,\ln \left[(1 - x)\,(1 + \xi)\right] + b, \qquad -1 \leq x \leq \xi,$$

$$G(x, \xi) = -\frac{1}{2}\,\ln \left[(1 + x)\,(1 - \xi)\right] + b, \qquad \xi \leq x \leq 1.$$

Die Konstante b ergibt sich aus (60): $b = \ln 2 - \dfrac{1}{2}$.

d) Wieder der Ausnahmsfall, $y = $ konst. ist eine nichttriviale Lösung, die den Randbedingungen genügt. Ich nehme die zwei Lösungen

$$y_1 = \frac{1}{2\,l}\,x^2 + A_1\,x + B_1, \qquad y_2 = \frac{1}{2\,l}\,x^2 + A_2\,x + B_2$$

der Gleichung

$$y'' = \frac{1}{l}.$$

Die Randbedingungen ergeben

$$A_1 - A_2 = 1, \qquad B_1 - B_2 = l\left(A_2 + \frac{1}{2}\right).$$

Aus $y_1(\xi)$ und $y_2(\xi)$ folgt weiter

$$A_1 = -\frac{1}{2\,l}\,(2\,\xi - l), \qquad A_2 = -\frac{1}{2\,l}\,(2\,\xi + l), \qquad B_1 - B_2 = -\xi$$

und aus (60), d. h.

$$\int_0^\xi y_1\,dx + \int_\xi^l y_2\,dx = 0$$

folgt schließlich

$$B_1 = \frac{1}{2\,l}\left(\xi^2 - \xi\,l + \frac{l^2}{6}\right), \qquad B_2 = \frac{1}{2\,l}\left(\xi^2 + \xi\,l + \frac{l^2}{6}\right)$$

und damit

$$G(x,\xi) = \frac{1}{2\,l}\left[(x-\xi)^2 - l\,|x-\xi| + \frac{l^2}{6}\right].$$

§ 12.

1. Der Ansatz $y = e^{r\,x}\,v$, $v = x^\sigma \sum_{\nu=0}^\infty \dfrac{c_\nu}{x^\nu}$ für die Besselsche Differentialgleichung

$$y'' + \frac{1}{x}\,y' + \left(1 - \frac{\alpha^2}{x^2}\right)y = 0 \text{ führt bei unbestimmtem } c_0 \text{ auf } r = \pm\,j \text{ und } \sigma = -\frac{1}{2}.$$

Für $r = +j$ gelangt man zu den Rekursionsformeln:

$$-2\,j\,c_1 + \left(\frac{1}{4} - \alpha^2\right)c_0 = 0, \qquad -2\cdot2\,j\,c_2 + \left(\frac{1}{4} - \alpha^2 + 2\right)c_1 = 0, \,\ldots$$

oder allgemein

$$-(k+1)\,2\,j\,c_{k+1} + \left(\frac{1}{4} - \alpha^2 + k\,(k+1)\right)c_k = 0, \qquad (k = 0,\,1,\,2,\,\ldots).$$

Somit ist

$$\frac{c_{k+1}}{c_k} = -\frac{\dfrac{1}{4} - \alpha^2 + k\,(k+1)}{2\,j\,(k+1)}.$$

Andererseits liefert der Quotient zweier aufeinanderfolgender Koeffizienten c_k in der Entwicklung (55) bis auf einen konstanten Faktor

$$\frac{c_{k+1}}{c_k} = \frac{\dbinom{\alpha - \dfrac{1}{2}}{k+1}\left(\alpha + k + \dfrac{1}{2}\right)!\left(\dfrac{j}{2}\right)^{k+1}}{\dbinom{\alpha - \dfrac{1}{2}}{k}\left(\alpha + k - \dfrac{1}{2}\right)!\left(\dfrac{j}{2}\right)^k} = \frac{j}{2}\,\frac{\left(\alpha - k - \dfrac{1}{2}\right)\left(\alpha + k + \dfrac{1}{2}\right)}{k+1} =$$

$$= -\frac{\dfrac{1}{4} - \alpha^2 + k\,(k+1)}{2\,j\,(k+1)}.$$

Analog zeigt man die Übereinstimmung der Normalreihe für $r = -j$ mit der Entwicklung (56).

2. Es ist (vgl. (7) und (8))

$$J_{\frac{1}{2}}(x) = \sqrt{\frac{2}{\pi\,x}}\,\sin x, \qquad J_{-\frac{1}{2}}(x) = \sqrt{\frac{2}{\pi\,x}}\cdot\cos x.$$

Daher wird mit $t^2 = x$ für die Fresnelschen Integrale

$$\int_0^\infty \cos t^2\,dt = \frac{1}{2}\int_0^\infty \frac{\cos x}{\sqrt{x}}\,dx = \frac{1}{2}\sqrt{\frac{\pi}{2}}\int_0^\infty J_{-\frac{1}{2}}(x)\,dx = \frac{1}{2}\sqrt{\frac{\pi}{2}},$$

$$\int_0^\infty \sin t^2\,dt = \frac{1}{2}\int_0^\infty \frac{\sin x}{\sqrt{x}}\,dx = \frac{1}{2}\sqrt{\frac{\pi}{2}}\int_0^\infty J_{\frac{1}{2}}(x)\,dx = \frac{1}{2}\sqrt{\frac{\pi}{2}},$$

und somit

$$\int\limits_0^\infty J_{-\frac{1}{2}}(x)\,dx = \int\limits_0^\infty J_{\frac{1}{2}}(x)\,dx = 1.$$

Setzt man im Fehlerintegral $j\,t^2 = x$, so wird für $u > 0$ mit (52) und (29)

$$\frac{2}{\sqrt{\pi}}\int\limits_0^u e^{-t^2}\,dt = \frac{e^{\,j\frac{\pi}{4}j\,u^2}}{\sqrt{2}}\int\limits_0^{\,1}H_{\frac{1}{2}}(x)\,dx = \frac{e^{\,j\frac{\pi}{4}j\,u^2}}{\sqrt{2}}\int\limits_0^{\,}\left[J_{\frac{1}{2}}(x) - j\,J_{-\frac{1}{2}}(x)\right]dx.$$

§ 14.

1. Das Feld ist quellen- und wirbelfrei, also $\Delta U = 0$, $U = a\,x + b$; an der Platte $x = 0$ ist $\dfrac{dU}{dx} = 4\,\pi\,\gamma$, wo $\gamma = \dfrac{e}{F}$ und e die Ladung auf einer Platte ist. Aus $U(0) = b$, $U(d) = \dfrac{4\,\pi\,e}{F}\,d + b$ folgt $A_x = \dfrac{4\,\pi\,e}{F} = \dfrac{U(d) - U(0)}{d}$.

2. Die Achse des Rotationskörpers sei die 3-Achse. Betrachtet man eine Scheibe vom Radius $a = a(y_3)$ und der Dicke dy_3, so ist $\gamma\,dy_3$ ihre Flächendichte und nach Gl. (50)

$$2\,\pi\,\gamma\left(1 - \frac{x_3 - y_3}{\sqrt{(x_3 - y_3)^2 + a^2}}\right)dy_3$$

ihre Anziehung auf einen Punkt $x = (0, 0, x_3)$ der Achse. Damit wird die Anziehung des Rotationskörpers von der Höhe $h = y_3'' - y_3'$

$$A_3(x_3) = 2\,\pi\int\limits_{y_3'}^{y_3''}\gamma\left(1 - \frac{x_3 - y_3}{\sqrt{(x_3 - y_3)^2 + a^2}}\right)dy_3.$$

3. Sei wieder die 3-Achse die Rotationsachse. Dann ist nach Aufgabe 2 die Anziehung im Punkt $P = (0, 0, h)$, wo h die Höhe des Rotationskörpers ist,

$$A = 2\,\pi\,\gamma\int\limits_0^h\left(1 - \frac{z}{\sqrt{z^2 + a^2(z)}}\right)dz$$

und $A(a, h)$ soll unter der Nebenbedingung $V = \pi\int\limits_0^h a^2(z)\,dz$ ein Maximum werden. Die notwendigen Bedingungen dafür sind, wenn $-\dfrac{1}{\mu^2}$ als Lagrangescher Multiplikator eingeführt und $\mu^2\,\gamma = \lambda^2$ gesetzt wird:

$$2\,\lambda^2 = \frac{a^2}{1 - \dfrac{h}{\sqrt{a^2 + h^2}}}\quad\text{(I)},\qquad (z^2 + a^2)^{\frac{3}{2}} = \lambda^2\,z,\quad 0 \leqq z \leqq h.\quad\text{(II)}$$

Aus (II) folgt $a = 0$ für $z = 0$ und aus (I) $\lambda = h$ für $a \to 0$. Führt man in P ein ebenes Polarkoordinatensystem ein mit P als Pol und der Rotationsachse als Polarenachse, so daß $z = \varrho\cos\varphi$, $a = \varrho\sin\varphi$, $z^2 + a^2 = \varrho^2$ wird, so folgt aus (II) $\varrho = h\sqrt{\cos\varphi}$, also $z = h\cos^{\frac{3}{2}}\varphi$; aus

$$V = \pi\int\limits_0^h a^2(z)\,dz = \frac{3\,\pi}{2}\,h^3\int\limits_0^{\frac{\pi}{2}}\cos^{\frac{3}{2}}\varphi\,\sin^3\varphi\,d\varphi$$

erhält man $h = \sqrt[3]{\dfrac{15\,V}{4\,\pi}}$ und für die Anziehung

$$A = 2 \pi \gamma h \left(1 - \frac{3}{2} \int_0^{\frac{\pi}{2}} \cos^{\frac{3}{2}} \varphi \sin \varphi \, d\varphi \right) = \frac{4}{5} \pi \gamma h.$$

4. Wegen $\dfrac{dA_i}{d\lambda} = A_i' = - \dfrac{F'(\lambda)}{\lambda + a_i}$ wird (nicht über i summieren!) $V_{x_i} = 2 x_i A_i$, $V_{x_i x_i} = 2 (A_i + x_i A_i' \lambda_{x_i})$; eliminiert man nun λ_{x_i} vermöge der nach x_i differenzierten Gleichung der Ellipsoidenschar, so folgt $\Delta V = 2 (A_1 + A_2 + A_3) - 4 F'$. Wegen $A_i(+ \infty) = 0$ und $F'(+ \infty) = 0$ gilt

$$A_i(\lambda) = \int_\lambda^\infty \frac{F'(t)}{t + a_i} \, dt, \qquad F'(\lambda) = - \int_\lambda^\infty F''(t) \, dt,$$

und man erhält aus $\Delta V = 0$ die Differentialgleichung für $F(\lambda)$:

$$2 F'' + \left(\frac{1}{\lambda + a_1} + \frac{1}{\lambda + a_2} + \frac{1}{\lambda + a_3} \right) F' = 0,$$

daraus

$$F'(\lambda) = C \left[(\lambda + a_1) (\lambda + a_2) (\lambda + a_3) \right]^{-\frac{1}{2}}$$

und damit wird

$$V(x_1, x_2, x_3, \lambda) = C \int_\lambda^\infty \frac{1}{\sqrt{(t + a_1) (t + a_2) (t + a_3)}} \left[\frac{x_1^2}{t + a_1} + \frac{x_2^2}{t + a_2} + \frac{x_3^2}{t + a_3} - 1 \right] dt.$$

5. Wählt man zunächst $a = 0$, so wird der Winkel γ, unter dem das Intervall $[0, b]$ von P aus gesehen wird (r, φ sind Polarkoordinaten)

$$\gamma = \arctan \frac{b \sin \varphi}{r - b \cos \varphi} \, ;$$

damit wird (Laplacescher Differentialausdruck in Polarkoordinaten, vgl. III, § 19, Aufgabe)

$$\Delta \gamma = \gamma_{rr} + \frac{1}{r} \gamma_r + \frac{1}{r^2} \gamma_{\varphi\varphi} = 0.$$

Ist nun etwa $a > 0$ und γ der Winkel an P im Dreieck $a\, P\, b$, α im Dreieck $O\, P\, a$, so sind α und $\gamma + \alpha$, wie eben gezeigt wurde, Potentialfunktionen, und es wird $\Delta (\gamma + \alpha) = \Delta \gamma + \Delta \alpha = = \Delta \gamma = 0$.

§ 15.

1. Man erhält das System der Toruskoordinaten aus den ebenen Bipolarkoordinaten (II, 2, § 7, 1, Beispiel A, Abb. 34; II, 1, § 12, 1), wenn man diese in die 1,3-Ebene legt mit A und B in der 1-Achse in gleichen Abständen vom Ursprung und dann um die 3-Achse rotieren läßt. Aus den u-Kreisen werden u-Ringe um die 3-Achse und v-Kugelkalotten durch einen Kreis in der 1,2-Ebene mit dem halben Abstand $\overline{A\,B}$ als Radius.

Es ist $U = \arctan \dfrac{x_2}{x_1} = \varphi$ und somit $\dfrac{\partial U}{\partial v} = \dfrac{\partial \varphi}{\partial v} = 0$. Satz 3 ist aber nicht anwendbar, da $\arctan \dfrac{x_2}{x_1}$ eine mehrdeutige Funktion ist.

2. Setzt man in (3) $U = \gamma$, $V = r$ mit $r = \sqrt{(x_1 - y_1)^2 + (x_2 - y_2)^2 + (x_3 - y_3)^2}$, so wird wegen $\Delta U = \Delta \dfrac{1}{\sigma} = 0$ und $\Delta V = \Delta r = \dfrac{2}{r}$

$$\int_{\mathfrak{V}} \frac{\gamma}{r} \, dV = \frac{1}{2} \oint_{\mathfrak{F}} \left(\gamma \frac{\partial r}{\partial v} - r \frac{\partial \gamma}{\partial v} \right) df,$$

also

$$U(X) = \frac{1}{2} \oint_{\mathfrak{F}} \left(r \frac{\partial}{\partial v} \left(\frac{1}{\sigma} \right) - \frac{1}{\sigma} \frac{\partial r}{\partial v} \right) df,$$

wo $\mathfrak{F}$ aus den konzentrischen Kugelflächen $\mathfrak{K}_1$ mit $\sigma = a$ und $\mathfrak{K}_2$ mit $\sigma = b$ $(b < a)$ besteht. Beachtet man $\dfrac{\partial r}{\partial v} = \pm \dfrac{\partial r}{\partial \sigma}$, $\dfrac{\partial \gamma}{\partial v} = \pm \dfrac{\partial \gamma}{\partial \sigma}$ (das positive Zeichen gilt auf $\mathfrak{K}_1$, das negative auf $\mathfrak{K}_2$), so erhält man mit $r^2 = \sigma^2 + \varrho^2 - 2\,\sigma\,\varrho \cos \vartheta$

$$U(X) = -\frac{1}{2}\left[\int_0^{2\pi}\int_0^{\pi} \frac{3\,r^2 + a^2 - \varrho^2}{2\,r} \sin\vartheta\,d\vartheta\,d\varphi - \int_0^{2\pi}\int_0^{\pi} \frac{3\,r^2 + b^2 - \varrho^2}{2\,r} \sin\vartheta\,d\vartheta\,d\varphi\right] =$$

$$= -\pi\left[\int_{\pm(a-\varrho)}^{a+\varrho} \frac{3\,r^2 + a^2 - \varrho^2}{2\,a\,\varrho}\,dr - \int_{\pm(b-\varrho)}^{b+\varrho} \frac{3\,r^2 + b^2 - \varrho^2}{2\,b\,\varrho}\,dr\right]$$

und schließlich

$$U(X) = \begin{cases} 4\,\pi\,(b-a), & X \text{ innerhalb der Kugel } \sigma = b, \\[2mm] \dfrac{2\,\pi}{\varrho}\,(b^2 - a^2), & X \text{ außerhalb der Kugel } \sigma = a. \end{cases}$$

<h3 align="center">§ 16.</h3>

In den Bereichen $0 \leq \sigma < 1$, $\sigma > 2$, ist $U = a \ln \varrho + b$. Da U im Ursprung endlich ist, folgt $a = 0$, und $U = b = $ konst. läßt sich als Wert von U im Ursprung bestimmen:

$$b = U(0, 0) = \int_0^{2\pi}\int_1^{2} \left(1 + \frac{1}{\sigma}\right) \sigma \ln \sigma\,d\sigma\,d\varphi = \frac{\pi}{2}\,(16 \ln 2 - 7).$$

Für $\sigma > 2$ erhält man die Konstanten A und B für $U = A \ln \varrho + B$ durch Differentiation von § 14, (81), d. h.

$$U(\varrho, \varphi) = \int_0^{2\pi}\int_1^{2} \left(1 + \frac{1}{\sigma}\right) \ln \sqrt{\varrho^2 + \sigma^2 - 2\,\varrho\,\sigma \cos(\varphi - \psi)}\; \sigma\,d\sigma\,d\varphi$$

nach ϱ und Vergleich mit $U_\varrho = \dfrac{A}{\varrho}$ für $\varrho \to \infty$, da die Konstanten für alle ϱ denselben Wert haben. Es wird $A = 5\,\pi$, $B = 0$, also $U = 5\,\pi \ln \varrho$.

Im Inneren erhält man als Lösung der Poissonschen Gleichung $\Delta U = 2\,\pi\,\gamma$

$$U = 2\,\pi\left(\varrho + \frac{\varrho^2}{4}\right) + \alpha \ln \varrho + \beta,$$

wobei sich α und β durch die stetigen Übergänge von U an den Rändern bestimmen lassen: es wird $\alpha = -3\,\pi$, $\beta = 2\,\pi\,(4 \ln 2 - 3)$.

<h3 align="center">§ 18.</h3>

Wegen $G(X, Y) = G(Y, X)$ ist G auch eine harmonische Funktion von X und daher

$$\Delta\,\frac{\partial G}{\partial v} = \Delta\,v_i\,\frac{\partial G}{\partial y_i} = v_i\,\frac{\partial}{\partial y_i}\,\Delta G = 0.$$

<h3 align="center">§ 19.</h3>

1. Nach Gl. (5) ist

$$U(\varrho, \varphi) = \frac{1}{2}\int_0^{\pi} \frac{1 - \varrho^2}{1 + \varrho^2 - 2\,\varrho \cos(\varphi - \psi)}\,d\psi - \frac{1}{2}\int_\pi^{2\pi} \frac{1 - \varrho^2}{1 + \varrho^2 - 2\,\varrho \cos(\varphi - \psi)}\,d\psi;$$

mit der Substitution

$$\xi = \frac{1 + \varrho}{1 - \varrho} \tan \frac{\psi - \varphi}{2}$$

wird

$$J = \int \frac{1 - \varrho^2}{1 + \varrho^2 - 2\,\varrho \cos(\varphi - \psi)}\,d\psi = 2 \arctan\left(\frac{1 + \varrho}{1 - \varrho} \tan \frac{\varphi - \psi}{2}\right)$$

und

$$U = J(\pi) - J(0) = 2 \arctan \frac{\varrho^2 - 1}{2\,\varrho \sin \psi}.$$

2. a) X habe die Koordinaten ϱ, φ. Aus dem elementargeometrischen Satz, daß das Produkt der Sehnenabschnitte der durch einen Punkt innerhalb eines Kreises gezogenen Sehnen konstant ist, folgt $a^2 - \varrho^2 = \overline{XP_1} \cdot \overline{XQ_1} = \overline{XP_2} \cdot \overline{XQ_2}$ und es wird

$$\frac{a^2 - \varrho^2}{a^2 + \varrho^2 - 2\,a\,\varrho\,\cos(\varphi - \psi)} = \frac{\overline{XP_2} \cdot \overline{XQ_2}}{\overline{XP_2}^2} = \frac{\overline{XQ_2}}{\overline{XP_2}} \to \frac{d\omega}{d\chi} \text{ für } P_1 \to P_2.$$

b) Ist α der Winkel $P_1 X P_2$, so ist $\alpha = \dfrac{\omega}{2} + \dfrac{\chi}{2}$ und damit wird

$$U(X) = \frac{1}{2\,\pi} \int_{Q_1}^{Q_2} d\omega = \frac{\omega}{2\,\pi} = \frac{1}{\pi}\left(\alpha - \frac{\chi}{2}\right);$$

für $U = \text{konst.}$ folgt also $\alpha = \text{konst.}$, d. h. aber, die Niveaulinien sind Kreisbogen, die durch P_1 und P_2 hindurchgehen und deren Mittelpunkte auf der Symmetrale von $\overline{P_1 P_2}$ liegen.

3. Hat X die Koordinaten x_1, x_2, $x_3 > 0$, so hat sein Spiegelpunkt X_1 an der Ebene $z = 0$ die Koordinaten x_1, x_2, $-x_3$. Ist

$$r = \sqrt{(x_1 - y_1)^2 + (x_2 - y_2)^2 + (x_3 - y_3)^2}, \qquad r_1 = \sqrt{(x_1 - y_1)^2 + (x_2 - y_2)^2 + (x_3 + y_3)^2},$$

so wird analog (12) die Greensche Funktion $G(X, Y) = \dfrac{1}{r} - \dfrac{1}{r_1}$. Sie verschwindet für $y_3 = 0$ und ist harmonisch bis auf den Punkt $X = Y$, in dem G unendlich wird. Es ist

$$\left[\frac{\partial G}{\partial v}\right]_{y_3 = 0} = -\left[\frac{\partial G}{\partial y_3}\right]_{y_3 = 0} = \left[-\frac{x_3 - y_3}{r^3} - \frac{x_3 + y_3}{r_1^3}\right]_{y_3 = 0} =$$

$$= \frac{-2\,x_3}{[(x_1 - y_1)^2 + (x_2 - y_2)^2 + x_3^2]^{3/2}}$$

und damit nach § 18, (2) und (10)

$$U(X) = \frac{1}{2\,\pi} \int_{-\infty}^{\infty} \int_{-\infty}^{\infty} \frac{x_3\, g(y_1, y_2)}{[(x_1 - y_1)^2 + (x_2 - y_2)^2 + x_3^2]^{3/2}}\, dy_1\, dy_2.$$

4. Mit $U_m = \varrho^m S_m(\vartheta, \varphi)$, $U_n = \varrho^n S_n(\vartheta, \varphi)$ folgt aus § 15, (28)

$$\oint_{\Re}\left(U_m \frac{\partial U_n}{\partial v} - U_n \frac{\partial U_m}{\partial v}\right) df = (n - m)\, a^{m+n-1} \oint_{\Re} S_m S_n\, df = \frac{1}{a}\,(n - m) \oint_{\Re} U_m U_n\, df = 0$$

und wegen $m \neq n$ die Orthogonalität. Für $m = 0$, $S_0 = C$ wird

$$\oint_{\Re} S_n\, df = 0.$$

Namenverzeichnis.

(Biographische Notizen.)

Sachverzeichnis.

Literaturverzeichnis.

1. COURANT, R. und D. HILBERT: Methoden der mathematischen Physik, 2 Bde. (Grundlehren Bd. 12, 48). Springer, Berlin 1931/37.
2. DUSCHEK, A. und A. HOCHRAINER: Grundzüge der Tensorrechnung in analytischer Darstellung, 3 Bde. Springer, Wien 1948/1955.
3. TRICOMI, F. G.: Vorlesungen über Orthogonalreihen (Grundlehren Bd. 76). Springer, Berlin 1955.
4. LICHNEROWICZ, A.: Lineare Algebra und lineare Analysis. VEB Deutscher Verlag d. Wiss., Berlin 1956.
5. HAMEL, G.: Integralgleichungen. Springer, Berlin 1937.
6. SCHMEIDLER, W.: Integralgleichungen mit Anwendungen in Physik und Technik, Bd. I: Lineare Integralgleichungen. Akad. Verlagsges. Geest & Portig, Leipzig 1955.
7. MIKHLIN, S. G.: Integral Equations. Pergamon Press, London 1957.
8. TRICOMI, F. G.: Integral Equations. Interscience Publishers Inc., New York 1957.
9. DOETSCH, G.: Handbuch der Laplacetransformation, Bd. I. Birkhäuser, Basel 1950.
10. WAGNER, K. W.: Operatorenrechnung. J. A. Barth, Leipzig 1940.
11. FUNK, P., H. SAGAN und F. SELIG: Die Laplacetransformation und ihre Anwendungen. F. Deuticke, Wien 1953.
12. CARSLAW, H. S. und J. C. JAEGER: Operational Methods in Applied Mathematics. Oxford Press 1949.
13. BIEBERBACH, L.: Theorie der gewöhnlichen Differentialgleichungen (Grundlehren Bd. 66). Springer, Berlin 1953.
14. INCE, E. L.: Ordinary Differential Equations. Dover Publications Inc. 1927.
15. HORN, J.: Gewöhnliche Differentialgleichungen. Walter de Gruyter, Berlin 1927.
16. STEPANOW, W. W.: Lehrbuch der Differentialgleichungen. VEB Deutscher Verlag d. Wiss., Berlin 1956.
17. FRANK, PH. und R. MISES: Die Differential- und Integralgleichungen der Mechanik und Physik, 2 Bde. Fr. Vieweg, Braunschweig 1930/35.
18. FORSYTH, A. R.: Theory of Differential Equations, 6 Bde. Dover Publications Inc. 1890/1906.
19. WHITTAKER, E. T. und G. N. WATSON: A Course of Modern Analysis. Cambridge University Press 1952.
20. TYCHONOFF, A. N. und A. A. SAMARSKI: Differentialgleichungen der mathematischen Physik. VEB Deutscher Verlag d. Wiss., Berlin 1959.
21. JAHNKE, E. und F. EMDE: Tafeln höherer Funktionen. Teubner Verlagsges., Leipzig 1952.
22. LENSE, J.: Kugelfunktionen. Akad. Verlagsges. Geest & Portig, Leipzig 1954.
23. HOBSON, H. W.: The Theory of Spherical and Ellipsoidal Harmonics. Cambridge University Press 1955.
24. LENSE, J.: Reihenentwicklungen in der mathematischen Physik. Walter de Gruyter, Berlin 1953.
25. WATSON, G. N.: A Treatise on the Theory of Bessel Functions. Cambridge University Press 1922.
26. PETIAU, G.: La Théorie des Fonctions de Bessel. Renseignements et Vente au Service des Publications du CNRS, Paris 1955.
27. JEFFREYS, H. and B. S.: Methods of Mathematical Physics. Cambridge University Press 1946.
28. MAGNUS, W. und F. OBERHETTINGER: Formeln und Sätze für die speziellen Funktionen der mathematischen Physik (Grundlehren Bd. 52). Springer, Berlin 1948.
29. KELLOG, O. D.: Foundations of Potential Theory (Grundlehren Bd. 31). Springer, Berlin 1929.
30. GÜNTER, N. M.: Die Potentialtheorie und ihre Anwendung auf Grundaufgaben der mathematischen Physik. Teubner Verlagsges., Leipzig 1957.
31. MORSE, PH. M. und H. FESHBACH: Methods of Theoretical Physics, 2 Bde. McGraw-Hill Book Company, Inc., New York 1953.
32. MADELUNG, E.: Die mathematischen Hilfsmittel des Physikers (Grundlehren Bd. 4). Springer, Berlin 1957.

Vorlesungen über höhere Mathematik

Von

Dr. phil. Adalbert Duschek

weiland o. Professor der Mathematik an der Technischen Hochschule Wien

Band I

**Integration und Differentiation der Funktionen
einer Veränderlichen — Anwendungen
Numerische Methoden — Algebraische Gleichungen
Unendliche Reihen**

Dritte, verbesserte Auflage

Mit 169 Textabbildungen. X, 440 Seiten. Gr.-8⁰. 1960

S 270.—, DM 45.—, sfr. 46.10, $ 10.70
Ganzleinen S 288.—, DM 48.—, sfr. 49.10, $ 11.45

Band II

**Integration und Differentiation der Funktionen
von mehreren Veränderlichen
Lineare Algebra — Tensorfelder — Differentialgeometrie**

Zweite, neu bearbeitete Auflage

Mit 136 Textabbildungen. VIII, 401 Seiten. Gr.-8⁰. 1958

S 270.—, DM 45.—, sfr. 46.10, $ 10.70
Ganzleinen S 288.—, DM 48.—, sfr. 49.10, $ 11.45

Band III

**Gewöhnliche und partielle Differentialgleichungen
Variationsrechnung
Funktionen einer komplexen Veränderlichen**

Zweite, mit Berichtigungen versehene Auflage

Mit 107 Textabbildungen. XII, 512 Seiten. Gr.-8⁰. 1960

S 270.—, DM 45.—, sfr. 46.10, $ 10.70
Ganzleinen S 288.—, DM 48.—, sfr. 49.10, $ 11.45

Band IV

**Integralgleichungen — Laplacetransformation
Randwertprobleme bei gewöhnlichen Differentialgleichungen
Grundzüge und Randwertaufgaben der Potentialtheorie**

Mit 49 Textabbildungen. VI, 335 Seiten. Gr.-8⁰. 1961

S 290.—, DM 46.—, sfr. 49.50, $ 11.50
Ganzleinen S 312.—, DM 49.50, sfr. 53.20, $ 12.40